U0165880

一點就通的服裝版型筆記

夏士敏 著

五南圖書出版公司 印行

自序　精進，再接再厲！

服裝裁剪製作技術自古為工匠之事，僅為師徒相傳，沒有典籍記載。現今服裝版型的學術研究著重於人體的尺寸計測、著裝狀態的補正，市面上的服裝版型書籍則多為提供各種設計款式服裝版型的圖例。學生常問，除了課堂上的師生傳授，是否有讓初學者了解衣服版型是如何從平面素材轉化成立體服裝，版型結構線條又該如何產生與應用的參考書籍？真是大哉問！

教書多年習以為常，服裝版型只要實作成衣服穿著體驗，感受什麼樣的線條會呈現什麼樣的效果，就能進一步分辨這個版型的好與壞，線條的畫法與穿著上的差別在哪。忽略對於沒有經驗、懵懂的初學者，離開老師的視線就無法通盤思考，又不知如何判斷版型尺寸拿捏的徬徨。

其實只要了解人體與服裝結構的關係，就能一通百通，因此西元 2018 年先以下半身的基礎款式重點導入版型製圖概念，出版《一點就通的褲裙版型筆記》一書。以最簡單的方式，帶領讀者認識服裝結構，清楚說明每一道線條，為什麼要這樣畫，陳述每一個尺寸、公式代表的意思，希望讀者透過圖、文的說明，配合自身量取的尺寸，找出最佳的數值；同時，減少不必要的數字標註，避免造成製圖的混亂與思考的僵化。

本書再彙整上半身服裝版型設計立體化基礎方法，以教學資料系統完備的日本文化學園大學之「文化原型」學理基礎，參照個人多年的實務經驗，嘗試將裁剪版型技術以圖例說明轉化為可供版型研究參考的資料。同學們畫版時遭遇的問題點，也都盡量在此書中提出解答，探討版型皆以女裝為主，男裝與童裝僅提供原型製版。這本書是我的版型教學筆記，專門給初學者看的入門書，未能詳盡之處，敬祈各方不吝指正。

夏士敏

2020 年 12 月 26 日

於實踐大學高雄校區

CONTENTS

CHAPTER 4 衣身版型結構 93

CHAPTER 5 袖子版型結構 143

CHAPTER 6 領子版型結構 209

CHAPTER 7 版型款式設計 255

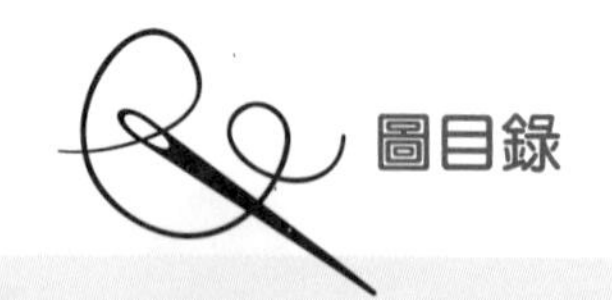

圖目錄

1

服裝版型基本概念

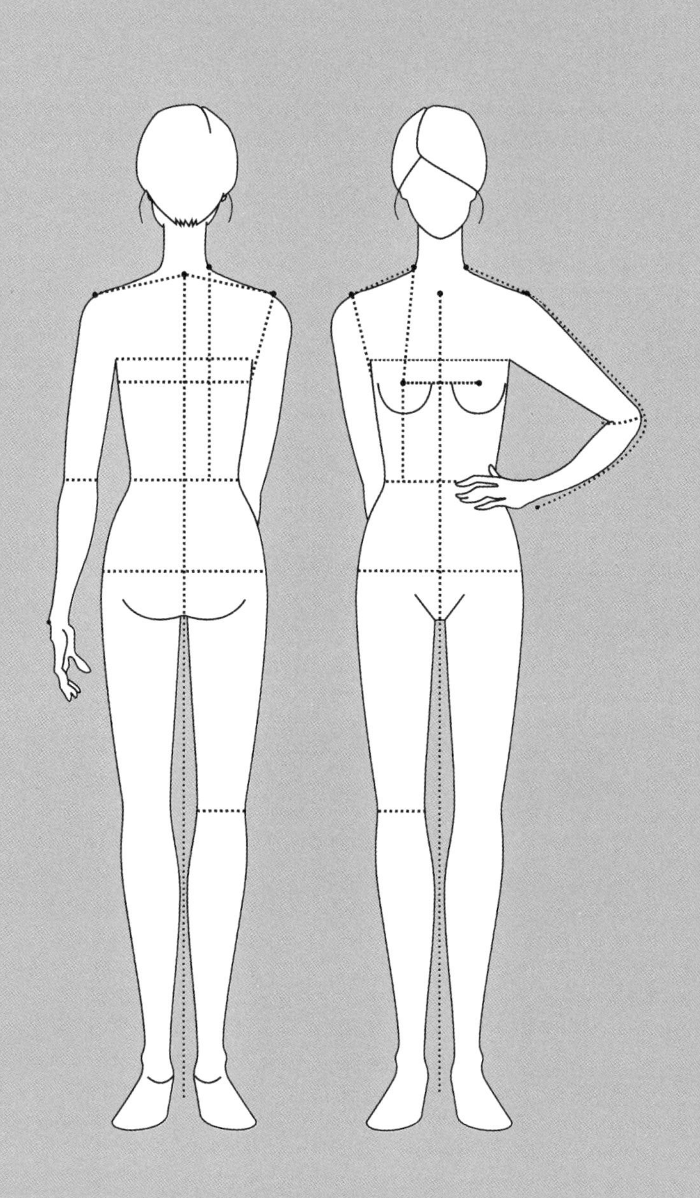

服裝製版依據個人的經驗與學理論點不同而有多種的方法，服裝版型的教學和生產作業主要方法有「**立體裁剪法**」與「**平面製圖法**」（圖 1-1）。服裝版型須以人體為基本架構，服裝製版的方法可以互通共用，但不論採用何種圖版製作的方法，都必須掌握服裝版型與人體曲面之間的完美轉換。

在人體操作的立體裁剪法

圖片引用：Lawrence Alma-Tadema《*The Frigidarium*》（1890）

以尺寸繪圖的平面製圖法

圖片引用：Harry Brooker《*The young tailors*》

圖 1-1　服裝製版的方法

立體裁剪法是將布料直接披掛在人體或人檯上，依照設計圖操作裁剪出衣服樣式，再將裁剪的布料從人檯取下整理成裁片，車縫完成單件成品或將裁片布料展平拷貝為大量生產用的厚紙版型。立體裁剪法著重於服裝的塑形，因為是在人檯上操作裁剪不需被尺寸或公式制約，可以直接取得衣服的長寬、剪接線、結構線……等尺寸比例，對於垂褶或變化創作有更靈活運用的空間，還可觀察布料的垂墜性與服裝穿著的狀態，直接修正或更改設計線。

立體裁剪法的操作過程中，無法非常精準地預估用布量，為避免成本浪費，學習者多使用胚布並以人檯操作，這也容易造成操作樣品與實際成品之間的差異，為其缺點。

因此立體裁剪法適用於款式多變化的合身禮服，或少量生產的造型款式服裝。

平面製圖法是依據身體各部位的測量尺寸，導入數學計算公式，將立體化的人體形態轉化為展開的平面圖版。打版時所擁有的量身尺寸愈多，愈能掌握衣服的合身程度。平面製圖法是藉由人體工學的角度與經驗去分析版型結構面，經過反覆修正套用的公式，可有效地控制尺寸規格與成本控管。

對於初學者而言，平面製圖法是依循前人的經驗理論，容易掌握完美的架構，相對地也形成一個框架，需累積足夠的經驗才能修正錯誤或變化運用。因此平面製圖法適用於制式的架構，或量產的標準化服裝。

一、打版製圖工具

市面上販售的縫紉工具相當多樣化，選擇正確的工具可以提升打版工作的效率，例如尺規以一般文具曲線板繪製服裝版型，就不容易取得符合人體體型的衣服線條。市售的工具極多樣化，工具的選擇沒有所謂最好用的，只有選擇自己最習慣且最適合使用的，以下僅就必要的工具做說明：

1. 製圖用紙：製作實物用的紙型可使用全開牛皮紙或白報紙。牛皮紙的韌性佳、重複使用不容易破，適合繪製可多次裁剪使用的紙型。牛皮紙以粗糙面為繪圖的正面，繪圖的鉛筆線才不易暈開糊掉。白報紙的成本較低、繪圖不傷眼力但不經用，適合使用於描圖或單件衣服裁剪的紙型。紙的磅數愈高，厚度愈厚，依白報紙紙張磅數選擇，50 磅以上厚度的紙用於繪圖，45～50 磅的薄紙用於描圖。紙張有摺痕時，可用中低溫、無蒸氣的熨斗把紙張摺痕燙平。
2. 製圖用筆：使用 H 或 HB 的自動鉛筆，才可隨時擦拭線條修圖。鉛筆線條不可過粗，粗線條會使線內與線外產生製圖尺寸上的誤差。
3. 隱形膠帶：黏貼合併紙張時使用。隱形膠帶的特性為手撕即可切斷、表面霧質不反光，也可以書寫，黏貼後仍可撕起調整位置而不破壞紙張，黏性持久不變黃，製圖使用極為便利。
4 布尺：量身或測量曲線的帶狀軟尺或捲尺（圖 1-2），選擇以寬度窄、長度長的為佳。布尺正反面有公分與吋（1 吋 = 2.54 公分）兩種刻度，繪圖時只要將布尺翻面即可快速換算尺寸。廉價或經長久使用的布尺，須留意刻度的精準度，與畫圖用尺相對照刻度要一致。

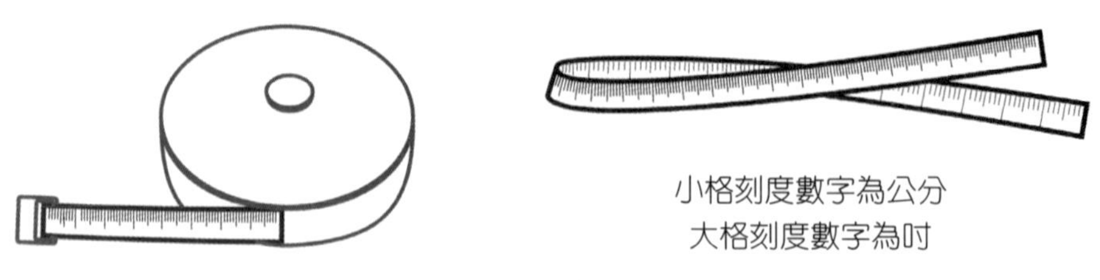

圖 1-2　布尺

量取版型曲線尺寸時，應將尺立起沿曲線量連續線條的尺寸（圖 1-3），不能用尺貼平紙面將線條分段量取加總。

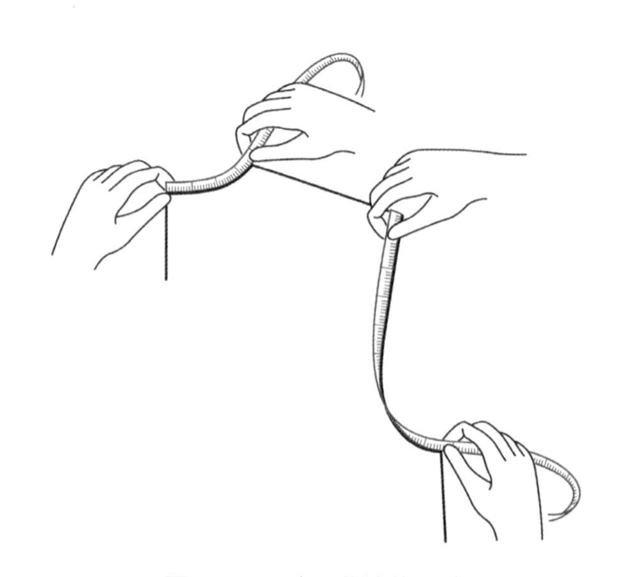

圖 1-3　正確量曲線的方法

5. 方格尺、直尺、角尺：依繪畫直線選擇使用，有公分與吋兩種刻度系列，多種長度的選項（圖 1-4）。尺的長度則依使用習慣與作業方式選擇，長尺方便繪圖、短尺方便攜帶。使用布尺以公分測量尺寸，繪圖用的方格尺、直尺、角尺與縮尺都要使用公分制。方格尺為最常用的尺，為透明軟質塑膠，製圖時也可取代布尺量取曲線尺寸，因有正方形格子刻度，畫取水平線或垂直線較為精準。直尺與角尺為白色硬質塑膠，專為畫取直線與直角時使用。

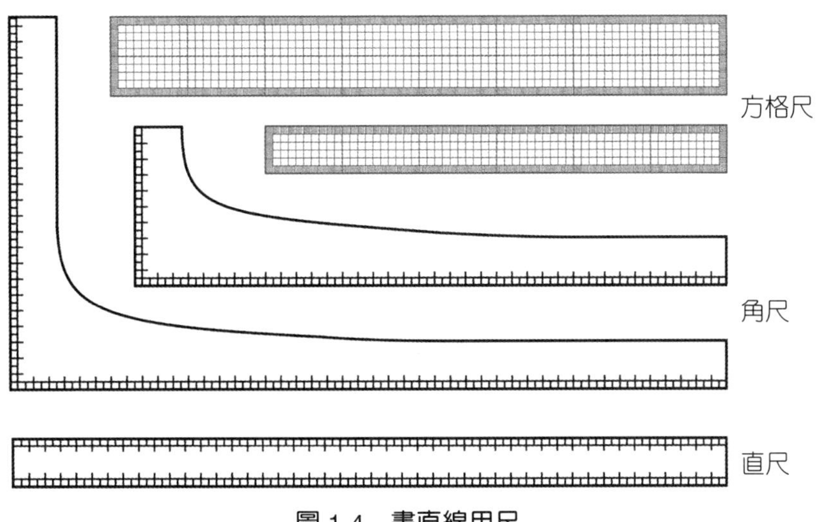

圖 1-4　**畫直線用尺**

6. 大彎尺、D 彎尺（火腿尺）、雲尺：大彎尺使用於繪製裙褲腰圍線、脇線，D 彎尺使用於繪製裙褲口袋線、褲襠線、上衣領圍線與袖襱線，雲尺可繪製多種曲線（圖 1-5）。畫曲線用尺種類繁多，市場名稱紊亂，有些曲線形式只有些微差異，依所繪畫的曲線部位需求選擇使用。打版繪圖曲線時，線條須依照身體部位弧線調整，不論使用何種曲線尺，都只能取吻合的曲線段再分段銜接，沒有線段萬用可一筆畫到底的尺。

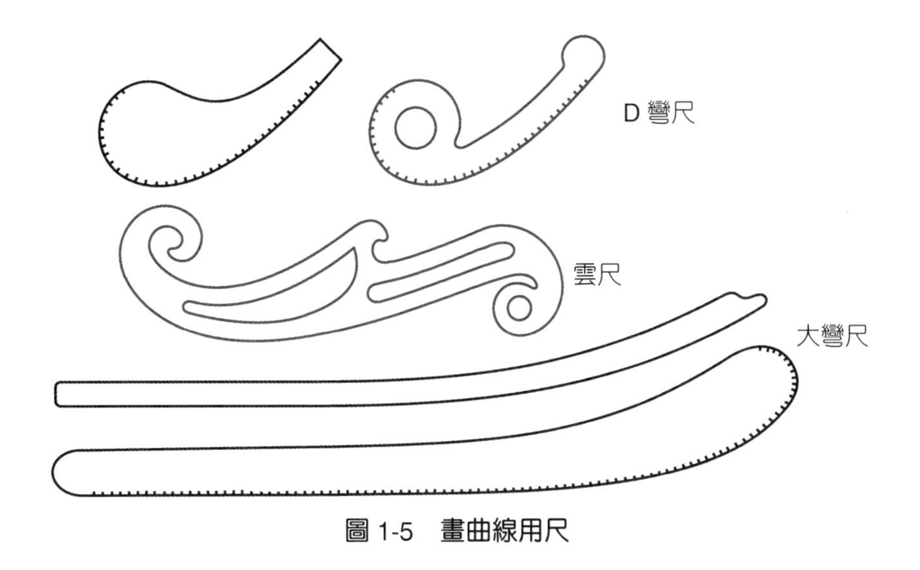

圖 1-5　**畫曲線用尺**

7. 量角器：用於肩斜與胸褶角度的測量（圖 1-6）。

8. 縮尺：用於製作筆記將實際尺寸縮小比例繪圖，為涵蓋角尺與大彎尺輪廓曲線的三角形尺，內部有類似 D 彎尺的多種曲線（圖 1-7）。同方格尺為透明材質，有縮小為 1/2、1/4 與 1/5 比例的規格。

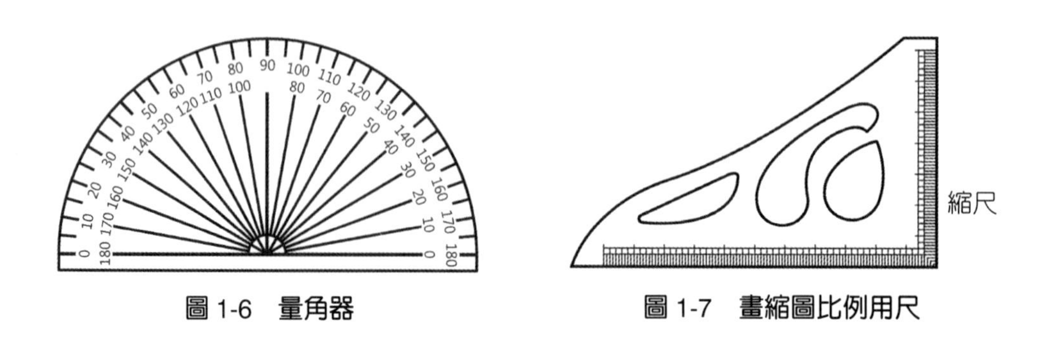

圖 1-6　量角器　　　　圖 1-7　畫縮圖比例用尺

9. 製圖膠板：常要重複使用的圖版，以拼布用厚度 0.4～0.5mm 的磨砂半透明膠板，製作成「型板」，供後續打版使用，比牛皮紙好用且耐用。市面有販售上衣原型板，有實物大、縮小 1/2、縮小 1/4 與縮小 1/5 比例的規格（圖 1-8）。

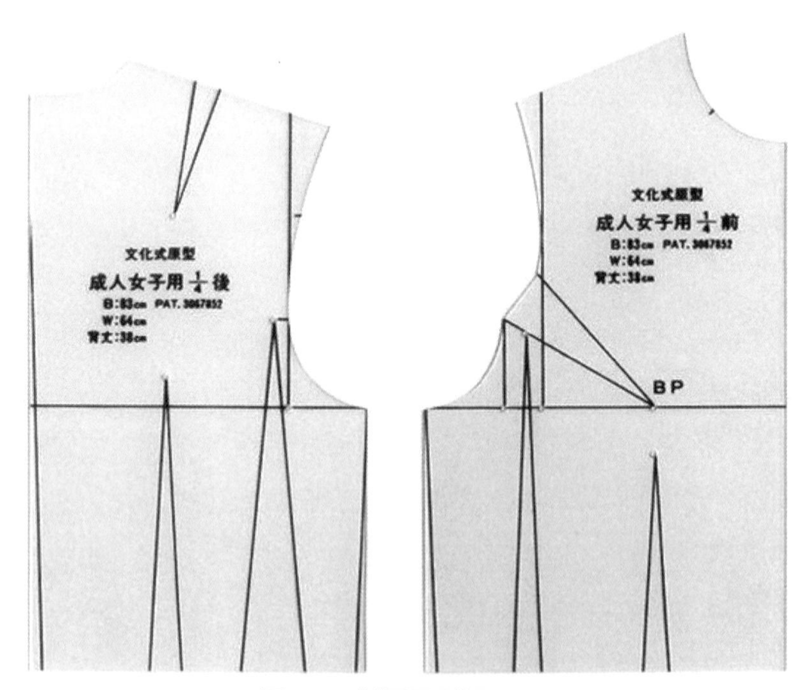

圖 1-8　製圖原型板

二、量身要點

掌握正確的人體尺寸，為製作合身服裝的先決條件，也是學習服裝版型入門的第一課題。平面製圖法量取人體尺寸與版型繪圖所需的尺寸必須相對應，因此打版學理論點不同，量身的方法也會有些微的差異，使用各種版型繪圖參考資料前，應先了解其量身的要點。

1. 量身作業應在鏡子正前方進行，量身者站在被量身者的斜前方，讓被量身者透過鏡子知道被測量的部位與動作，降低緊張與不自在感。
2. 被量身者須穿著合身的服裝，寬鬆的衣服不易掌握體型正確尺寸。
3. 塑型的內衣與站姿體態會影響衣服的合身度，被量身者應穿著日常習慣的內衣與鞋子，以習慣的自然姿勢站立。若為量身訂做特殊服裝，例如禮服，則應穿著要配合該款服裝的內衣與鞋子。
4. 量身者進行量身時需一面量取尺寸，一面注意體型的特徵，體型特殊者可於製圖時調整，或利用試穿修正。
5. 左右體型無差異時，以前衣襟「男左女右」扣合的習慣方向：男生左前襟蓋右前襟，左身片在上，量身以左半身為主；女生右前襟蓋左前襟，右身片在上，量身以右半身為主。
6. 正確的測量尺寸與鬆份掌握，可避免衣服製成後因尺寸問題修改。
7. 除非是特殊的體型，量身所得到的尺寸與參考的標準尺寸相比較，比例上不應有過大的差異。
8. 記錄尺寸的表單與衣服的版型上應記載量身日期，日後方能掌握體型變化的時程。
9. 應配合打版方法取尺寸，例如學校教學通常使用公分制打版，應量取公分，所有製圖用尺也應使用公分；業界通常使用英吋制打版，應量取吋，所有製圖用尺也應使用吋。
10. 公分制打版以偶數計算比較容易得到整除的繪圖數值，測量胸圍、腰圍、臀圍三圍尺寸若是奇數，可加大 1cm 成為偶數。

三、量身部位基準點的縮寫代號

依據版型繪圖所需尺寸來進行量身，須設定量身部位的基準點與圍度（圖 1-9）。製圖時會以量身部位的英文名稱縮寫標示所繪製基礎架構線代表的位置：

縮寫代號	量身尺寸部位與基準點	
B	Bust	胸圍
W	Waist	腰圍
MH	Middle Hip	腹圍
H	Hip	臀圍
N	Neck	領圍
BL	Bust Line	胸圍線
WL	Waist Line	腰圍線
MHL	Middle Hip Line	腹圍線
HL	Hip Line	臀圍線
EL	Elbow Line	肘線
KL	Knee Line	膝線
BP	Bust Point	乳尖點
SNP	Side Neck Point	頸側點
FNP	Front Neck Point	頸前中心點
BNP	Back Neck Point	頸後中心點
SP	Shoulder Point	肩點
AH	Arm Hole	袖襱

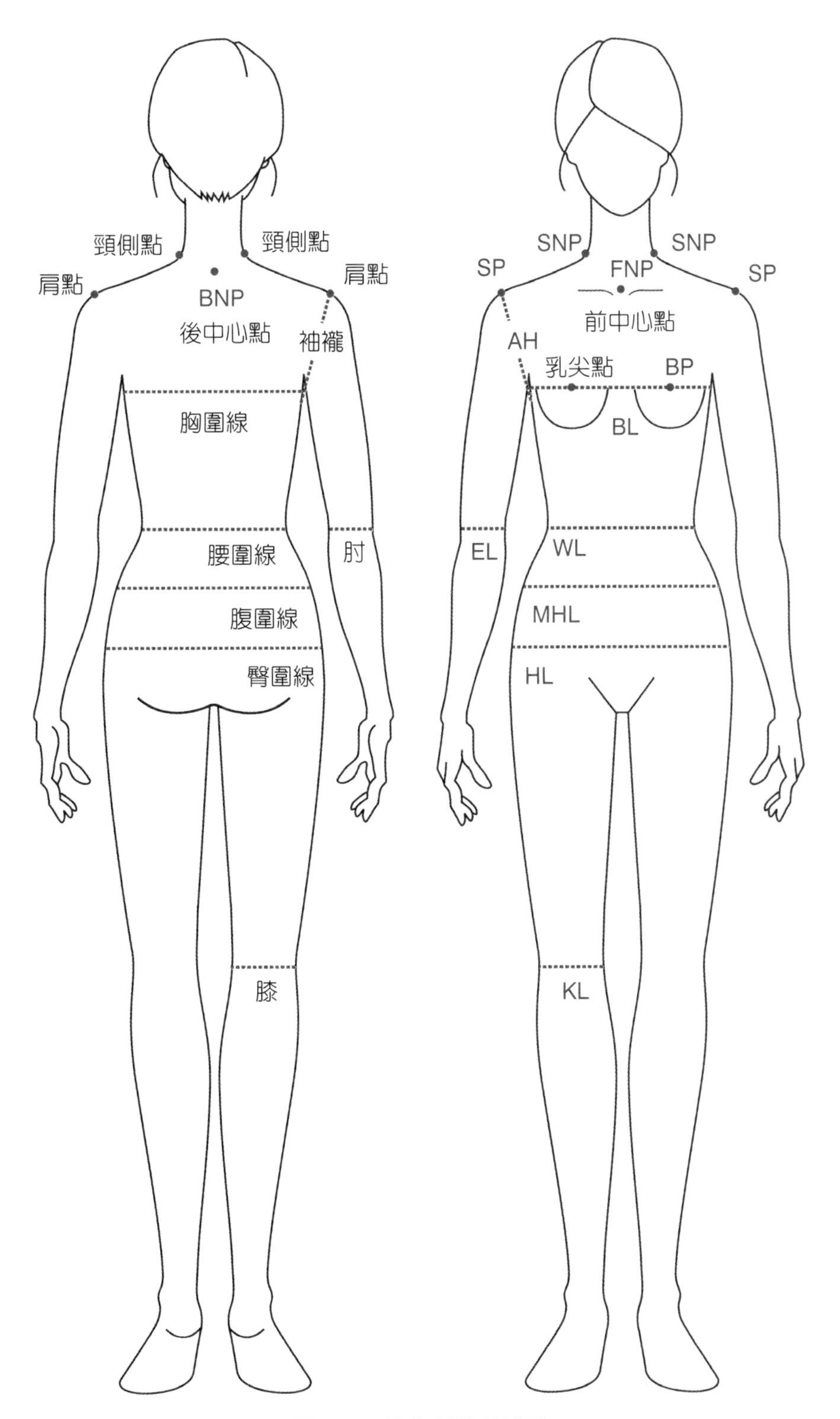
頸側點
頸側點
肩點
BNP
肩點
後中心點
袖襱
胸圍線
腰圍線
肘
腹圍線
臀圍線
膝
SNP
SNP
SP
FNP
SP
前中心點
AH
乳尖點
BP
BL
EL
WL
MHL
HL
KL

圖 1-9　量身部位基準點

四、量身方法

量身尺寸為製圖時的基本依據，要將人體尺寸不含鬆份真實地呈現，以測量人體實際尺寸為主。測量圍度尺寸時，布尺緊貼身體、以拇指與食指捏住布尺兩端，等於圍度尺寸會含一隻手指的鬆份。服裝版型的線條與寬鬆份會依流行的趨勢改變，打版製圖時可在圖面上依照設計的款式再加入鬆份量，這樣就不會因為款式的改變而需要重新量身。

量身的位置也應以人體實際的對應位置為準，例如量身時腰圍的設定為人體軀體最細的圍度，雖然服裝版型的腰圍會依流行的樣式設定為高腰或低腰，打版製圖時還是以量身的腰圍尺寸為重要的水平線依據繪出完整的版型後，再依照服裝的樣式設定畫取高腰線或低腰線。

除了紅字標示的尺寸為製圖必要尺寸外，其餘黑字標示的尺寸可視為檢查尺寸，測量的尺寸愈多可供核對檢查，製圖時所產生的誤差愈小。

1. **胸圍 B**（圖 1-10）：由身體正面，布尺通過乳尖點（乳頭）BP 水平量取身體一圈的圍度尺寸，應特別注意布尺在後身不可以歪斜下墜。胸圍為上半身的最大圍度，是上衣繪圖時寬度的基準尺寸，乳尖點 BP 為女性前身胸部最高點，是上衣胸褶指向的重要基準點，也是上衣設計變化的重點。

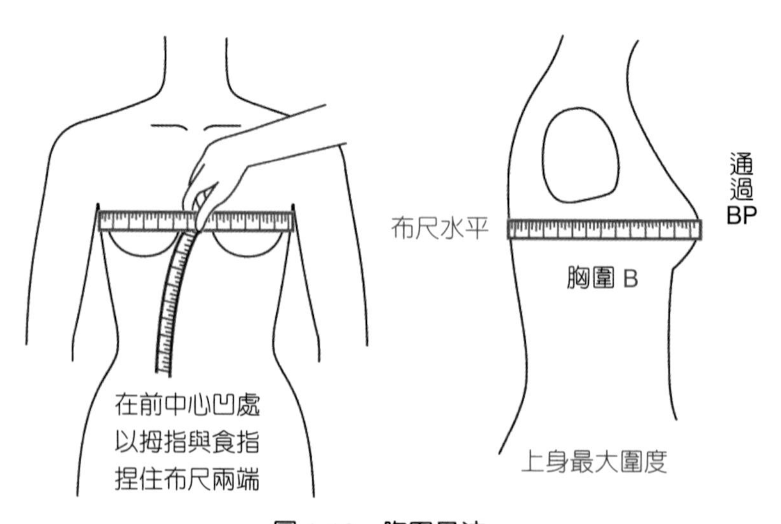

圖 1-10　胸圍量法

2. **腰圍 W**（圖 1-11）：由身體正面看軀體最小圍度處，布尺水平量取身體一圈的圍度尺寸。可用一條細鬆緊帶束在腰上，或以手肘高、手插腰姿勢找到對應位置。

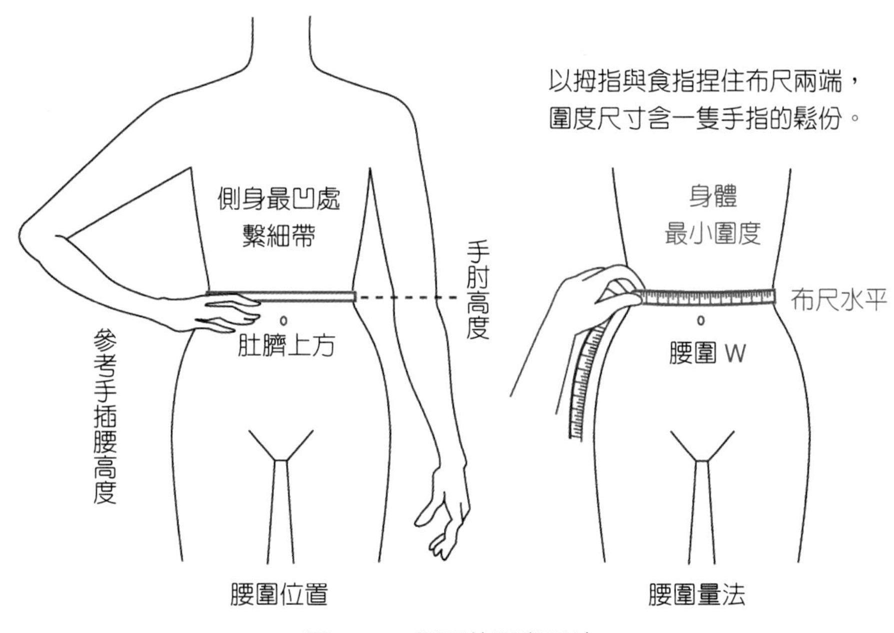

圖 1-11　腰圍位置與量法

3. **臀圍 H**（圖 1-12）：由側身脇邊看臀部翹度最高處，布尺水平量取身體一圈的圍度尺寸，為下半身的最大圍度，是裙與褲裝繪圖時寬度的基準尺寸。標準體型的三圍尺寸應為臀圍尺寸最大、胸圍次之、最小為腰圍尺寸。

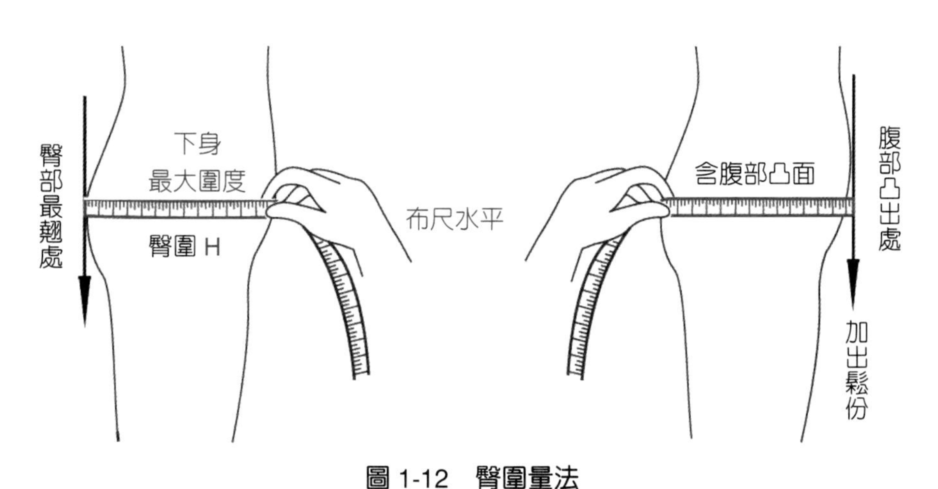

圖 1-12　臀圍量法

4. **腹圍 MH**：腰圍與臀圍距離中間的水平圍度尺寸，腹部體型凸出大於臀部時，測量臀圍尺寸需加入腹部凸出的份量。

5. **背長**（圖 1-13）：低頭時，後頸根部可以摸到凸出的頸椎骨為後中心點 BNP，背長由後中心點 BNP 量至腰圍 WL，為上衣打版時後身取腰圍位置的基準尺寸。背長尺寸影響服裝上下身的尺寸比例，一般女性背長尺寸約為 35～40cm。實際量身時若尺寸長於標準數據，表示上身較長、視覺下身短，也就是顯得腿短，打版時可依照標準尺寸，利用提高服裝腰線的視覺效果來遮掩體型的問題，達到衣服修飾身材的效果。

6. **衣長**（圖 1-13）：由後中心點 BNP 開始測量，長度以到腰圍線 WL 或蓋過臀圍線 HL 為測量上衣長短的參考依據。蓋過臀圍線的衣長要考慮衣襬圍度須能大於臀圍尺寸，打版時要畫出臀圍線核對臀圍尺寸。

7. **後長**（圖 1-13）：肩之前後稜線在側頸根部與肩的交界點為頸側點 SNP，是前後頸圍的分界點。後長由後身頸側點 SNP 量至腰圍 WL，量取的尺寸會包含肩胛骨的突起面。頸側點 SNP 的位置高於後中心點 BNP，所以後長大於背長，後長減去背長的差數為後領口深度尺寸。

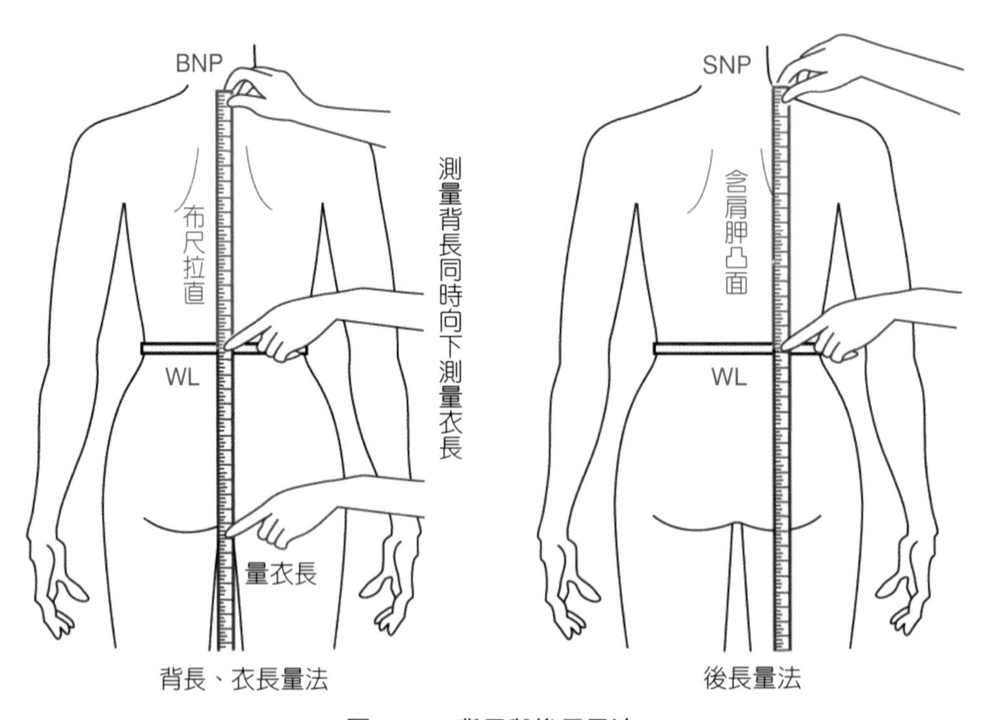

圖 1-13　**背長與後長量法**

8. **前中心長**（圖 1-14）：前頸正中心、左右鎖骨之間咽喉的凹陷處為前中心點 FNP。前中心長從前中心點 FNP 量至腰圍 WL。

9. **前長**（圖 1-14）：從前身頸側點 SNP 經過乳尖點 BP 量至腰圍 WL，為上衣繪圖時前身長度的基準尺寸。前長一定長於前中心長，前長減去前中心長的差數為前領口深度尺寸。

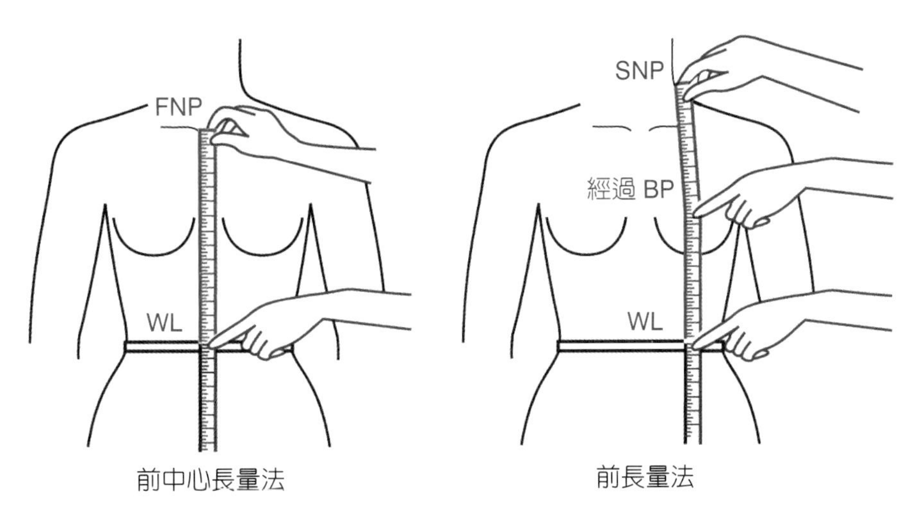

圖 1-14　**前中心長與前長量法**

10. **乳下長**（圖 1-15）：從頸側點 SNP 量至乳尖點 BP，為前長尺寸的上半段。

11. **乳間寬**（圖 1-15）：左右乳尖點 BP 之間的直線距離。以乳下長與乳間寬，可找到製圖上乳尖點 BP 的對應位置。

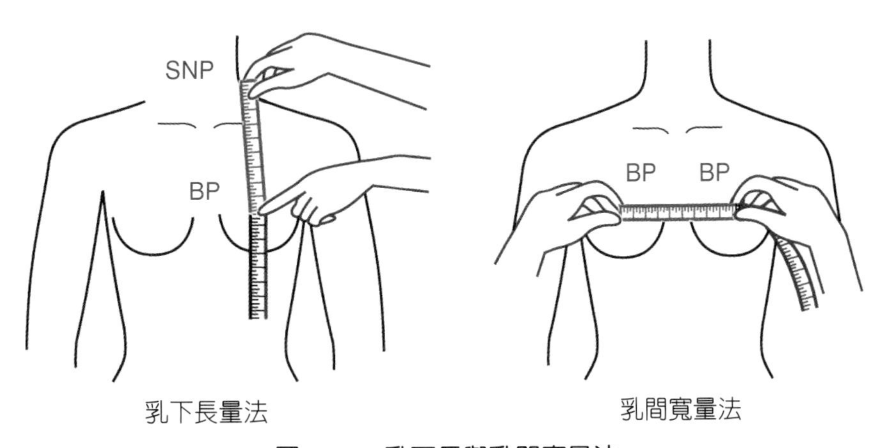

圖 1-15　**乳下長與乳間寬量法**

12. **手臂根圍與上臂圍**（圖 1-16）：肩之前後稜線在手臂頂部可以摸到骨頭凸出的肩峰點，肩峰點外側的凹點為肩點 SP。手臂下垂時與身體腋窩下的交界點，前身為前腋點、後身為後腋點。手臂自然垂下時，從肩點 SP，經過前腋點，沿著手臂根腋窩下至後腋點，再回到肩點 SP，環繞手臂與身體分界測量一圈為手臂根圍，是袖襱的參考尺寸。量取上臂最粗處一圈的圍度尺寸為手臂根圍，是袖寬的參考尺寸。

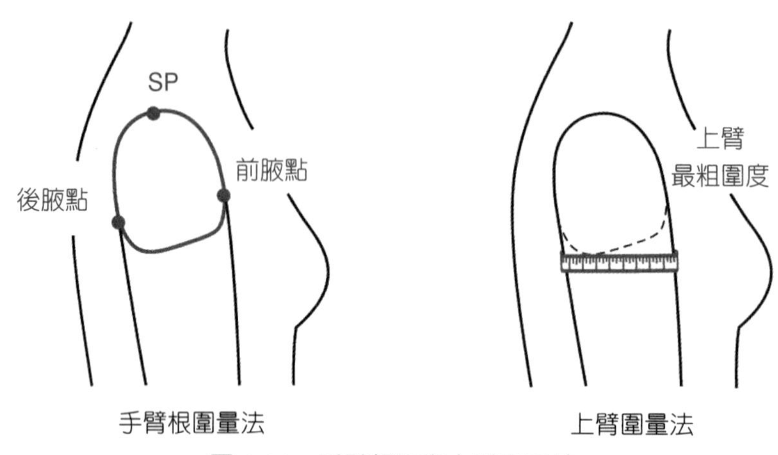

圖 1-16　手臂根圍與上臂圍量法

13. **胸寬與背寬**（圖 1-17）：手臂自然垂下時，由前身腋窩下從左前腋點量至右前腋點的直線距離為胸寬尺寸，由後身腋窩下從左後腋點量至右後腋點的直線距離為背寬尺寸。因為活動時手臂是彎屈向前動作，所以背寬尺寸應大於胸寬尺寸，背寬與胸寬尺寸差數在 2.5cm 之內圖版比例較佳。

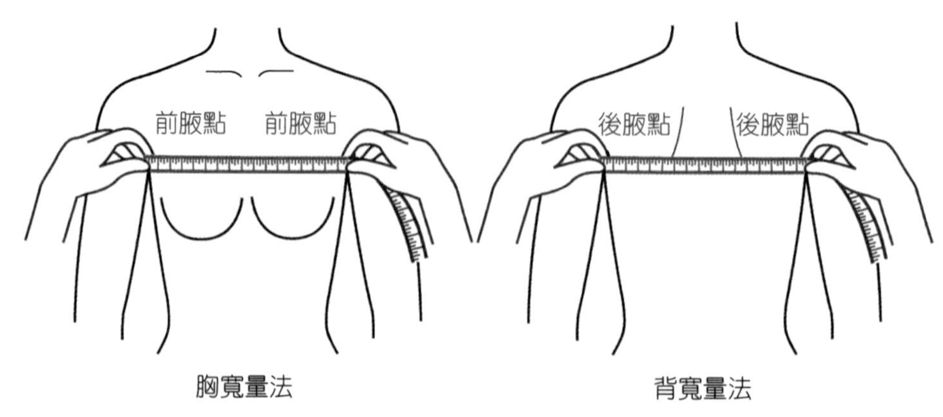

圖 1-17　胸寬與背寬量法

14. **小肩寬**（圖 1-18）：從頸側點 SNP 量至肩點 SP，為決定衣服接袖位置的依據。衣服接袖線設在肩點 SP，為標準衣服接袖位置；衣服接袖線向頸側點 SNP 側內縮，為削肩接袖位置、小肩寬尺寸減短；衣服接袖線向手臂側外加，為落肩接袖位置、小肩寬尺寸加長。

15. **袖長**（圖 1-18）：採手臂微彎屈姿勢測量，從肩點 SP 量沿著微彎屈的手臂經過手肘關節的突點，量至手腕處骨頭的突點之長度。手臂微彎屈測量是補足活動時手肘彎屈向前動作需求的長度，也可以採手臂自然垂下姿勢測量至手掌的虎口位置。

16. **肩袖長**（圖 1-18）：由後身採手臂微彎屈姿勢測量，從後中心點 BNP 經過肩點 SP 沿著手臂量至手腕處骨頭的突點之長度。袖長與肩袖長都可以採手臂自然垂下姿勢測量，但是長度要量至手掌的虎口位置，因應活動時手肘彎屈向前動作需求的長度。

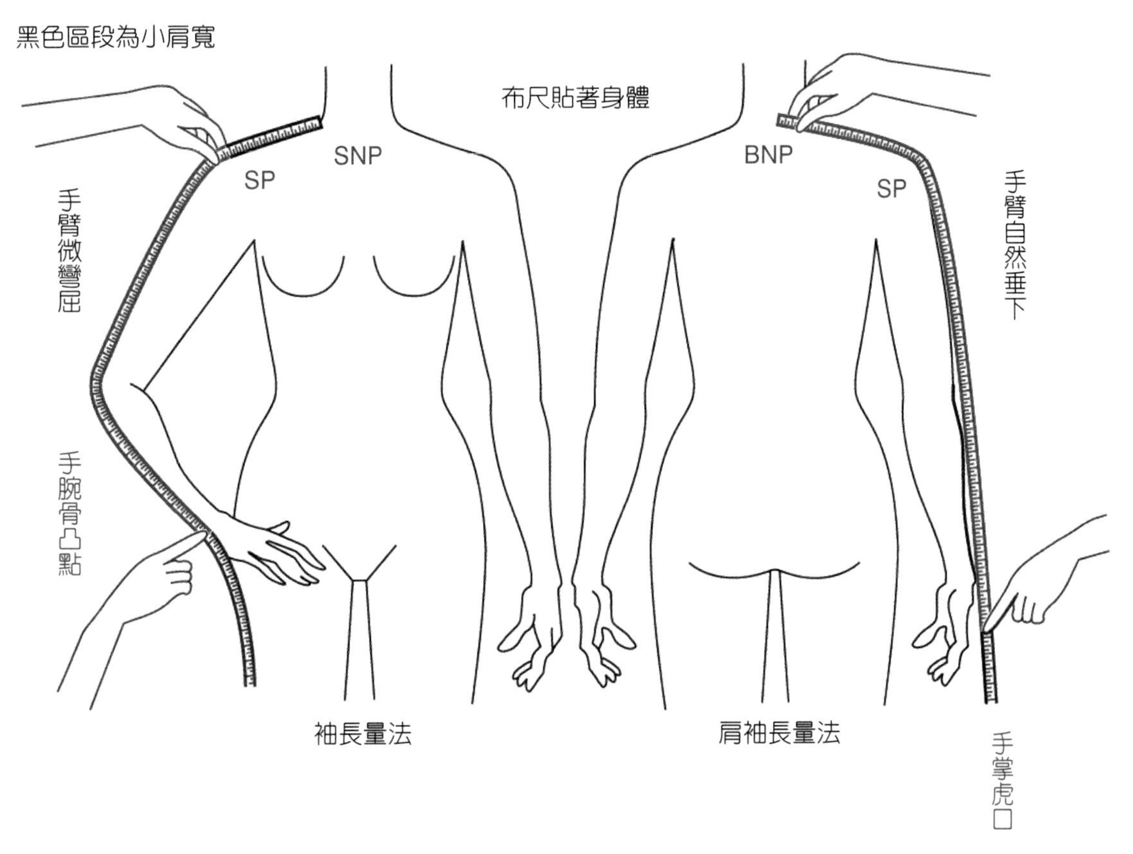

圖 1-18　袖長與肩袖長量法

17. **大肩寬**（圖 1-19）：由後身從左肩點 SP 量至右肩點 SP 的直線距離。

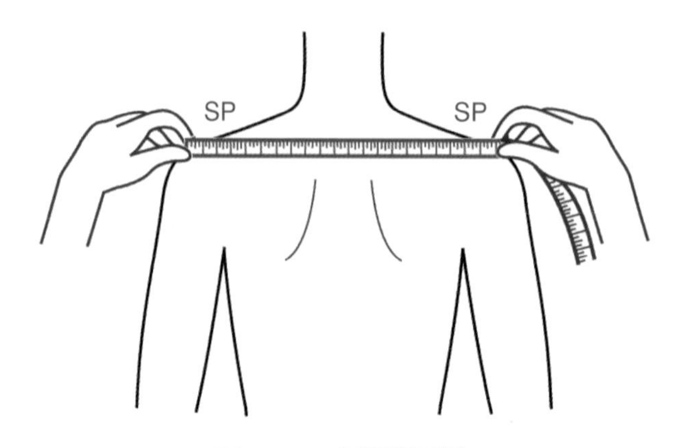

圖 1-19　大肩寬量法

18. **背肩寬**（圖 1-20）：由後身從肩點 SP 經過後中心點 BNP 量至肩點 SP，為後上半身最大寬度尺寸，背肩寬尺寸應大於大肩寬尺寸。成衣打版依照打版者繪圖所需，常在大肩寬與背肩寬尺寸中擇一使用。學習者在平面製圖時，應先了解圖版與量身的對應位置是採用大肩寬或背肩寬。

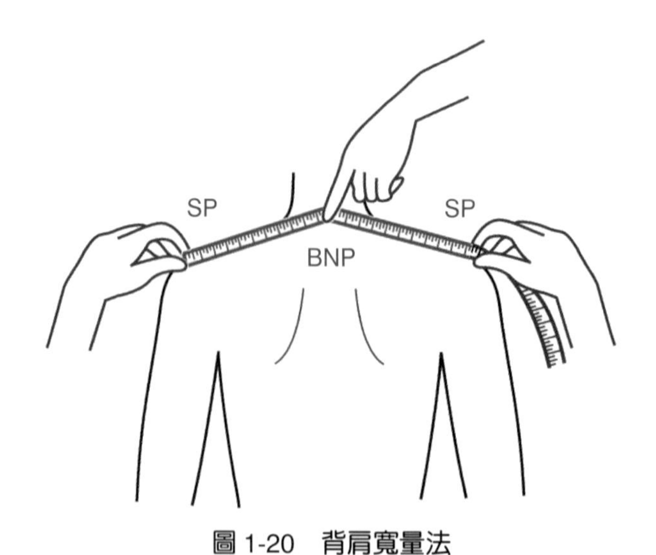

圖 1-20　背肩寬量法

以量身尺寸的對應關係，可核對檢查測量的尺寸是否正確：

$$\text{肩袖長} - \frac{\text{背肩寬}}{2} = \text{袖長}$$

背肩寬 > 大肩寬 > 背寬 > 小肩寬

19. **腰長**（圖 1-21）：由側身脇邊線從腰圍 WL 量至臀圍 HL，打版時取腰圍與臀圍位置的基準尺寸。腰長尺寸影響服裝下身臀部翹度的尺寸比例，一般女性腰長尺寸約為 17～20cm。實際量身時若尺寸長於標準數據，表示臀部的翹度位置低，也就是臀部下垂，打版時可依照標準尺寸，利用提高服裝臀線的視覺效果來遮掩體型的問題，達到衣服修飾身材的效果。
20. **裙長**（圖 1-21）：由側身脇邊線，從腰圍 WL 開始測量，長度不包含腰帶的寬度，以膝線 KL 為測量裙子長短的參考依據。
21. **褲長**（圖 1-21）：由側身脇邊線，從腰圍 WL 開始測量，長度不包含腰帶的寬度，以足部外側腳踝骨凸點與膝線 KL 高度為測量褲子長短的參考依據。

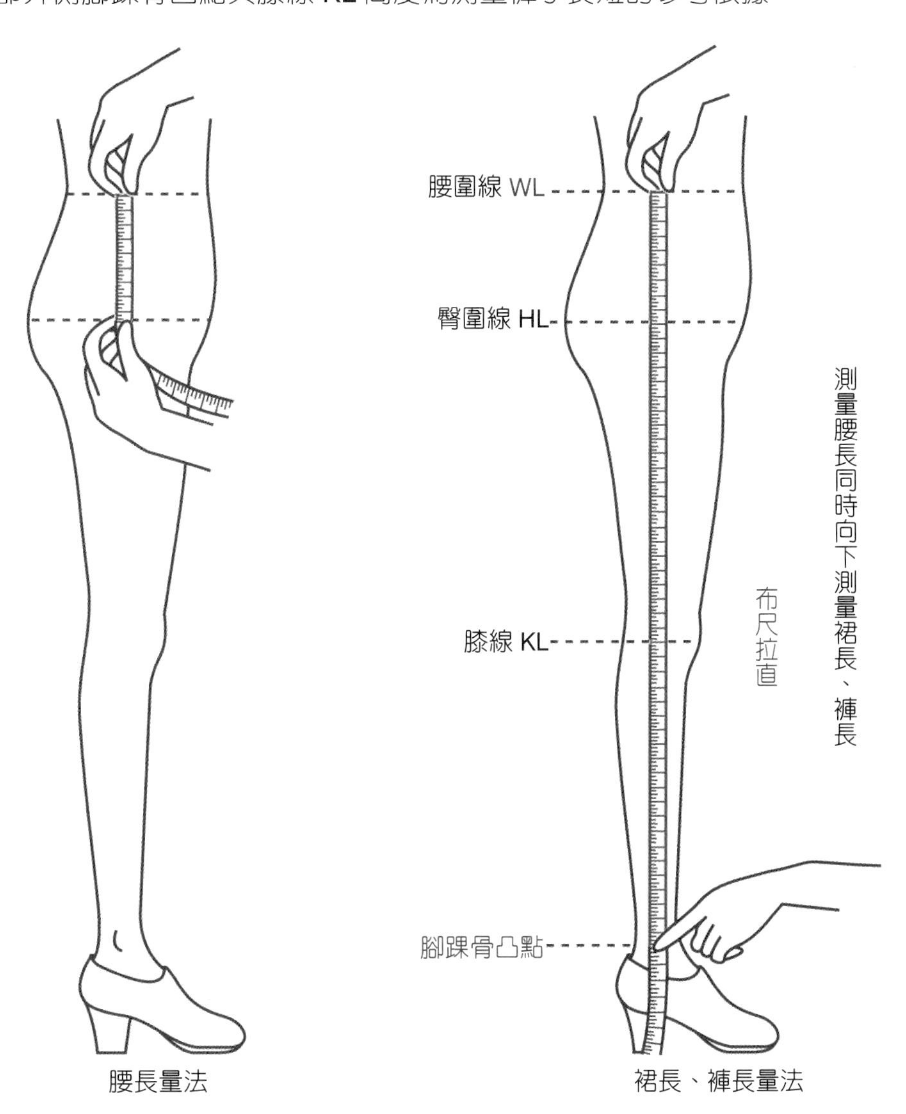

圖 1-21　腰長與裙長、褲長量法

22. **股上長**（圖 1-22）：坐在椅面為硬質平面的椅子上（不可坐在椅面會陷下的沙發椅），由側身脇邊線從腰圍 WL 量至椅面，為褲裝繪圖取褲襠底位置的基準尺寸。一般腰長尺寸與股上尺寸比例約為 2：3，也就是腰長尺寸取 18cm 時，股上尺寸為 27cm，股上長一定長於腰長。連身褲裝的股上尺寸為考慮活動時褲襠底不會牽吊，打版時要多加鬆份量，大於褲裝的股上尺寸。

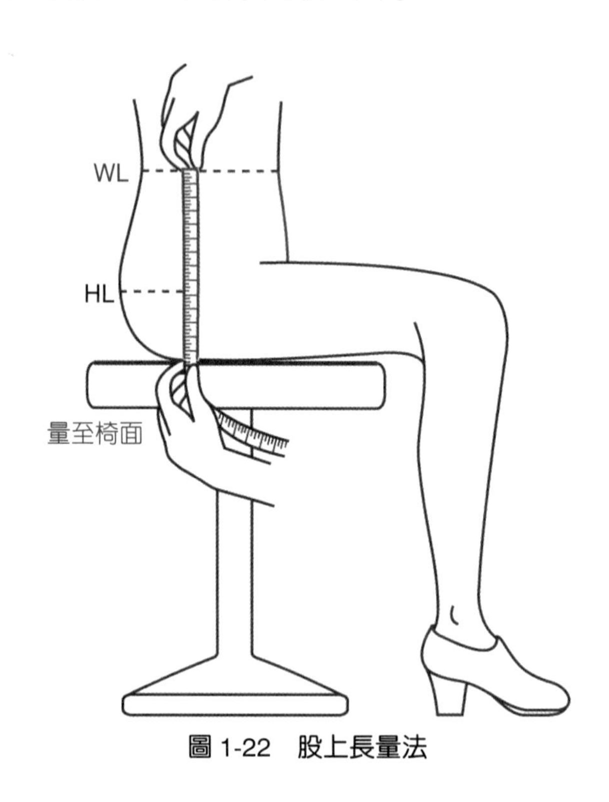

圖 1-22　股上長量法

23. 參考尺寸：依照量身對應位置（圖 1-23）並參考標準尺寸，量身尺寸必須測量正確，特別是必要尺寸一定要精準，在平面製圖時才能繪製出正確的圖版。

必要尺寸	胸圍	腰圍	臀圍	背長	腰長	衣長	短袖	長袖
標準尺寸	84	68	92	37	18	52	18	54
自己尺寸								

檢查尺寸	小肩寬	背寬	胸寬	後長	前長	前中心長	乳下長	乳間寬
標準尺寸	12.5	34	32	39.5	42	34.5	25	18
自己尺寸								

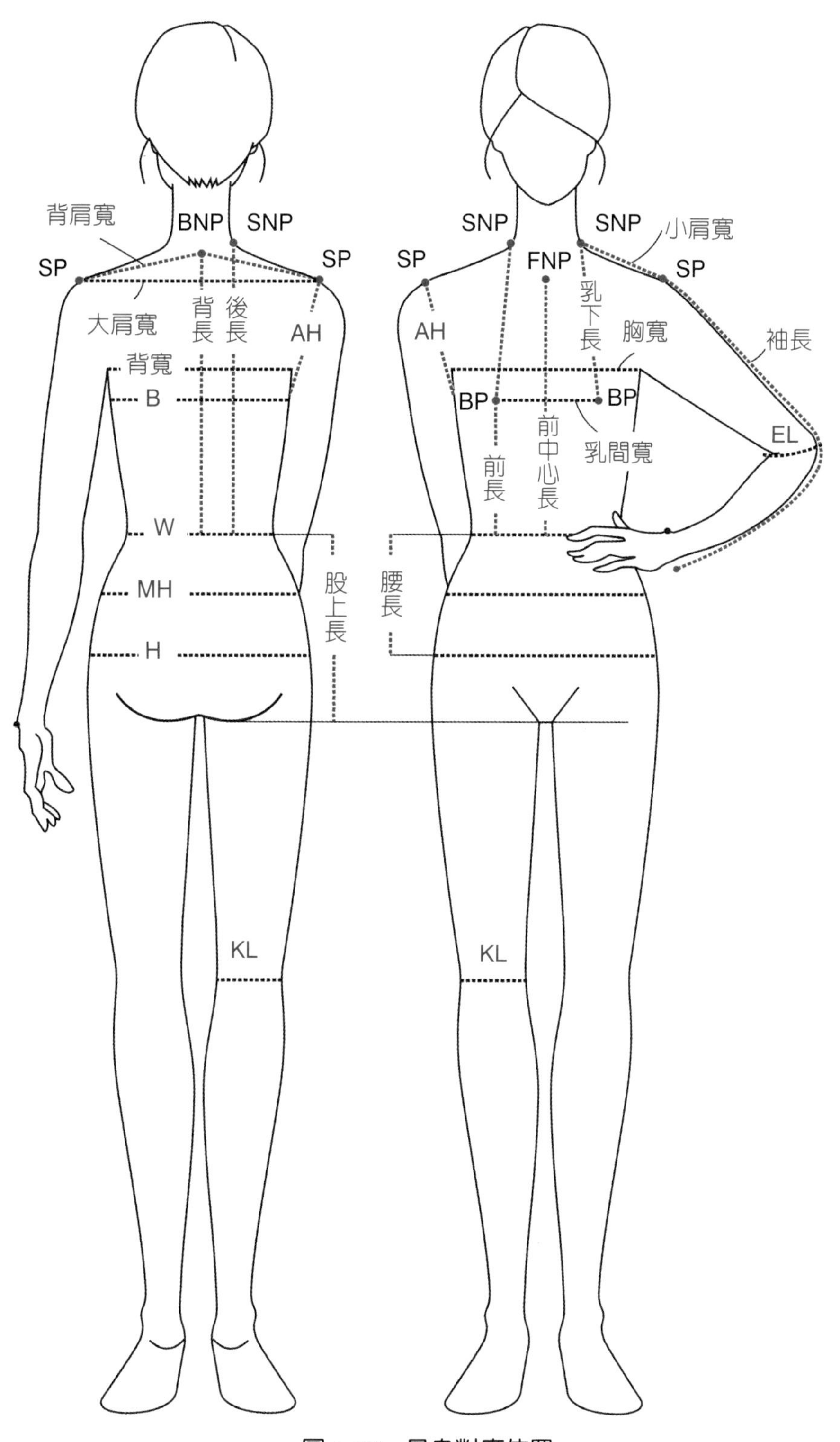
背肩寬
BNP
SNP
SP
SP
大肩寬
背長
後長
AH
背寬
B
W
MH
H
股上長
腰長
KL
SNP
SNP
小肩寬
SP
FNP
SP
乳下長
胸寬
袖長
AH
BP
BP
前中心長
乳間寬
EL
前長
KL

圖 1-23　量身對應位置

五、專業用詞

1. **打版**：以平面製圖法繪製，可供裁布用紙型的製圖過程。
2. **胸腰差**：上半身服裝的寬度尺寸是以胸圍尺寸為主，但腰圍尺寸較小，腰圍處布料與身體會產生空隙，這個空隙就是胸圍與腰圍的差數。
3. **腰臀差**：下半身服裝的寬度尺寸是以臀圍尺寸為主，但腰圍尺寸較小，腰圍處布料與身體會產生空隙，這個空隙就是腰圍與臀圍的差數。

   假設衣服是以一個箱型來包裹人體，箱型與人體曲面之間會產生空隙，這是因為人體三圍尺寸產生的差數（圖 1-24），即胸腰差與腰臀差。

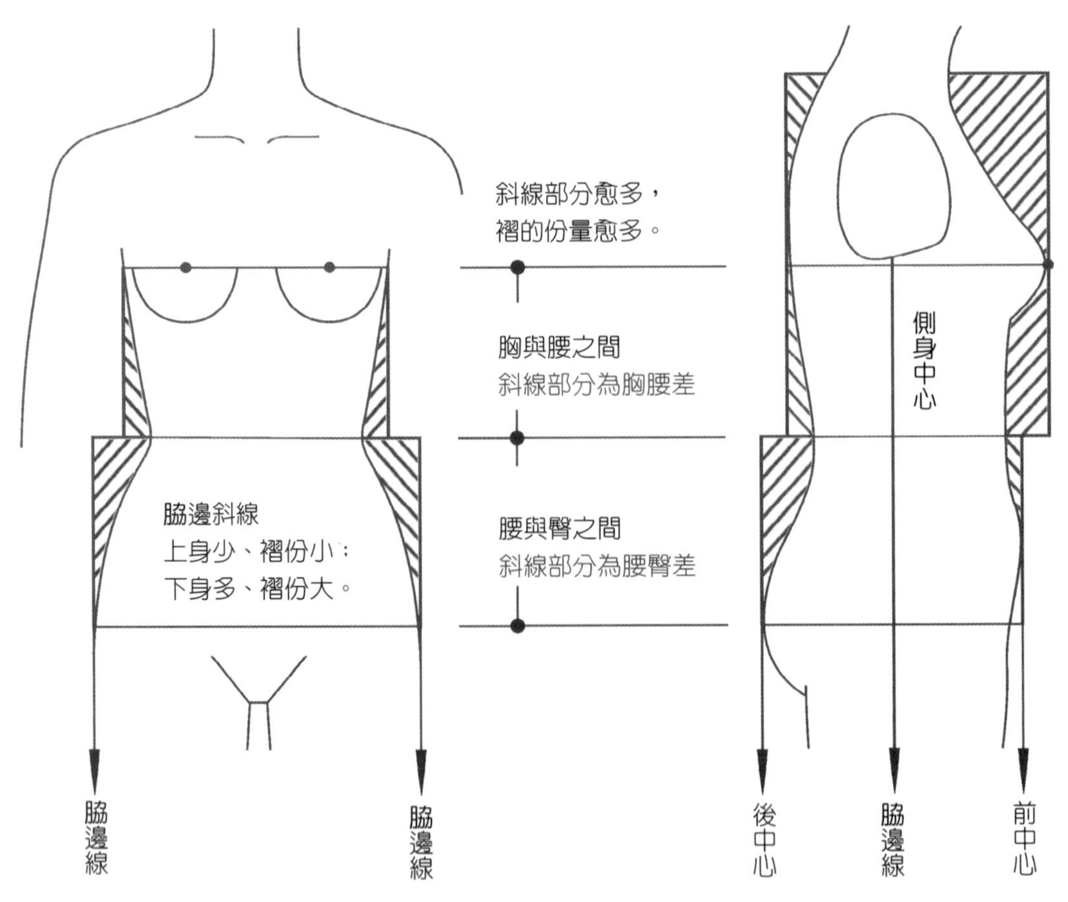

圖 1-24　三圍尺寸差數

要使箱型的衣服與人體形態相似，就是製作合身款式的服裝，必須將紅色斜線的空隙消除，也就是製作褶子。通常沒有彈性的布料，因應人體動作的需求，衣服也不會製作成為完全貼合人體的樣式。所以服裝版型為做出身體曲線且合身，必須要製作出褶子；為了活動動作機能性需求，必須要加入鬆份，並以前後差調整脇邊線的位置。

4. **褶**：身體曲面圍度的差數。胸腰差與腰臀差就是褶子的份量。差數的大小與位置會影響褶子份量的多寡與長短。褶子的處理方式有抽縐細褶、車縫尖褶或折疊活褶（圖 1-25）。

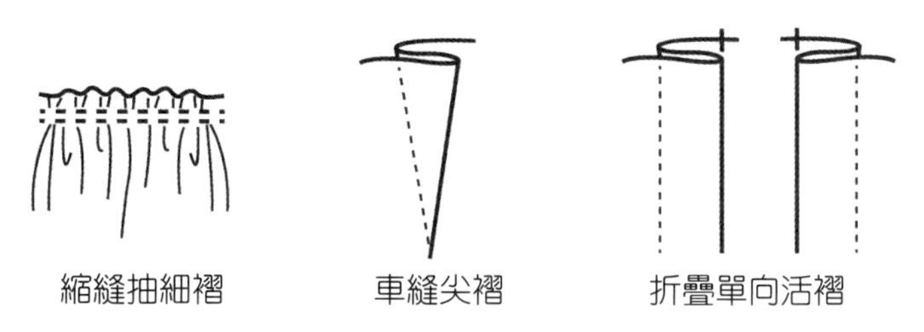

圖 1-25　褶份處理法

褶子是服裝版型立體化必要的，合身服裝版型運用最廣的為尖褶，褶尖指向的位置就是身體的凸面。褶尖的指向與褶子的份量、長短都須視體型部位而定，同樣的褶寬，褶子愈長，凸出的立體面愈緩；褶子愈短，凸出的立體面愈陡（圖 1-26）。因此，尖褶縫合後要能呈現自然包覆身體的曲面，例如：腰褶褶子長、凸出的立體面緩；胸褶褶子短、凸出的立體面陡。

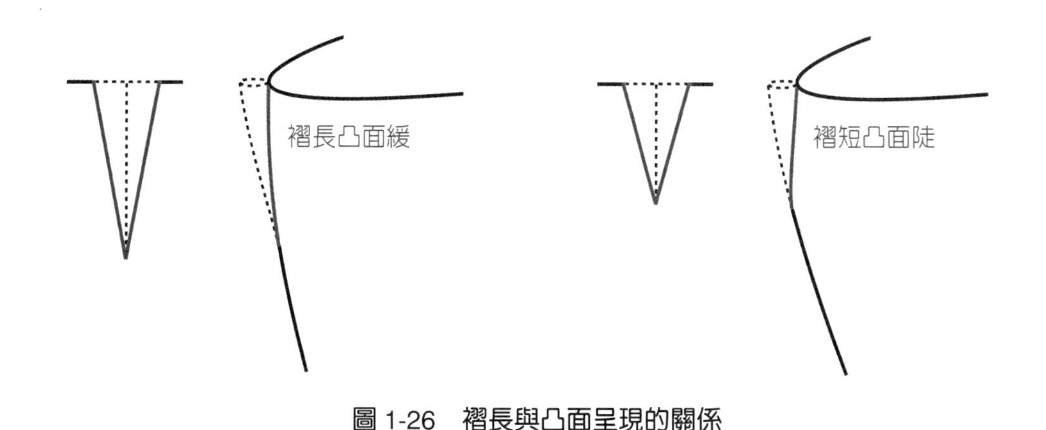

圖 1-26　褶長與凸面呈現的關係

5. **鬆份**：衣服尺寸須能因應人體日常活動的需求，使穿著動作時不至於緊繃。合身衣服在胸圍處因應呼氣與吸氣之間的差異，要加胸圍尺寸的 10% 為最基本需求的鬆份，有彈性的布料可以減少鬆份量或不加鬆份。為考量人體手臂活動範圍往前，衣服的胸寬、背寬均需保留基本機能性需求的鬆份，背寬處增加的活動鬆份量應多於胸寬處。衣服長度蓋過臀圍時，衣襬圍度尺寸須能因應人體坐或蹲的動作需求。
6. **前後差**：人體尺寸胸圍線以上因為手臂向前，背寬大於胸寬；胸圍線以下因為乳房高度與胃部凸出，胸圍、腰圍的比例為前大後小。打版製圖時可利用前後差尺寸調整裁片脇邊接縫線的視覺位置，前片加大的尺寸必須由後片減去，不能影響設定的圍度尺寸，例如前後差設定為 2cm，則前片加 1cm、後片減 1cm。服裝版型可視樣式與穿著者體型決定前後差份量，寬鬆式的服裝可省略前後差尺寸，合身式的服裝也有不做前後差尺寸調整，讓脇邊接縫線的視覺位置偏前。
7. **縫份**：版型所畫的完成線與輪廓線是依照尺寸計算得來，在裁剪布料時需另外加出車縫所需的份量。縫份尺寸依部位而有不同：領圍線或袖襱弧度處因為曲線尺寸的變化差異不能留多，有足夠車合的份量即可；肩線、脇邊接縫線或下襬線較直緩且為寬窄、長短的縮放處，可以斟酌多留。
8. **實版**：依完成線所畫的裁布版型，版型上沒有縫份，裁布時才將縫份另外留出畫於布上，這種做法可以確實描繪出完成線。
9. **虛版**：在完成線外加上縫份的裁布版型，版型上已有縫份。為節省工時，直接將縫份畫在裁布版型上進行裁剪布料，不需將裁片逐一繪製車縫完成線。
10. **拆版**：為保留畫好的版型，另外依照完成輪廓線將裁片分別一一描繪出來，成為可以用來裁布的版型。拆版可以將製圖時裁片有重疊的部分分開，也可以將實版描繪成虛版。初學者在製作過程中若對尺寸有疑問，有留下製圖的版型才有核對的依據。
11. **原型**：使用為基本款式的版型，打版製圖時以此為基礎再加以長短、寬窄、細節的變化。因為要使用於設計剪接的變化與尺寸的放大縮小，須使用實版。
12. **裁片**：由依據裁布的紙型所裁剪的布片，裁片必須含有縫份。
13. **折雙**：當衣服款式為左右身對稱、裁片要裁剪成一大片時，可將布料對折，將紙型緊靠折邊，兩層布一起裁剪，折雙裁剪的裁片版型上用虛線表示布料裁剪要對折的線（圖 1-27）。

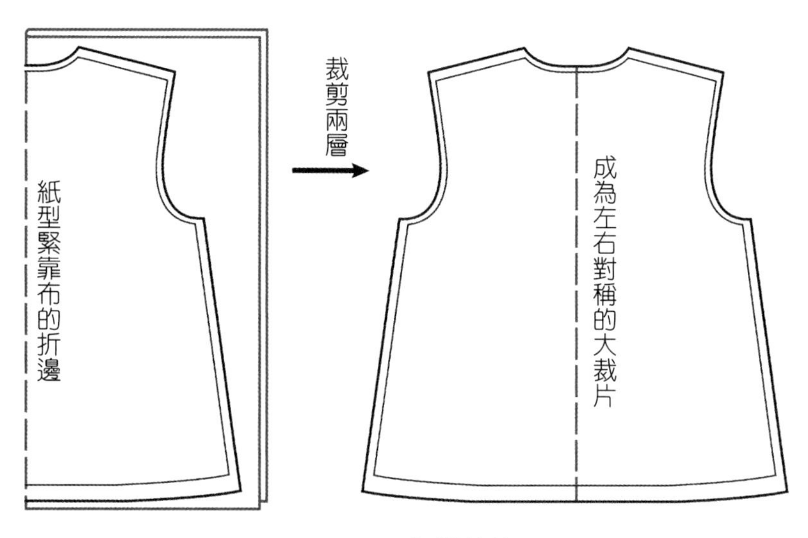

圖 1-27　折雙裁剪

14. **倒插裁剪**（圖 1-28）：裁片形狀為梯型時，可以採用片裁片上下顛倒的裁剪方式，縮少裁片間的空隙以節省用布。如果布料的條紋或圖案有分上下的方向性，就不可以採用倒插裁剪的方式。

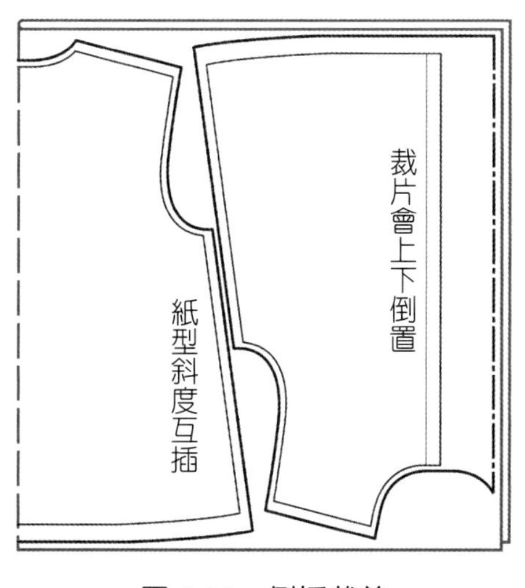

圖 1-28　倒插裁剪

15. **貼邊**（圖 1-29）：衣服裁片邊緣的收邊用布，例如衣服的前襟需要多留貼襯表布將裁片邊緣往內折，或無領無袖的開口處裁剪與領口、袖口同形狀的貼襯表布處理裁片邊緣。貼邊貼襯可使服裝開口處呈現平整的狀態，並使衣服穿著活動時若開口處外翻還是看見表布，不會顯現布料反面。

16. **重疊份（打合份）**（圖 1-29）：從中心線向外留出服裝開口處的重疊份量，例如衣服的前襟有交疊的份量才能縫上釦子，扣合後服裝呈現上下層重疊的狀態。

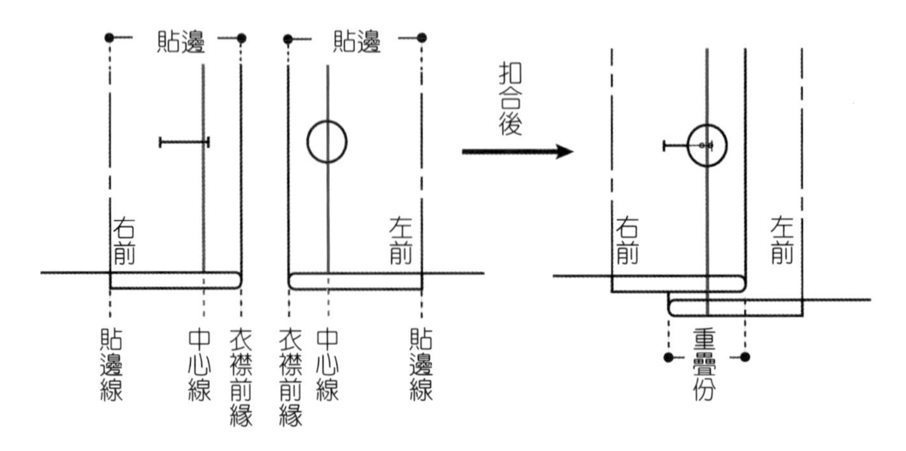

圖 1-29　貼邊與重疊份

17. **Yoke**（圖 1-30）：剪接布，成衣直譯為「約克」。依合身設計線條所作剪接的小裁片，常出現於男襯衫肩部，以雙層布料製作有補強剪接區塊的作用。

圖 1-30　Yoke 剪接設計

六、製圖符號

製圖時會以簡單的符號標示繪製線條代表的意義或裁剪縫製時應使用的方法，這些符號對於識圖非常重要，P39～P42 以圖示作簡要的說明。

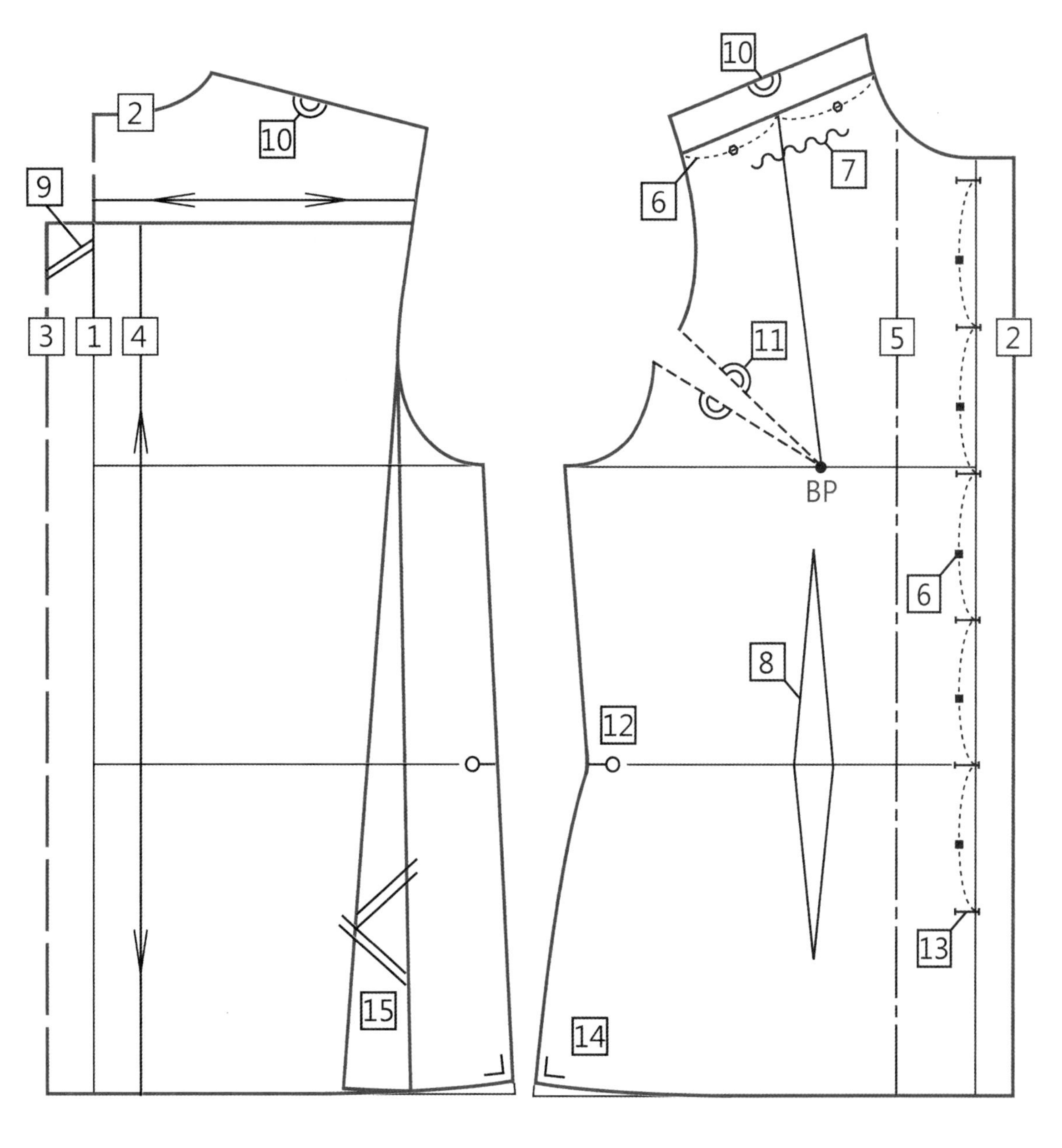

1 ——————— 製圖基準線　製圖的基本線條，以細線表示。

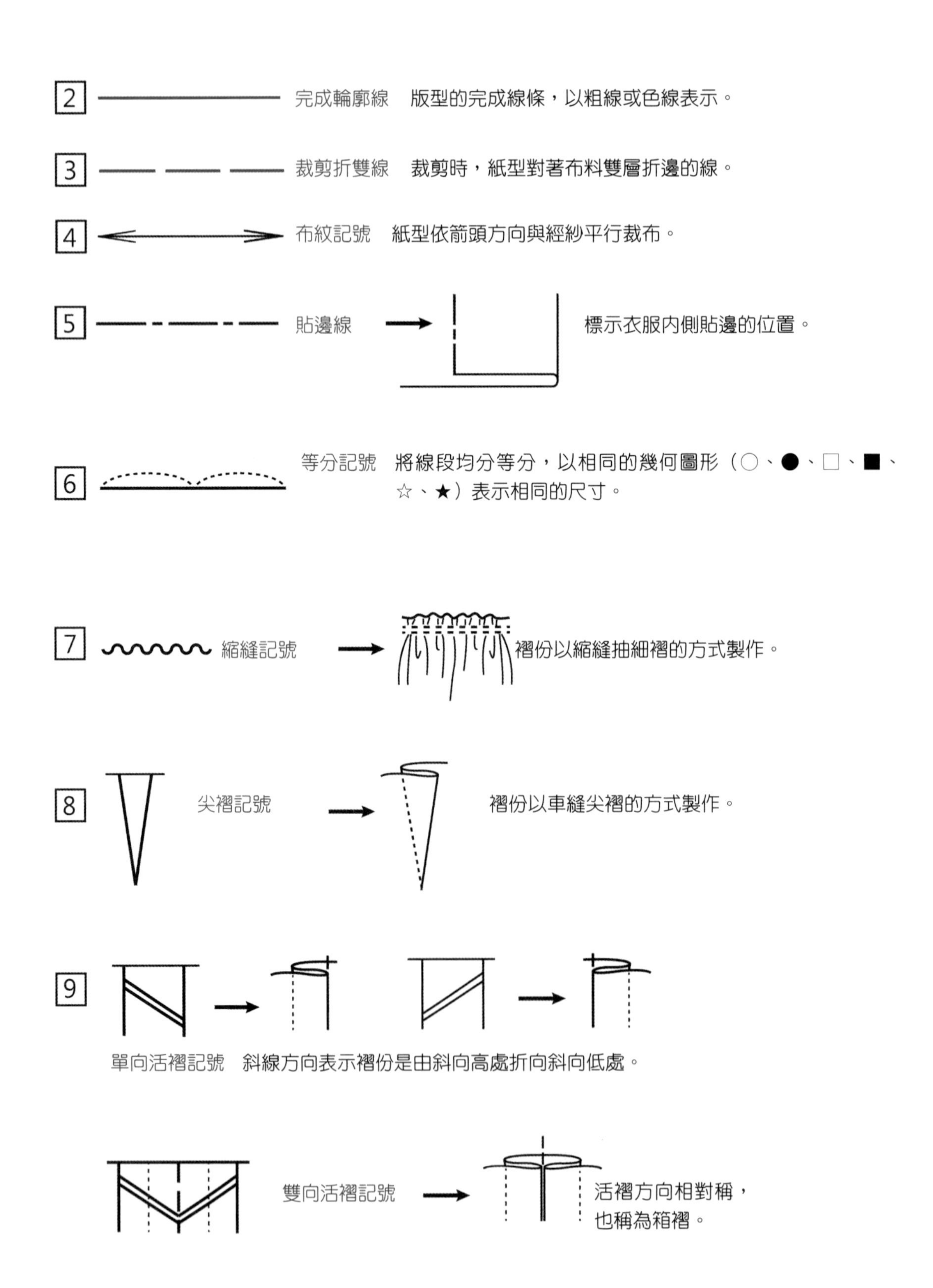
2
完成輪廓線　版型的完成線條，以粗線或色線表示。
3
裁剪折雙線　裁剪時，紙型對著布料雙層折邊的線。
4
布紋記號　紙型依箭頭方向與經紗平行裁布。
5
貼邊線
標示衣服內側貼邊的位置。
6
等分記號　將線段均分等分，以相同的幾何圖形（○、●、□、■、☆、★）表示相同的尺寸。
7
縮縫記號
襉份以縮縫抽細襉的方式製作。
8
尖襉記號
襉份以車縫尖襉的方式製作。
9
單向活襉記號　斜線方向表示襉份是由斜向高處折向斜向低處。
雙向活襉記號
活襉方向相對稱，
也稱為箱襉。

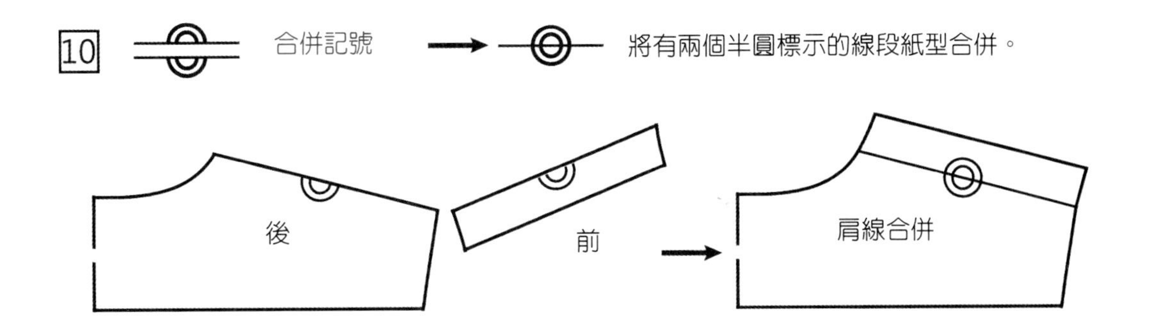

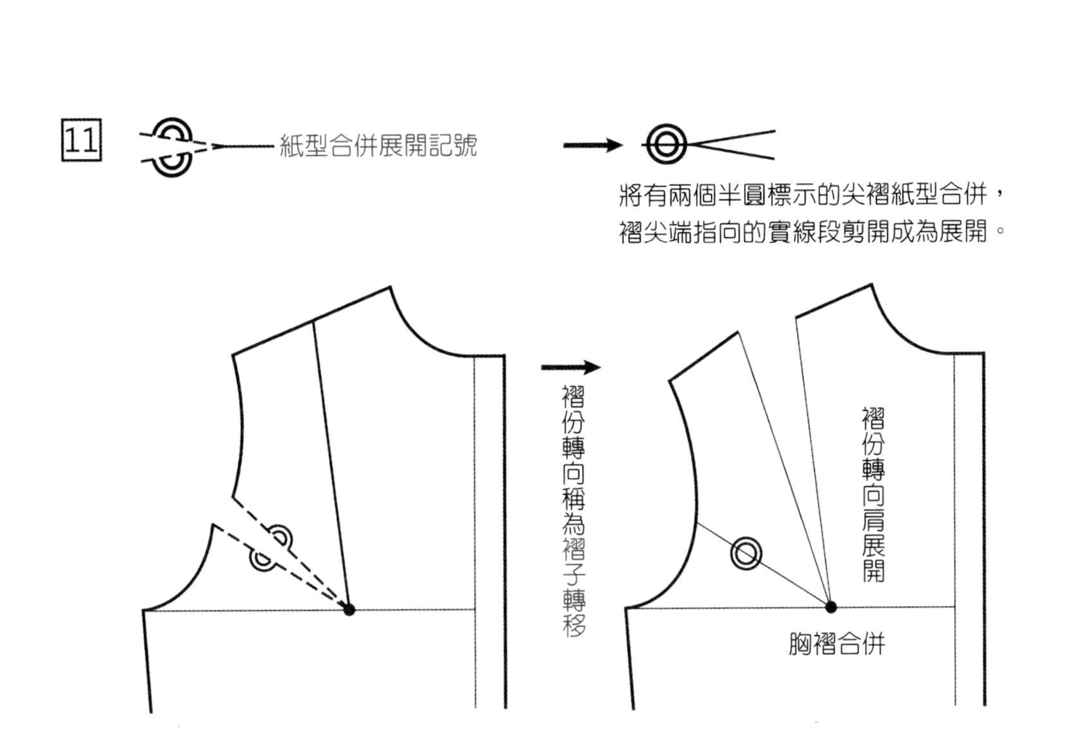

12 對合點、縫止點 標示車縫時要對合的位置或活褶、開衩的止點。

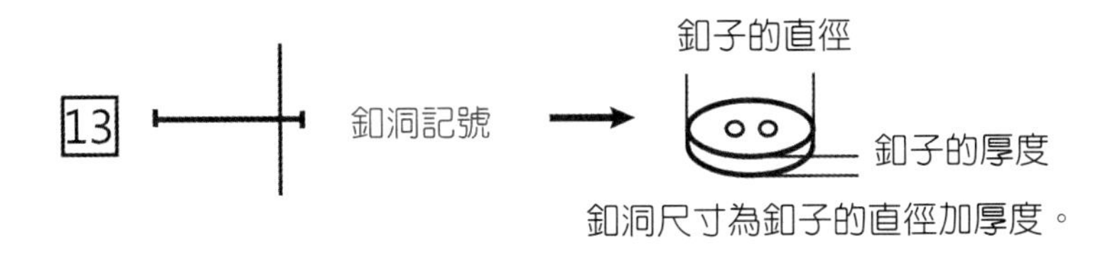

釦洞尺寸為釦子的直徑加厚度。

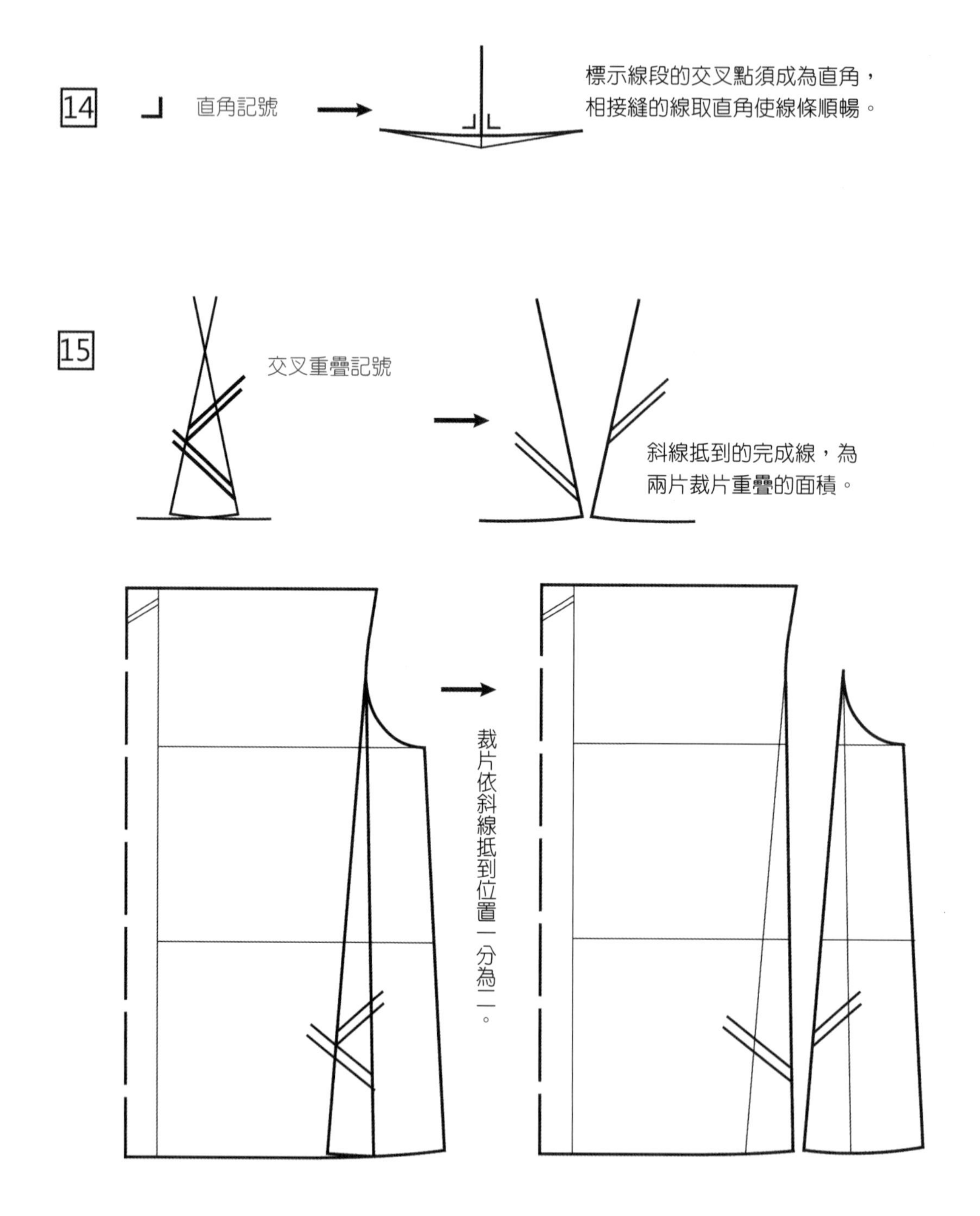
14
直角記號
標示線段的交叉點須成為直角，
相接縫的線取直角使線條順暢。
15
交叉重疊記號
斜線抵到的完成線，為
兩片裁片重疊的面積。
裁片依斜線抵到位置一分為二。

2

上衣原型結構

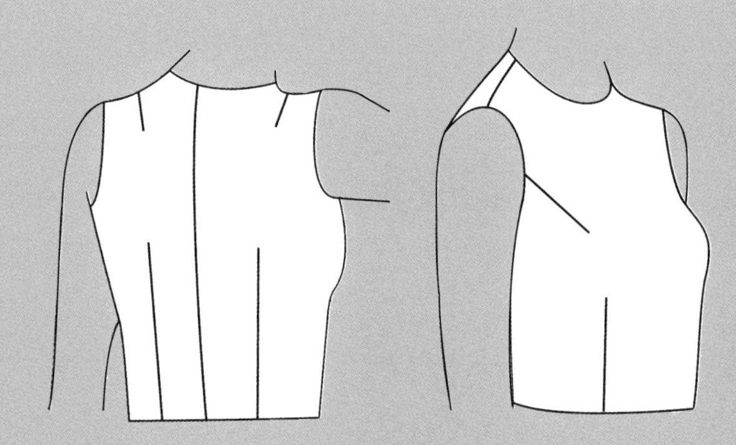

在製版的過程，會藉由人體工學的角度去分析版型結構面，畫出一個符合人體體型與活動機能性最基本要求的衣服形態版型作為「**原型**」。

一、關於原型

裙子常以窄裙為原型，褲子常以合身的直筒褲為原型（圖 2-1）[1]，上衣則以無領無袖及腰的短衫為原型（圖 2-2）。因為人體體型的差異，女子、男子、兒童各有原型，褶的份量與位置都不相同，即使是胸圍尺寸相同的男女，也不可共用同一原型版。

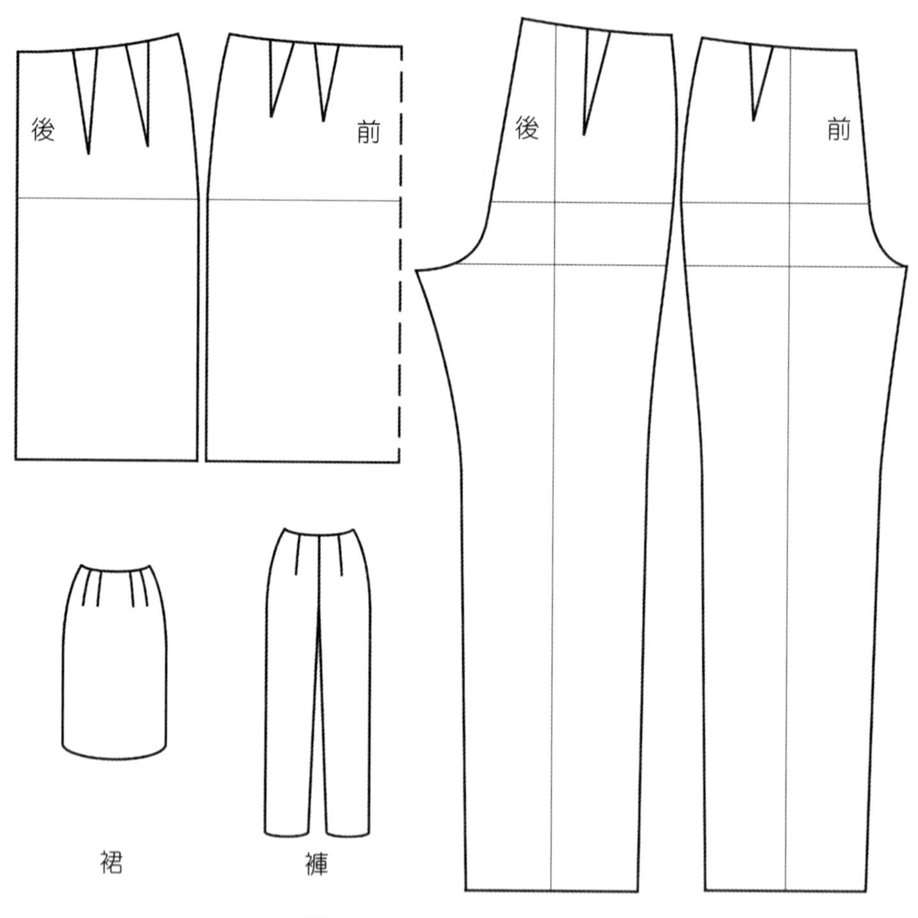

圖 2-1　下半身的服裝原型

---

[1] 裙褲打版參閱《一點就通的褲裙版型筆記》，夏士敏著，內容探討裙褲打版的基本理論與裁剪技術圖解，爲提供給初學入門者的自習書，西元 2018 年由台北五南出版社出版。

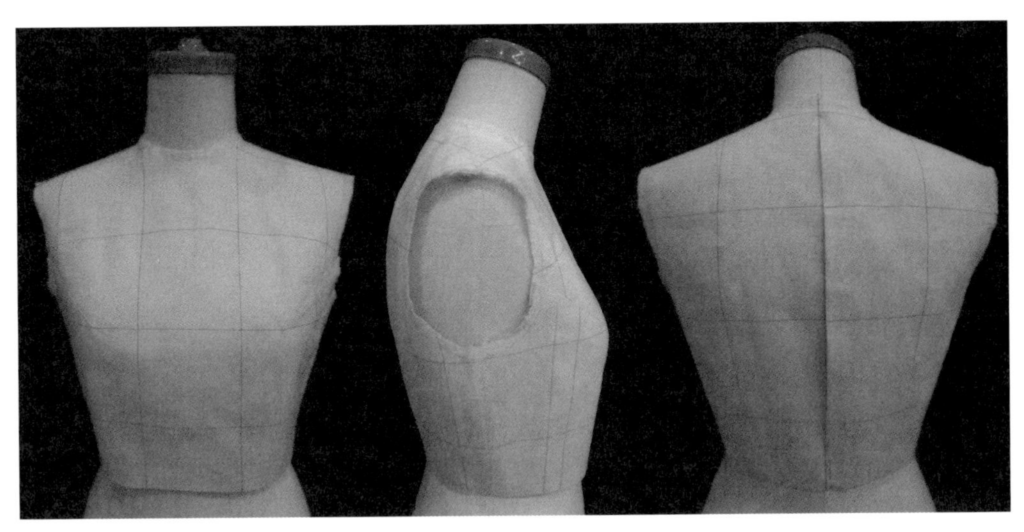

圖 2-2　女子上半身的服裝原型

女子的身體前胸乳房突起、腰部曲線明顯、臀部凸出。女裝強調體型曲線之美，原型打版習慣繪製右半身（圖 2-3）。

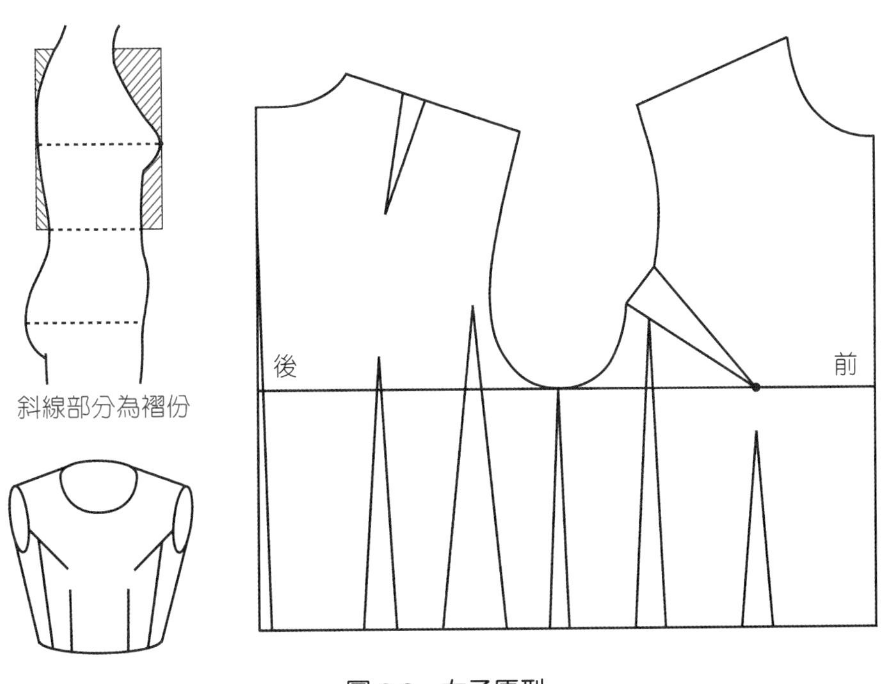

圖 2-3　女子原型

男子的身軀厚實、背肌隆起、腰部曲線不明顯、由肩寬至臀圍為上寬下窄的倒三角形。男裝強調體型挺拔、造型直筒無腰身曲線，原型打版習慣繪製左半身（圖 2-4）。

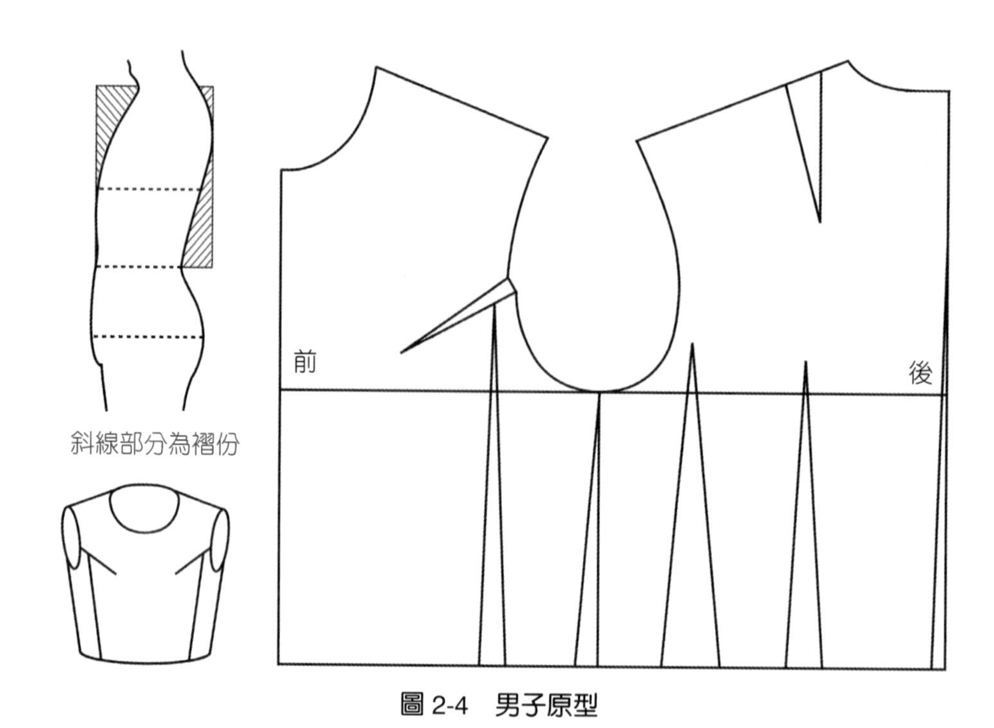

圖 2-4　男子原型

兒童不是成人的縮小版，不可將成人服裝版型縮小尺寸套用。學齡前兒童的體型沒有腰身、腹凸於胸，男、女童使用相同的原型圖版沒有差異（圖 2-5）。發育中的男、女童原型與成年男、女原型相似，與幼童原型圖版完全不相同。

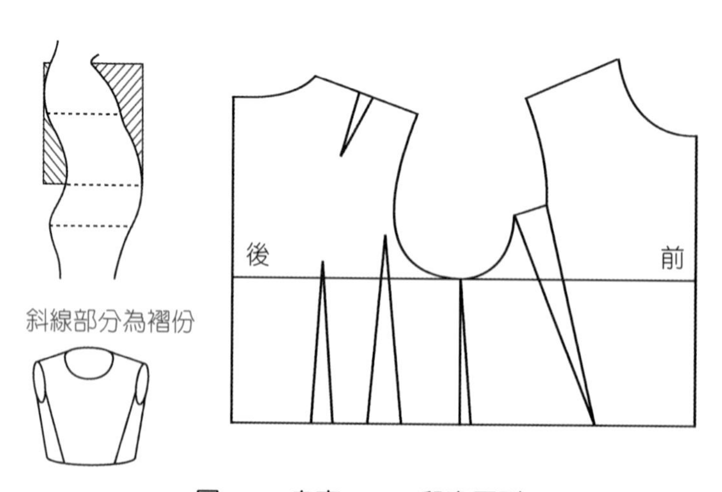

圖 2-5　身高 90cm 兒童原型

將人體的量身基準點在上衣原型架構圖面標示出來，更容易清楚衣服版型與人體尺寸的關聯性（圖 2-6）。黑色的量身基準點與線是打版繪圖時計測的依據，不會真實呈現在衣服上；紅色的輪廓線與褶線才是衣服構成的要點。因此不論用何種方式製作版型，只要能得到紅色的輪廓線與褶線，不一定要使用到黑色的量身基準點與線，例如立裁的方法。

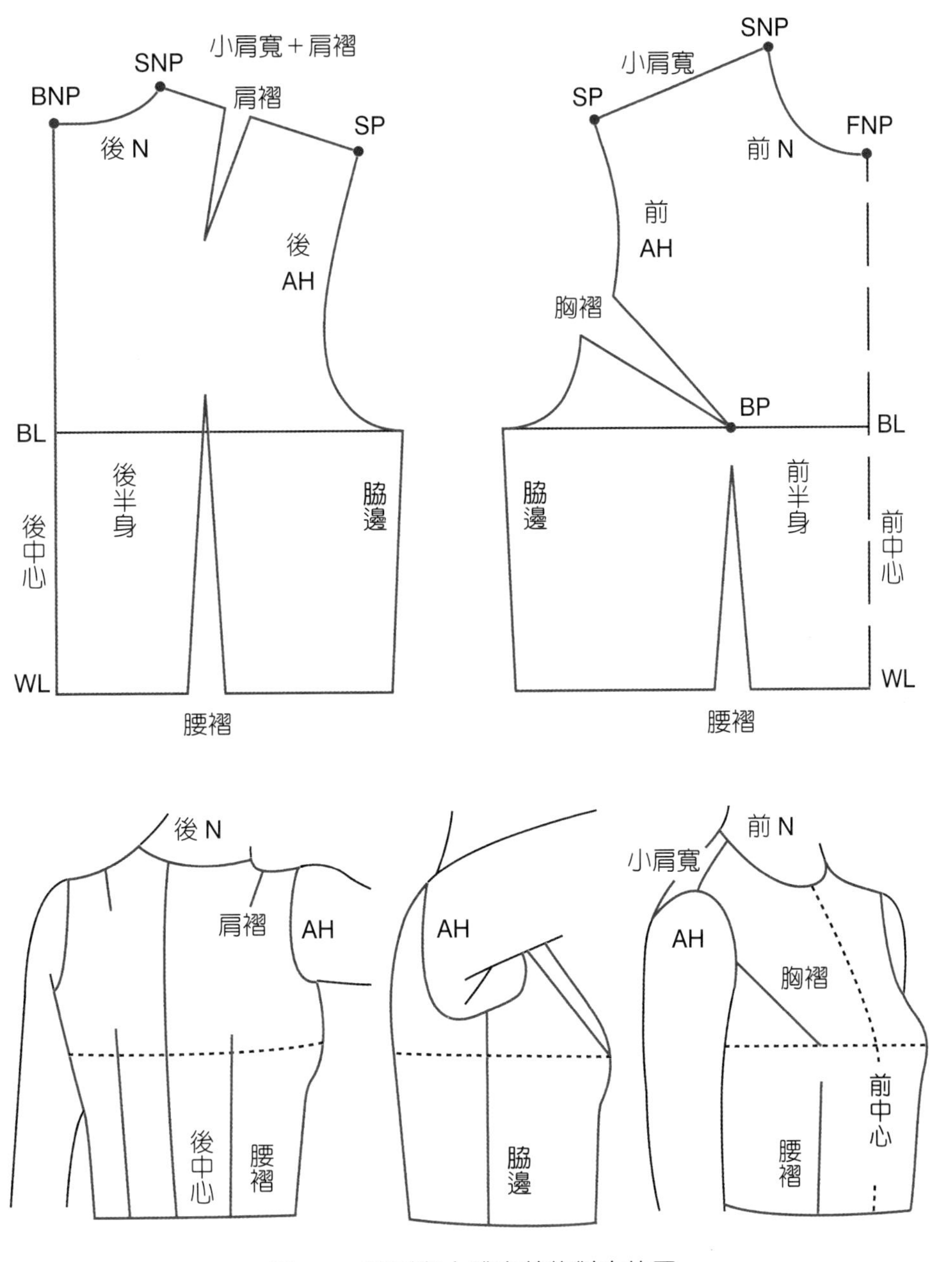

圖 2-6　原型與人體穿著的對應位置

從量身中觀察體型並了解量身尺寸與體型之間的關聯性，有助於版型的繪製與應用。由身體與原型的長度對應尺寸可以清楚看出「後長」為後上身最長尺寸，尺寸包含了肩胛骨的突起面；「前長」為前上身最長尺寸，尺寸包含了乳下長尺寸與乳房突起面；後長與前長即為上身原型的最長尺寸依據（圖 2-7）。

「後長」＞「背長」，後長－背長＝後領口深度尺寸；

「前長」＞「前中心長」，前長－前中心長＝前領口深度尺寸。

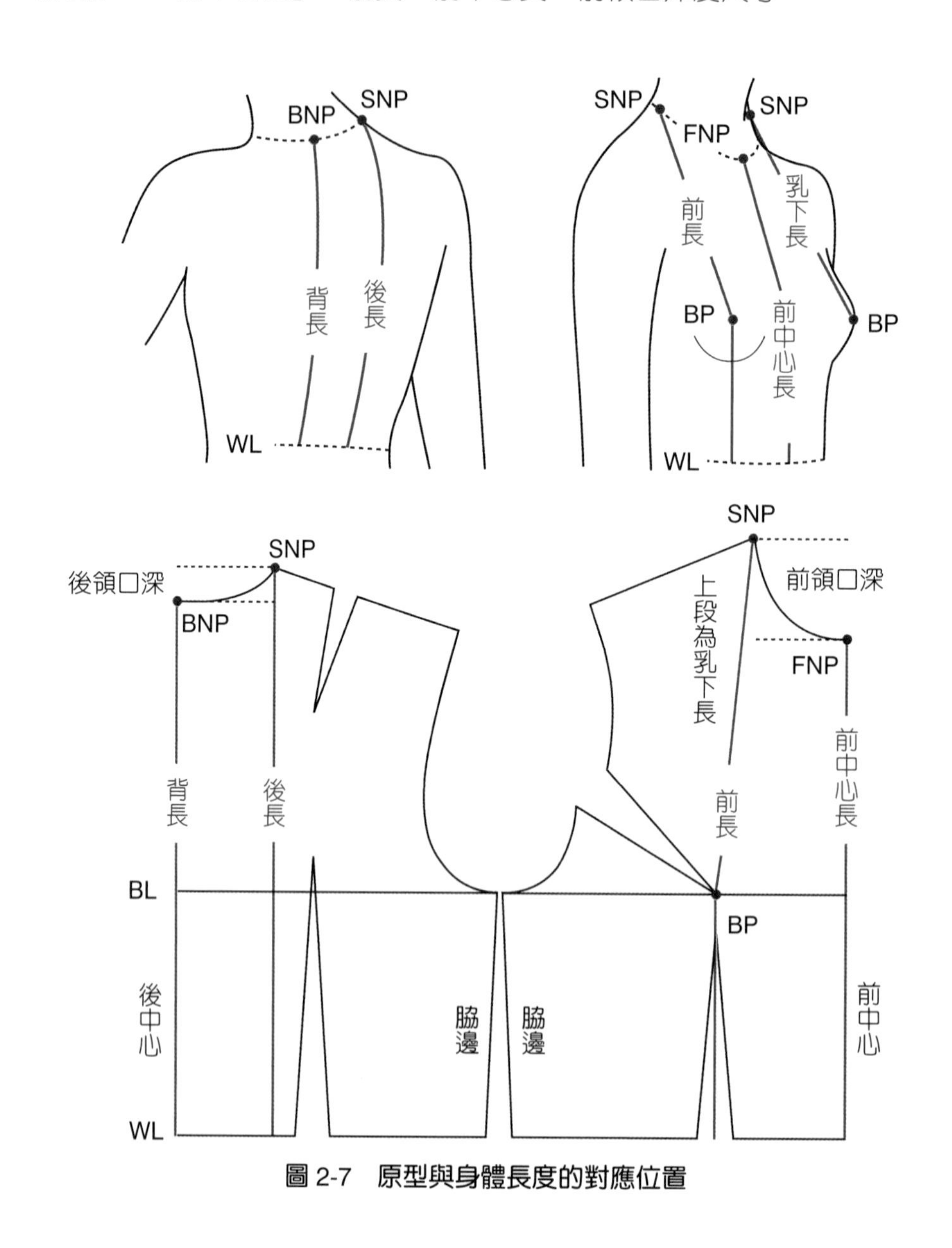

圖 2-7　原型與身體長度的對應位置

由身體與衣服的寬度對應尺寸可以看出：「胸圍」為上身最寬尺寸，尺寸包含了乳間寬尺寸與乳房突起面；胸圍即為上身原型的最寬尺寸依據（圖 2-8）。因應人體呼吸活動，原型圍度尺寸會加上胸圍尺寸的 10% 為鬆份量，一般原型所加的胸圍鬆份約 8～12cm。又因手臂往前活動，背寬活動鬆份需要較多，胸寬活動鬆份需要較少。製圖時「小肩寬」尺寸以前肩為主，前小肩寬＋肩襠份量＝後小肩寬。

測量人體尺寸：$\frac{背肩寬}{2}$ － 後小肩寬 ＝後領口寬度

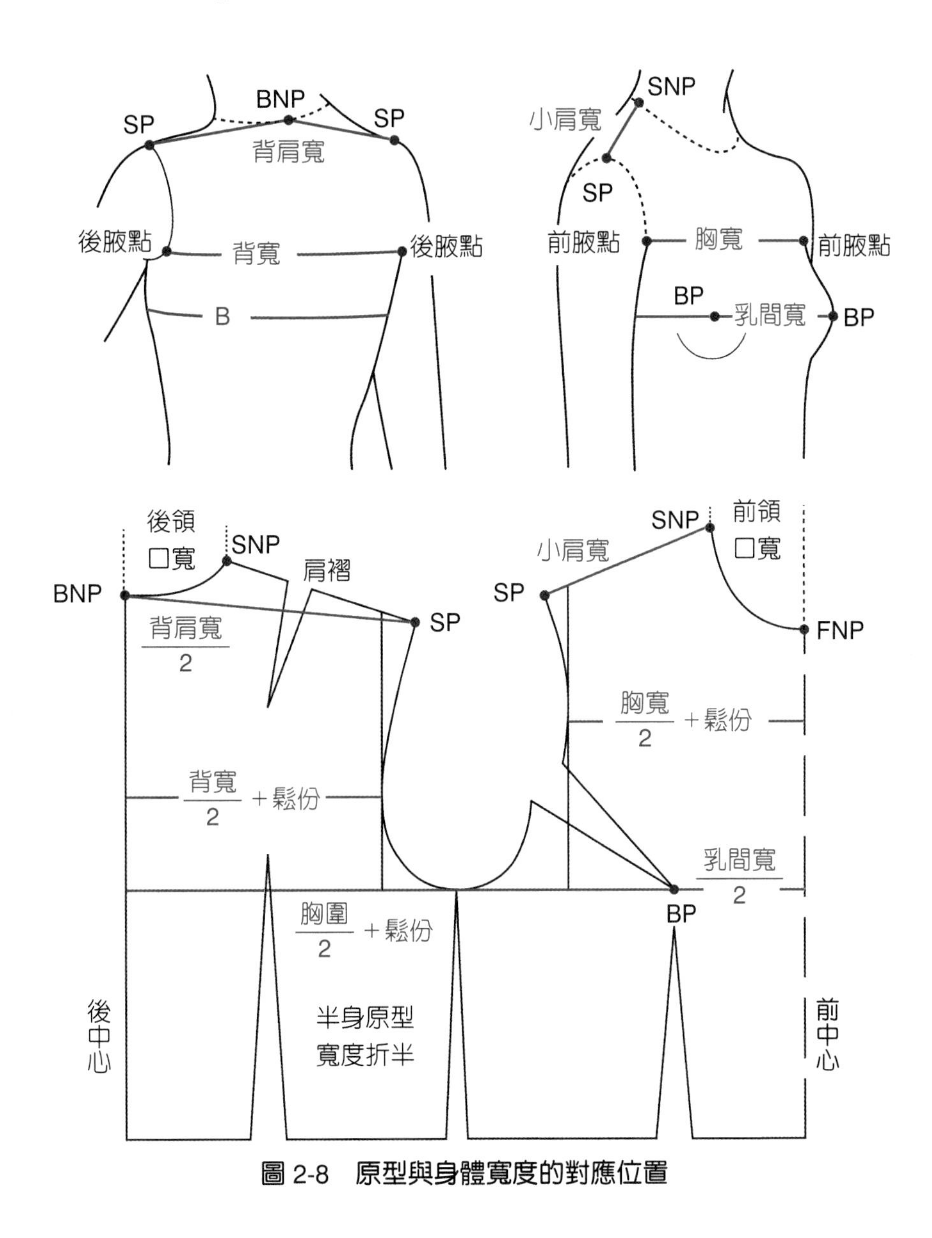

圖 2-8　原型與身體寬度的對應位置

在打版製圖的過程中，以原型為基礎針對服裝款式設計，再加以長短、寬窄的調整與結構線細節的變化，就能迅速地將圖版尺寸與人體形態結構作連結，對於製圖尺寸比較容易掌握。任何的服裝結構都可以有一個原型，讓學習者模仿與使用者衍變，因此原型應具備的條件是量身與製圖方法要簡單實用，合身度高且富機能性。日本文化學園大學的「**文化式原型**」因使用的量身尺寸少，適合還無法正確掌握量身尺寸的初學者，且教學資料系統完備，是台灣服裝教育界最常使用的原型，本書的論述即以「文化式原型」為基礎。[2]

文化式原型為日本文化裁縫女子學校創辦人並木伊三郎先生於大正十二年（西元 1923 年）因應教學需求，以胸圍與背長尺寸為基礎加入少量鬆份，應用尺寸換算比例繪製的原型。教學用的原型為適應大部分人的體型，會以多數人尺寸的平均值為製圖尺寸，也就是使用所謂的標準尺寸。標準尺寸並非適用於所有人，個人尺寸比例若與標準尺寸平均值有差異時，都需以試穿方式進行版型的補正。

文化式原型隨著人體體型的變化、生活形態的不同與當代對美感的要求，經過七階段的改良與修正，成為自西元 1984 年使用至今的「婦人原型」。西元 1999 年日本文化女子大學對原有的原型進行了最新的一次修正，以包裹身體原理的角度思考將原型從本質上做了與以往最大的變革，採用與成衣放縮量相關的數組不同比例計算公式繪製，胸部以下的布料呈現經緯紗垂直的狀態，前片呈現箱型，胸線、腰線、臀線皆保持為水平線，稱為「成人女子用原型」。為與之前使用的原型區別，也稱為「新文化式原型」（圖 2-17），將原來使用的「婦人原型」稱為「舊文化式原型」（圖 2-19）。

新文化原型與舊文化原型採用相同的量身方法取寸，舊文化原型使用的公式簡單容易繪製，可供參考應用的書籍資料較廣泛；新文化原型打版法較為複雜，但是版型結構漂亮，胸褶位置的改變更契合今日的女子體型。使用上衣原型繪圖時，要清楚胸圍、腰圍所含的鬆份量為多少，配合衣服型式來決定圍度寬鬆份的增減，並核對前長、後長、背長、肩寬等重點尺寸，就能確實掌握所做出的衣服尺寸。在教學系統中新、舊文化原型都有使用，只要了解上述的原型結構要點，便可運用自如。

---

2 「文化式」教學叢書可參閱中文版的《文化服裝講座》，實踐家專服裝設計科編，內容以「舊文化式原型」爲主；日文版的《服飾造型講座》，文化服裝學院編，內容以「新文化式原型」爲主。

二、新文化式原型（成人女子用原型）

製圖順序 1 →基本架構線

1. 長度取背長訂出 WL 位置。
2. 寬度取（胸圍尺寸＋基本需求鬆份）÷ 2，為半件原型寬度。
3. 以公式（$\frac{B}{12}$ ＋ 13.7）cm 訂出 BL 位置，也是原型袖襱的底線。
4. 前長尺寸由前中心 BL 位置往上加公式（$\frac{B}{12}$ ＋ 13.7）cm。
5. 胸圍線以上分為三部分，胸寬、背寬、側身的身體厚度。
6. 胸圍線以下以脇線分為前身、後身，胸圍尺寸前大於後，符合人體胸腰體型前大後小的結構比例，穿著時衣服與身體有較佳的平衡感與適應性。
7. 後領口寬（$\frac{B}{24}$ ＋ 3.6）cm，前領口寬（$\frac{B}{24}$ ＋ 3.4）cm，後領口寬大於前領口寬0.2cm。

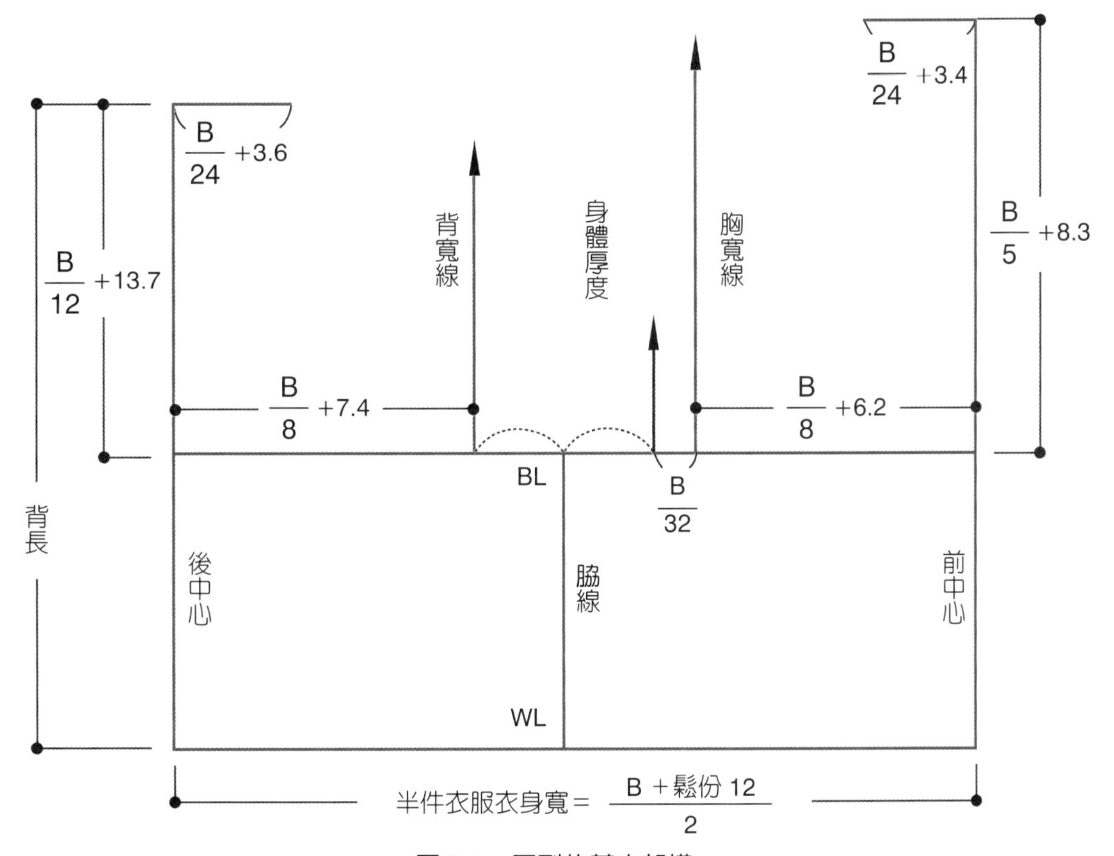

圖 2-9　原型的基本架構

8. 尺規取垂直、水平線段的方法：畫中心與胸圍的基準基本架構線需對正方格尺的格線，取得平行與垂直的線段（圖 2-10）。繪製正確版型的第一步就是圖版的基準線不可以歪斜，垂直線與平行線都必須正確。

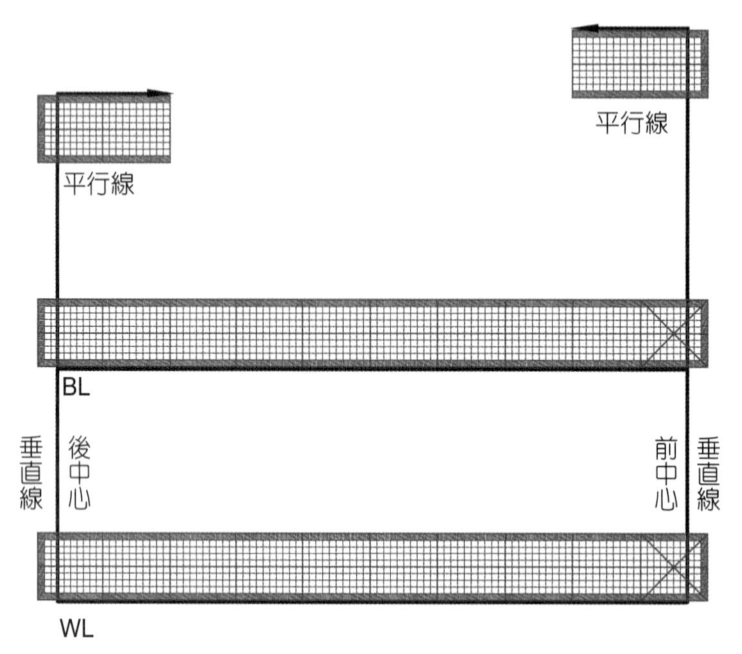

平行或垂直線條，都需正確地對齊方格尺內的格線。

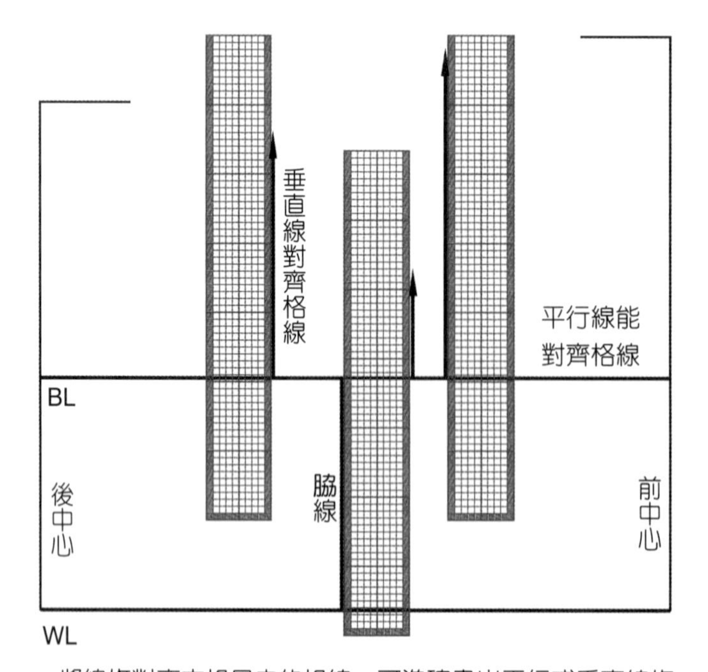

將線條對齊方格尺內的格線，可準確畫出平行或垂直線條。

圖 2-10　以方格尺對正平行與垂直線段

製圖順序 2 →肩斜與胸褶角度

1. 前肩斜角度 22°、後肩斜角度 18°，肩線前移符合人體前傾的體型特徵。
2. 胸褶的份量（$\frac{B}{12}-3.2$）cm，約 18.5°，胸部傾斜度強、BP 較高，服裝著裝狀態呈現優美的胸部線條。
3. 不使用量角器，可用正切函數計算方式以直角三角形的畫法取得角度（圖 2-11）。
4. 使用量角器測量，以 SNP 為基準水平高度，取肩斜角度；以 BP 與袖襱 G 點連線為基準線，取胸褶角度（$\frac{B}{4}-2.5$）°（圖 2-12）。
5. 前領口寬（$\frac{B}{24}+3.4$）cm，前領口深（$\frac{B}{24}+3.9$）cm，前領口深大於前領口寬 0.5cm。

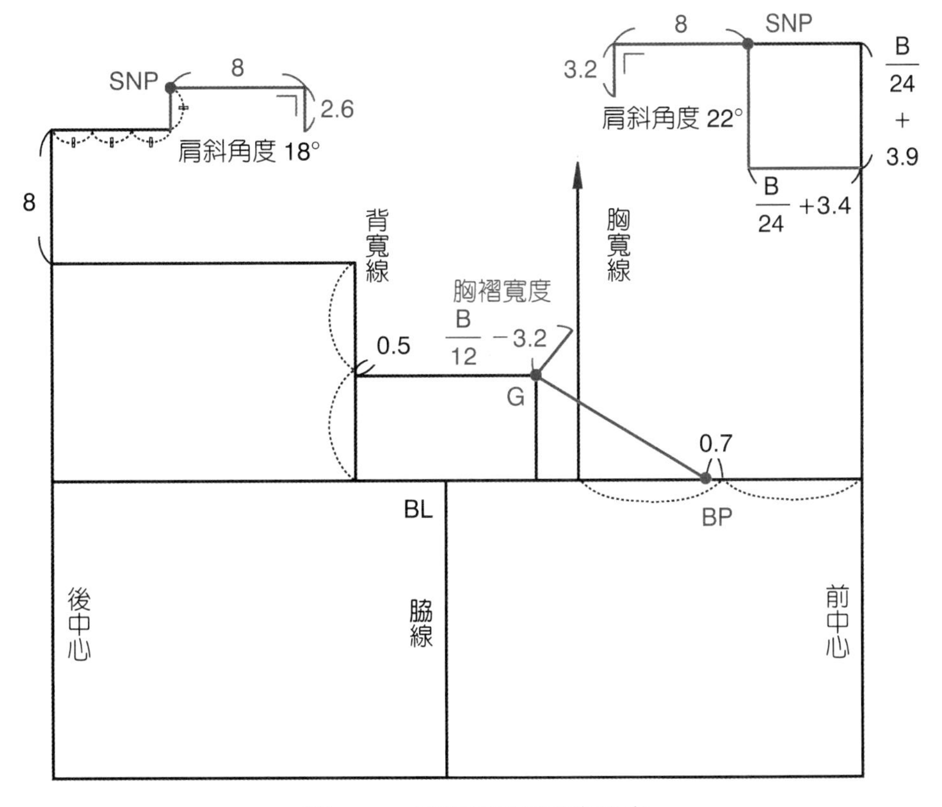

圖 2-11　以直角三角形畫角度

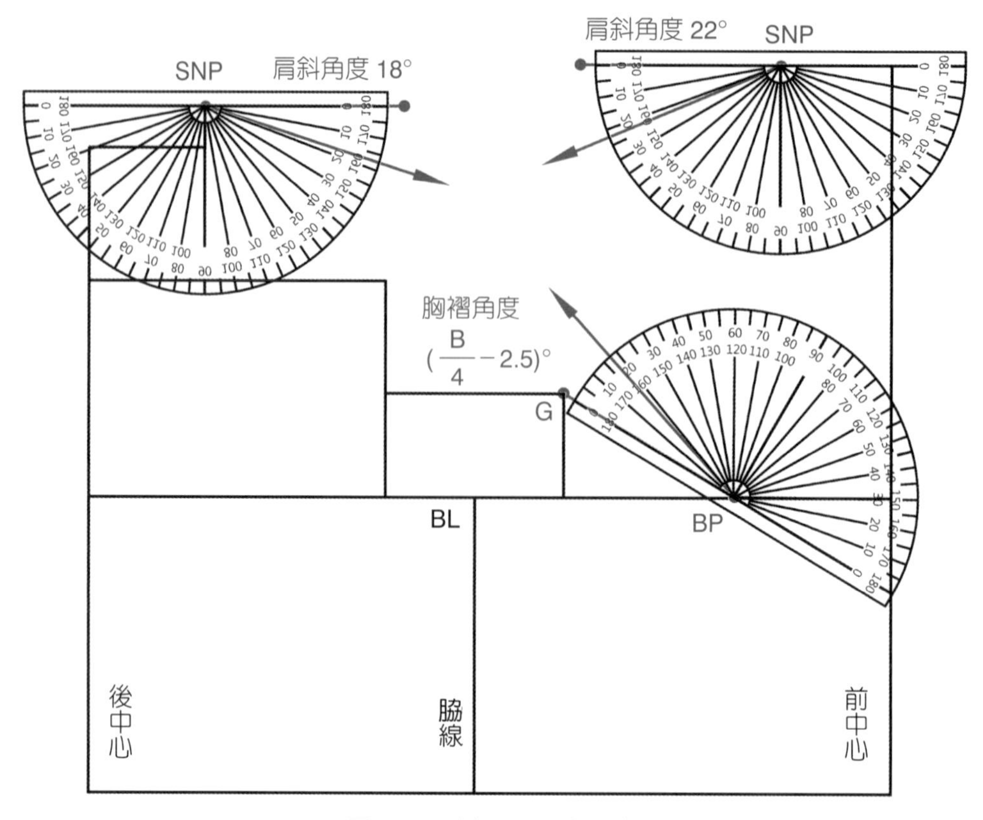

圖 2-12　以量角器畫角度

製圖順序 3 →肩線與領圍曲線、袖襱曲線

1. 後肩含做出肩胛骨突起面的肩褶，肩褶的份量（$\frac{B}{32}-0.8$）cm。
2. 先畫前肩尺寸，再依據前肩尺寸畫出後肩尺寸，後肩尺寸＝前肩尺寸＋後肩褶份（圖 2-13）。
3. 後領圍線在後中心線 BNP 處維持領寬$\frac{1}{3}$的直線，後領圍線在前中心線 FNP 處需保持直角。領圍線為弧線，在前、後中心仍應維持水平線，中心沒有取水平線時，若左右對稱、裁片取雙中心會成為尖角（圖 2-14）。
4. 尺規取領圍曲線的方法：方格尺與彎尺並用分段畫線，以方格尺在領口取小段水平線，再用 D 彎尺畫順領圍曲線（圖 2-15）。
5. 袖襱曲線由肩點沿胸寬線、背寬線畫弧線，分段畫線至 BL 位置，袖襱的底線應呈現如蛋形橢圓弧度的袖襱底線（圖 2-16）。

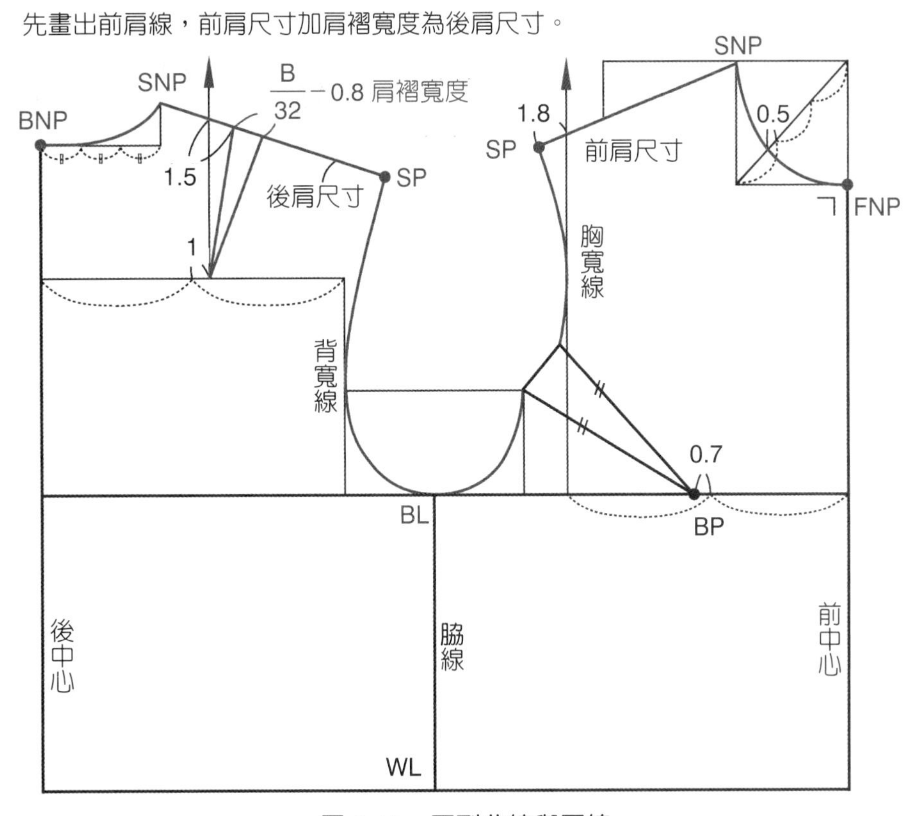

圖 2-13　原型曲線與肩線

尺規線段的取法

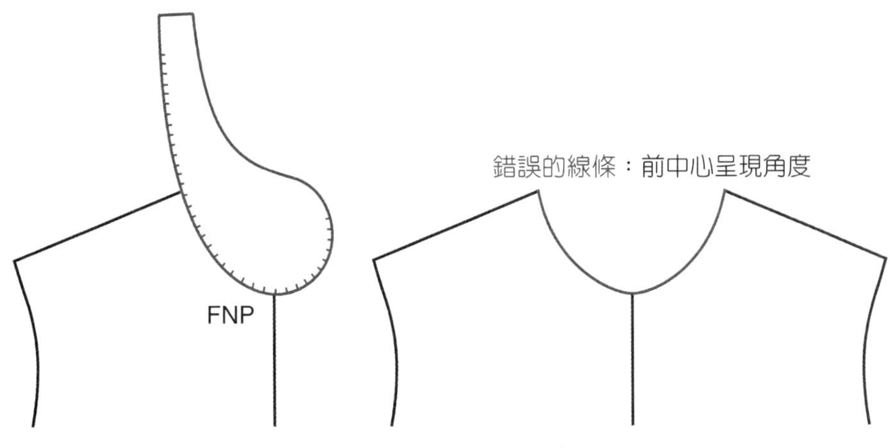

圖 2-14　錯誤的領圍曲線畫法

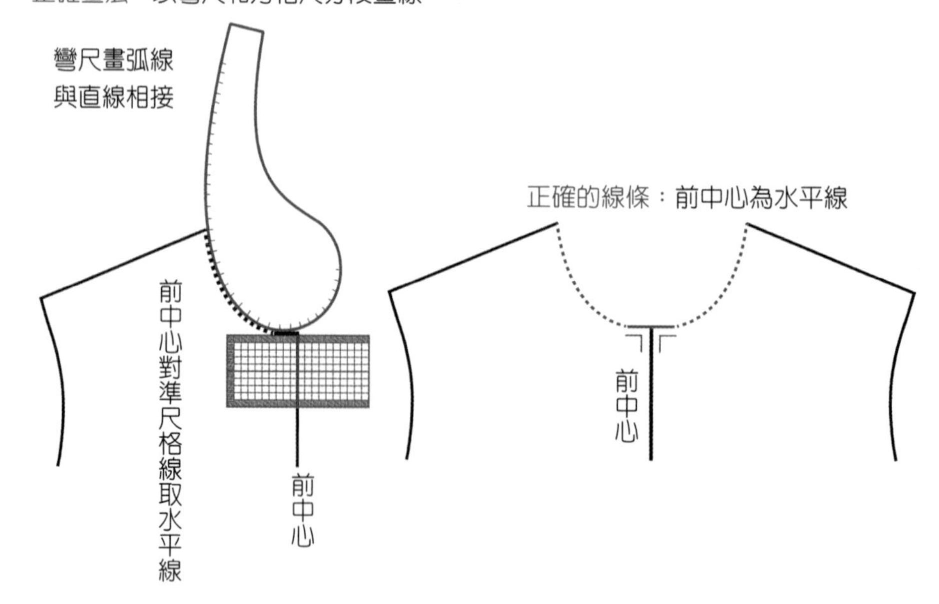

圖 2-15　正確的領圍曲線畫法

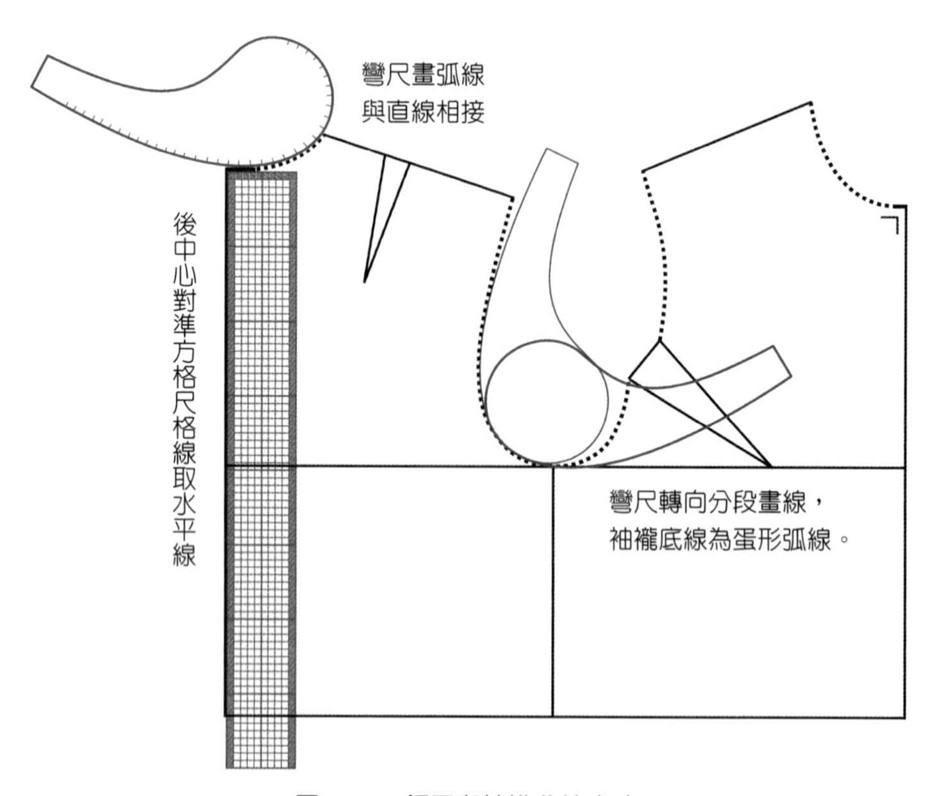

圖 2-16　領圍與袖襱曲線畫法

製圖

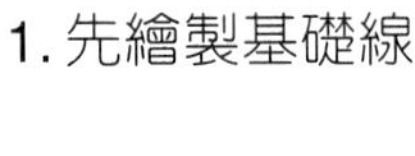

1. 先繪製基礎線

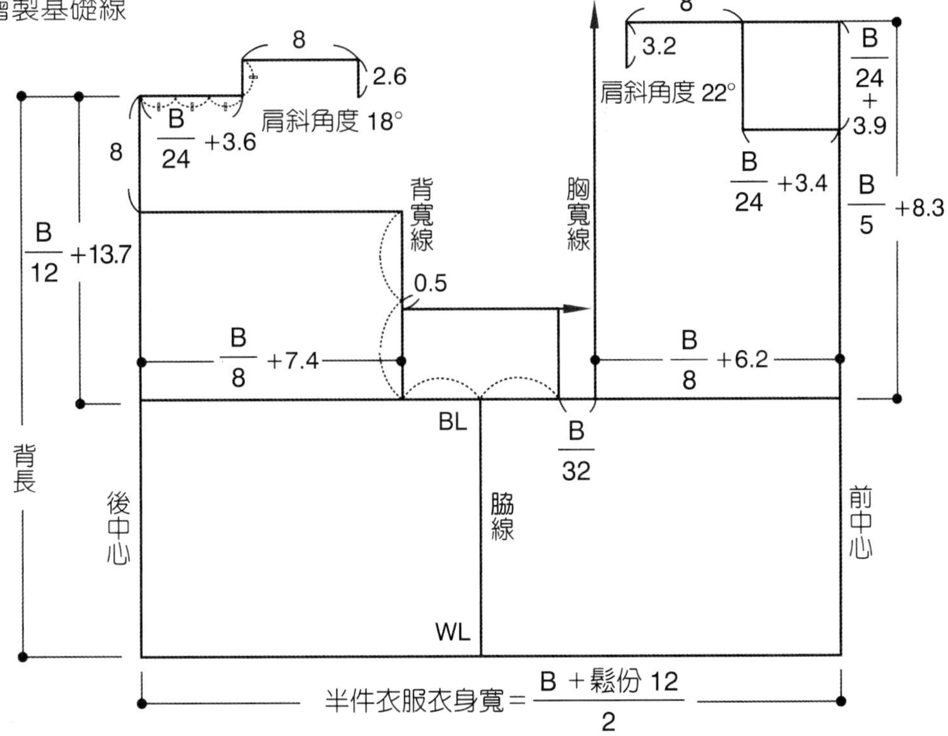

2. 再繪製輪廓線

先畫出前肩線，前肩尺寸加肩褶寬度為後肩尺寸。

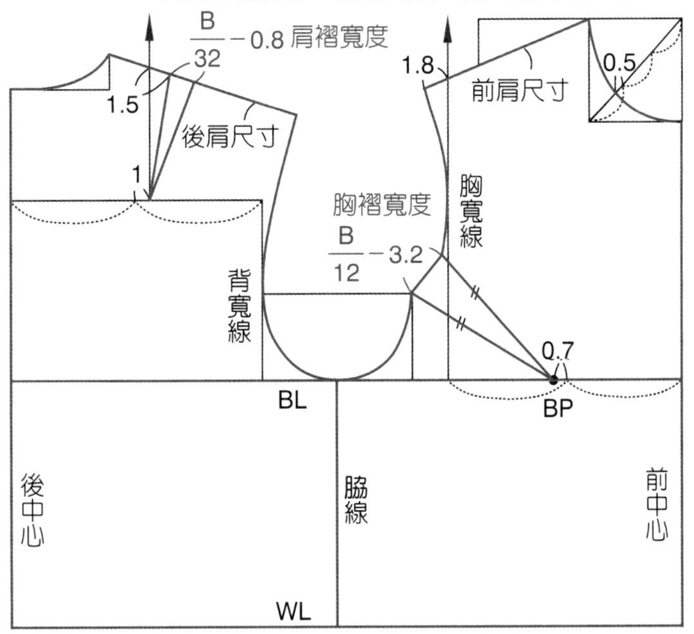

圖 2-17 新文化女子原型製圖

3. 胸褶為乳房高度做出胸部立體感，以袖襱褶呈現，在胸圍線上指向 BP，與胸圍線下的腰褶明確區分。
4. 腰褶份量為胸腰差，以立體裁剪的方式由身體的各突起面取得腰褶分配位置，有前腰、前脇、脇線、後脇、肩胛骨下後腰與後中心共十一褶（圖 2-18）。
5. 胸圍鬆份 12cm、腰圍鬆份 6cm，前脇褶、後脇褶、後肩胛骨下褶與後中心褶都經過胸圍線，扣除了部分胸圍鬆份，胸圍鬆份僅剩胸圍尺寸的 10%。
6. 製作腰身寬鬆的服裝不需製作腰褶，製作半合身式的服裝也不需十一腰褶全部製作，不凸顯腰身的原型只需畫出肩褶與胸褶即可。沒有製作前脇褶、後脇褶、後肩胛骨下褶與後中心褶，自然沒有扣除部分胸圍鬆份，胸圍鬆份仍為 12cm。
7. 原型為打版製圖的基礎，學習衣服打版前應將原型圖，以厚紙板或透明膠板製作成「**原型板**」，方便後續打版可重複使用。

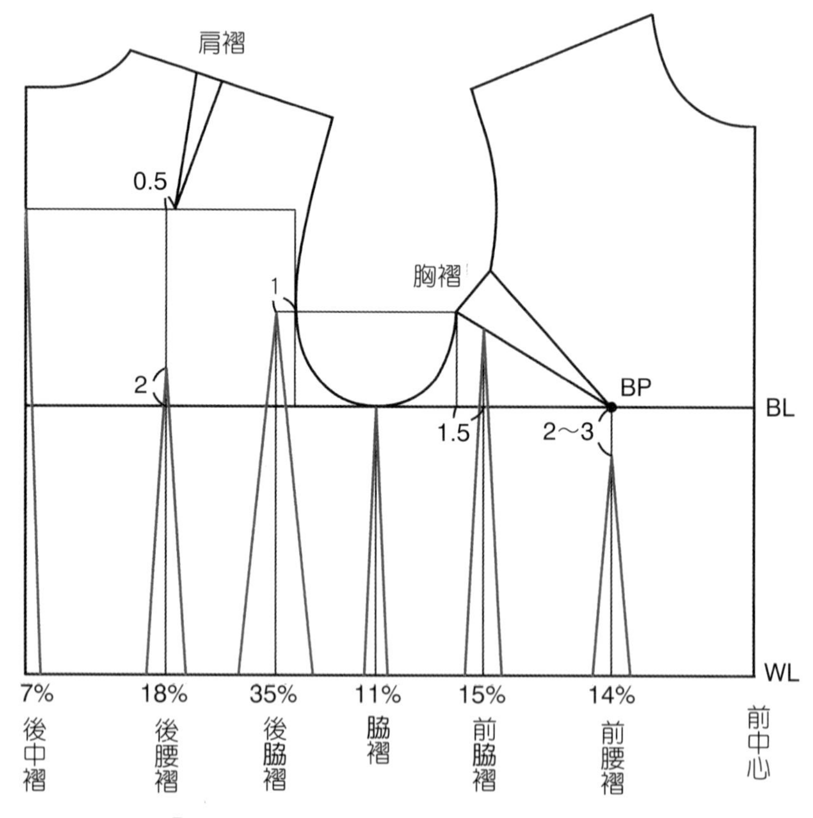

半件腰褶量 $=(\frac{B}{2}+6)-(\frac{W}{2}+3)$，再依各褶所占百分比份量分配腰褶量

圖 2-18　新文化女子原型腰褶分配

三、舊文化式原型（婦人原型）

1. 先繪製基礎線

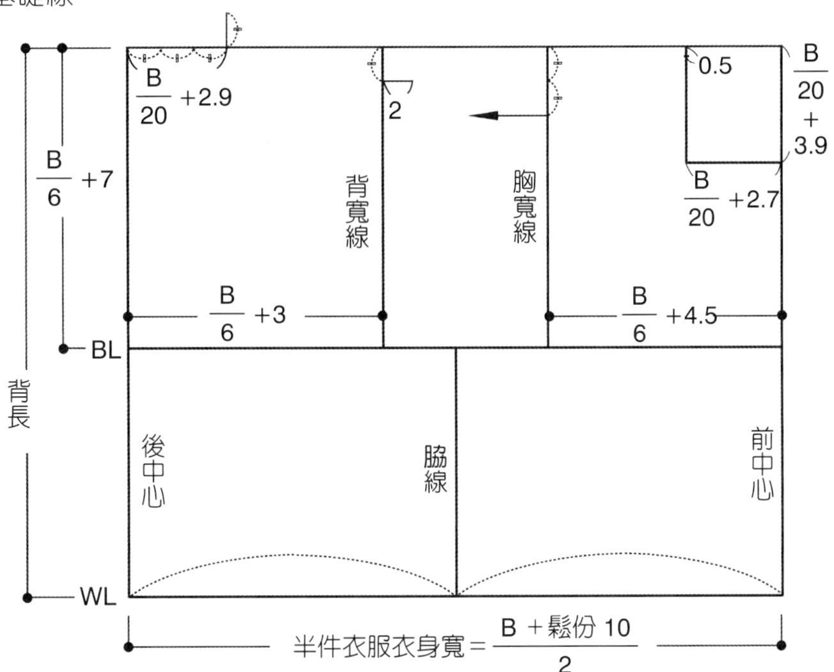

2. 再繪製輪廓線

先畫出前肩線，後肩尺寸扣除肩褶 1.8 為前後線尺寸。

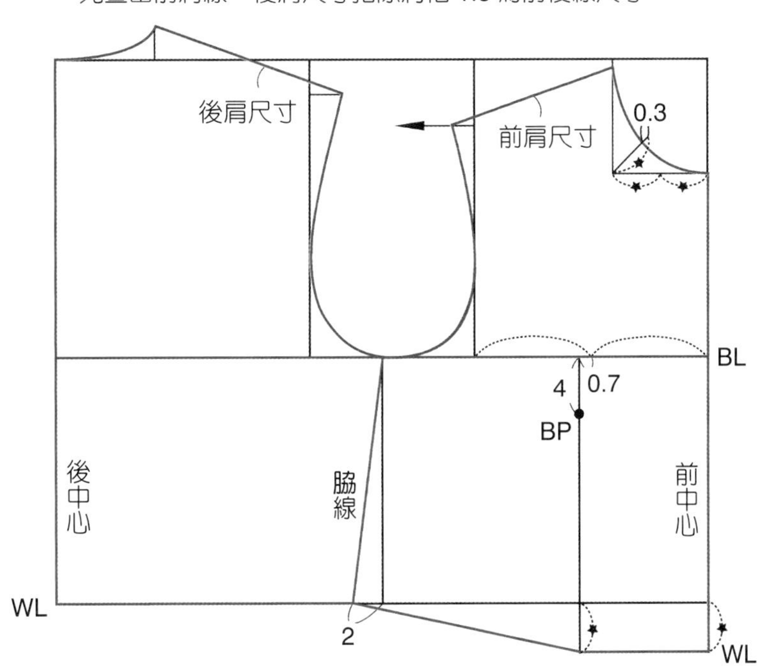

圖 2-19　舊文化婦女原型製圖

3. 前肩斜角度 20°、後肩斜角度 19.5°，肩線偏後。肩斜角度依胸圍比例算出，但實際人體體型胸圍尺寸與肩斜度相關性低，並非正比。所以大胸圍尺寸者肩斜與體型會有誤差，應做試穿補正。
4. 前片胸褶的份量約 13°，就現今女性體型而言，前長不足、胸褶份量偏小，易造成壓胸的效果。使用於繪製衣版，應加長前長尺寸並加大胸褶份量。
5. 胸褶為加長前長尺寸，以「**前垂份**」的方式呈現，BP 不在胸圍線上、褶份在胸圍線下，因此腰線為胸下向脇側縮短的斜線。
6. 胸圍鬆份 10cm、腰圍鬆份 4cm，原型胸圍尺寸前後片相同，穿著時脇線向後傾斜。
7. 腰褶份量的分配（圖 2-20）：腰褶共有六褶，前身腰褶全集中於胸下一個大尖褶，會形成前身凸面陡而不自然的外型；後身腰褶為脇褶與後肩胛骨下方腰褶，通常在繪製衣版時會依款式重新定位腰褶位置與褶份量。

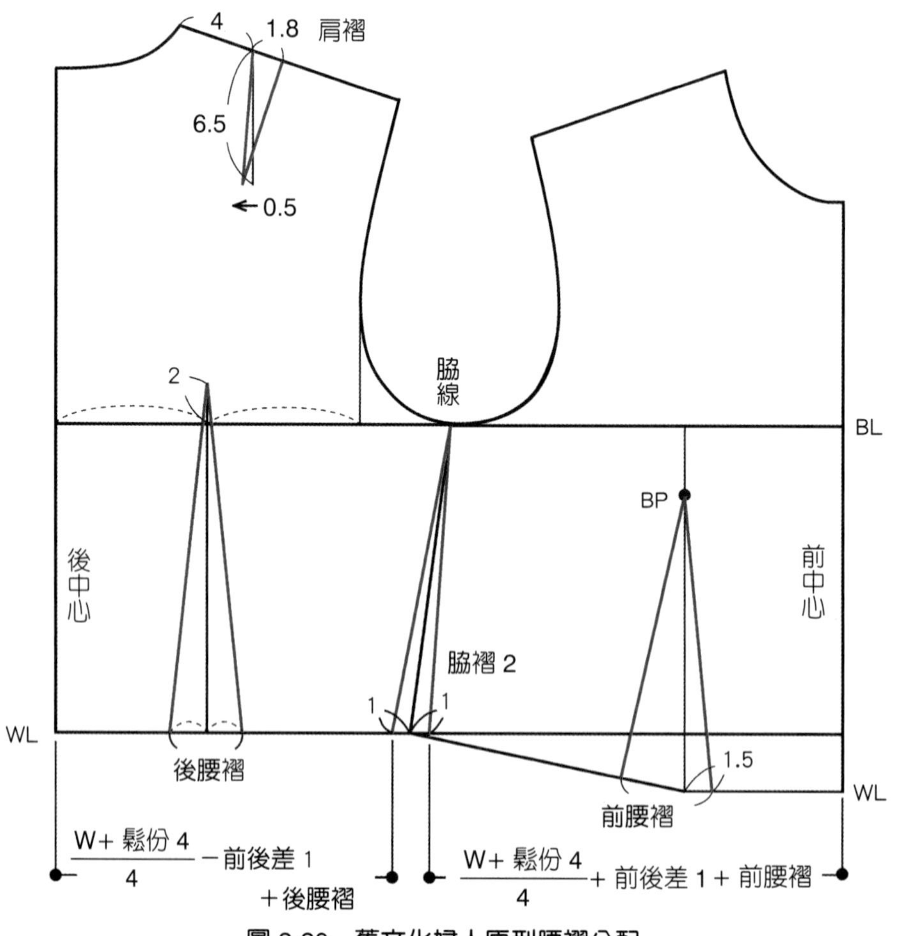

圖 2-20　舊文化婦人原型腰褶分配

8. 使用前片原型時，腰線若含前垂份畫成水平線，前後片的脇邊線會不等長，產生前後差。前後差即是前垂份，將前垂份上移畫成脇褶，褶尖指向 BP，就能明瞭舊文化原型胸褶份的呈現方式（圖 2-21）。

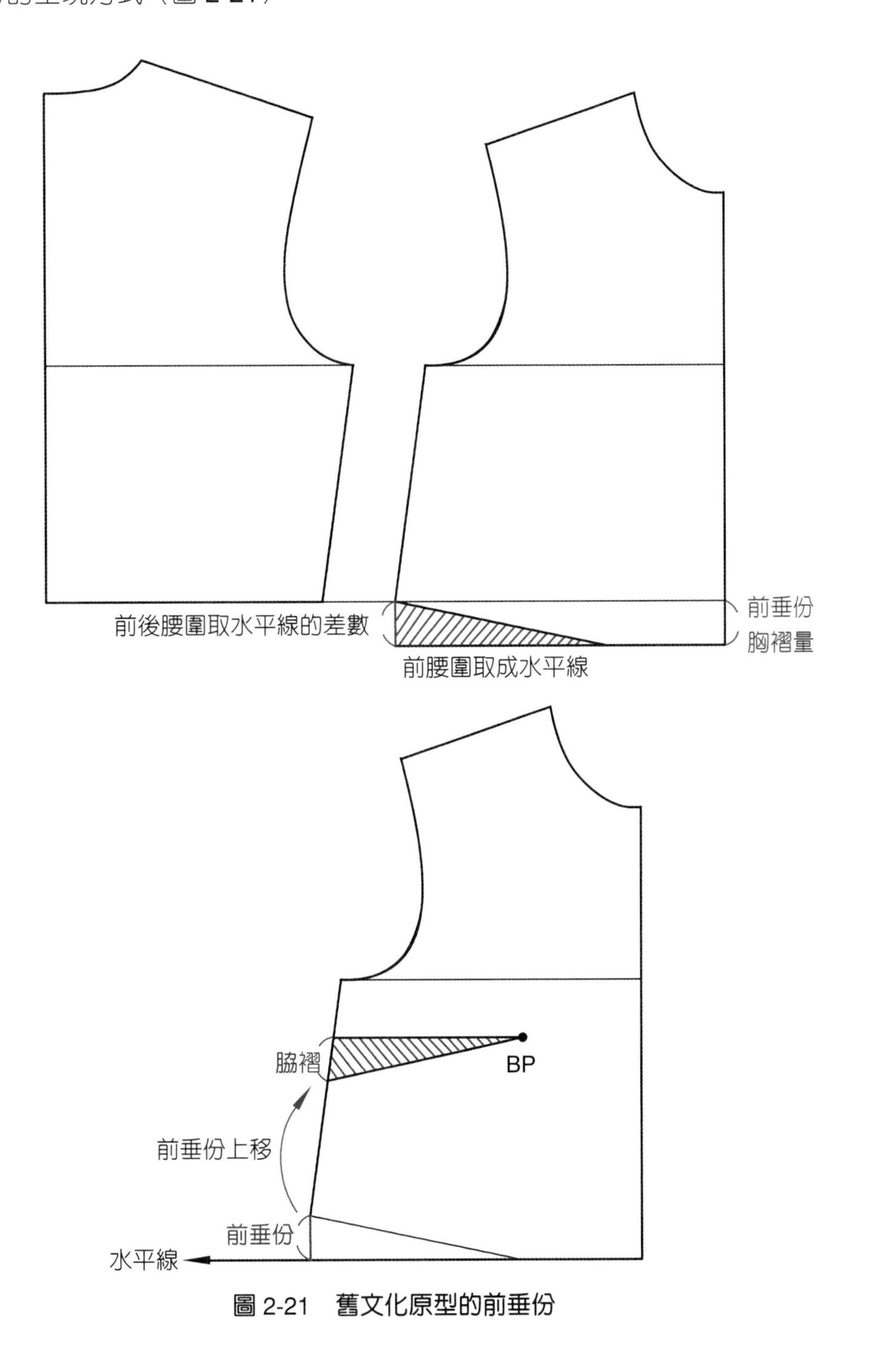

圖 2-21　舊文化原型的前垂份

9. 新文化原型可利用將胸褶轉移方向的方式，將前身的袖襱胸褶轉移至胸下為腰褶，就可取得與舊文化原型形式上的一致，看出兩者版型的差異（圖 2-22）。

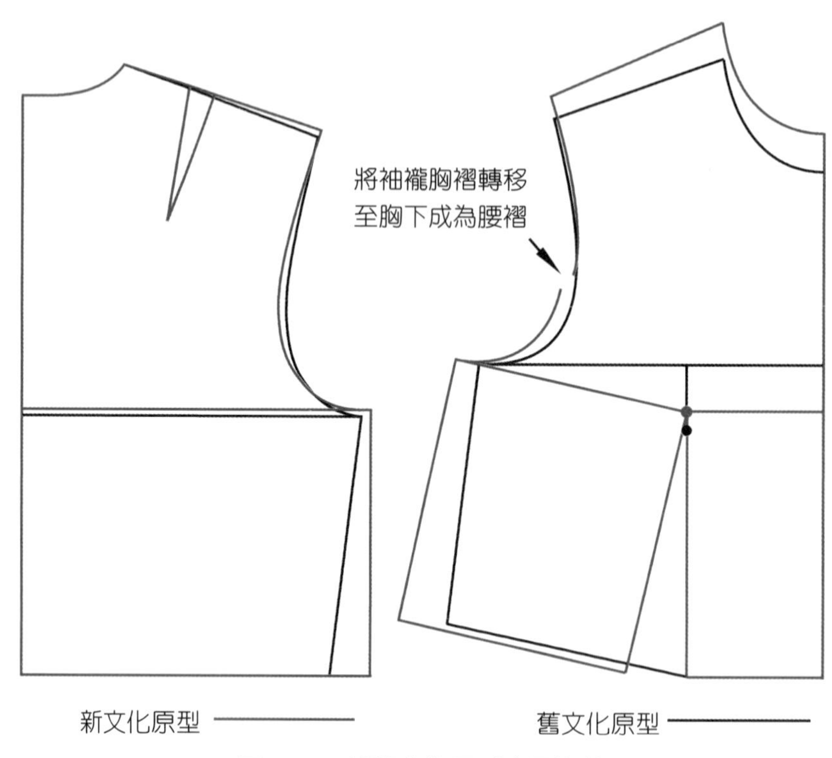

圖 2-22　新舊文化原型交疊比較

四、新文化式男子原型

1. 參考尺寸：男子的體型與女子不同，量身位置亦不同，胸部尺寸取通過後腋點的水平圍度 **CL**（**Chest line**），腰圍尺寸取骨盆髖骨上 2cm 的水平圍度，參考日本工業規格（JIS）92JY5 體型標準尺寸如下表。[3]

18～29 歲	胸圍	腰圍	臀圍	背長	腰長	衣長	長袖	身高
標準尺寸	92	74	88	45	17	80	58	170

[3] 男裝打版參閱《メンズウェア 1（体型　シャツ　パンツ）》，日本文化服裝學院編，內容探討男裝打版的基本理論與裁剪技術圖解，西元 2005 年 6 月 1 日年由日本文化出版局出版。

2. 先繪製基礎線

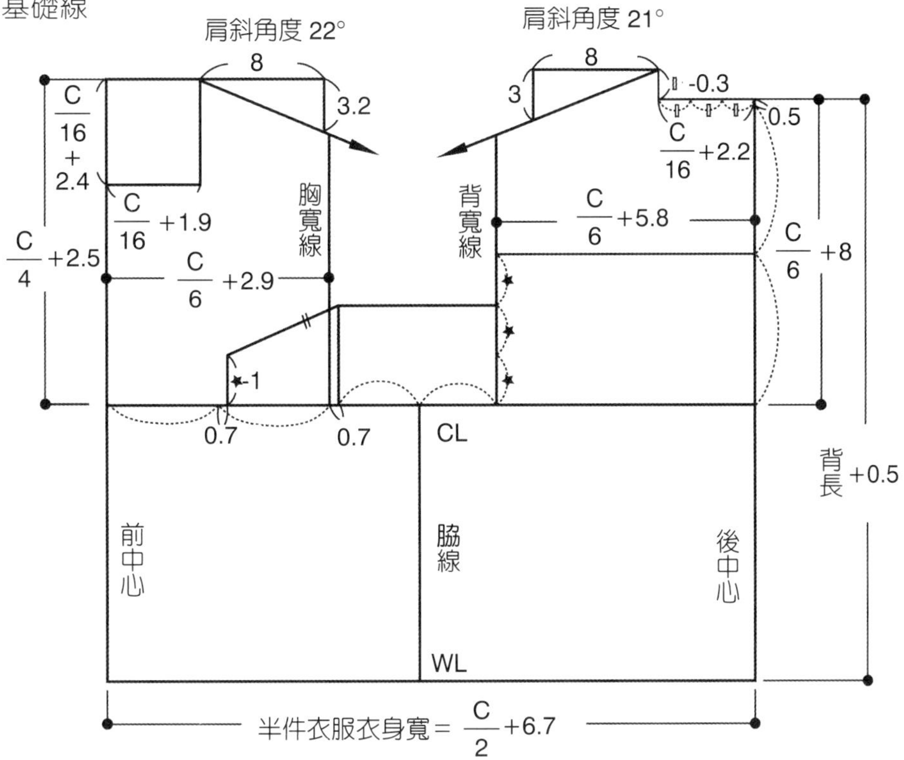

3. 再繪製輪廓線

先畫出前肩線，前肩尺寸加肩褶份為後肩尺寸。

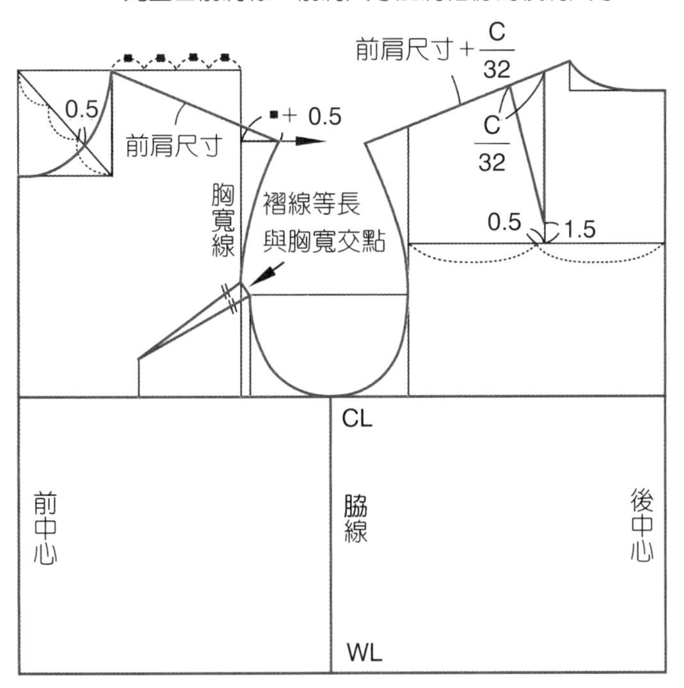

圖 2-23　新文化男子原型製圖

4. 前肩斜角度 22°、後肩斜角度 21°，與相同胸圍尺寸的女原型做比較，肩寬尺寸大、前長尺寸短。
5. 胸褶的份量小，只是為做出胸部造型，不同於女裝是以大份量的胸褶凸顯胸部線條。通常在繪製襯衫版時會將胸褶份量忽略不做處理，成為前袖襱的鬆份量；肩褶份量可利用 Yoke 剪接線處理，也可忽略不做處理，成為後袖襱的鬆份量。繪製外套版時會將胸褶與肩褶份量忽略成為袖襱的鬆份量，或部分轉移至領口加寬領口寬度。
6. 胸圍鬆份 13.4cm、腰圍鬆份 8cm，男裝造型比女裝平、挺，穿著時有較大的寬鬆份，衣服比較離體可以掩飾體型。
7. 腰褶份量的分配：腰褶份量為胸腰差，由身體的各突起面取得腰褶分配位置，有前脇、脇線、後脇、肩胛骨下後腰與後中心共九褶（圖 2-24）。通常在繪製襯衫版時會忽略不做處理成為鬆份量；外套版依設計款式重新定位腰褶位置與褶份量。

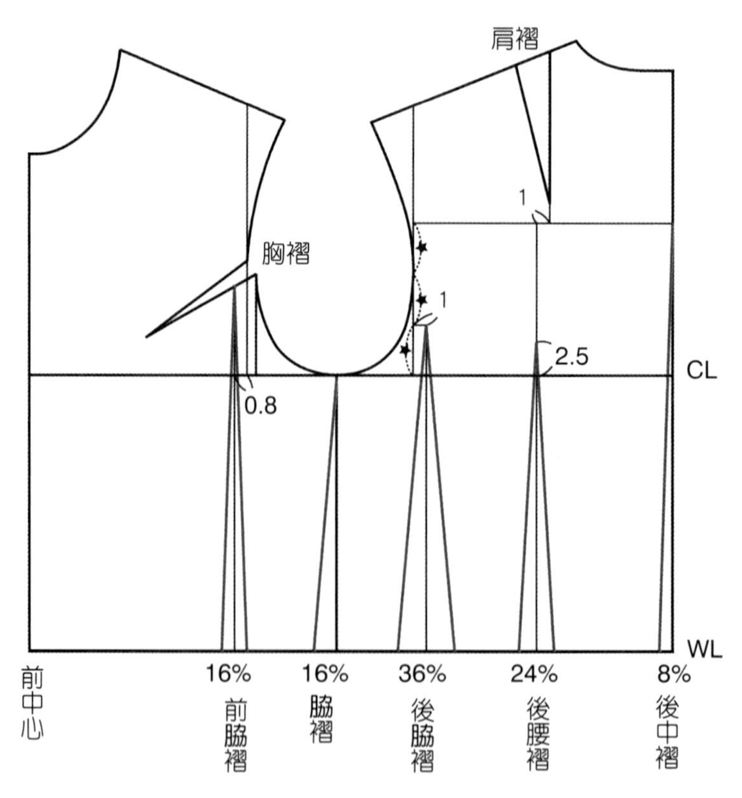

半件腰褶量 $=(\frac{C}{2}+6.7)-(\frac{W}{2}+4)$，再依各褶所占百分比份量分配腰褶量

圖 2-24　新文化男子原型腰褶分配

五、新文化式兒童原型（身高90cm）

1. 量身位置：胸圍尺寸取通過BP的水平圍度，腰圍尺寸取腹部凸面最高處的水平圍度。

2. 先繪製基礎線

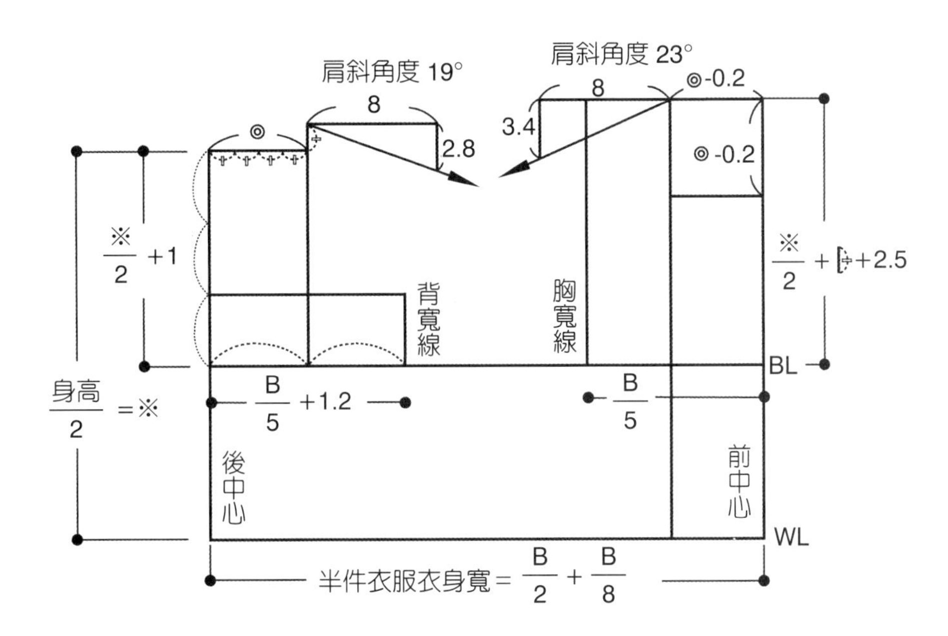

3. 再繪製輪廓線

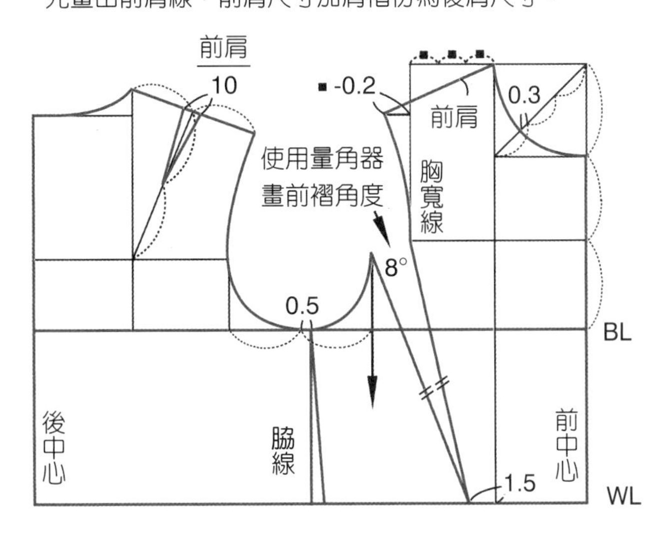

圖 2-25　新文化兒童原型製圖

4. 參考尺寸：兒童的體型頭大腿短，年齡愈小頭身比愈大，隨著年齡增長四肢拉長，年齡愈大頭身比愈小。文化式兒童原型學齡前幼童男女共用，以身高區別分為身高 90cm 原型與身高 110cm 原型，學齡發育中兒童以身高 140cm，分為男童原型與女童原型。[4] 參考日本工業規格（JIS）體型尺寸標準如下表：

身高	胸圍	腰圍	臀圍	背長	長袖
90	53	50	54	22.5	29
110	58	52	60	26.5	38
140	70	60	74	女 33 男 34	45

5. 前肩斜角度 19°、後肩斜角度 23°，胸圍鬆份、腰圍鬆份 6cm。前身褶的長度至腰線，以做出腹部的突起面，通常在繪製衣版時會將褶份做合併處理，成為有前垂份的版型（圖 2-26）。

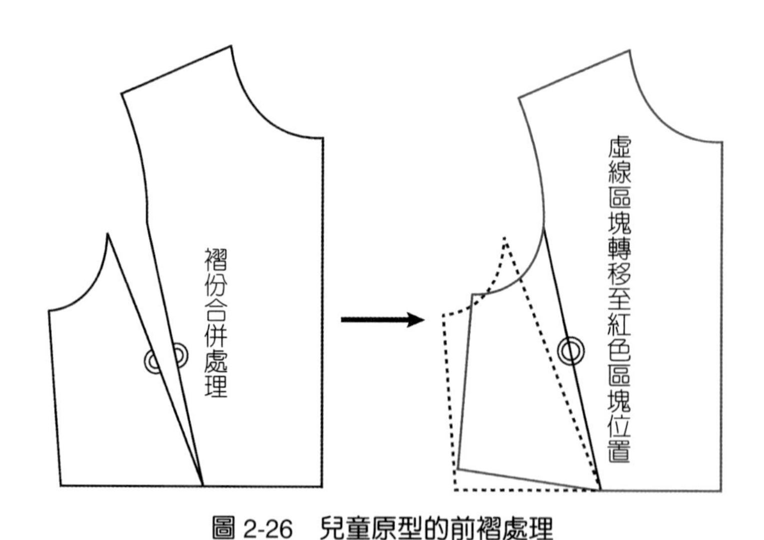

圖 2-26　兒童原型的前褶處理

4 童裝打版參閱《服飾造形講座 (8) 子供服》，日本文化服裝學院編，內容探討童裝打版的基本理論與裁剪技術圖解，西元 2007 年 3 月 1 日年由日本文化出版局出版。

6. 腰褶份量的分配：腰褶份量為胸腰差，由身體的各突起面取得腰褶分配位置，有脇線、後脇、肩胛骨下後腰共六褶（圖 2-27）。

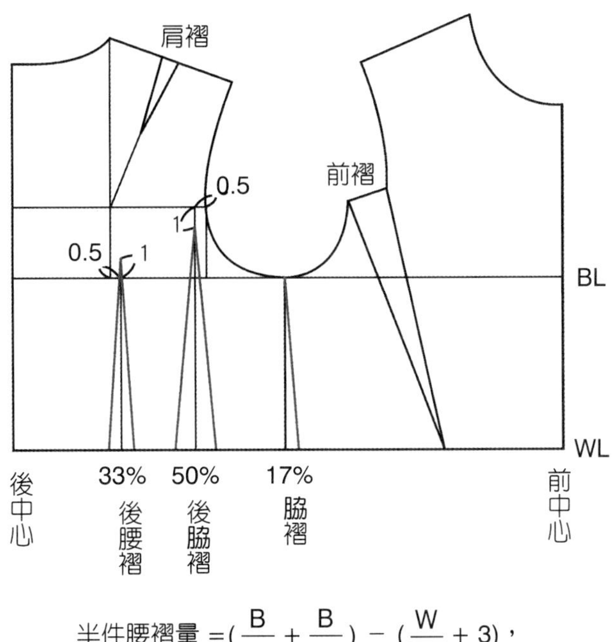

半件腰褶量 $=(\frac{B}{2}+\frac{B}{8})-(\frac{W}{2}+3)$，

再依各褶所占百分比份量分配腰褶量

圖 2-27　兒童原型腰褶分配

7. 兒童從新生兒到青少年成長變化快，體型的差異很大，每個成長階段皆需重新繪製原型是比較耗時的。在童裝製作教學多採用「**簡易製圖**」[5]方式，初學者直接參照繪圖範例提示的數字，即可直接打版（圖 2-28）。簡易製圖打版方式的優點是不需要原型，快速易懂，初學者也能迅速畫出版型；缺點是版型的數字不是依照個人的測量尺寸，數值是否正確、版型的合身度如何，在沒有原型的情況下，需要經驗判斷或核對量身尺寸。

---

5 「かこみ製図」以直線與直角爲基準，簡單製圖的方法。參見「Weblio 辞書 日本ヴォーグ社」，下載日期：2020 年 9 月 17 日，網址：https://www.weblio.jp/content/ かこみ製図

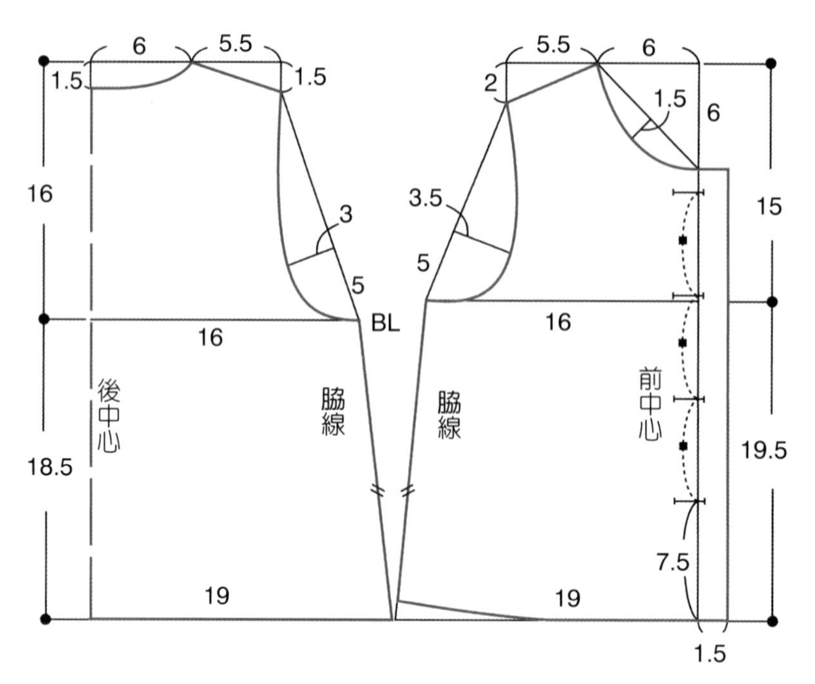

圖 2-28　身高 90cm 兒童上衣簡易製圖

3

原型的褶子轉移

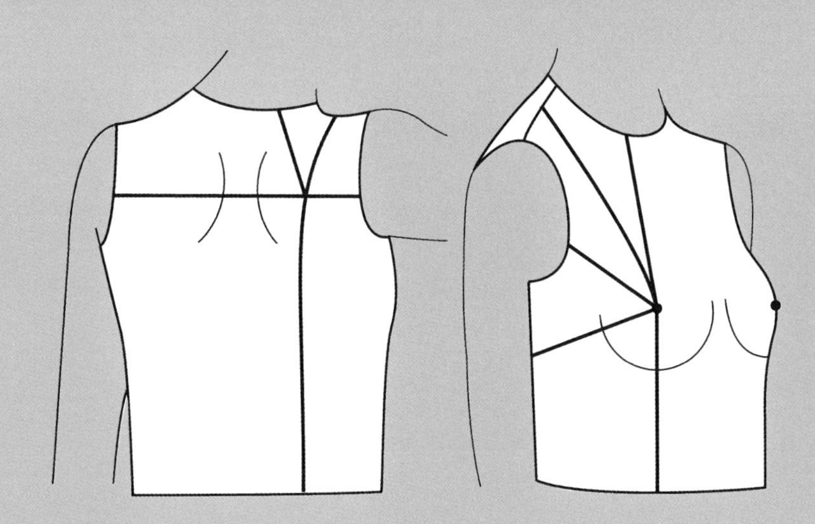

一、關於褶子轉移

原型使用尖褶的處理方式，來做出身體的曲面，褶尖指向的位置就是身體的凸面。利用褶子轉換位置來改變褶子的方向，以呈現上衣不同的版型設計線條，是立體結構版型因應設計變化處理褶線最常用的手法，稱為「**褶子轉移**」。

褶子是衣服立體所必需，不可以消除，在紙型上的褶子折疊後，紙型就產生立體，立體的紙型無法裁布，因此需依設計線位置將紙型做開口，才能將紙型攤平用於裁布，為褶子轉移的基礎（圖 3-1）。

褶子轉移的基本原則：

1. 版型的既有的褶份只是移位，不可因褶子轉向而消失。
2. 褶子轉向過程，褶份有併合就要做剪開。轉褶後的紙型可以剪開攤平，不能因為褶子併合出現浮起或摺紋。
3. 合身成形的衣服不會因為褶子轉移而改變立體的基本結構。

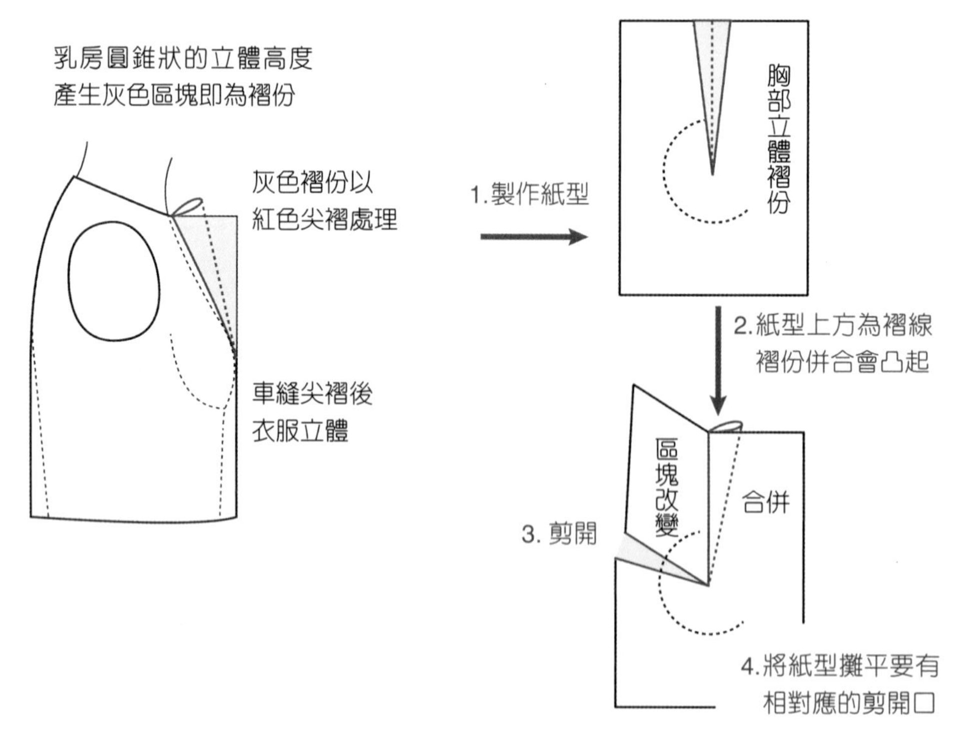

圖 3-1　褶子轉移的基礎

二、胸褶

合身女裝以強調三圍曲線設計為重點，特別是胸部線條的變化。新文化原型胸褶以袖襱方向的袖襱褶呈現，標準尺寸的胸褶角度為 18.5°（圖 3-2），利用褶子轉移的方法，可得到滿足人體立體形態需求的各種設計線條變化之合身原型（圖 3-3）。

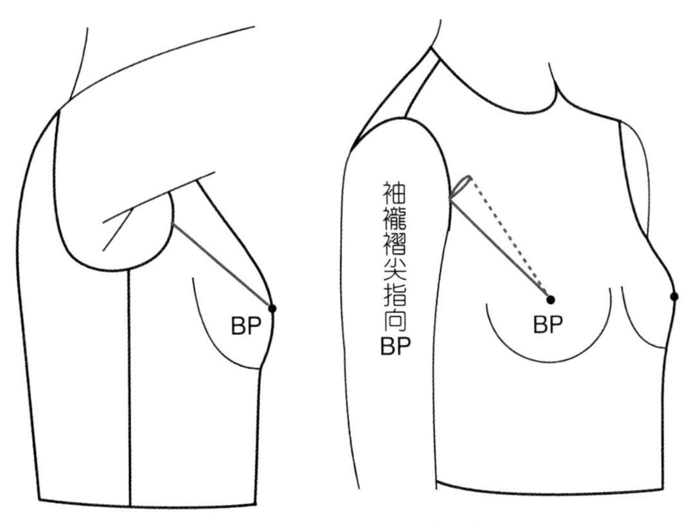

圖 3-2　新文化原型胸褶位置

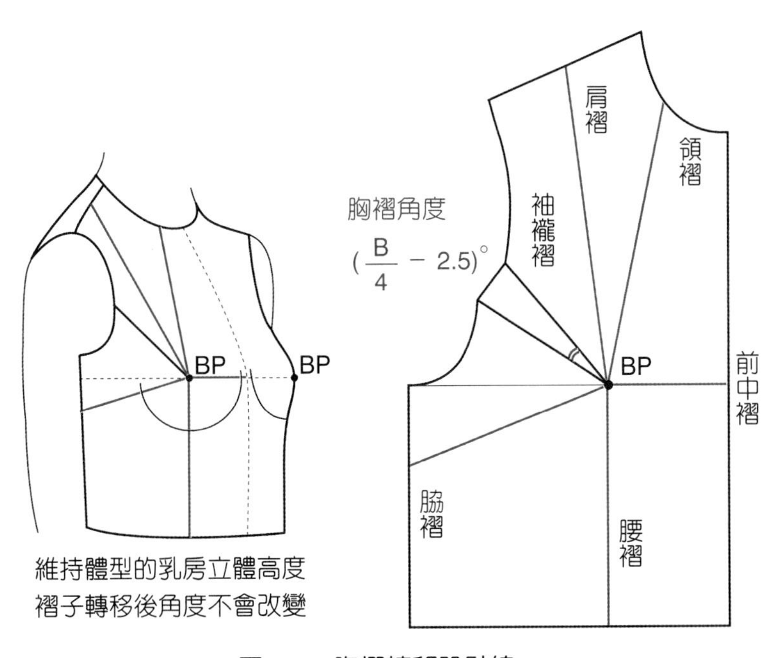

圖 3-3　胸褶轉移設計線

褶子轉移的方法有兩種：方法一是描繪一份原型紙型裁剪下來，直接將褶子黏合，再剪開圖 3-3 的紅色設計線條，即可攤平紙型完成褶子轉移，如圖 3-1。這種方法易懂，但需要先剪一份原型紙板進行褶子轉移，然後將處理好的原型紙板再描繪於製圖紙上來進行衣服的打版，兩次描繪剪貼紙型，操作工序太麻煩，沒有時間效益。方法二是用原型板（圖 1-8）直接以轉動板子的方式，描繪原型於製圖紙上進行褶子轉移，不用剪貼紙型，如圖 3-4。這種方法作業快速，新手學習容易混淆版型轉動方向，可參閱圖 3-14、圖 3-15 練習操作。

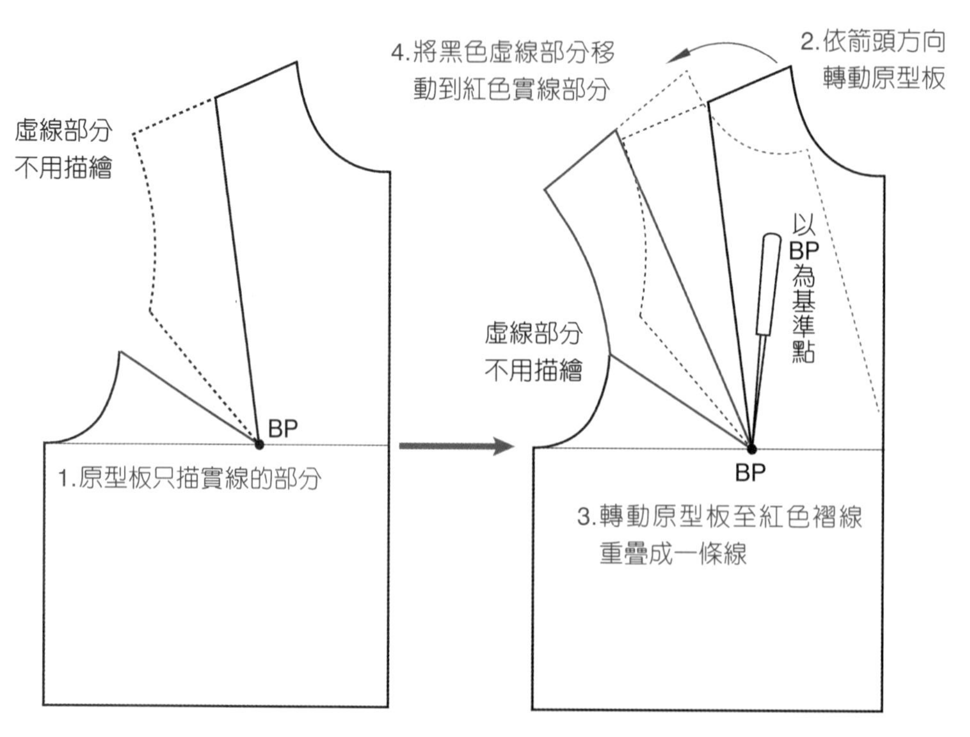

圖 3-4　原型板轉移胸褶的方法

胸褶為做出胸部乳房的高度，「**胸褶轉移**」只要以 BP 為圓心，可以將設計線條切轉於乳房立體圓錐狀的任何方向位置。每個人胸部乳房的高度，在乳房的圓錐立體範圍內是固定的，在立體結構的前提下做轉移，不論胸褶方向為何，角度與寬度都相同。

在乳房圓錐立體範圍內的褶份沒變，衣服胸部乳房的高度就維持不變。但隨著胸褶長度加長，胸褶寬度則會加寬。以最長的肩褶與最短的胸前中褶做比較，便可了解胸褶角度、長度與寬度的關係（圖 3-5）。

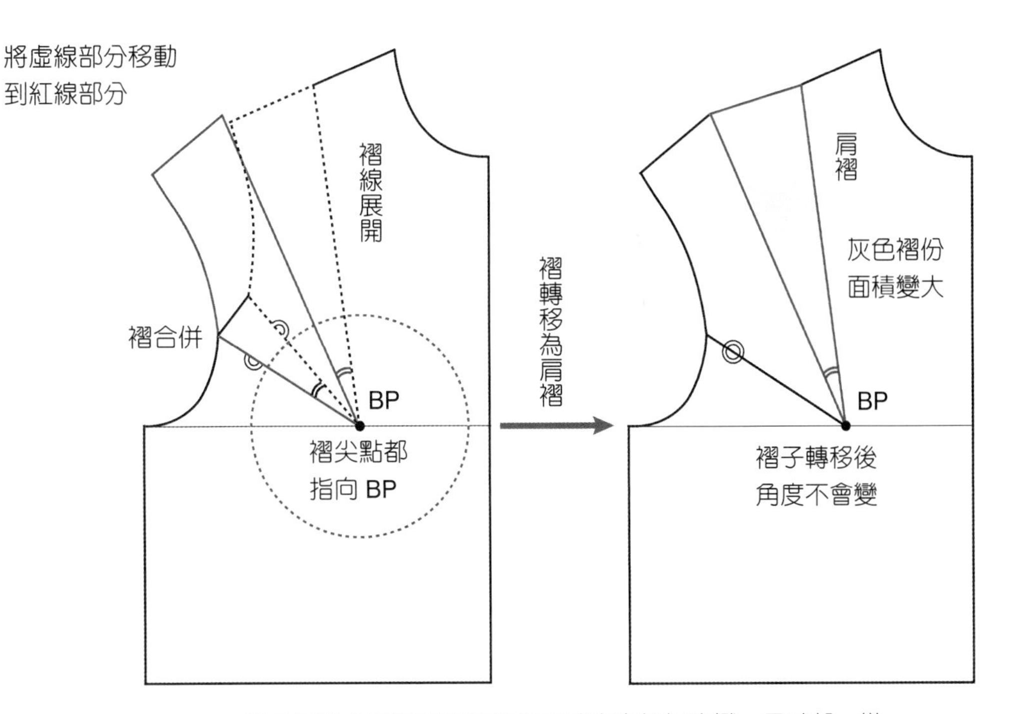

紅色圓錐立體範圍內的褶份不論方向如何改變，尺寸都一樣。
灰色區塊的褶份在紅色圓錐立體範圍外，隨長度延長而變寬。

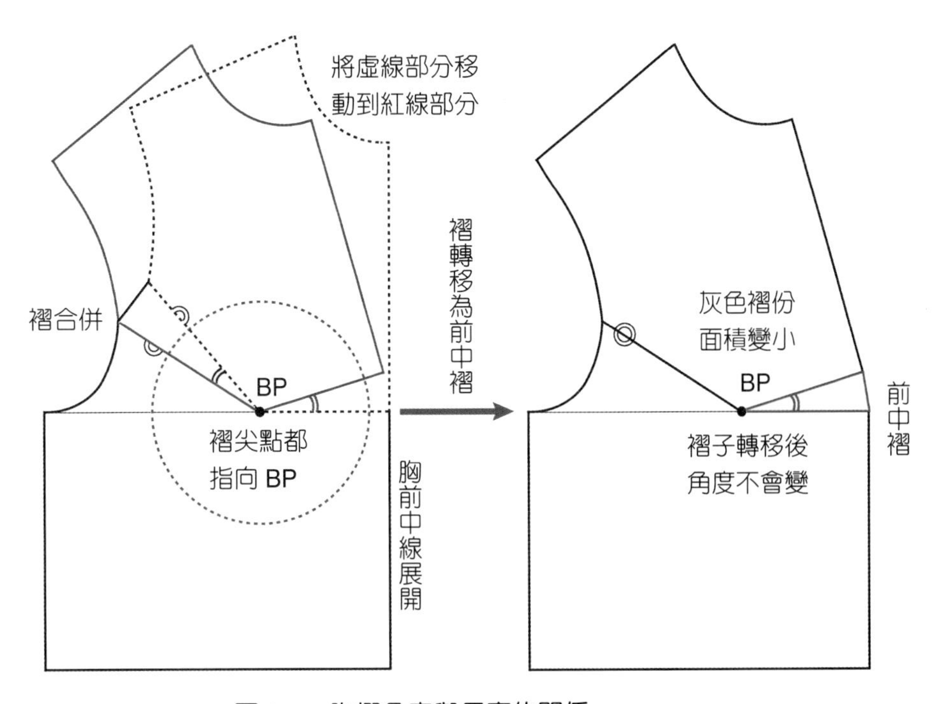

圖 3-5　胸褶角度與長寬的關係

褶子的長度與寬度會因轉變的方向產生變化，利用胸褶至輪廓線的長度變化，可改變褶寬尺寸，長度愈長褶愈寬、長度愈短褶愈窄。

將胸褶轉成脇邊方向的脇褶，版型就與舊文化原型前垂份以脇褶呈現方式一樣（圖 2-21），制式的女裝最常以脇褶線條做出胸部乳房的高度（圖 3-6）。

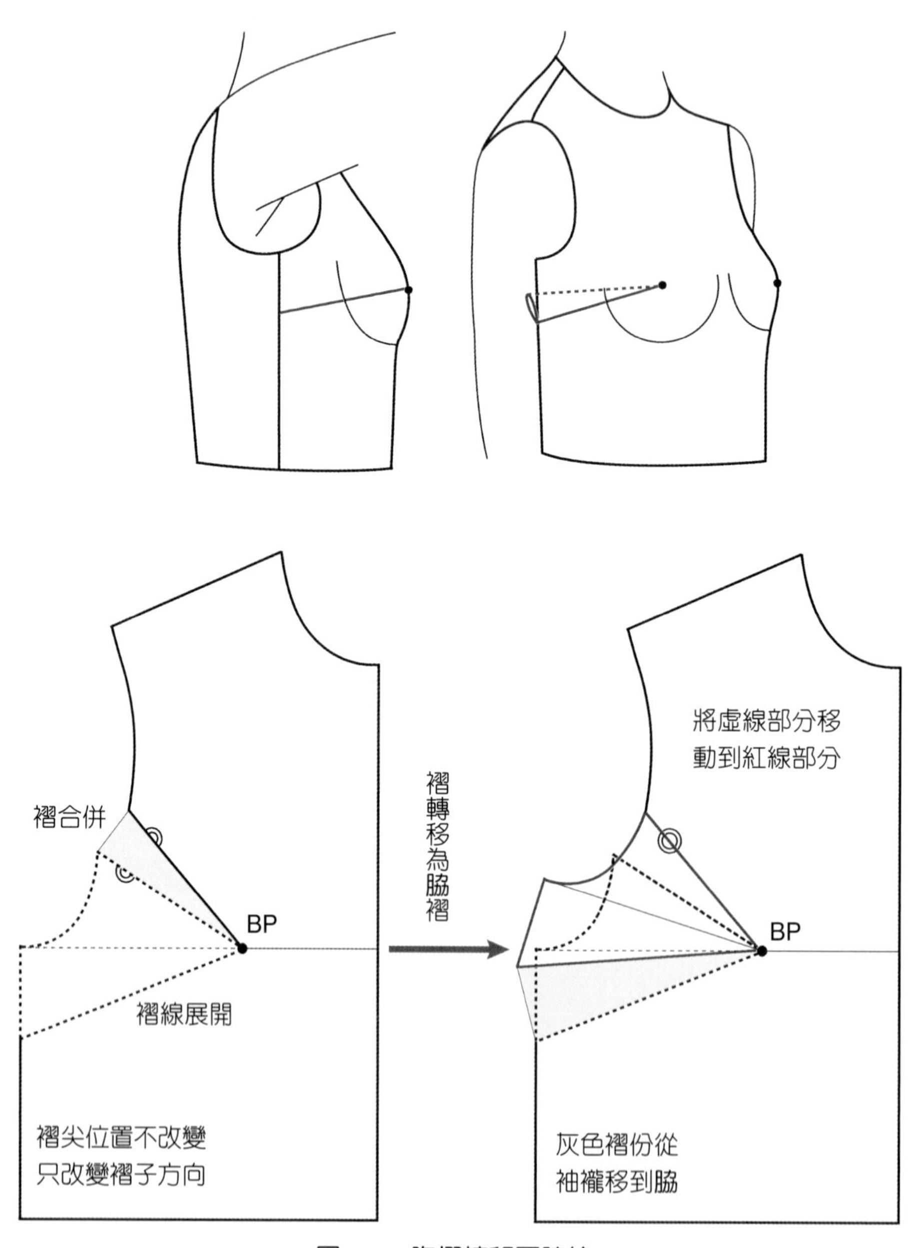

圖 3-6　胸褶轉移至脇線

將胸褶轉成腰圍方向的腰褶，版型就與舊文化原型形式一致（圖 2-22），也就是將褶份設定為前垂份，腰圍線不是水平線，衣服穿著時被胸部乳房的高度撐起才會呈現水平（圖 3-7）。

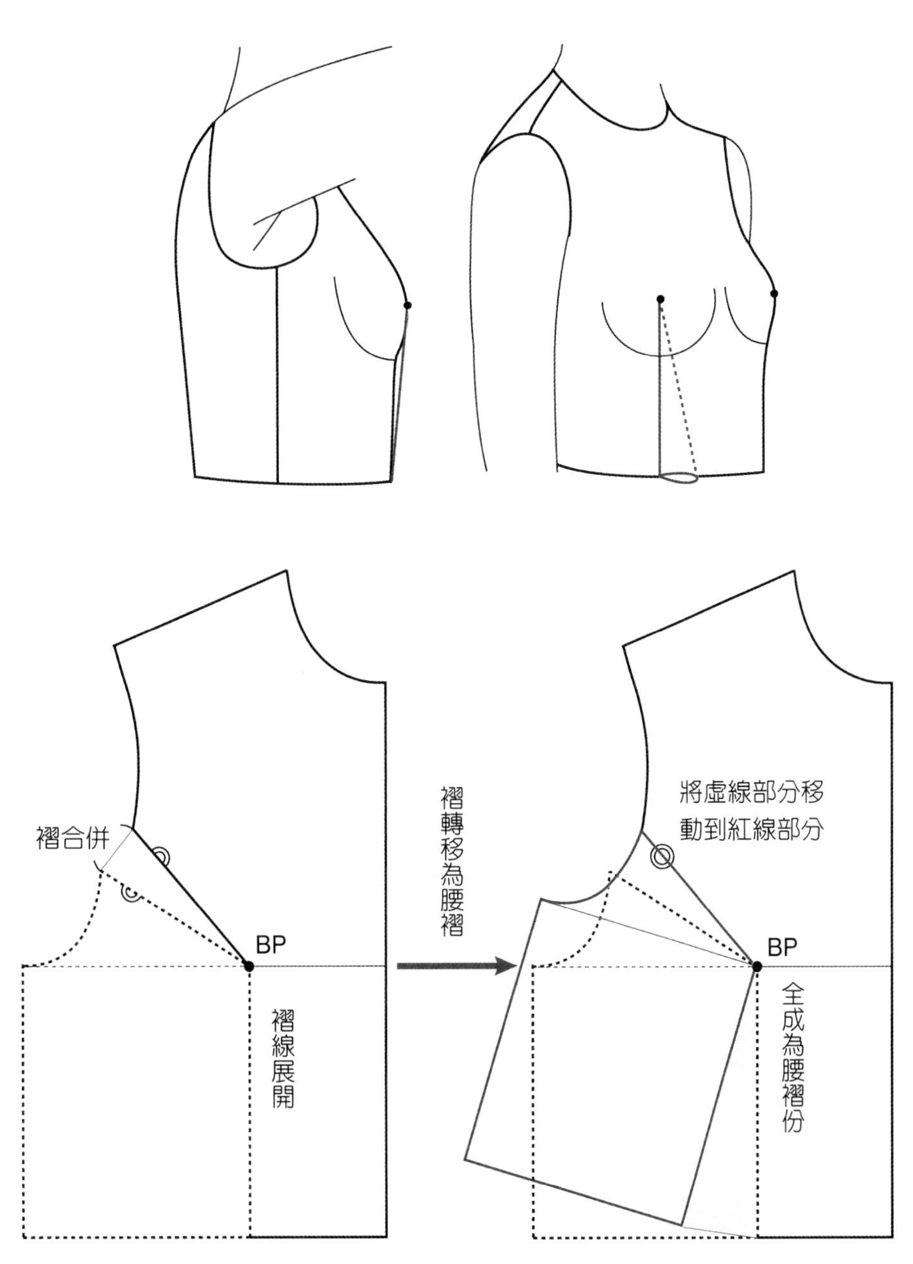

圖 3-7　胸褶轉移至腰線

胸褶轉移過程可依接袖需求考量，將褶份完全轉移或分散轉移。原型的胸褶若在袖襱處完全合併，衣服穿著時袖圈會貼合身體，袖襱尺寸小適合無袖的款式。有袖的款式將部分褶份量留在袖襱處，當作加大袖襱尺寸的鬆份量，可扣除鬆份量後只轉移剩餘的褶份（圖 3-8）。

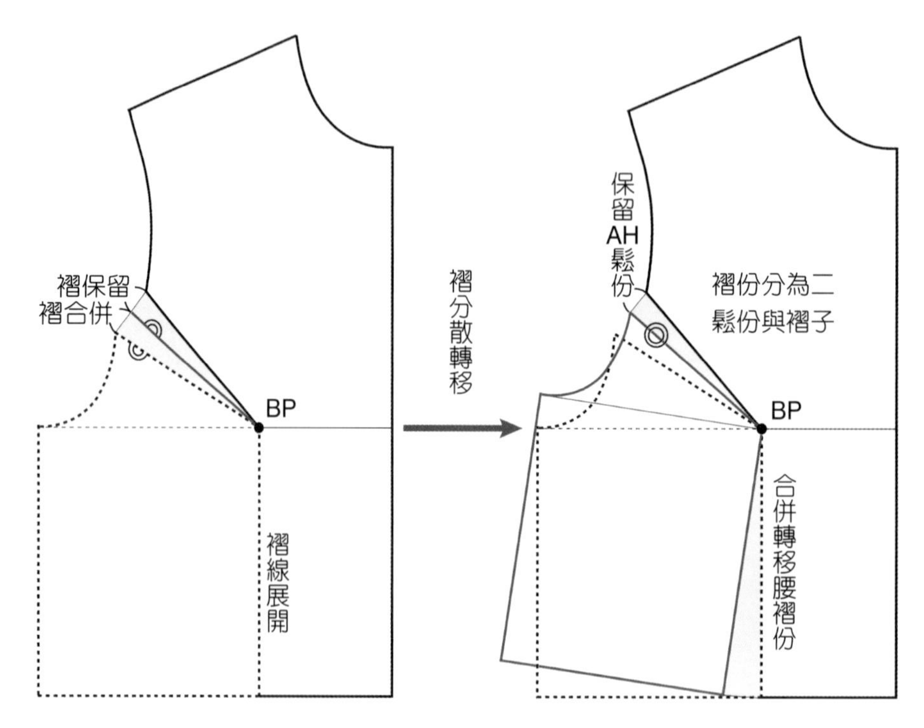

圖 3-8　胸褶分散與轉移

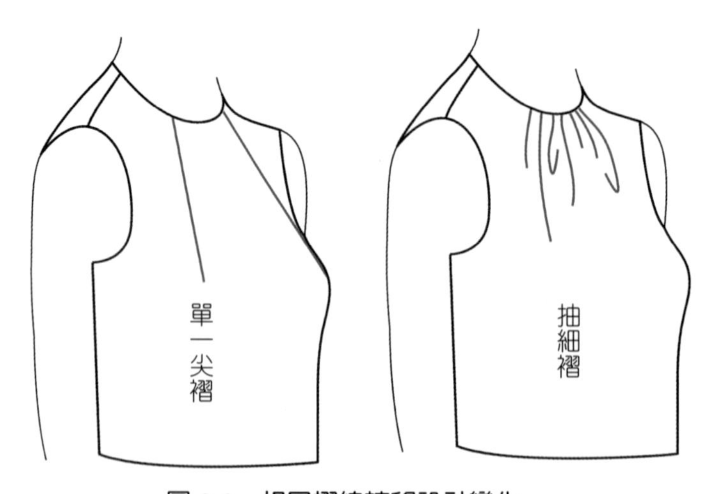

圖 3-9　相同褶線轉移設計變化

相同位置的褶份轉移，使用不同的褶處理方式製作或不同的褶數，設計線條可以有多種變化（圖 3-9、圖 3-10）。

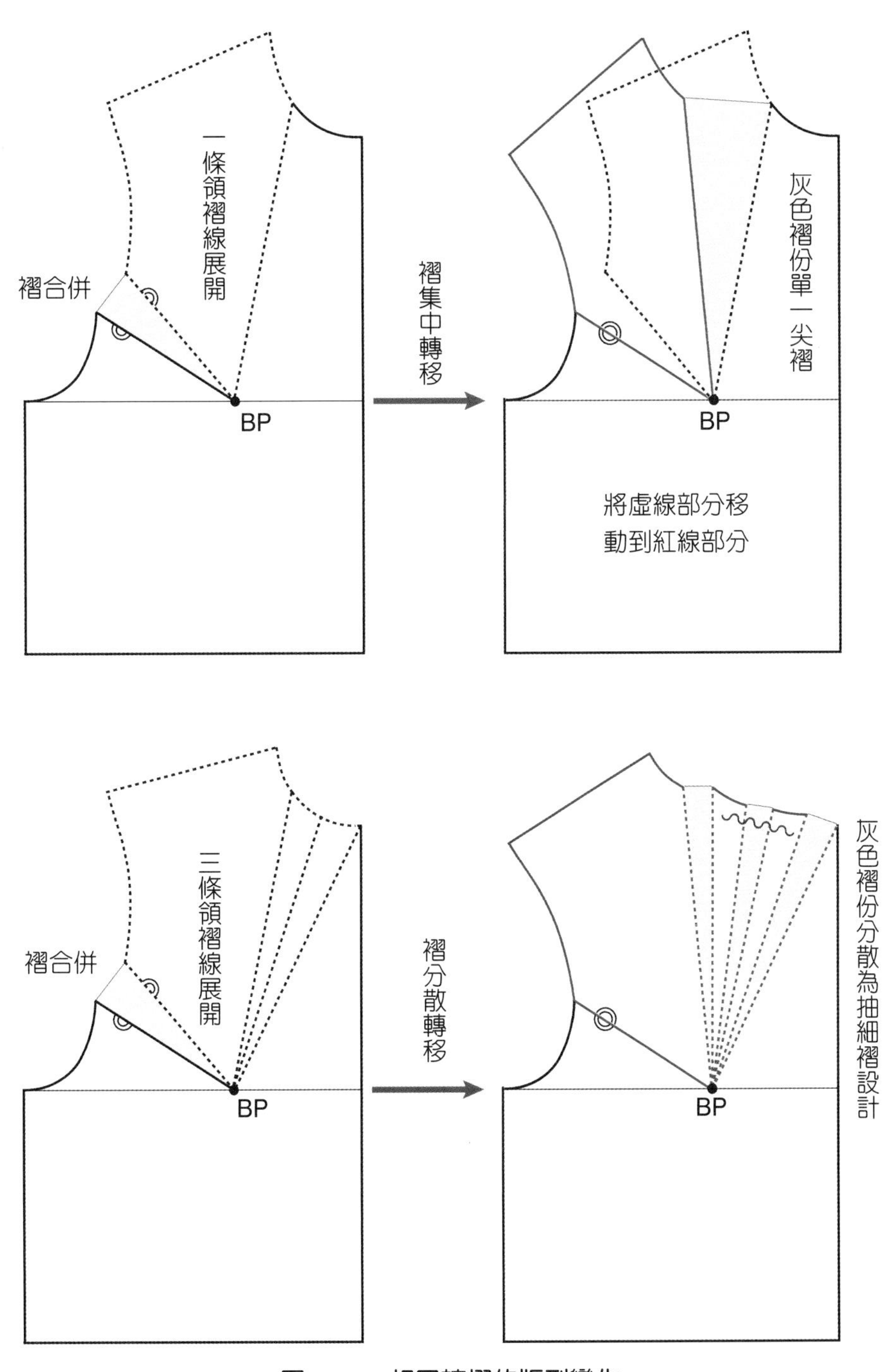

圖 3-10　相同轉褶的版型變化

三、肩褶

後肩褶為做出後背的曲線與肩胛骨突起面，「**肩褶轉移**」以褶尖點為圓心，可以將肩褶份轉移至袖襱、領圍，或融入衣襬、肩襠 Yoke 剪接線，運用設計線的變化來處理肩褶份（圖 3-11）。

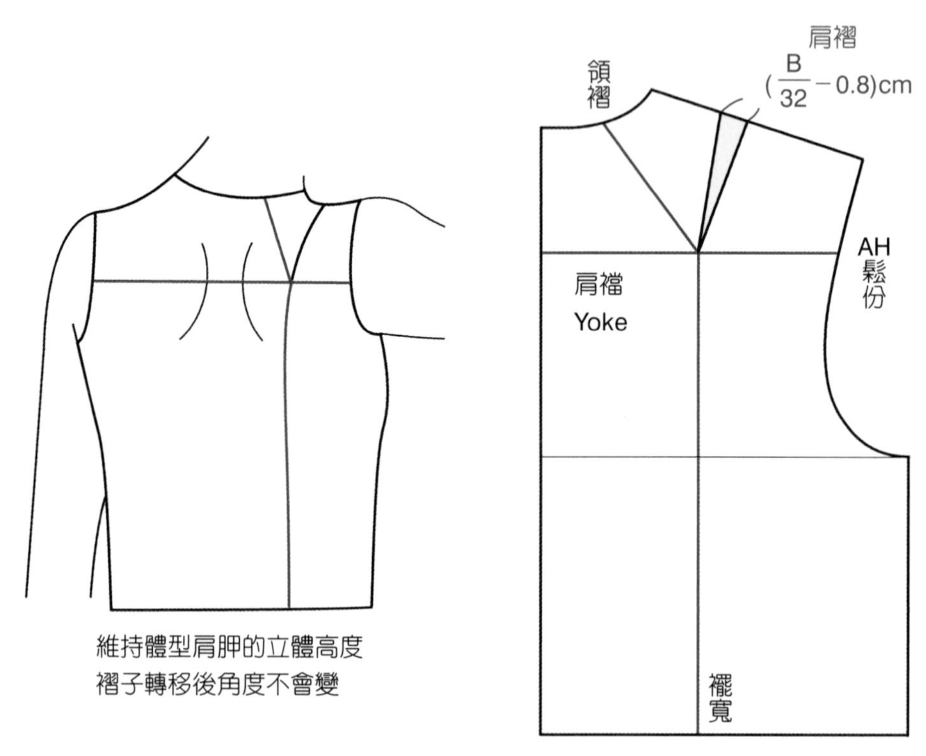

圖 3-11　肩褶轉移設計線

原型褶子的位置皆依人體形態設定，為版型立體化的必要結構，不可刪除，褶尖點指向身體突起面，不可以移位。合身款式的衣服直接將肩點內移，以縮小肩寬的方式直接扣除褶子份量，等於是將衣服可以覆蓋身體凸出的弧面刪除，衣服穿著在身上就不會呈現立體的美感。不製作肩褶時，應轉移褶份或改變設計線，不論褶子如何轉移，褶子份量都必須保留於版型完成線內（圖 3-12）。

肩褶可以將設計線條切轉於肩胛骨突起面的任何方向位置，只要在肩胛骨突起面的高度範圍，不論肩褶方向為何，褶子的角度都相同（圖 3-13）。

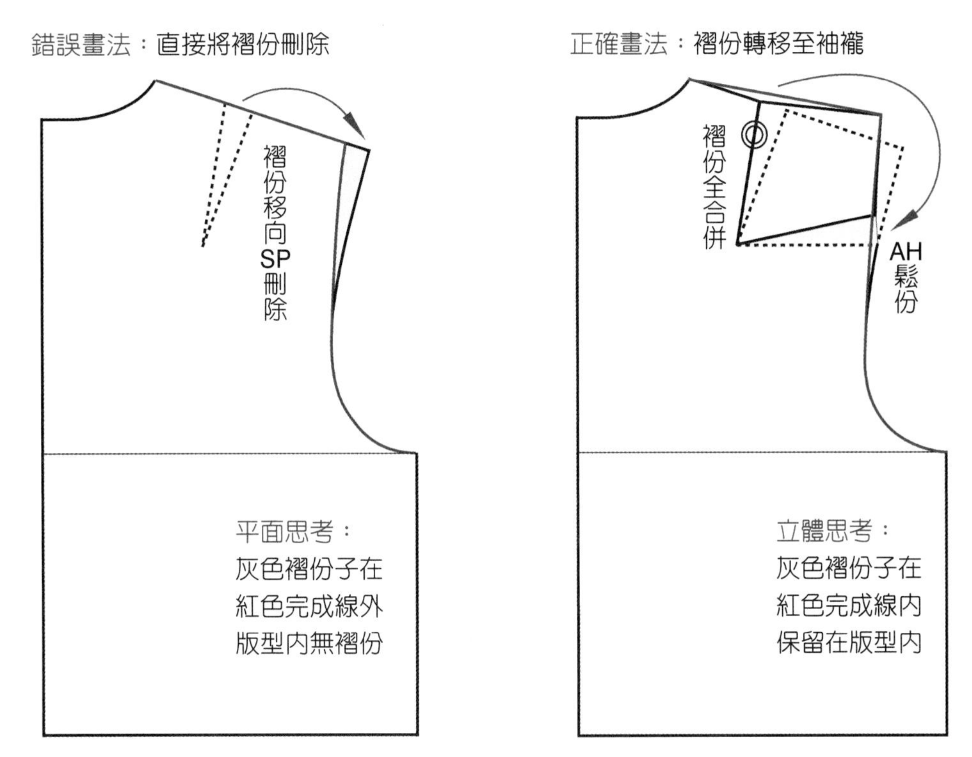

圖 3-12　肩褶處理與版型立體化

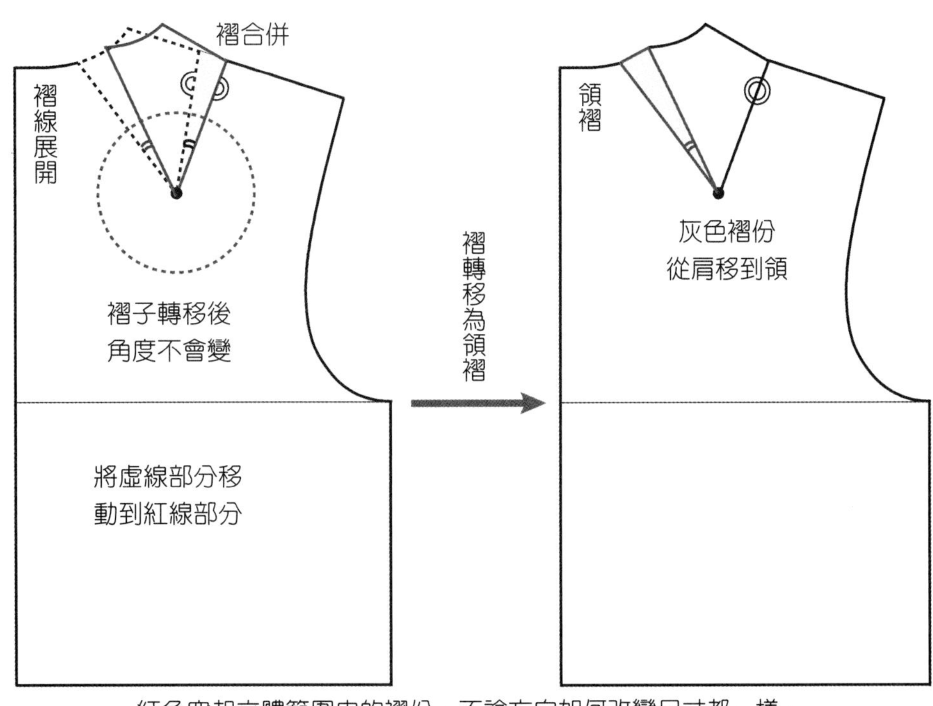

紅色突起立體範圍內的褶份，不論方向如何改變尺寸都一樣。

圖 3-13　肩褶轉移至領圍

以轉動原型板進行褶子轉移的操作方法，如圖 3-14、圖 3-15。原型板轉動是為了合併褶份，原型板轉動方向為將褶份縮小的方向。

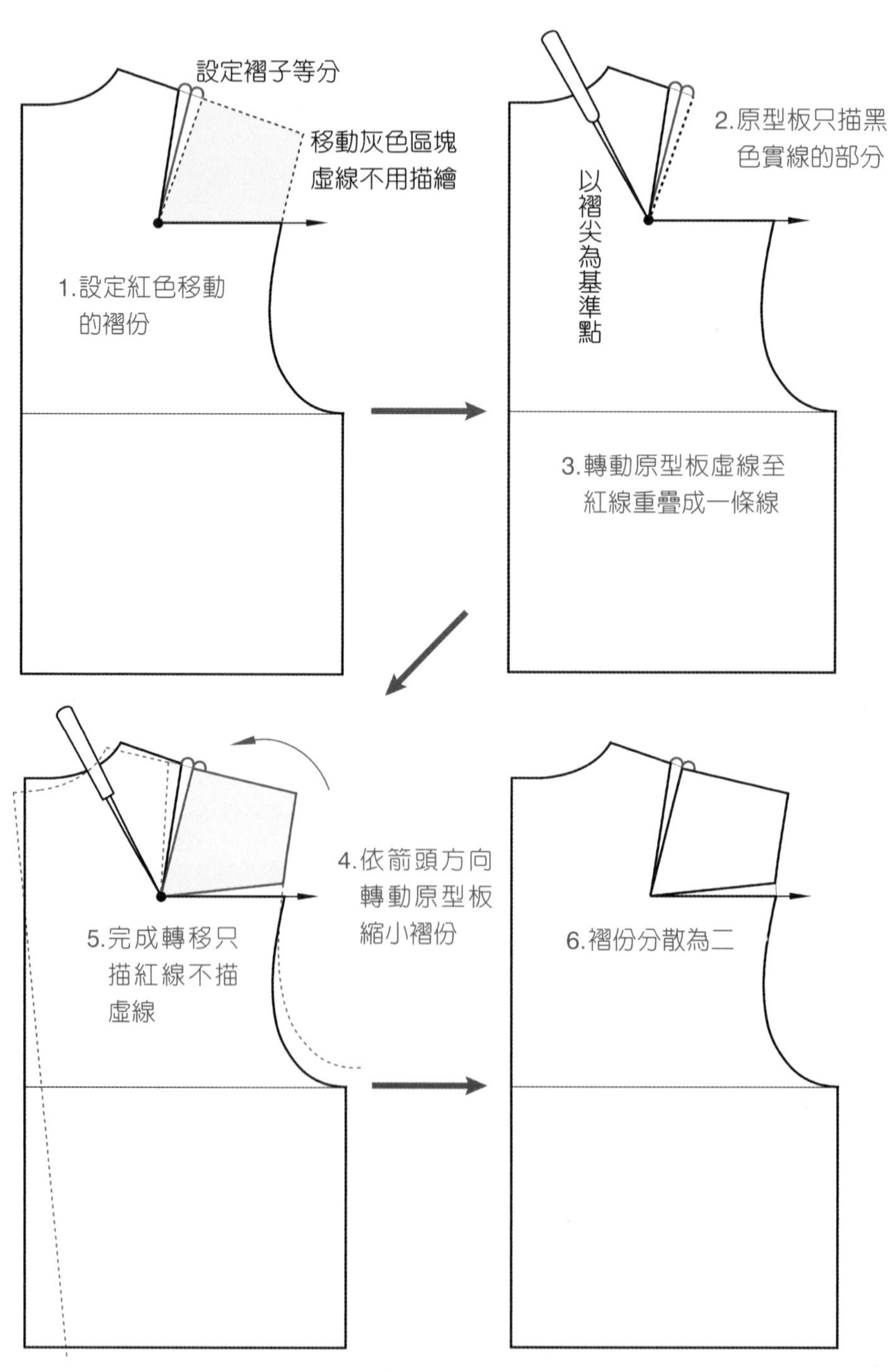

圖 3-14　原型板轉移肩褶的方法

原型板轉動的過程，將全部線條都描繪出來會混亂視覺。因此，只需描繪確定且需要的線條，如圖 3-14、圖 3-15 中的實線部分。

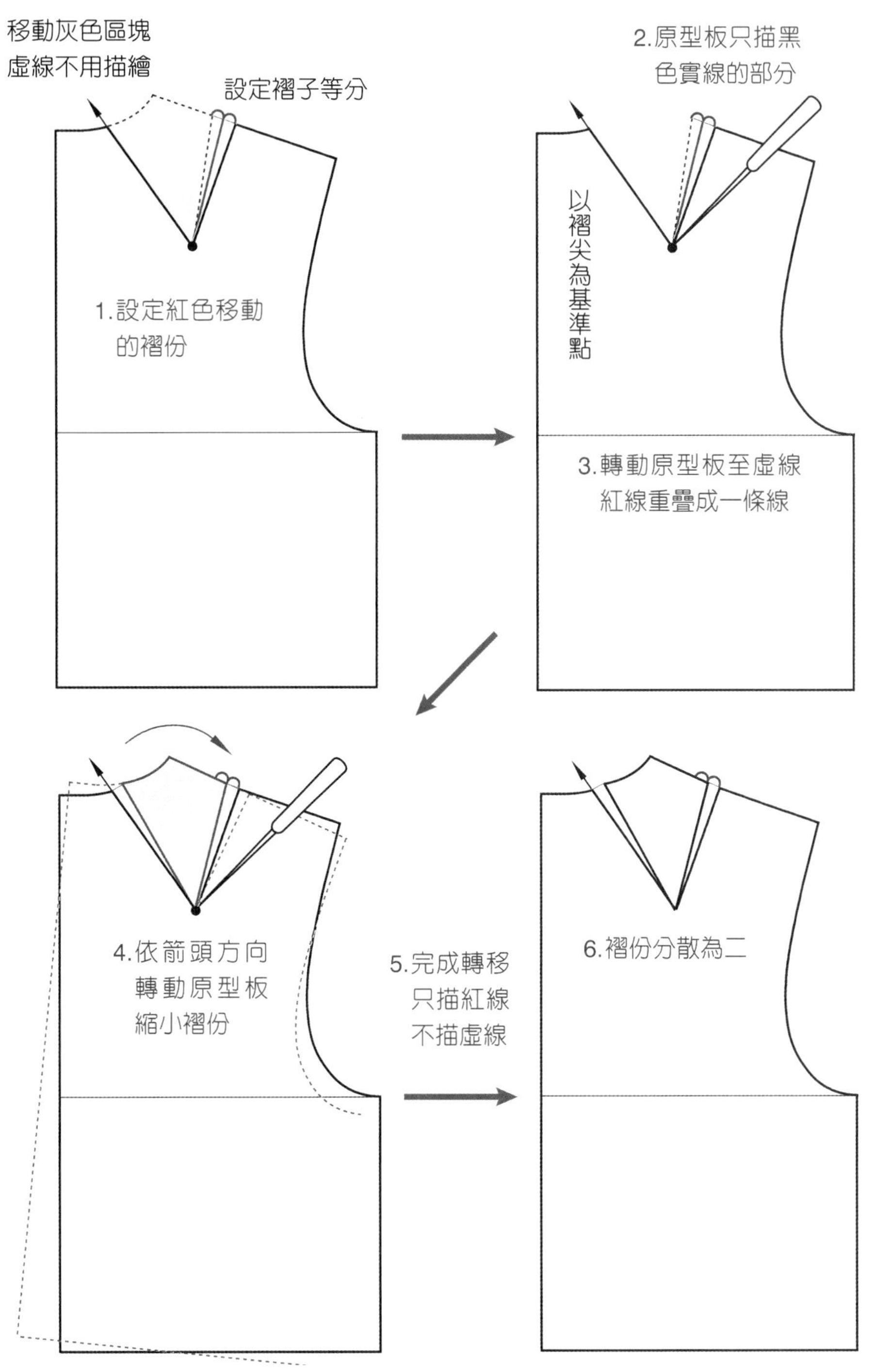

圖 3-15　原型板轉移的方向

可運用褶子的轉向，隨著肩褶長度加長，肩褶寬度則會加寬，來變化造型輪廓。例如下襬展開的傘裝，衣長設定愈長、肩褶長度跟著拉長、寬度愈寬，下襬的展開份愈大（圖 3-16）。肩褶份採用褶子份量分散轉移的方式，可控制肩線的縮縫份與下襬的展開份（圖 3-17）。

後身肩胛骨突起曲面比前身乳房圓錐狀的立體曲面角度緩，肩褶份量比胸褶份量少，採用分散轉移的方式，將肩褶份轉換成肩線的縮縫份與袖襱的鬆份，就可呈現沒有後肩褶線的設計款式（圖 3-18）。這樣的處理方式，雖然衣服款式上沒有肩褶線，但是仍保有肩褶的鬆份量。

肩褶份轉移為剪接線的夾角，縫合剪接線如同車縫褶子，為運用剪接線做出立體的方法（圖 3-19）。與標準體型的人相比，駝背的人後身肩胛骨突起曲面大、肩褶份量就大。肩褶份量大時，應保留原型的尖褶或設計肩襠 Yoke 剪接線，衣服的合身形態才會比較漂亮。

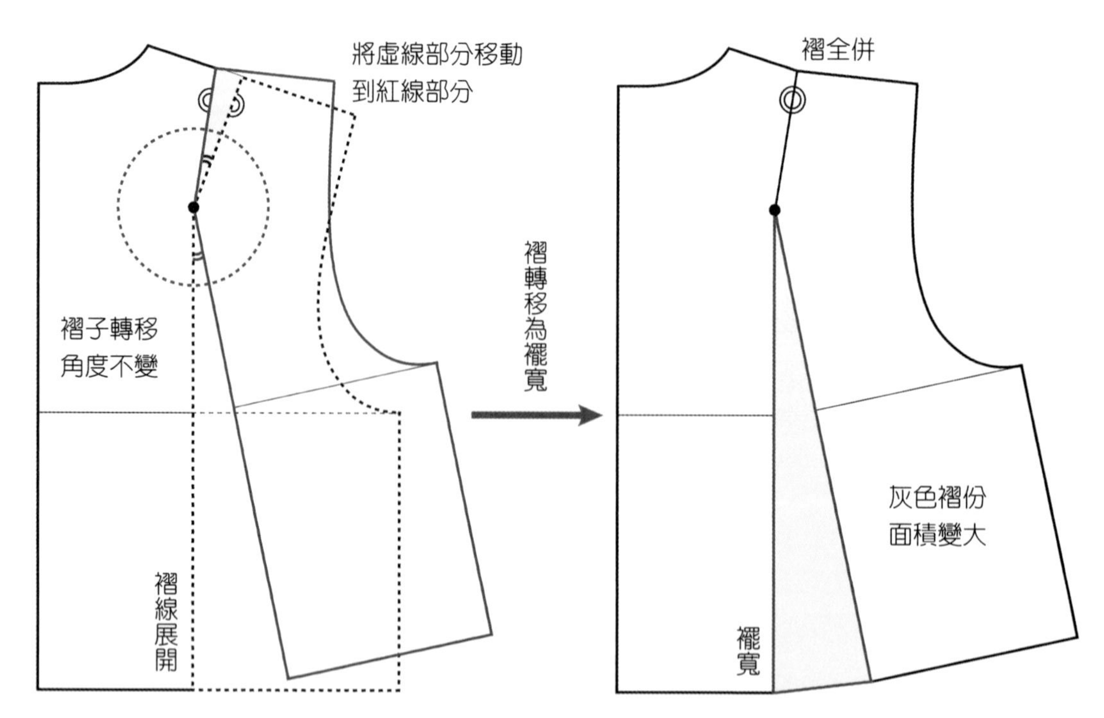

灰色區塊的褶份在紅色突起立體範圍外，隨長度延長而變寬。

圖 3-16　肩褶寬度與長度的關係

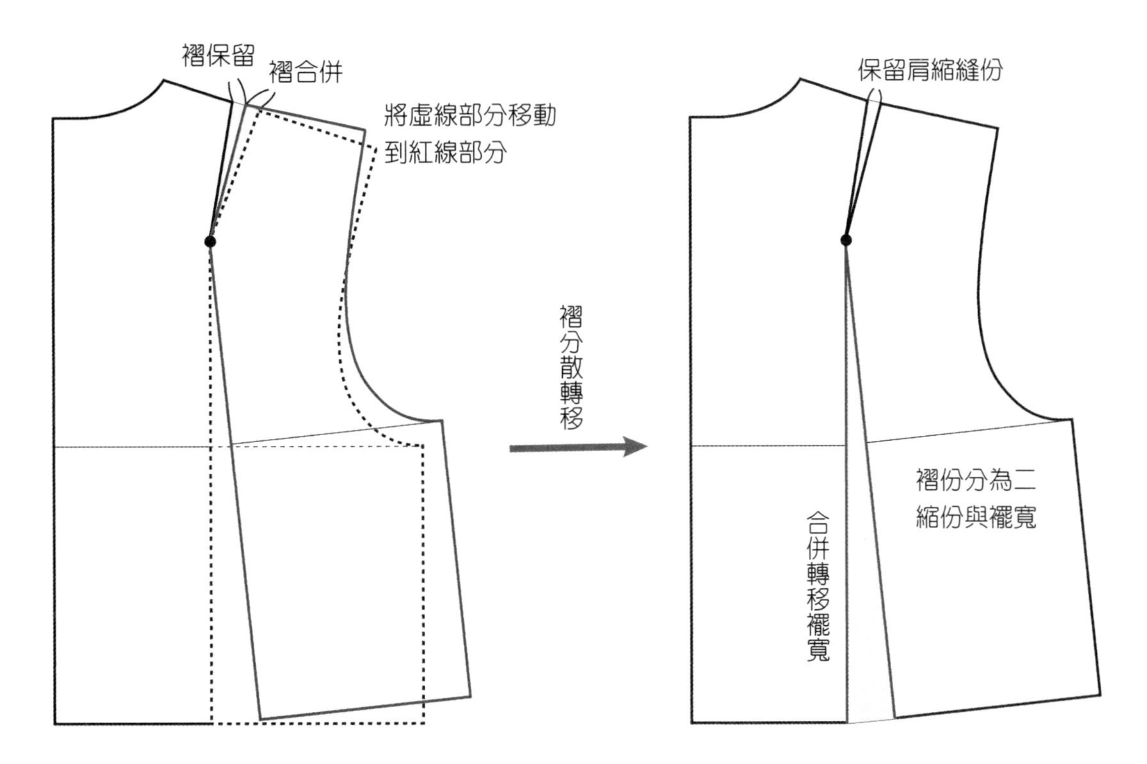

可利用褶份轉移的多寡，控制襬寬的尺寸。

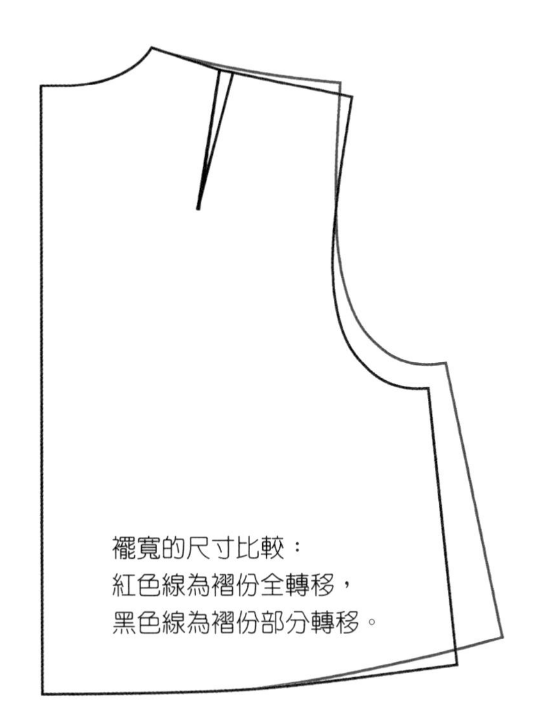

圖 3-17　肩褶轉移的輪廓變化

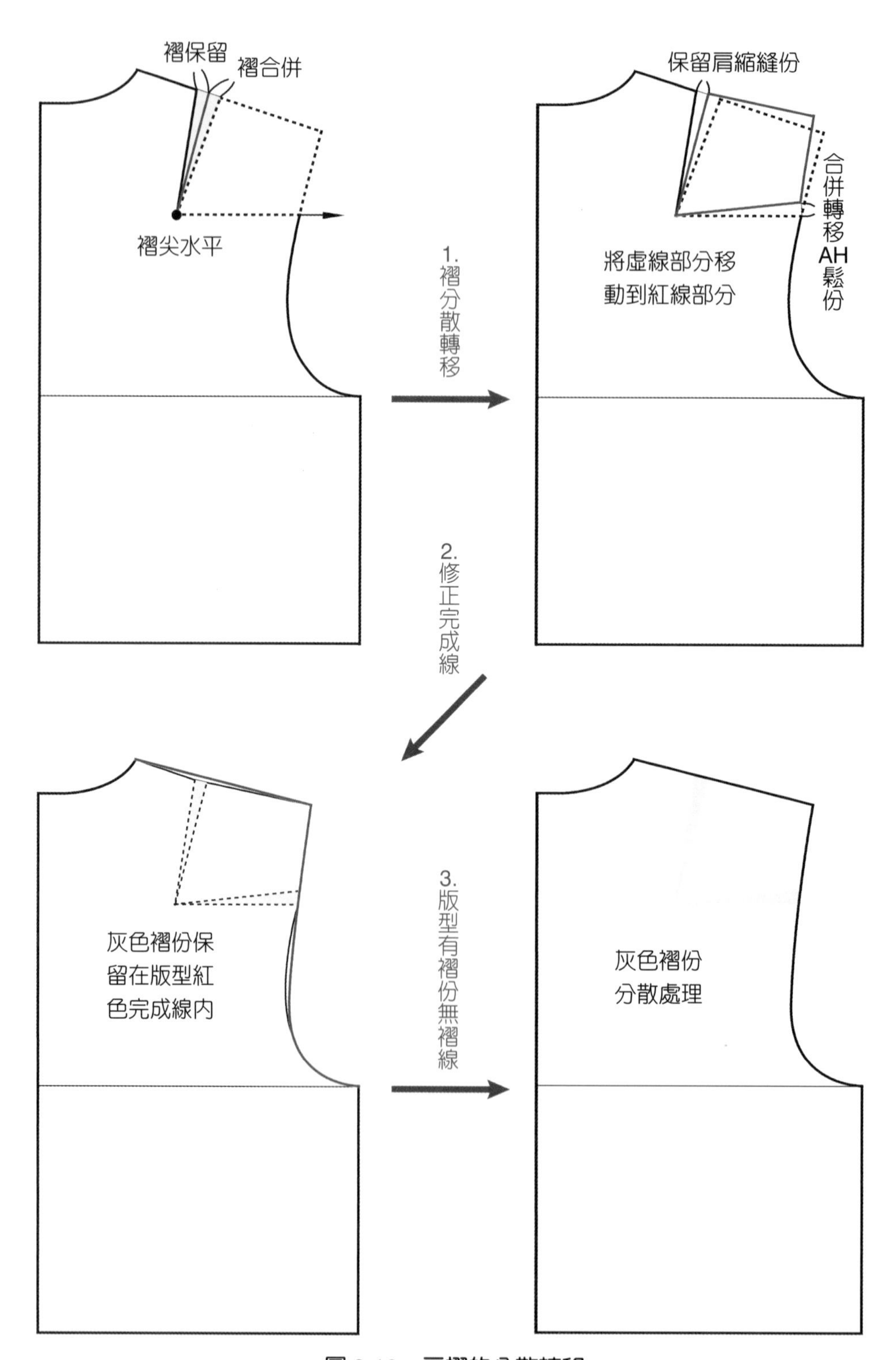

圖 3-18　肩褶的分散轉移

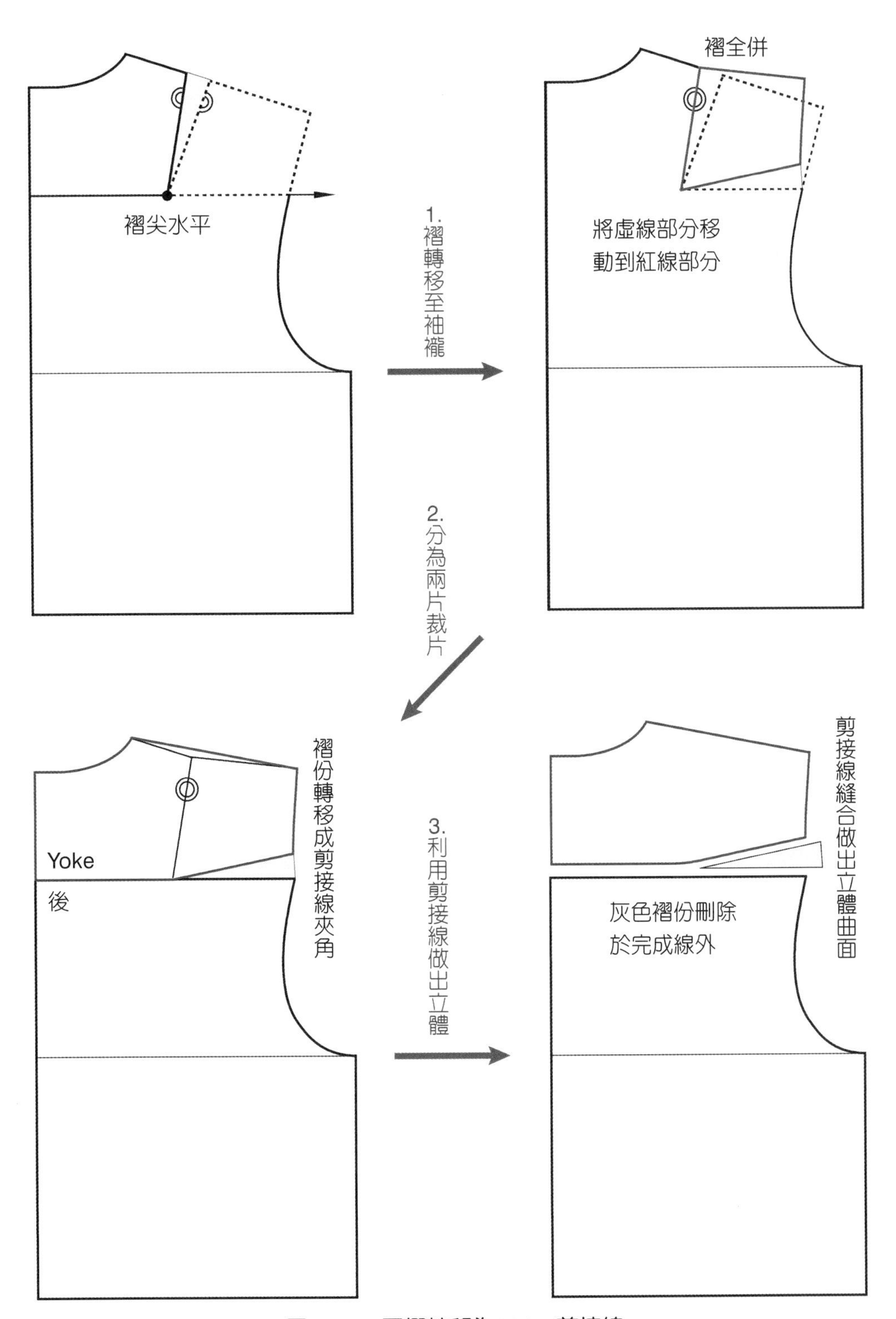

圖 3-19　肩褶轉移為 Yoke 剪接線

四、腰褶

腰褶份量為胸圍與腰圍的差數，寬鬆款式的衣服不需展現腰身，將全部褶份量忽略不處理成為衣服的鬆份（圖 3-20）。原型的腰褶數多達十一褶，可依衣服展現腰身的程度，更改腰褶數只處理部分褶份。

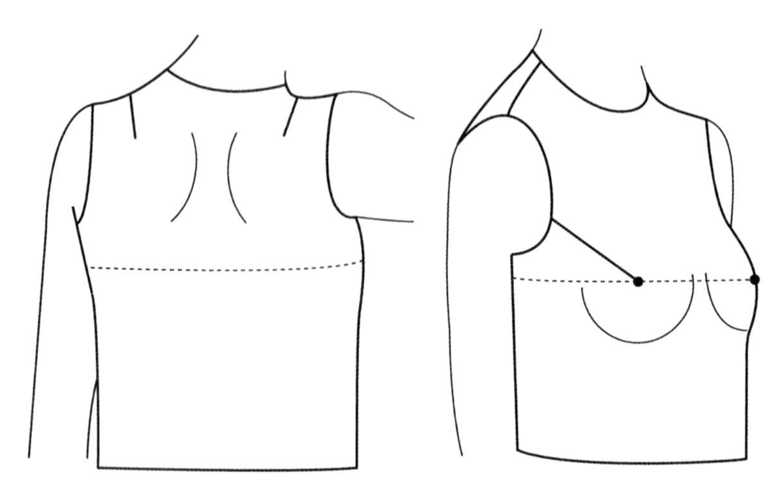

衣服尺寸不收腰，胸線以下呈現直統輪廓。

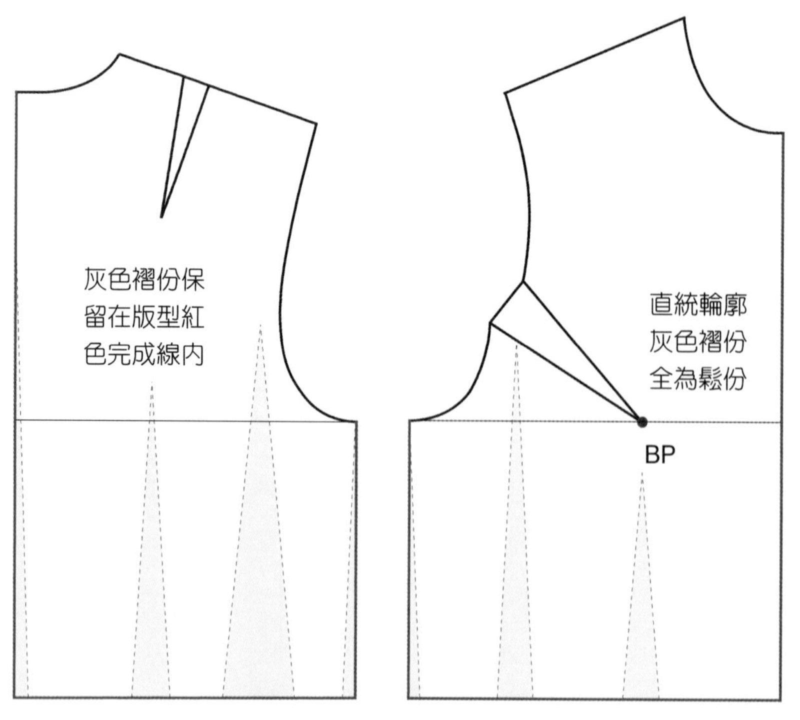

圖 3-20　腰褶成為鬆份

腰褶是胸圍與腰圍的環狀尺寸差數，與胸褶、肩褶指向身體單一的凸面不同，因此可以依衣服設計線需求考量，稍微將褶子的位置左右移位（圖 3-21）。

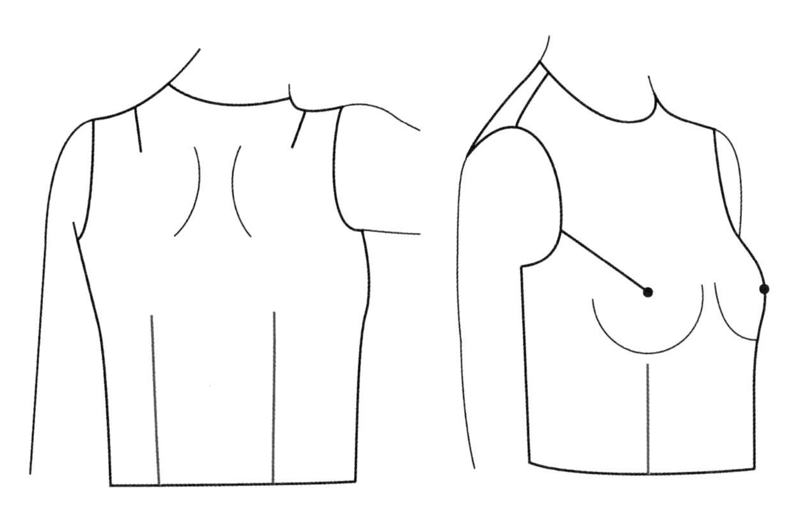

衣服略顯腰身只車縫一褶，並依視覺比例移動位置。

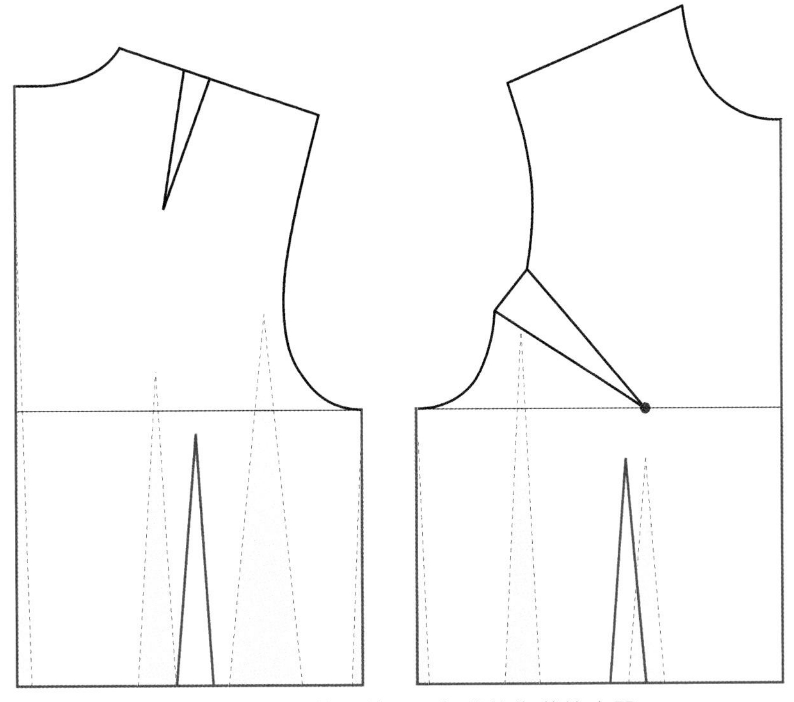

單一褶線依比例等分放置，視覺約為裁片中間。

圖 3-21　腰褶依設計線放置

「**腰褶轉移**」以褶尖點為圓心，利用褶子轉向後長度減短，寬度則會變小，可以將寬大的褶轉換為極小的鬆份（圖 3-22）。

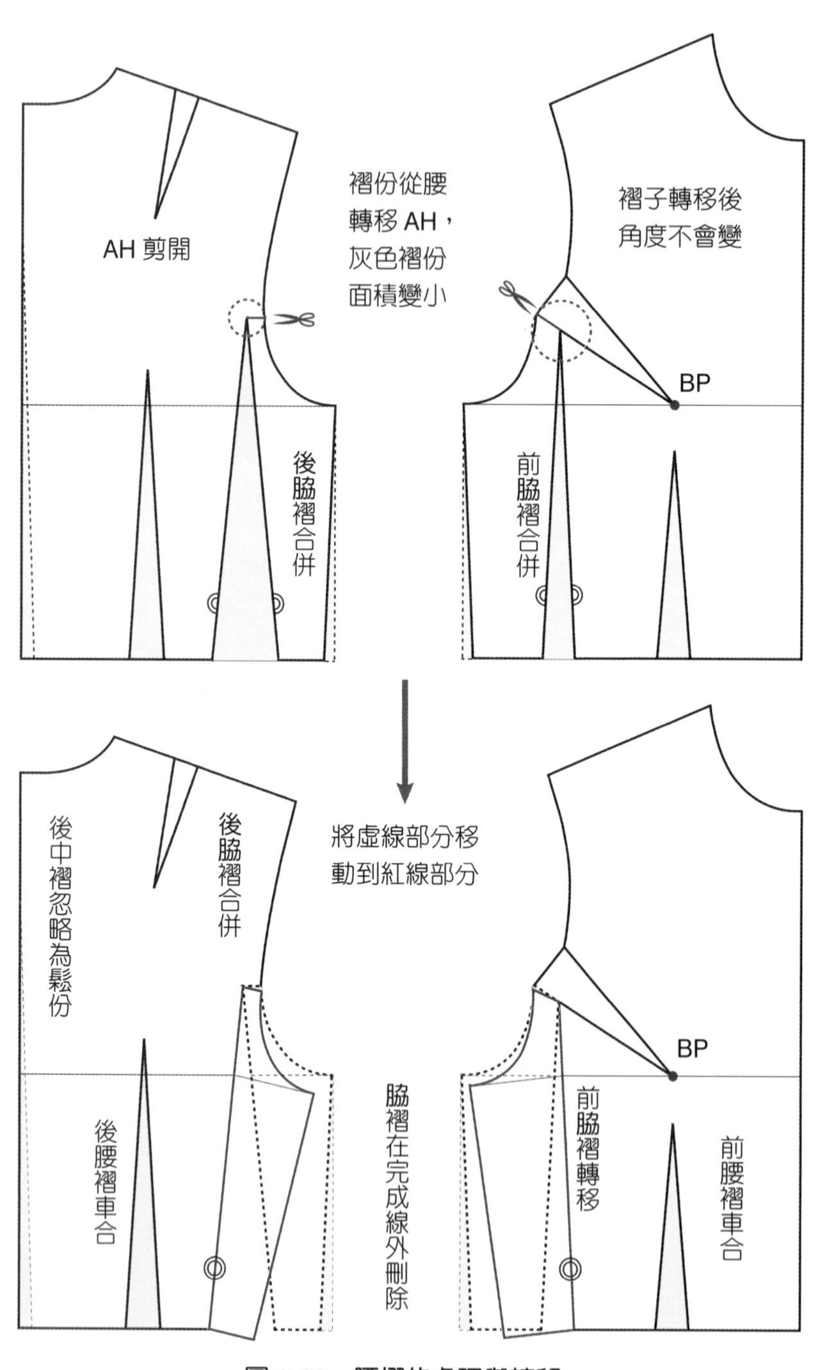

圖 3-22　腰褶的處理與轉移

褶尖點在版型面積內，褶子合併版型不能攤平，一定要做展開的剪口（圖 3-1）；褶尖點在版型完成線上，可將褶份視為完成線外直接刪除，不需做展開的剪口，刪除褶份的完成線如同剪接線縫合後，仍會保有衣服立體曲面（圖 3-23）。

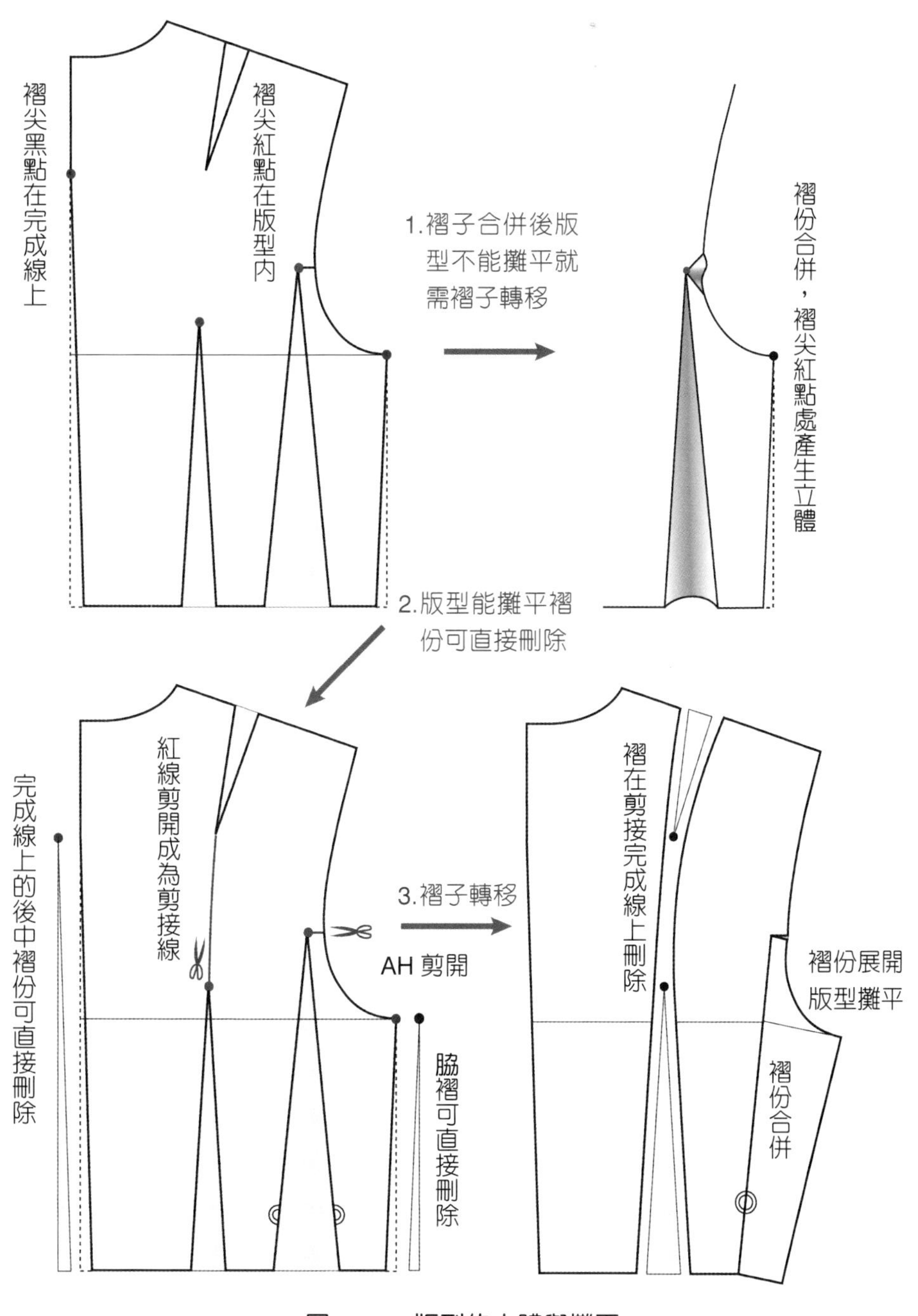

圖 3-23　版型的立體與攤平

五、褶子轉移的運用

在褶子轉移的過程中，須配合衣服的設計款式與考量活動機能性需求而移動褶子方向與線條。褶的型式可以有多種變化：褶份可全部保留為鬆份、可部分轉移、可全部轉移。肩褶份與腰褶份可分開處理、也可合併處理，同樣的胸褶與腰褶份，可分開處理或合併處理，褶份尺寸與設計線條會隨著褶的型式改變。

原型基本褶份可以一種方式單獨運用，也可多種方式組合應用。除了基本褶份，因應衣服的寬鬆度，還可外加裝飾性的設計褶份量。

褶份的處理方式：

1. 分散：肩褶與胸褶常用的處理方式，將部分褶份分散於袖襱當鬆份。製作有袖的款式袖襱處要有鬆份量，手臂動作時衣服才不會卡住，打版需依設計樣式加大袖襱尺寸，使用原型都要先將褶份做分散轉移處理，留出袖襱處的鬆份量（圖 3-8、圖 3-14）。
2. 合併：胸褶與腰褶常用的處理方式，褶份合併後前身片不會有多條褶線（圖 3-24）。
3. 忽略：寬鬆式衣服版型常用的處理方式，褶子全部包容於鬆份之中（圖 3-20）。合身的衣服需將褶份縫合，做出體型的凹凸曲線；寬鬆式衣服只要有足夠的鬆份涵蓋體型即可，版型不需特別強調褶份的處理。
4. 消除：脇褶與後中腰褶常用的處理方式，褶尖點在輪廓線上可直接刪除（圖 3-23）。刪除褶份需在維持版型的立體架構下，不是所有褶子都可以採用消除方式（圖 3-12）。
5. 剪接線：橫線方向的剪接，例如肩襠；直線方向的剪接，例如公主線，將褶份以剪接方式處理（圖 3-25）。
6. 外加切展褶份：與原型的基本褶份量無關，為了設計造型，直接切開紙型加出褶份。依照設計造型線條外加褶份量，這種直接加出褶份的方法，前提是紙型必須維持攤平的狀態，紙型的切開線要拉至完成輪廓線上（圖 3-26）。

不對稱的設計線條需左右身版型都描繪出來，以圖 3-26 的褶線設計變化說明褶份的版型處理，以褶線的長度控制褶子開展寬度。①褶線為紙型直接切開至輪廓線上加出褶份，加出褶份可自行訂定，加出多少就車合多少。②、⑥褶線以胸褶轉換，褶長依設計線方向縮短，因褶子角度有改變，穿著時胸部貼身度與原型不同。②褶的開展線長度長，褶子開展寬度就大於⑥褶。右前身腰褶轉換為③褶，左前身腰褶分散轉換為④、⑤褶，因為褶線的開展長度相當，褶子開展寬度④褶加上⑤褶相當於③褶。

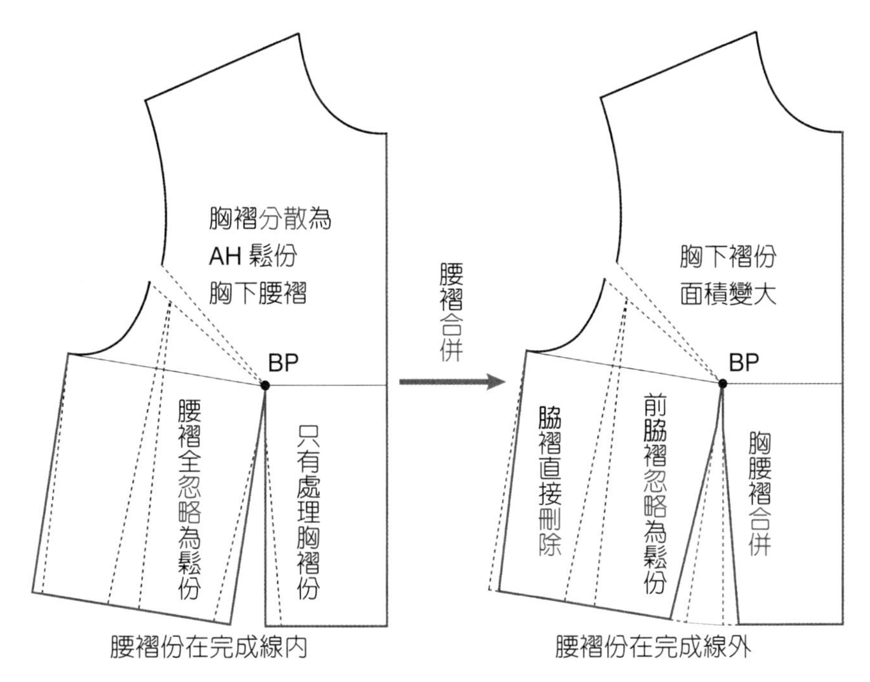

圖 3-24　褶份的處理方式

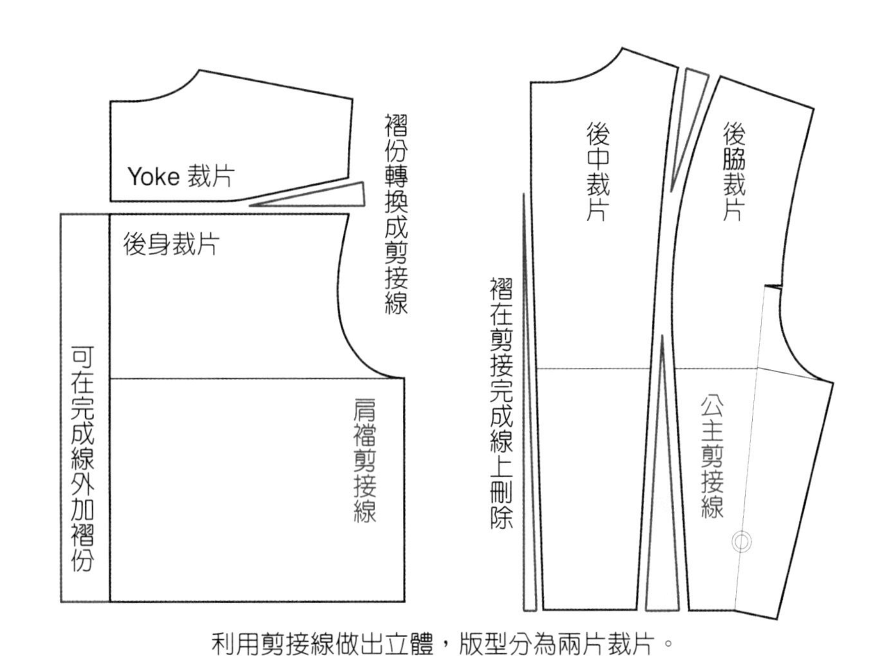

圖 3-25　褶份轉換為剪接線

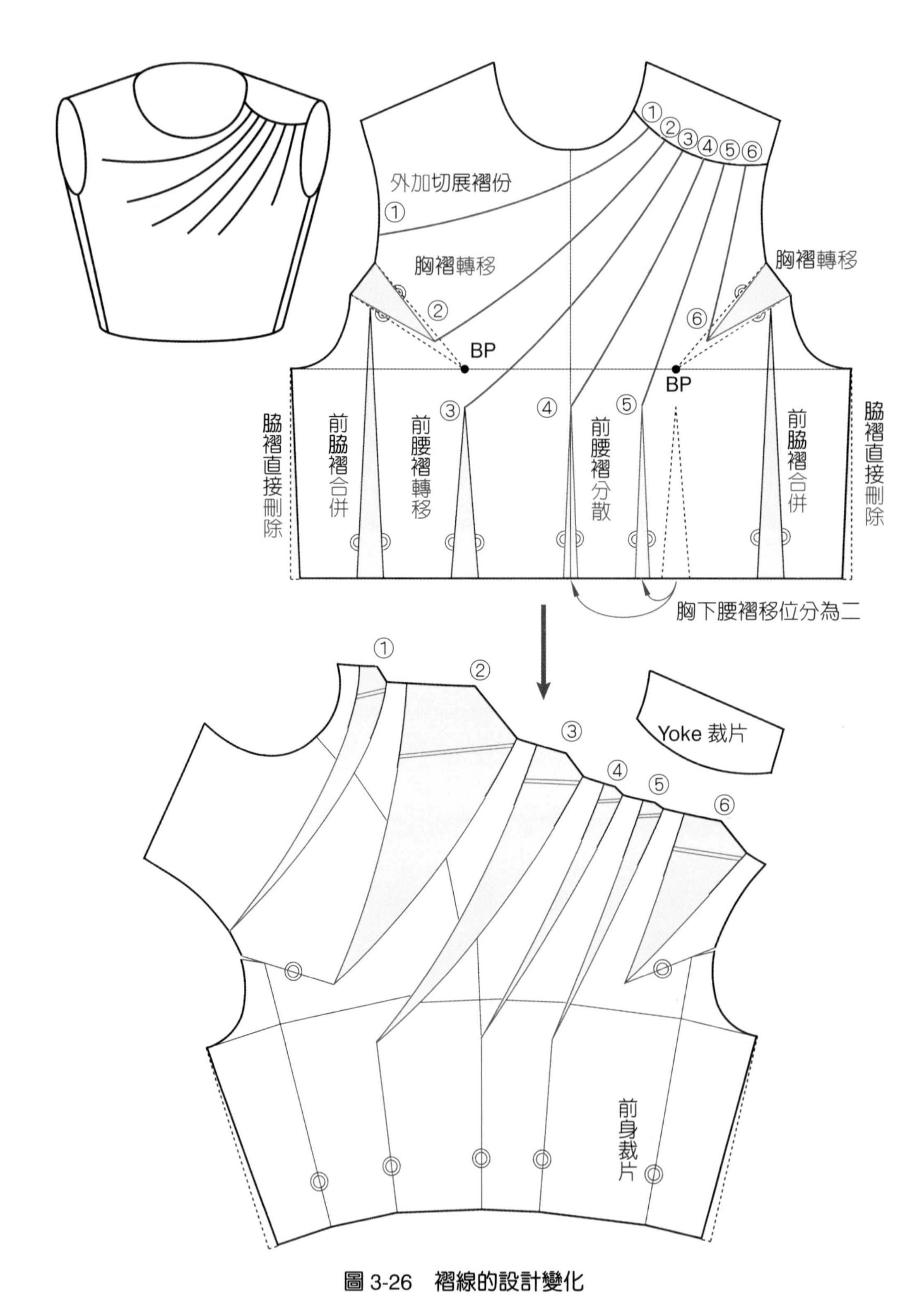

圖 3-26　褶線的設計變化

圖片引用：三吉滿智子，《服裝造型學理論篇 I》，頁 217。

4

衣身版型結構

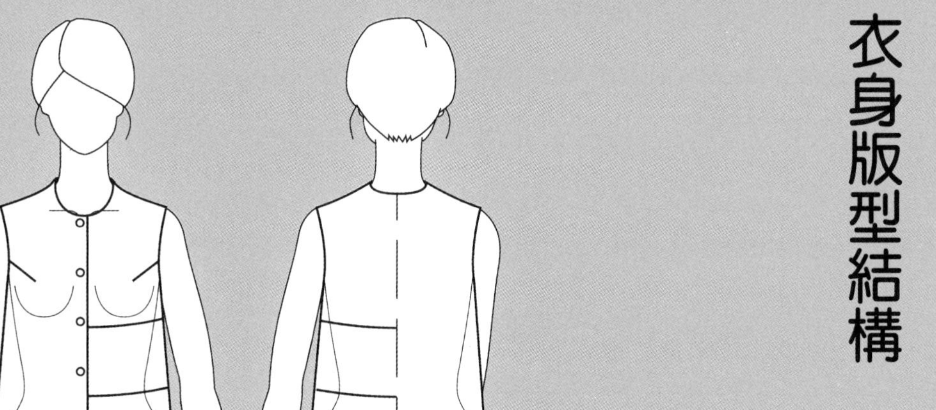

一、簡易製圖法

成衣製作多採用簡易製圖（かこみ製圖）的方式，以量身尺寸直接打版。簡易製圖方法是有繪圖經驗者直接依照量身尺寸數據，並按一定的比例公式推算出細部尺寸進行打版，僅適合於設計款式簡單、圖版線條變化少的服裝。很多這類簡易製圖的版型會有過於寬鬆、穿著比例不佳的情況，打版時應確實了解版型的鬆份與每個尺寸對照成品尺寸的影響。

以下就無袖基本型來說明上衣打版每條線段所代表的意義：對照圖 2-7 身體長度與圖 2-8 身體寬度的對應尺寸，直接打版的簡易製圖法如圖 4-7，參照女裝中號的標準尺寸依圖 4-1 →圖 4-3 →圖 4-5 →圖 4-6 之順序進行製圖。

製圖順序 1 →基本架構線

1. 長度取①背長訂出 WL 位置。衣服的 WL 是製作腰褶的圍度線，也是穿著時視覺上身體最小的圍度，因此短版的衣服或身體長、腿短的人，可以提高衣服的 WL，視覺上縮短上身比例美化體型。
2. 長度取②腰長訂出 HL 位置。
3. 以③公式「$\frac{\text{背肩寬}}{2}+2$」cm 訂出 BL 位置，也是衣服袖襱的底線。袖襱的底線是衣服的 BL，為上衣最大的圍度線，需參照設計樣式決定高低位置，因此③的公式是以合身狀況設定。
4. 合身④後領口寬比例約「$\frac{B}{10}$」，一般會依款式直接取 8～8.5cm。
5. ⑤後領口深＝後長－背長，一般會依款式直接取 2～2.5cm。
6. ⑥前長由前中心 WL 位置往上加，這個尺寸長度包含了胸部乳房的高度。乳房的高度愈高，前長尺寸愈長。
7. 衣服的 BL 以「$\frac{B+\text{鬆份}}{4}$」標示整件衣服的胸圍鬆份量，均分於前、後、左、右裁片而除以 4；以「$\frac{B}{4}+\text{鬆份}$」的標示法為前後裁片胸圍各有不同鬆份量。後身片⑦胸圍寬度取「$\frac{B}{4}+2.5$」cm 為半件衣服的後裁片鬆份量 2.5cm。

8. 前身片⑧胸圍寬度取「$\frac{B}{4}$ + 3.5」cm 為半件衣服的前裁片鬆份量 3.5cm。半件衣服的鬆份量共 6cm，整件衣服的鬆份量 12cm 與新文化原型相同。前裁片與後裁片鬆份量不同，是為了調整穿著時前後脇線的位置，也就是做出前後差。

9. 直筒的合身服裝需檢查⑨臀圍寬度尺寸是否足夠，臀圍鬆份量設定 8cm、前後差 4cm，鬆份量與前後差可依款式改變設定。

10. ⑩前、後脇線為相縫合的線，打版時應核對尺寸要等長。

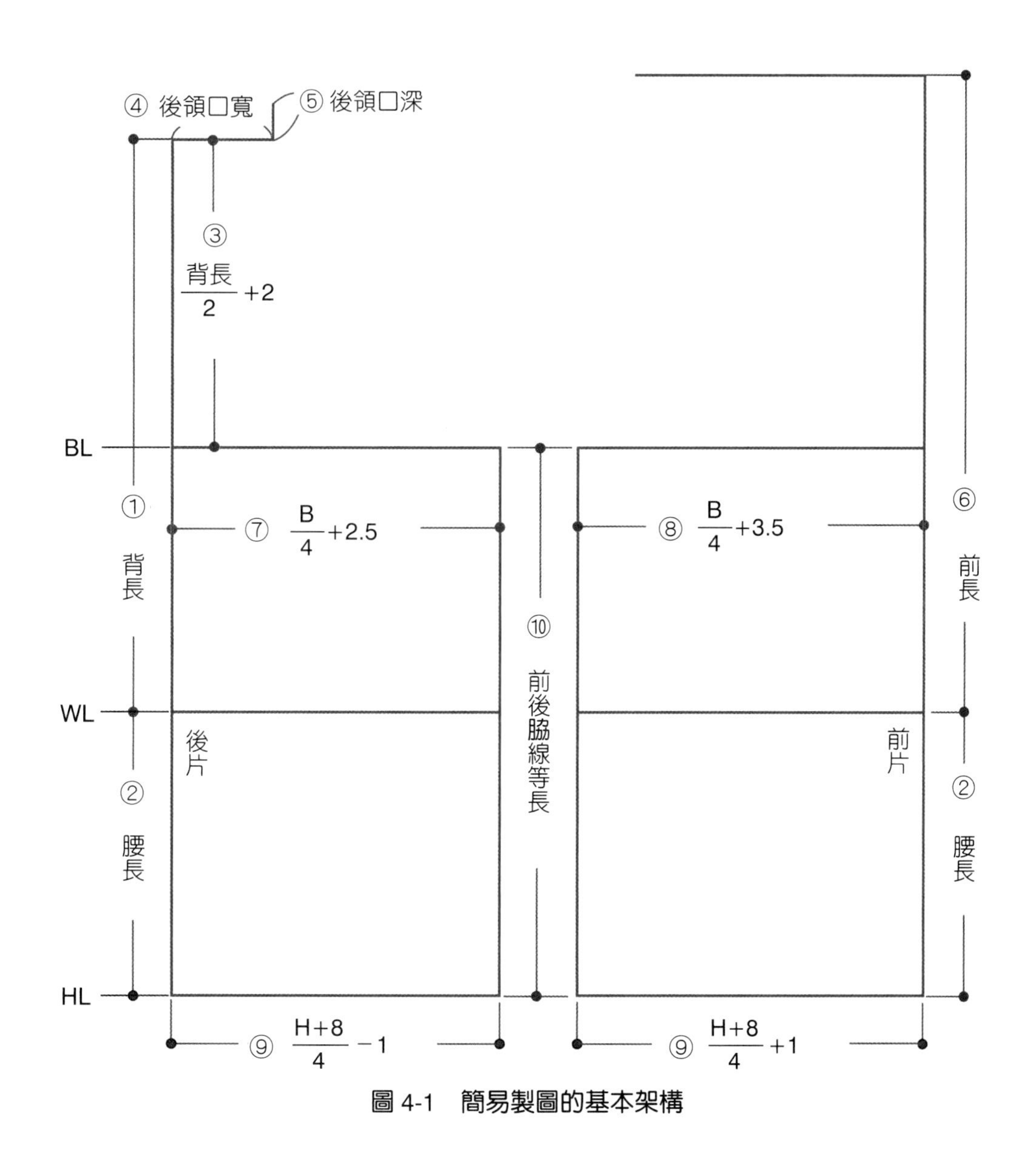

圖 4-1　簡易製圖的基本架構

製圖順序 2 →胸圍線以上的細部線條

1. 人體手臂活動範圍方向為前方，因此背寬處鬆份量大於胸寬處鬆份量（圖 4-3）。取①公式畫出背寬線、②公式畫出胸寬線，為袖襱曲線邊界的基準。
2. ③背肩寬尺寸包含後領口寬、小肩寬與肩褶份，肩褶份量可依設計款式車縫尖褶或縮縫處理。文化式原型肩尖褶份量 1.8～2cm，轉移褶份多採用縮縫份 0.5～0.7cm 處理，簡易的成衣合身式採用尖褶設計線，寬鬆款式的前、後小肩寬多採用相同尺寸。
3. 文化式原型④後領口寬大於⑤前領口寬，⑤前領口寬大於⑥前領口深。簡易的成衣直接採用尺寸後領口寬 8cm、前領口寬 7.8cm、前領口深 8.5cm。
4. ⑦後肩斜 3cm、⑧前肩斜 4cm，肩斜份量需依設計款式是否墊肩，並考慮鬆份量調整。
5. 製圖要先畫出後小肩寬線段，再依後小肩寬尺寸小畫前小肩寬（圖 4-2），即⑨後小肩寬－肩褶份量＝⑩前小肩寬。前小肩寬尺寸以斜線距離，從前領口寬之 SNP 量至前肩斜高度距離的水平線上。

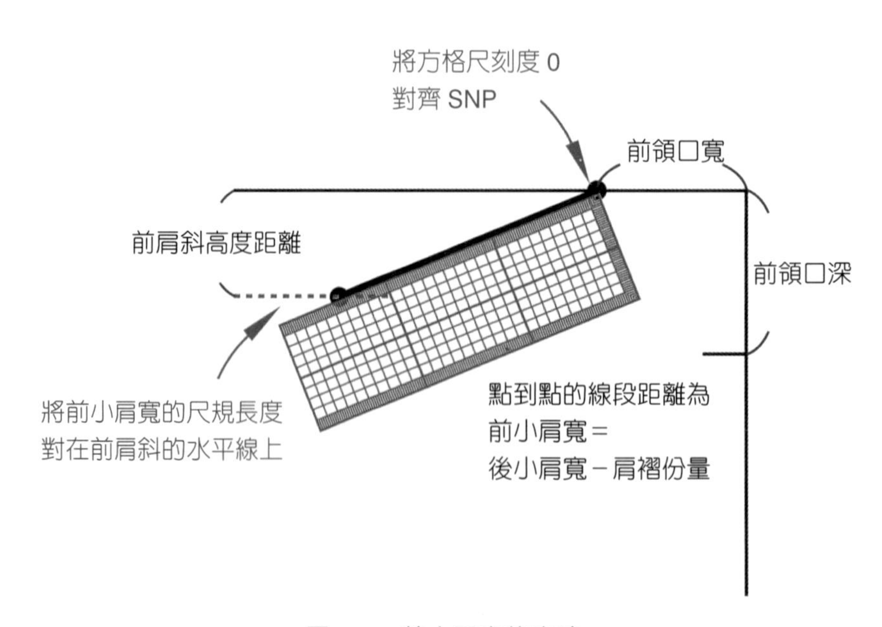

圖 4-2　前小肩寬的畫法

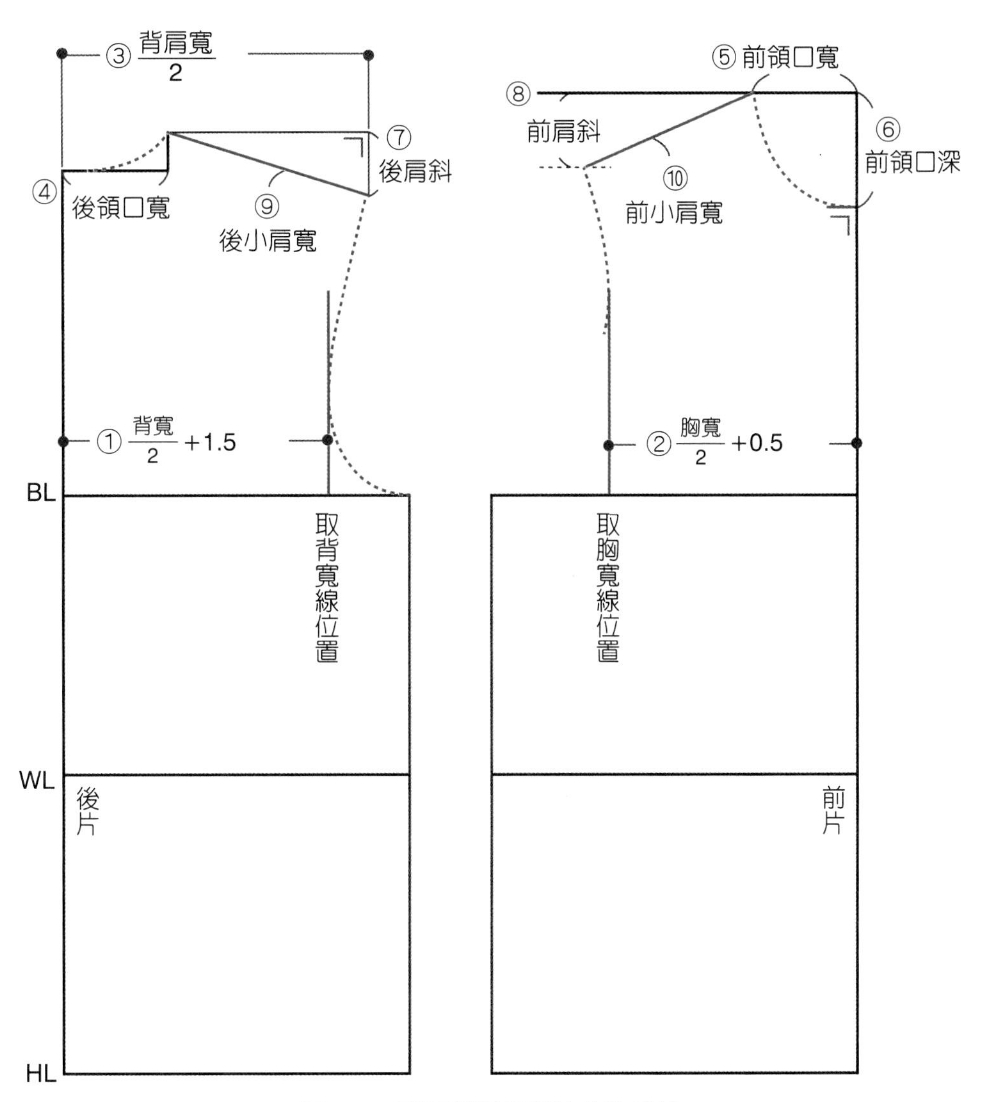

圖 4-3　簡易製圖細部線條的畫法

製圖順序 3 →輪廓線條

1. 以弧線連結後領口深與後領口寬成為①後領圍，連結前領口深與前領口寬成為②前領圍，前後中心線應維持一小段的水平線，可參閱圖 2-15 領圍曲線畫法。
2. 上衣是以上半身的最大圍度胸圍打版，當衣服長度蓋過下半身的最大圍度臀圍，胸小臀大圍度尺寸就會不足，因此取 HL 可核對尺寸是否足夠。短版的衣服畫出③ HL 核對尺寸後，再縮短衣服長度，衣襬圍就不會因為臀圍大而顯得緊繃（圖 4-5）。合身的衣長若卡在臀圍，會使圍度的視覺感拉寬顯胖，因此合身的衣長設計應避免剛好蓋在 HL。
3. 直筒的服裝脇線取黑色直線即可，要做出身體曲線可在 WL 與襬圍增減寬度尺寸取紅色斜線。④脇線的增減份量約 1～1.5cm，大於 1.5cm 線條斜度落差會太大，布紋斜出容易有拉扯紋路，版型不好看。
4. ⑤後 AH 曲線弧度不可超過背寬線的邊界基準，袖襱弧度底端應成蛋形弧度，使用彎尺分段畫取（圖 4-4），可參閱圖 2-16 袖襱曲線畫法。
5. ⑥肩褶寬度 1.5cm、長度 8cm，褶尖指向肩胛骨位置，約背寬寬度的中間。

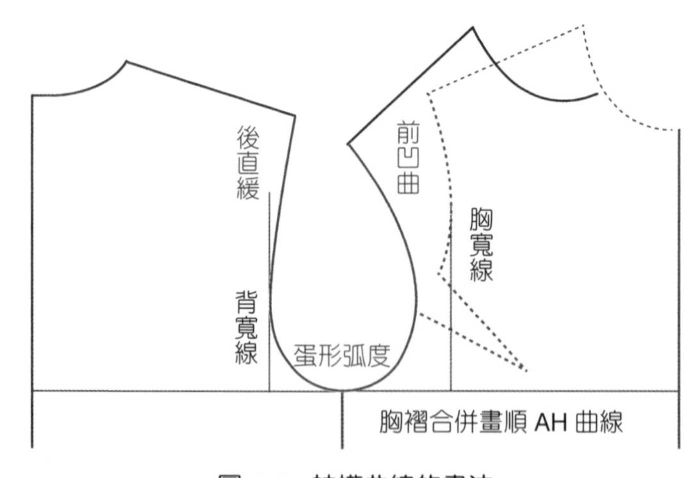

圖 4-4　袖襱曲線的畫法

6. 胸褶份為胸部乳房的高度，乳房愈高、褶份愈寬，胸褶寬度⑦取 1.5～3.5cm，位置在前 AH 的下半部，角度以 45° 指向 BP，⑧ BP 位置以乳間寬尺寸定出。⑨褶子長度與 BP 點維持一定距離，衣服胸部弧度形態會比較寬鬆緩和。
7. ⑩前 AH 曲線弧度不可超過胸寬線的邊界基準，袖襱弧度底端應成蛋形弧度，袖襱褶合併後 AH 曲線需順暢無角度。因人體手臂活動範圍向前，後 AH 曲線直、前 AH 曲線凹。

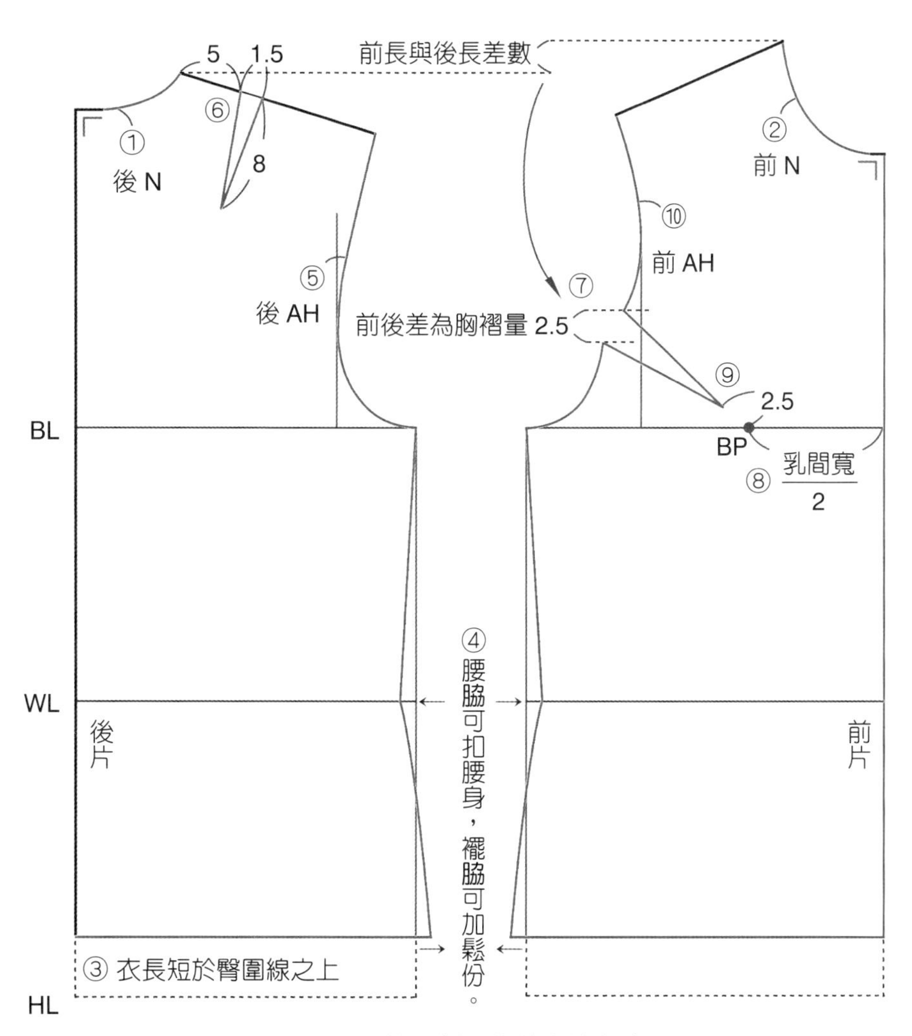

圖 4-5　簡易製圖的輪廓線畫法

製圖順序 4 →腰褶位置分配

胸腰差是環狀差數，不能由脇側扣除全部的腰褶份，若要凸顯腰身應製作腰褶。可視衣服合身狀態前、後都做腰褶，也可以只做後腰褶、或只做前腰褶。後身曲面起伏小，後腰褶置於後裁片的中間，縫線平均的視覺效果較佳。前身曲面起伏大，前腰褶直接置於 BP 的垂直線下，褶尖指向胸部（圖 4-6）。

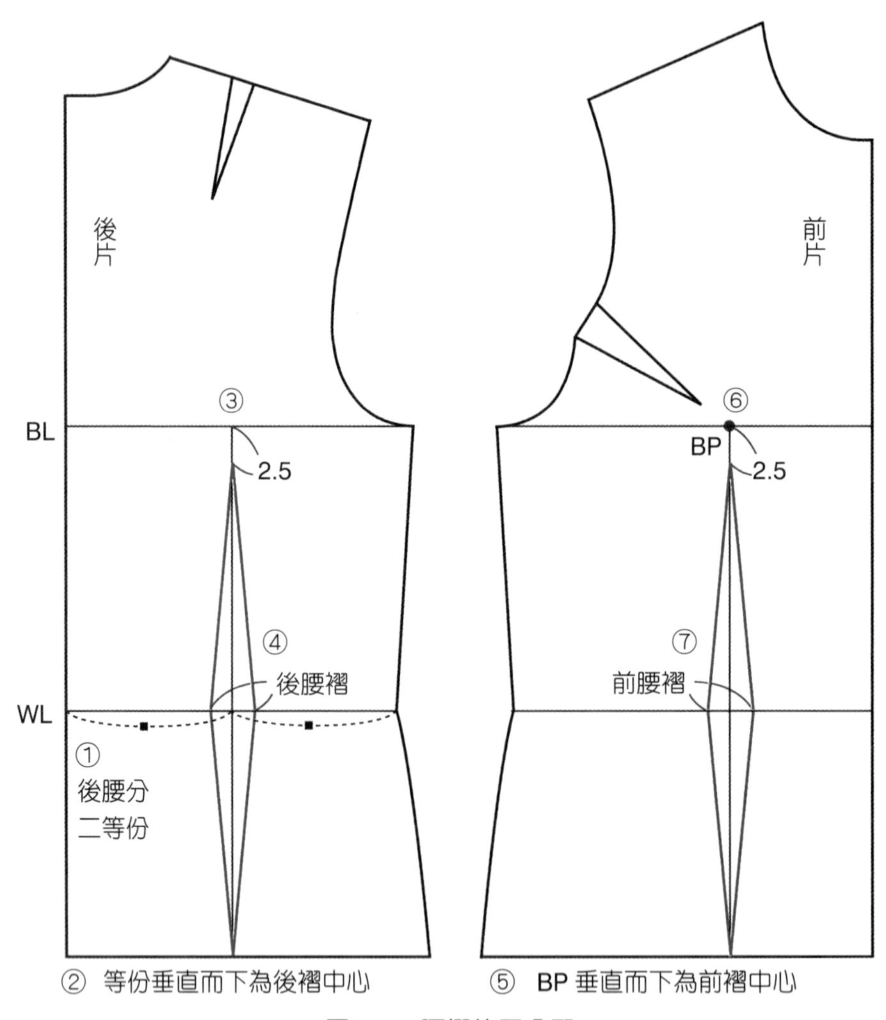

圖 4-6　腰褶位置分配

基本製圖

基本的衣身版型（圖 4-7）可視為成衣的「原型」，進一步應用於版型的設計變化（圖 4-14）。

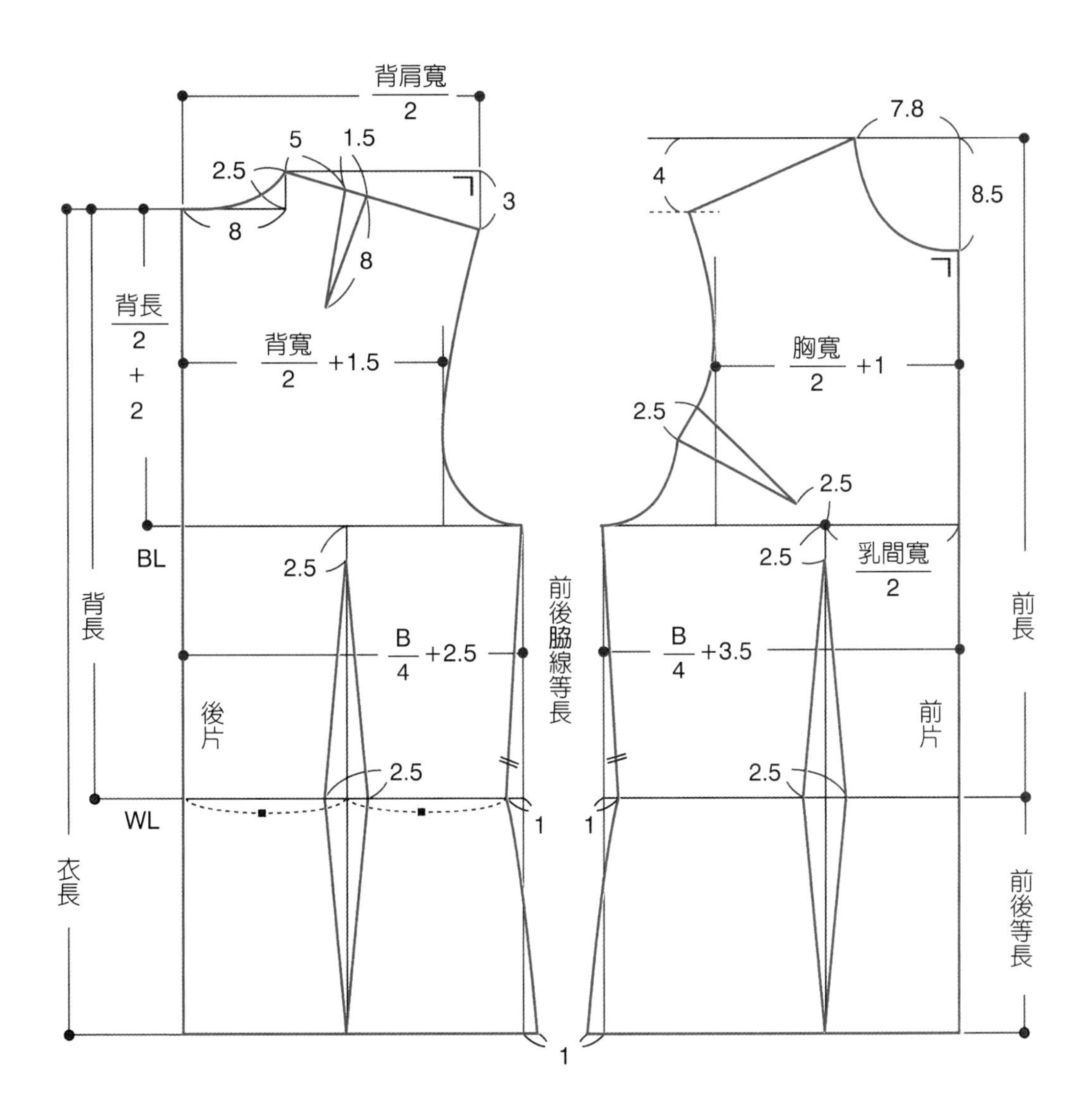

必要尺寸	衣長	背長	前長	胸圍	背肩寬	背寬	胸寬	乳間寬
標準尺寸	52	37	42	84	42	34	32	18

圖 4-7　簡易製圖的合腰衣版

脇線的斜度為做出身體曲線（圖 4-5），若要做合腰的款式再製作腰褶（圖 4-6）。直筒的服裝沒有腰身，版型上不需畫出腰線，脇線取直線即可，與合腰的款式相比較，製圖線條簡潔許多。長版的衣服襬圍增加寬呈現 A 字輪廓，可增加下半身圍度鬆份，也有較佳修飾體型的效果。熟悉人體尺寸直接帶入數據，進行打版會更為簡易（圖 4-8）。

背肩寬尺寸大表示後背弧度曲面強，例如駝背的人，前後小肩寬差數大，必須製作肩褶。背肩寬尺寸小表示後背挺直，前後小肩寬差數小，肩褶份直接縮縫處理。圖 4-7 背肩寬尺寸取 42cm 與圖 4-8 背肩寬尺寸取 40cm 相比較，前後小肩寬差數會不同，處理方式就不同。

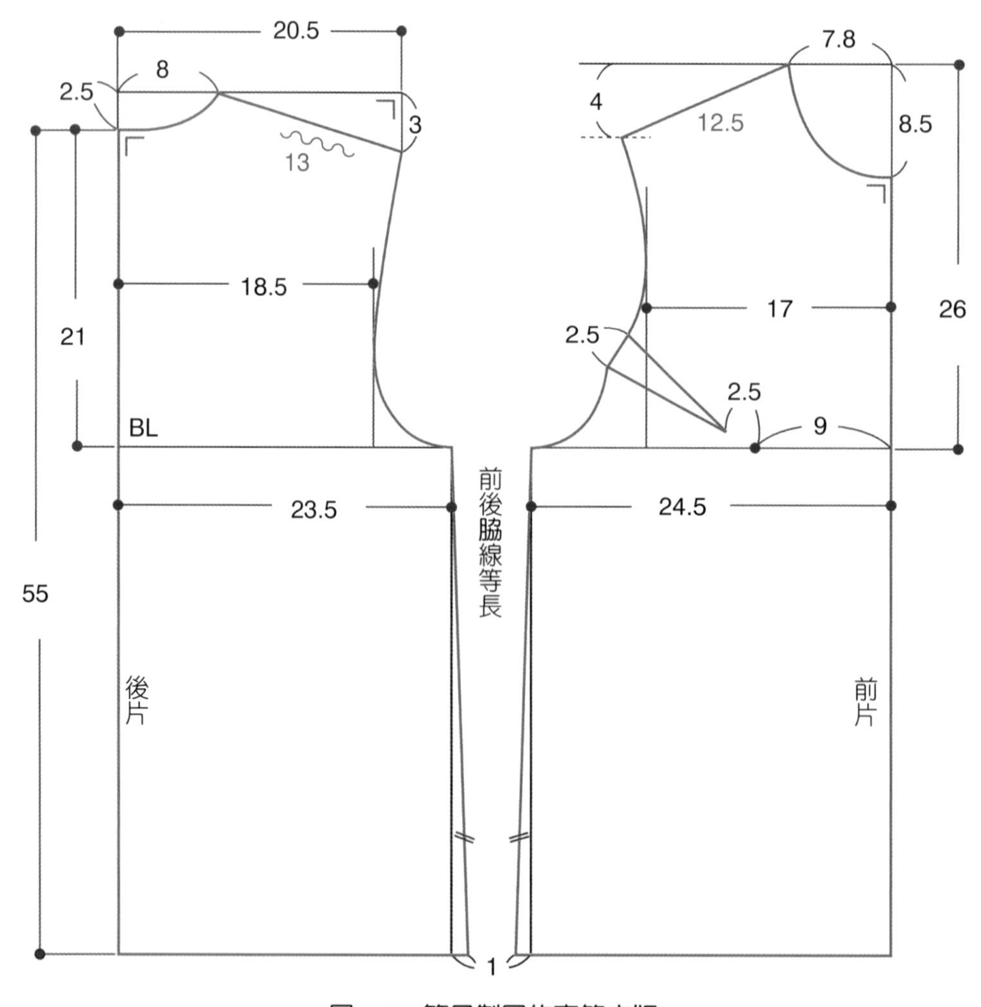

圖 4-8　簡易製圖的直筒衣版

胸褶份放在肩與胸之間為袖襱褶，袖襱褶可利用褶子轉移的方式改變褶線的方向，放在胸與腰之間成為脇褶（圖 4-9）。使用於文化式原型褶子轉移的方法，一樣可套用於簡易製圖的衣版。

版型結構原理都是共通的，衣身、袖與領的版型設計變化，可用文化式原型畫出衣版後（圖 4-11）套用，也可以簡易製圖版型（圖 4-7、圖 4-8）直接運用。圖 4-7 簡易衣版使用與圖 4-21 文化式原型衣版相同的標準尺寸，將兩個圖版互相比較更容易清楚版型的架構概念。

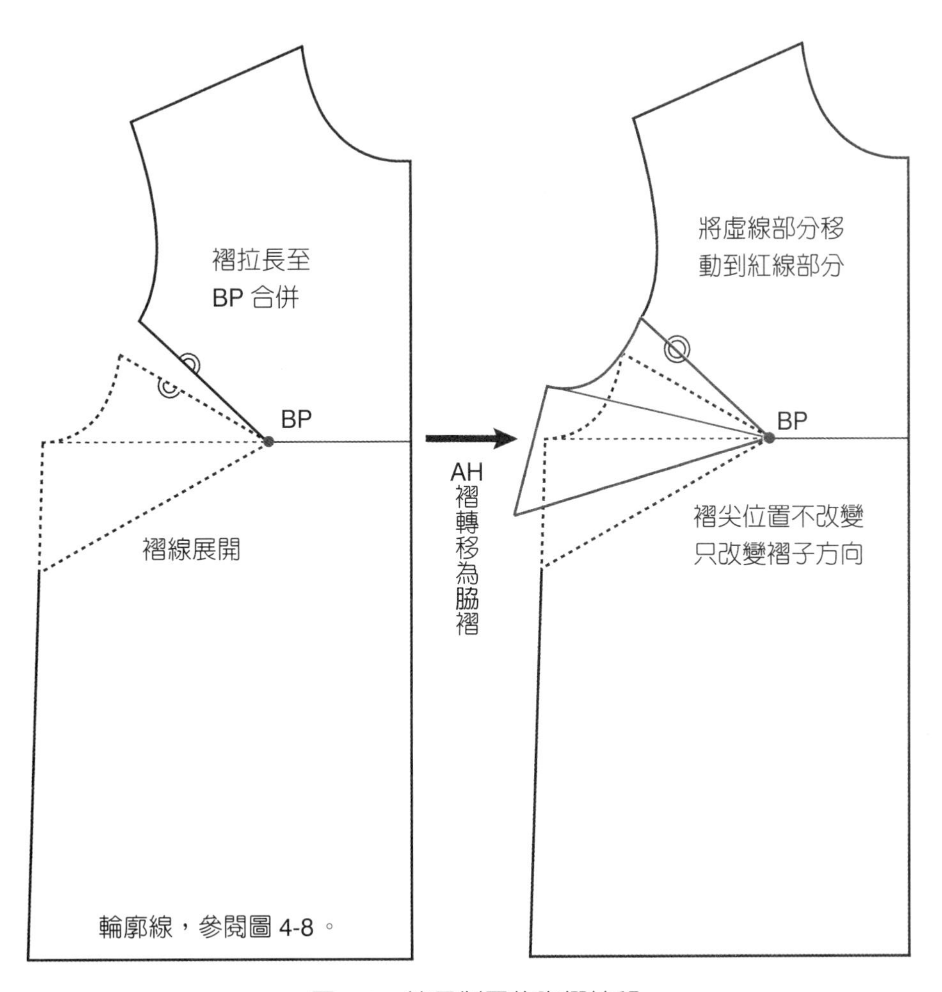

圖 4-9　簡易製圖的胸褶轉移

紙型的核對與修正

檢查紙型上相接縫合的線必須等長，例如前後片的脇邊線。前後小肩寬有肩褶或縮縫份的差數，領圍線與袖襱線應分別將紙型併合後修順弧線（圖 4-10）。

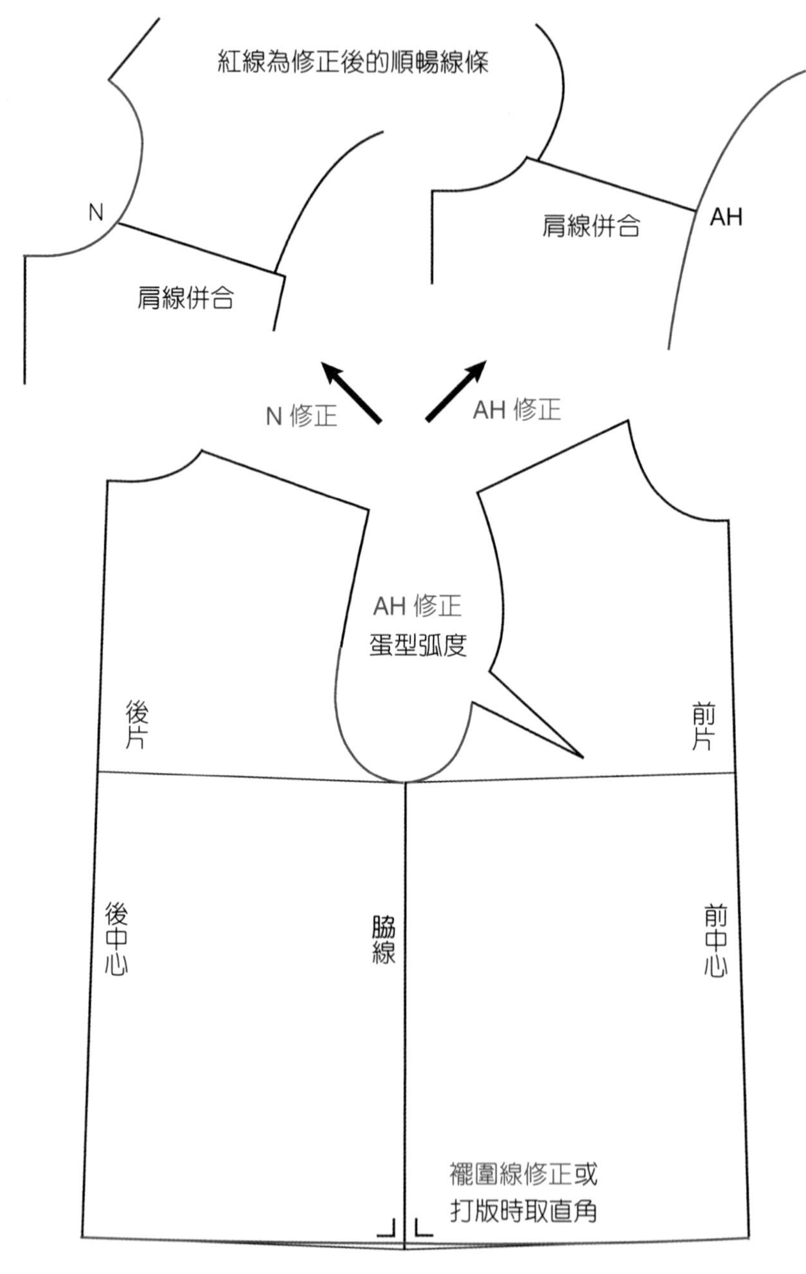

圖 4-10　衣版型弧線角度的修正

二、原型製圖法：直筒基本型

上身原型（圖 2-17）繪製尺寸是以胸圍尺寸計算，將原型長度從腰線往下加長成為衣長，前後身的腰下衣長取等長。一般短版襯衫取腹圍至臀圍之間長度為腰下長 12～15cm。原型中的胸褶與肩褶直接車縫尖褶，腰褶份不做處理留為衣服的鬆份，灰色區塊部分描繪原型板，加長衣長畫紅線為裁片完成輪廓線，版型內只畫出縫製時需要的基準線與褶線，因為不做腰褶，虛線不用描畫（圖 4-11）。

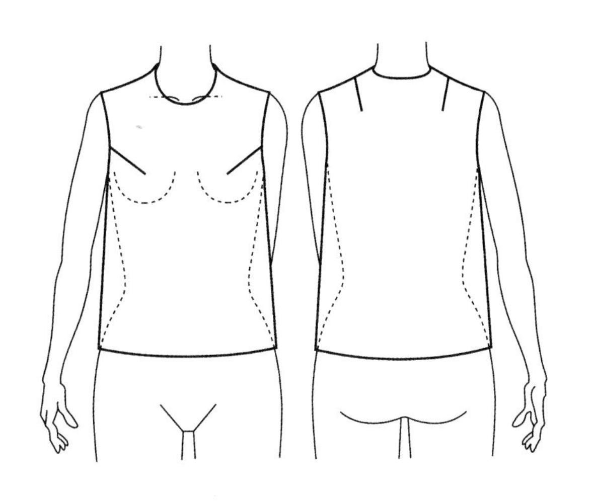

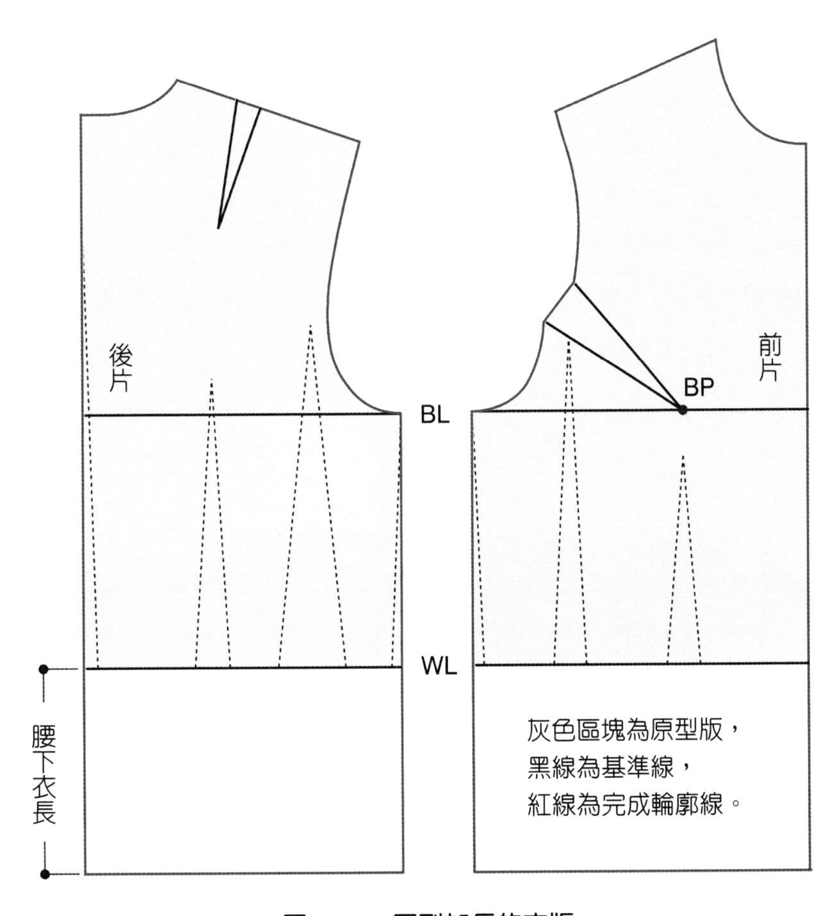

圖 4-11　原型加長的衣版

完整的版型要清楚標示製圖符號，將胸褶縮短，車合止點與 BP 維持一定的距離。上衣是以胸圍計算寬度，胸圍尺寸小、臀圍尺寸大的人，衣長蓋過臀圍時，釦子可能無法扣合。應以腰長尺寸取出臀圍位置，核對計算臀圍尺寸是否有足夠的鬆份量，鬆份量依需求自訂。即使衣長短於臀，也可如圖 4-12 核對尺寸臀圍。

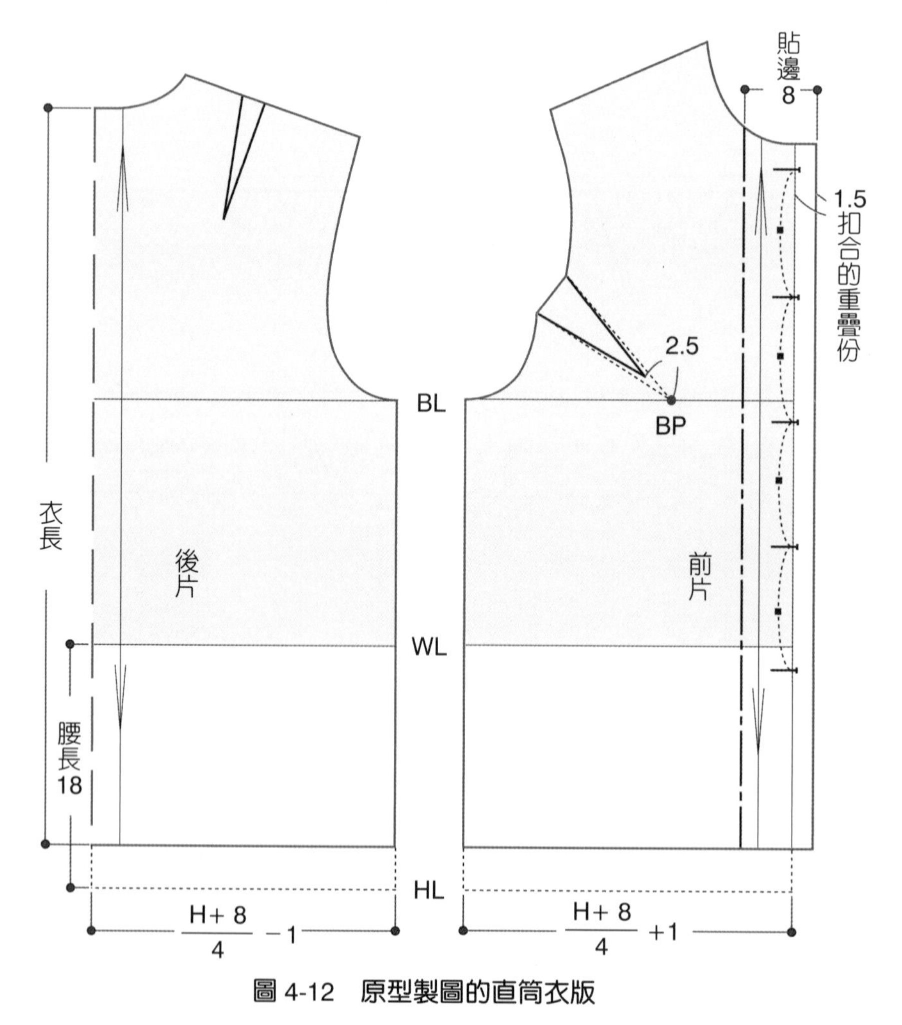

圖 4-12　原型製圖的直筒衣版

三、衣長變化

衣長由後中心測量計算，依設計款式與穿著者的需求決定（圖 4-13）。衣襬不塞入裙腰或褲腰內的短版衣長在臀圍之上，衣襬要塞入裙腰或褲腰內的一般衣長會長過於臀圍，長版長度可當成連衣裙（洋裝）處理。

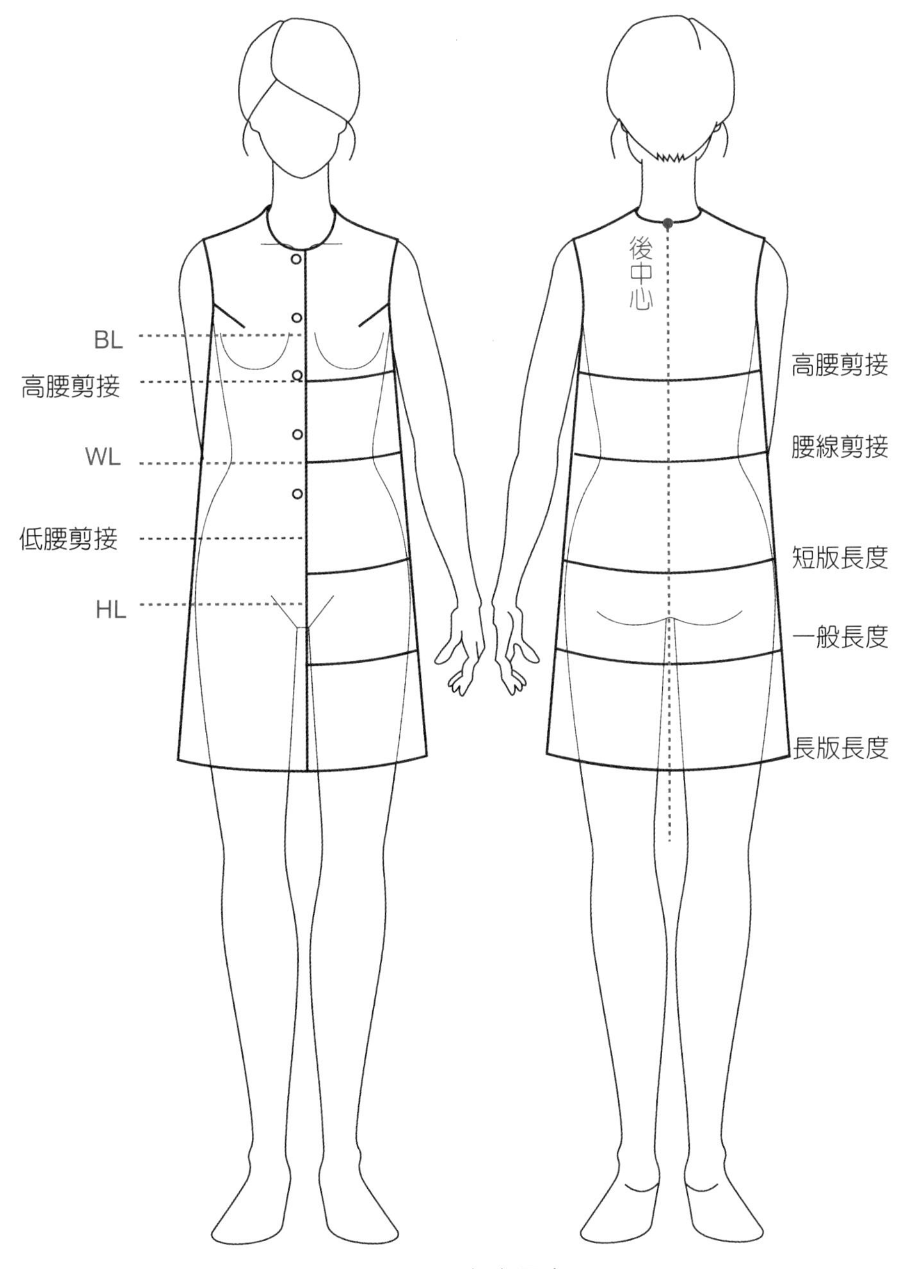

圖 4-13 上衣長度

服裝版型可以採簡易製圖法直接打版（圖 4-8），也可以原型為基礎進行打版（圖 4-11）。畫好的版型只想改變長度時，可平行移動衣襬線加減長度，不用重新打版（圖 4-14）。長版衣長長度需考慮生活動作，衣襬圍度應相對變大，例如做開衩或加入襬飾設計。

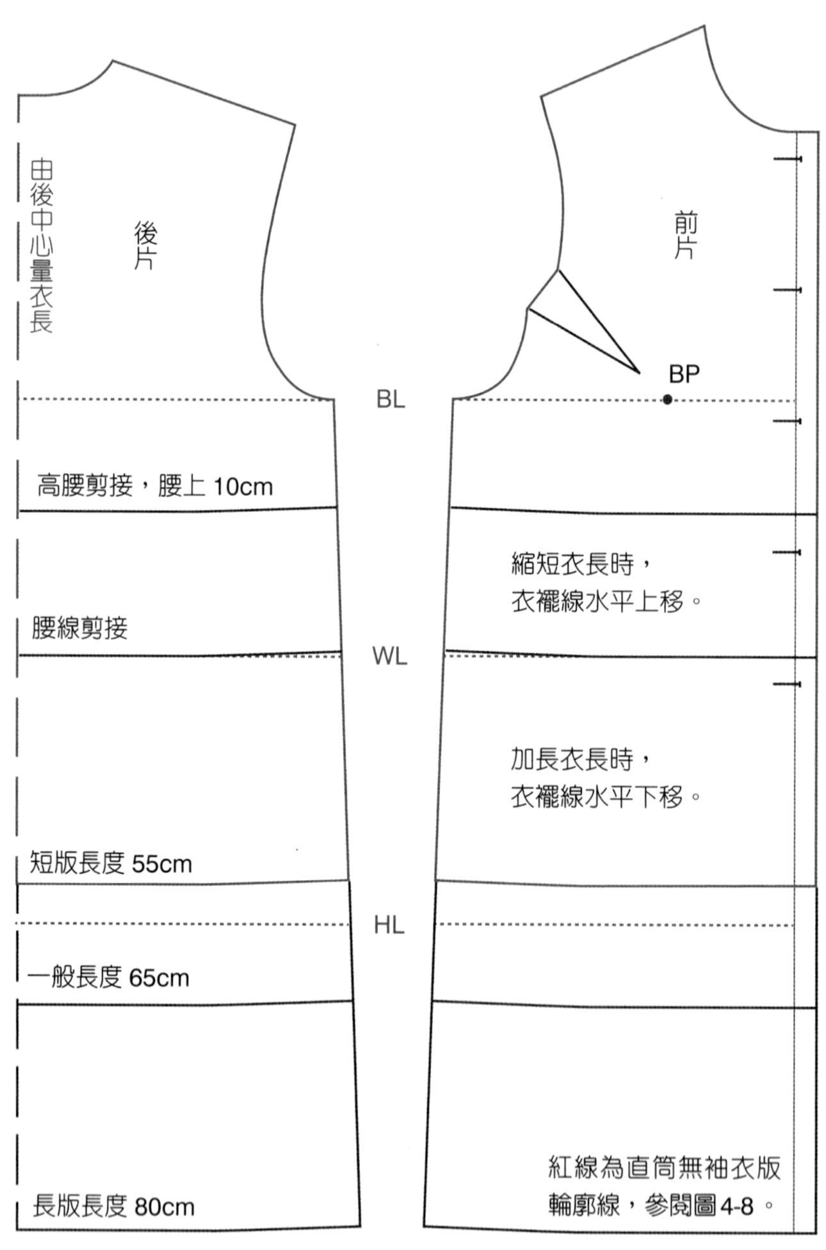

圖 4-14　上衣長度版型變化

四、上袖袖襱鬆份

上袖款式之袖襱需含有適當的活動鬆份量，以褶子轉移的方式增加袖襱活動鬆份量（圖 3-14），製圖時先轉移後肩褶，再以相同份量縮小前胸褶（圖 4-15）。

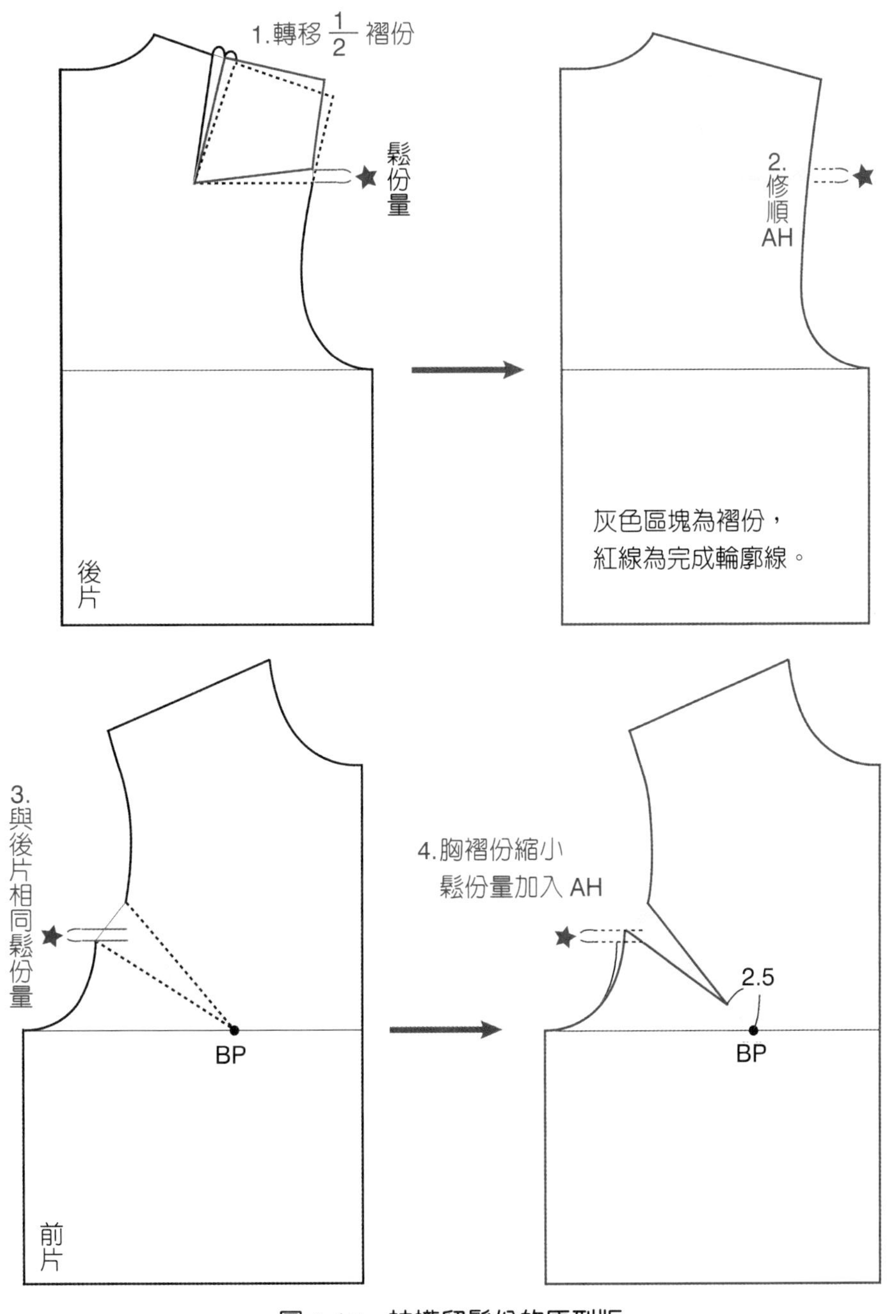

圖 4-15　袖襱留鬆份的原型版

褶子轉移為袖襱的鬆份，袖襱尺寸會變大，上袖有較佳的活動機能性。依照標準體型後 AH 尺寸大於前 AH 尺寸約 1cm，前後 AH 取相同的寬鬆度，可以做出均衡的袖子造型輪廓（圖 4-16）。轉移褶子份量可依照設計款式決定，內搭合身的款式轉移份量少，外套類寬鬆的款式轉移份量多，也就是愈寬鬆的衣服，袖襱的鬆份愈多。依據體型取比例取褶子的$\frac{1}{3}$、$\frac{1}{2}$、$\frac{2}{3}$轉移成為鬆份量，或直接設定鬆份量為 0.7～1.2cm。鬆份量轉移愈少，留下成為後小肩寬的縮縫份量愈多，因此也要考慮衣服使用的材質，能不能縮縫得自然漂亮。

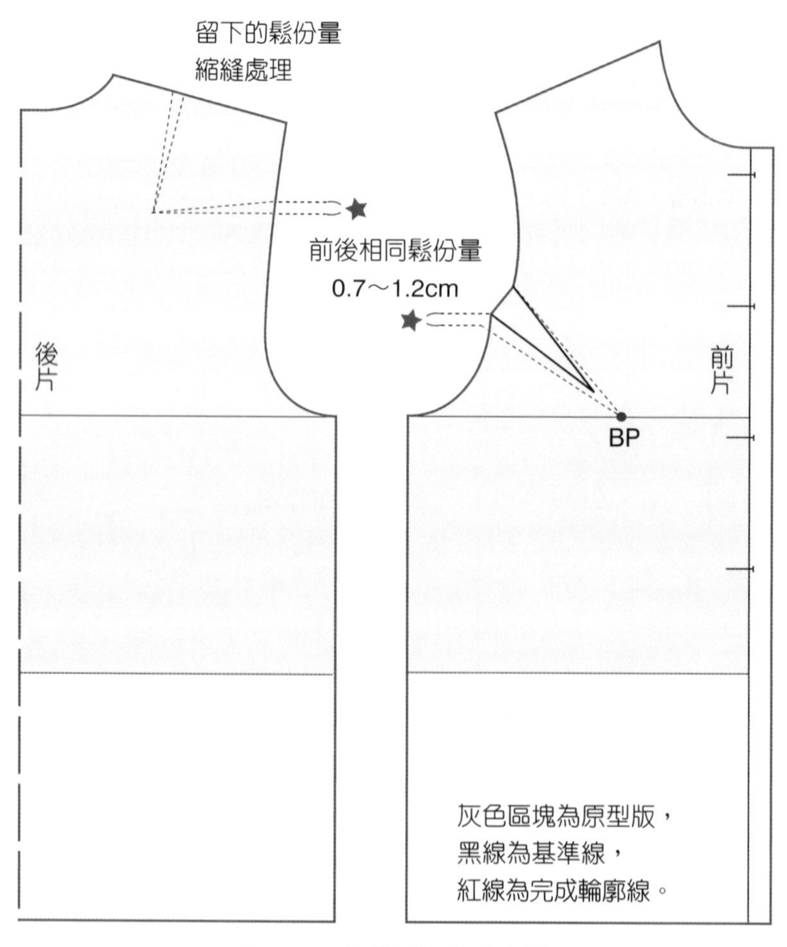

圖 4-16　袖襱留鬆份的衣版

五、袖襱尺寸變化

袖襱尺寸以手臂根圍為依據，胸圍尺寸 84cm 的原型袖襱合身尺寸約為 42cm，袖襱弧度底端設定位置為手臂根部（腋窩）下降 2cm 的紅色實線（圖 4-17）。

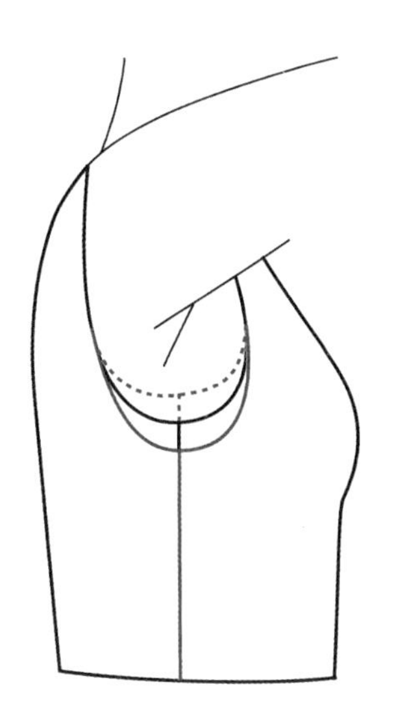

袖襱線由 BL 往上提高縮小，會更貼近手臂根圍，適合不上袖的無袖款式。上袖款式的袖襱線由 BL 愈往下降低挖大，就會有更多的活動鬆份。袖襱線的提高或降低，也不全以無袖或上袖為考量，還需考慮設計款式的需求、衣服的材質、衣服為內搭還是外著。

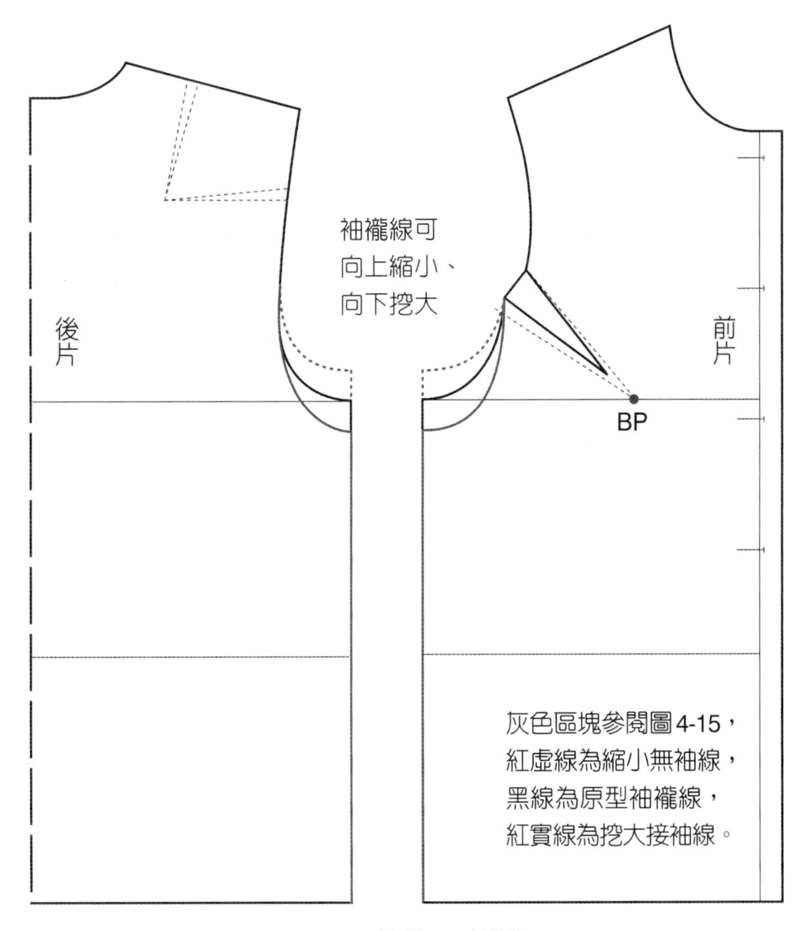

圖 4-17　袖襱尺寸變化

六、胸圍尺寸變化

上衣穿著從肩垂掛而下，三圍的鬆份可依照設計款式適度地增加。原型胸圍基本鬆份量有 12cm，若從前、後、左、右身片胸線各加出 1cm 的寬度，整件衣服的鬆份就有 16cm。一般打版胸圍寬度調整會先加寬後身片，或後身片加寬份量大於前身片，以調整脇邊線於視覺偏前的位置。

胸圍寬度尺寸改變，通常袖襱尺寸也會改變。袖襱尺寸的變化會改變衣服胸圍線的位置高低。袖襱由胸圍線往上提高縮小，同時胸線的寬度也內縮扣除鬆份，使衣服更貼合身體；袖襱由胸圍線往下降低挖大，同時胸線的寬度也外推加出鬆份，使衣服以均衡的比例成為寬鬆款式（圖 4-18）。

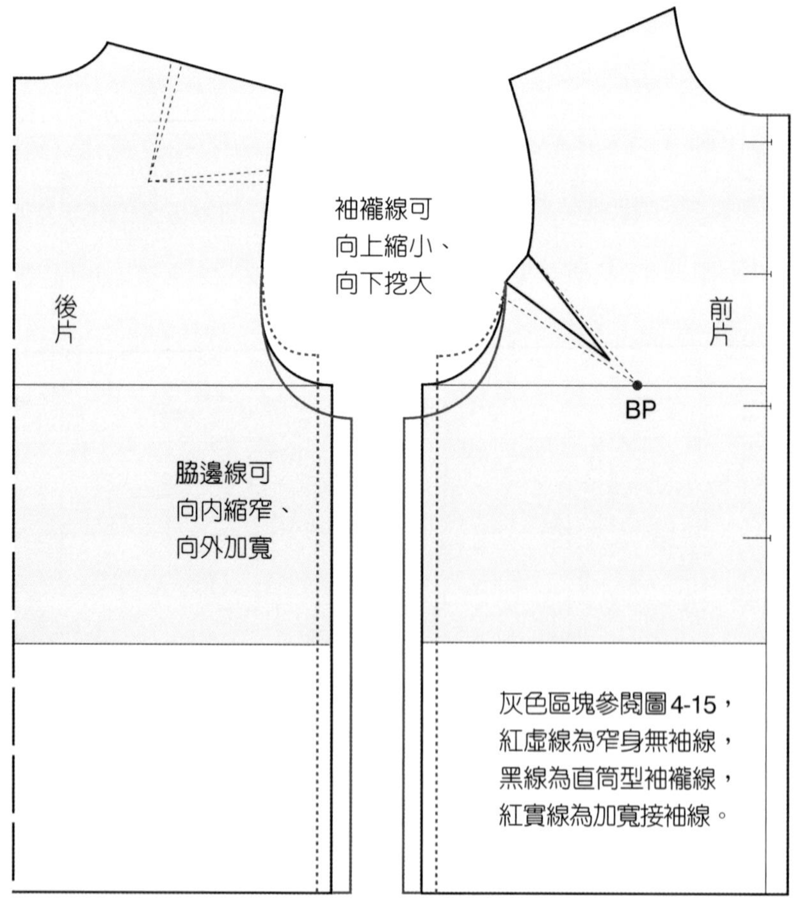

圖 4-18　胸圍尺寸變化

七、輪廓線條變化

版型款式以改變外觀輪廓造型最為明顯，考慮是否凸顯腰身、合身或寬鬆，採用何種幾何輪廓進行設計（圖 4-19）。

圖 4-19　輪廓線條變化

八、收腰輪廓

收腰輪廓版型以凸顯腰身曲線為合身上衣的設計重點，版型要做出腰身先從脇邊扣除，以 1.5cm 為上限，若扣除 2cm 以上相當於一個褶份量，脇線斜度落差太大，要進一步凸顯腰身應製作腰褶。後中心不折雙、後片裁成兩片裁片，後中心也可比照脇邊扣除，1～1.5cm 的褶份量（圖 4-20）。

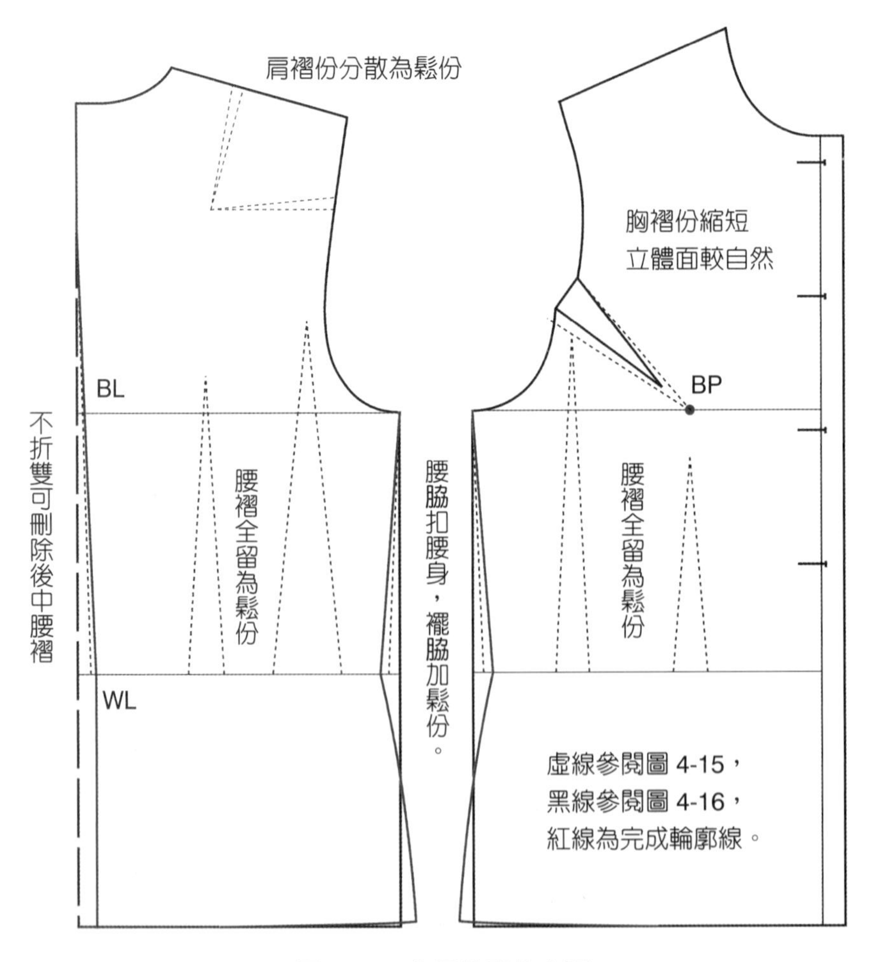

圖 4-20　收腰輪廓的衣版

車縫腰褶

文化原型的腰圍鬆份設定為 6cm，前、後、左、右裁片都各需車縫兩個腰褶。合腰上衣的腰圍鬆份預留 8cm 以上較佳，設定脇邊、後中心與腰褶需扣除的褶份量，各裁片只需車縫一個褶子（圖 4-21）。腰褶線斜度落差大，會產生布紋不順的綹紋，單一褶份寬度以 3cm 為上限。

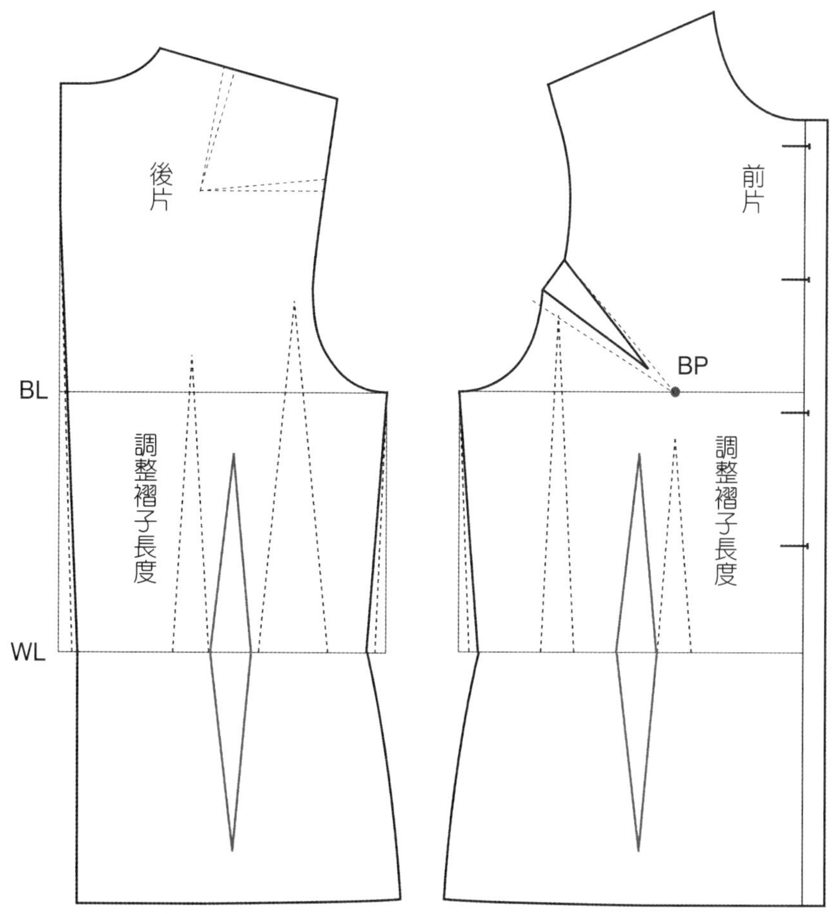

黑線參閱圖 4-20，虛線為原型褶位，紅線為上衣褶位。

圖 4-21　合腰輪廓的衣版

九、寬襬輪廓

寬襬輪廓是胸圍線以上合身，從胸圍線以下衣襬作斜向展開，增加衣襬寬度的外觀輪廓造型。

A 襬輪廓從脇襬加出衣襬寬度為最直接的方式（圖 4-22），衣襬呈現 A 字形上窄下寬，視覺形態比直筒輪廓穩定，臂圍處有較寬鬆的份量，機能性也優於直筒輪廓。

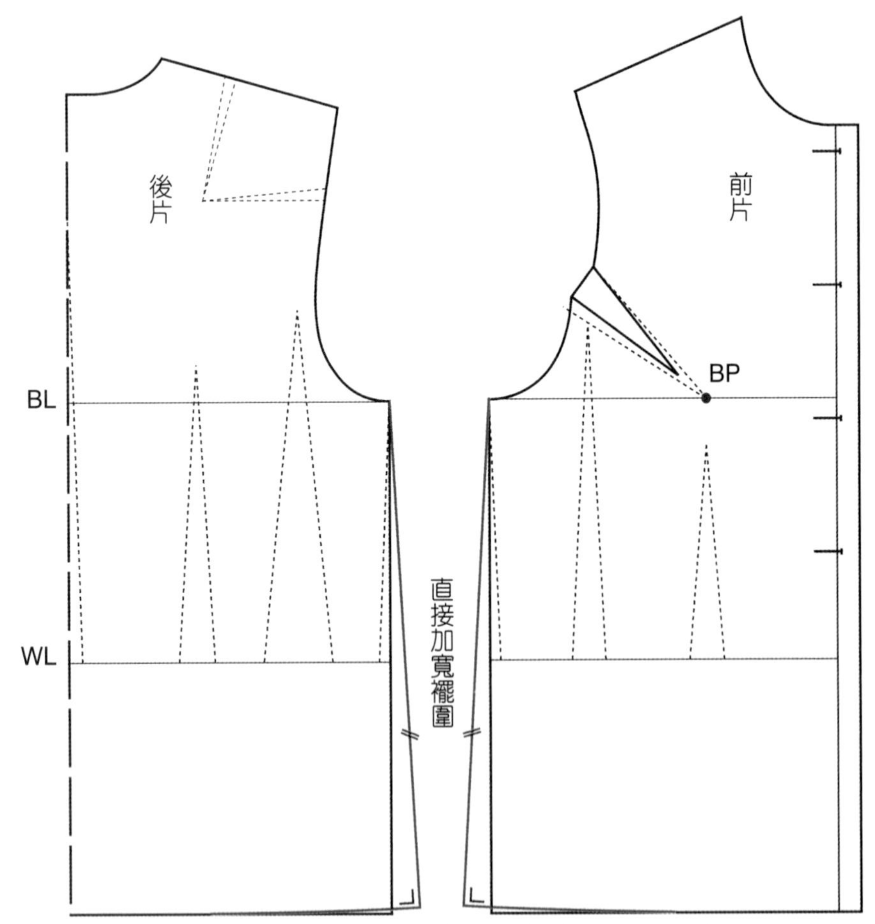

虛線為原型褶位，黑線參閱圖 4-16，紅線為改變的輪廓線。

圖 4-22　A 襬輪廓的衣版

直接加大衣襬成為傘形，斜度落差都位於脇側，穿著時布料垂墜會後堆積於側身，因此所加出的尺寸不宜過多（圖 4-23）。

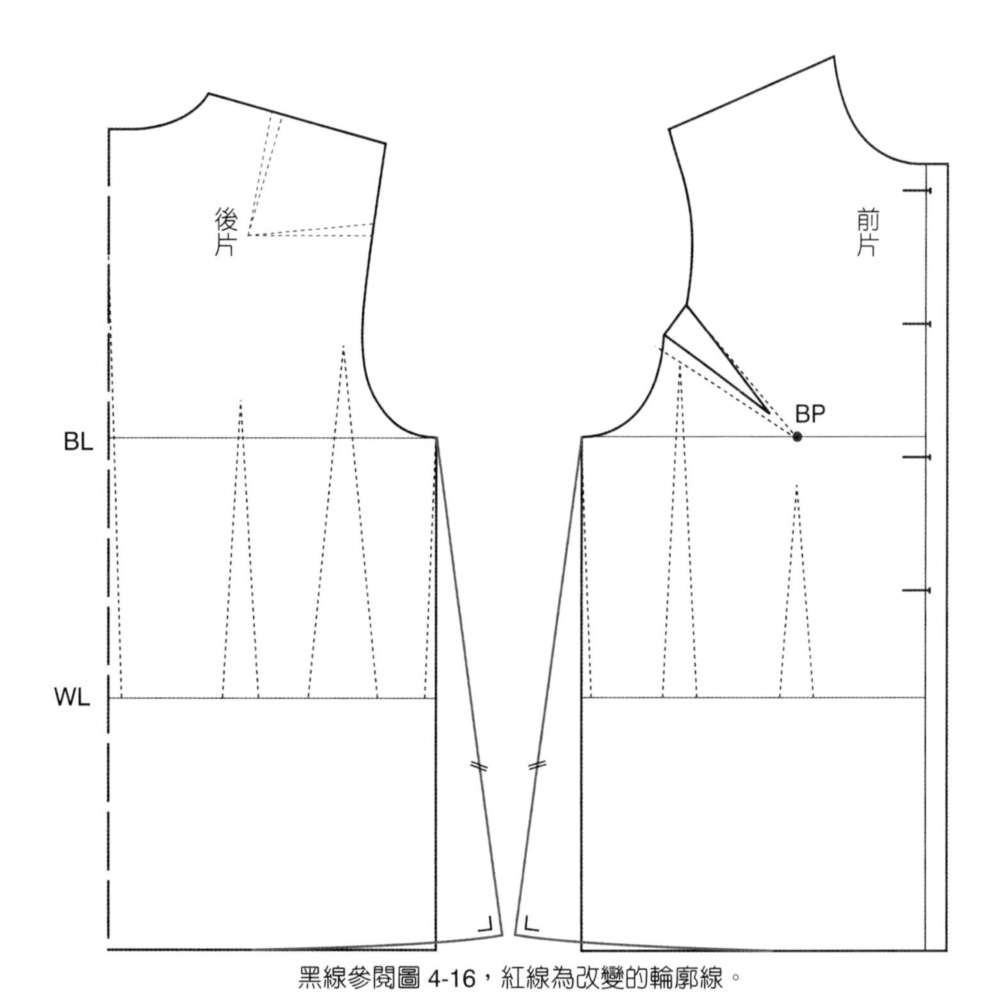

黑線參閱圖 4-16，紅線為改變的輪廓線。

圖 4-23　直接加大襬圍尺寸

利用褶份轉移將部分肩褶與胸褶轉換為襬圍所需的尺寸，轉移的褶份併入腰褶內。胸圍線的鬆份量不會增加，衣服不用製作褶線，穿著時布料垂墜位於肩胛骨與胸高下方（圖 4-24）。襬圍的鬆份分布均勻，造型形態優於直接加出尺寸的方法（圖 4-23）。

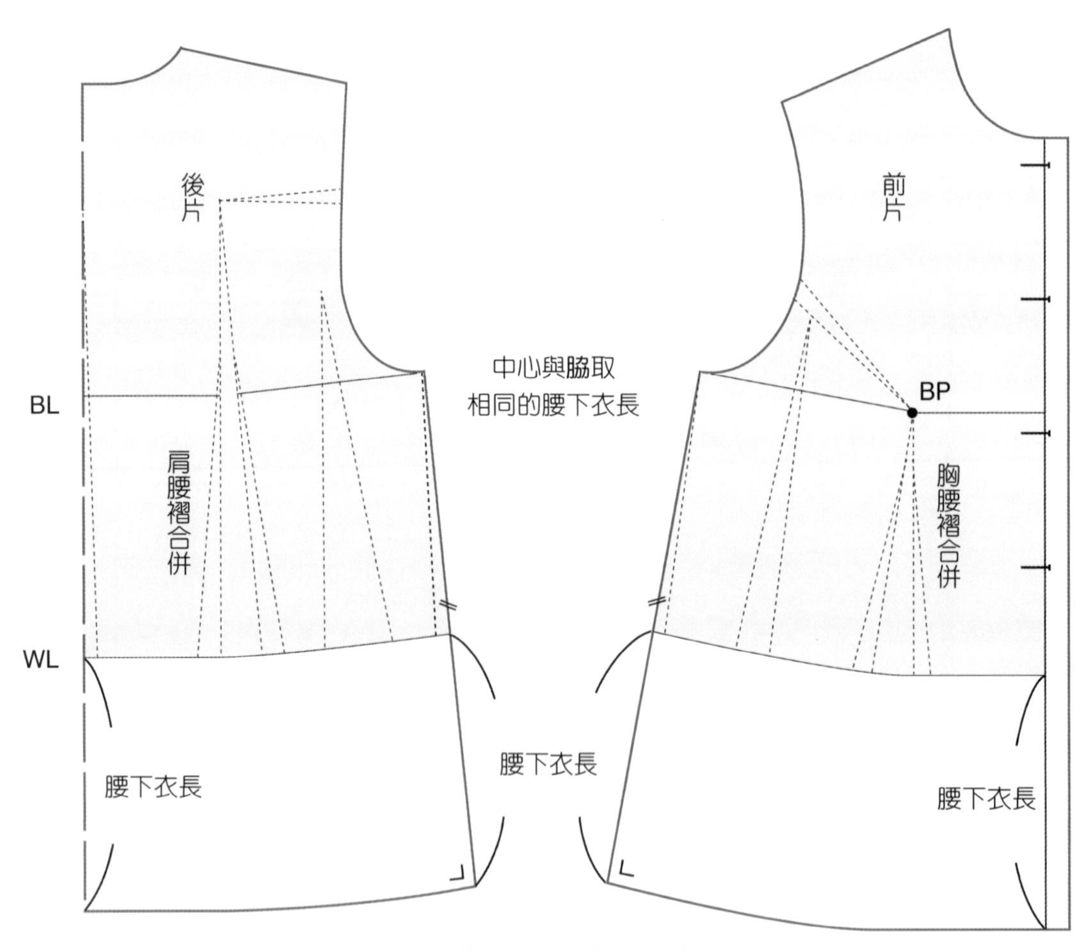

灰色區塊參閱圖 4-25，紅線為輪廓線。

圖 4-24　轉移褶份加大襬圍尺寸

直接加出衣襬寬度，將斜度落差堆積於脇側，為平面版型的思考模式。立體結構版型為利用身體的凹凸曲面，以褶子轉移的方式做出襬圍所需的尺寸（圖 4-25）。

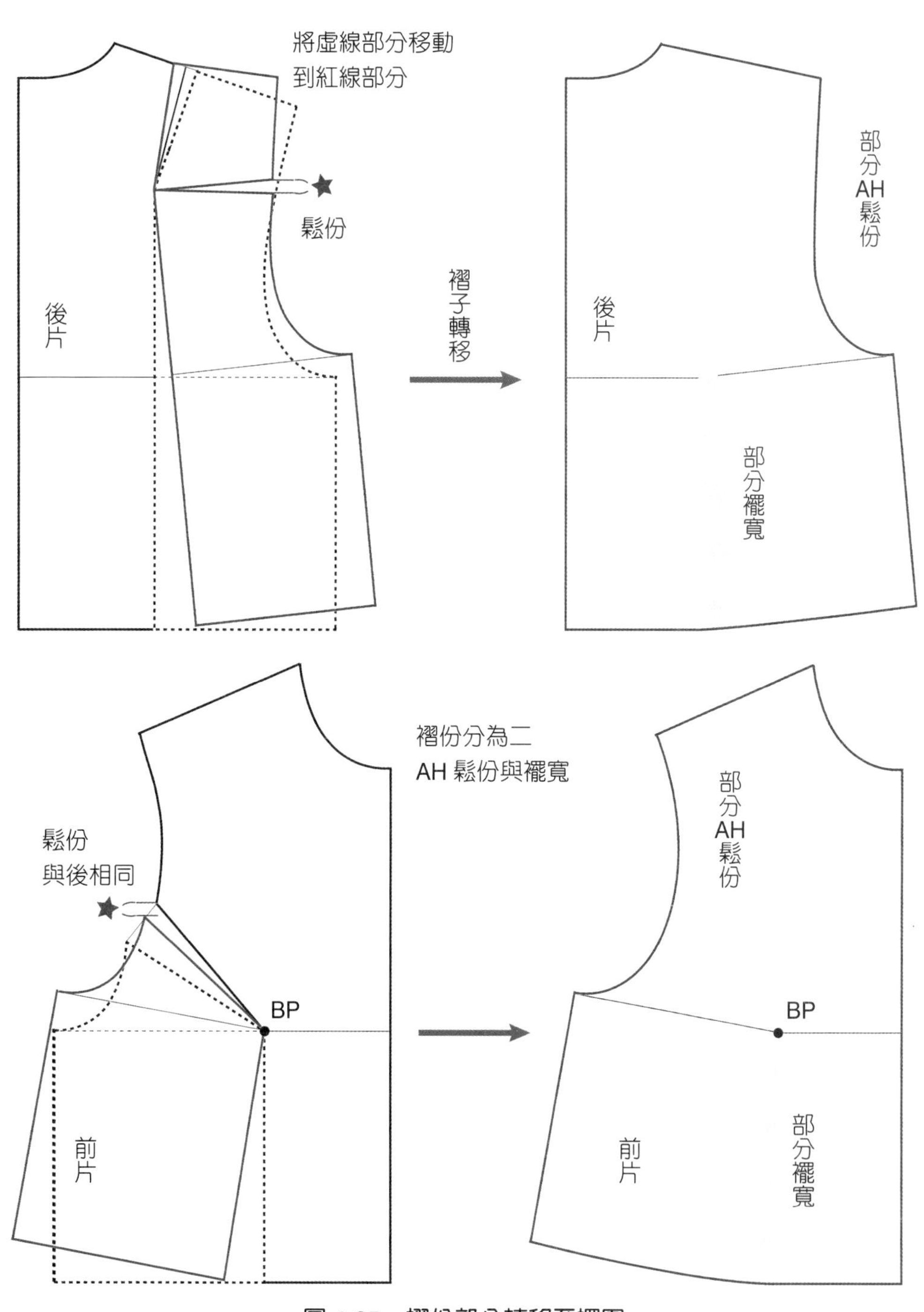

圖 4-25　褶份部分轉移至襬圍

可利用褶份轉移的多寡，控制襬寬的尺寸（圖 3-17）。褶份全部轉移至衣襬（圖 4-26），襬圍尺寸開展大於部分褶份轉移至衣襬（圖 4-25），後片胸圍鬆份也會增加。

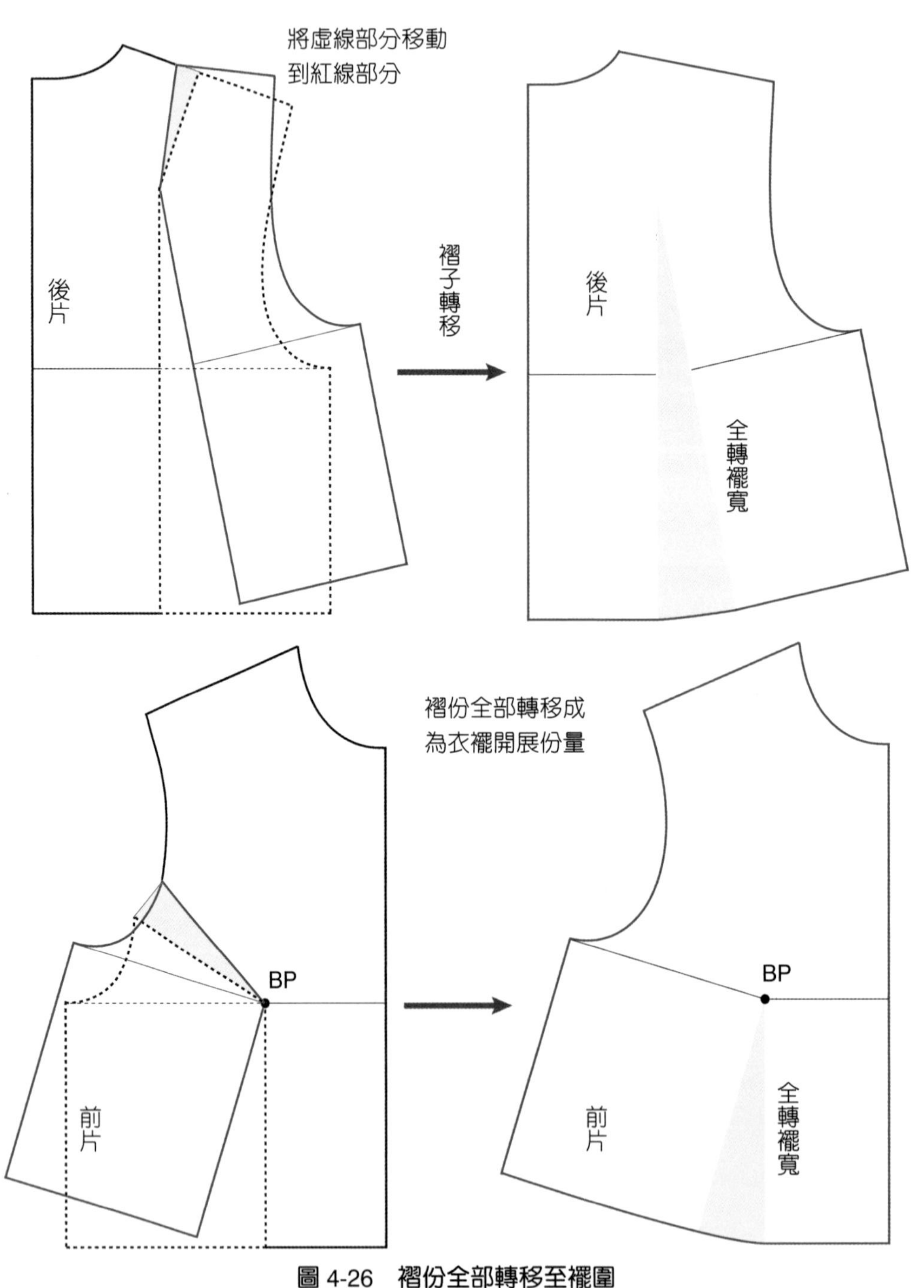

圖 4-26　褶份全部轉移至襬圍

肩褶與胸褶全部轉換為襬圍，轉移的褶份併入腰褶內。胸圍線鬆份量會加大，胸圍線以下呈現極寬鬆狀態，只有肩部合身。整體造型顯得寬大，這類款式比較常用於孕婦裝、輕鬆穿著的日常服或寬鬆的大外套（圖 4-27）。

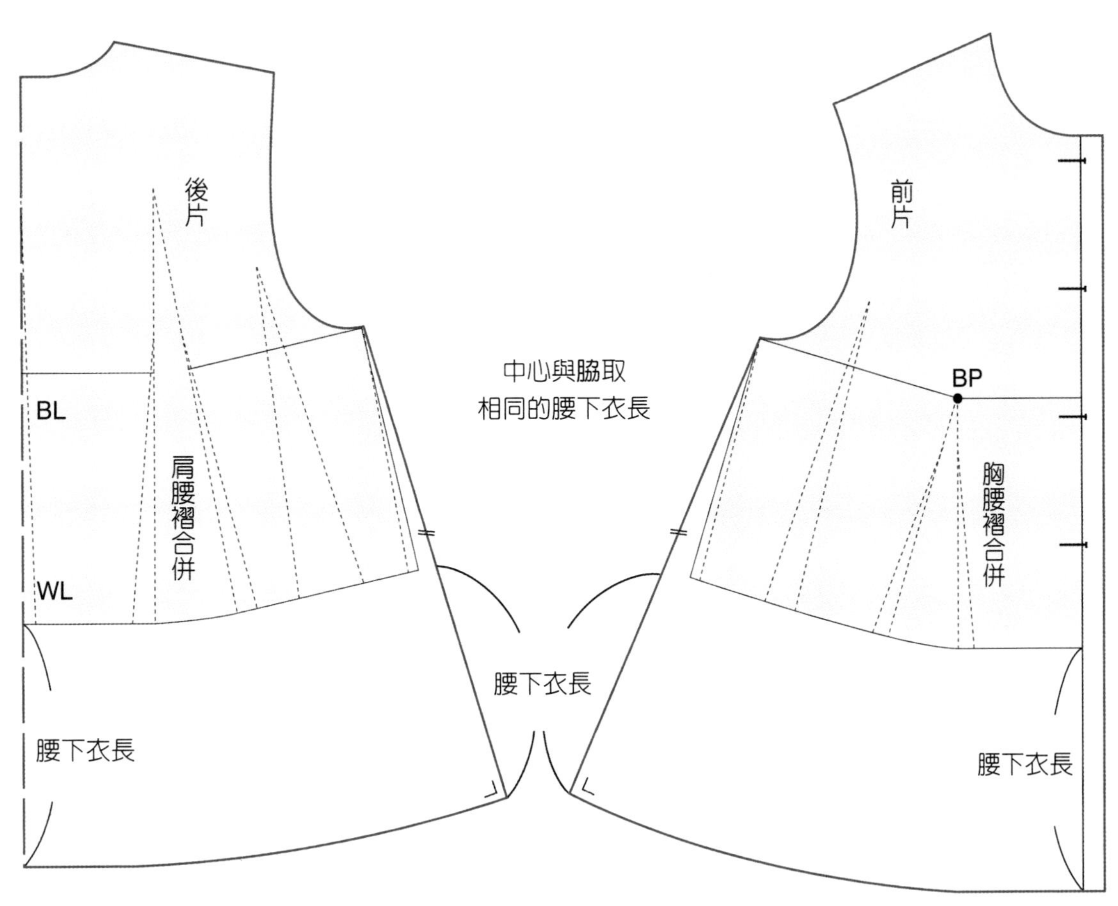

灰色區塊參閱圖 4-26，紅線為輪廓線。

圖 4-27　傘形輪廓的衣版

十、剪接線條變化

版型設計中常用的橫向剪接線為切腰線（中腰線）、低腰線、高腰線、肩襠與胸襠，直向剪接線為派內爾線與公主線，將衣服立體化所需的褶份融入設計線中（圖4-28）。

圖 4-28　剪接線設計變化

以收腰輪廓的版型為基本原型進行版型設計變化：後中心線有消除後中褶時線條為斜線，裁剪時不可取雙，須裁兩片縫合；後片線條若要簡潔，後中心線保留後中褶取直線，裁剪時取雙一片（圖 4-29）。

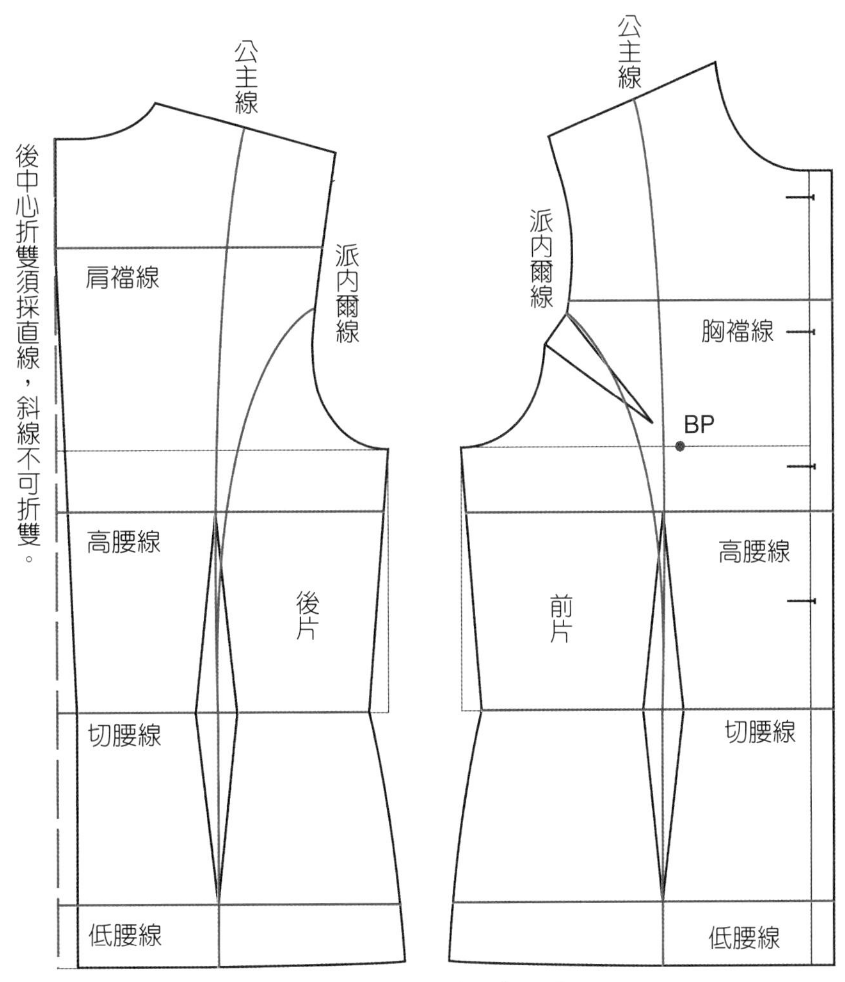

版型黑線為收腰輪廓，參閱圖 4-21。
紅線為剪接設計變化線。

圖 4-29　版型剪接線變化

十一、切腰線

橫向剪接線切於腰圍（中腰線），為服裝版型線條最常用的方式。低腰線切於腰圍至臀圍之間，高腰線切於胸下圍至腰圍之間，利用橫切線可以增加衣襬的造型變化（圖 4-30）。

圖 4-30　衣襬的造型變化

上衣襬線與剪接線並存時，太多的線條會干擾視覺，版型設計上應利用「轉移」與「合併」，盡量將襬線匯入剪接線中，利用剪接線處理用襬份（圖 4-31）。

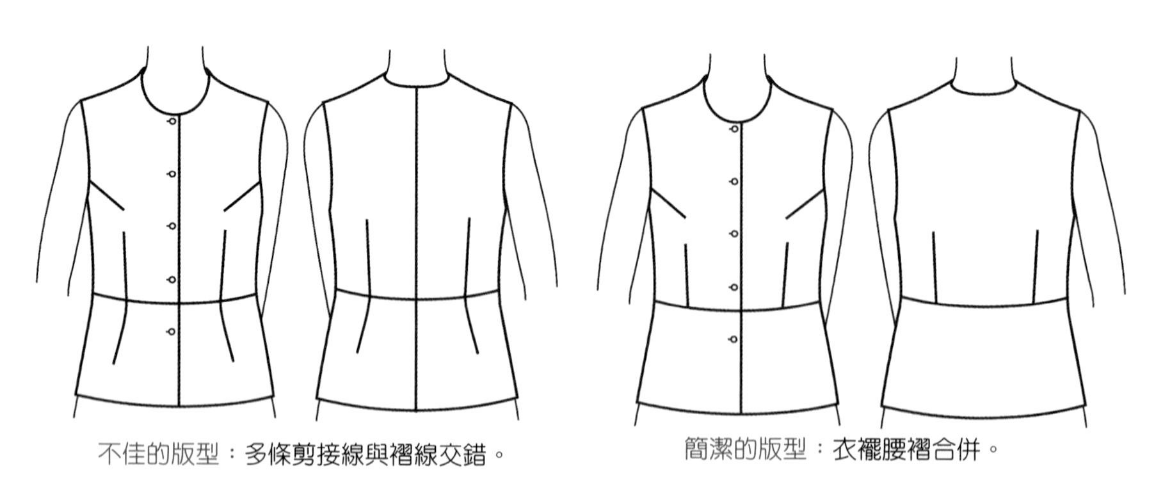

圖 4-31　切腰的設計線條

衣襬裁片褶尖點在版型面積內，褶子合併版型不能攤平，需要做展開的剪口；可將褶子拉長，褶尖點在版型完成線上，就不需做展開的剪口（圖 4-32、圖 4-33）。

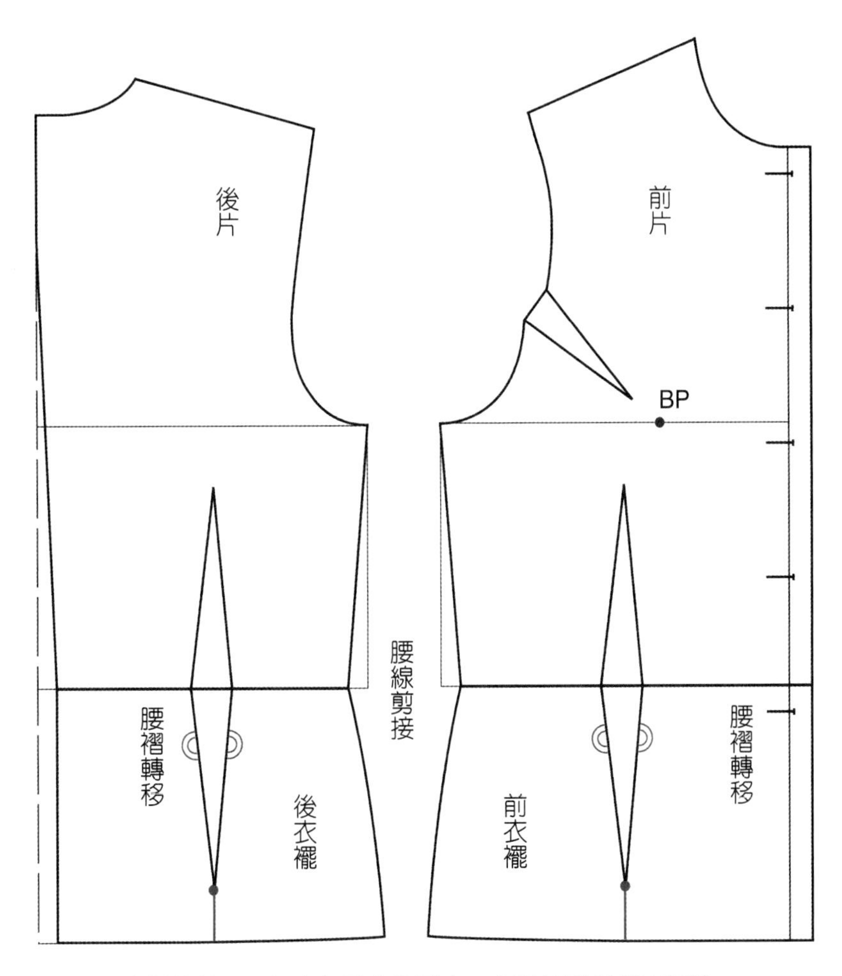

1.合併後轉移：褶尖紅點在版型內，紅線需剪開攤平紙型。

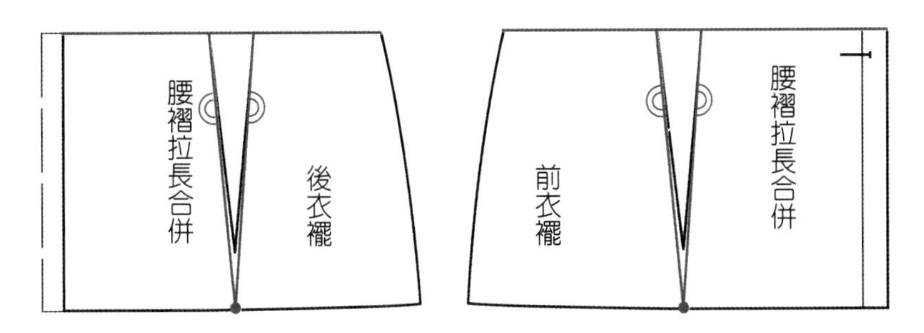

2.直接合併：拉長褶長，使褶尖紅點在完成線上。

圖 4-32　切腰設計的版型處理

後中心採直線折雙或採斜線裁開，身片與衣襬裁片須一致。

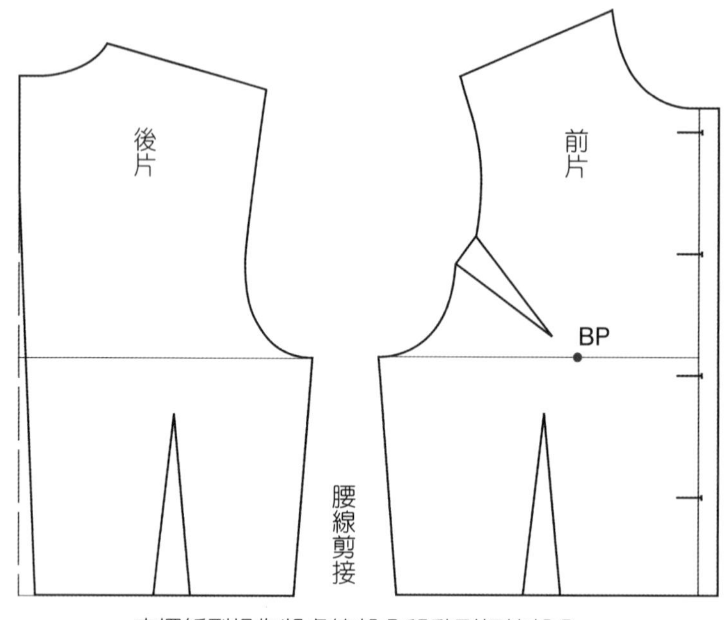

衣襬紙型操作將虛線部分移動到紅線部分。

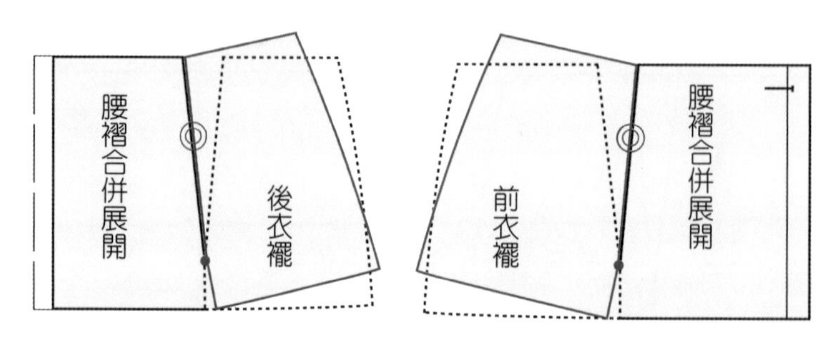

1. 合併後轉移：褶份轉移至襬圍，襬圍尺寸變大。

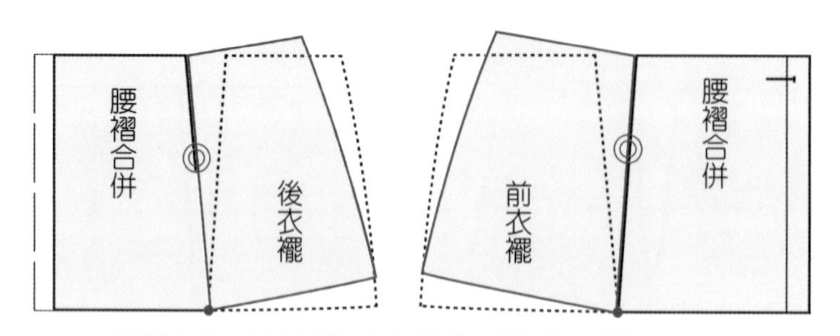

2. 直接合併：拉長褶長合併褶份，襬圍不展開。

圖 4-33　切腰設計的版型操作

使用圖 4-33 完成的衣襬版型，依圖 4-30 做衣襬的造型變化。將衣襬版型取均分等分，加入展開的褶份，波浪褶設計將版型下方拉展成扇形裁片（圖 4-34）

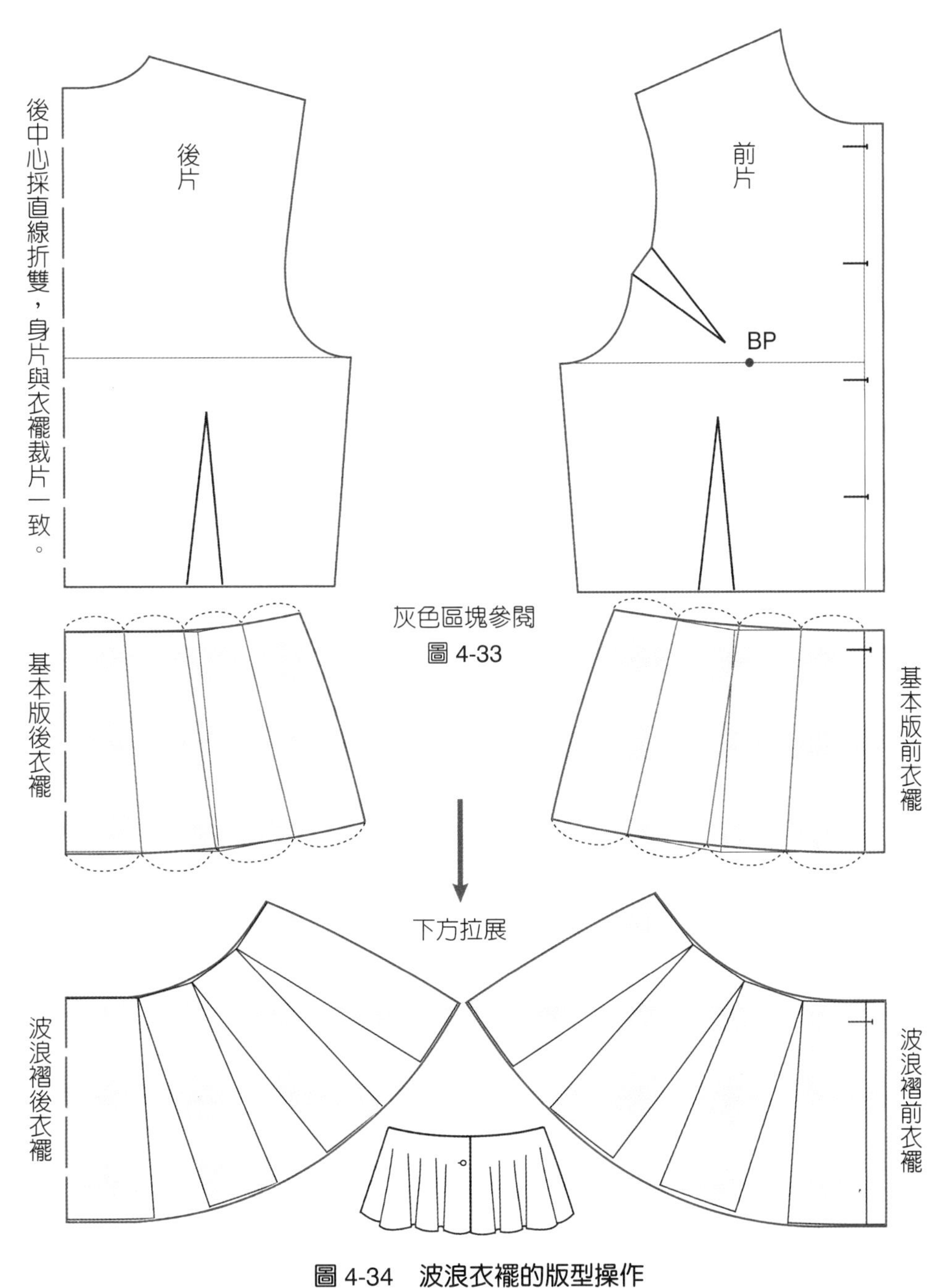

圖 4-34　波浪衣襬的版型操作

活褶設計將版型平行拉展成長方形裁片，單向活褶或雙向活褶拉展褶份的方法相同，只是拉展份量與製圖符號標示方法不同。細褶設計不需使用版型，直接取長方形裁片（圖 4-35）。

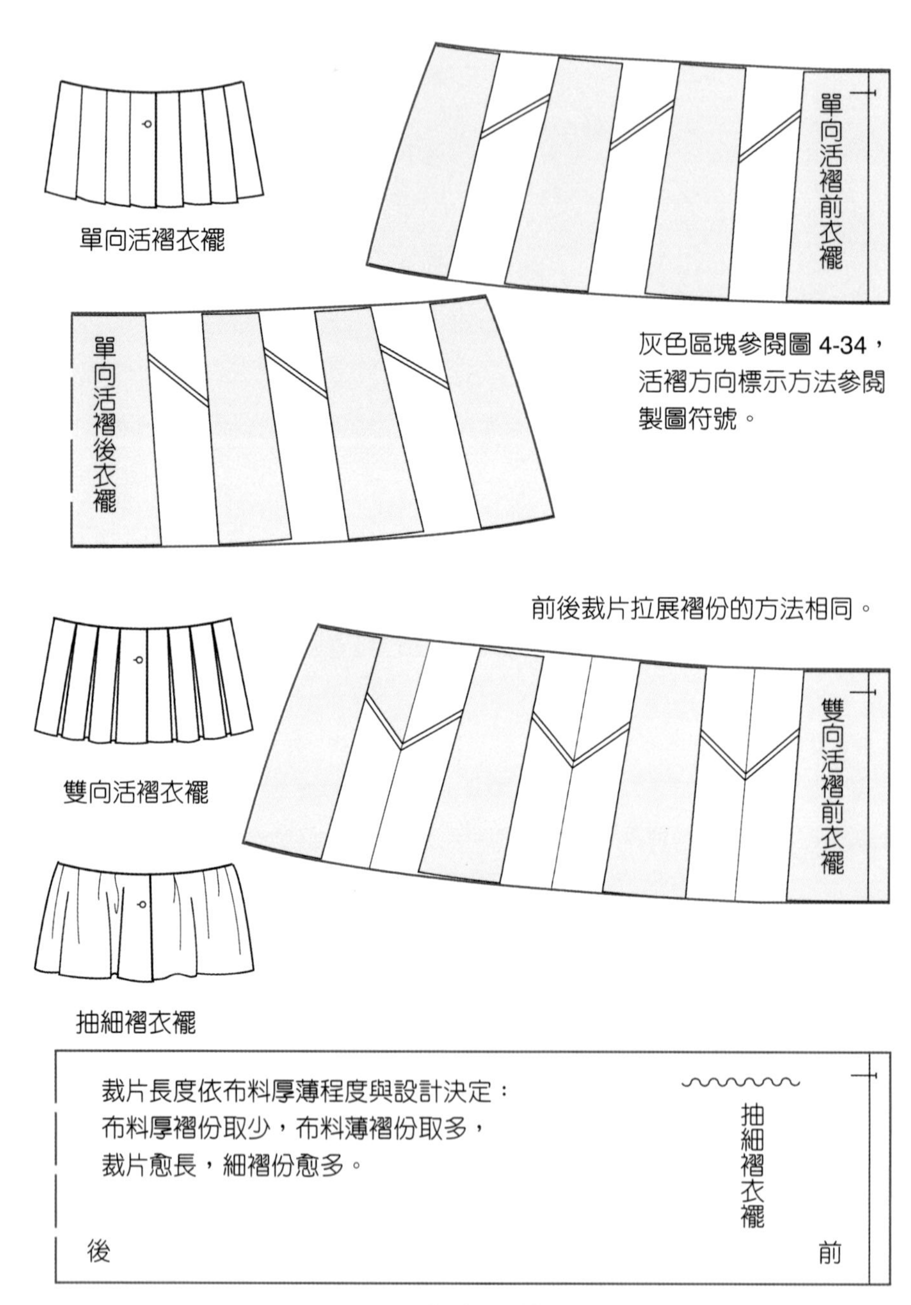

圖 4-35　活褶衣襬的版型操作

低腰線

低腰剪接切線於腰圍以下，切線的位置與衣襬裁片的寬度為版型設計的重點（圖 4-36）。衣襬裁片如同切腰設計可做衣襬的造型變化（圖 4-34、圖 4-35），也可替換蕾絲花邊之類素材變化。

低腰橫切線的位置不宜卡在腹圍或臀圍處，會增強橫線的視覺寬度。切線的位置可依褶長與褶尖點位置，考量衣襬裁片版型內的褶子是否合併做展開，或將褶子拉長不做展開，與切腰線衣襬裁片版型操作方法一樣（圖 4-33）。

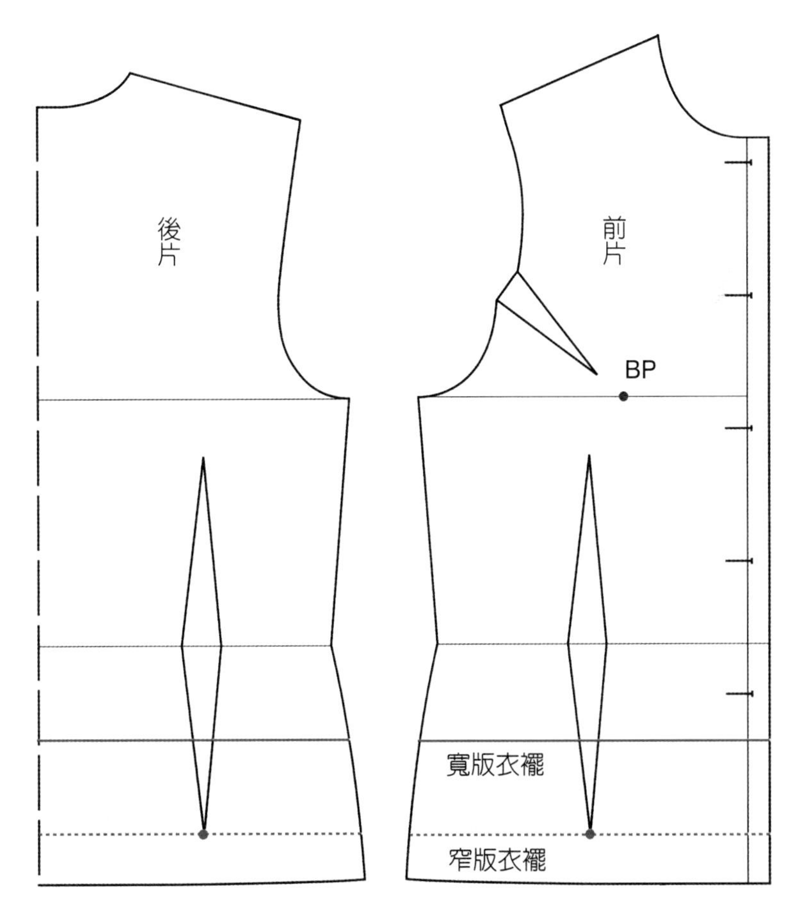

版型黑線為收腰輪廓，參閱圖 4-21。
紅線為剪接設計變化線，
灰色區塊為衣襬裁片。

寬版衣襬裁片寬度
低腰線取紅色實線

窄版衣襬裁片寬度
低腰線取紅色虛線

圖 4-36　低腰設計的版型線條

高腰線

高腰線切線於腰圍以上，切線位置應以凸顯胸部高度的設計，不宜卡在胸圍處呈現不自然的澎度造型。高腰橫切線的位置接近胸圍線與胸褶線時，應利用「轉移」與「合併」，將褶線匯入剪接線中。

胸褶份處理方式有兩種（圖 4-37）：方法一是將紅色虛線褶合併後，剪開 BP 下方虛線攤平紙型。方法二是將紅色實線褶子拉長至剪接線，直接合併褶份。

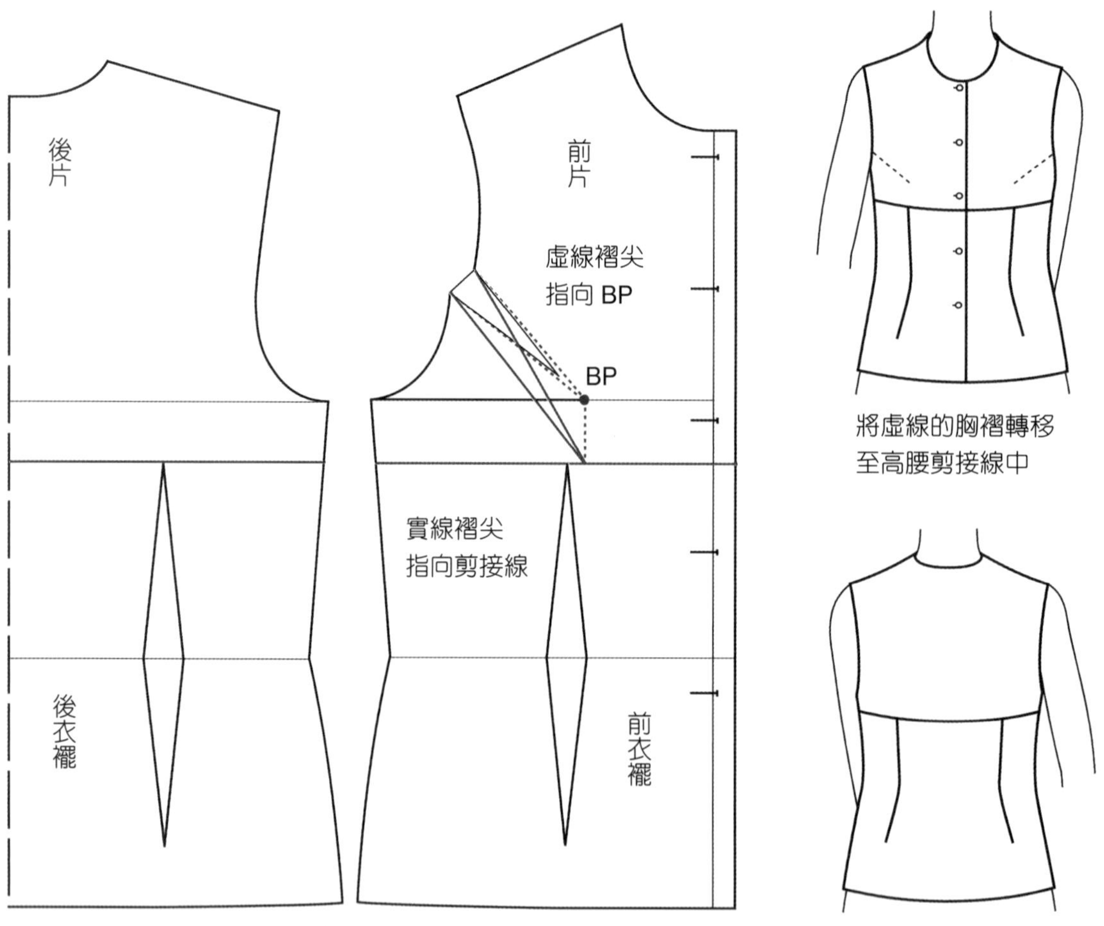

圖 4-37　高腰設計的胸褶處理

胸褶份處理方法一的褶尖指向 BP，仍維持胸部突起位置於 BP，在版型處理過程中，維持基本合身形態，是最正確的操作方式。但是褶份轉移會使剪接線尺寸增加，需重新核對與衣襬裁片的接合尺寸，車縫製作時利用燙縮或縮縫吃針的方式處理所增加的尺寸。

胸褶份處理方法二的褶尖指向剪接線，等於將胸部突起位置下降於剪接線，這種處理方法因為剪接線尺寸不會改變，版型處理手法簡易而常被使用。但是褶尖點移位會使衣服立體弧面位置改變，衣服形態與身體體型不吻合。

比較上述兩種紙型處理方式所產生的版型（圖 4-38），服裝款式寬鬆時，胸部突起位置些微下降或褶子稍微移位，差異不大，使用哪種方法都可以；服裝款式合身時，依照人體體型架構操作的處理，方法一則優於處理方法二。

切腰與低腰設計款式的衣襬版型，腰褶為三角形可以合併變化設計。高腰設計款式要做出腰身曲線衣襬版型腰褶為菱形，不論是上方或下方合併，另一方都會造成版型的重疊，無法做褶子「轉移」與「合併」，只能車縫褶子或以剪接線方式切割成為多片裁片（圖 4-39）。

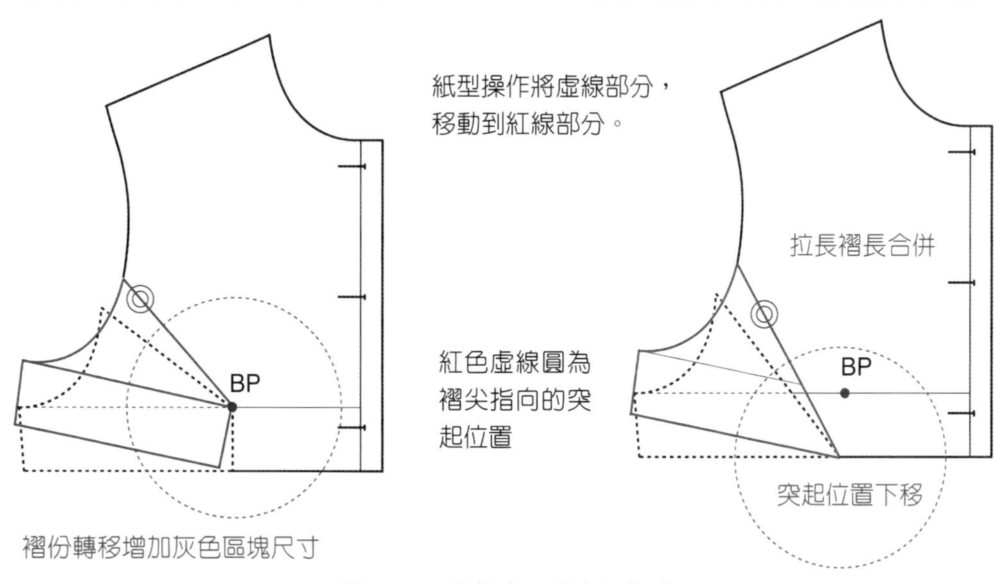

圖 4-38　胸褶處理的紙型操作

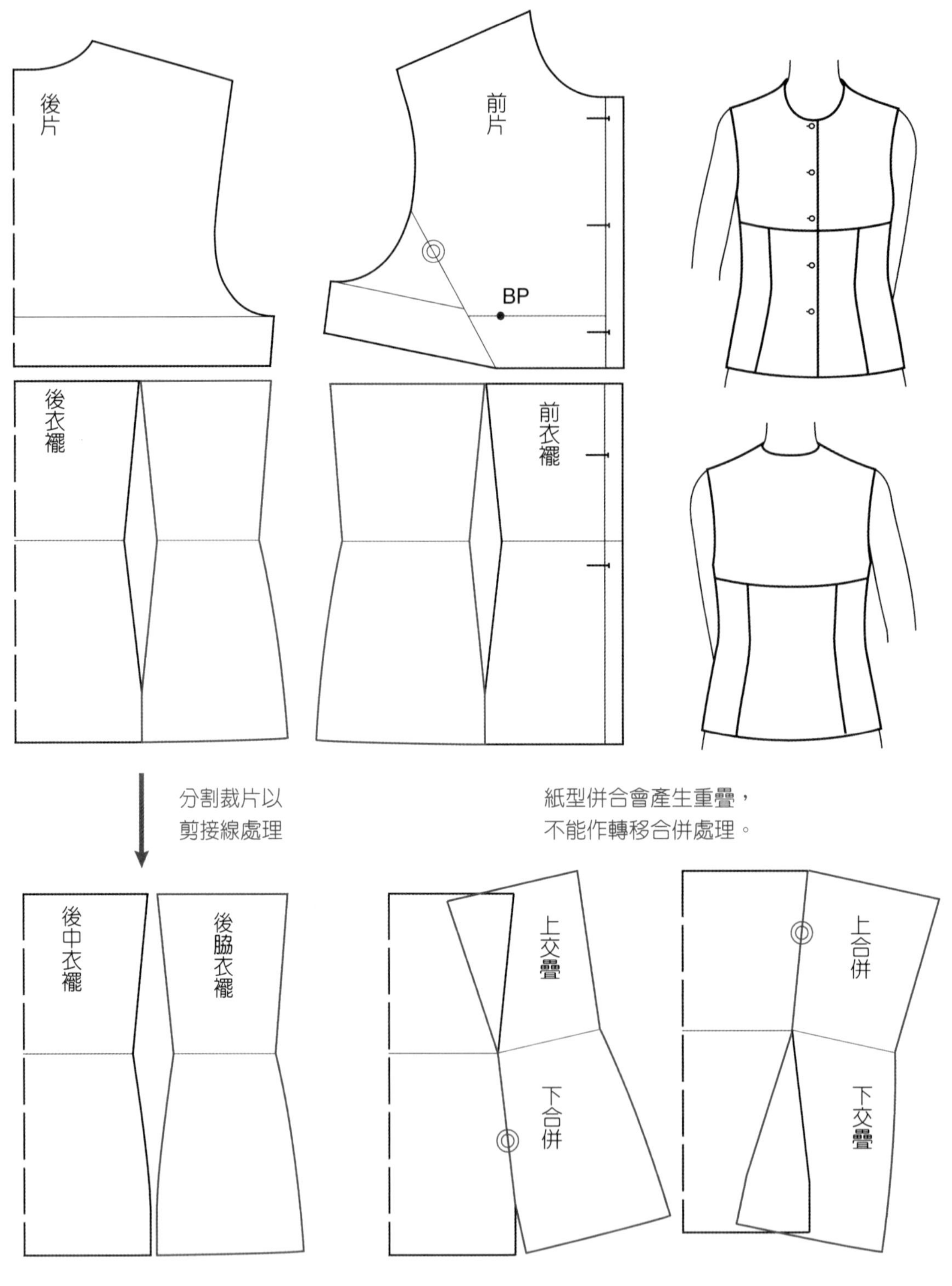

圖 4-39　無法合併版型的菱形褶

高腰線款式若要如同切腰線或低腰線版型做衣襬的造型變化，須為無腰身寬鬆式的輪廓線條（圖 4-40）。

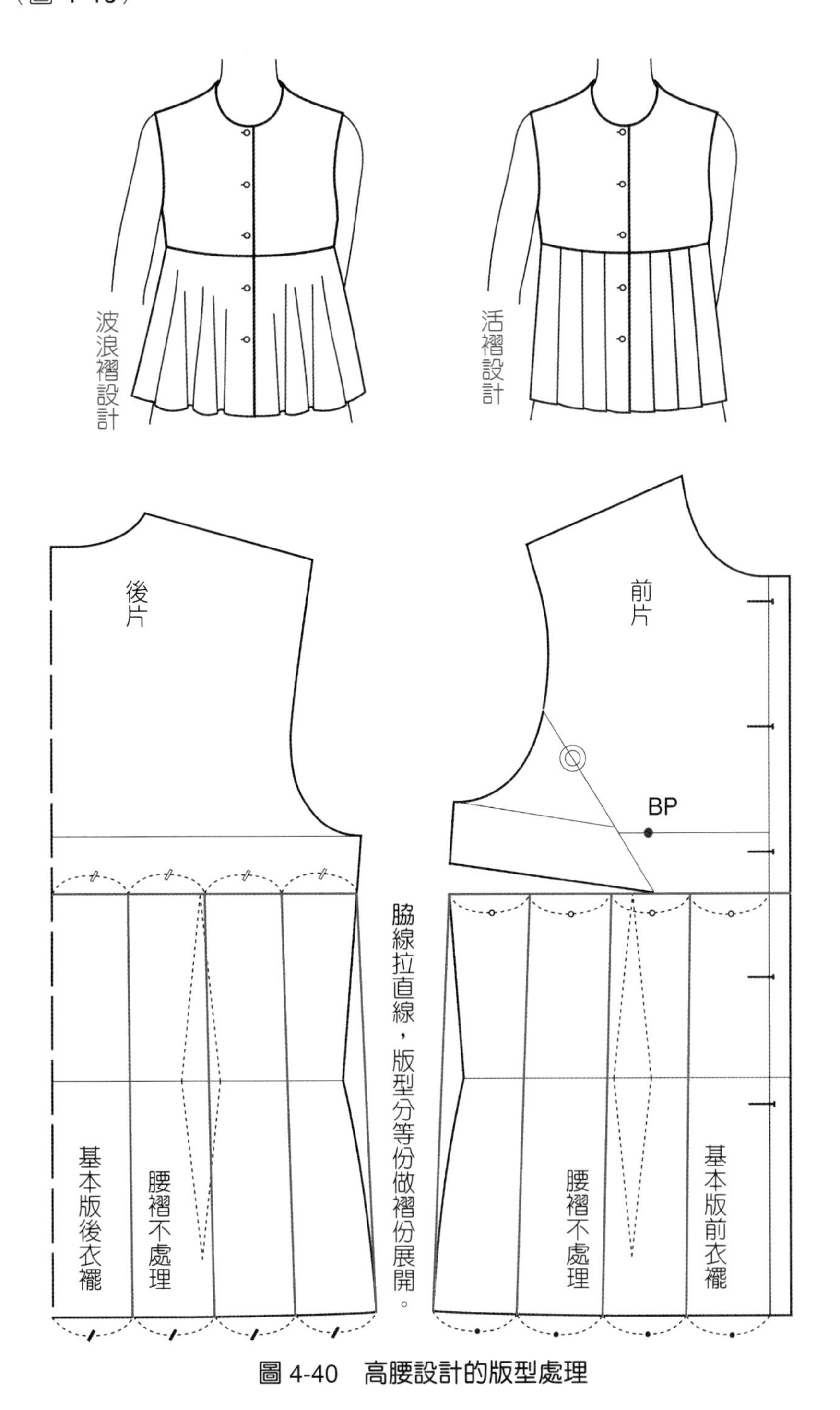

圖 4-40　高腰設計的版型處理

十二、胸襠

胸襠線切線於胸圍以上，運用褶子轉移將胸褶轉為肩褶後（圖 3-4），再做剪接線或褶份的應用造型變化（圖 4-41）。

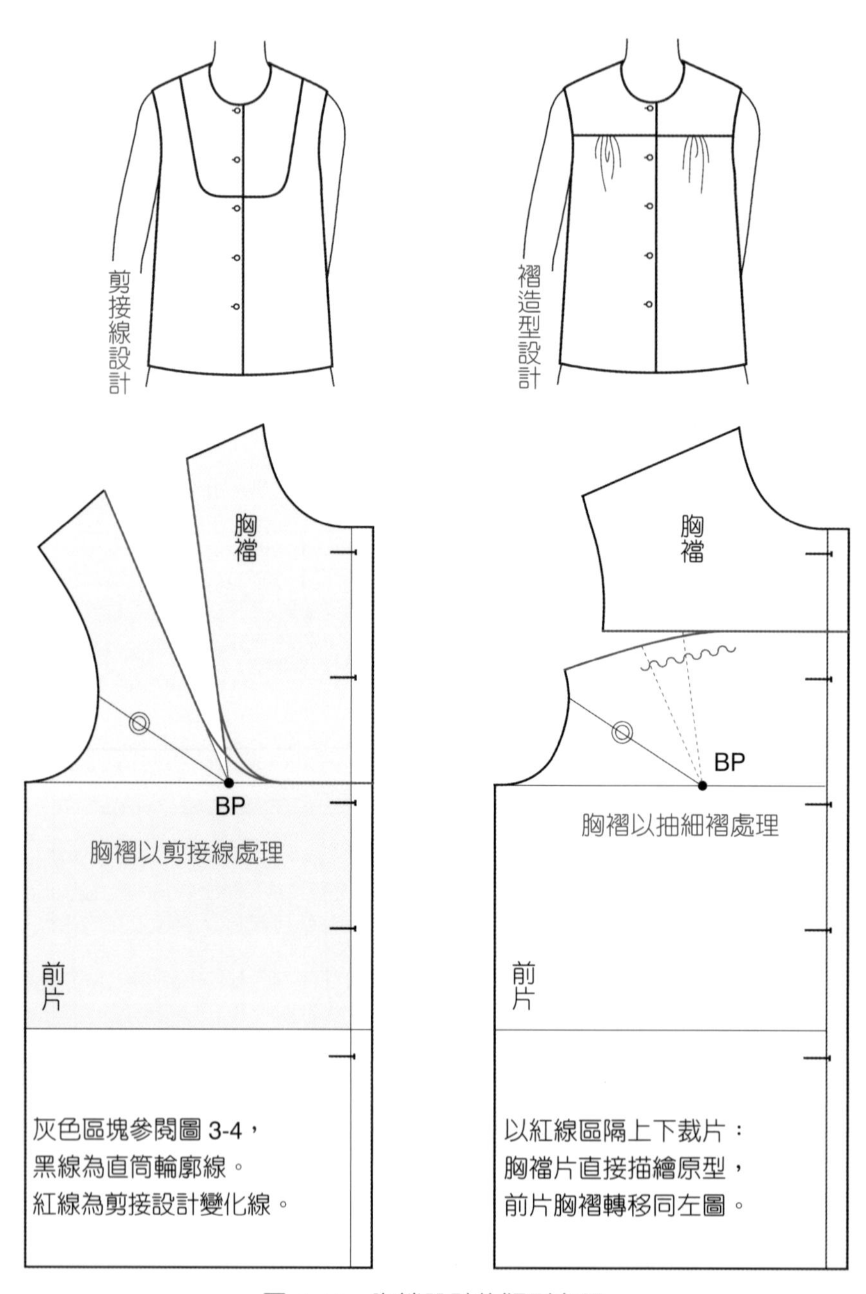

圖 4-41　胸襠設計的版型處理

十三、肩襠

原型的肩褶轉移為 Yoke 剪接線（圖 3-19），是將肩褶份匯入剪接線的方法，應以剪接線能通過肩褶尖點的位置做變化。上衣版型肩襠設計常將衣服小肩剪接線往前身移，利用 Yoke 剪接加入抽褶、活褶或波浪褶的造型變化（圖 4-42、圖 4-43）。

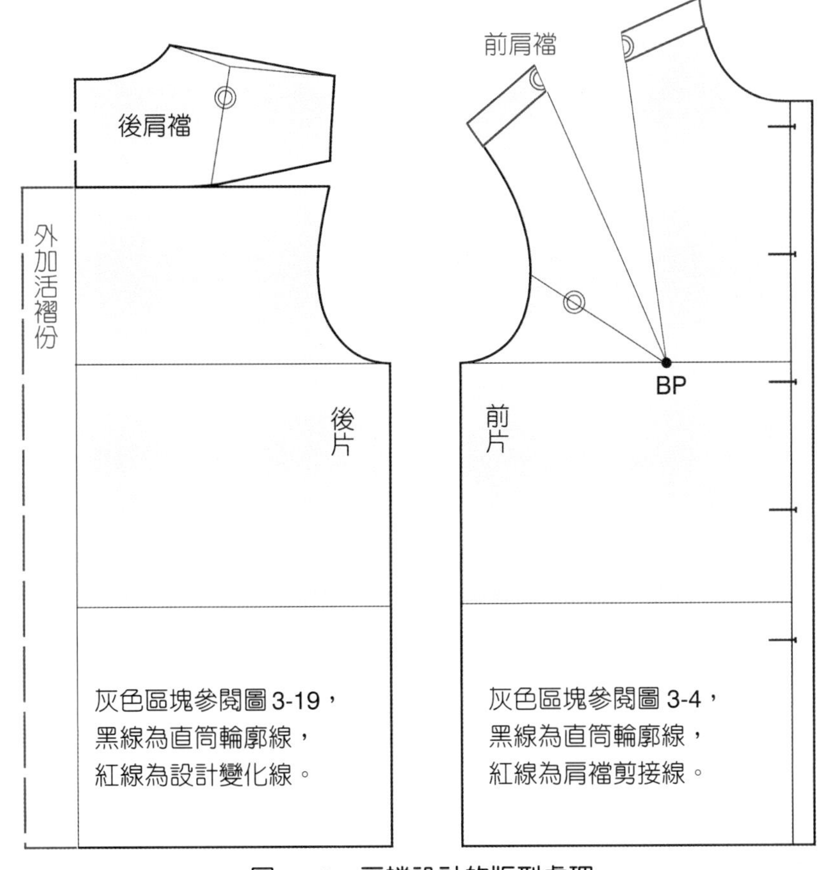

圖 4-42　肩襠設計的版型處理

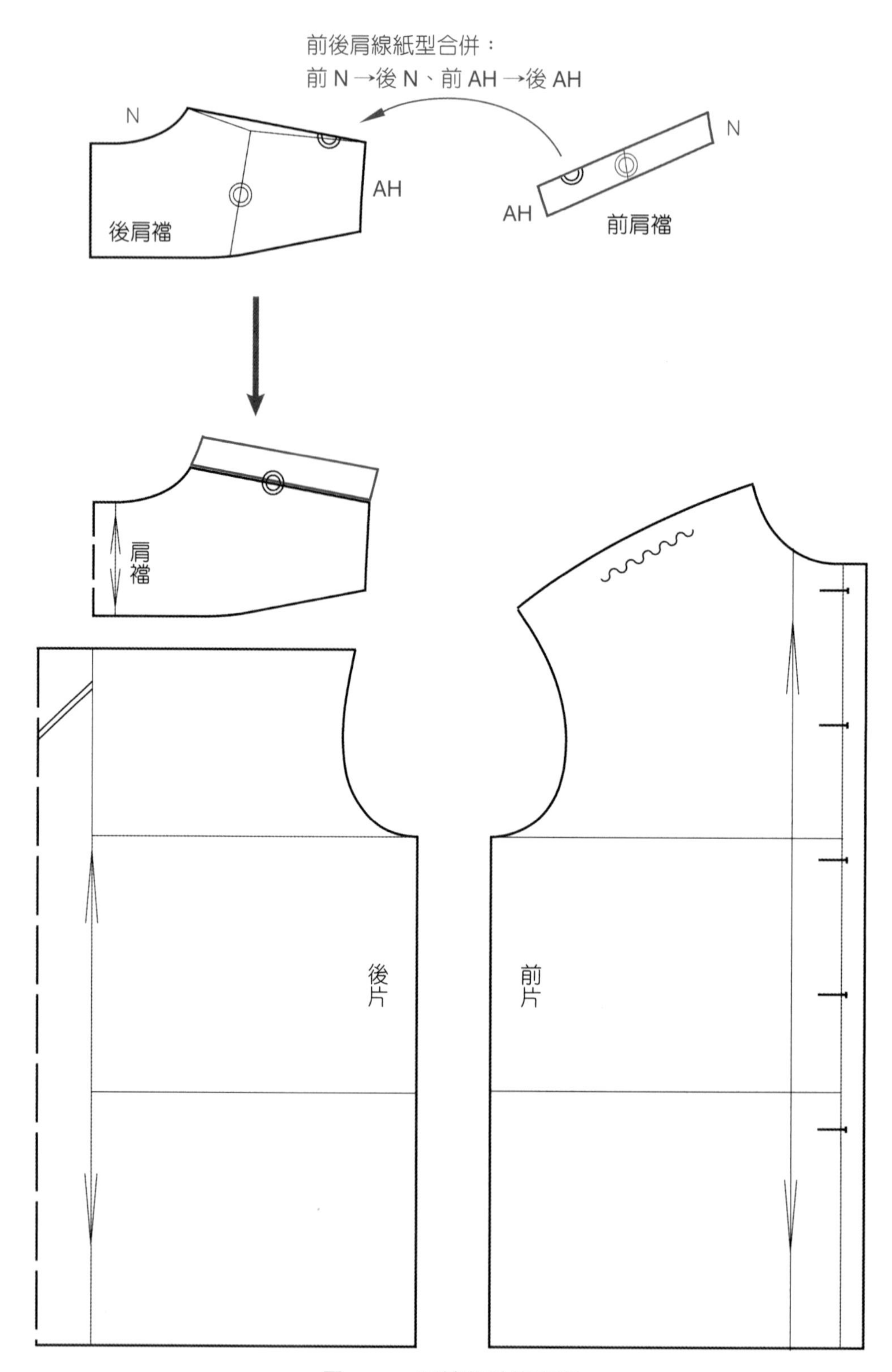

圖 4-43　肩襠設計的衣版

十四、派內爾線（panel line）

直向剪接線於脇側由袖襱經過腰圍線，切線於衣襬的派內爾線，利用剪接線消除褶份，不需製作褶線仍保有版型的立體結構，為外套版型線條最常用的方式（圖 4-44）。半身衣服裁片分為前中身片、前脇片、後中身片、後脇片，為四片構成的切割方式。

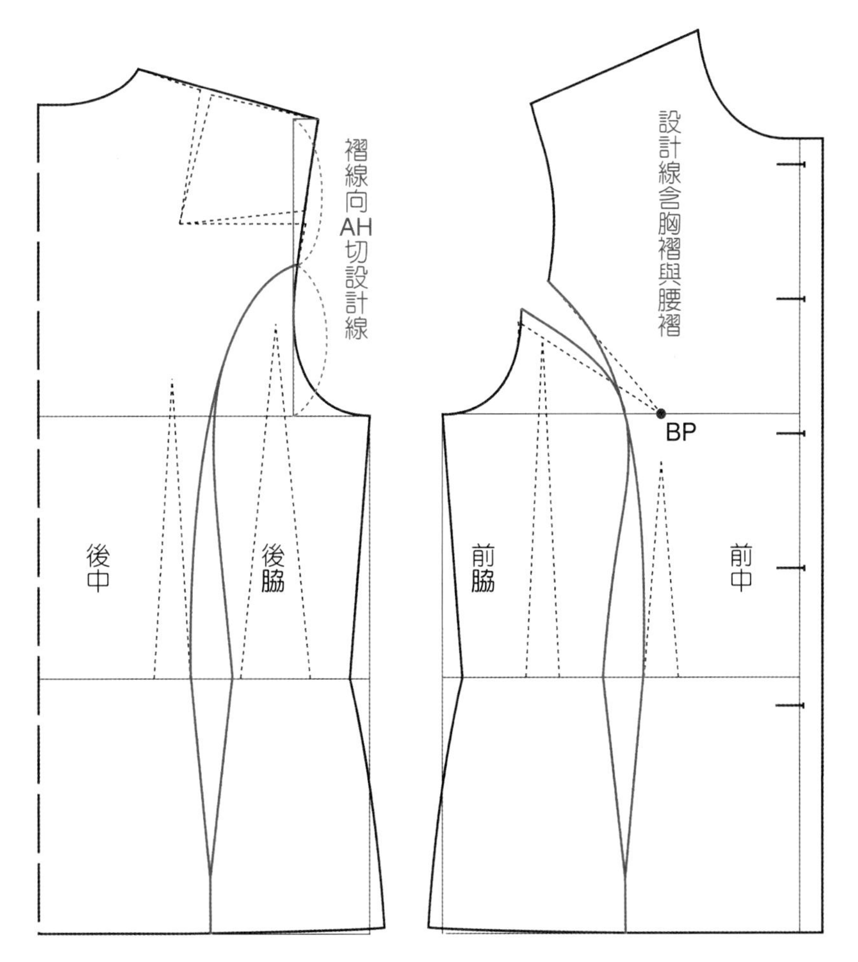

黑線為收腰輪廓線，紅線為設計變化線。

圖 4-44　派內爾線設計的衣版

十五、公主線（princess line）

公主線由肩經過腰圍線，直向切線於衣襬的剪接線，與派內爾線相同為四片構成的版型結構（圖 4-45）。剪接線經過肩、胸、腰、臀，可依設計需求分別調整三圍尺寸鬆份量。

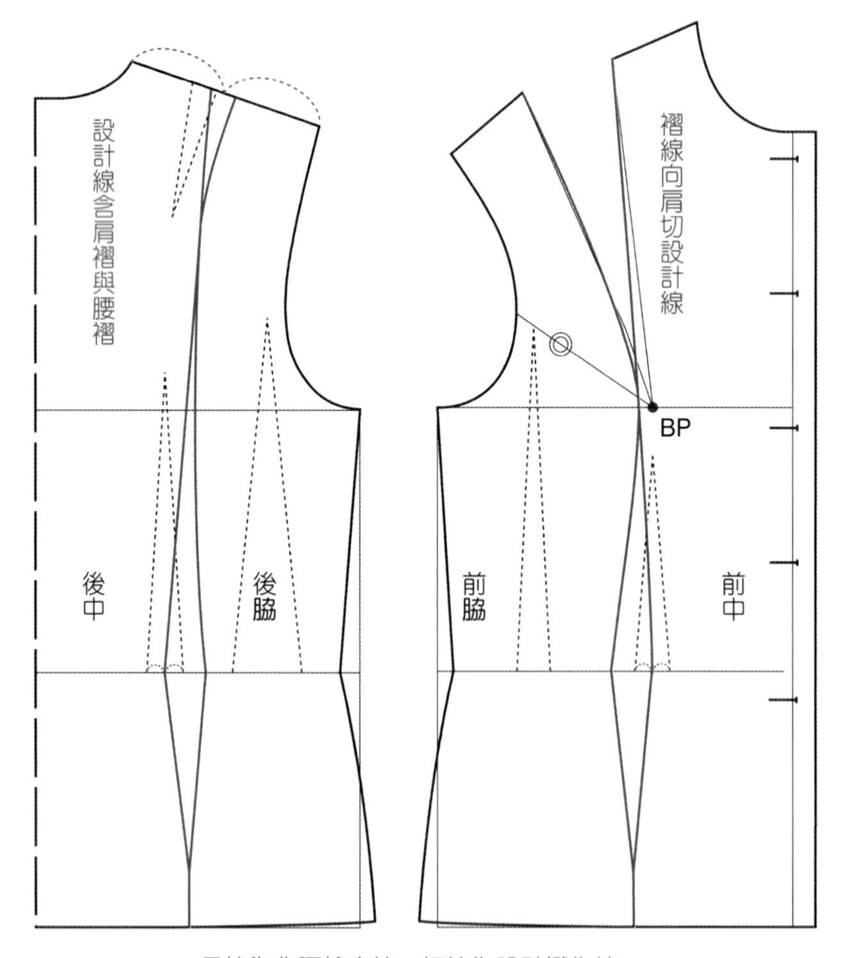

黑線為收腰輪廓線，紅線為設計變化線。

圖 4-45　公主線設計的衣版

衣服是以上半身的最大圍度胸圍打版，當衣服長度蓋過下半身的最大圍度臀圍時，應取臀圍線核對臀圍尺寸是否足夠（圖 4-12）。

以人體尺寸加入鬆份為的衣服的尺寸：胸圍尺寸與臀圍尺寸相當時，版型的剪接線直接往下延伸，剪接切線相併即可（圖 4-46）。

衣服的胸圍尺寸大於臀圍尺寸時，版型剪接線直下延伸，會使襬圍呈現寬鬆的狀態，剪接切線應分離扣除多餘的鬆份（圖 4-47）。

如圖 4-47 每條剪接線移動 0.5cm，半件衣服有四條剪接線就可移動 2cm，整件衣服可縮小圍度 4cm。剪接線尺寸微調，整件衣服的尺寸以剪接線條數的倍數改變。

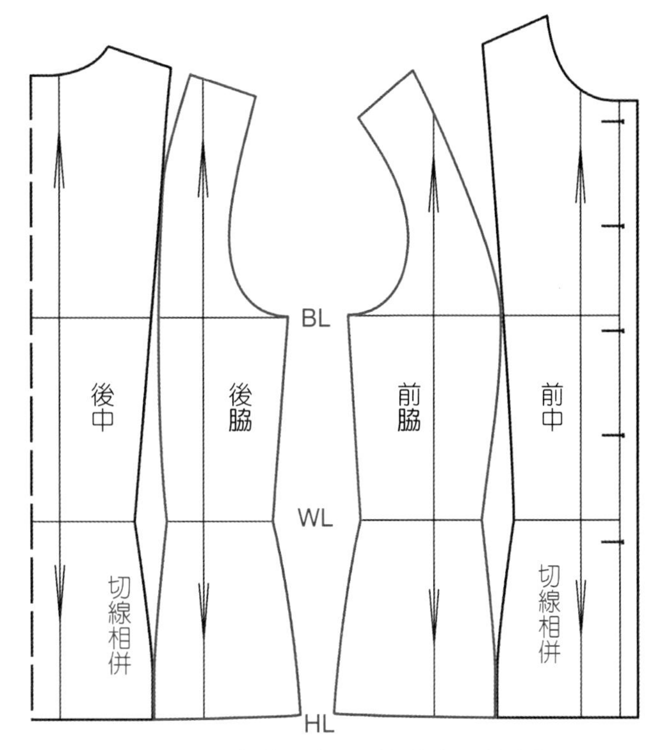

圖 4-46　體型尺寸臀圍等於胸圍的衣版

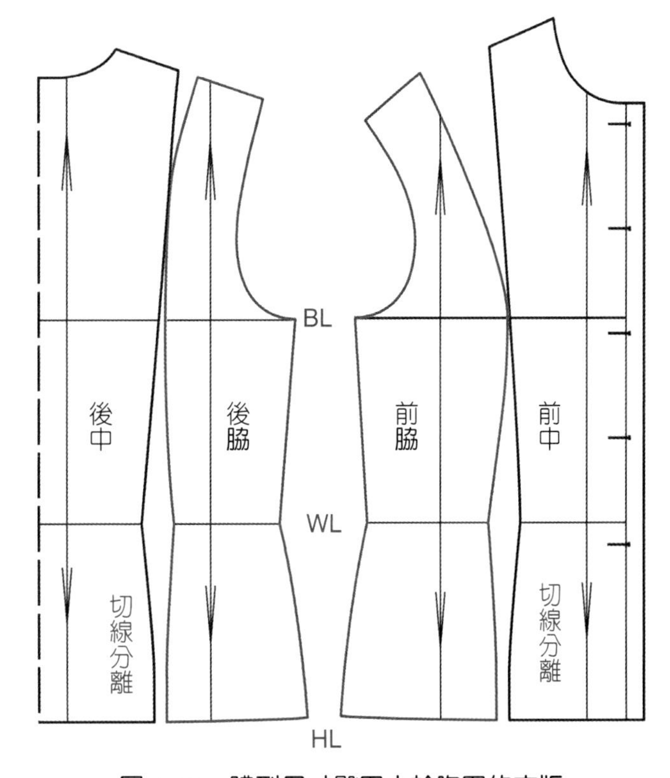

圖 4-47　體型尺寸臀圍小於胸圍的衣版

衣服的胸圍尺寸小於臀圍尺寸時，版型剪接線直下延伸，會使襬圍呈現緊繃的狀態，釦子也會無法扣合。剪接切線應交疊，加出不足的鬆份量（圖 4-48）。

如圖 4-48 每條剪接線移動 0.5cm，半件衣服四片裁片就可移動 2cm，整件衣服可加大圍度 4cm。

版型製圖應以製圖符號清楚標示圖面的線條，以供製作者可以清楚地識圖，並進行裁剪分版（圖 4-49）。

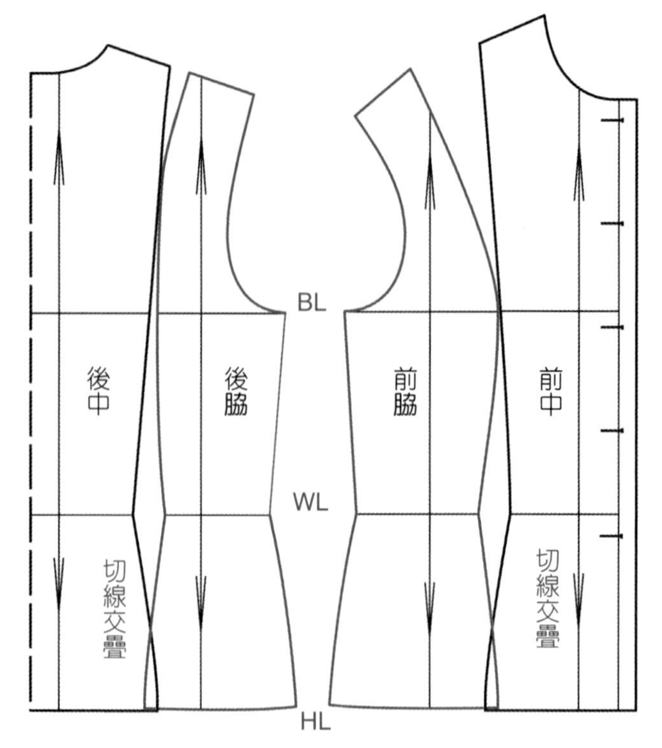

圖 4-48　體型尺寸臀圍大於胸圍的衣版

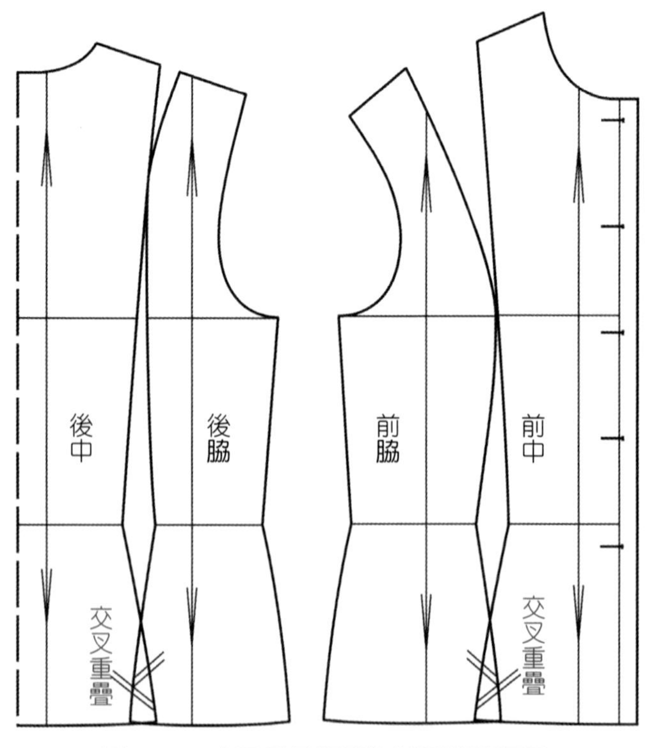

圖 4-49　交叉重疊版型的製圖符號標示

使用派內爾線與公主線剪接款式版型以圖 4-46～4-48 的方式調整臀圍尺寸鬆份量。以圖 4-50 的方式調整腰圍尺寸鬆份量。臀圍尺寸鬆份量與腰圍尺寸鬆份量的調整，都可在版型設計中同時進行。

採用尖褶設計的版型無法展開衣襬調整臀圍尺寸，受到尖褶寬度不宜大於 3cm 的限制，腰圍尺寸的調整也會受限。

因此，展現身體曲線款式的服裝使用直向剪接線設計版型，比採用褶線設計版型有更大的尺寸調整空間，合身效果更佳。

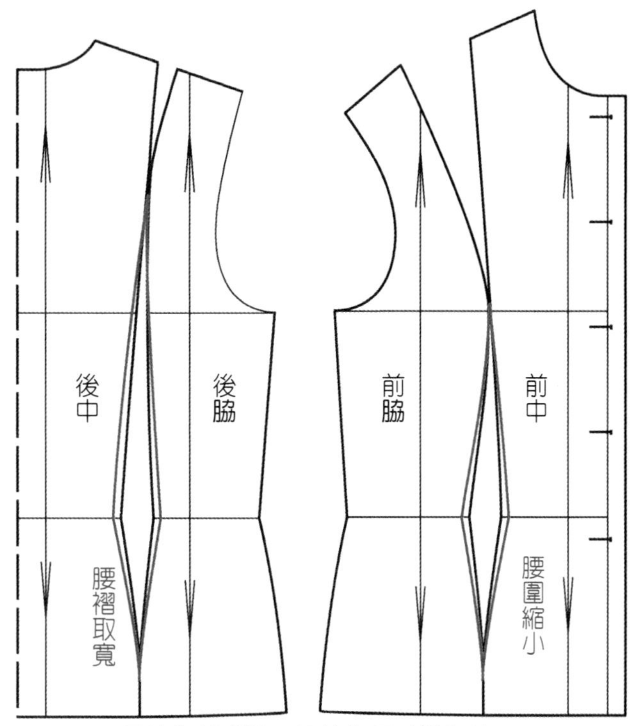

黑線為基礎線，紅線為尺寸變化線。

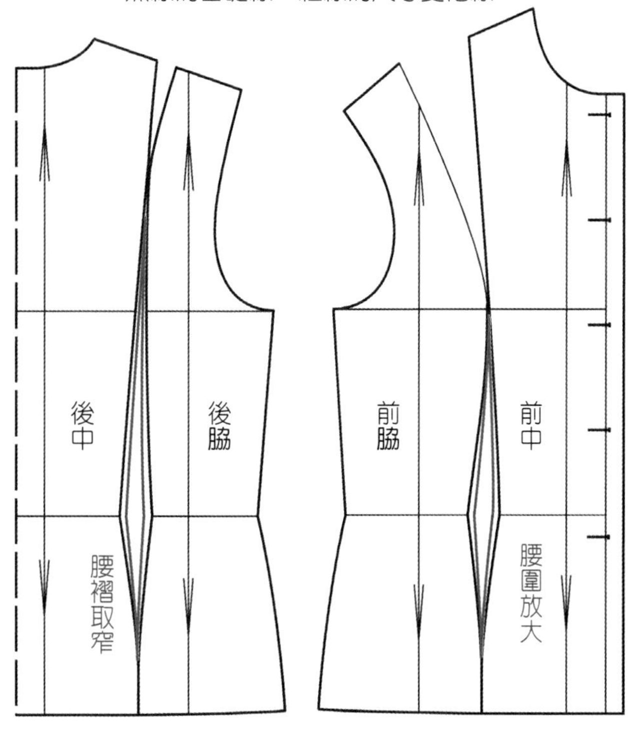

圖 4-50　以剪接線修改腰圍尺寸的衣版

5

袖子版型結構

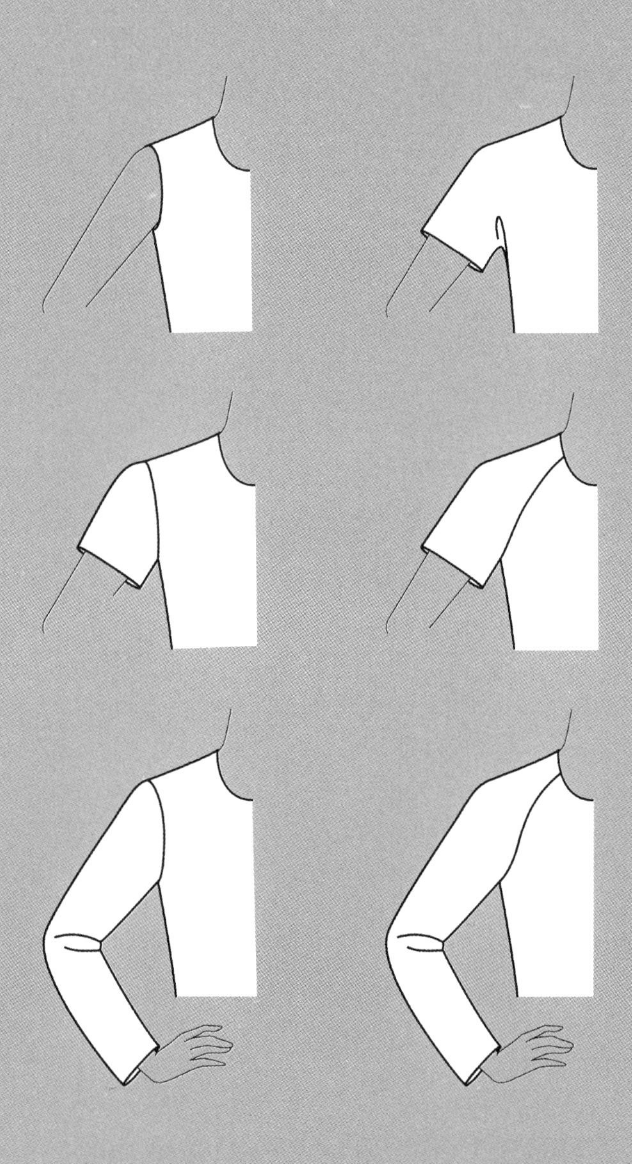

一、袖型結構分類

袖子的設計變化，依袖長由長到短有長袖、短袖、蓋肩袖；由寬到窄有澎袖、寬袖、直筒袖、窄袖；由裁片構成組合有一片袖、兩片袖。組合運用可呈現多樣款式，例如短袖可以是寬鬆的泡泡袖，也可以是合身兩片袖。

依袖型的結構以袖片與身片的接縫線位置區分（圖 5-1）：無袖片的無袖型、有袖片的接袖型、衣袖連裁的連身袖型與有袖片的剪接式連袖型。

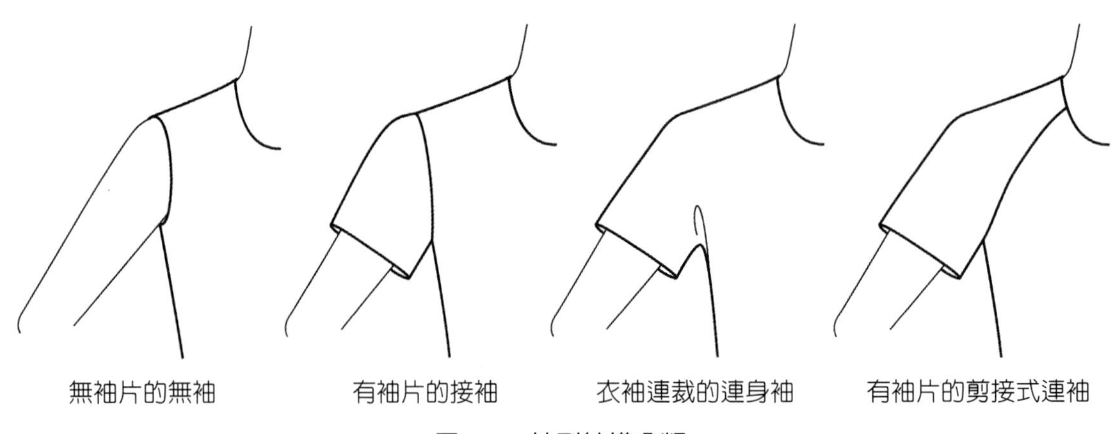

圖 5-1　袖型結構分類

1. 無袖片的無袖型（圖 5-2）：沒有接縫袖片的衣身袖襱輪廓線條，依袖襱合身度、小肩寬度與腋下開口形狀變化。

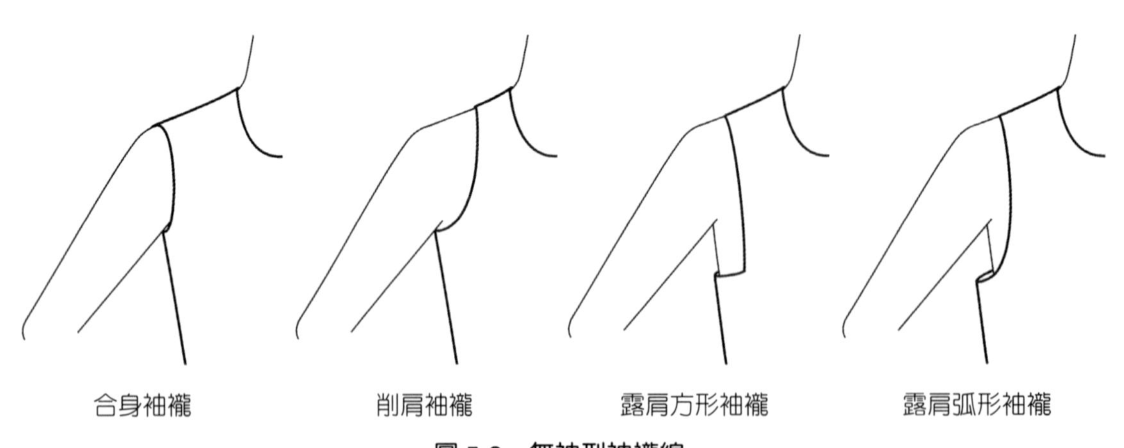

圖 5-2　無袖型袖襱線

2. 有袖片的接袖型（圖 5-3）：有接縫袖片，袖片沿著衣身袖襱接縫的袖型，款式多樣化，為最常用袖型設計方式。

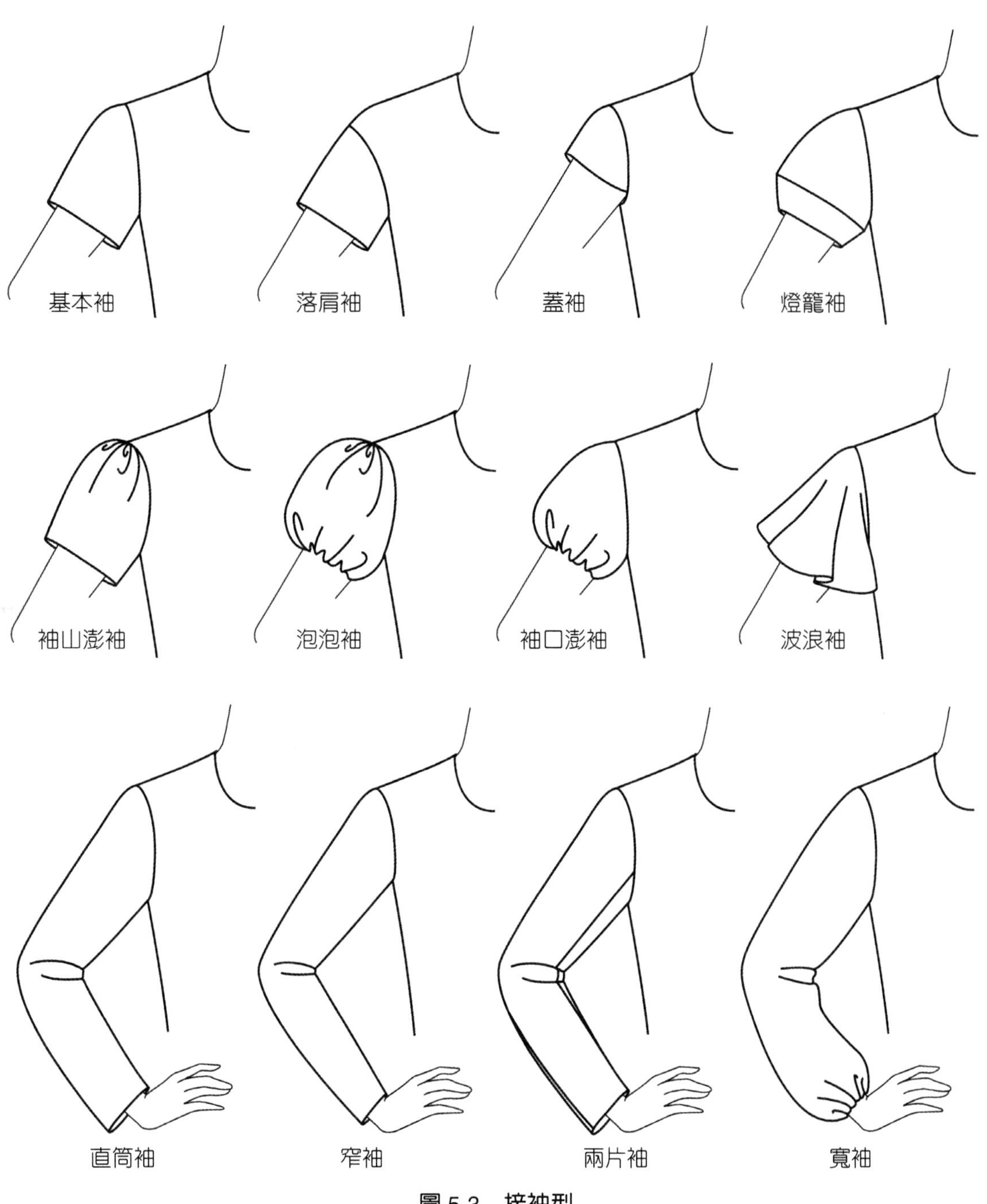

圖 5-3　**接袖型**

3. 衣袖連裁的連身袖型（圖 5-4）：直接從衣身延伸出袖片，衣身與袖片相連裁剪，沒有接縫線的袖型，款式形態寬鬆、合身度低。

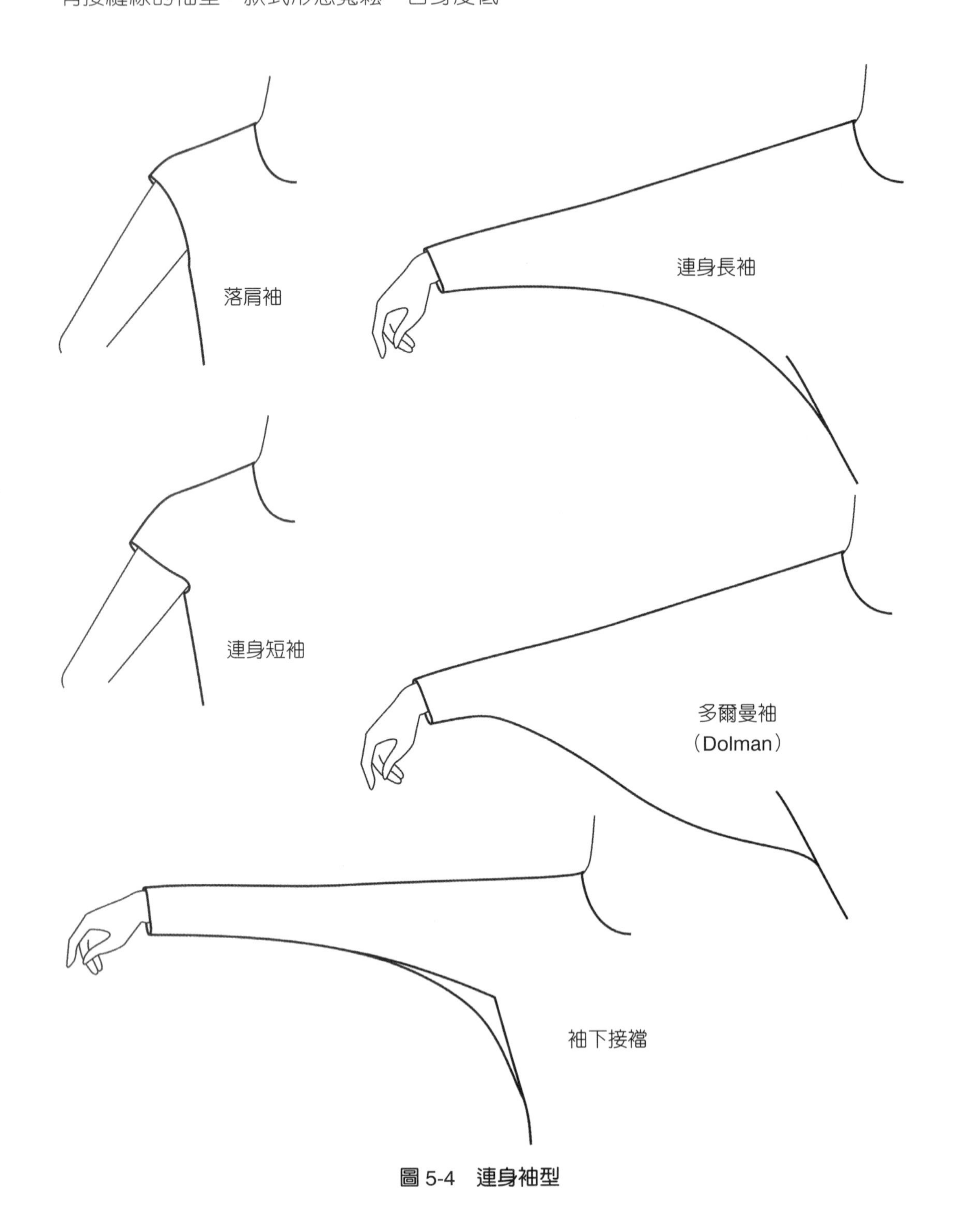

圖 5-4　連身袖型

4. 有袖片的剪接式連袖型（圖 5-5）：有接縫袖片，袖片從領圍斜向脇邊接縫的袖型，常用於休閒服、運動服、機能衣、寬鬆式外套。

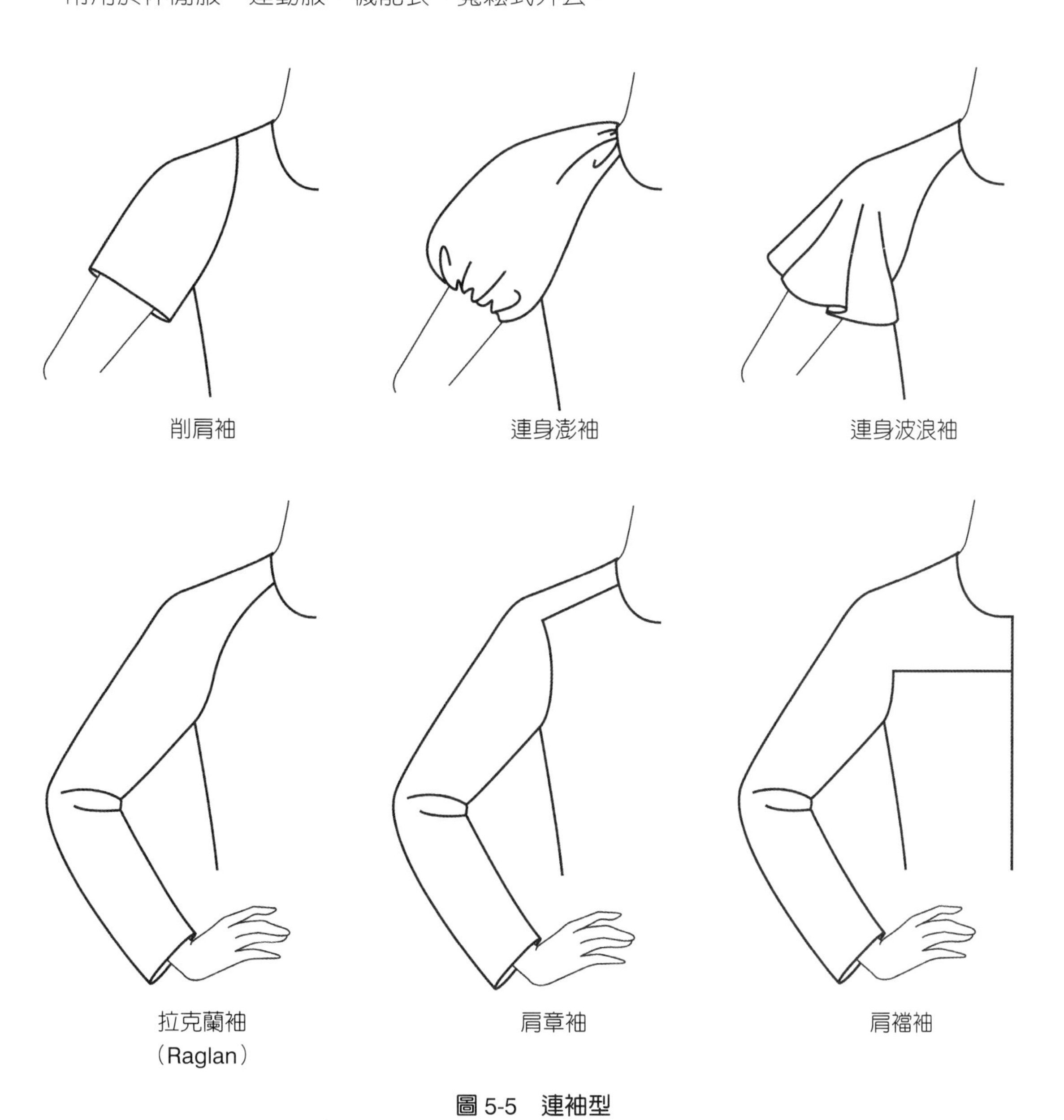

圖 5-5　連袖型

二、無袖型

沒有接縫袖片的無袖款式以衣身的袖襱輪廓線條為主。袖襱尺寸應以合身包覆手臂根圍為依據，不能透過浮起的鬆份看到身體的胸與背為佳。接袖款式的衣版作為無袖款式穿著時會露出內衣，因此原型袖襱設定為合身無袖穿著時應扣除袖襱的鬆份。扣除袖襱鬆份的方法是將胸圍線高度往上提高（圖 4-17），或將胸圍線寬度往內縮窄（圖 4-18）。

無袖子打版時，須先將前身片的袖襱胸褶暫時合併，製圖比較容易修順袖襱弧度。無袖袖襱尺寸縮小，胸圍線高度往上提高 2cm，與胸圍線高度往上提高 1cm、同時將胸圍線寬度往內縮窄 1cm 尺寸是相同的。只將胸圍線高度往上提高，袖襱尺寸縮小，衣身胸圍的寬度鬆份不會改變。胸圍線高度往上提高，同時將胸圍線寬度往內縮窄，袖襱尺寸縮小，衣身胸圍的寬度鬆份也縮小，就合身款式而言是比較漂亮的（圖 5-6）。

因為人體手臂活動方向向前，參照背寬與胸寬尺寸，前袖襱曲線較凹、後袖襱曲線較直。袖襱的曲線弧度畫法可參照原型，取與原型袖襱弧度線呈現逐漸縮小的線條。

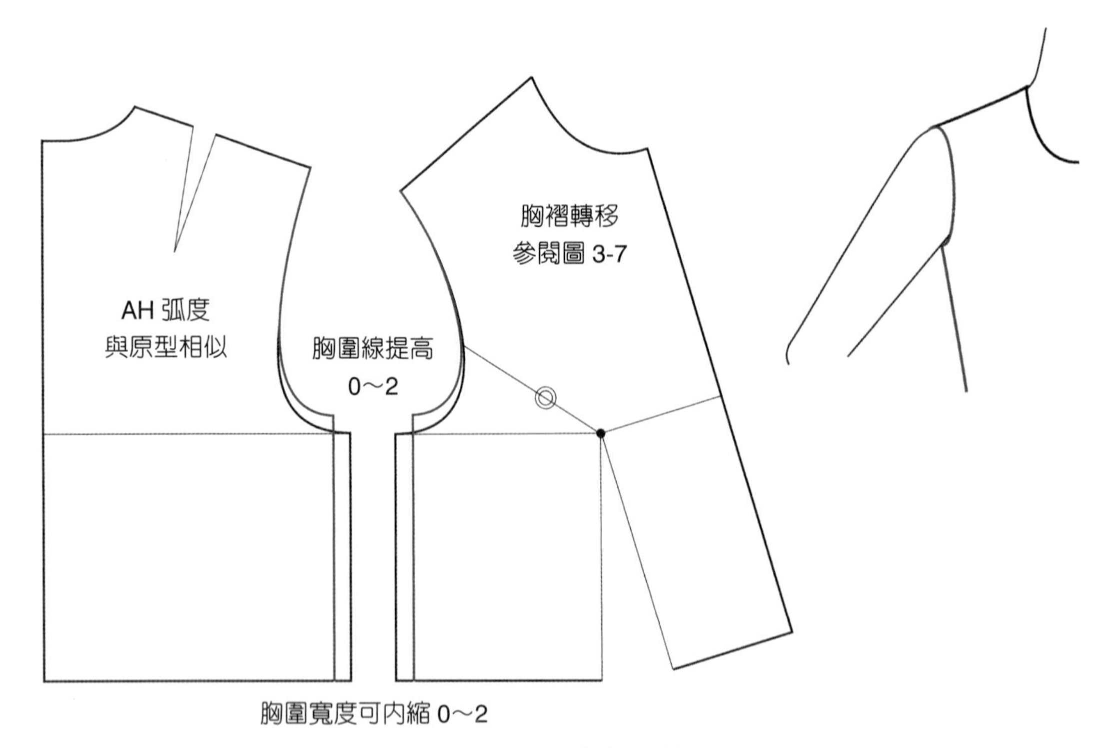

圖 5-6　合身無袖袖襱

肩寬取窄的削肩袖襱線開口尺寸大，前身片的袖襱胸褶處為斜紋，後身片的肩褶處有部分的褶子份量，在車縫製作時或穿著動作時容易變形，應確實做好布紋紋路與褶份的燙縮處理（圖 5-7）。

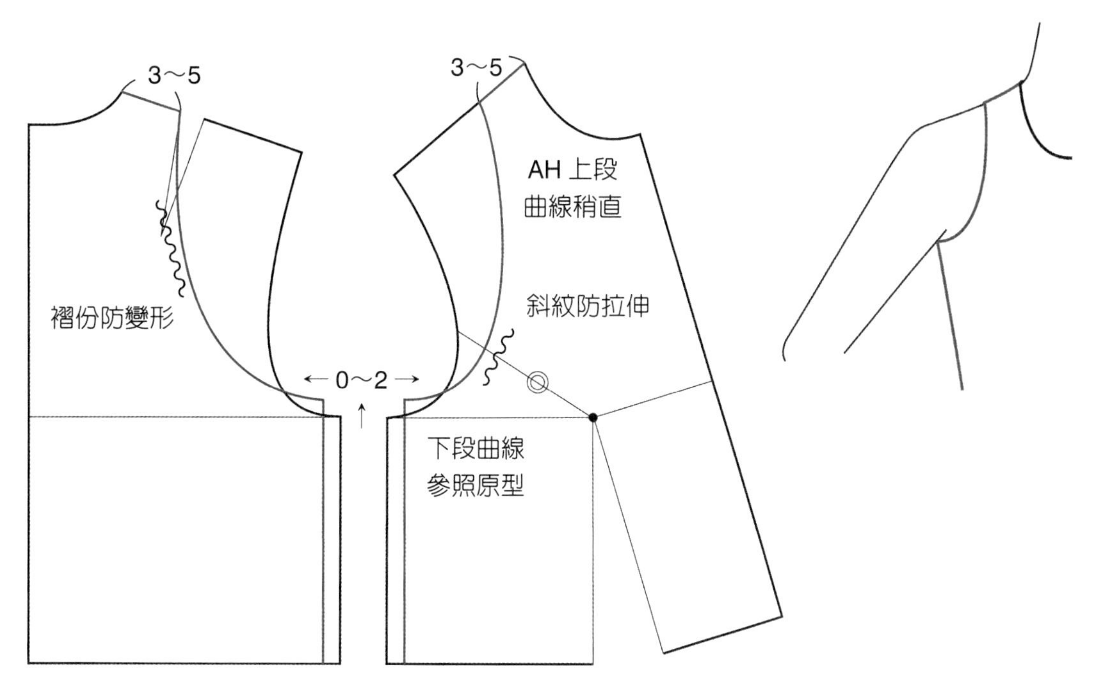

圖 5-7　合身削肩袖襱

露肩或背心式腋下開低的大尺寸袖襱，上段曲線取稍直的弧度，手臂活動時衣服與身體的空隙較小，袖襱才會較貼合身體不易浮起。通常袖襱開低、胸圍線往下降，也會同時將胸圍線寬度往外增寬，袖襱尺寸加大，衣身胸圍的寬度鬆份也加大，衣服整體的寬鬆度較均衡美觀（圖 5-8）。考量人體的立體曲面，以服裝穿著於身上時的視角為主，方形袖襱打版仍是以弧線繪圖（圖 5-9）。

不論衣服是否要接縫袖片，袖襱曲線的繪製都是胸寬處前袖襱曲線較凹，曲線彎度可參照原型，取與原型袖襱弧度線呈現近似視覺平行的線條。後袖襱曲線較直，背寬處需要手臂向前活動份量，曲線彎度應比原型袖襱弧度線直（圖 5-10）。袖襱曲線與尺寸影響衣服輪廓形與袖形，袖襱底線應呈現如蛋形橢圓弧度的袖襱底線，整體曲線需順暢無角度（圖 4-4），可參閱圖 2-16 袖襱曲線畫法。

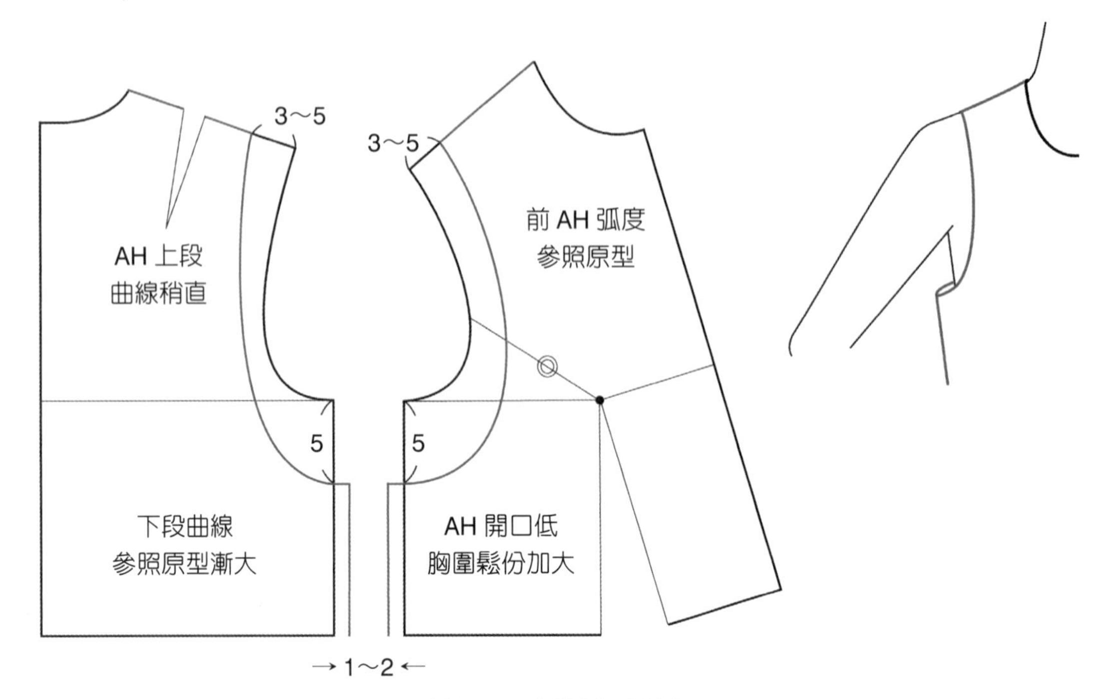

圖 5-8　寬鬆露肩袖襱

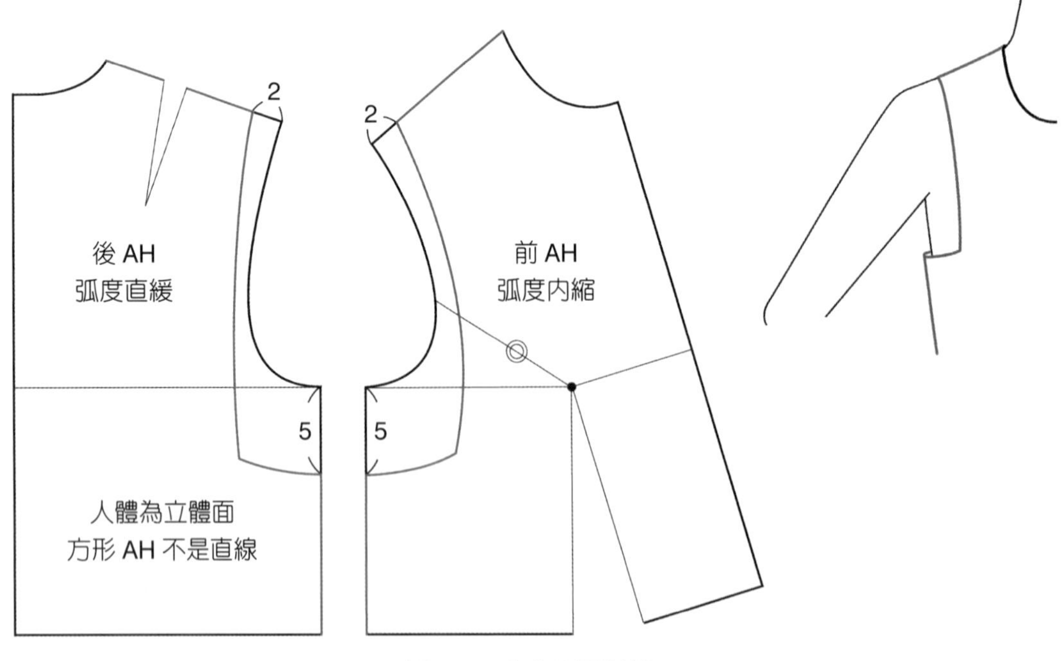

圖 5-9　合身露肩袖襱

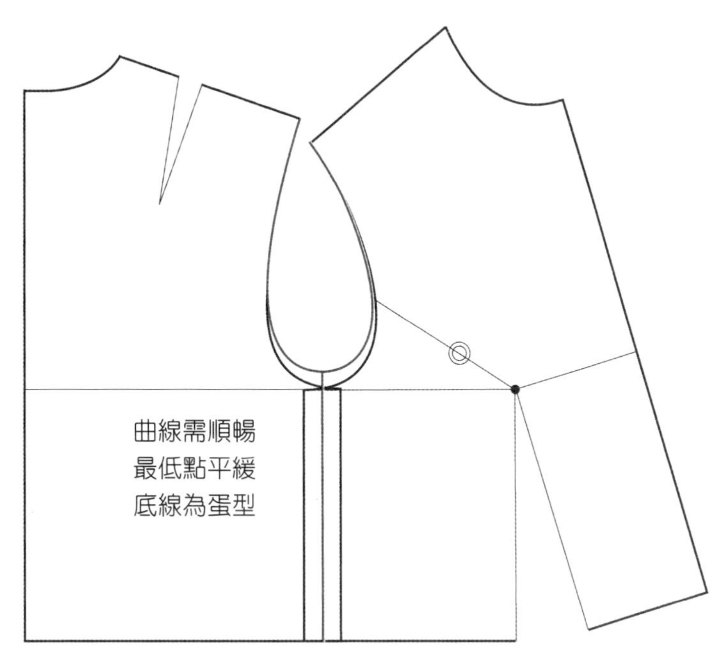

袖襱底線為蛋形弧度，蛋形寬度為側身厚度，
合身型蛋形窄，寬鬆型蛋形寬。

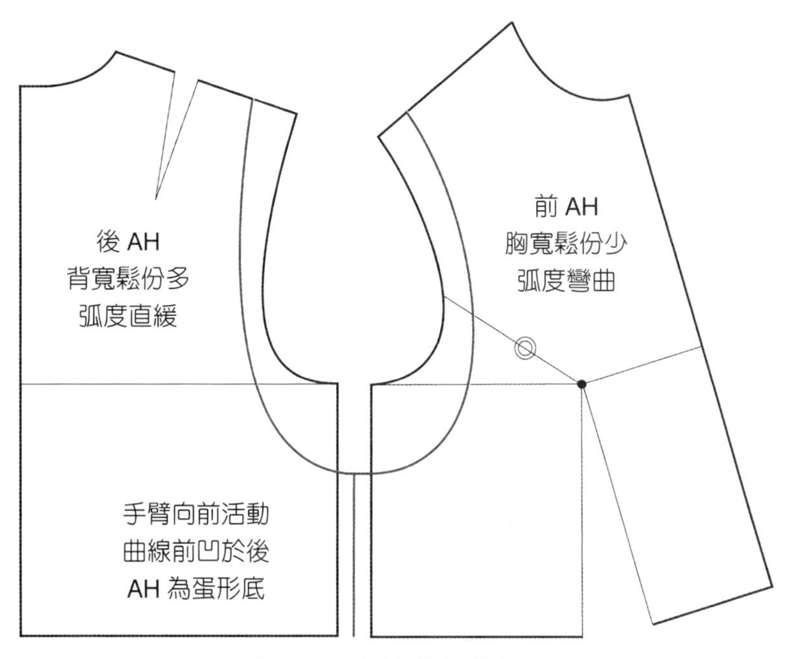

圖 5-10　漂亮的袖襱曲線

三、接袖的構成與製圖法

由手臂與袖子結構的對應可以看出：袖子的 AH 與衣服的 AH 相接縫合，對應人體的手臂根圍；「袖長」為袖子最長尺寸，尺寸包含了「袖山高」與「袖下長」，袖山須以縮縫的方式做出包覆肩頭的立體空間；「袖寬」寬度為袖子 AH 的底線，對應人體的上臂圍（圖 5-11）。

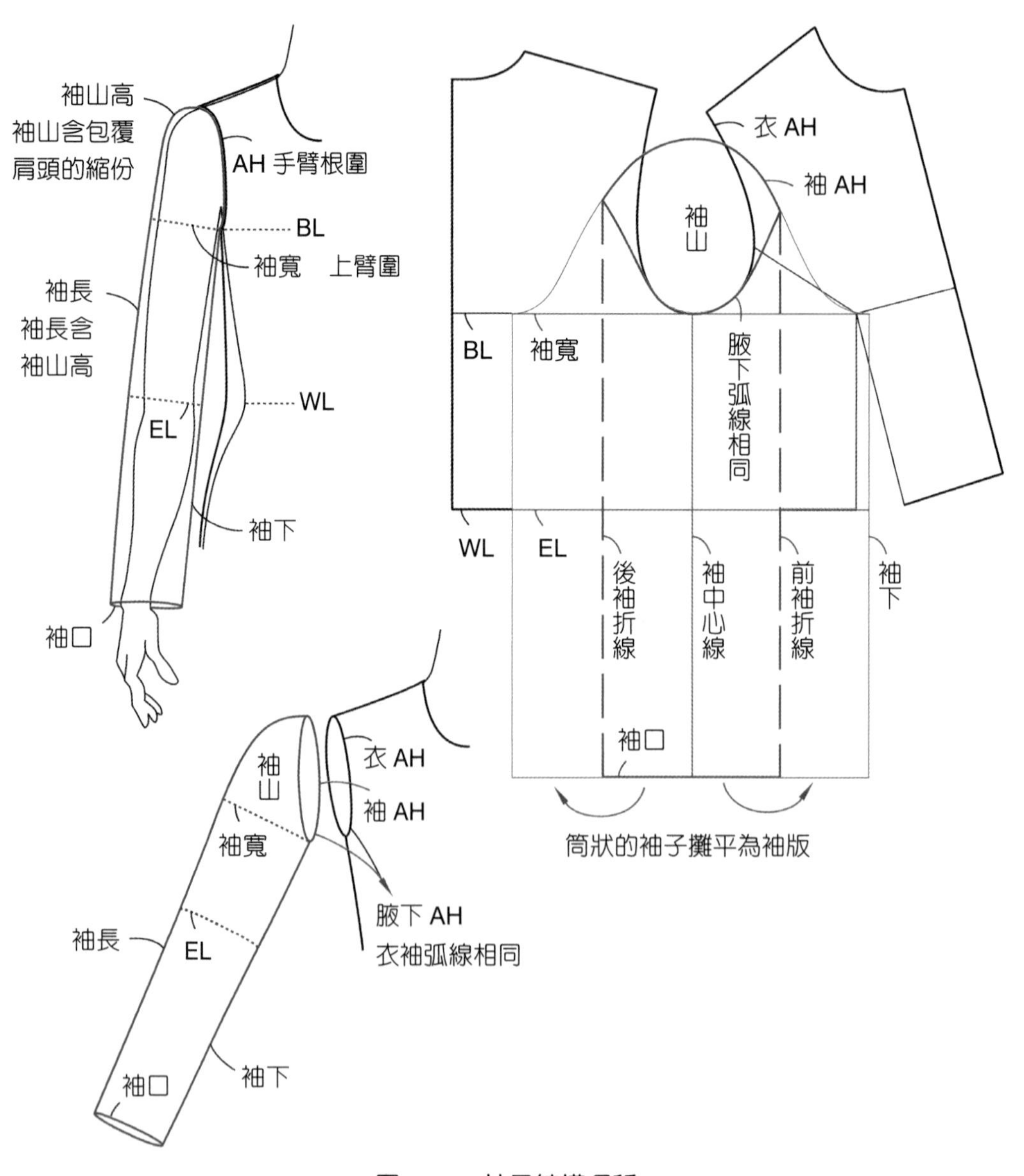

圖 5-11　袖子結構名稱

製圖順序 1 →基本架構線

1. 描繪衣身版型（圖 4-16）為基礎，合併前胸褶，使袖襱線完整無缺口（圖 3-7）。
2. 以脇線為袖中心線，取後肩高①與前肩高②差距中點的平均肩高③，平均肩高③至胸圍線④高度的 $\frac{5}{6}$ 為袖山高⑤，袖山高⑤為袖山頂點至袖寬線之距離（圖 5-12）。
3. 從袖山高⑤往下量取袖長尺寸⑥，畫袖口線⑦。袖長線段包含袖山高⑤，對照 BL ④高度為袖寬線、對照 WL ⑧高度為 EL。
4. 量取衣身前 AH 尺寸⑨與後 AH 尺寸⑩。

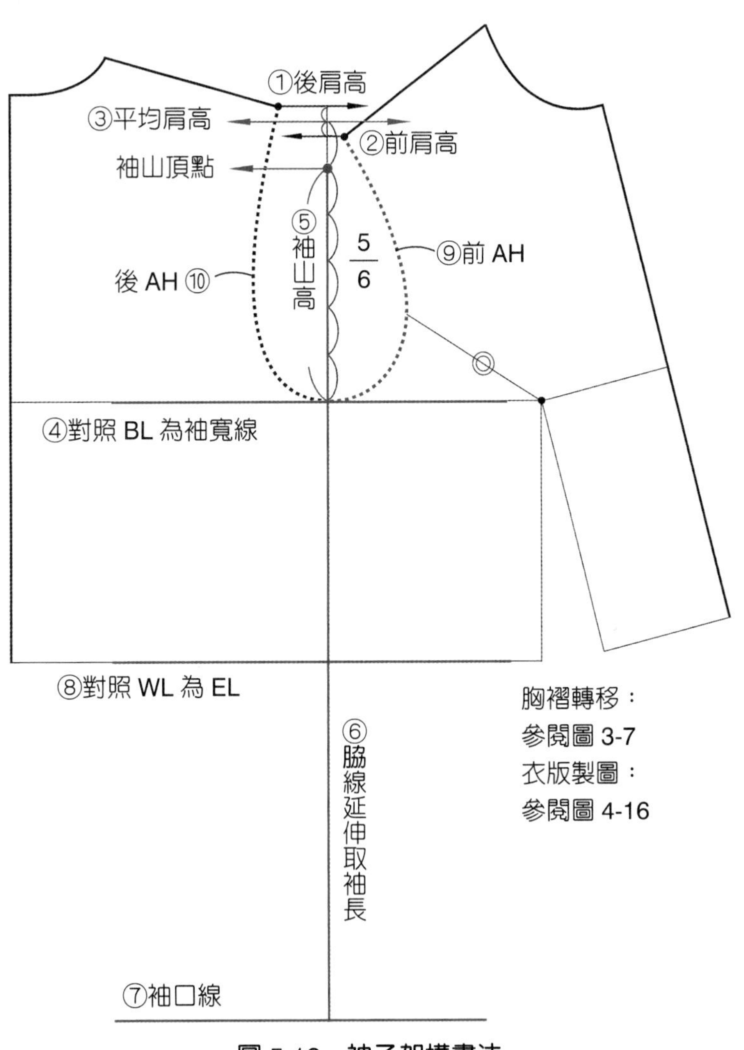

圖 5-12　袖子架構畫法

製圖順序 2→袖寬

1. 量取衣身前 AH 與後 AH 尺寸（圖 5-12），量取衣身版型 AH 尺寸時，要將尺立起沿曲線量（圖 1-3）。
2. 將方格尺刻度 0 對齊袖山頂點①，將衣身後 AH 的長度刻度對到袖寬線②上，即斜線長度③為衣身後 AH 尺寸。畫出斜線長度③，才能得到後袖寬④（圖 5-13）。
3. 將方格尺刻度 0 對齊袖山頂點①，將衣身前 AH 的長度刻度對到袖寬線⑤上，即斜線長度⑥為衣身前 AH 尺寸。畫出斜線長度⑥，才能得到前袖寬⑦。

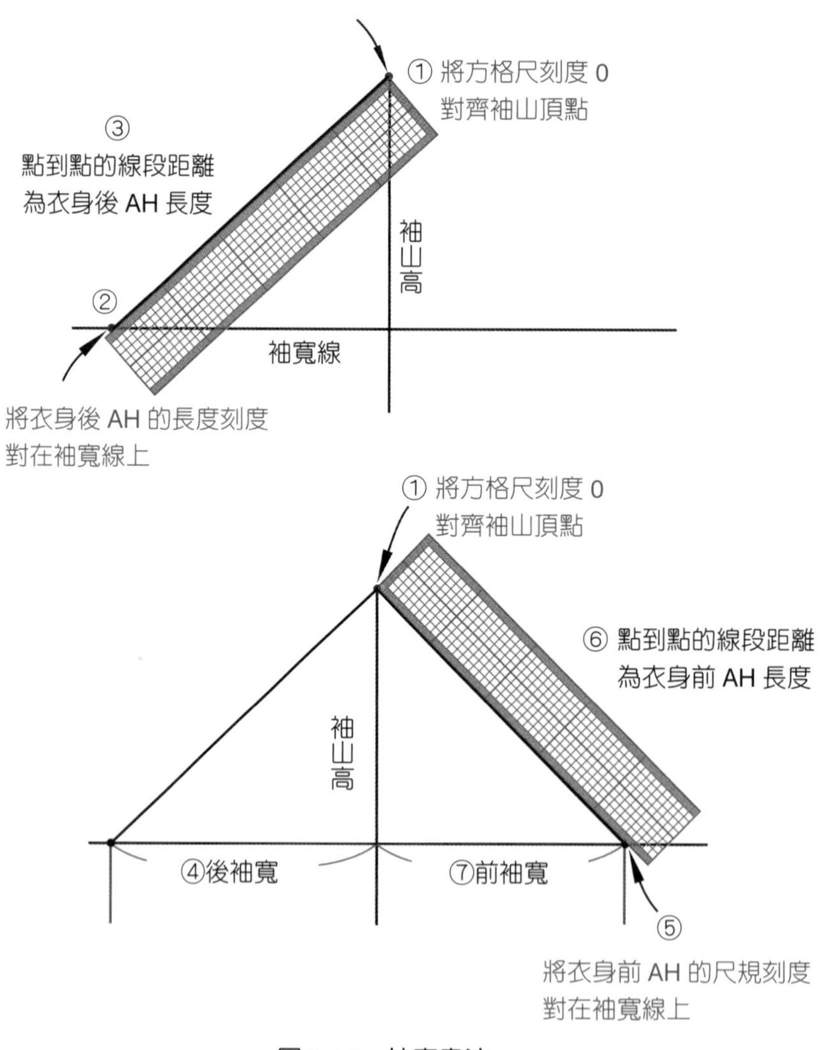

圖 5-13　袖寬畫法

製圖順序 3 →袖山曲線

1. 將前 AH 斜線長度尺寸①，分為四等份，袖山頂點的第一等份②★畫出直角高度③。在後 AH 斜線上量取一等份②★，畫出直角高度④（圖 5-14）。
2. 袖山頂點的前後 AH ②為相同尺寸線段，因此袖山曲線以⑤為對稱點，前後 AH 的弧度相似。直角高度③與④為 AH 曲線弧度的最高點（圖 5-14、圖 5-15）。
3. 袖寬線的前後 AH 約一等份②★的長度曲線，以衣身版型的前 AH 弧度⑥與後 AH 弧度⑦描繪，在腋下衣身與袖子的 AH 為相同曲線弧線（圖 5-11）。

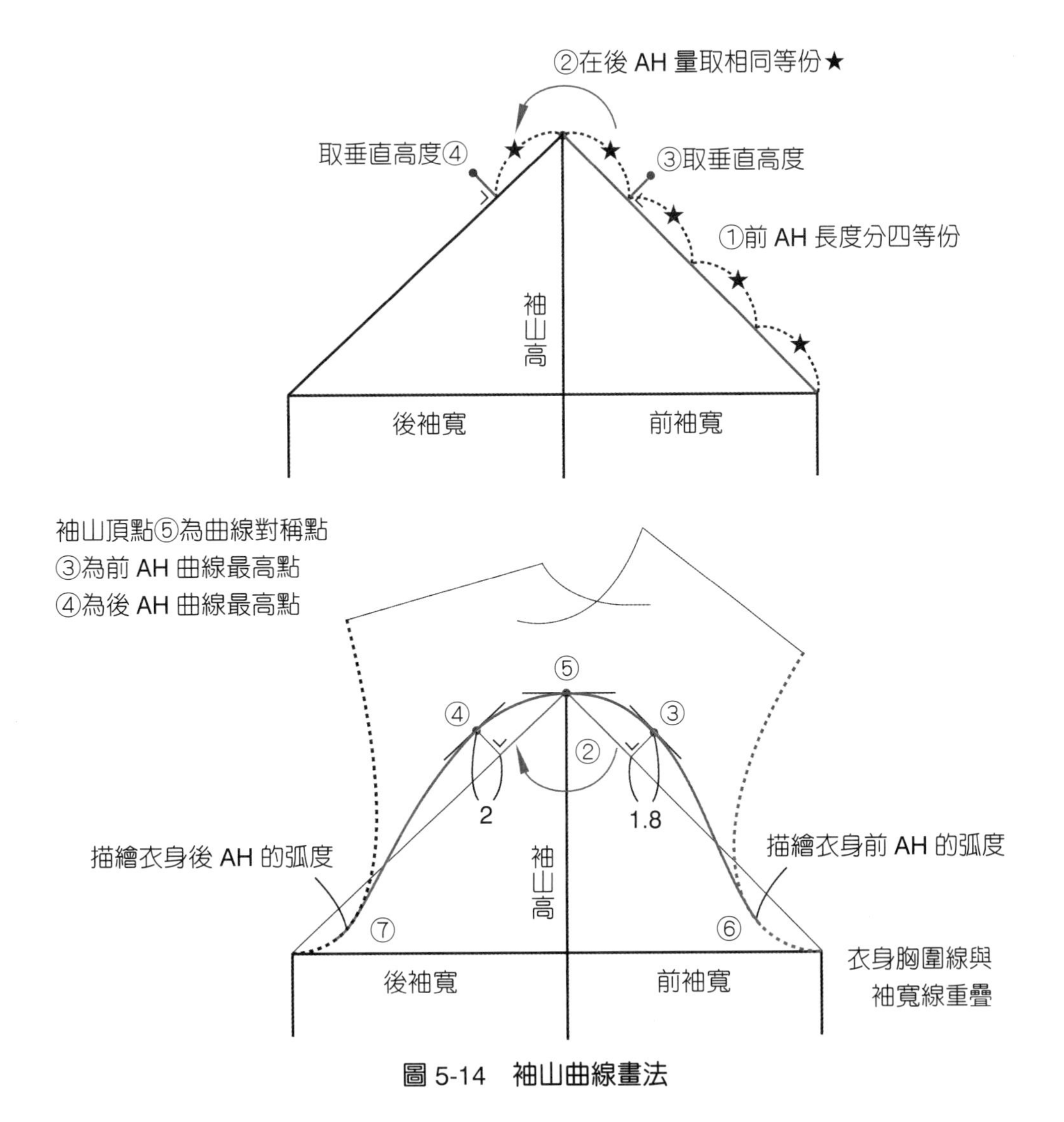

圖 5-14 袖山曲線畫法

尺規線段的取法

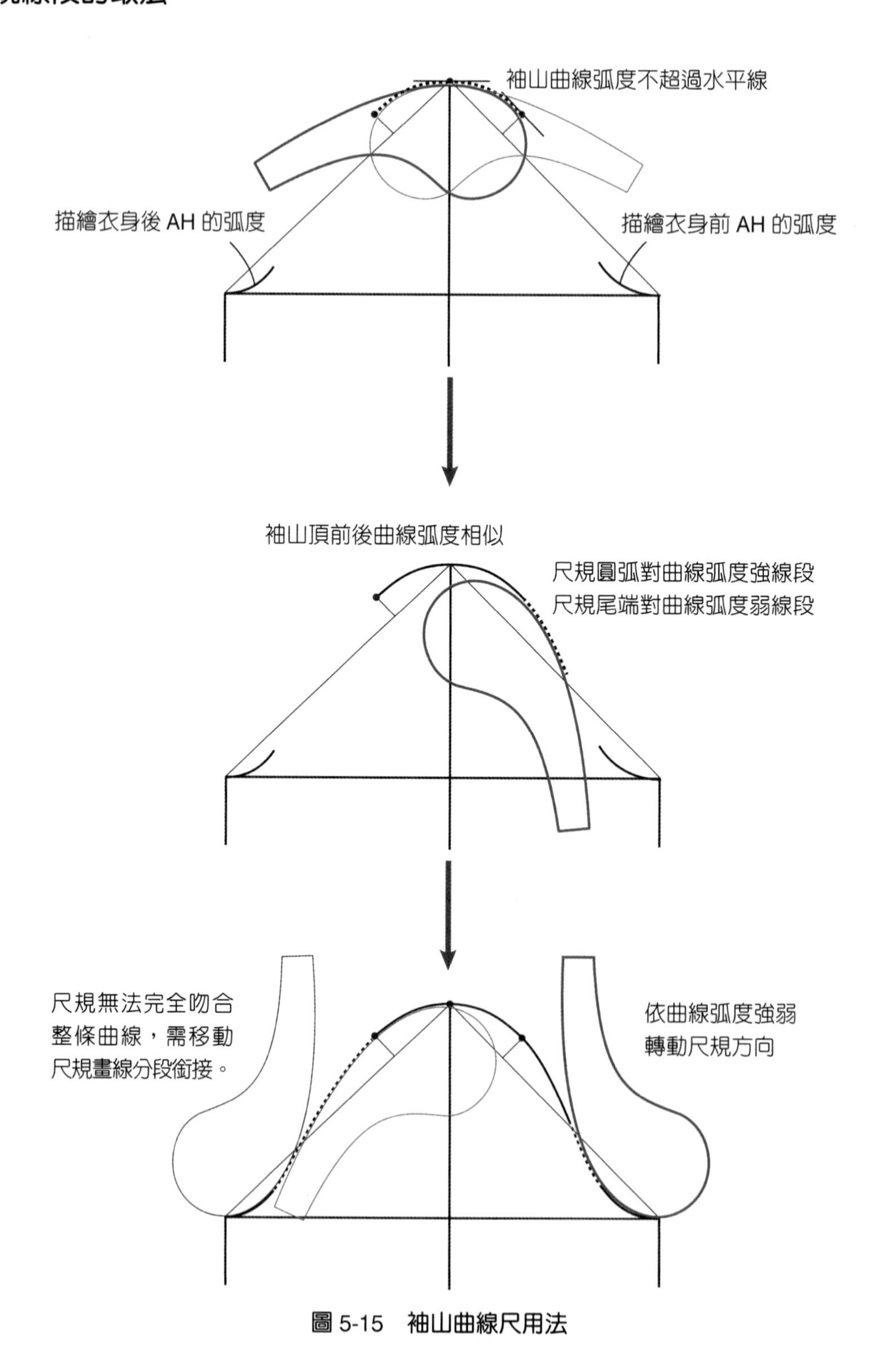

圖 5-15　袖山曲線尺用法

基本製圖

採用簡易製圖的方式，袖山高、肘線高度直接採用數據與公式進行打版，可使袖子變得較為容易製圖（圖 5-16）。設定標準尺寸合身衣版（圖 4-16）手臂自然垂下狀態，取袖長 52cm、袖山高 14.5cm，以公式「$\frac{袖長}{2}$＋ 2.5」cm 訂出 EL 位置。

衣身 AH 尺寸拉成直線畫袖山曲線，紅色曲線會比黑色直線長，曲線與直線的差數尺寸是袖山的縮縫份。袖山縮縫份依款式、布料、袖山高、車縫技術而定，原型袖山的縮縫份約為衣身 AH 尺寸的 5%～7%，袖型愈立體縮縫份愈多。

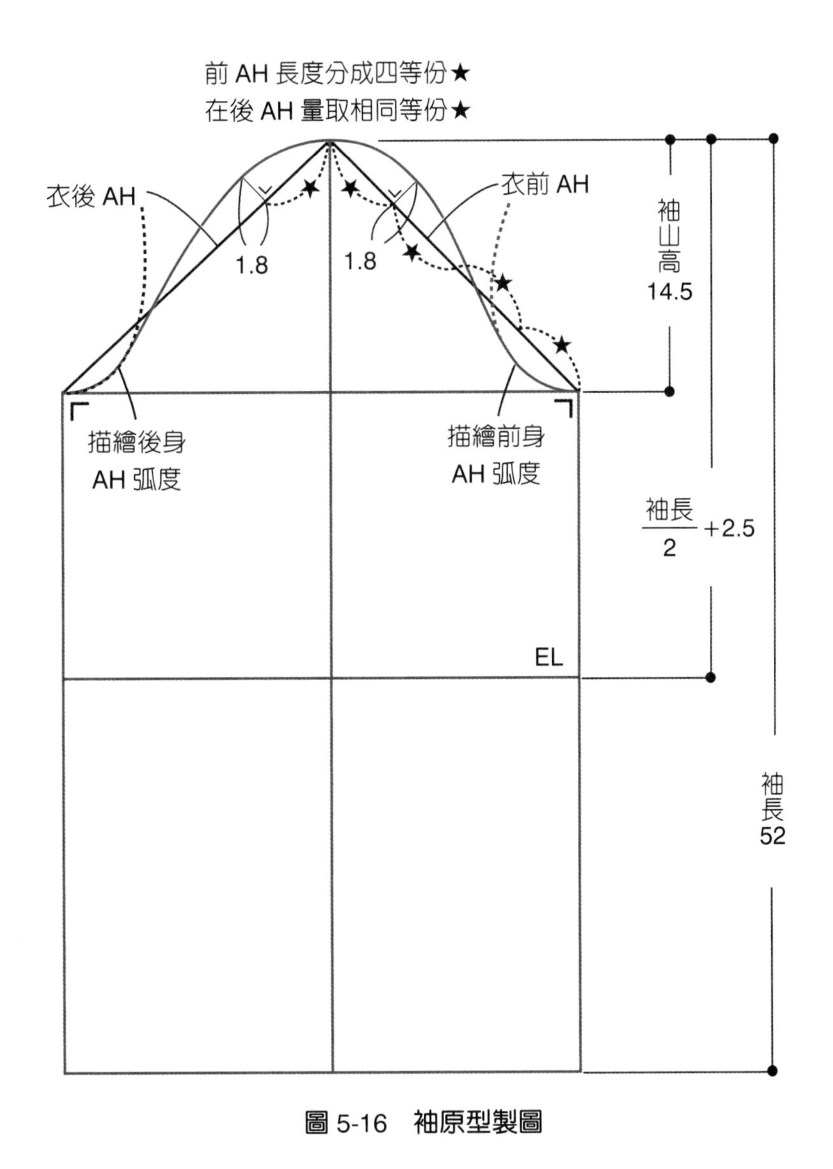

圖 5-16　袖原型製圖

四、接袖版型的結構變化

袖原型依照原型袖襱尺寸打版，為最合身袖型的參考依據。每件衣服衣身版型繪製完成後，袖子需以衣身版型為依據繪圖，不一定需要使用袖原型。影響衣身 AH 尺寸為衣服袖襱底線的位置與胸圍寬度尺寸，可參閱圖 4-17 袖襱尺寸變化與圖 4-18 胸圍尺寸變化。影響袖子結構的要素有袖山高尺寸、袖寬尺寸、袖山曲線、袖山縮縫份（圖 5-17）。

袖山高尺寸

袖山高尺寸依手臂抬舉的活動角度與款式設定，袖原型設定為手臂自然垂下狀態袖形最美，袖山高設定是平均肩高點至胸圍線高度的 $\frac{5}{6}$，當手臂抬舉時袖子就會有綴紋與牽吊。袖山高設定可取 $\frac{4}{5}$、$\frac{3}{4}$、$\frac{2}{3}$，隨著手臂抬舉愈高，袖山高愈低。若設定手臂抬舉至與肩斜呈直線時袖形最美，袖山高為平均肩高點至胸圍線高度的 $\frac{2}{3}$，手臂垂下時袖子就會有綴紋與鬆份（圖 5-18）。簡易製圖以款式區分，參考尺寸襯衫袖山高為 5～14cm，外套袖山高為 14～20cm。

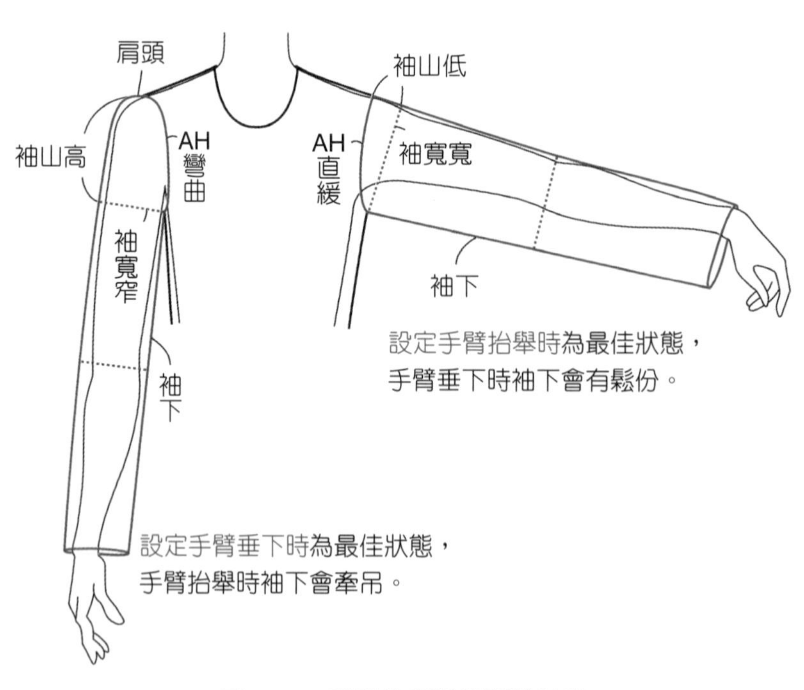

圖 5-17　手臂抬舉狀態與袖結構

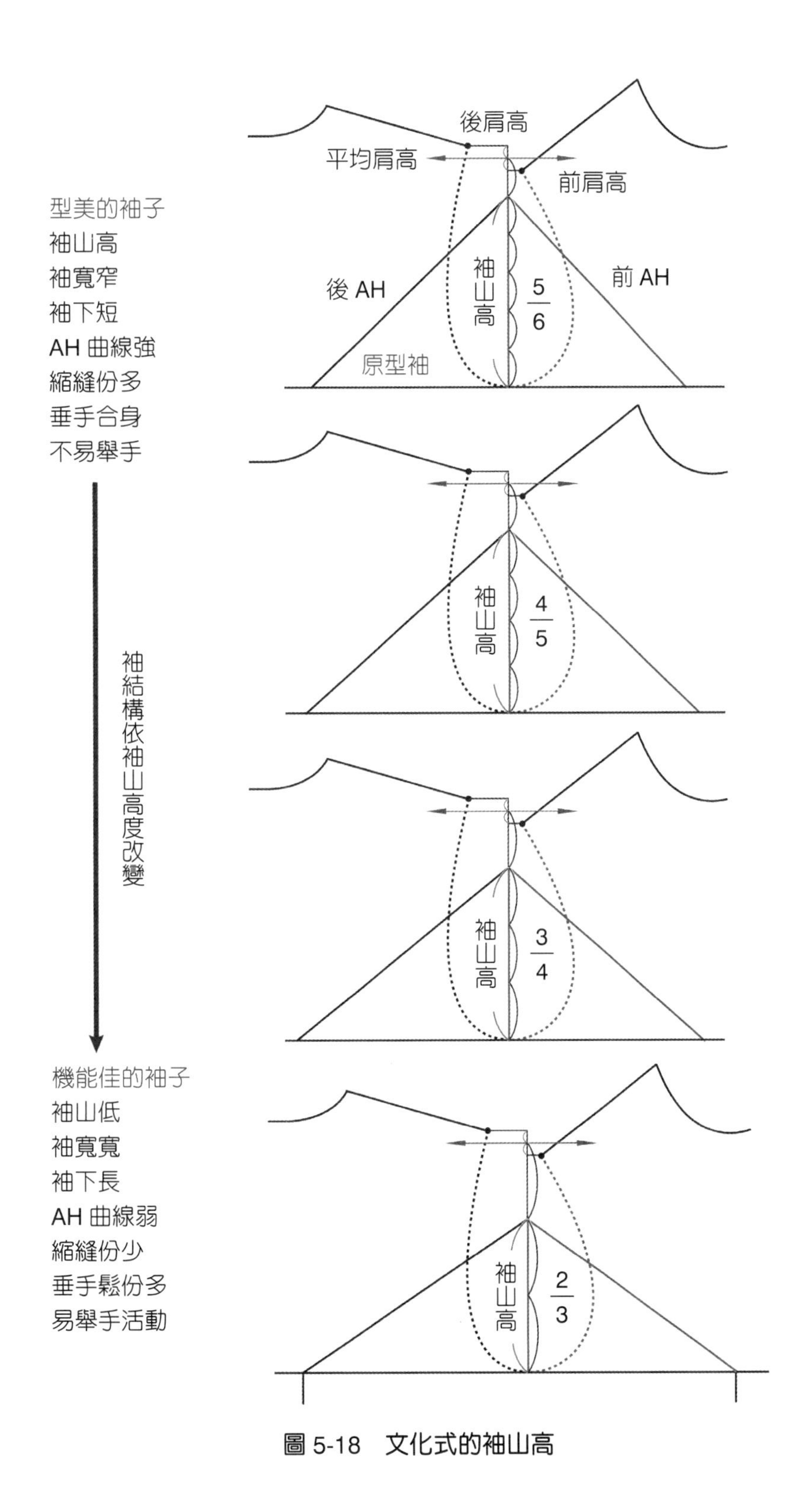

圖 5-18　文化式的袖山高

手臂抬舉的活動角度設定不同，袖山高尺寸也會不同，袖寬、袖山曲線弧度、袖山縮縫份與袖下長度都會隨之改變（圖 5-19）。設定相同的衣身袖襱與袖長尺寸進行袖子版型比較：

動作	袖山高	袖山 AH	縮縫份	袖寬	袖下長	肩頭	活動量
手臂垂下	高	彎曲	多	寬	長	明顯	小
手臂抬舉	低	緩直	少	窄	短	不明顯	大

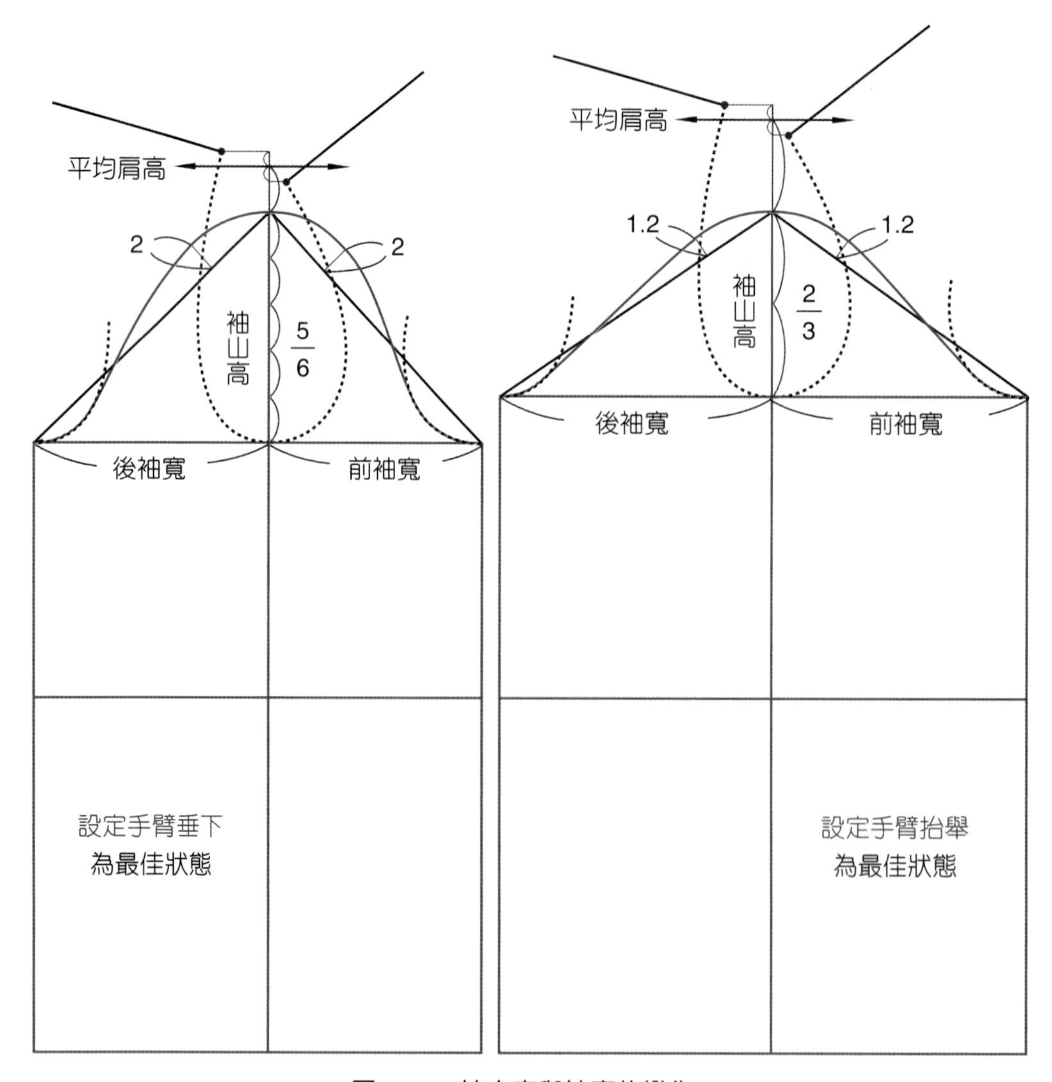

圖 5-19　袖山高與袖寬的變化

衣身袖襱尺寸

漂亮的衣身袖襱曲線為胸寬處前 AH 曲線較凹，背寬處後 AH 曲線較直，袖襱底線呈現如蛋形橢圓弧度（圖 5-20）。因為手臂向前活動，通常後 AH 尺寸大於前 AH 尺寸。原型袖的衣身參考尺寸為後 AH ＝ 21.5cm、前 AH ＝ 20.5cm，約手臂根圍尺寸加上 10% 的鬆份。

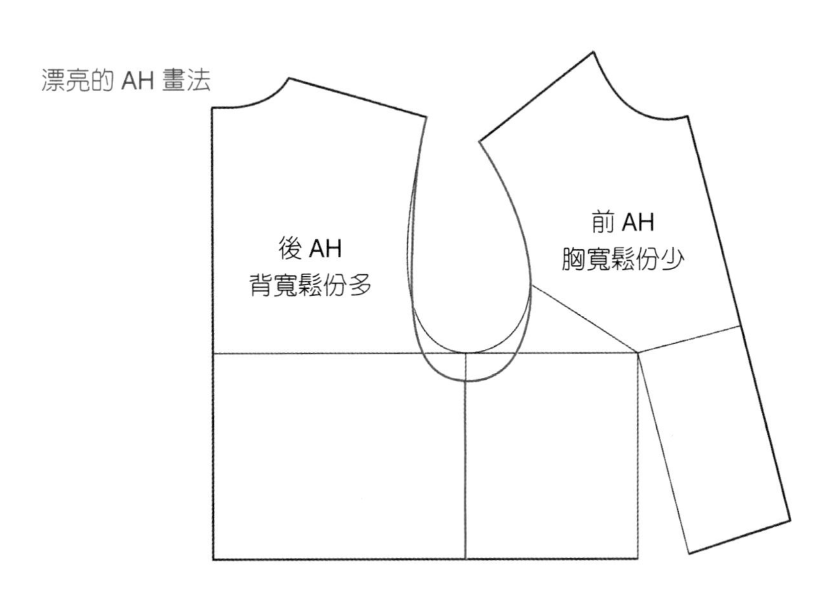

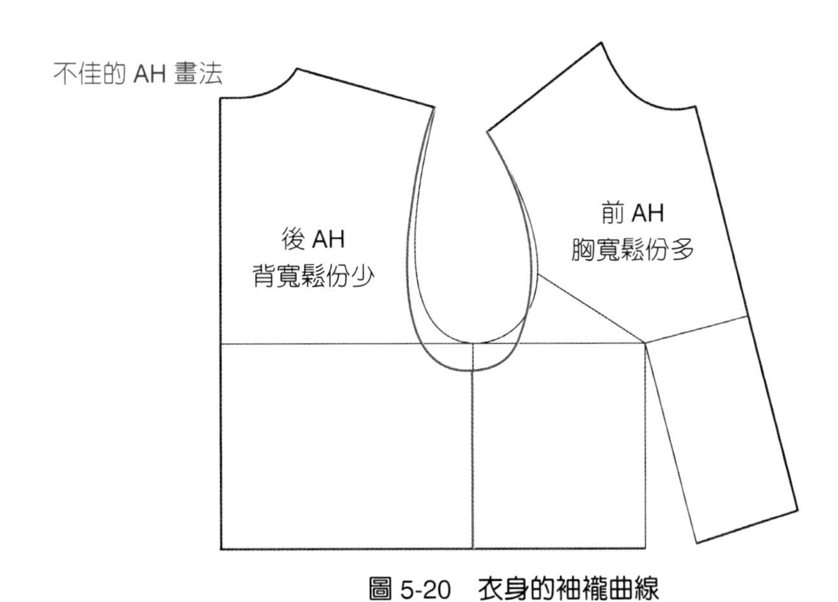

圖 5-20　衣身的袖襱曲線

袖山縮縫份與袖山曲線

袖原型直接以衣身前後 AH 尺寸，畫成袖山的斜線長度尺寸，曲線與直線的差數尺寸是袖山的縮縫份，可以再斟酌袖型的立體形態加減斜線長度尺寸改變袖山縮縫份量（圖 5-21）。縮縫份量分配於前腋點到後腋點之間的袖山頂，因為手臂向前活動，通常後袖山縮縫份大於前袖山縮縫份。腋下衣身與袖子的 AH 為相同曲線弧線與尺寸，不需要加入縮縫份。

袖山高時袖型立體，袖型需要做出肩頭立體曲面，袖襱縫份倒向袖子。袖山頂點的前後 AH 曲線弧度愈強，袖山縮縫份愈多，外套大衣款式的袖子就需有相當的縮縫份量。

袖山低時袖型平面，不會刻意凸顯肩頭，袖襱縫份倒向衣身。袖山頂點的前後 AH 曲線弧度愈弱，袖山縮縫份愈少，男襯衫的袖子打版時會預先扣減直線長度尺寸，使袖山曲線與衣身 AH 尺寸相同，不需縮縫份量。

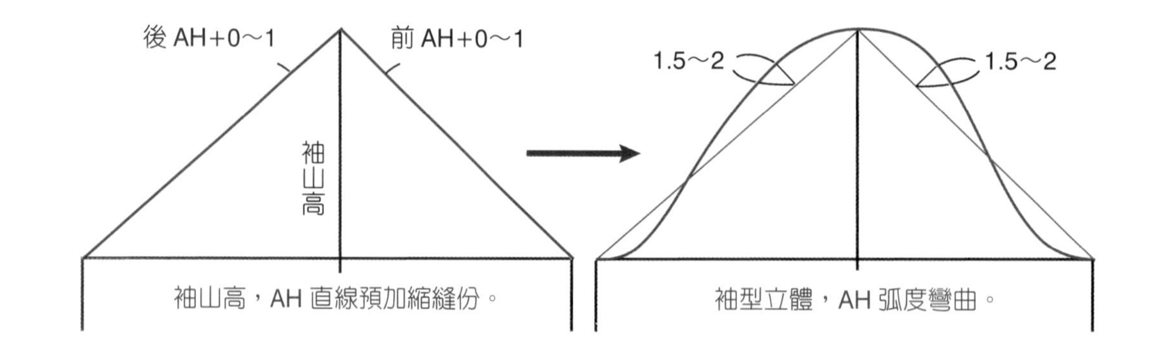

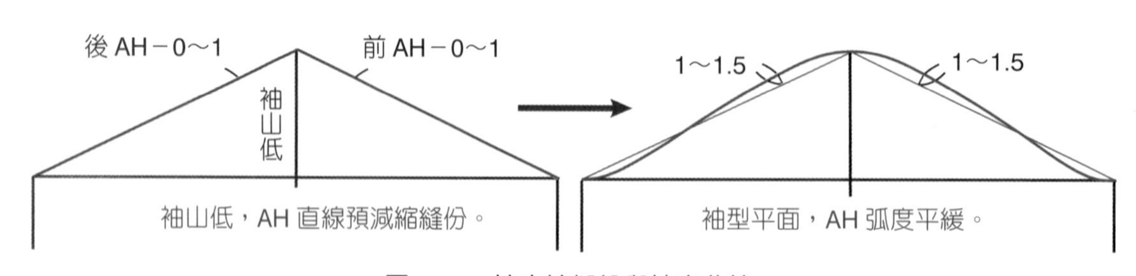

圖 5-21　袖山縮縫份與袖山曲線

袖寬尺寸

袖寬尺寸為袖型設計的重點，控制衣身前、後 AH 尺寸相同或差距在 2cm 內，前袖寬與後袖寬尺寸相當，袖子的中心線不會歪一邊（圖 5-22）。衣身前後 AH 尺寸差距在 2cm 以上，可藉由調整衣身 AH 曲線弧度改變尺寸（圖 5-20）。

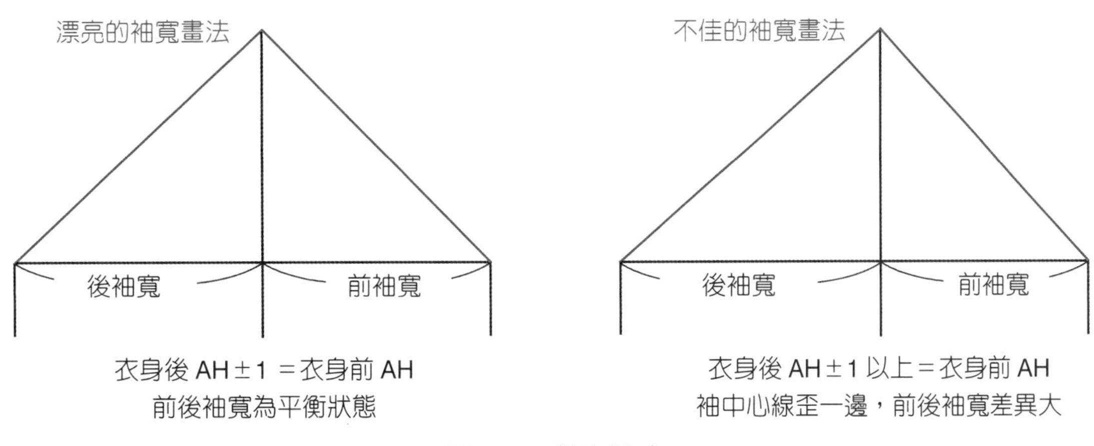

圖 5-22　**袖寬尺寸**

以款式來區分袖寬參考尺寸，袖原型袖寬為上臂圍加 4～5cm 的腋下空隙份，襯衫袖寬為上臂圍＋ 5～8cm，外套袖寬為上臂圍＋ 8～12cm。衣身袖襱尺寸、袖山縮縫份、袖山高尺寸都會影響袖寬寬度，調整衣身袖襱尺寸要考慮胸圍與手臂根圍的鬆份，調整袖山縮縫份要考慮款式、布料與車縫技術，調整袖山高要考慮款式外觀與活動機能性（圖 5-23）。

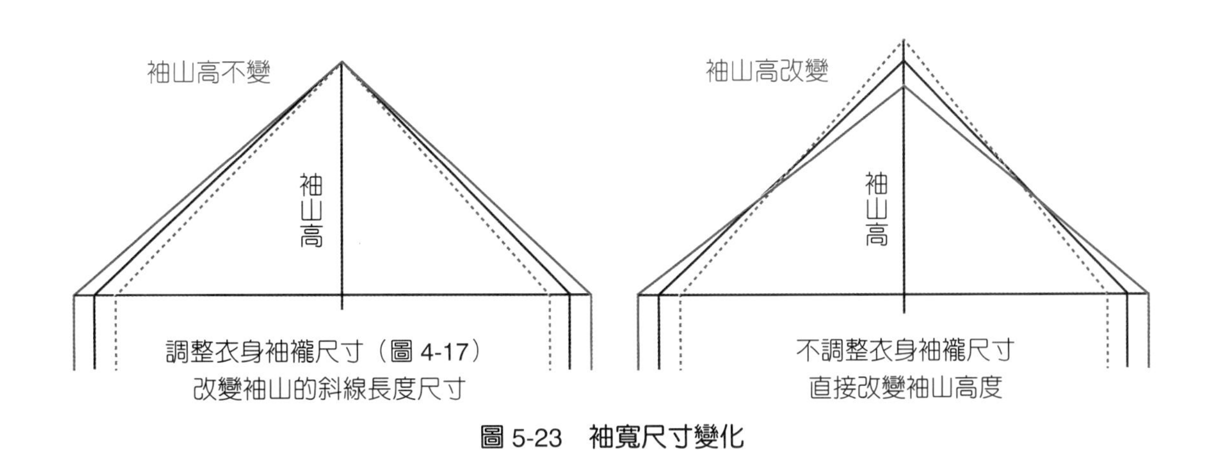

圖 5-23　**袖寬尺寸變化**

接袖線位置變化

有袖片的接袖型款式將衣版與袖版沿著肩斜合併，小肩寬與袖長以肩點 SP 為決定衣服接袖位置的依據。落肩款式衣服的接袖線向手臂側落下，小肩寬尺寸加長，包覆肩頭的袖山高相對會減短，AH 線條變得直緩，袖下尺寸不變（圖 5-24）。

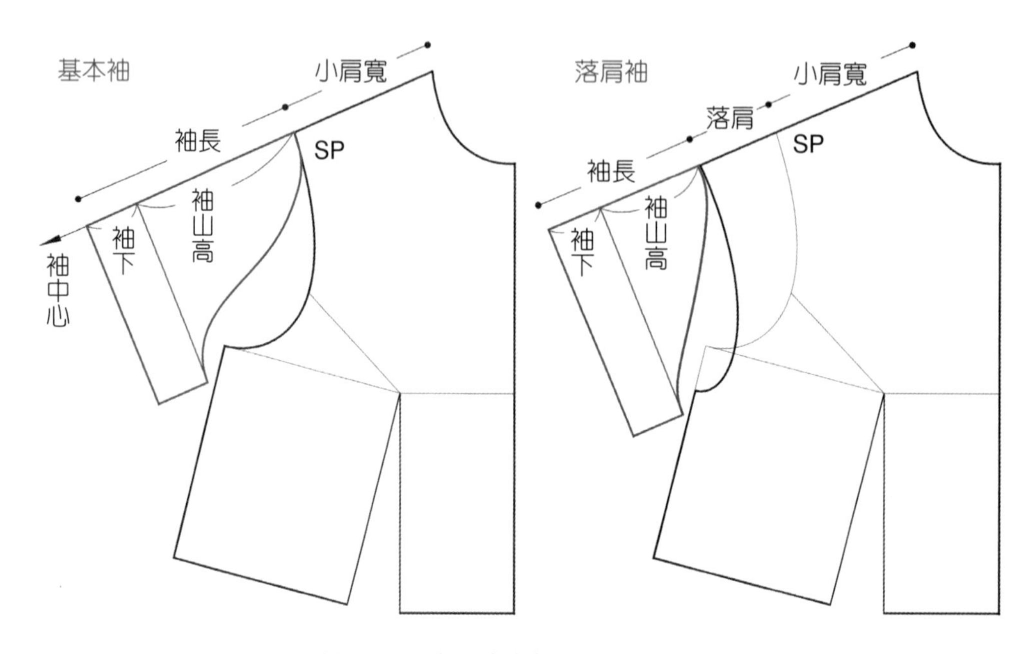

圖 5-24　小肩寬與袖長的接袖位置

衣袖連裁的連身袖型，將袖版與衣版視為一片裁片，衣身與袖片相連沒有接縫線。依圖 5-25 設定手臂抬舉至與肩斜呈直線時袖形最美，腋下處衣身與袖片之間有灰色的縫隙區塊，為因應手臂抬舉的活動鬆份量，當手臂垂下時會成為縐紋。改變手臂抬舉角度的設定，灰色的縫隙區塊就隨之改變，縫隙區塊愈大表示衣服愈寬鬆，愈趨近於平面版型，沒有立體感。

連袖型常用手插腰的姿勢設定手臂抬舉角度為 45°，袖版與衣版在腋下處會產生交疊，無法以一片裁片概括，必須有袖片與身片的接縫線，成為有袖片的剪接式連袖型。削肩款式衣服的接袖線向頸側內縮，小肩寬尺寸減短，袖山高與肩部相連，袖下尺寸不變。依圖 5-26 衣版與袖版分開裁剪，可刪除部分腋下處衣身與袖片之間灰色的縫隙區塊，當手臂垂下時外觀形態優於衣袖連裁的連身袖型。

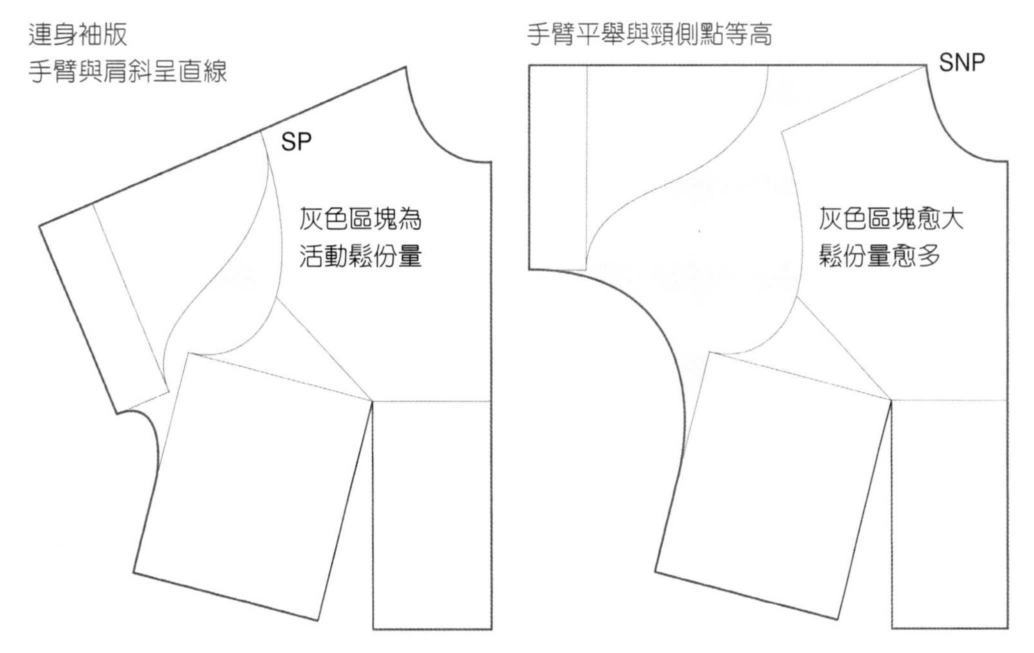

圖 5-25　連身袖手臂抬舉角度與鬆份

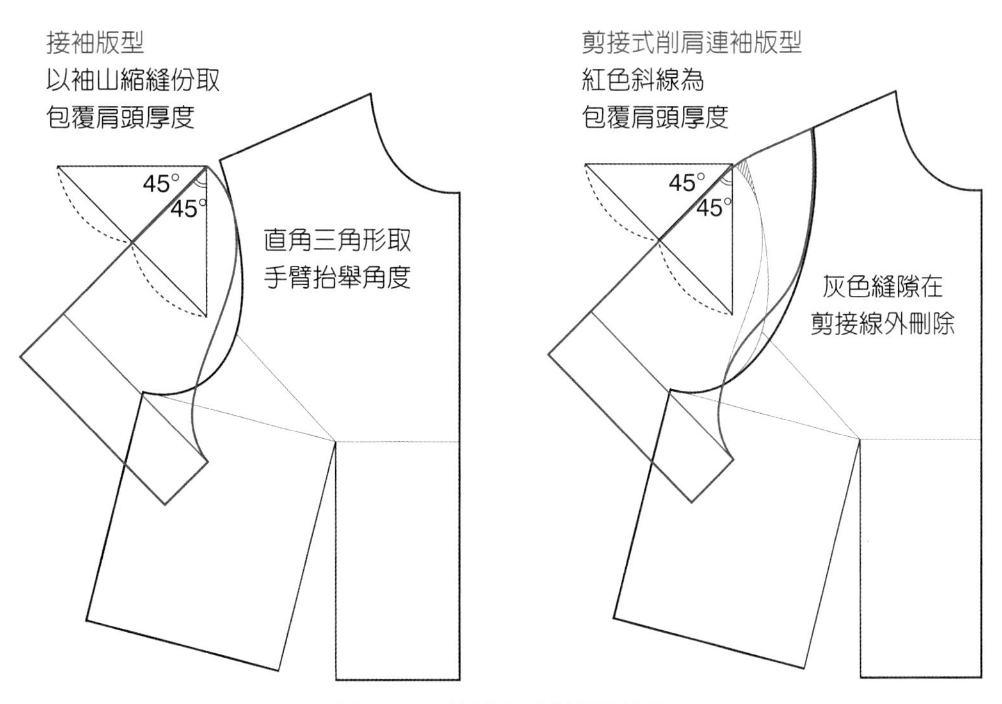

圖 5-26　接袖與連袖版型對照

袖長尺寸

長度從袖寬線至 EL 之間稱為短袖或半袖，長度至 EL 稱為五分袖，長度從 EL 至手腕以比例等份分為六分袖、七分袖、八分袖、九分袖，長度至手腕或手掌的為長袖。畫好的袖版只想改變長度時，可平行移動袖口線加減長度，不用重新打版（圖 5-27）。原型袖為直筒袖型，袖寬與袖口同寬，袖口增減寬度尺寸需考慮袖下布紋與袖型的平衡感，不宜太多（圖 5-28）。

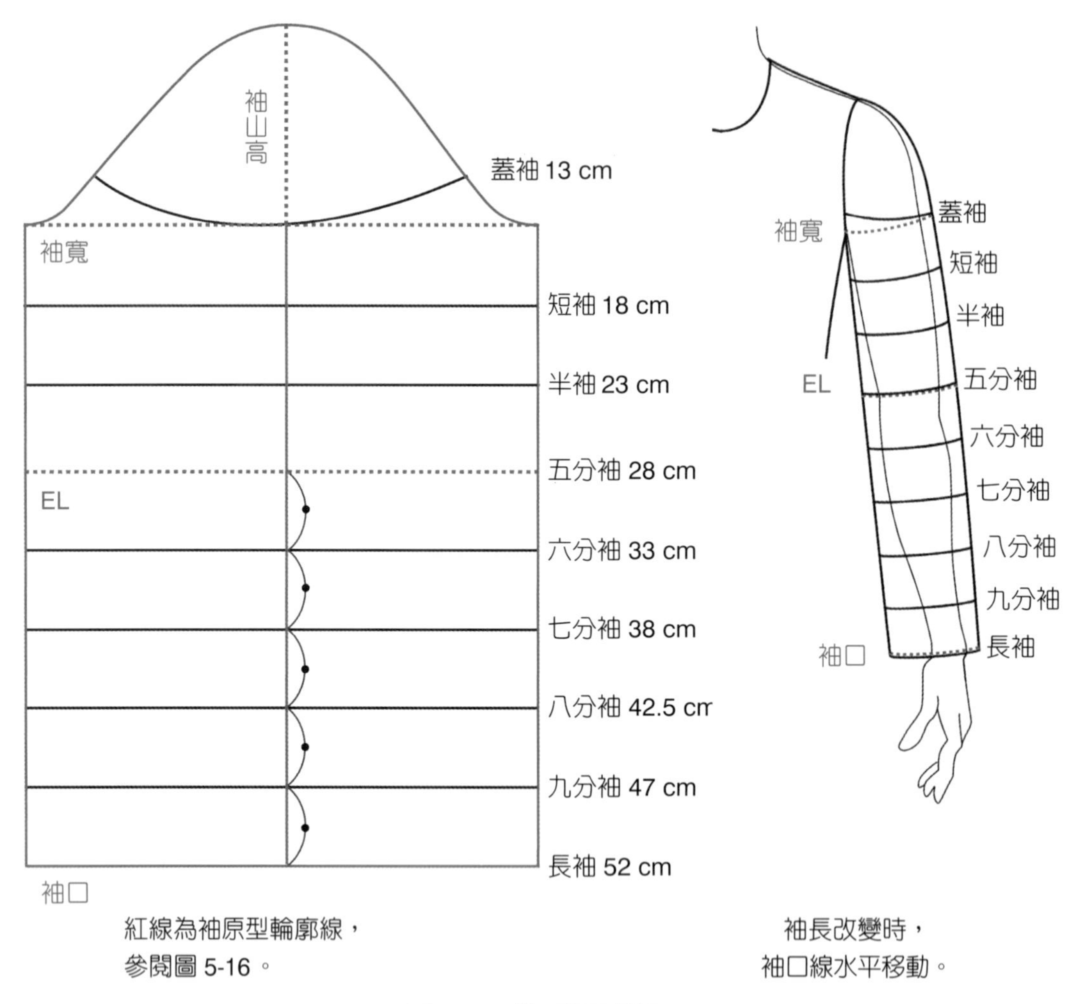

圖 5-27　袖長版型變化

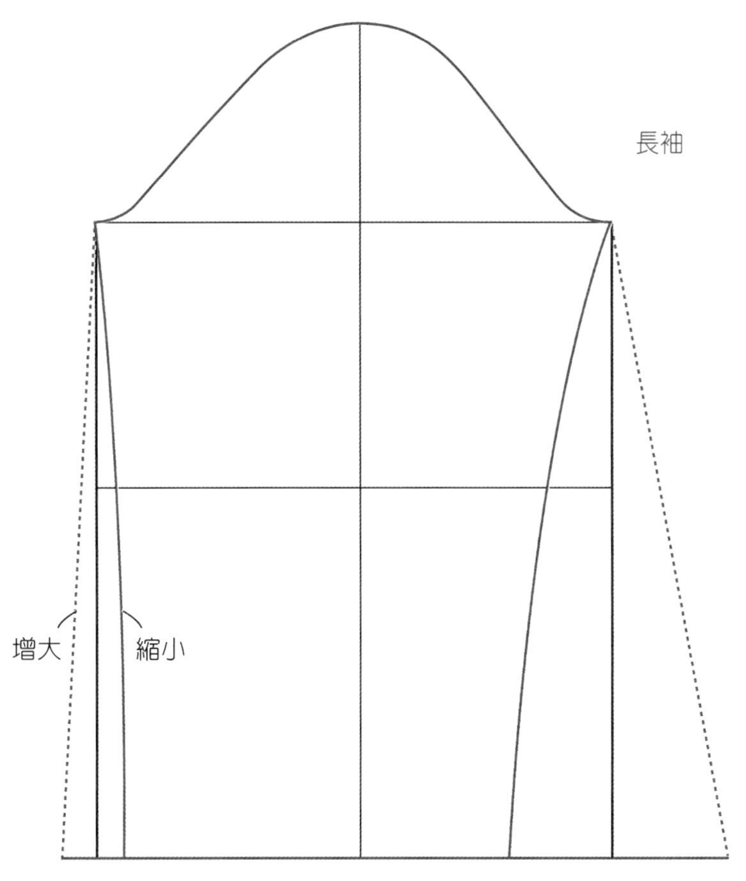
長袖
增大
縮小
正確的尺寸畫法
袖口尺寸微幅增減，
袖口調整 2～3 cm。
不佳的尺寸畫法
集中從袖下增減尺寸，
布紋與袖型都會歪斜。

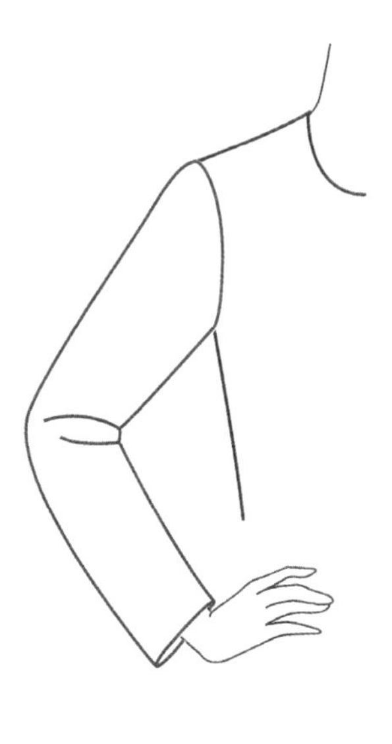

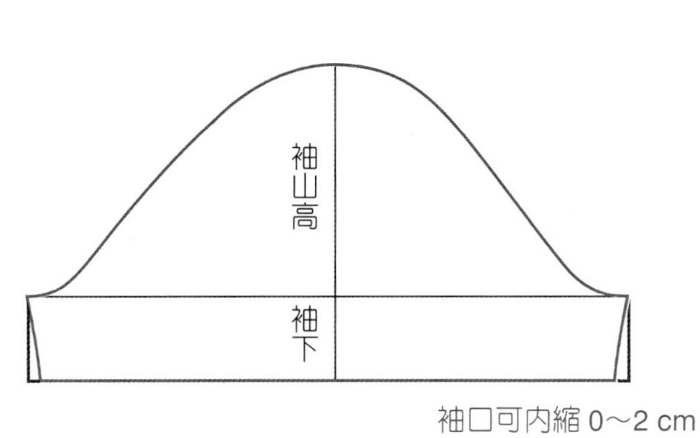
袖山高
袖下
袖口可內縮 0～2 cm

短袖

圖 5-28　袖口尺寸

五、蓋袖

蓋肩袖為遮蔽肩頭的極短袖，袖長短於袖山高。袖片不做袖下時，腋下 AH 以無袖的方式處理（圖 5-29）。

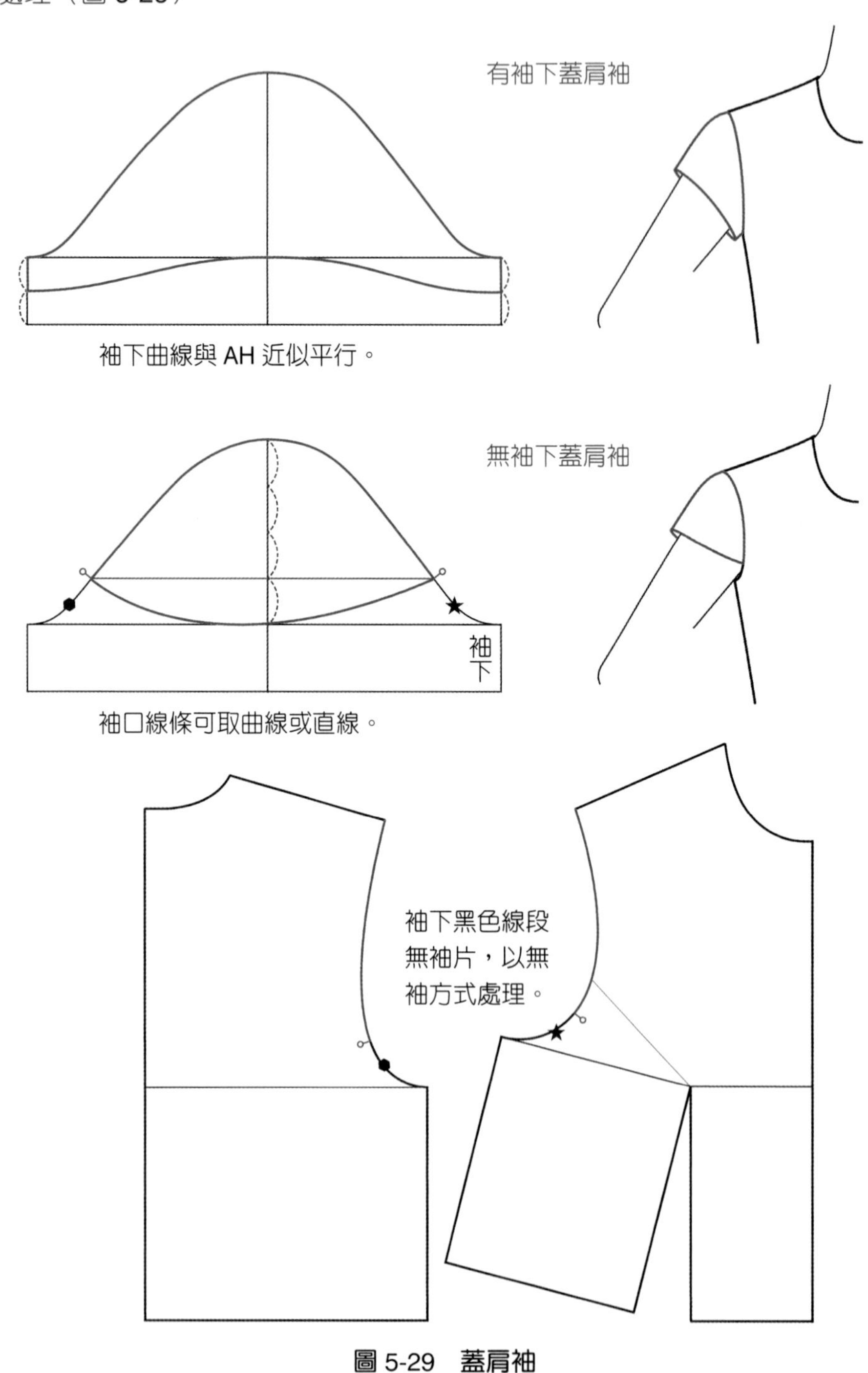

圖 5-29　蓋肩袖

六、袖山澎袖

袖山有澎份為袖型上方澎起的款式，先依照身片 AH 尺寸繪製基本袖後，再做袖山處紙型的切展來改變袖型輪廓（圖 5-30）。袖山頂點曲線會依袖型澎份量加高，澎份愈多曲線愈高。澎袖款式會增加肩寬視覺，在肩頭上澎出外觀也較佳，因此小肩寬可適度縮短，澎份愈多，肩寬縮短愈多。

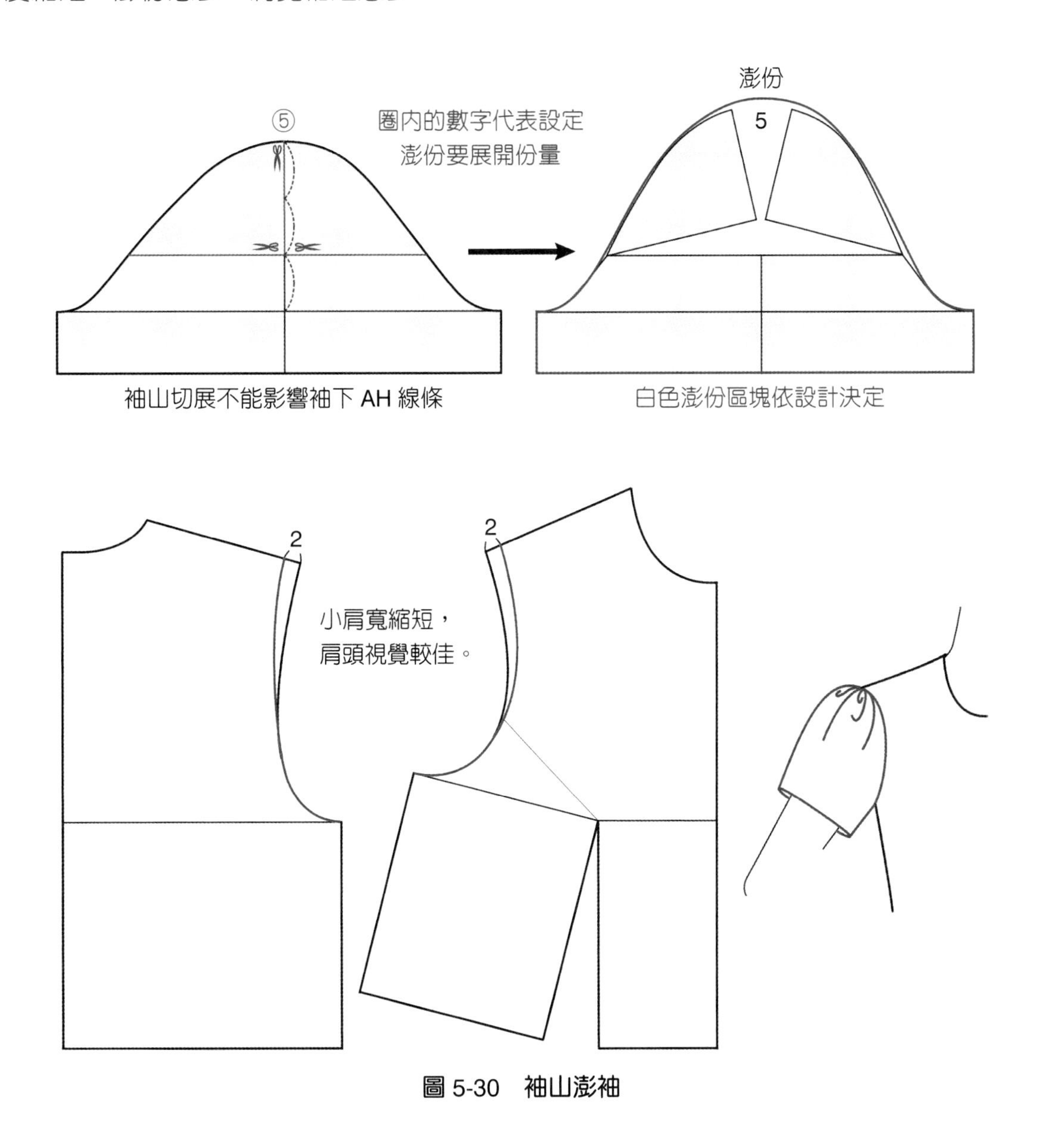

圖 5-30　袖山澎袖

七、袖口澎袖

紙型切展的區塊依設計造型款式決定，袖口澎份切展的區塊愈多，褶份愈平均，袖型愈均衡，如同袖山澎份只切展中心線，澎份則會集中袖中心。澎袖袖口線依手臂向前活動方向，後袖口線可追加澎份量成為凸出的曲線（圖 5-31）。

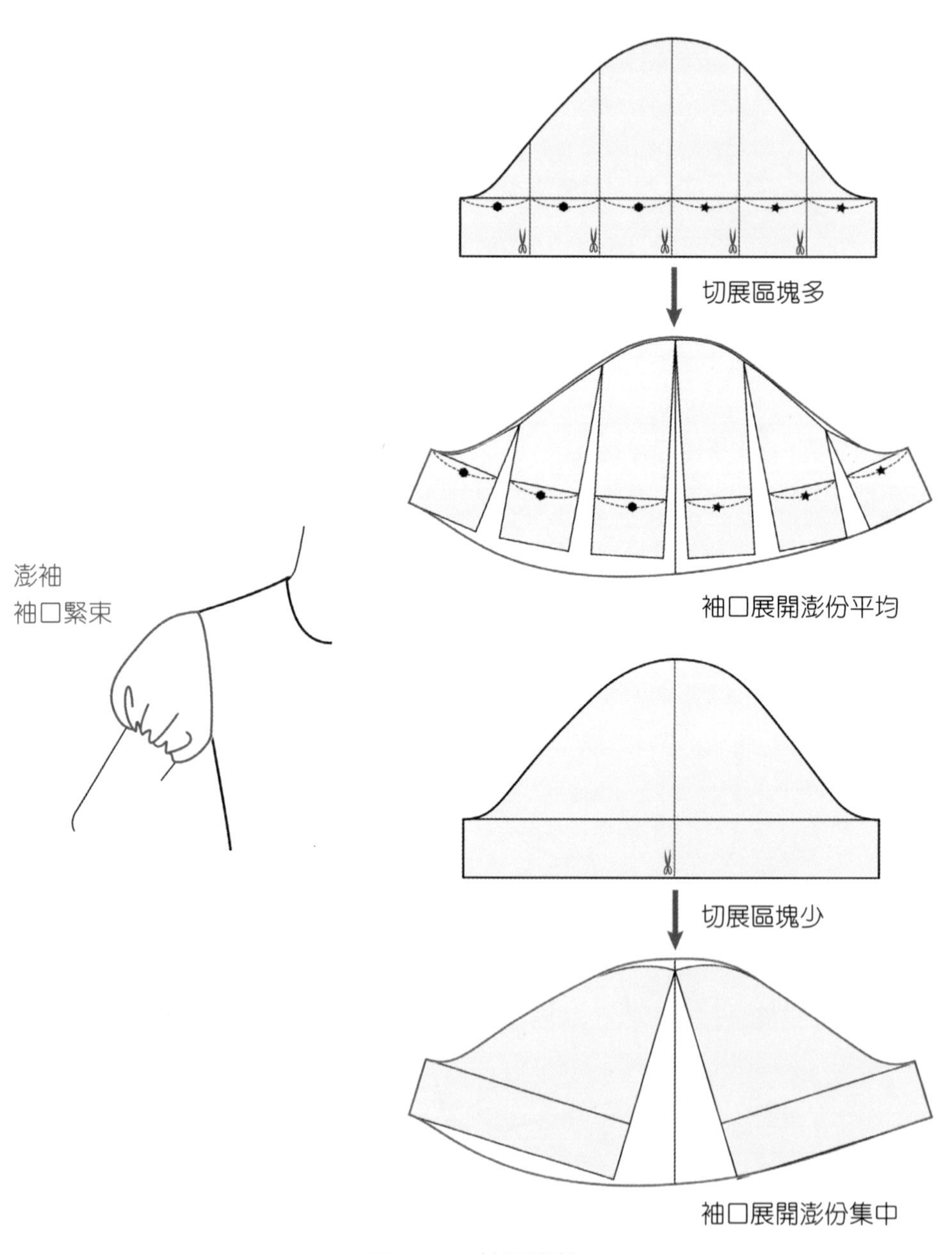

圖 5-31　袖口澎袖

八、波浪袖

波浪袖為袖口澎份切展的袖型，長袖款式與短袖都是相同的切展方法。展開份量由中心向袖脇遞減，袖中心波浪大、袖脇波浪小，袖口線為順暢的圓弧線（圖 5-32）。

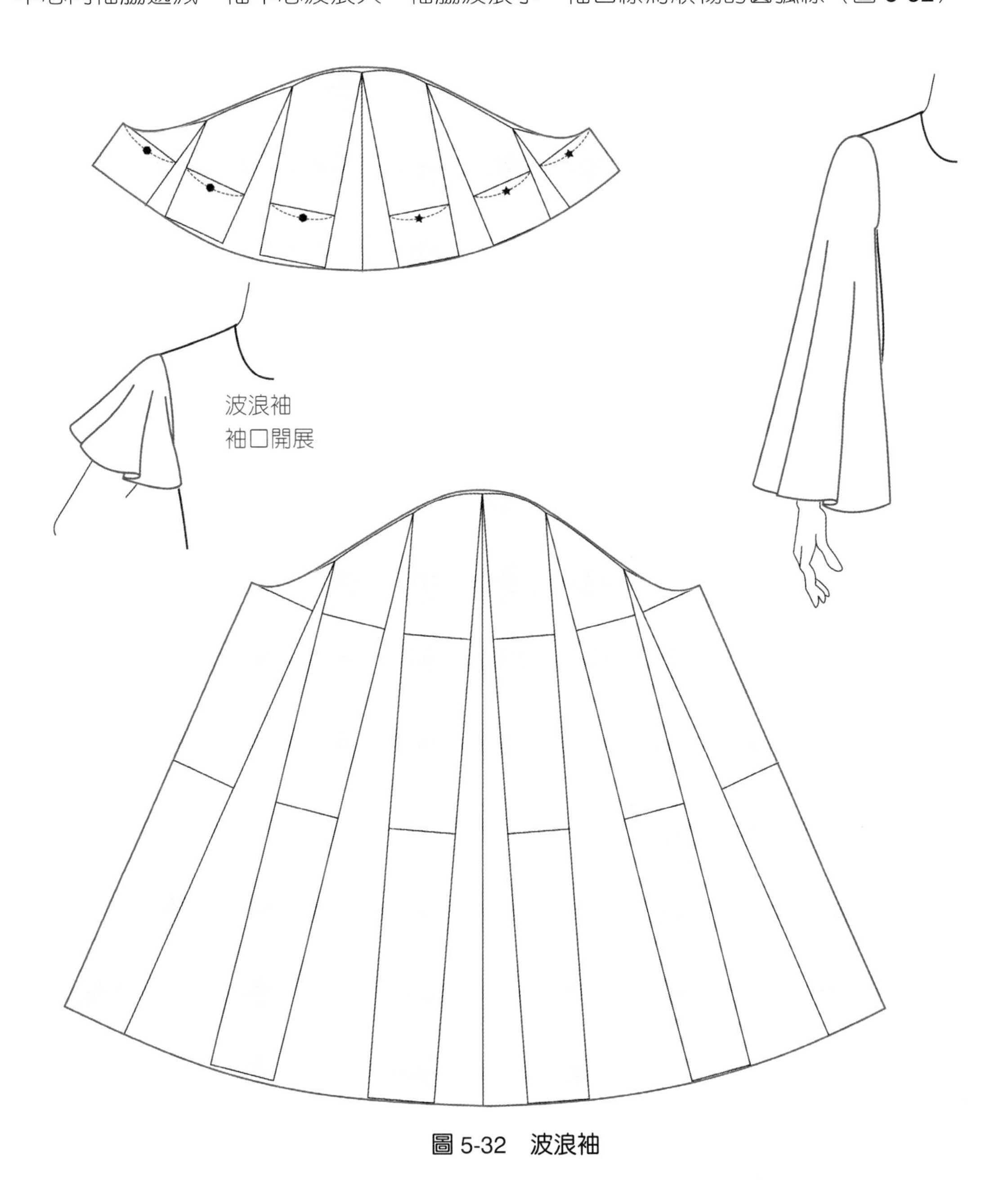

圖 5-32　波浪袖

九、泡泡袖

只有袖山展開寬度，為袖型上方澎起的款式（圖 5-30）；只有袖口展開寬度，為袖型下方澎起的款式（圖 5-31）；將袖中心線平行展開寬度，為袖山與袖口整個袖型澎起的款式（圖 5-33）。

袖山、袖口與袖中心線的展開寬度不同，袖型澎起的位置也不同（圖 5-34）。袖型澎起尺寸可依照不同的設計造型款式與布料材質決定，考量澎起的位置與襉份量來做紙型切展處理。紙型展開的份量愈大、袖襉份愈多，袖型款式會愈澎且寬鬆。同樣的澎起程度，厚布料袖襉份少，紙型切展澎起份可少；薄布料袖襉份要多，紙型切展澎起份多。

展開澎份袖山與袖口澎份平均相同。

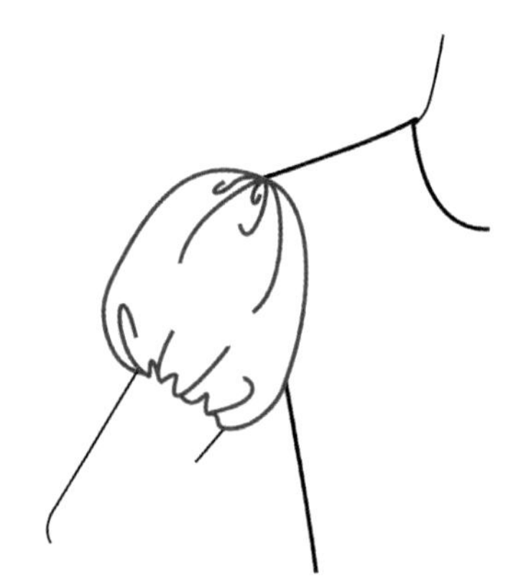

袖型整體澎出

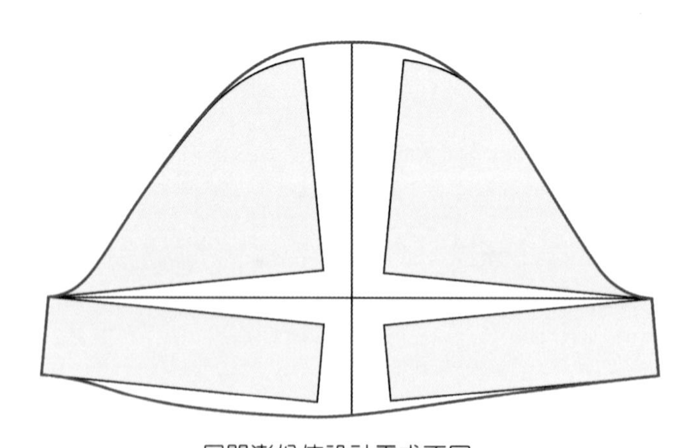

展開澎份依設計需求不同。

袖型袖寬線澎出

圖 5-33　泡泡袖

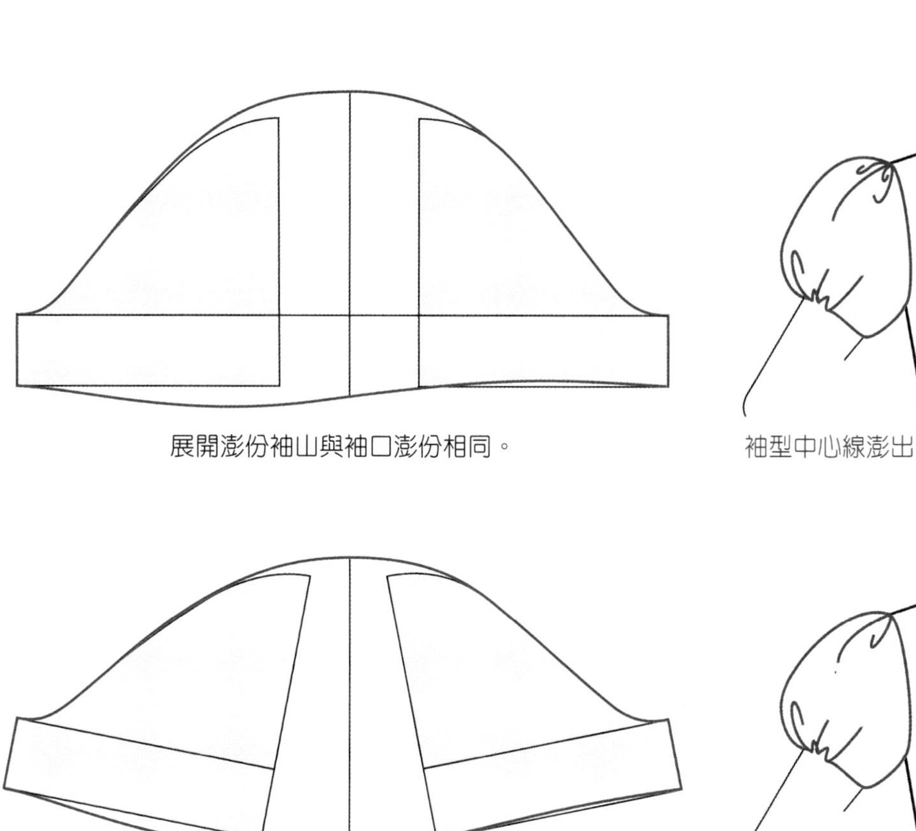

展開澎份袖山與袖口澎份相同。

袖型中心線澎出

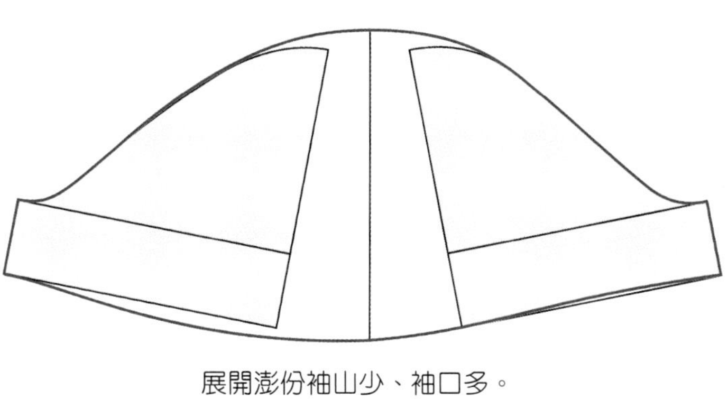

展開澎份袖山少、袖口多。

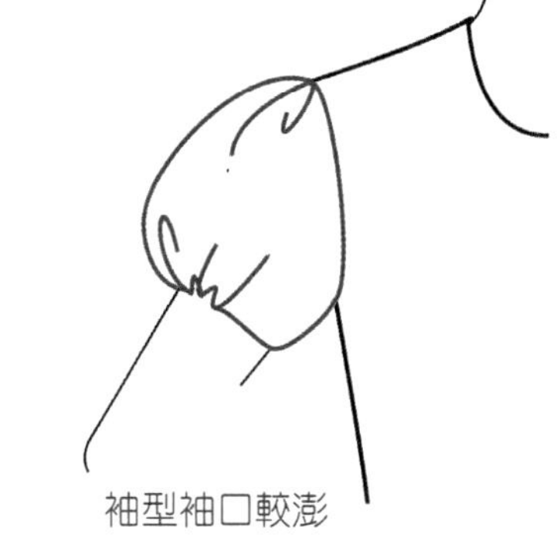

袖型袖口較澎

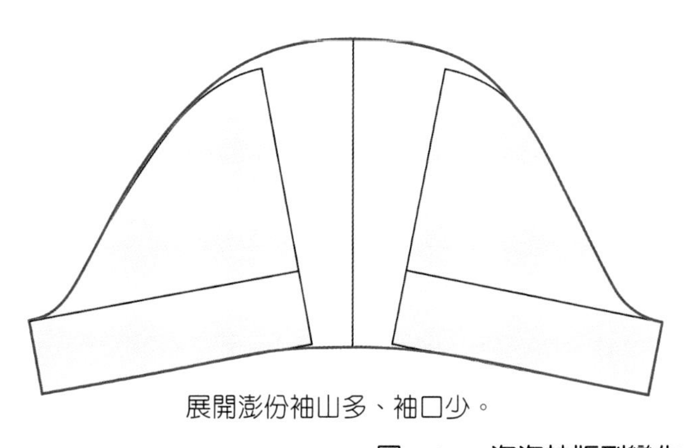

展開澎份袖山多、袖口少。

袖型袖山較澎

圖 5-34　泡泡袖版型變化

十、燈籠袖

版型以橫向相反方向的剪接線，相接縫合成為凸出曲面，剪接線的位置就是袖子球面曲度的最高處（圖 5-35）。袖型在與袖寬水平線處澎出以剪接線處理沒有抽縐，不以抽細褶的方式做出澎袖效果，為採用幾何造型的方式做出設計款式變化，款式較為俐落。

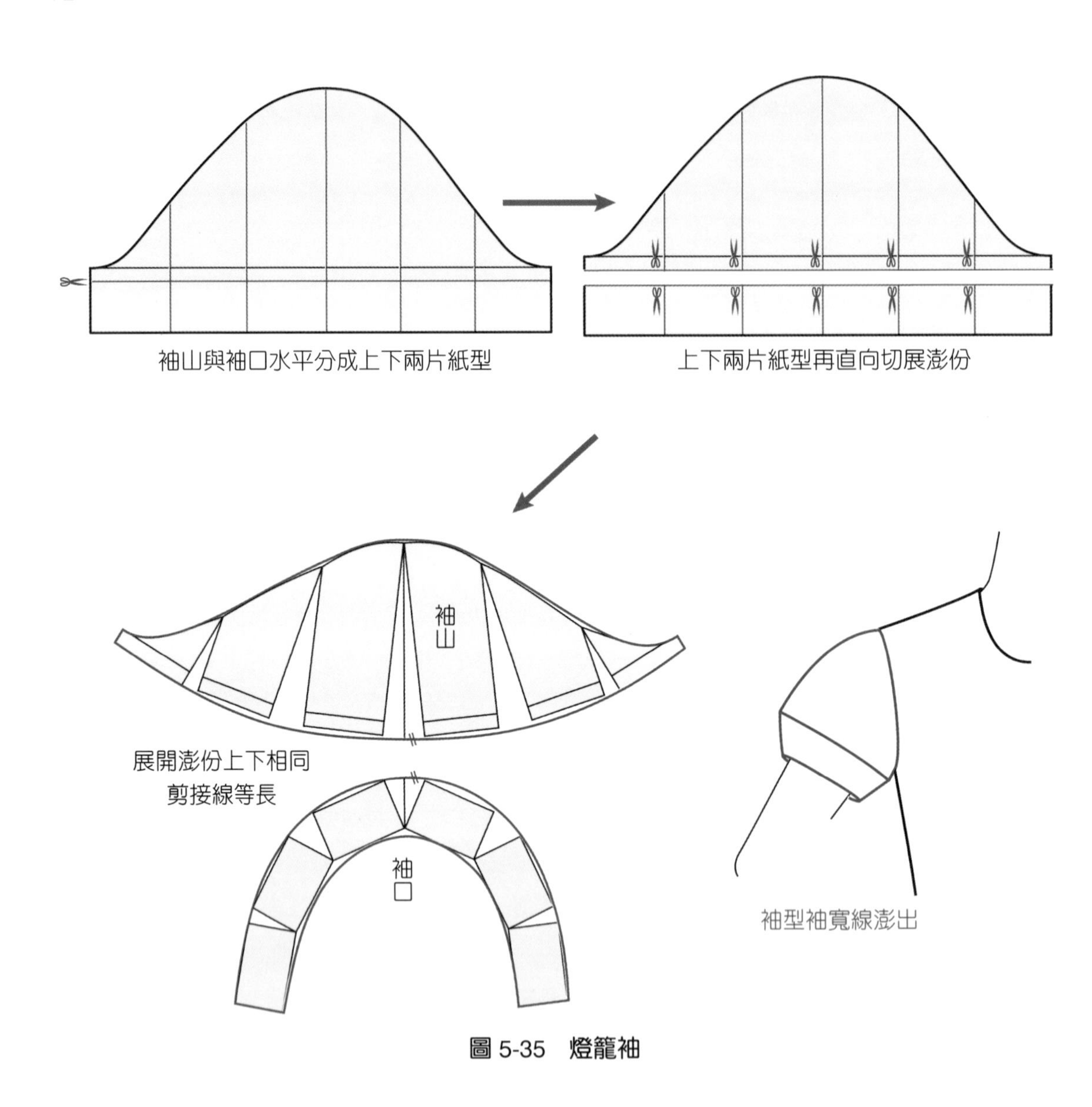

圖 5-35　燈籠袖

十一、寬袖

袖子的袖寬考慮上臂圍尺寸，配合衣身 AH 與袖山高決定，袖寬垂直而下與袖口同寬為寬型的袖子，袖口尺寸只能從袖下線做微幅的調整（圖 5-28）。以澎袖紙型展開（圖 5-32）或製作袖口布的方式，才能大幅增減袖口尺寸。

窄版袖口布是制式襯衫常用的款式，以手腕圍度取長條形尺寸，袖口尺寸扣除袖口布長度，多出的份量以活褶或細褶處理（圖 5-36）。最合身的袖口尺寸要能讓手掌穿過，取手腕圍度 +1～2cm，可以袖衩增加開口尺寸。

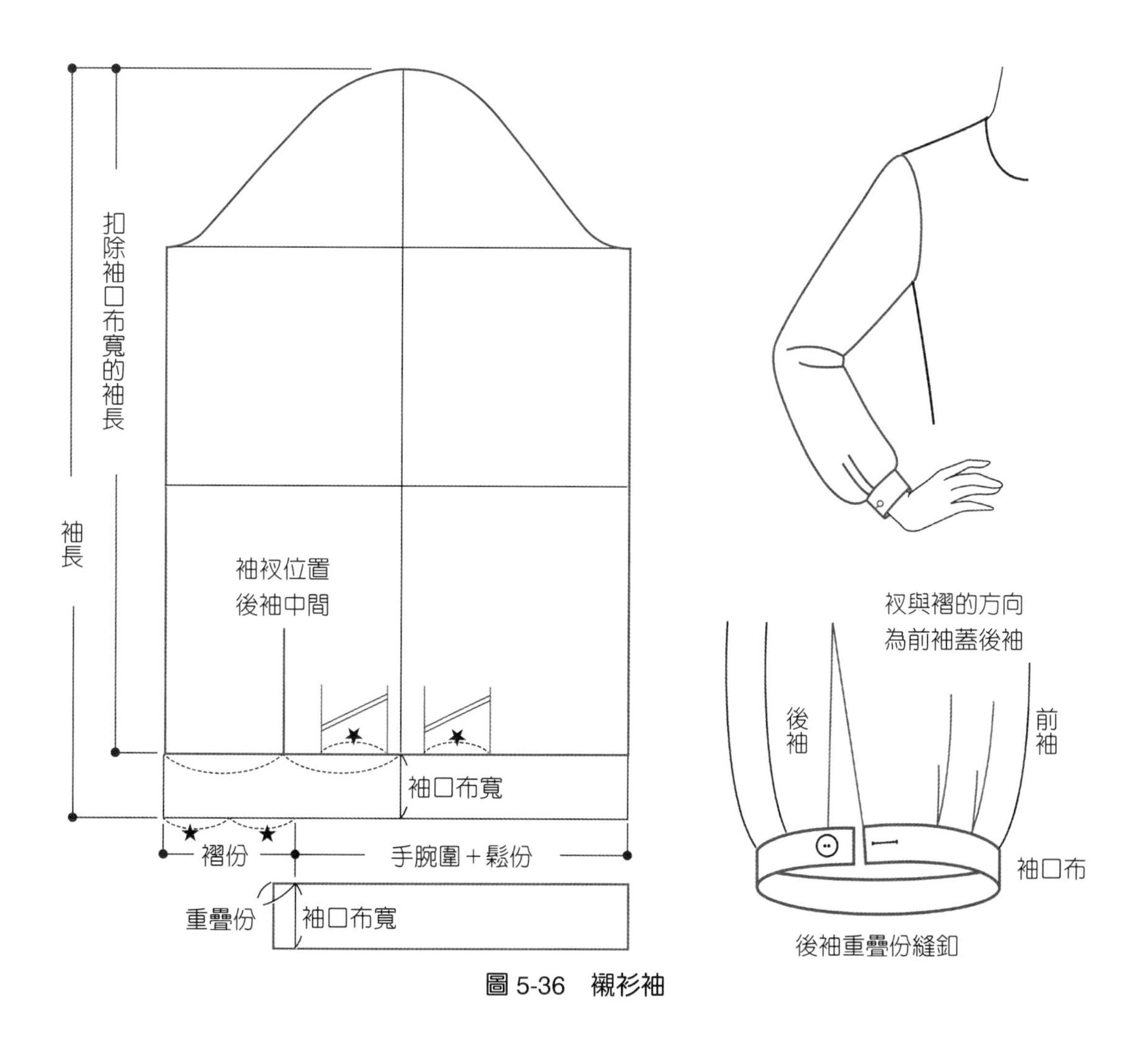

圖 5-36　襯衫袖

寬版袖口布的上圍要大於下圍，以扇形因應手腕愈接近手肘愈粗的圍度變化，版型以橫向相反方向的剪接線接縫袖片與袖口布（圖 5-37）。因應手臂向前活動方向，襉份後袖口多於前袖口。袖長包含袖口布，袖片的長度要扣掉袖口布寬度，如果袖口襉份多，袖片的長度還要再加上澎度凸出曲線長。

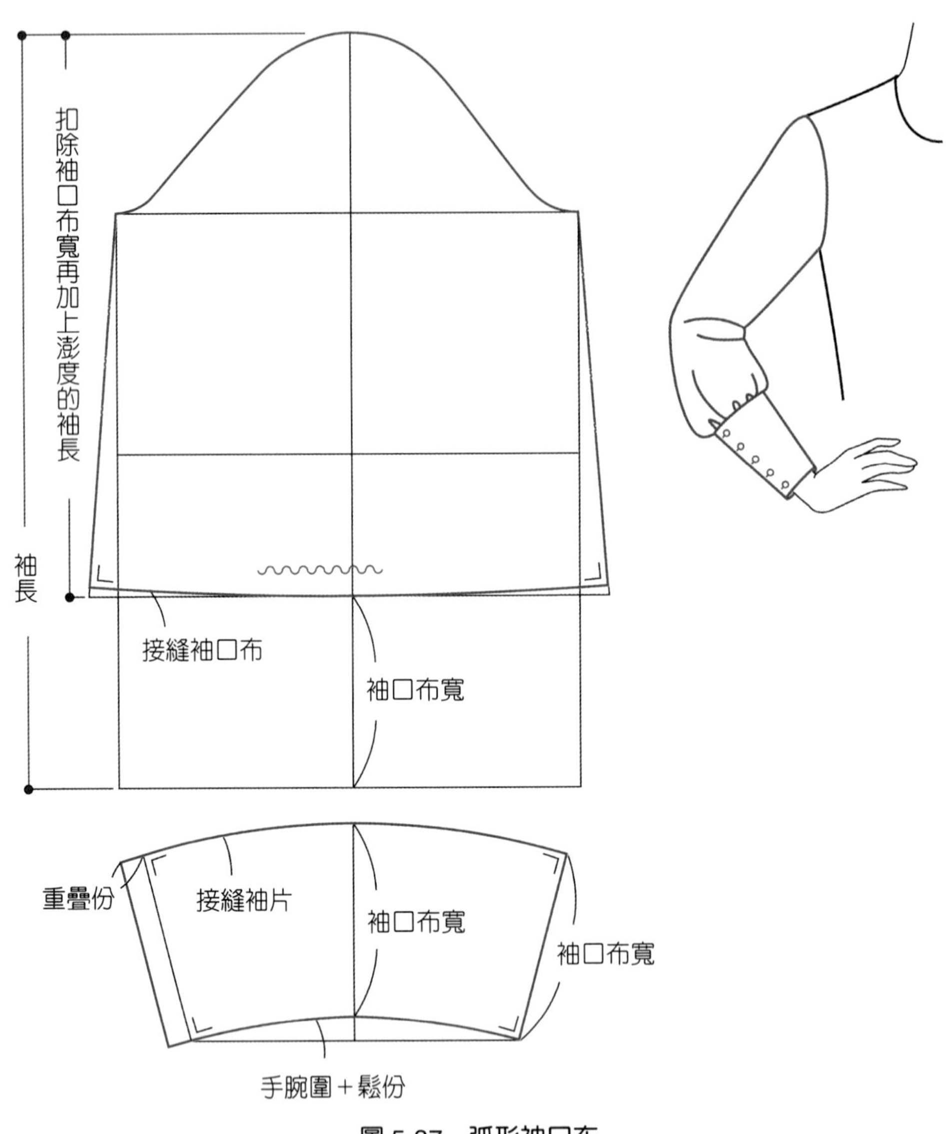

圖 5-37　弧形袖口布

十二、窄袖

製作袖口布的收窄袖口，為寬袖常用的方式。窄袖依照手臂前傾的方向性，將袖中心線往前傾 1～2cm，後袖以製作尖褶的方式刪減袖口尺寸，袖子前傾的方向性愈強，袖口尖褶份量愈大（圖 5-38）。褶線與袖口線的交叉角度取直角，袖下線併合後，袖口線必須是順暢的弧線。不做袖衩的最合身袖口尺寸，取手掌圍度 +1～2cm。

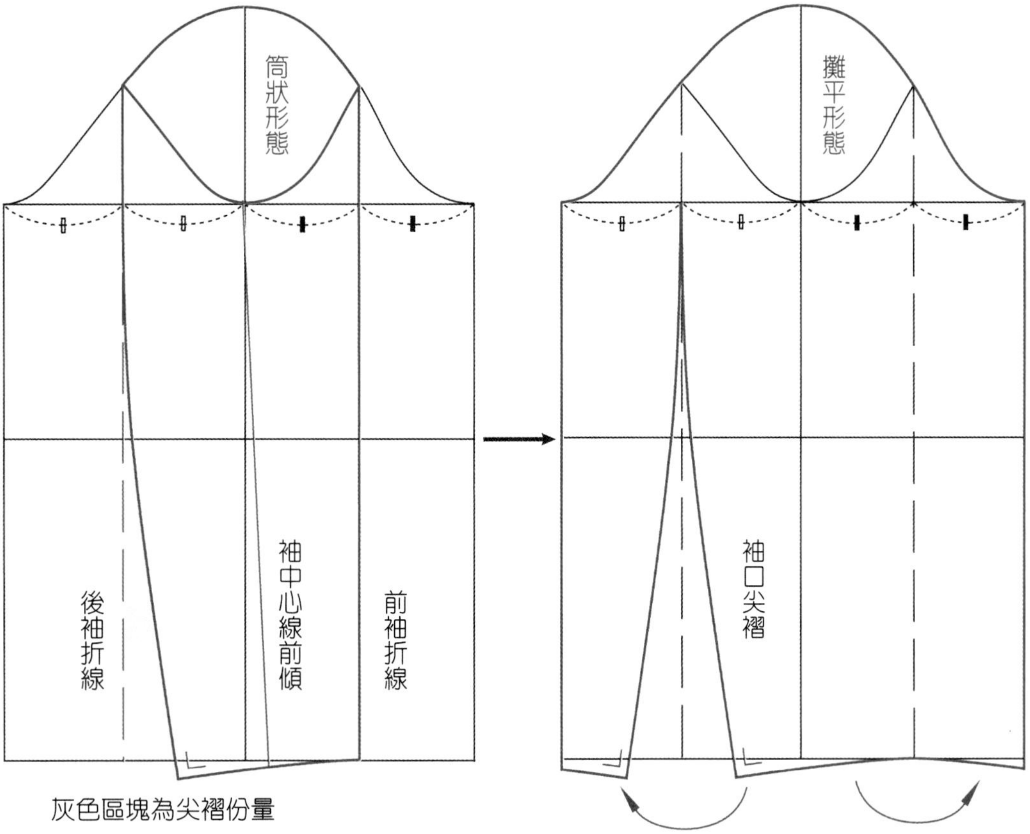

圖 5-38　窄袖架構

用褶子轉移的處理方式，轉換褶子位置來改變褶子的方向，可將袖口褶轉換為肘褶（圖 5-39）。

袖口褶位於後袖的中間，可利用褶線製作袖衩或裝飾袖釦，窄袖是外套常用的一片袖型。肘褶位於 EL，因為袖子的前傾方向性，形成前後袖下長的落差，差數即為褶寬，差數小於 1cm 時，可以縮縫處理不做褶線，是禮服常用的合身袖型（圖 5-40）。

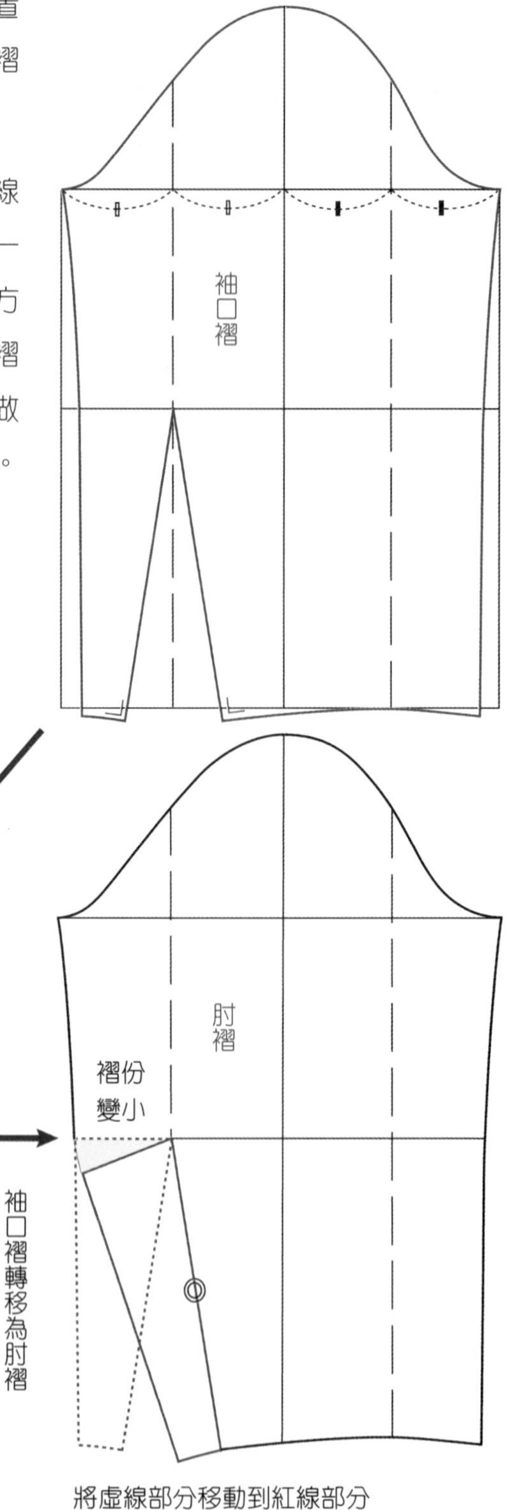

圖 5-39　袖口褶轉移

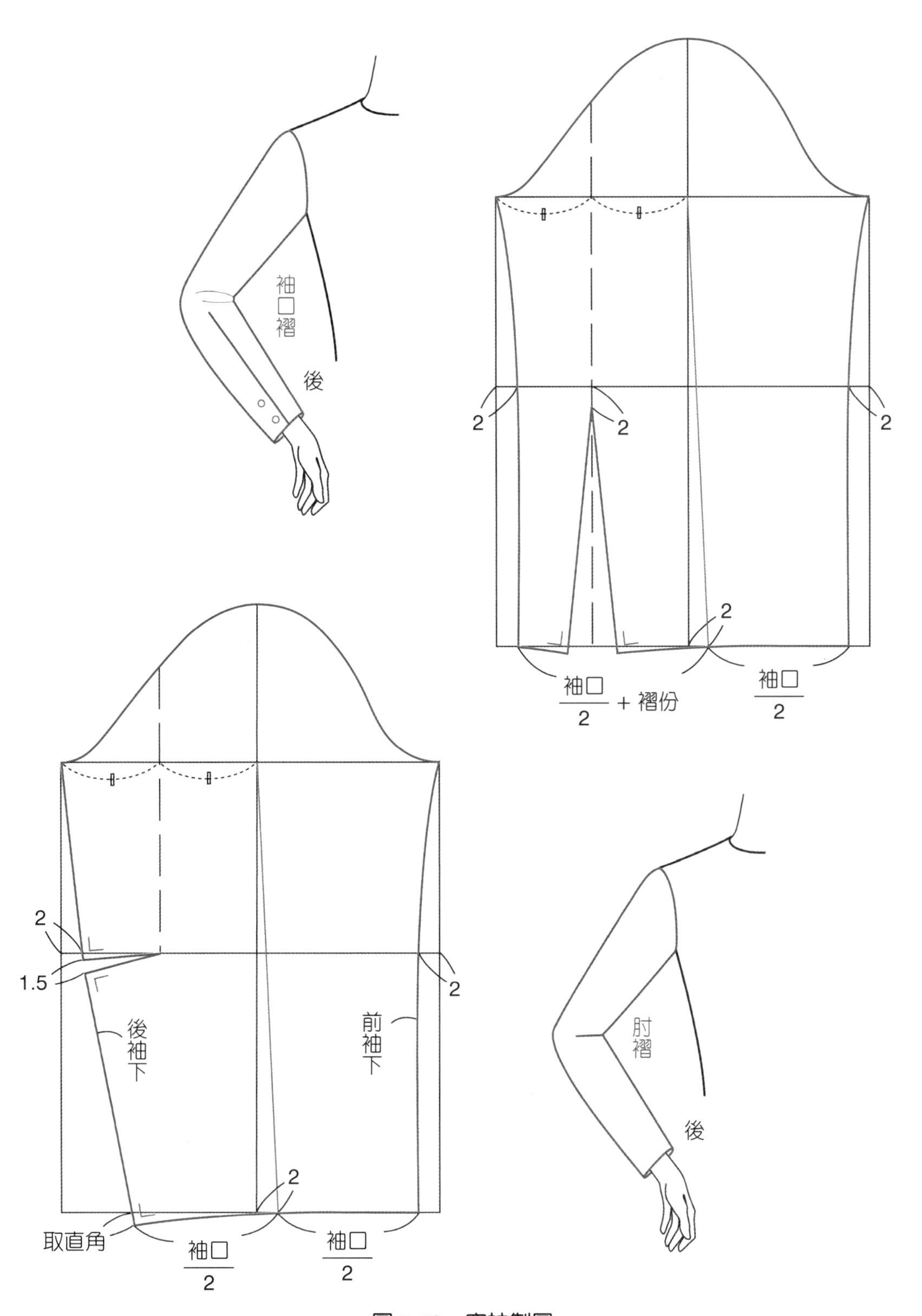

圖 5-40　窄袖製圖

十三、兩片袖

外套最常用的袖版是外袖與內袖兩片構成的款式，袖子肘部的立體感穩定、整體前傾方向感更優於一片構成的袖款。將前後袖寬的中心線，依照手臂彎曲形態改為如窄袖般的弓形折線，再以弓形折線將袖片分為外袖與內袖（圖 5-41）。

製圖順序

1. 前袖寬中心折線（黑色虛線）依照手臂彎曲形態畫成弓形折線①（紅色實線）。前袖折線 EL 處縮入 0.5～1cm，袖口處加出 0.5～1cm。
2. 從①前袖折線量取② $\frac{\text{袖口}}{2}$ 尺寸，標準尺寸12～15cm，畫出後袖斜度線（黑色實線）。
3. 後袖折線③ EL 處取後袖寬中心折線（黑色虛線）與後袖斜度線（黑色實線）的中點，連接袖口處的袖口尺寸。

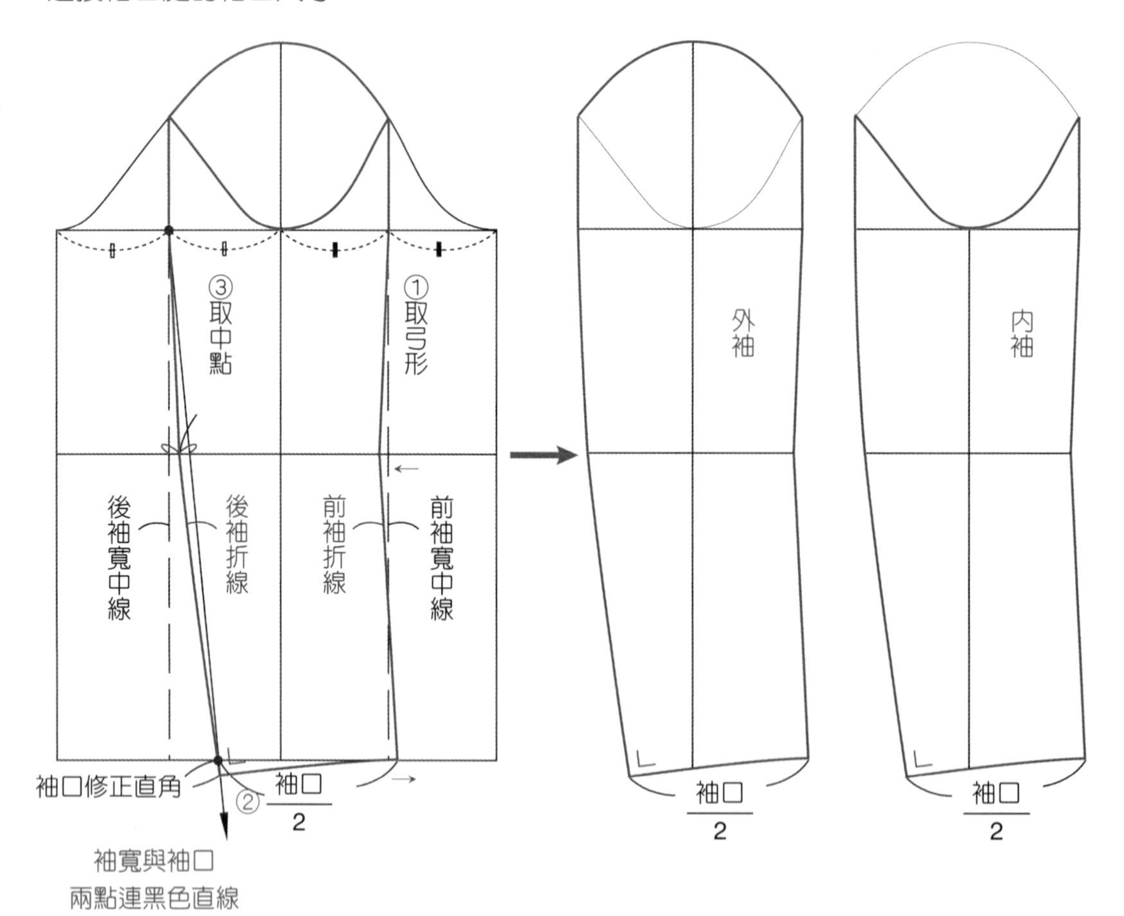

圖 5-41 兩片袖架構

4. 以折線為剪接線的方式（圖 5-41），袖子的兩側可以看到接縫線，接縫線外顯不漂亮，因此製圖會加大外袖尺寸、縮小內袖尺寸，使接縫線移入手臂內側（圖 5-42）。
5. 前後袖折線為基準線，外袖加大的尺寸由內袖尺寸縮小④，畫出與袖折線平行的兩條接縫直線⑤，袖子的總寬度不會改變。前袖接縫線與後袖下接縫線取平行直線⑤，後袖上臂處接縫線取相似弧線⑥，以彎度調整 AH 的尺寸與灰色區塊面積的大小。
6. 外袖接縫線與 AH 的交點⑦（黑色點），畫與袖寬線平行的水平線段向內延伸，找出水平線段與內袖接縫線的交點⑧（紅色點）。
7. 外袖接縫線與 AH 的交點⑦外側的灰色區塊，對稱移入內袖接縫線交點⑧與袖中心線之間，成為內袖 AH ⑨。因為灰色區塊採對稱繪製，AH 的尺寸不會改變。
8. 後袖不作袖衩時，後袖接縫線移入手臂內側不外顯，前後線條是相似的（圖 5-43）。後袖製作袖衩時，袖衩需外顯，會故意使後袖口處接縫線仍卡在折線處（圖 5-44）。

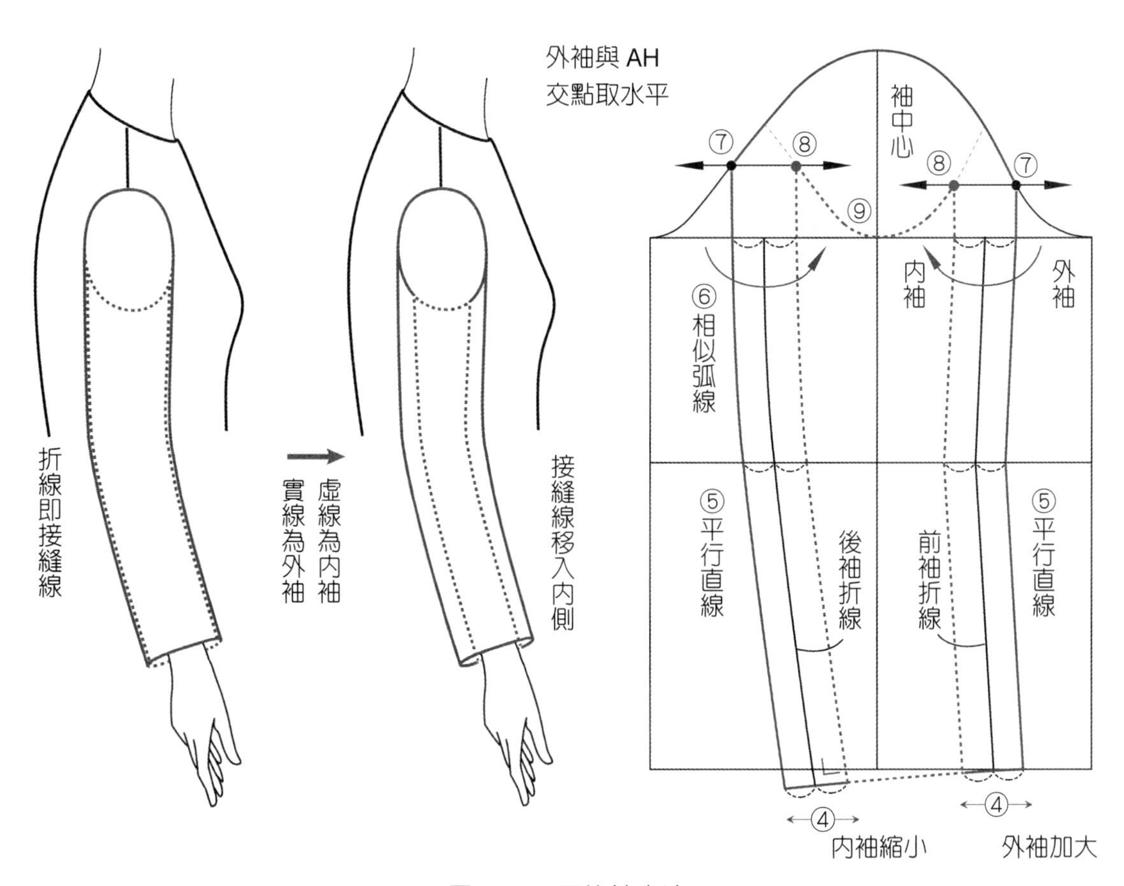

圖 5-42　兩片袖畫法

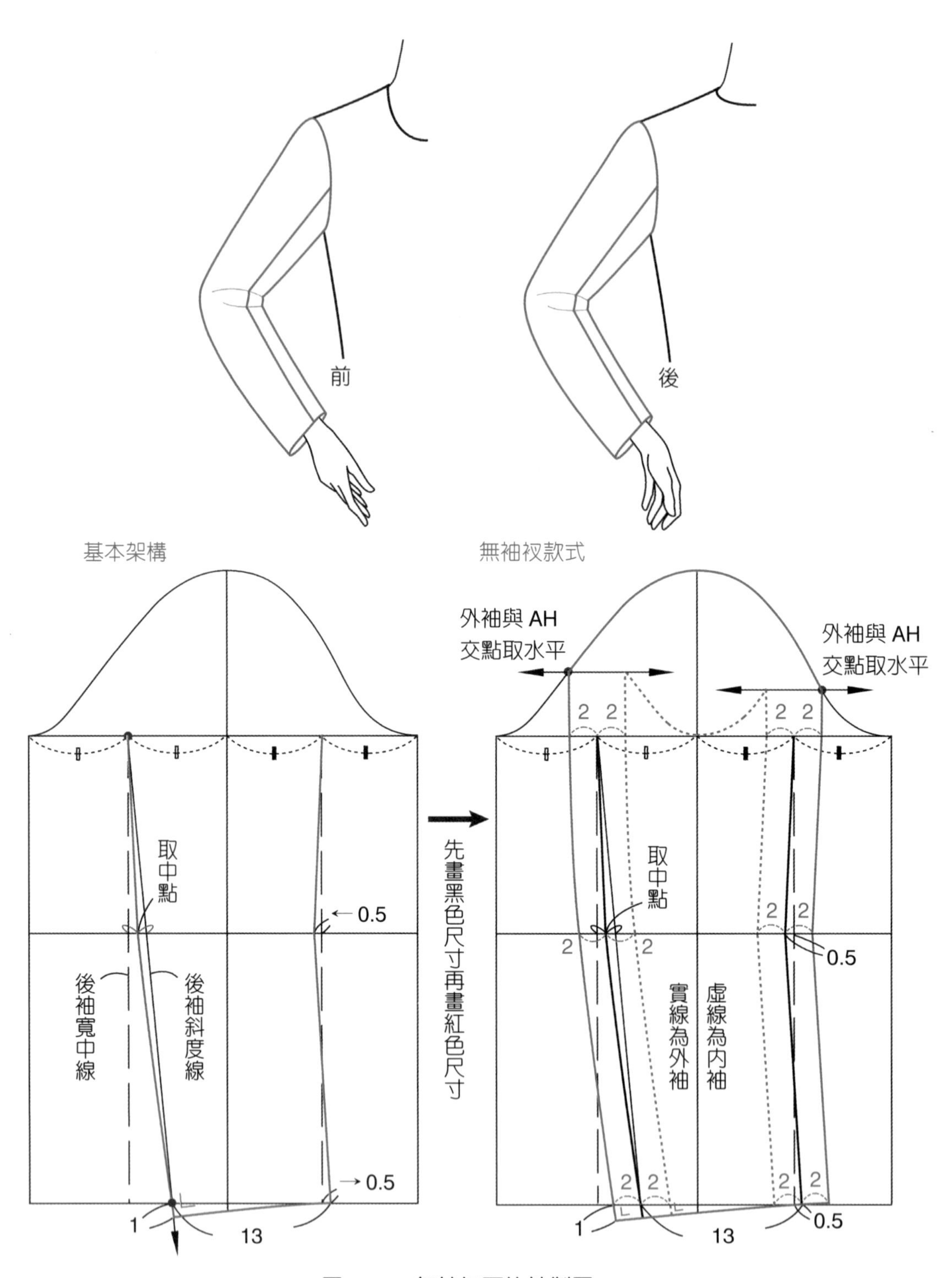

圖 5-43　無袖衩兩片袖製圖

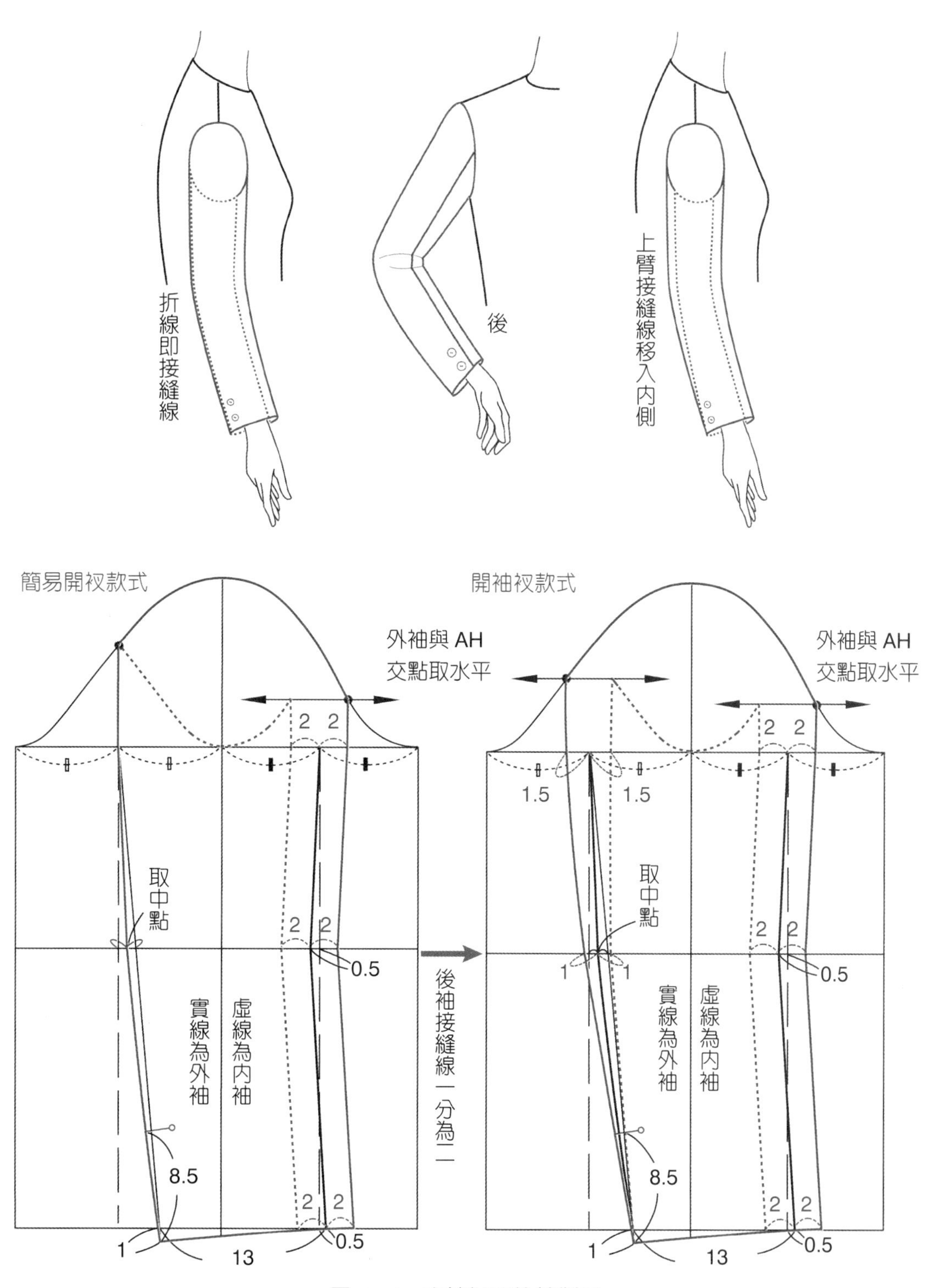

圖 5-44 **有袖衩兩片袖製圖**

十四、連身袖

連身袖的結構為袖子與衣身連裁，袖子直接從身片延伸，沒有袖襱接縫線與袖山高之結構線，袖長的延伸角度影響衣服的活動鬆份量（圖 5-25）。連身袖款式為不顯現手臂形態的平面式寬鬆服裝，版型是以足夠的鬆份量包容人體的立體，因此原型褶份分散為鬆份處理（圖 3-8、圖 3-18），相對而言衣服袖下會有多於立體接袖款式的垂墜堆積份量。

直接將衣身肩線延伸，身片向手臂側落下就成為落肩袖的形式。為使落肩袖能因應手臂活動機能需求，肩點提高加入鬆份，脇邊加寬、腋下袖口開止點下移，袖口尺寸後大於前、曲線彎度前大於後（圖 5-45）。

圖 5-45 套入接袖的袖版，可以清楚連身袖版型的架構與鬆份量的位置與多寡。前脇線拉直導致原型部分面積被切除，由後脇加入的寬度鬆份量彌補。

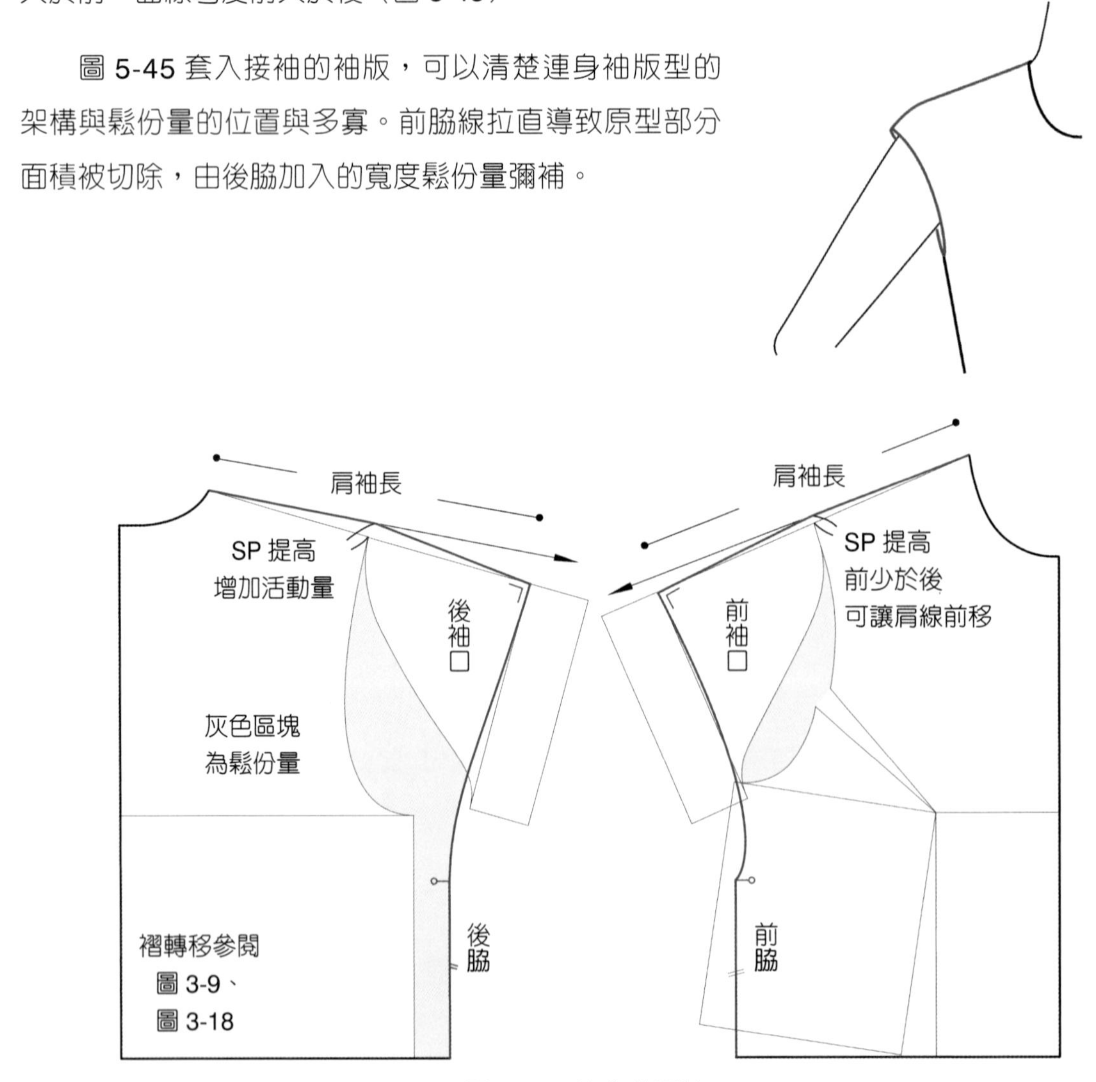

圖 5-45 連身落肩袖

連身袖的結構簡單，因應手臂向前活動需求，提高肩點、加寬脇邊份量，後片的袖寬與袖口尺寸都大於前片。版型繪製的原則是掌握相接縫的線都應等長，例如：前後片的肩袖長、脇線長與長袖的袖下線。

以連身袖繪製極短的蓋袖，袖下需以無袖方式取蛋型橢圓袖襱線，穿著時才不會卡住腋下（圖 5-46）。款式愈寬鬆衣服愈離體，所需考量的尺寸愈少，與結構無相關的線條可憑設計所需的感覺繪製，例如袖下線的曲線弧度（圖 5-47、圖 5-48）。

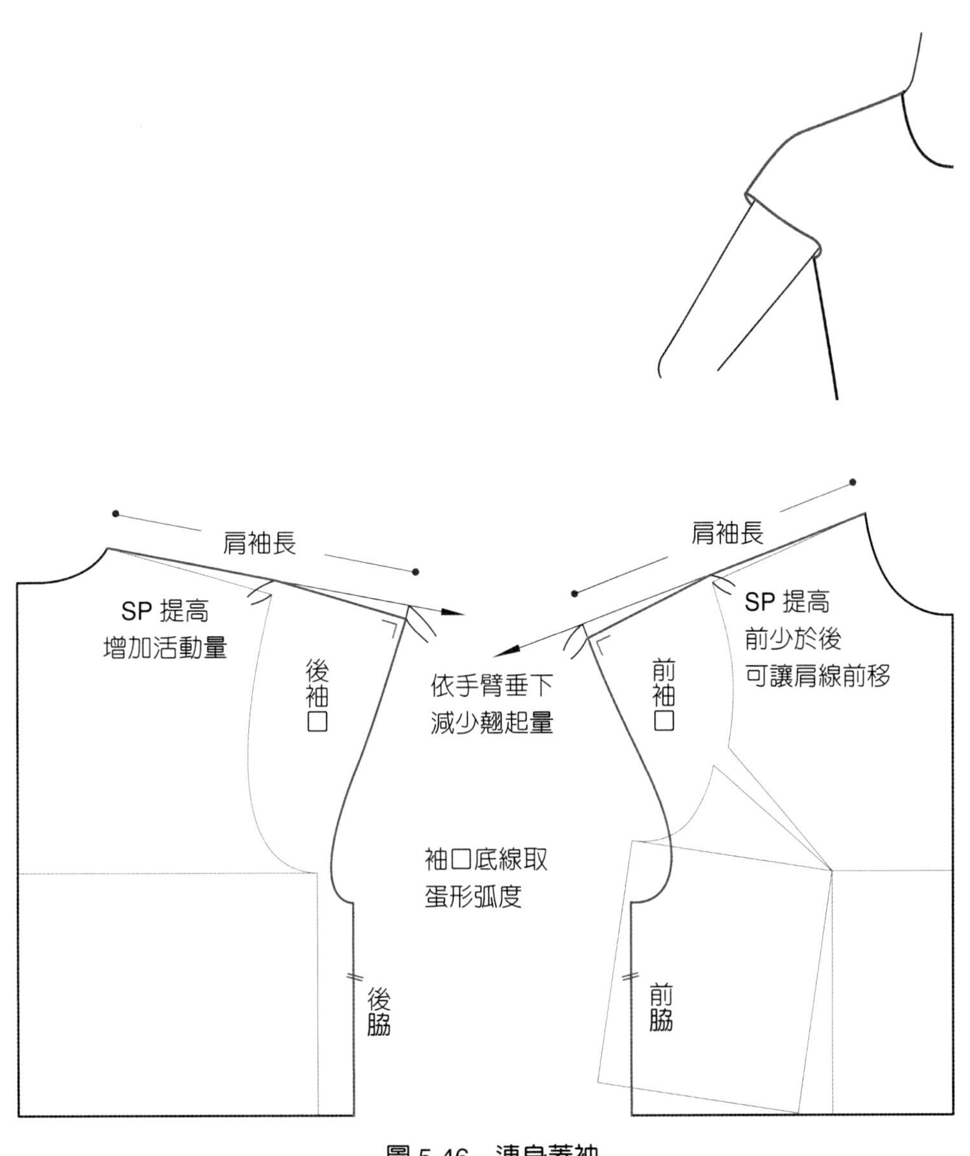

圖 5-46　連身蓋袖

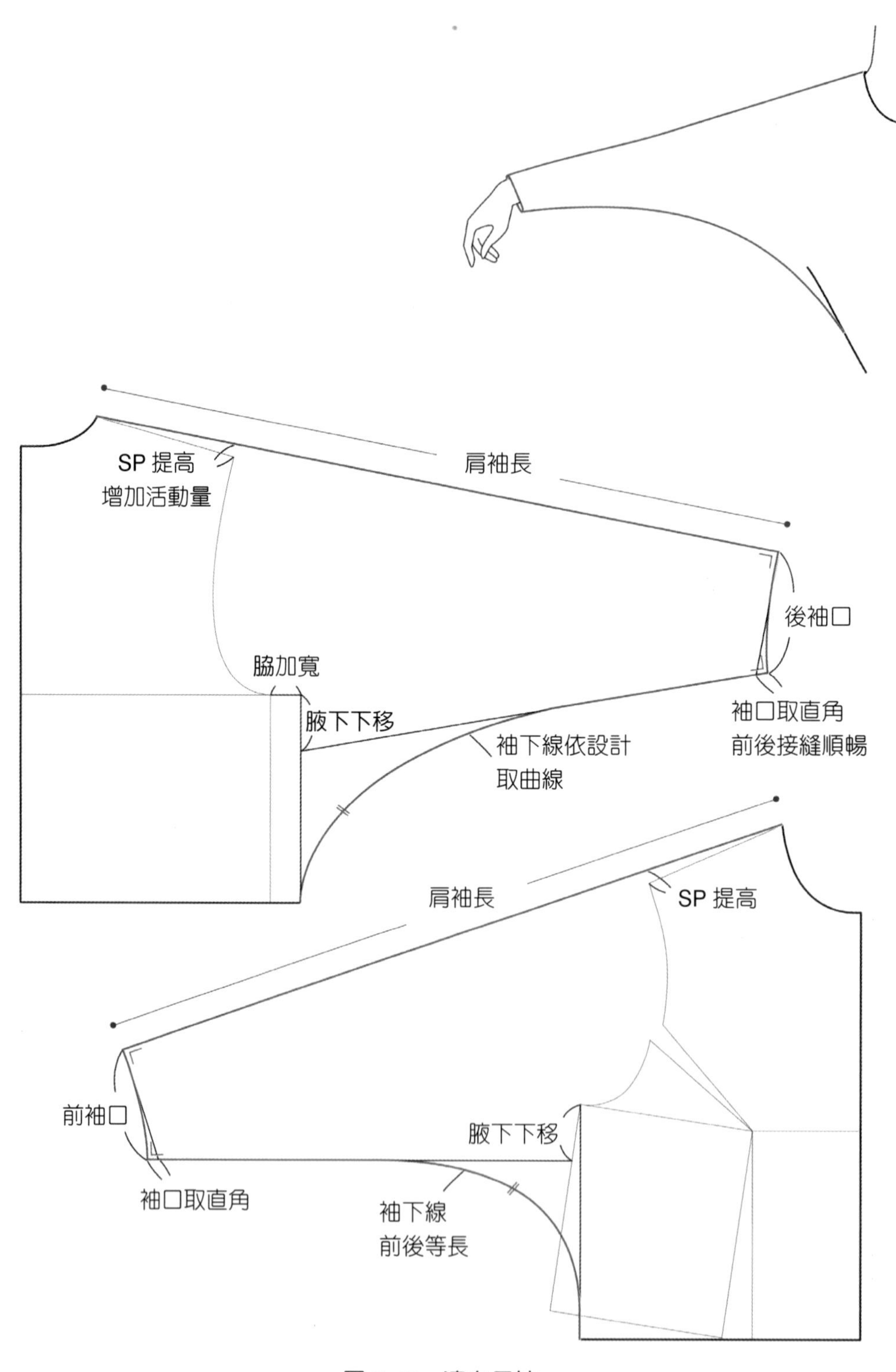
SP 提高
增加活動量
肩袖長
後袖口
脇加寬
腋下下移
袖口取直角
前後接縫順暢
袖下線依設計
取曲線
肩袖長
SP 提高
前袖口
腋下下移
袖口取直角
袖下線
前後等長

圖 5-47　連身長袖

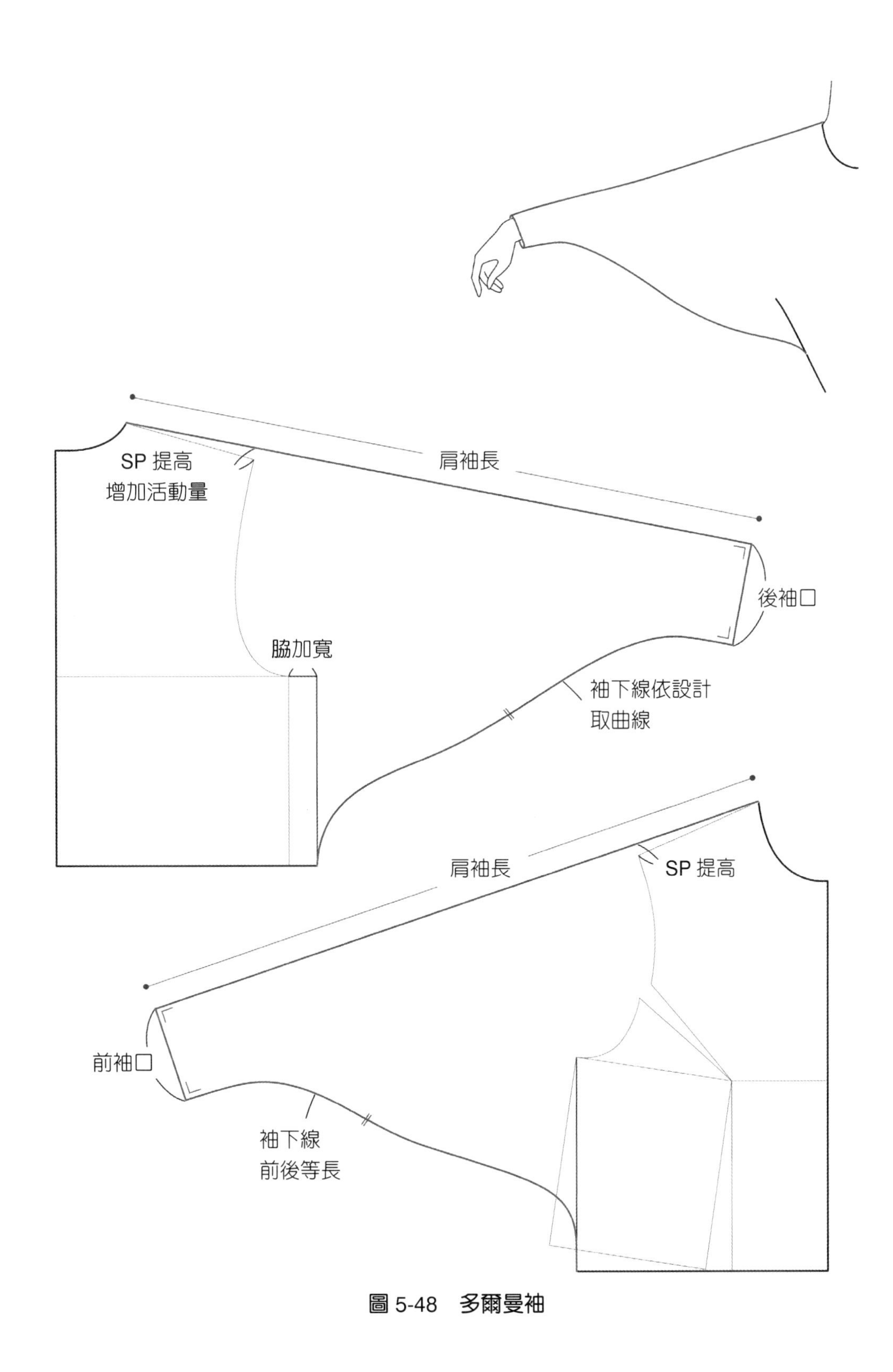

圖 5-48　多爾曼袖

平面式的連身袖為不顯現體態的寬鬆服裝，版型以減少肩斜度與加大袖下寬度為要點。因為線條簡單，打版時採用簡易製圖會比套入原型製圖更為快速（圖 5-49）。前後身採用同肩斜度，以相疊的方式製圖容易取得相似的袖下曲線。前後身整體造型寬鬆，因此沒有加入前後差，前後袖口寬則加入因應手臂方向性的前後差。

在簡易製圖中給予固定尺寸可以讓初學者容易繪圖，但是固定尺寸無法適用於各種體型，不同的體型還是可以依照比例做改變。胸圍所加鬆份依設計款式、材質與個人穿著的習慣決定，可以前後裁片加入不同的鬆份。胸圍公式以「$\frac{B}{4}$＋鬆份」標示前後裁片各自的鬆份量，也可以「$\frac{B+鬆份}{4}$」標示整件衣服的胸圍鬆份量。

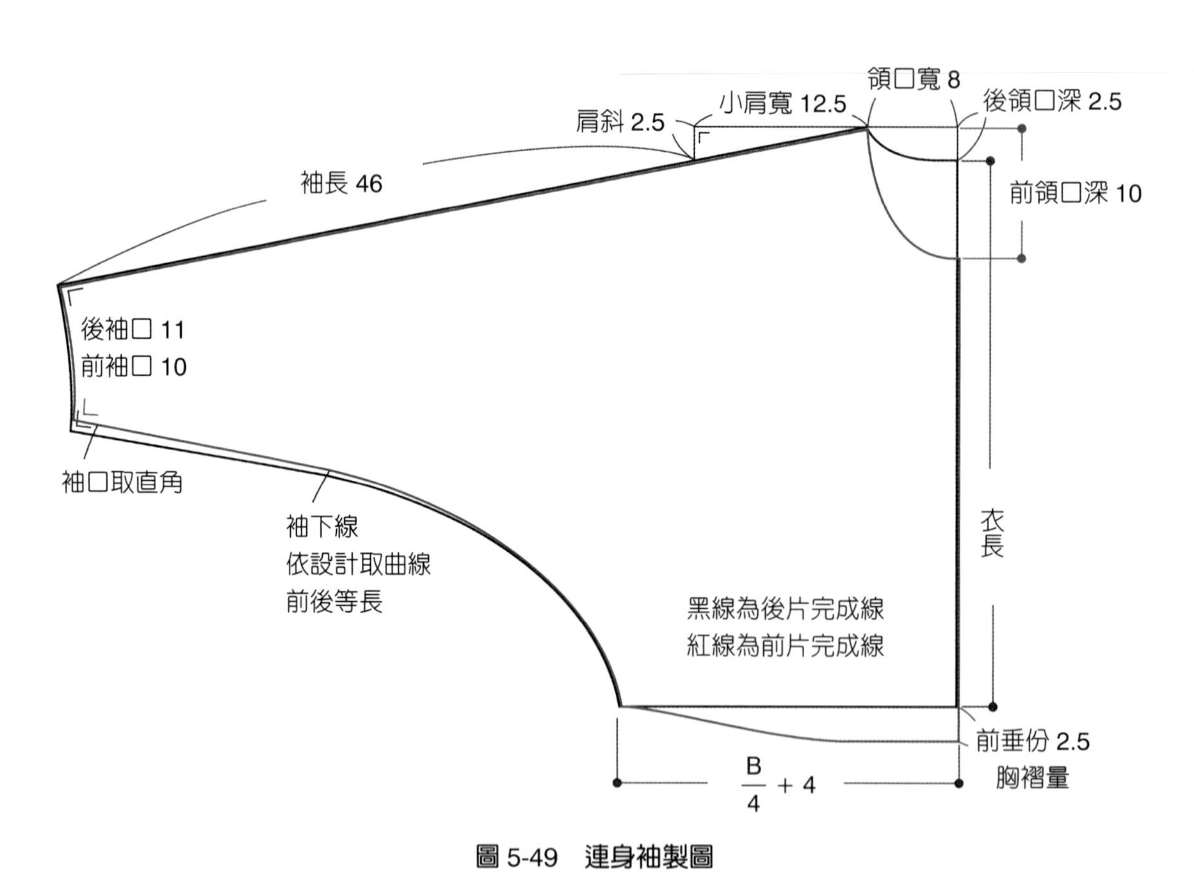

圖 5-49　連身袖製圖

十五、袖下襠

一片裁片的連身袖依肩斜度延伸袖片，腋下處要有足夠活動機能需求的袖下寬鬆份。若設定連身袖為合身、手臂抬舉角度 45° 狀態，則腋下處沒有多餘的寬鬆份，袖下線的長度不足以應付舉手的活動機能需求（圖 5-26）。因此，合身連身袖必須在腋下處以襠片加出袖下交疊份量與增長袖下線的方式，改善機能性並撐出身體厚度。

接袖版型以袖山縮縫份做出包覆肩頭厚度的空間，連袖版型沒有袖襱接縫線，因此需要延長肩線留出包覆肩頭厚度的空間（圖 5-50）。襠片的位置以手臂垂放時，看不到接縫的線條為準，大約位於前、後腋點之間。袖下襠的接縫點縫份少，因此要考慮布料的種類，車縫製作時應防止縫份綻開（圖 5-51）。

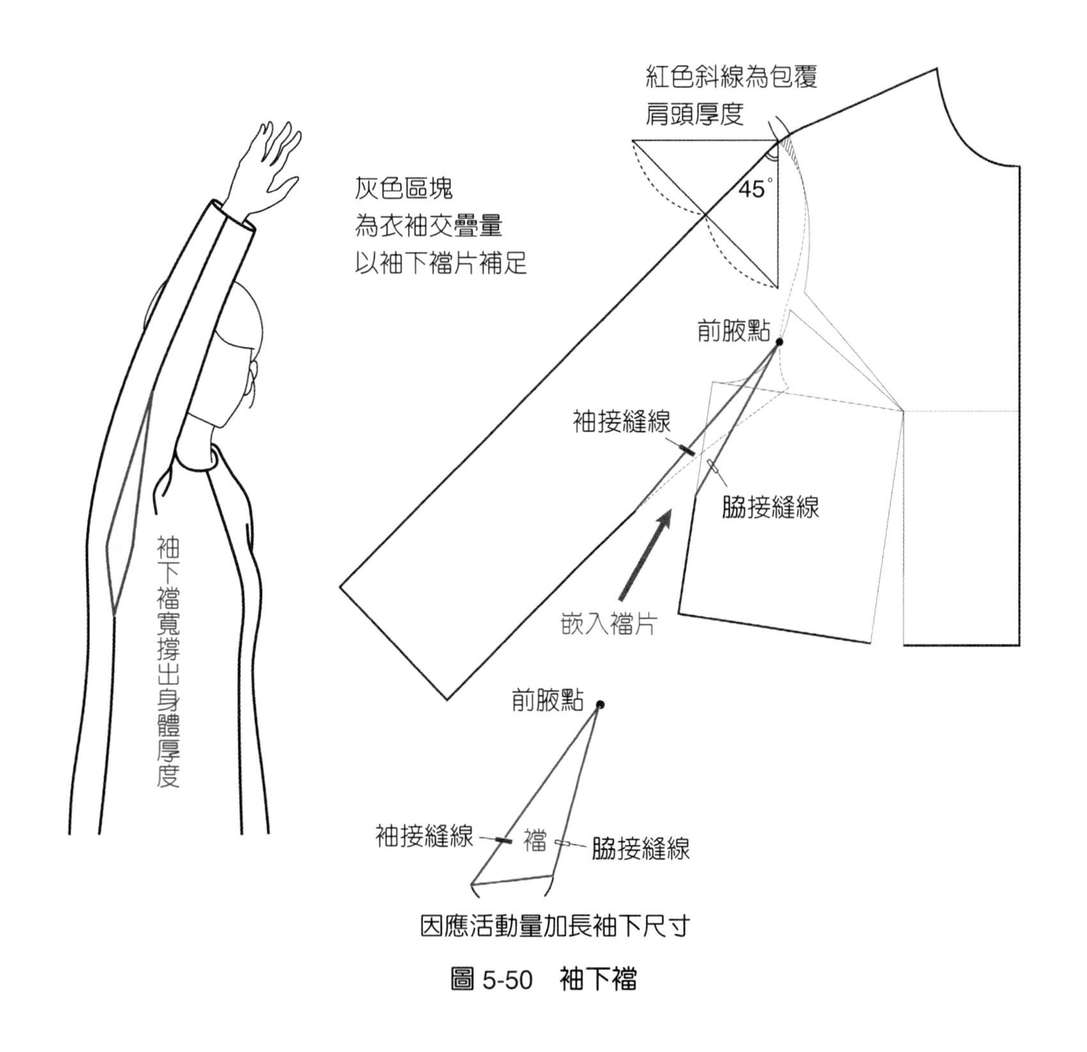

圖 5-50　袖下襠

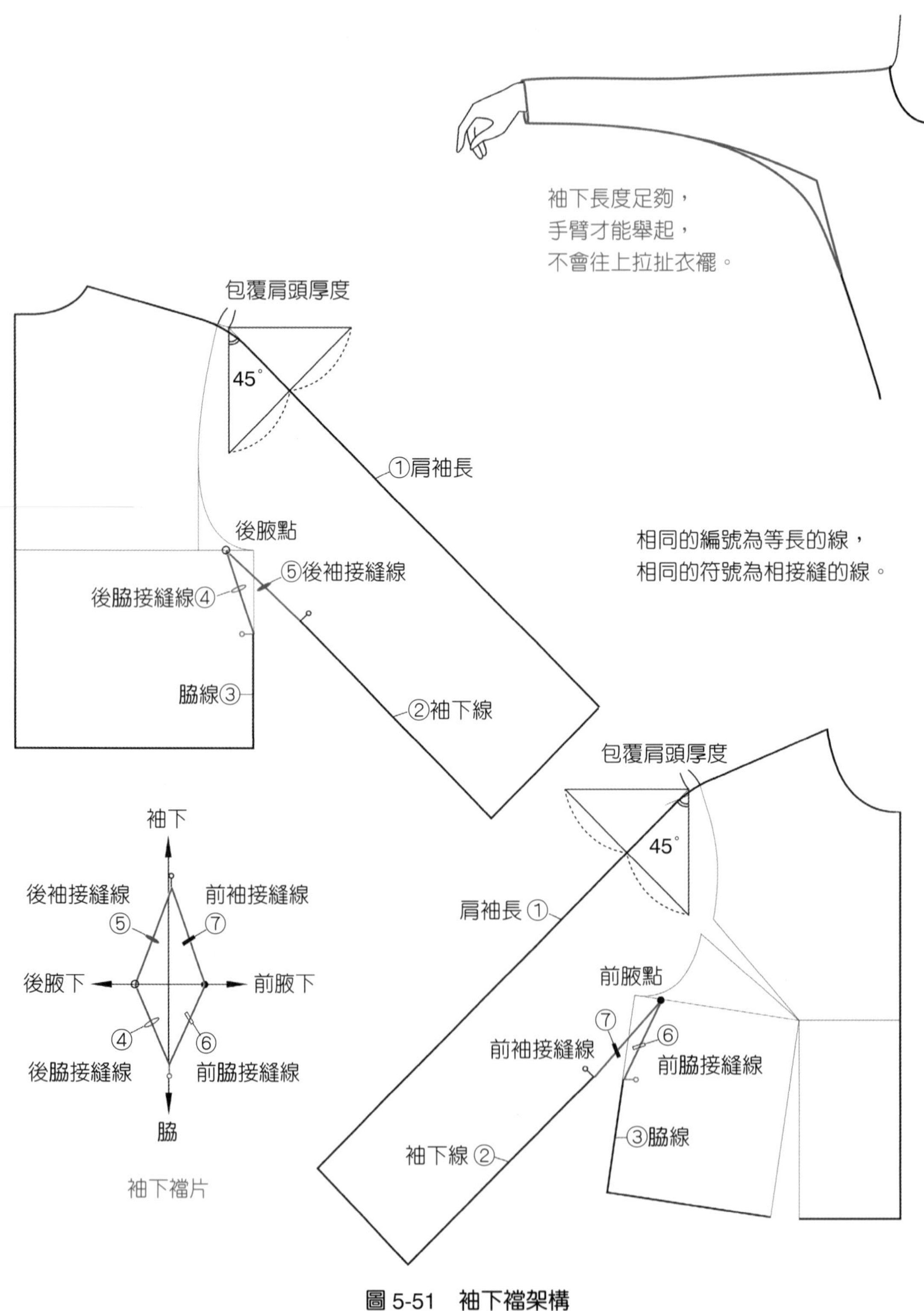
袖下長度足夠，
手臂才能舉起，
不會往上拉扯衣襬。
包覆肩頭厚度
45°
①肩袖長
後腋點
⑤後袖接縫線
後脇接縫線④
脇線③
②袖下線
相同的編號為等長的線，
相同的符號為相接縫的線。
包覆肩頭厚度
45°
肩袖長 ①
前腋點
⑦
前袖接縫線
⑥
前脇接縫線
③脇線
袖下線 ②
袖下
後袖接縫線
前袖接縫線
⑤
⑦
後腋下
前腋下
④
⑥
後脇接縫線
前脇接縫線
脇
袖下襠片

圖 5-51　袖下襠架構

袖下襠片的寬度①為撐出身體厚度，剪接線須藏於腋下，寬度以小於 10cm 為佳。以寬度的兩端②與③為圓心，襠片的邊長④、⑤、⑥、⑦為半徑畫圓弧，取短邊圓弧交點⑧，取長邊圓弧交點⑨，與身片對應為相接縫的點與線（圖 5-52）。

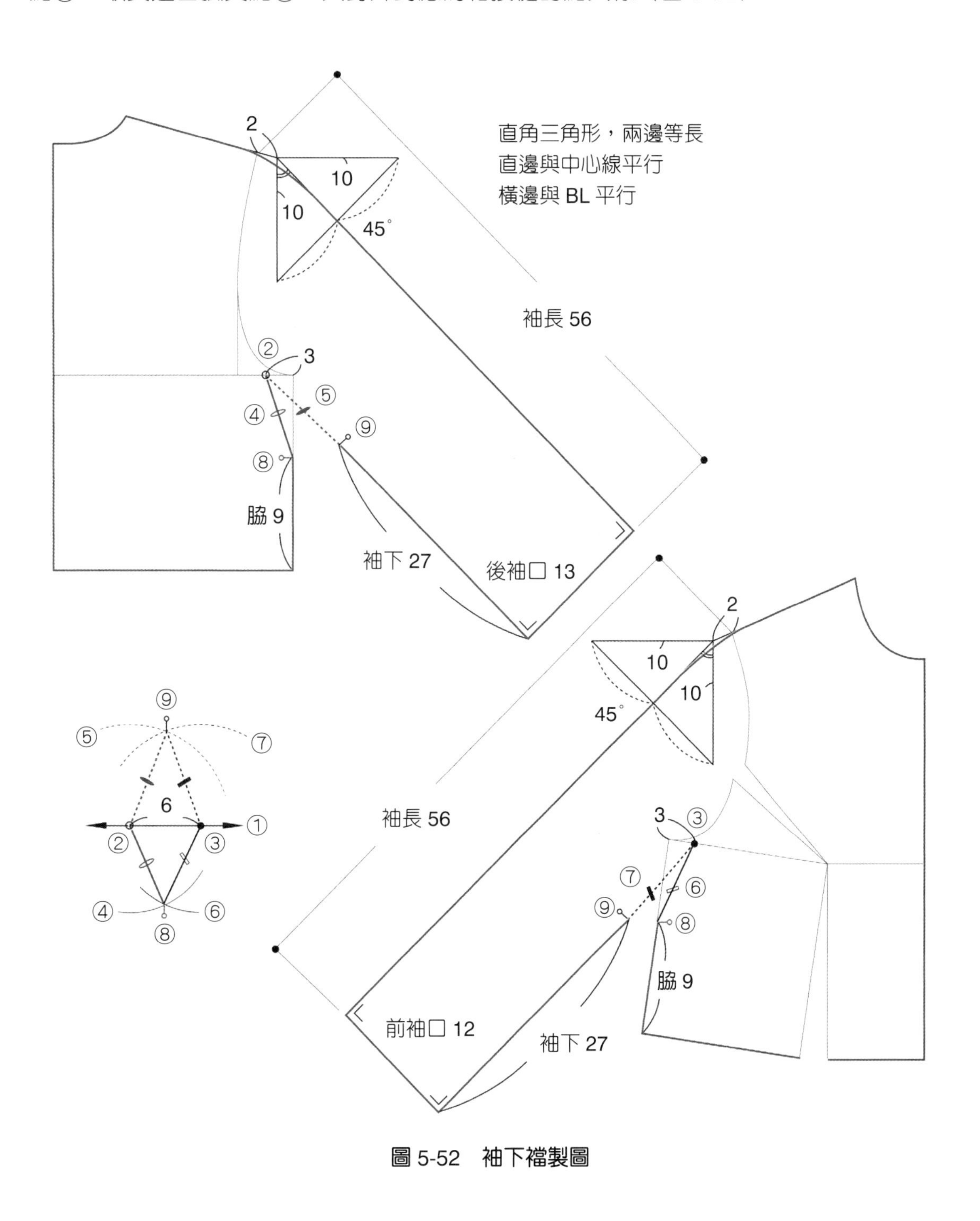

圖 5-52　袖下襠製圖

十六、卡肩袖

從身片延伸袖片設計的款式，使用連袖的製圖方式，比較容易繪製版型線條，例如削肩袖（圖 5-26）與卡肩袖（圖 5-53）。卡肩袖為帶狀環繞手臂的袖型，通常搭配開大領，運用於合身的洋裝或禮服。袖圍與領圍須完全貼合於身體，也因為手臂的方向性，袖子接袖角度設定為後片 45°、前片 55°。依合身款式袖下的無袖方式處理，將袖襱尺寸縮小，胸圍線往上提高，脇邊線內縮（圖 5-6）。

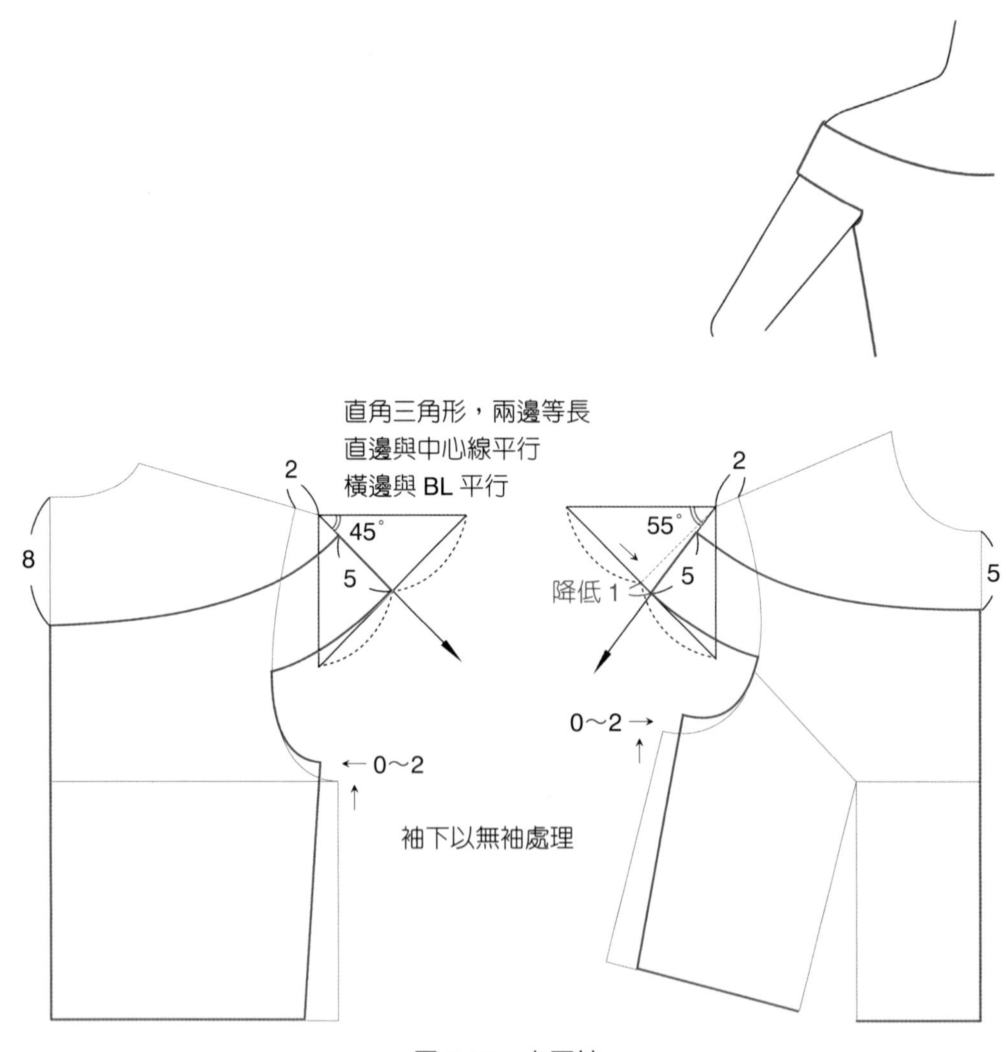

圖 5-53　卡肩袖

十七、連袖的構成與製圖法

剪接式拉克蘭袖的衣袖剪接線從領圍斜向脇邊接縫，衣身肩部的區塊與袖片相連。前腋下點與後腋下點為衣袖剪接線的分界轉折點，轉折點比原型背寬與胸寬線內縮，袖子的上臂活動機能性較佳。袖下需以取蛋型橢圓袖襱線，穿著時才不會卡住腋下（圖 5-54）。

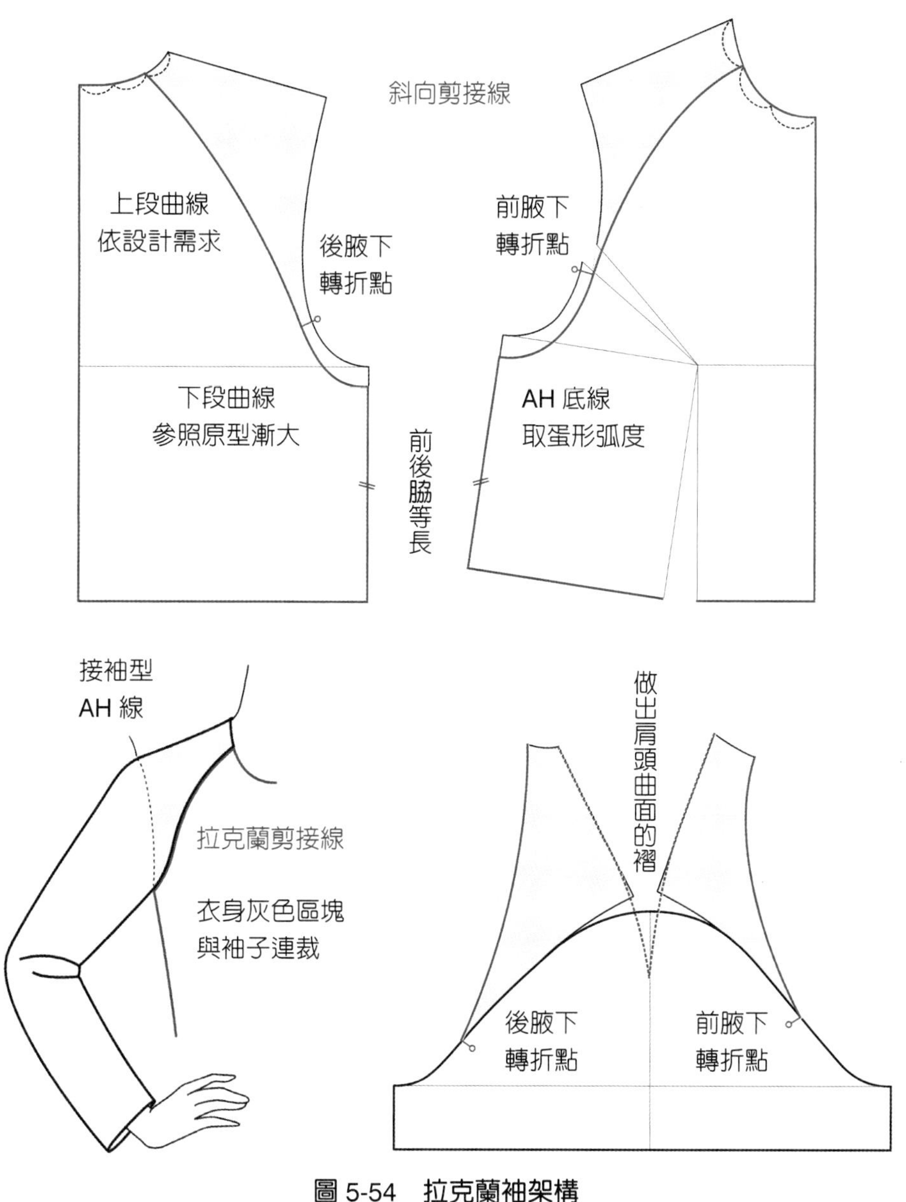

圖 5-54　拉克蘭袖架構

製圖順序 1 →衣袖剪接線

衣袖剪接線的分界，在轉折點以上的剪接線條可憑設計所需的感覺繪製（圖 5-55），在轉折點以下有衣袖交疊的面積區塊大小（圖 5-26），會影響穿著時的形態與舒適感。

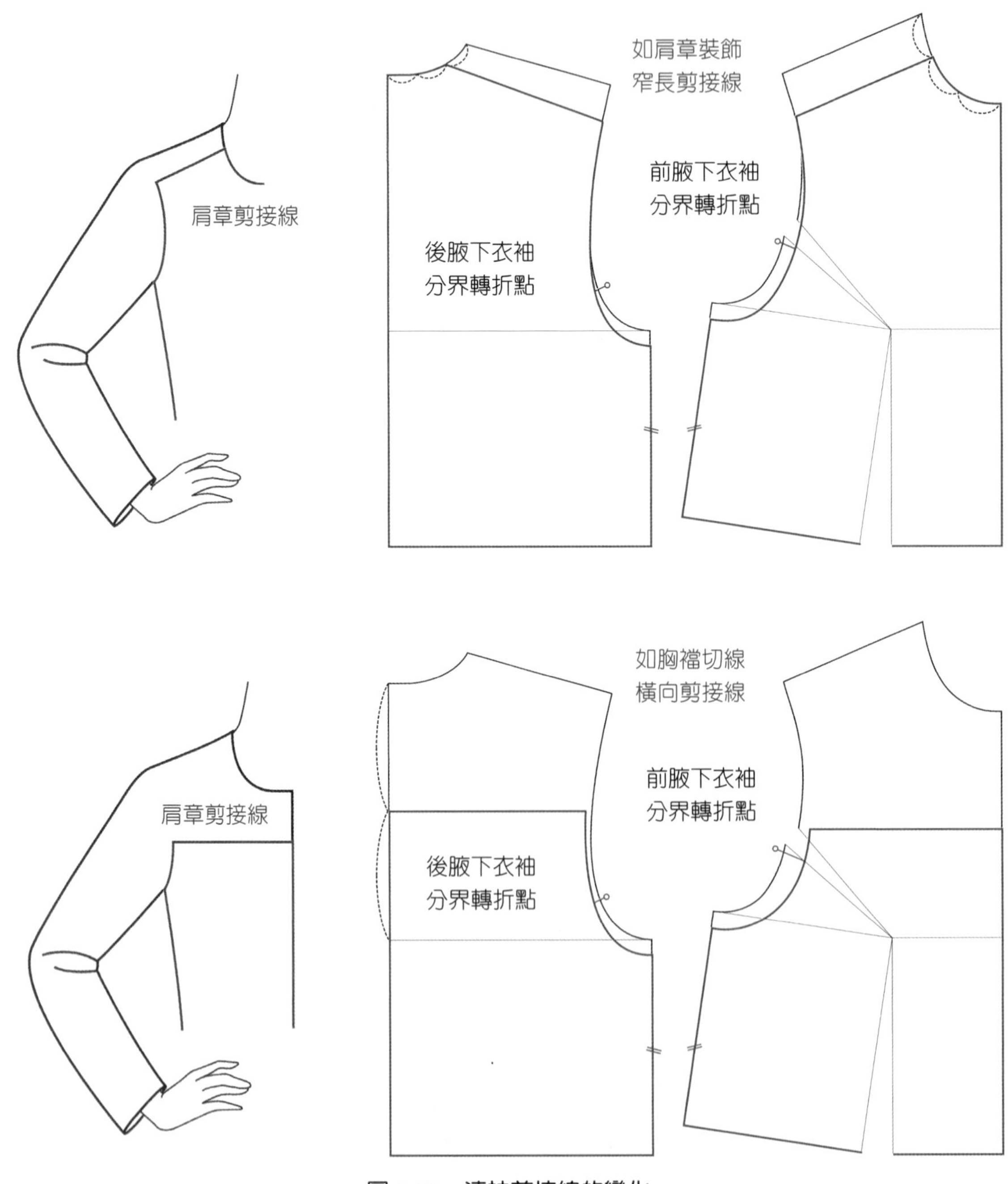

圖 5-55　連袖剪接線的變化

製圖順序 2 →袖子的活動角度設定

連袖版型繪製的重點為手臂抬舉的活動角度設定，手臂活動角度設定手臂平舉時接袖角度為 0°，手臂沿肩斜度延伸時後袖接袖角度為 18°、前袖接袖角度為 22°，或利用直角三角形的斜邊中點取得手臂抬舉 45°、接袖角度 45° 的活動角度（圖 5-26）。連身袖版型的形式寬鬆，常使用肩斜度延伸為接袖角度。剪接式連身版型因為要做出手臂的方向性，讓衣袖呈現前傾，常設定接袖角度為後片 35°、前片 45°（圖 5-56）。

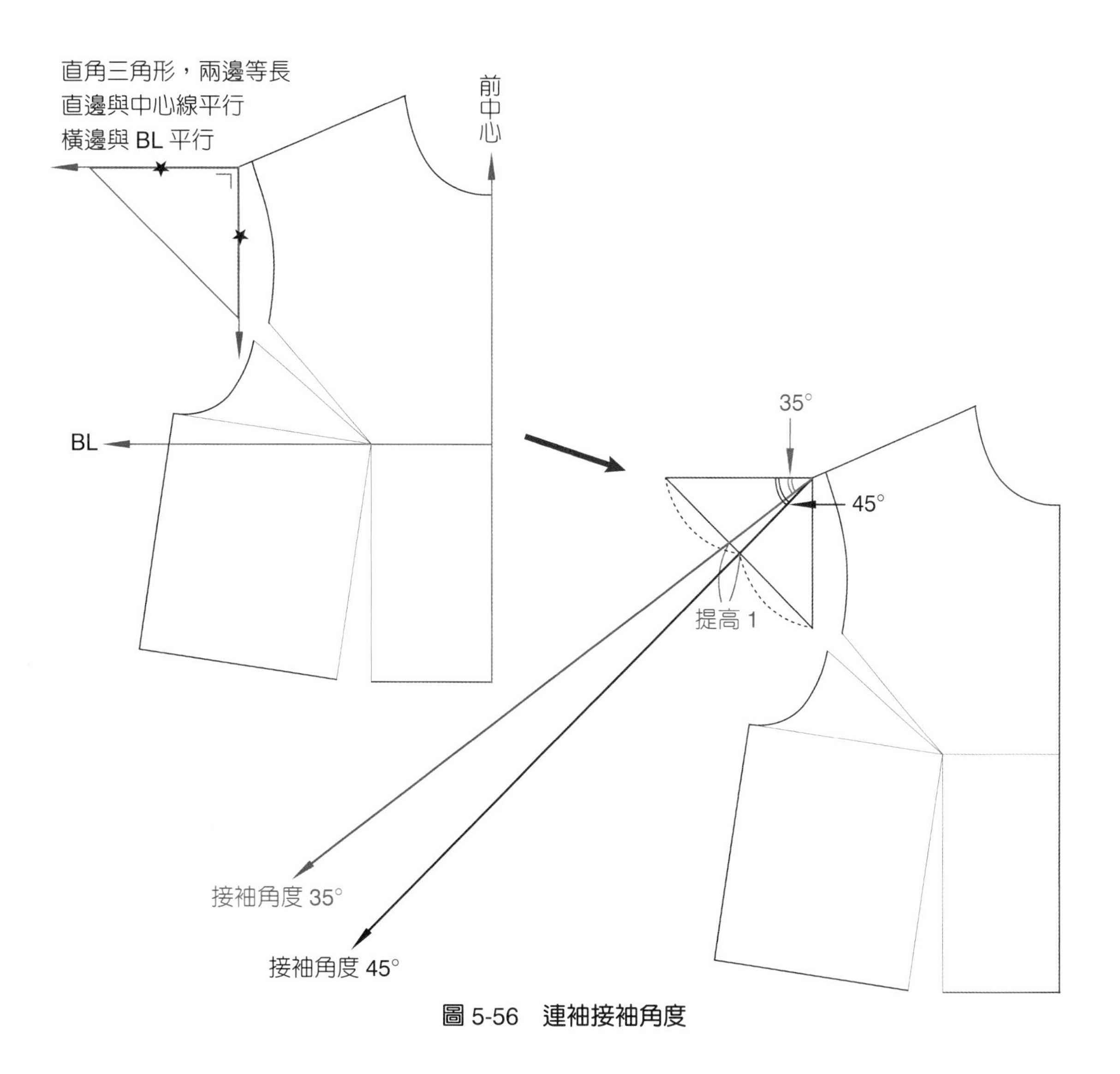

圖 5-56　連袖接袖角度

製圖順序 3 →架構線

1. 衣身肩線延長加出包覆肩頭厚度的空間，尺寸①依體型與款式設定，肩頭瘦扁的人加出尺寸少、肩頭胖厚的人加出尺寸多，上衣加出尺寸少約 0～2cm、外套加出尺寸為 2～3cm、大衣加出尺寸多約 3～5cm（圖 5-57）。
2. 以等邊直角三角形設定袖子接袖角度②，角度小形態寬鬆、活動機能佳，角度大形態合身、活動機能受限。
3. 袖長③與袖山高④皆從肩點算起，包含肩頭厚度尺寸。與袖長垂直畫出袖寬線⑤與袖口線⑥的架構線，袖寬尺寸需畫出 AH 線段後才能定出（圖 5-58）。

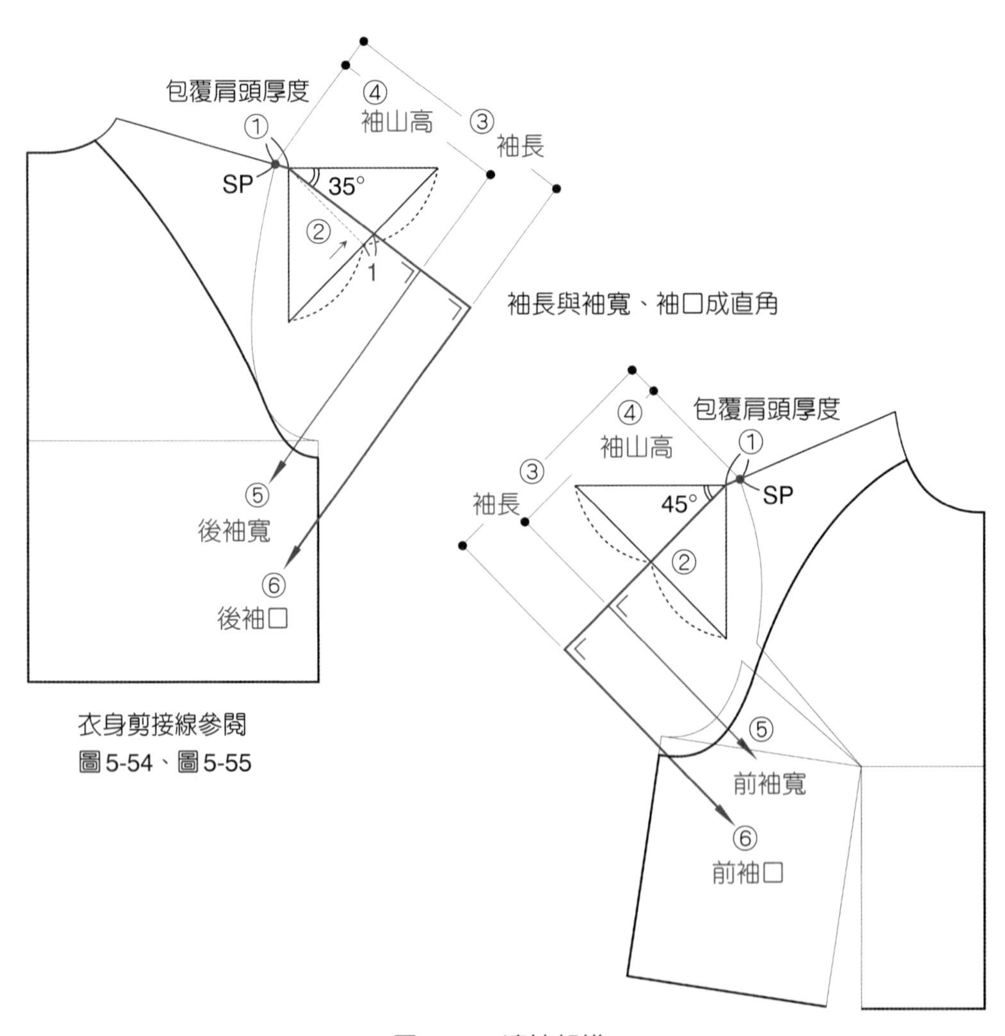

圖 5-57　連袖架構

4. 前後衣袖剪接線分界轉折點⑦以下 AH 線段（黑色虛線），反向對稱與袖寬線⑧交點（紅色虛線）定出袖寬尺寸。因為接縫線採對稱繪製，點到點之間的 AH 長度尺寸不會改變（黑色虛線＝紅色虛線），若接縫線曲線不順暢，曲線弧度可以微調。
5. 從袖寬線交點⑧畫與袖寬線垂直的線段到袖口⑨，製圖中相同符號的線段都應等長。

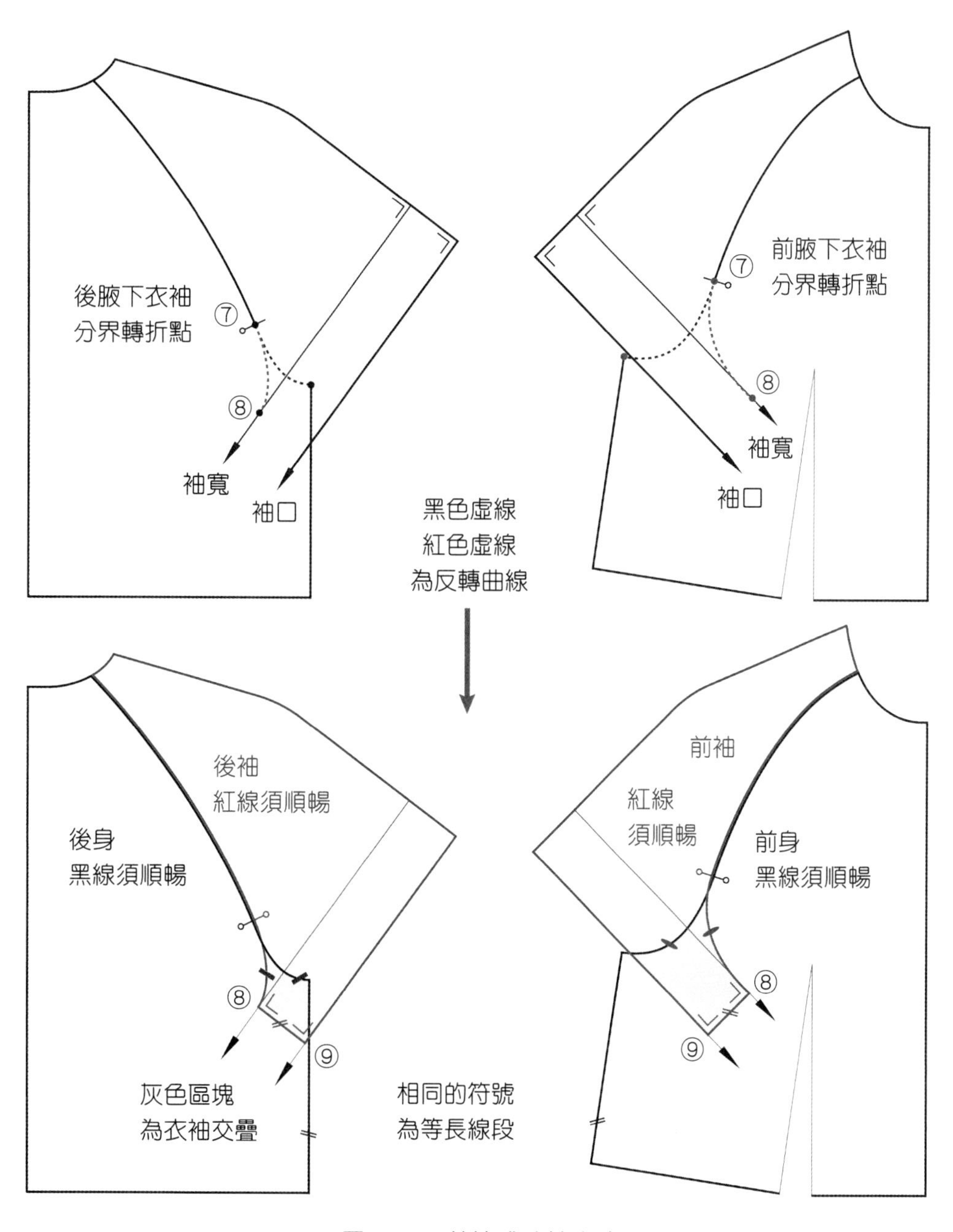

圖 5-58　剪接式連袖畫法

製圖順序 4 →紙型的核對與修正

紙型的接縫線段必須為無角度的弧線，例如前後袖身片的袖襱底線與領圍線，應分別將紙型併合後修順弧線與核對尺寸。檢查紙型上相接縫合的線必須等長，例如前後身片的脇邊線、衣袖剪接線、前後袖的肩袖長與袖下線（圖 5-59）。

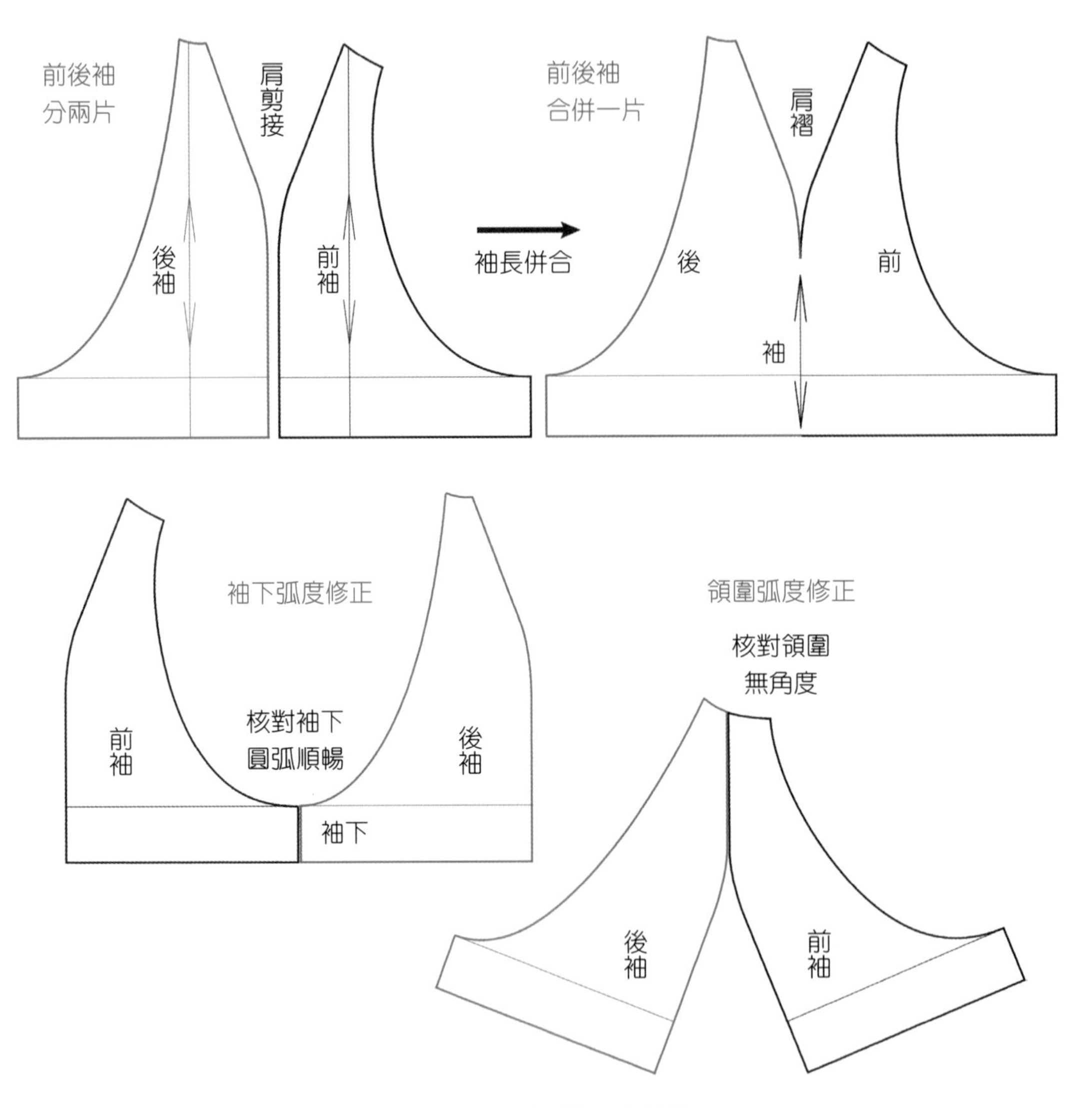

圖 5-59　袖版型弧線角度的修正

十八、連袖的結構變化

連袖結構與接袖款式相同，改變袖山尺寸（紅色實線），袖寬、袖下長與袖口寬尺寸都隨之改變（圖 5-60）。袖子的袖山尺寸取低（黑色虛線），袖寬、袖下長與袖口寬尺寸都變大，衣身與袖版型的交疊份量變大，手臂更容易抬舉，手臂放下時縐紋多。袖子的袖山尺寸取高（紅色虛線），袖寬、袖下長與袖口寬尺寸都變小，衣身與袖版型的交疊份量變小，手臂不容易抬舉，手臂放下時縐紋少。

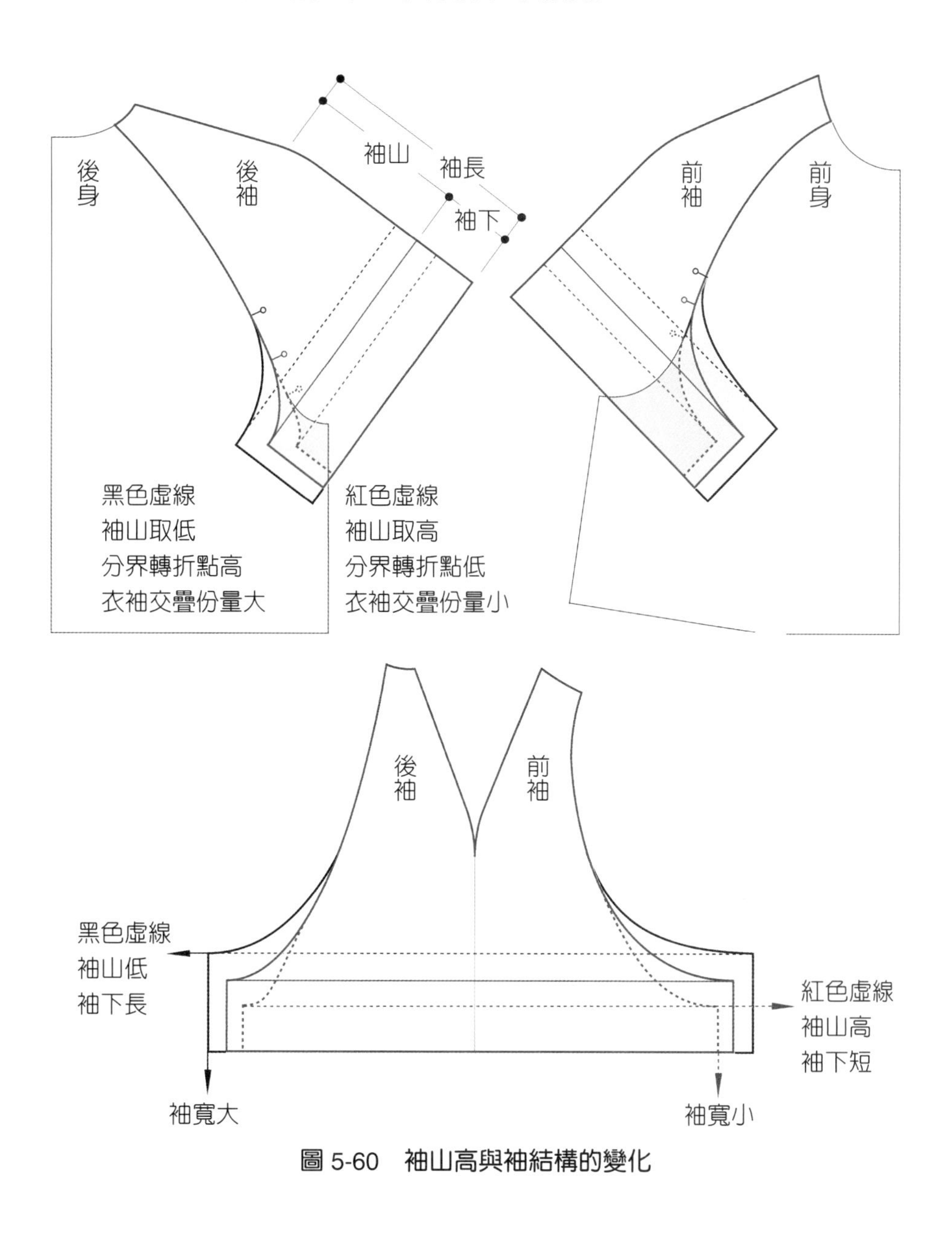

圖 5-60　袖山高與袖結構的變化

將袖子接袖角度設定從後片 35°、前片 45° 改為肩斜度延伸的後袖接袖角度 18°、前袖接袖角度 22°，袖子的袖山尺寸變低，袖寬、袖下長與袖口寬尺寸變大，衣身與袖版型的交疊份量變大，成為寬大平面的袖型，沒有肩頭曲面的褶。（圖 5-61）。

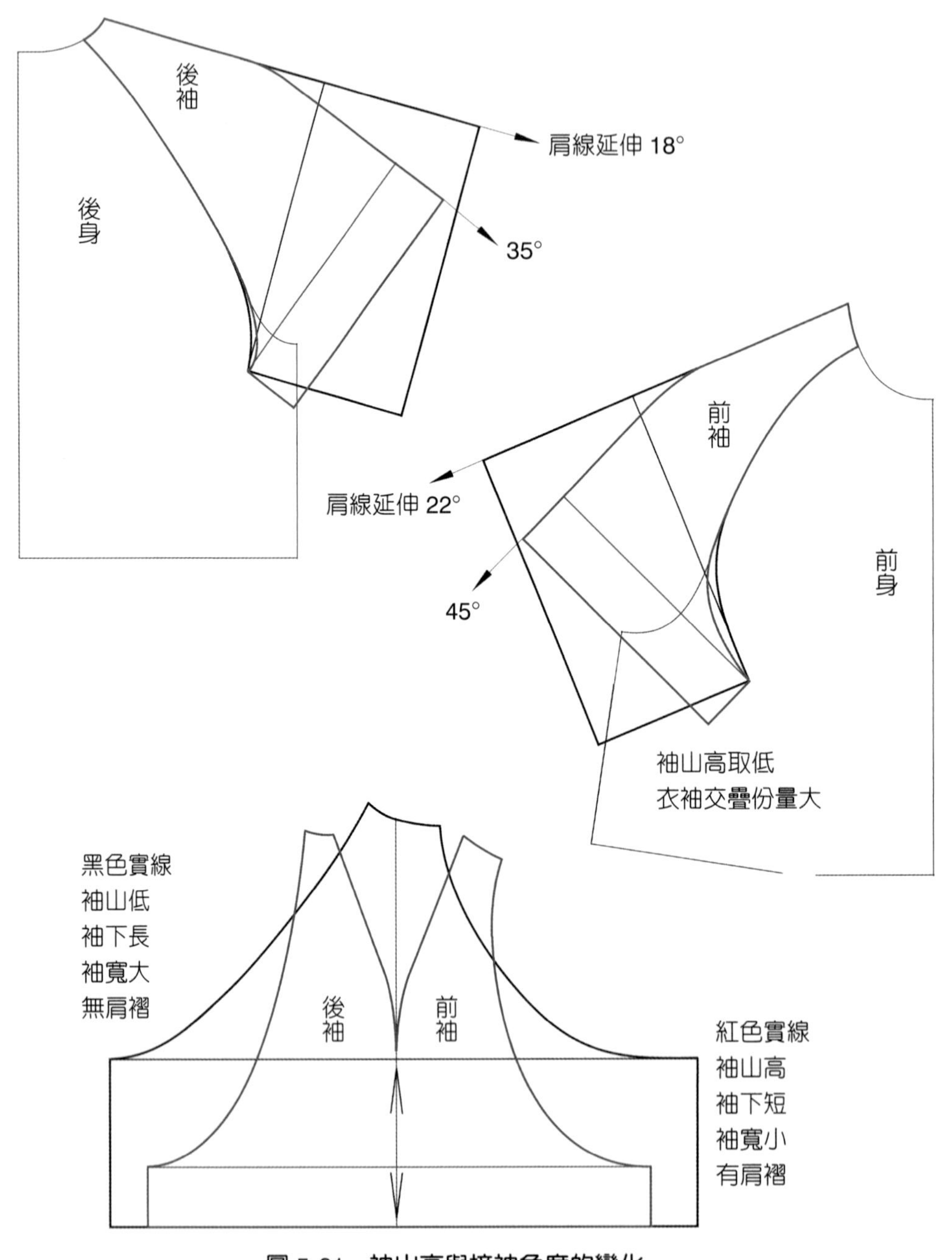

圖 5-61　袖山高與接袖角度的變化

十九、連身澎袖設計

前後袖片肩線合併，袖口連裁尺寸加大，可成為袖口澎起的澎袖或波浪袖，也可如同接袖款式做紙型的切展來改變袖型輪廓（圖 5-62）。

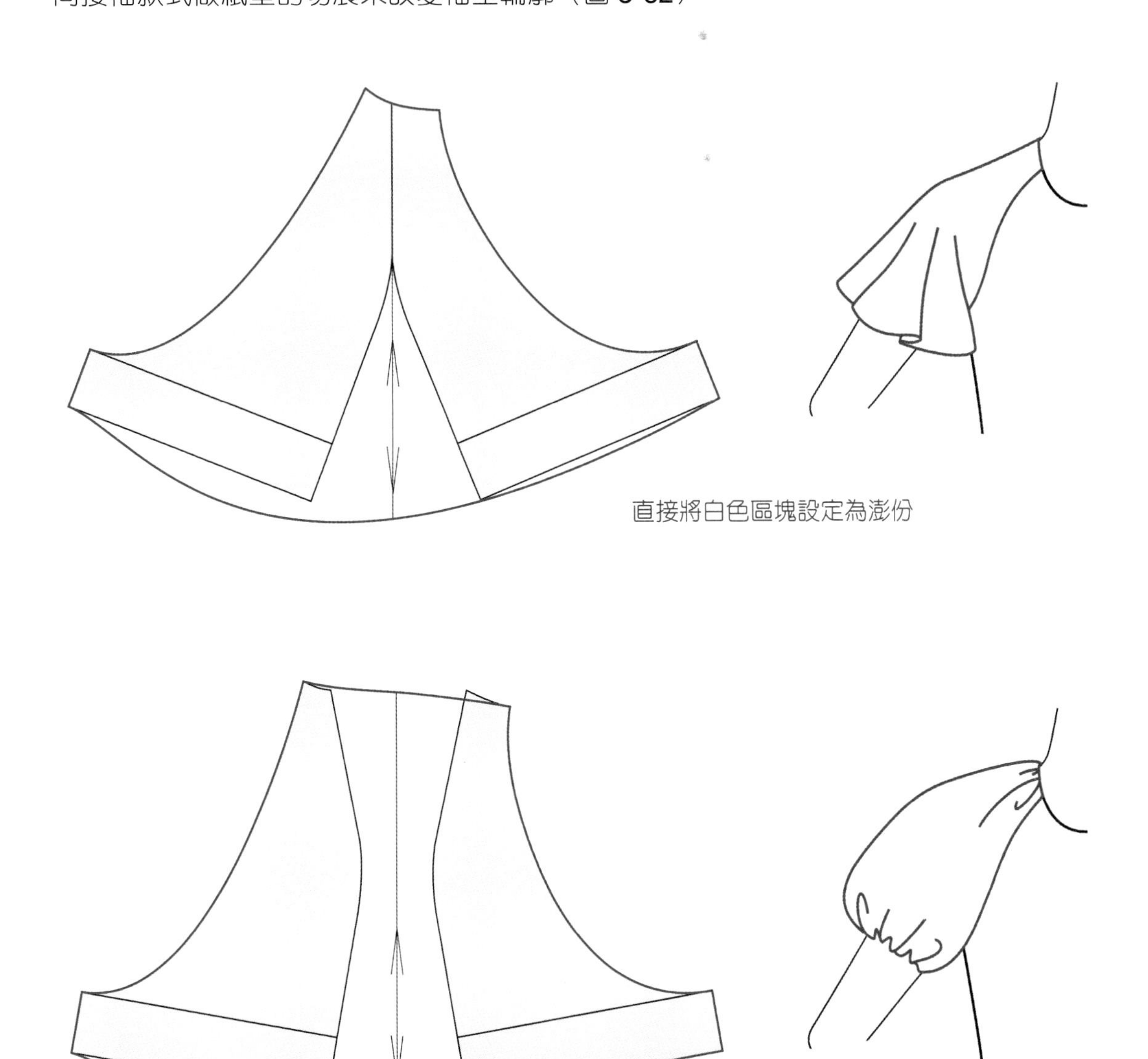

圖 5-62　連身澎袖

二十、拉克蘭袖

拉克蘭袖剪接線在分界轉折點以上，衣袖為同一條線；在分界轉折點以下，衣袖弧線為對稱反轉，反轉後一定要交點於袖寬線上。衣身的黑色剪接線與袖子的紅色剪接線必須為各自順暢的弧線，因此在尺寸相同的前提下，可以稍微改變弧線的彎度（圖 5-63、圖 5-64）。

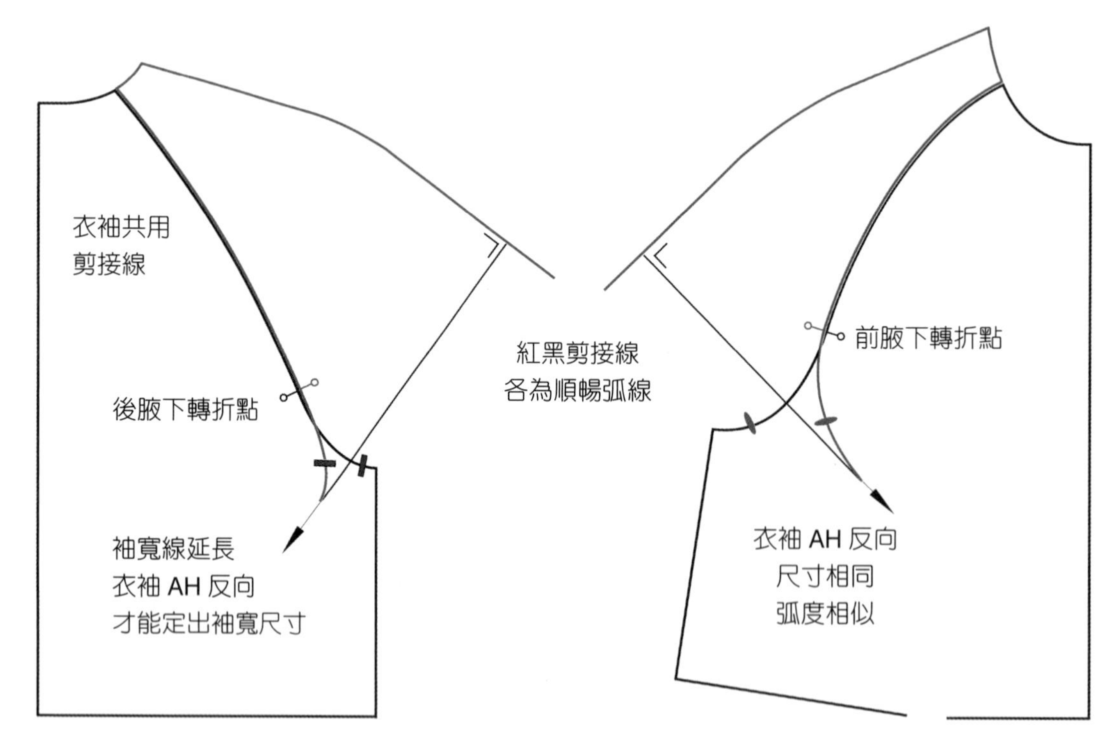

圖 5-63　拉克蘭袖剪接線

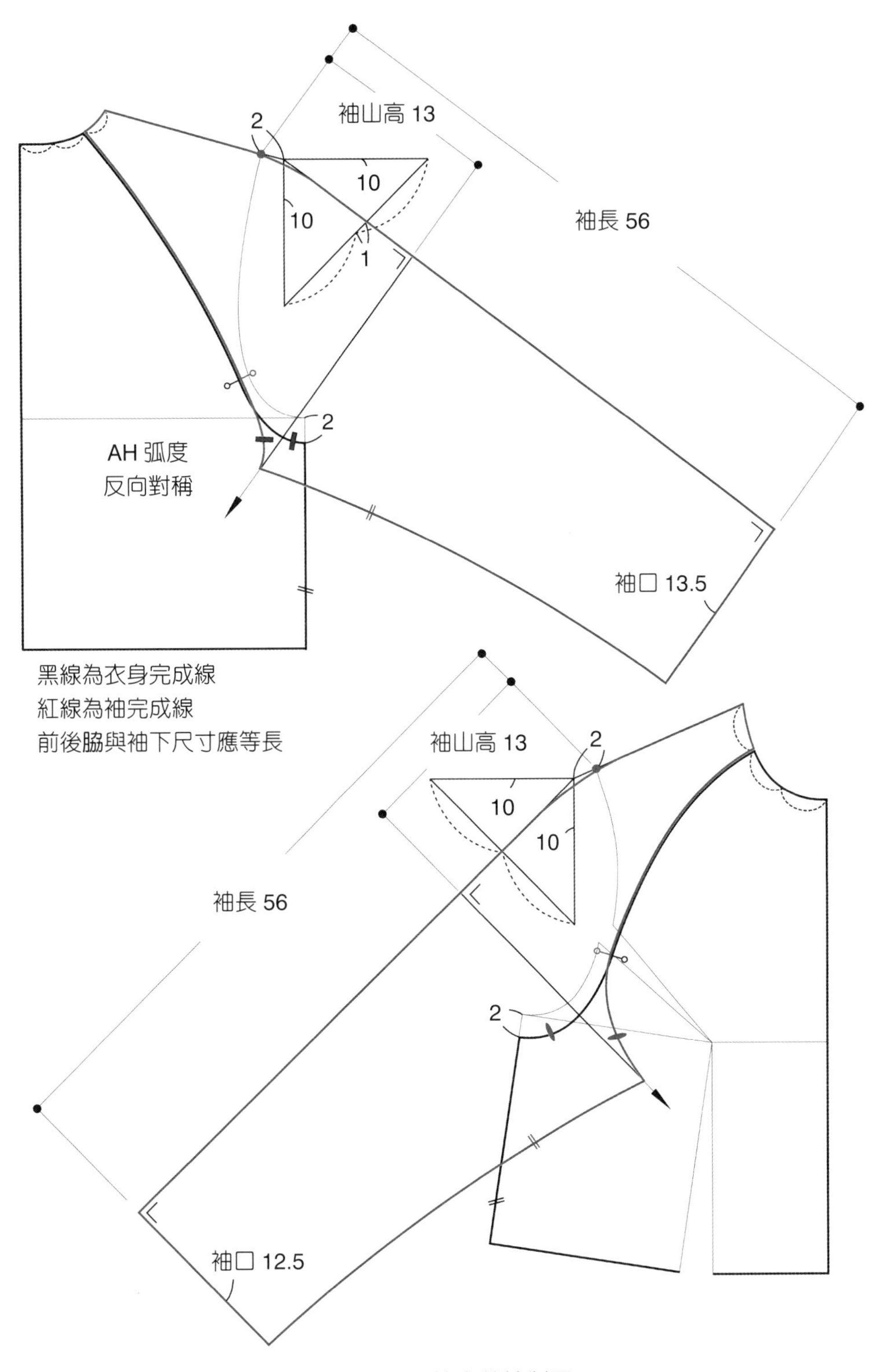
袖山高 13
2
10
10
1
袖長 56
2
AH 弧度
反向對稱
袖口 13.5
黑線為衣身完成線
紅線為袖完成線
前後脇與袖下尺寸應等長
袖山高 13
2
10
10
袖長 56
2
袖口 12.5

圖 5-64　拉克蘭袖製圖

二十一、肩章袖

肩章袖的剪接線較高，分界轉折點以上衣袖剪接線與接袖形態相似。後身背寬處可適度增加寬鬆份，提升手臂向前的活動機能性，前胸寬處適度減少寬份，扣除手臂向前造成的布料堆積份量（圖 5-65、圖 5-66）。

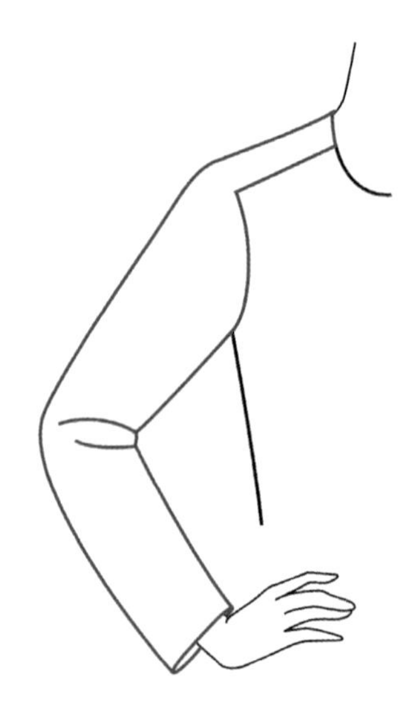

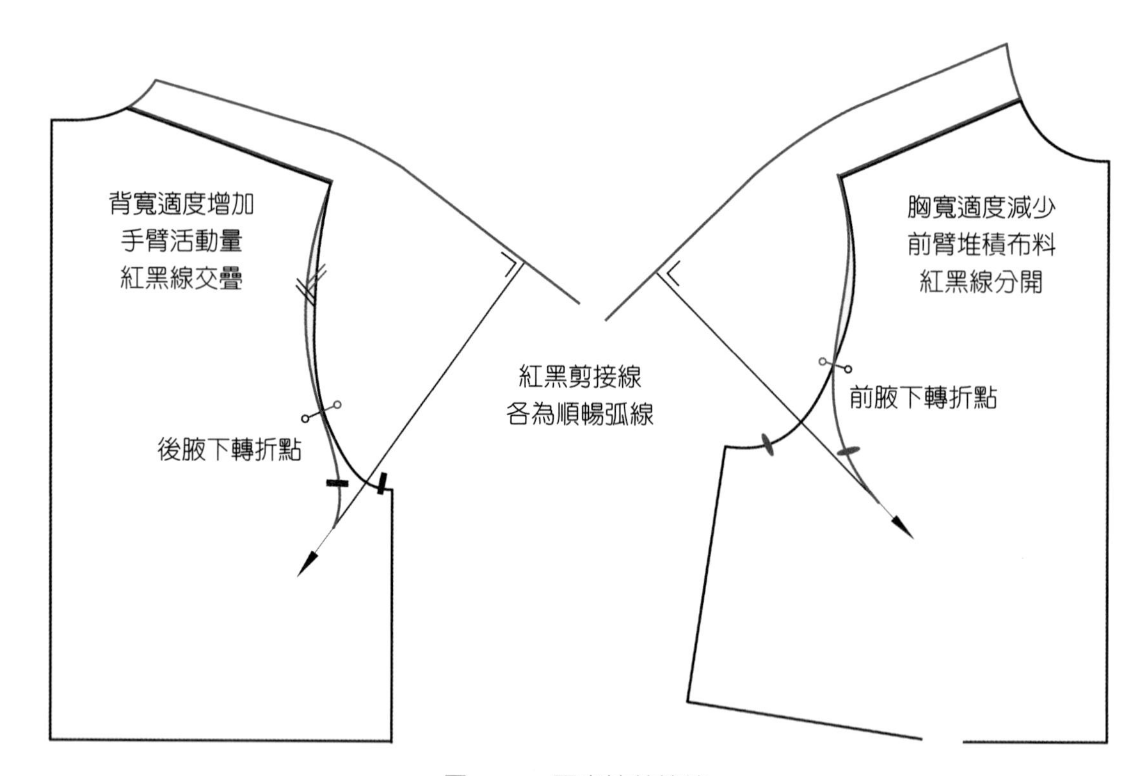

圖 5-65　肩章袖剪接線

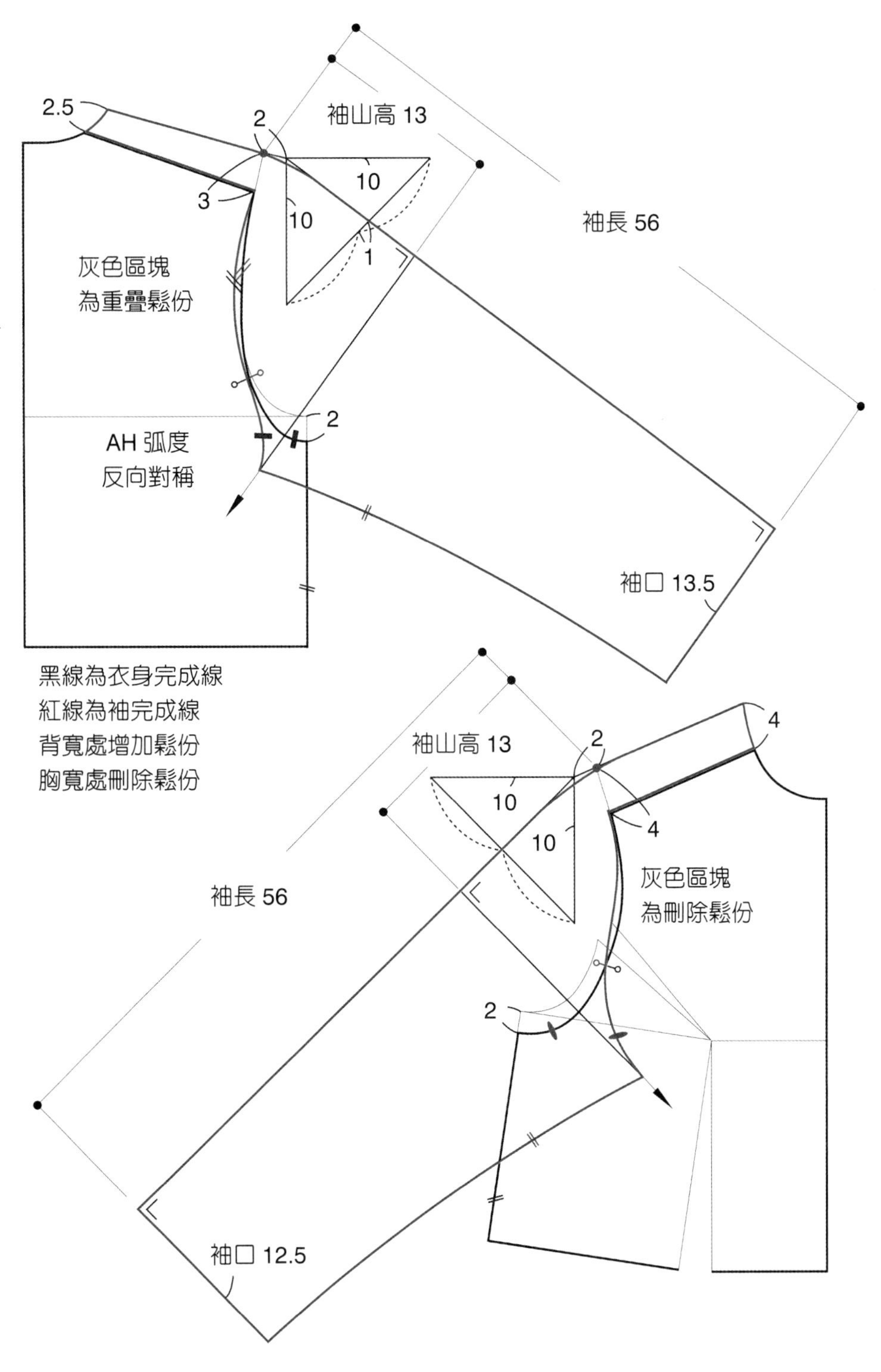
2.5
2
袖山高 13
10
3
10
袖長 56
1
灰色區塊
為重疊鬆份
2
AH 弧度
反向對稱
袖口 13.5
黑線為衣身完成線
紅線為袖完成線
背寬處增加鬆份
胸寬處刪除鬆份
4
2
袖山高 13
10
10
4
灰色區塊
為刪除鬆份
袖長 56
2
袖口 12.5

圖 5-66 肩章袖製圖

二十二、肩襠袖

肩襠袖依照 Yoke 的形態決定剪接線的高低，肩襠的面積可大可小。打版時除考慮設計外，也考量車工與穿著機能性與耐久性。例如：剪接線轉折若採直角，車縫時容易對合尺寸，但是轉角點需剪牙口比較脆弱。剪接線轉折若採彎度，車縫時不容易對合尺寸，但是轉角力點分散較為牢固耐用（圖 5-67、圖 5-68）。

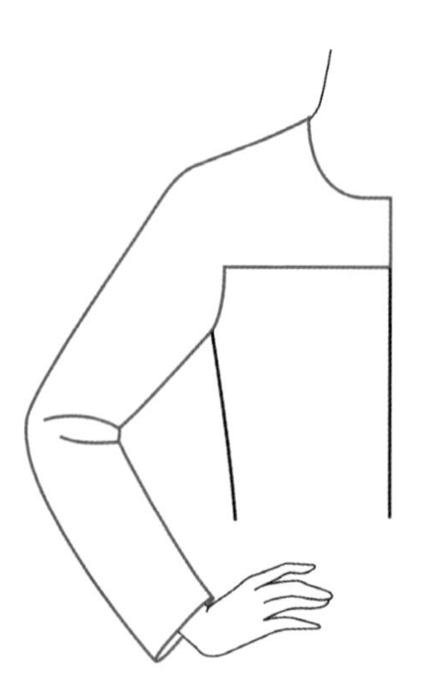

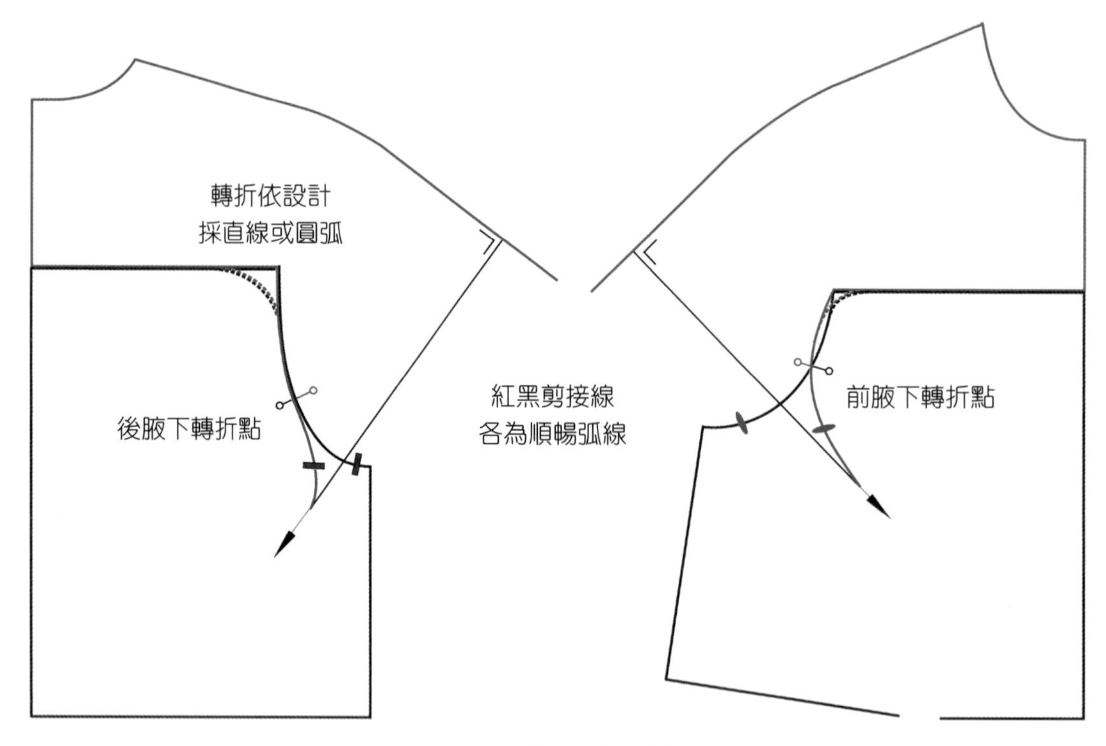

圖 5-67　肩襠袖剪接線

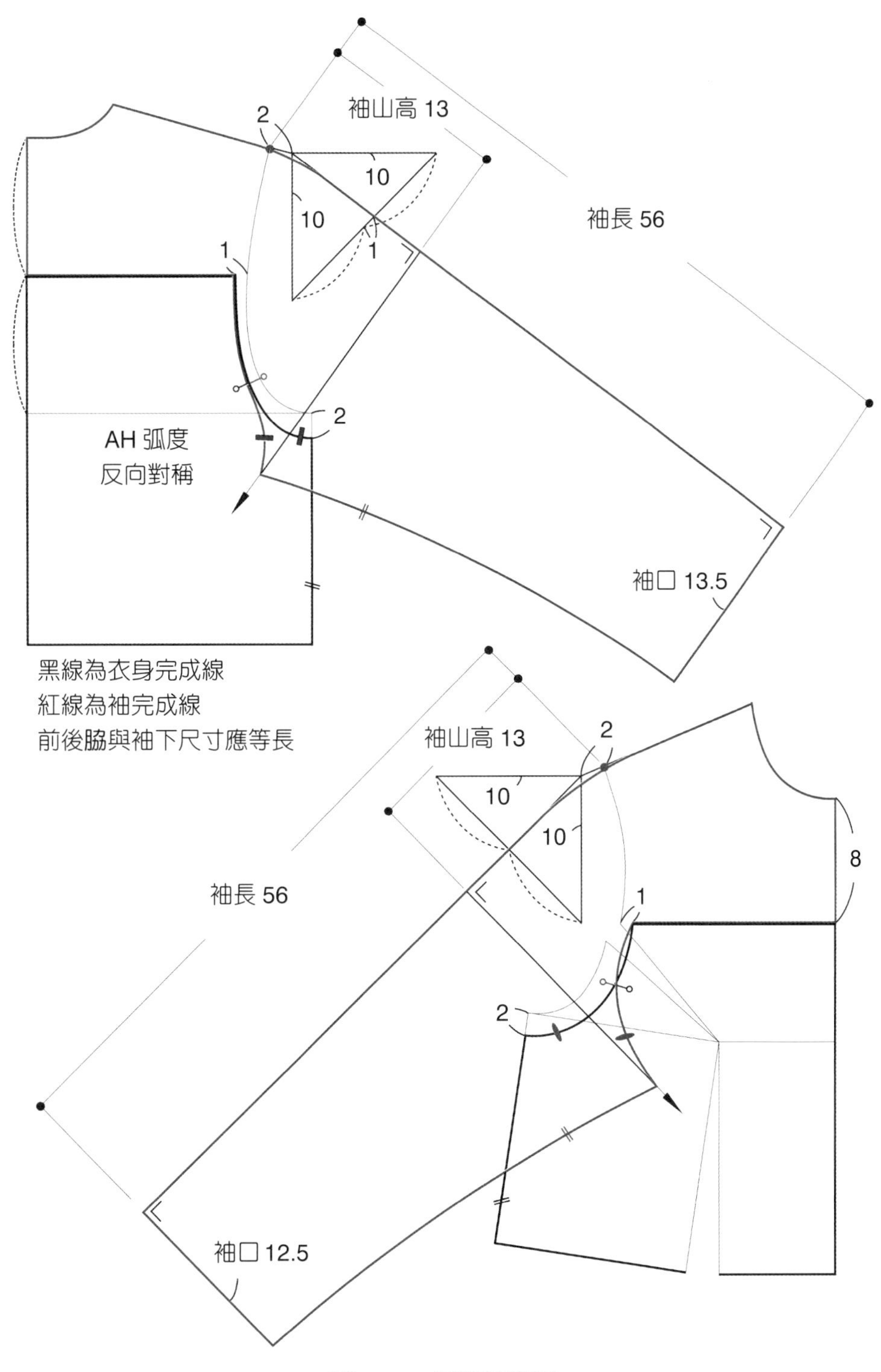
袖山高 13
2
10
10
袖長 56
1
1
2
AH 弧度
反向對稱
袖口 13.5
黑線為衣身完成線
紅線為袖完成線
前後脇與袖下尺寸應等長
袖山高 13
2
10
10
8
袖長 56
1
2
袖口 12.5

圖 5-68　肩襠袖製圖

6

領子版型結構

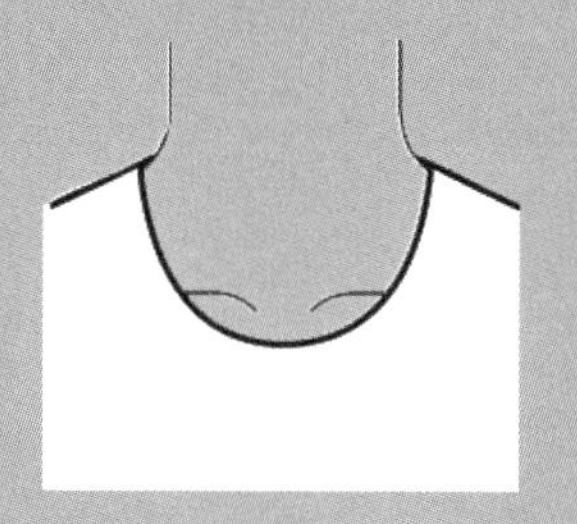

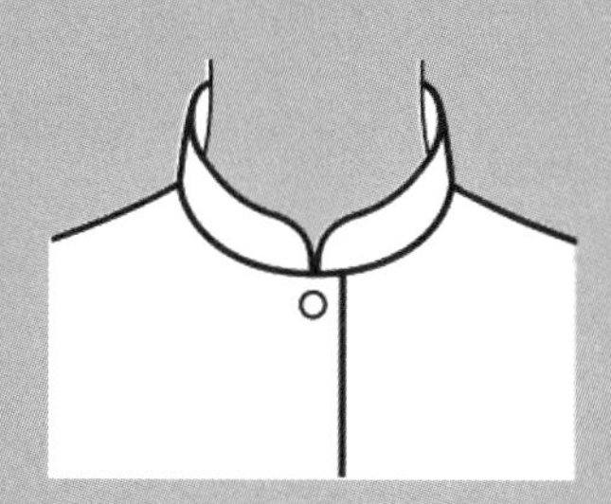

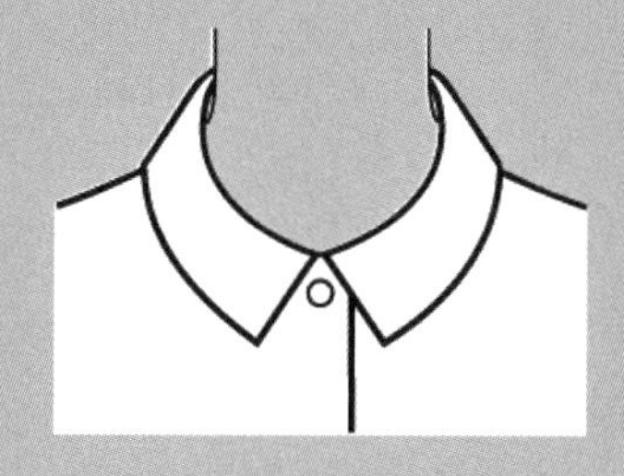

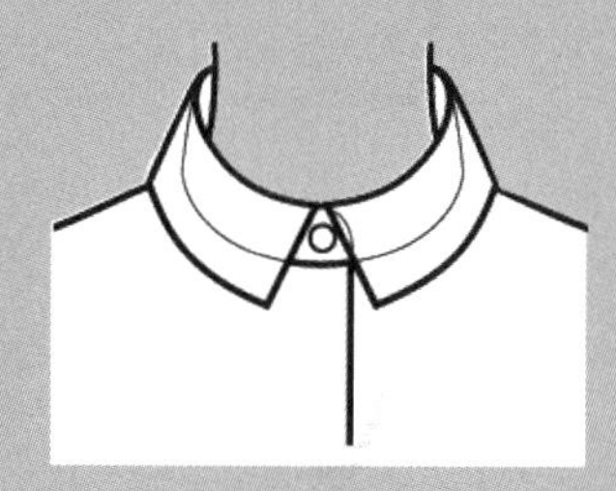

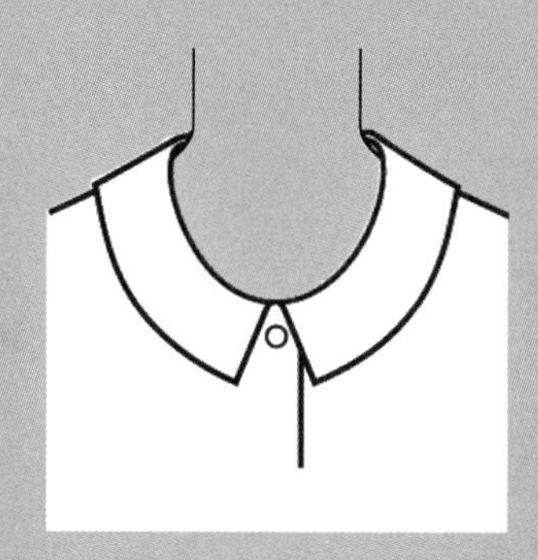

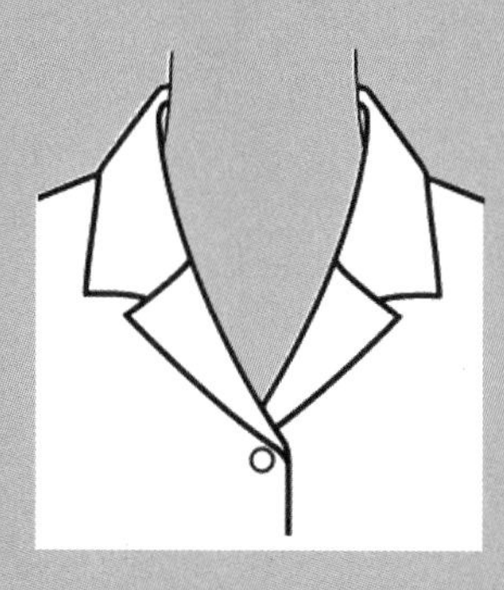

一、領型結構分類

領型的結構以領片與貼合身體的部位區分為無領片的領口型、有領片的貼頸領型、貼肩領型與翻開領型。

1. 無領型（圖 6-1）：沒有接縫領片的領圍輪廓線條，依照領口線條形狀與頸側開口寬度，分為小領口的圓形領、方形領、V 字領與大領口的 U 形領、船形領。

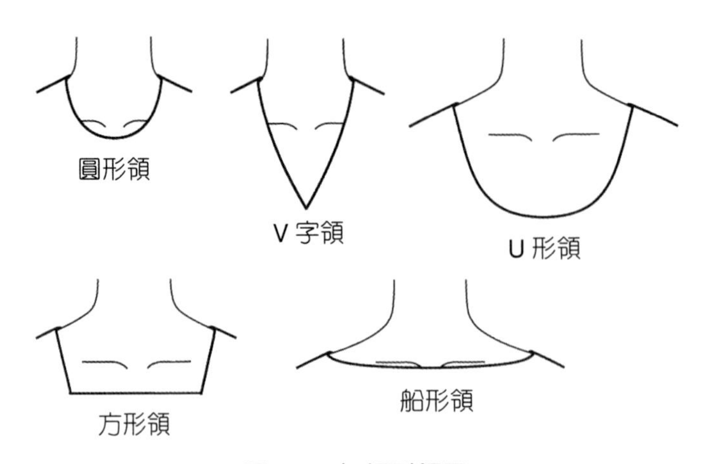

圖 6-1　無領型領圍

2. 貼頸領型（圖 6-2）：有接縫領片，領片沿著領圍立起的領型，有立領、帶領、蝴蝶結領、翻領、襯衫領。

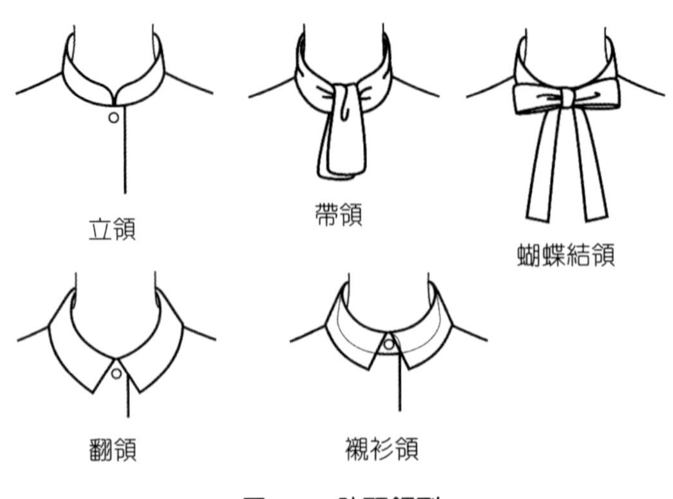

圖 6-2　貼頸領型

3. 貼肩領型（圖 6-3）：有接縫領片，領片沿著領圍披在肩上的領型，有平領、波浪領、披肩領、水兵領。

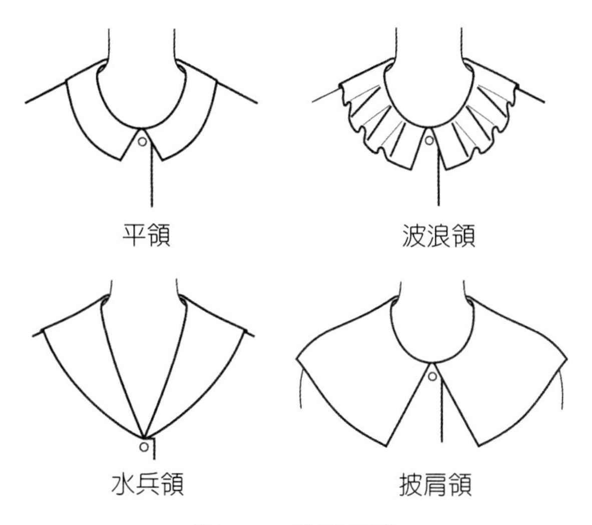

圖 6-3　貼肩領型

4. 翻開領型（圖 6-4）：有接縫領片，後領片沿著領圍包覆頸部，前領片連著前衣襟形成翻開形態，由領子上片領與前身下片領構成的領型，有國民領、長方領、西裝領、絲瓜領、劍領。

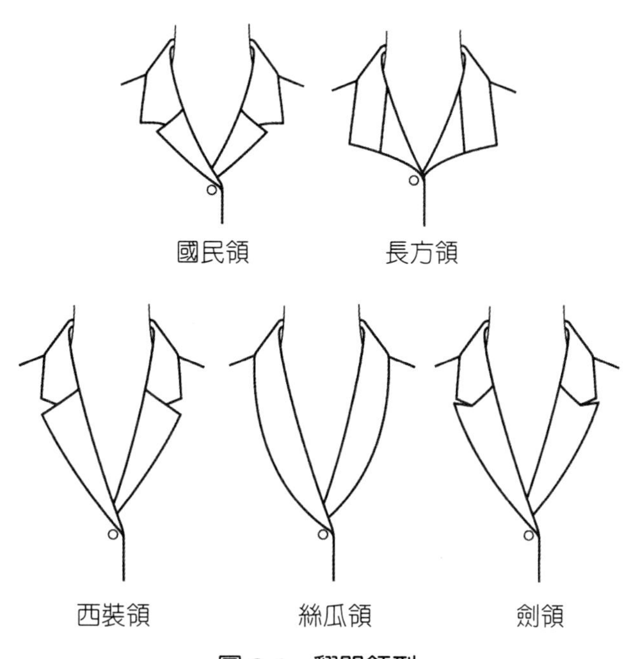

圖 6-4　翻開領型

二、無領型領圍線

原型的領口線條由領口寬度與領口深度尺寸構成，後領口寬大於前領口寬 0.2cm，前領口深大於前領口寬 0.5cm（圖 6-5）。原型領圍輪廓線沿著 BNP、SNP、FNP 貼合圍繞於頸根，作為無領型領圍輪廓線視覺上會顯得太緊，因此服裝打版時會將領圍加大，加大的尺寸可依設計需求自定。領圍加大的曲線弧度畫法參照原型，取與原型領圍弧度線呈現近似視覺平行的線條。

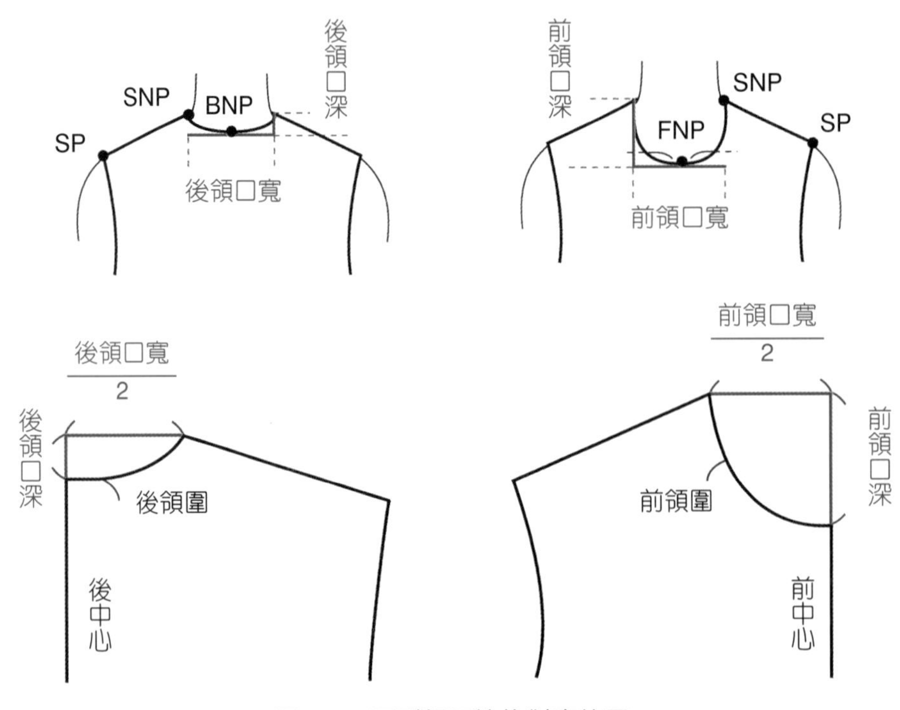

圖 6-5　原型領圍線的對應位置

沒有接縫領片的領圍輪廓線條，依照領口線條形狀，分為圓形領、U 形領、V 字領、方形領、船形領。漂亮的領圍輪廓線條畫法：圓形領與 U 形領的前後中心仍須保持小段的直線成為直角維持折雙後的圓弧度，V 字領為前領口深下挖的直向弧線、方形領為上寬下窄的梯形線、船形領為領口寬加寬的橫向弧線。

領口寬度加寬挖大，從 SNP 至 SP 的寬度小於 $\frac{\text{小肩寬}}{2}$ 時，後領圍線會接近肩胛骨凸面，前領圍線會接近鎖骨下方的體型凹面，領圍容易出現不服貼的鬆度。大領口的方形領、U 形領與船形領，在打版時須考慮領圍鬆量的修正與扣除。

圓形領

領口前後片的 SNP 為同一點，領口寬度前後加寬挖大的尺寸要相同，約 0.5～4cm。人體脖子為前傾形態，BNP 下挖尺寸應小，約 0～2cm，讓後領圍線可以穩定地貼合於身體。FNP 下挖尺寸可比後片或頸側大，約 1～6cm（圖 6-6）。

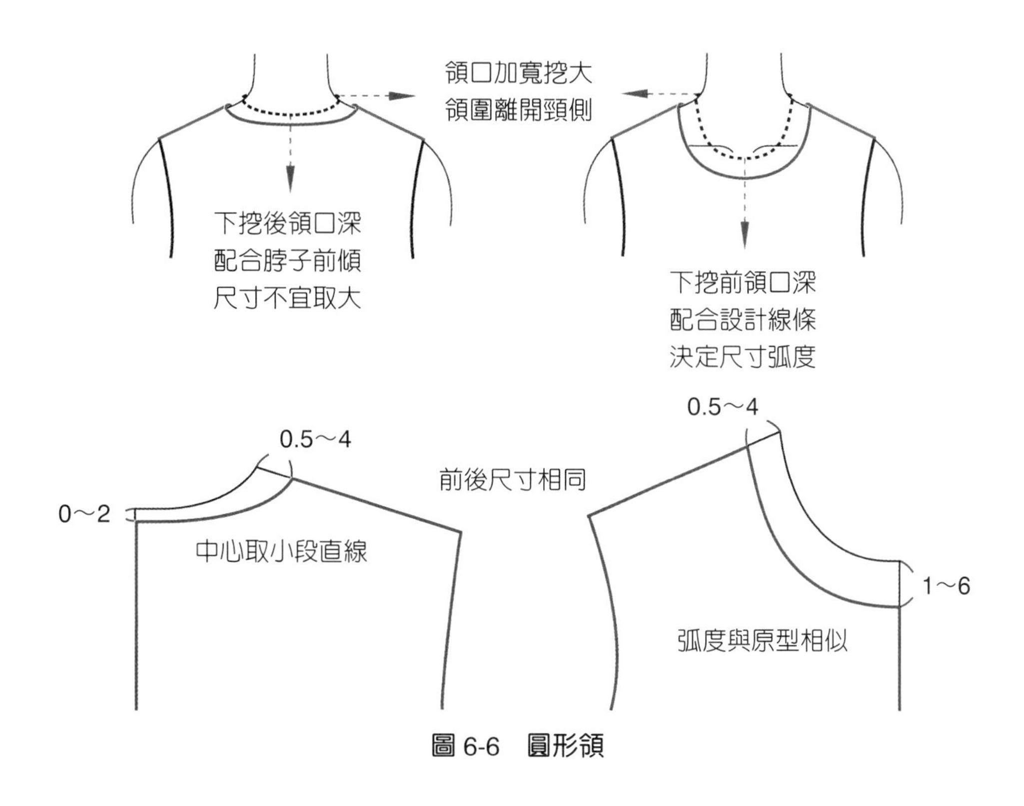

圖 6-6　圓形領

基礎領圍的完成輪廓線確定後，可以此為基本線進行細部的設計變化（圖 6-7）。細部設計的線條只要不涉及結構線的改變，心形、花瓣形都可以完全自由地發揮。

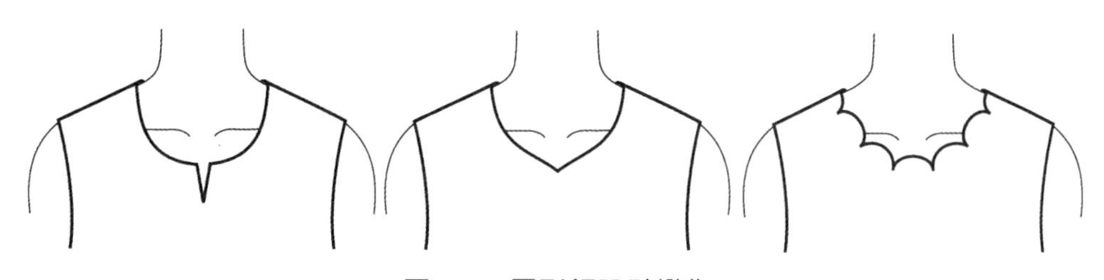

圖 6-7　圓形領設計變化

U 形領

大領口 U 形領後片的肩褶要轉移至領圍，車縫製作時利用燙縮或縮縫吃針的方式讓領口線縮緊並貼合於肩胛骨凸面。前片領口在深度維持不變的狀態下，水平向中心移動縮小前領口寬，扣除領圍的鬆量（圖 6-8）。

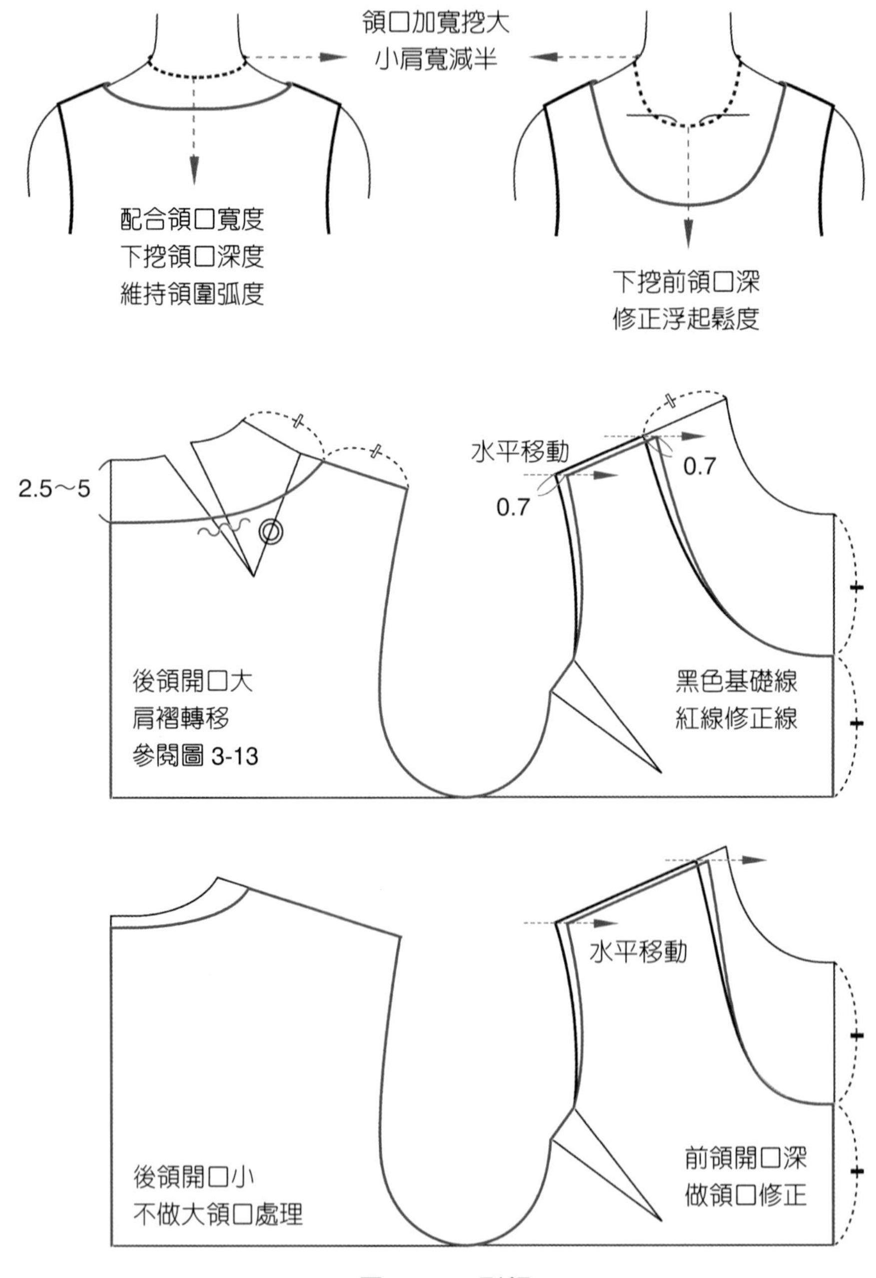

圖 6-8　U 形領

V 字領

平面打版線條需考慮人體的立體曲面，V 字領的前領圍輪廓線為弧線，穿著於身上才會有直線視覺。前領口下挖的深度依設計需求自定，參考尺寸約 7～12cm，下挖深度多時須考慮製作胸擋布遮住前胸。後領圍與前領圍上半部的曲線弧度，取與原型領圍弧度線視覺近似平行的線條。後領車縫尖褶時，褶子可依設計改變線條方向（圖 6-9）。

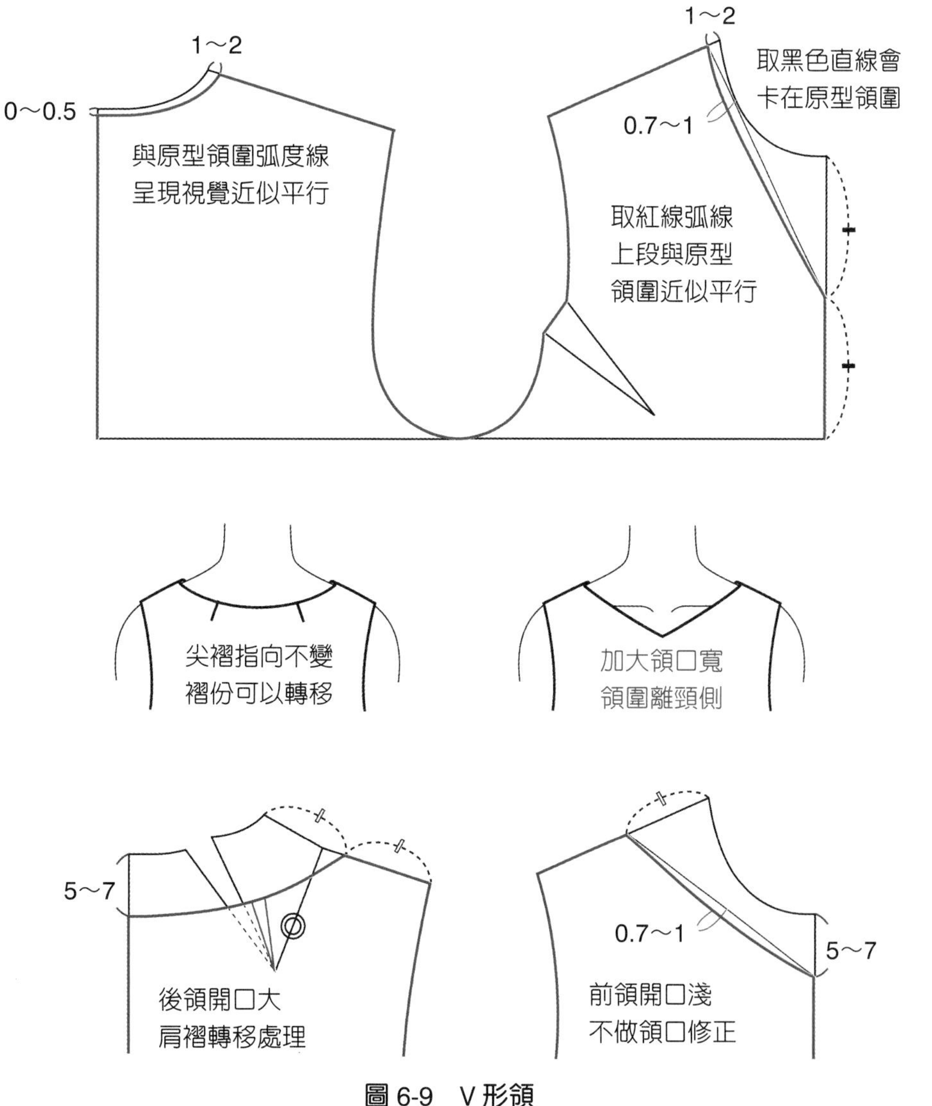

圖 6-9　V 形領

方形領

人體為立體曲面，方形領打版若取直角的方形，穿著時產生下方擴大視覺，看起來像下寬上窄的梯形，因此在製圖上就修正為上寬下窄的梯形線，視覺效果較美觀。前後領口都取方形，將版型肩線併合，頸側會形成角度，穿著時肩部布料的受力大容易拉損。因此若非刻意做角度的設計，成衣常將後領口取圓領形，版型肩線併合後頸側會形成順線（圖 6-10）。

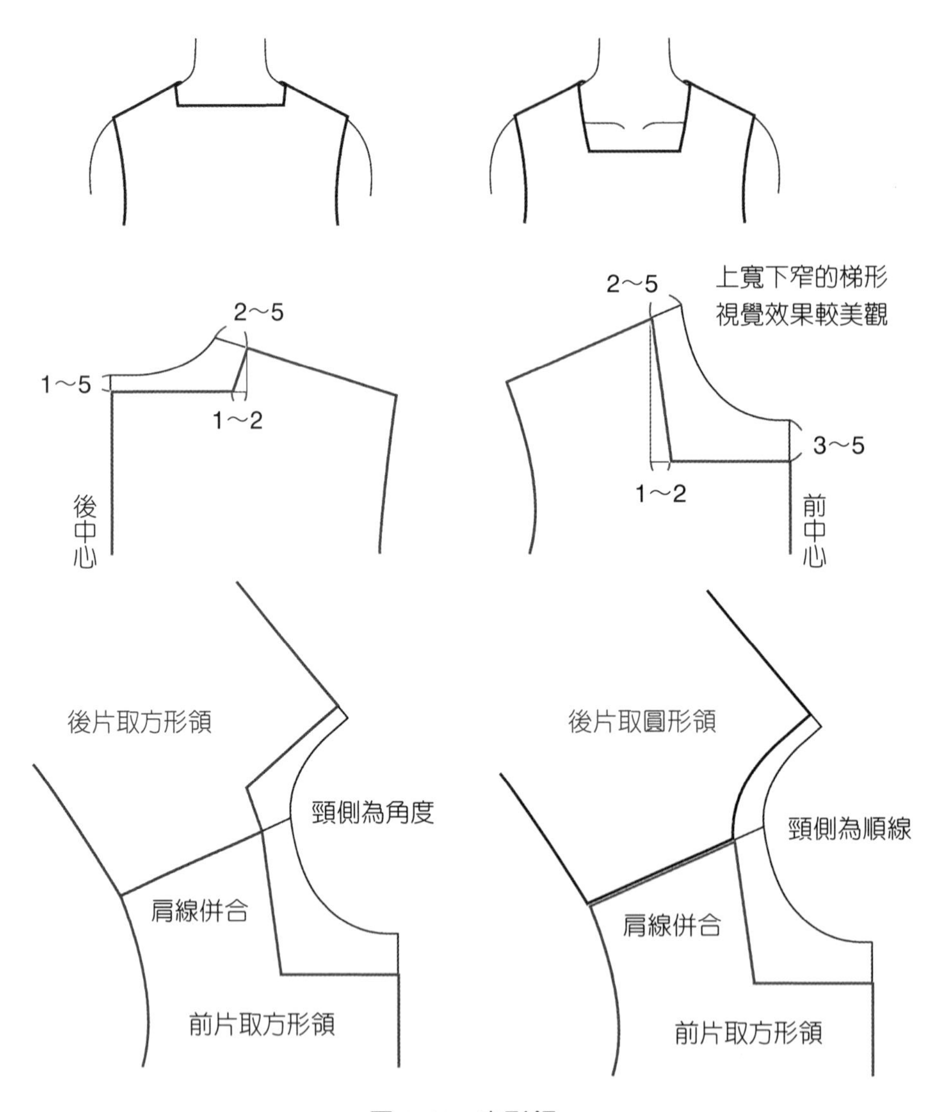

圖 6-10　方形領

船形領

船形領的領圍輪廓線為通過 BNP 與 FNP 的橫向領口線，從 BNP 與 FNP 取水平領口線，會因為前後領口深不同而無法在肩線交集，所以打版時將版型肩線併合，取前後水平領口線的交點重新定肩線位置。新的肩線位置會落在前身片，也就是說橫向領口線開口大的版型必須將肩線向前身片移動，才能取得平衡的橫向領口線，衣領穿著時不會感覺卡在咽喉處（圖 6-11）。

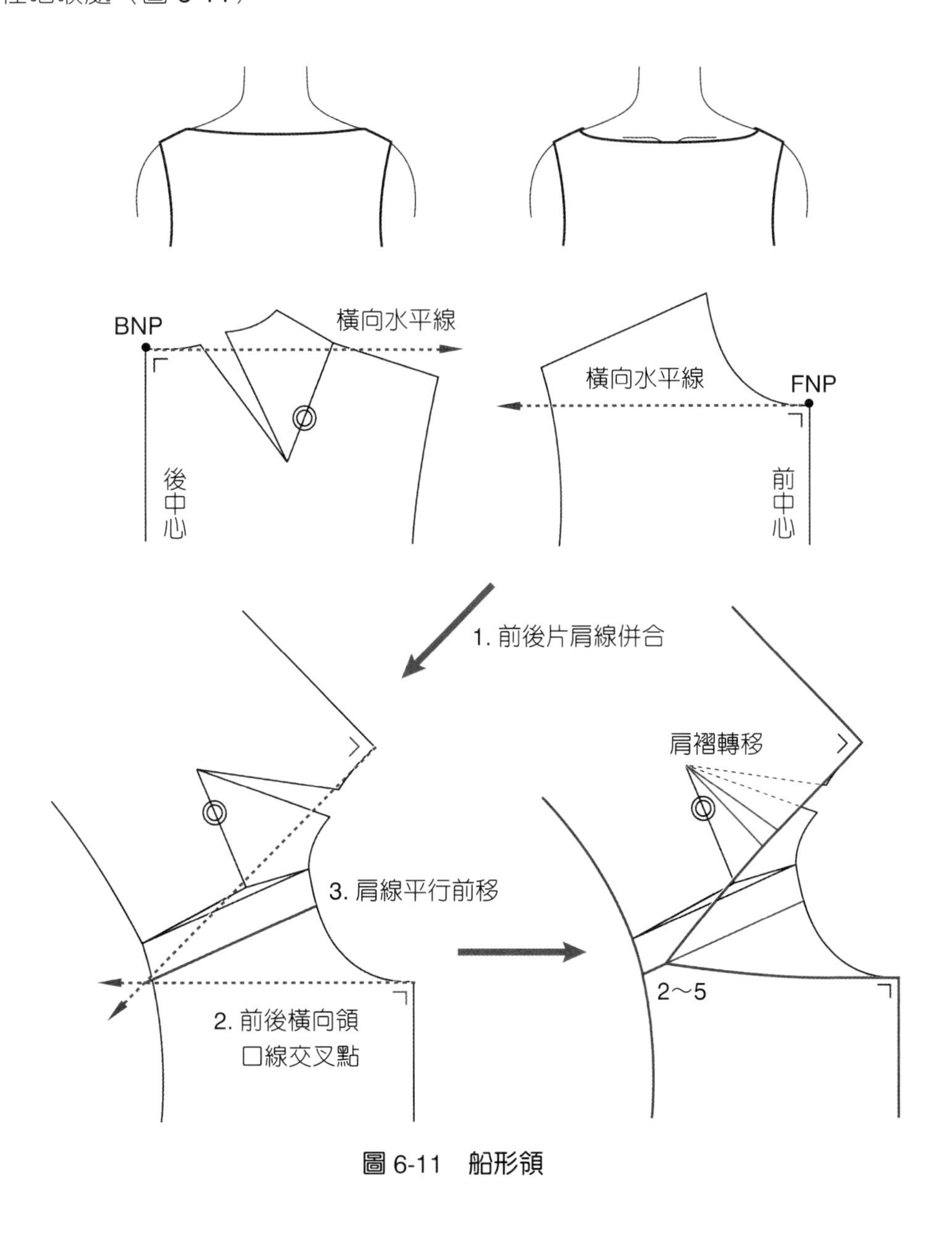

圖 6-11　船形領

三、立領

立領為沿著脖子豎立貼頸形態的領型，長條形領片的弧度與領高寬度配合頸型與設計決定，利用領片的彎度控制領上緣的尺寸（圖 6-12）。身片領圍尺寸以原型的領圍線為基準線，後領口深配合人體脖子的前傾稍微提高 0～0.2 cm，領口寬與前領口深可挖大 0～1cm（圖 6-13）。

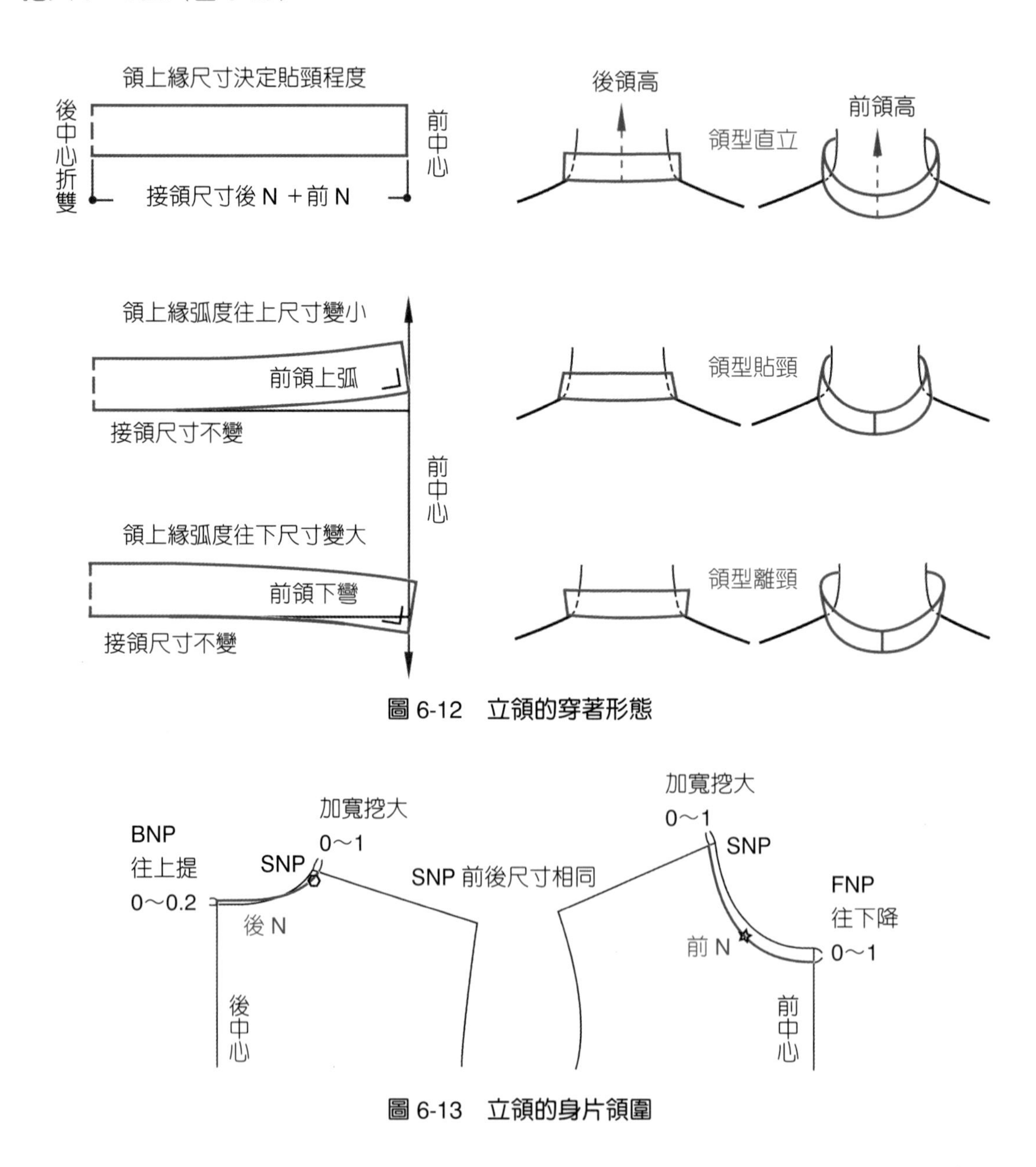

圖 6-12　立領的穿著形態

圖 6-13　立領的身片領圍

製圖順序

1. 橫向長度①取衣服身片領圍的後 N ＋前 N（圖 6-13）。

   標準尺寸半件身片領圍「後 N」8.5cm、「前 N」12.5cm，整件的身片領圍尺寸 42cm。

2. 後中直向高度②取「後領高」，為後中心處的領片高度約 2～5cm（圖 6-14）。

3. 前中「**直上**」尺寸③，為前領往上提高以調整領上緣弧度的尺寸，因此直上尺寸是以領子貼頸狀況設定約 1～2.5cm。領子不要貼合脖子穿著比較舒適，領片上緣圍度尺寸應保有鬆份 1～1.5cm。直上尺寸愈大，領上緣弧度尺寸愈小，領子愈貼頸。

4. 前領圍弧度④畫至領圍中點，後領圍要維持平行線段。

5. 前中高度⑤取「前領高」，為前中心處的領片高度。因為人體的脖子前傾，前領太高會卡到下額，領片高度「前領高」≦「後領高」。

6. 脖子後中心為平坦面，後領部分⑥應為正四邊形。衣服採前開口時，後中心取折雙線。

7. 前領高形態⑦，依設計取直角或圓弧。

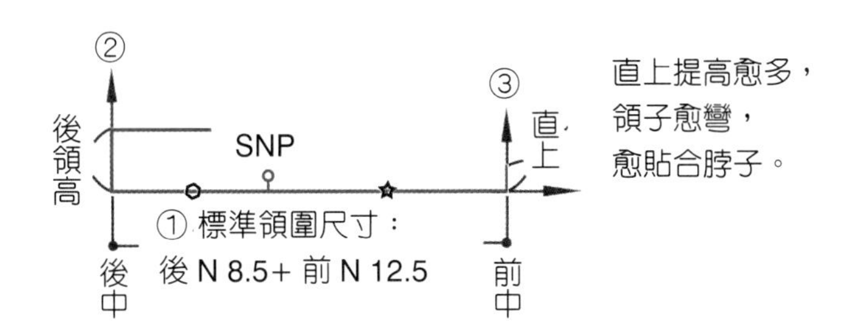

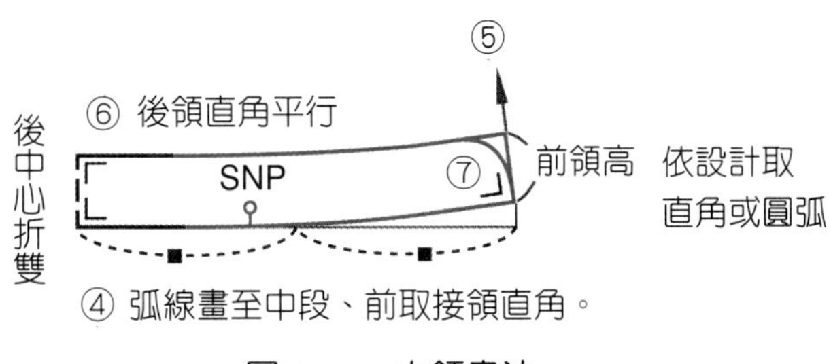

圖 6-14　立領畫法

立領製圖

立領的上領止點至前中心線，領片不會交疊，領片形態為對稱形。上領止點至衣襟前緣線，領片要加出前中重疊份，領片形態會交疊並必須縫釦子（圖 6-15）。

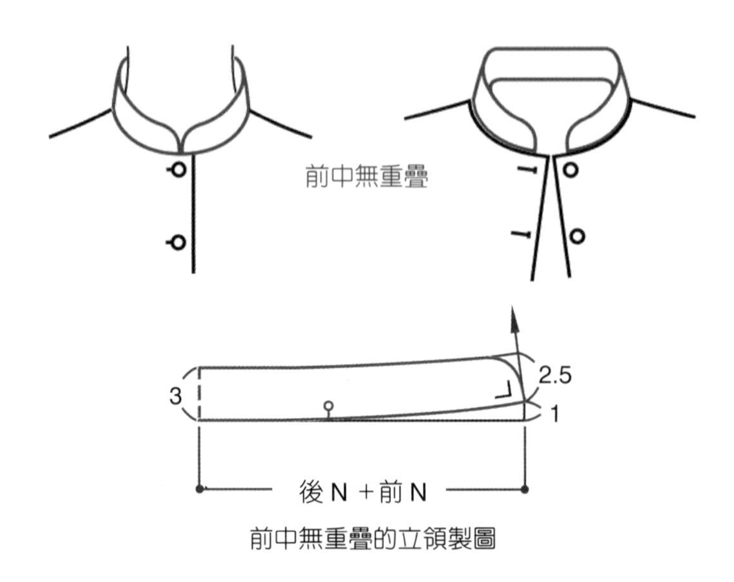

前中無重疊的立領製圖

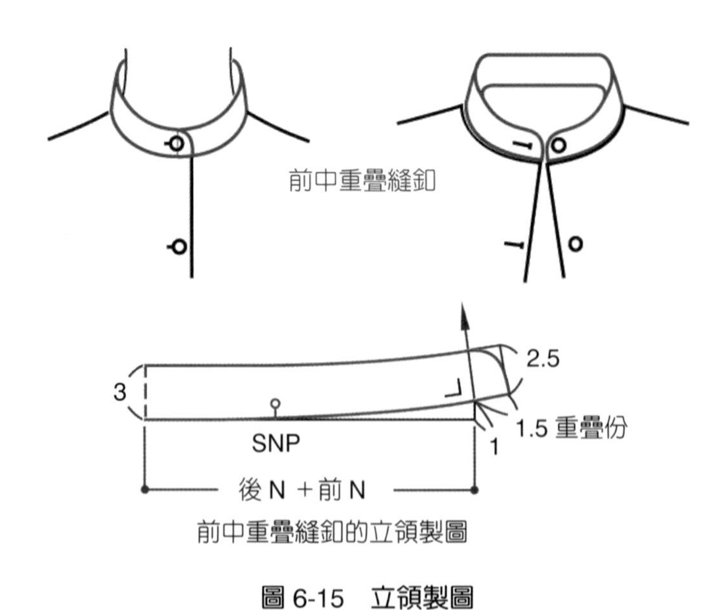

前中重疊縫釦的立領製圖

圖 6-15　立領製圖

四、帶領

帶領是直線構成貼頸形態變化領型，將立領版型延伸加出領帶的寬度與繫結所需的長度，領片布紋取 45° 正斜紋，領型會有比較好的安定性。帶領上領止點至前中心線繫結時會卡住，要留出約 3cm 繫結所需的空隙，兩端左右長度可差 3～6cm（圖 6-16）。身片領圍尺寸的後領口深與領口寬如同立領不宜挖大，前領圍深可依照繫結的高度決定，繫結的高度影響設計視覺感（圖 6-17）

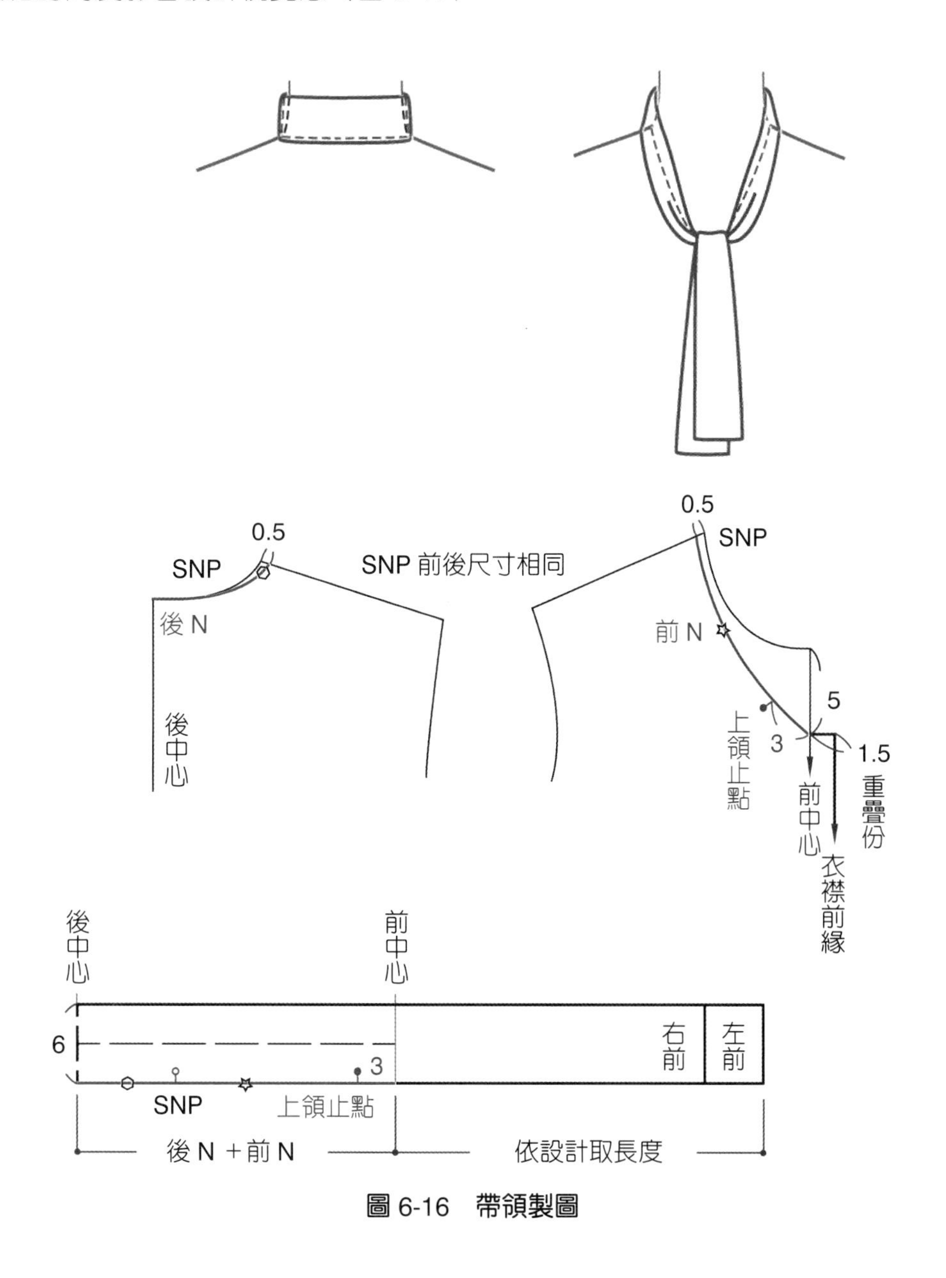

圖 6-16　帶領製圖

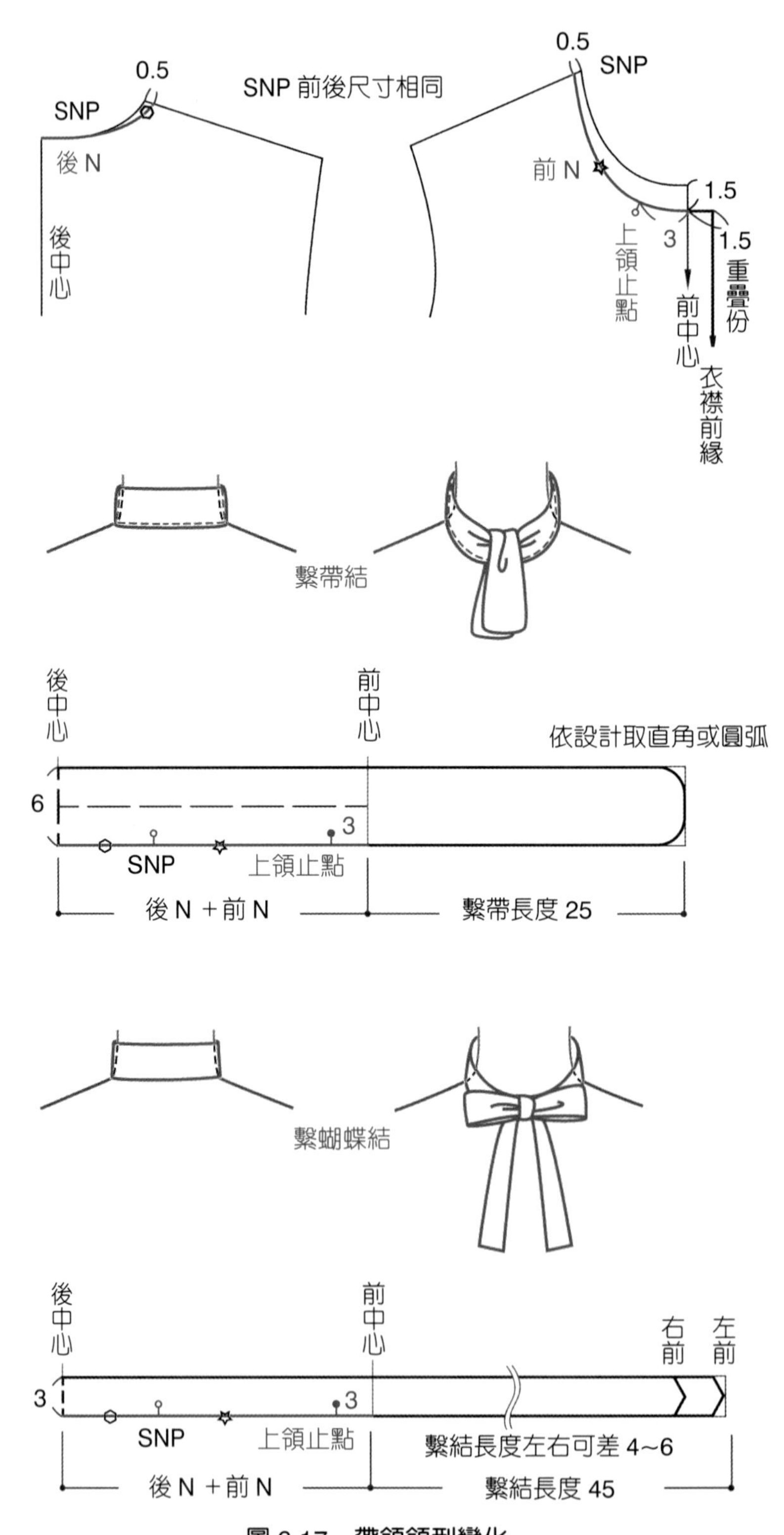
0.5
SNP
SNP 前後尺寸相同
後 N
後中心
0.5
SNP
前 N
1.5
3
1.5
上領止點
重疊份
前中心
衣襟前緣
繫帶結
後中心
前中心
依設計取直角或圓弧
6
3
SNP
上領止點
後 N ＋前 N
繫帶長度 25
繫蝴蝶結
後中心
前中心
右前
左前
3
3
SNP
上領止點
繫結長度左右可差 4~6
後 N ＋前 N
繫結長度 45

圖 6-17　帶領領型變化

五、翻領

翻領與立領相同為領片貼頸的領型，領片在後頸立起領腰高度後翻摺出領寬，後領腰高沿著領折線到前頸消失，前領寬直接向外翻折（圖 6-18）。

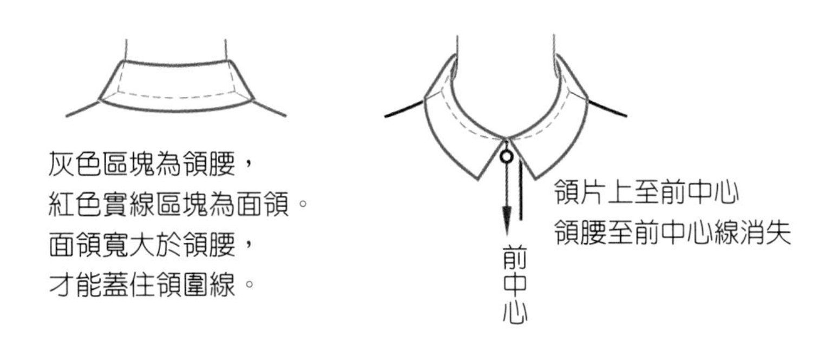

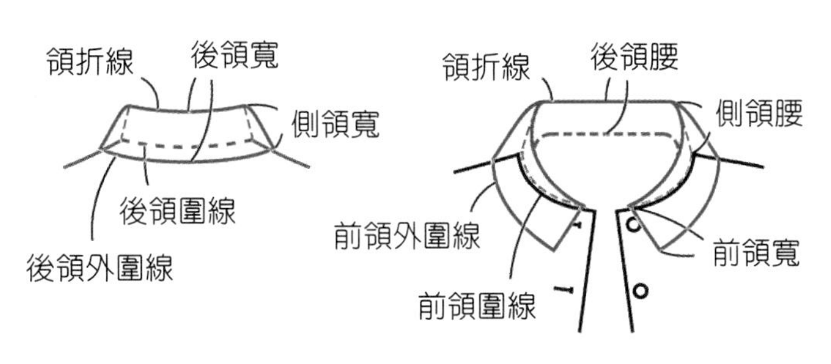

圖 6-18　翻領結構名稱

領圍尺寸為衣服身片領圍的後 N ＋前 N，領圍尺寸愈大，領片尺寸愈長。領片尺寸愈長，領子外圍尺寸愈大，領型無法維持一定高度的立起，也就是領腰會降低（圖 6-19）。

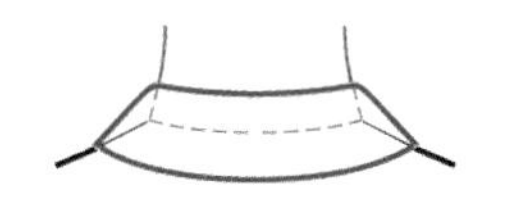

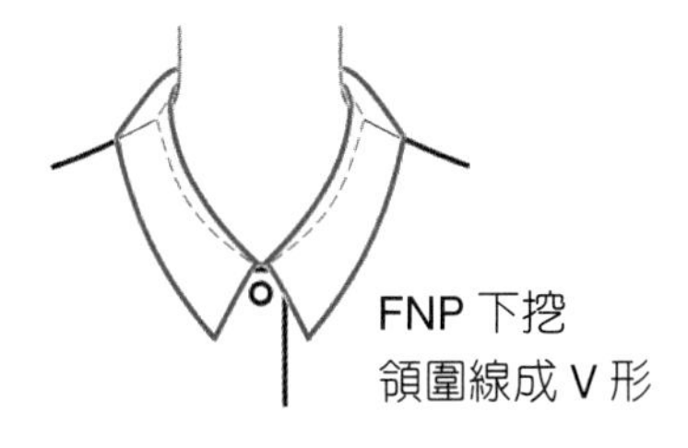

圖 6-19　翻領的穿著形態

翻領的領腰高度會隨著領圍接領尺寸、領寬、領子外圍尺寸的關係不同而改變。由領片結構了解翻領版型尺寸的關係（圖 6-20）：

1. 領片翻折後領寬應蓋住領腰高度，領外圍線要蓋住領圍線。
   「領寬」＞「領腰」;「領外圍」＞「領圍」。
2. 領片寬度＝「領寬」＋「領腰」，領腰高沿著領折線到前頸消失。
   「前領寬」＞「側領寬」＞「後領寬」;「後領腰」＞「側領腰」。
3.「直上」尺寸為後領往上提高以調整領外圍尺寸，因此直上尺寸是以領圍接領尺寸狀況設定，直上尺寸愈大，領外圍尺寸愈大。

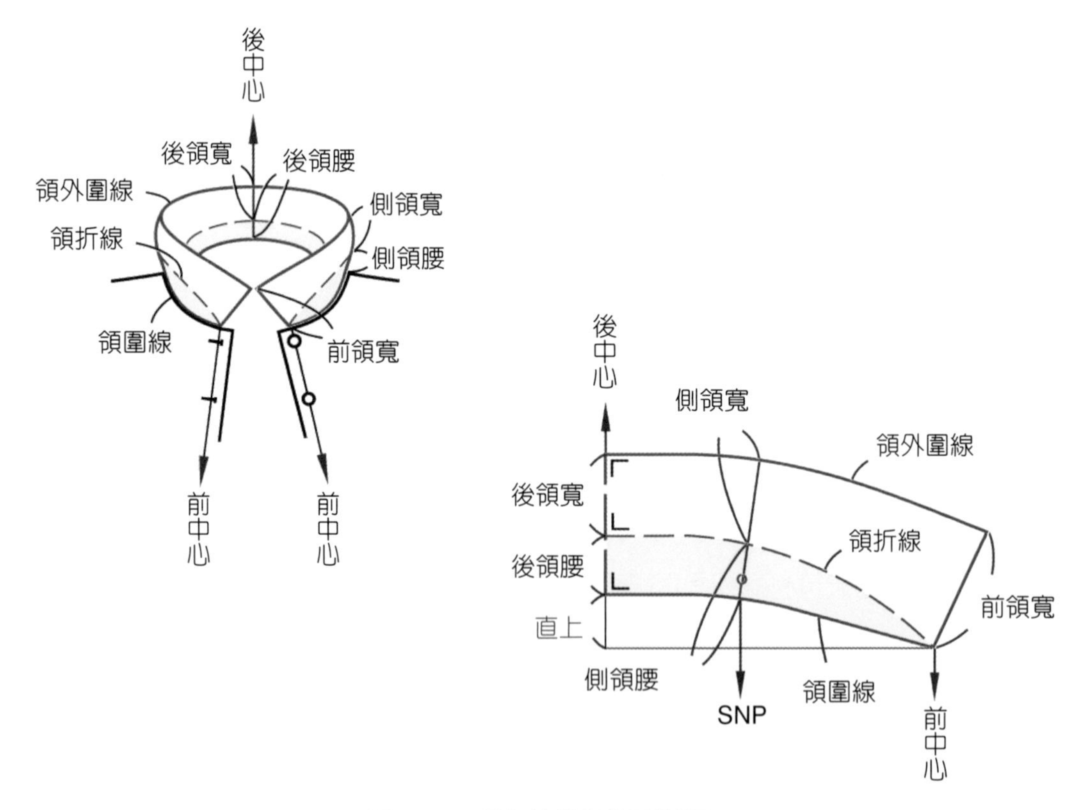

圖 6-20　翻領結構與版型對照

身片領圍尺寸後領口深與側領口寬如同立領不宜挖大，前領圍深依照設計款式前中心上領的高度決定（圖 6-21）。

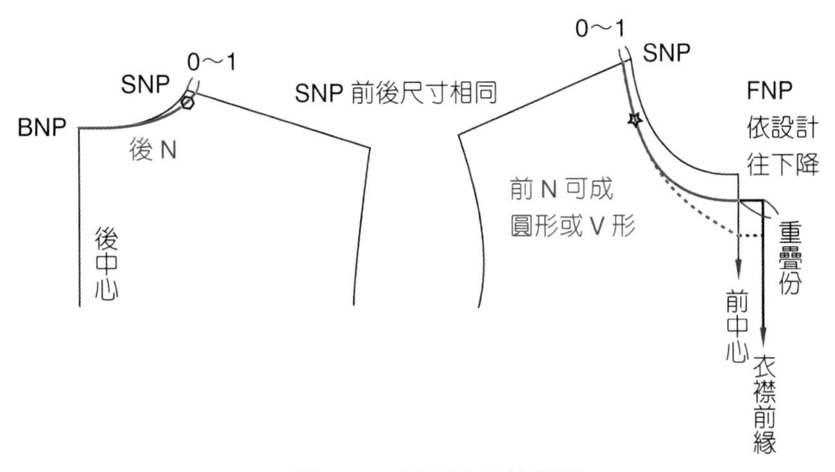

圖 6-21　翻領的身片領圍

製圖順序

1. 後中直向高度①取「直上」、「後領腰」、「後領寬」，三個尺寸的總和高度，後領腰＋後領寬為後中心處的領片高度。直上尺寸不在翻領領片完成輪廓線內，為製圖時所需要的尺寸，直上尺寸取大、後領片高度會相對上提（圖 6-22）。
2. 橫向長度②畫領片的水平基準線。
3. 直上與後領腰高尺寸的分界，畫水平線③為身片領圍的後 N。後領腰高與後面領寬都畫出平行線段④為領折線與領外圍線。
4. 身片前 N 尺寸⑤（紅色線段），從 SNP 以斜線交叉於水平基準線②，交叉點為 FNP。
5. 從 FNP 畫垂直基準線，取前領寬的參考高度位置⑥。
6. 將領外圍線⑦與前領寬參考高度⑥以弧線連接，順線延伸出前領斜度⑧，前領尖形態依設計取直角或圓弧。
7. 將前領斜度⑧與 FNP 以直線連接，為前中心處的前領寬。
8. 領折線⑨與 FNP 以弧線順線連接。
9. 以弧線⑩修順 SNP 處後 N ③與前 N ⑤所形成的角度。

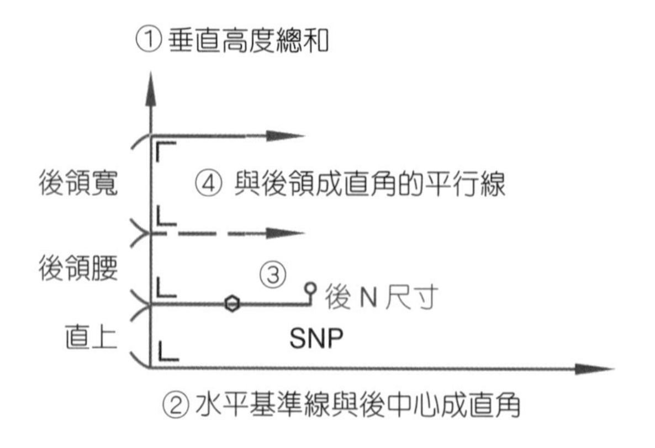
①垂直高度總和
後領寬
④ 與後領成直角的平行線
後領腰
③
後 N 尺寸
直上
SNP
②水平基準線與後中心成直角

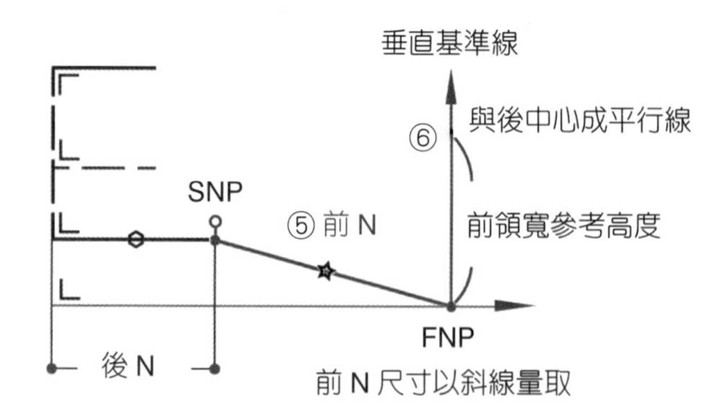
垂直基準線
⑥
與後中心成平行線
SNP
⑤ 前 N
前領寬參考高度
FNP
後 N
前 N 尺寸以斜線量取

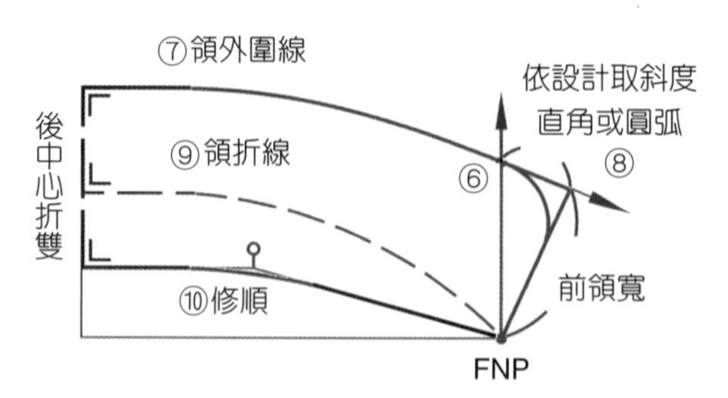
⑦領外圍線
依設計取斜度
直角或圓弧
後中心折雙
⑨領折線
⑥
⑧
前領寬
⑩修順
FNP

圖 6-22 翻領畫法

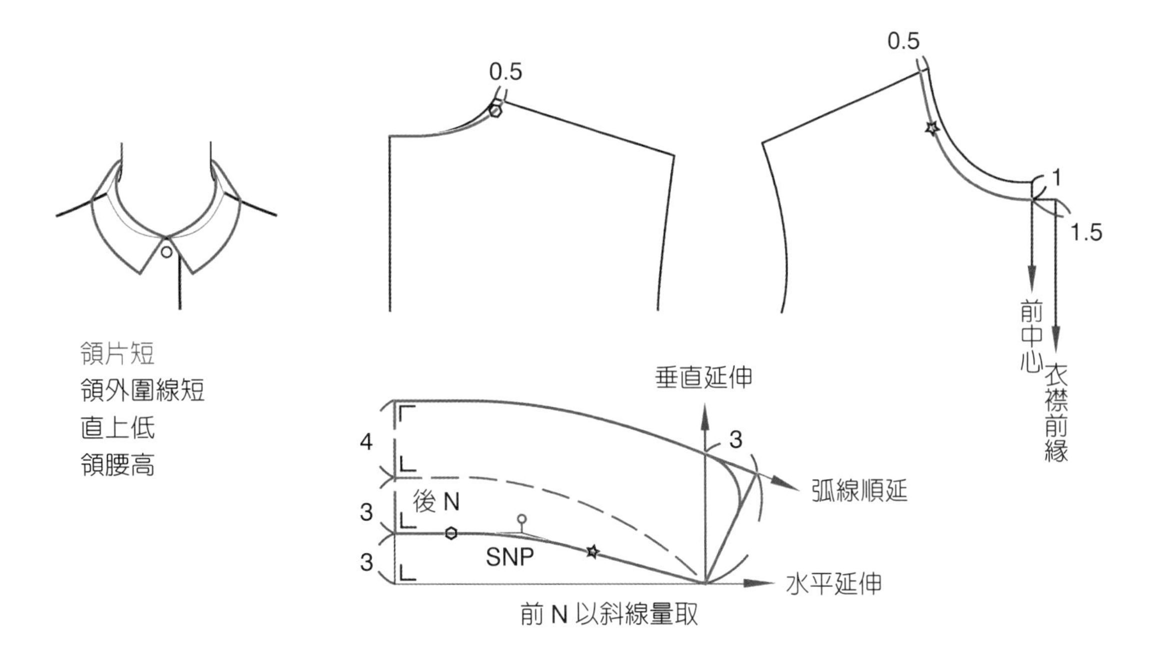
0.5
0.5
1
1.5
前中心
衣襟前緣
領片短
領外圍線短
直上低
領腰高
垂直延伸
4
3
3
3
後 N
SNP
弧線順延
水平延伸
前 N 以斜線量取

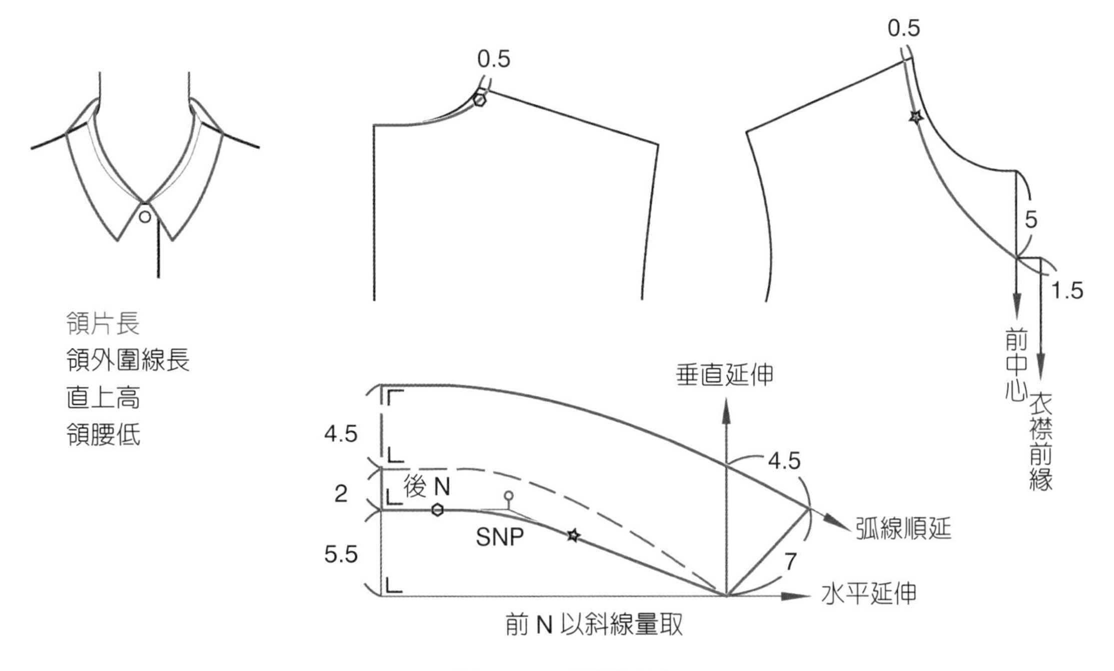
0.5
0.5
5
1.5
前中心
衣襟前緣
領片長
領外圍線長
直上高
領腰低
垂直延伸
4.5
2
5.5
4.5
後 N
SNP
7
弧線順延
水平延伸
前 N 以斜線量取

圖 6-23　翻領製圖

六、襯衫領

男襯衫最常使用的領型，以立領為「**領台**」、翻領形為上片「**面領**」翻折的兩片式組合領（圖 6-24）。領台與有重疊份的立領版型相同（圖 6-15），領台上緣與面領下緣為相接縫的線尺寸應相同。面領與翻領版型相似，直接從領台翻折，沒有領折線與領腰。

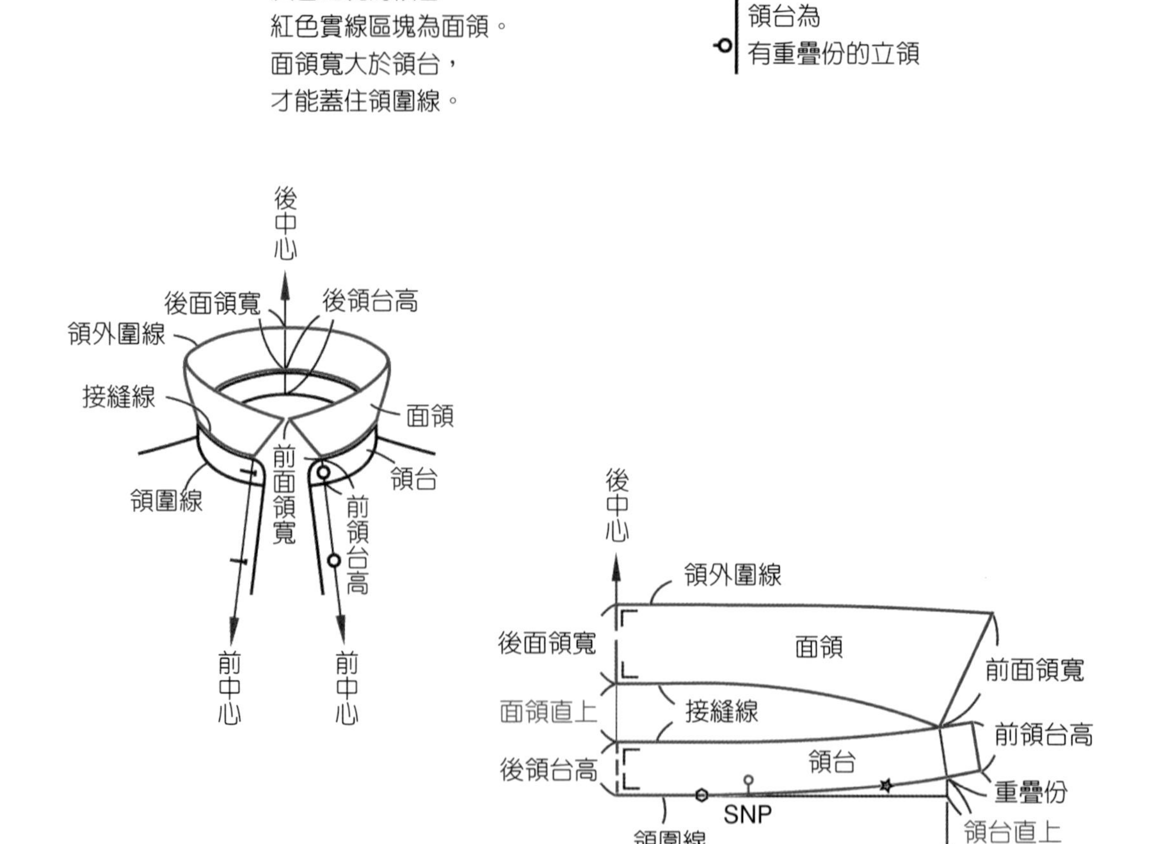

圖 6-24　襯衫領結構與版型對照

製圖順序

1. 橫向長度①取衣服身片領圍的後 N ＋前 N（圖 6-13）。
2. 後中直向高度②取「後領台高」、「面領直上」、「後面領寬」，三個尺寸的總和高度，後領台與與後面領都要維持平行線段。
3. 前中「領台直上」尺寸③，為調整領台上緣弧度的尺寸。
4. 前中高度取「前領台高」④，為前中心處的領台高度。因為人體的脖子前傾，不宜卡到下顎，「前領台高」≦「後領台高」。
5. 前領圍弧度延伸畫出領台的重疊份⑤，前領台形態依設計取直角或圓弧。
6. 從前領台高畫與後中心②平行的基準線⑥，取前面領寬的參考高度位置。
7. 將面領外圍線順線延伸出前領斜度⑦，與 FNP 以直線連接，為前中心處的前面領寬。
8. 面領下緣線⑧與前領台以弧線順線連接，面領下緣線尺寸＝領台上緣線尺寸。

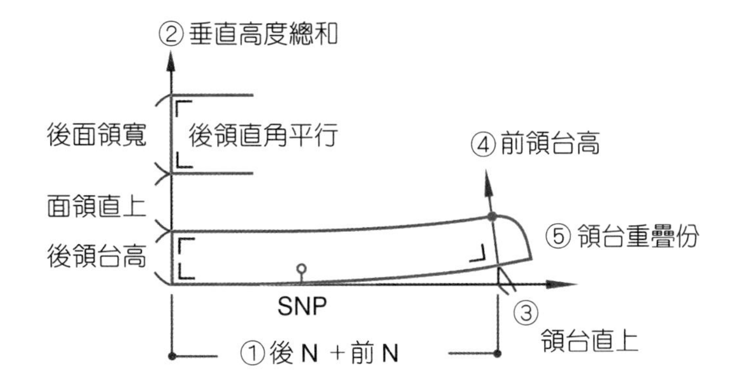

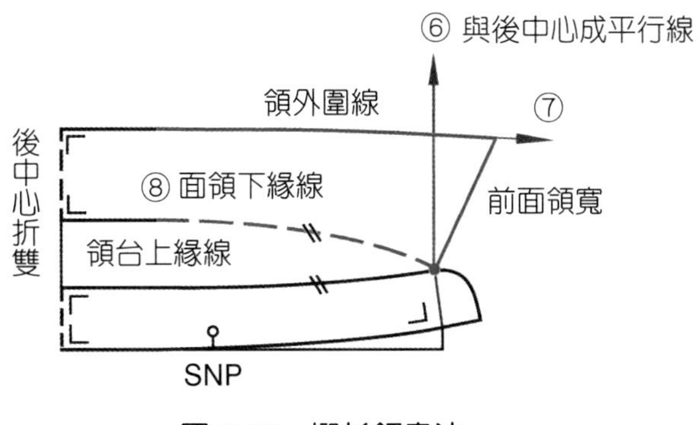

圖 6-25　襯衫領畫法

由領片結構了解襯衫領版型尺寸的關係（圖 6-26）：

1. 面領翻折後領寬應蓋住領台高度，領外圍線要蓋住領圍線。
「面領寬」＞「領台高」；「領外圍」＞「領圍」。
2. 前面領寬為領片設計造型的重點，寬度大於後面領寬。
配合人體脖子的前傾，前領台比後領台低 0.5cm 穿著比較舒適。
「前面領寬」＞「後面領寬」；「後領台高」＞「前領台高」。
3.「領台直上」尺寸不在領片完成輪廓線內，為製圖時前領台往上提高以調整領台上緣線的尺寸。依領台貼頸狀況設定約 1～2.5cm，領台直上尺寸往上提高愈大、領台弧度愈大，領台上緣弧度尺寸愈小，領台愈貼頸。
4.「面領直上」尺寸不在領片完成輪廓線內，為製圖時後面領往上提高以調整領外圍線的尺寸。面領直上尺寸往上提高愈大，領片弧度愈大，領外圍尺寸愈大，面領翻摺後領寬蓋住領台高度的份量愈多。

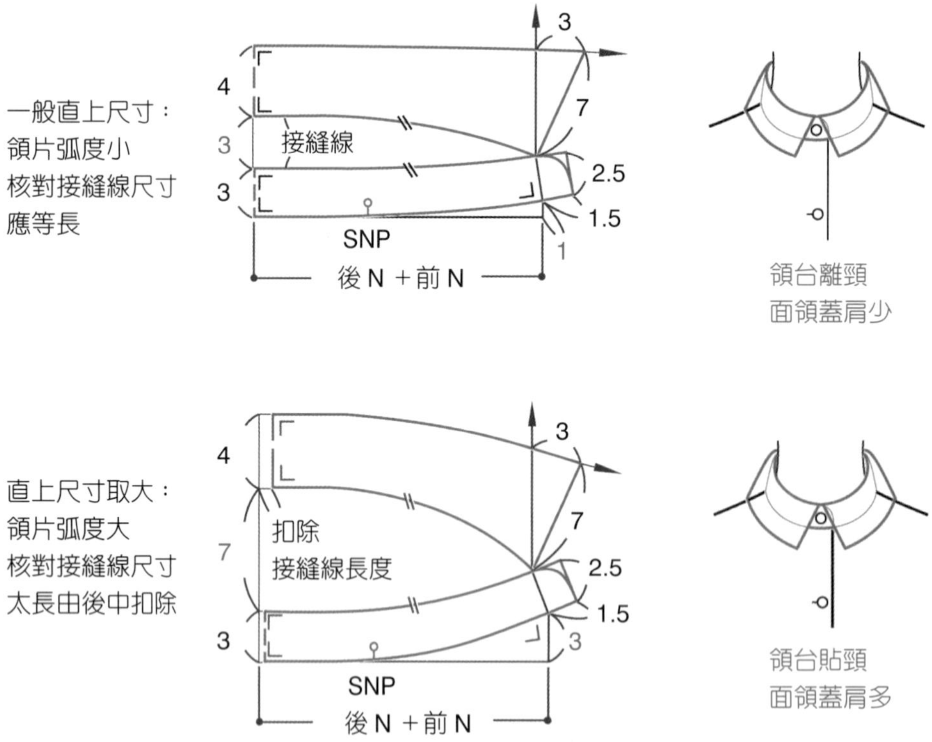

圖 6-26　襯衫領製圖

七、平領

平領為圓形領片沿著領圍平貼於肩部，領腰極低的貼肩形態領型。平領製圖需描繪衣服身片的領圍黑線為基準線，在後領與側領加出 0.3cm～1.2cm 之間的少許領腰高度，使領片的領圍紅線尺寸略小於身片的領圍黑線尺寸，將領圍的接領線內縮避免顯露在外（圖 6-27）。

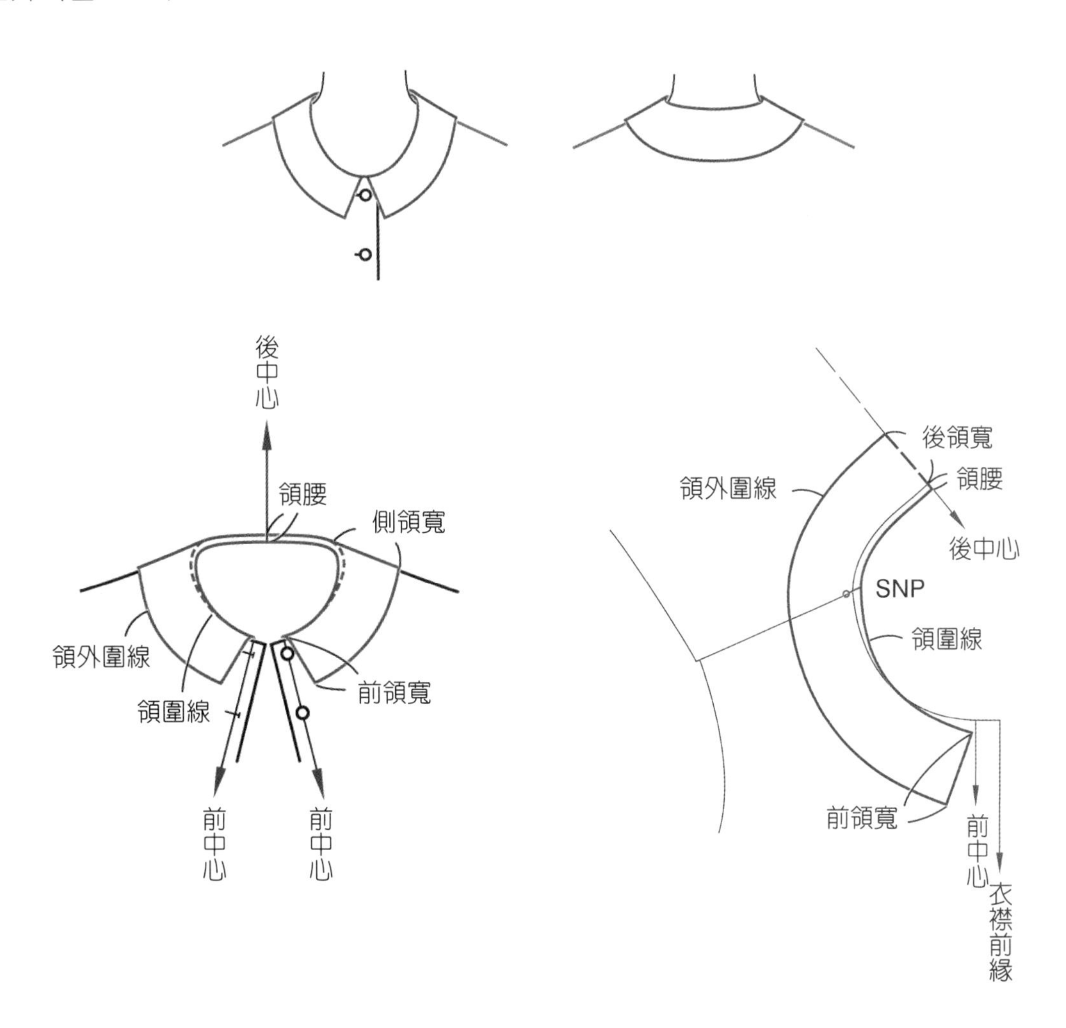

圖 6-27　平領結構與版型對照

因為是平貼於肩的領型，身片領圍尺寸後領口深與側領口寬可依設計款式挖大，前領圍深也依照設計款式的領圍形態決定。將前後身片的肩線相併，再依據身片領圍線畫出領片。利用衣服身片的「**肩線的重疊份**」可控制領外圍尺寸，肩線直接相併時領外圍線圓弧度最大、領腰最低，肩線交疊時領外圍線圓弧度縮小、領腰加高（圖 6-28）。肩線交疊太多時，領圍接領線弧度會形成角度不順暢，表示版型無法成立，想要繪製有高度領腰的領型，應該以翻領製圖方式打版。

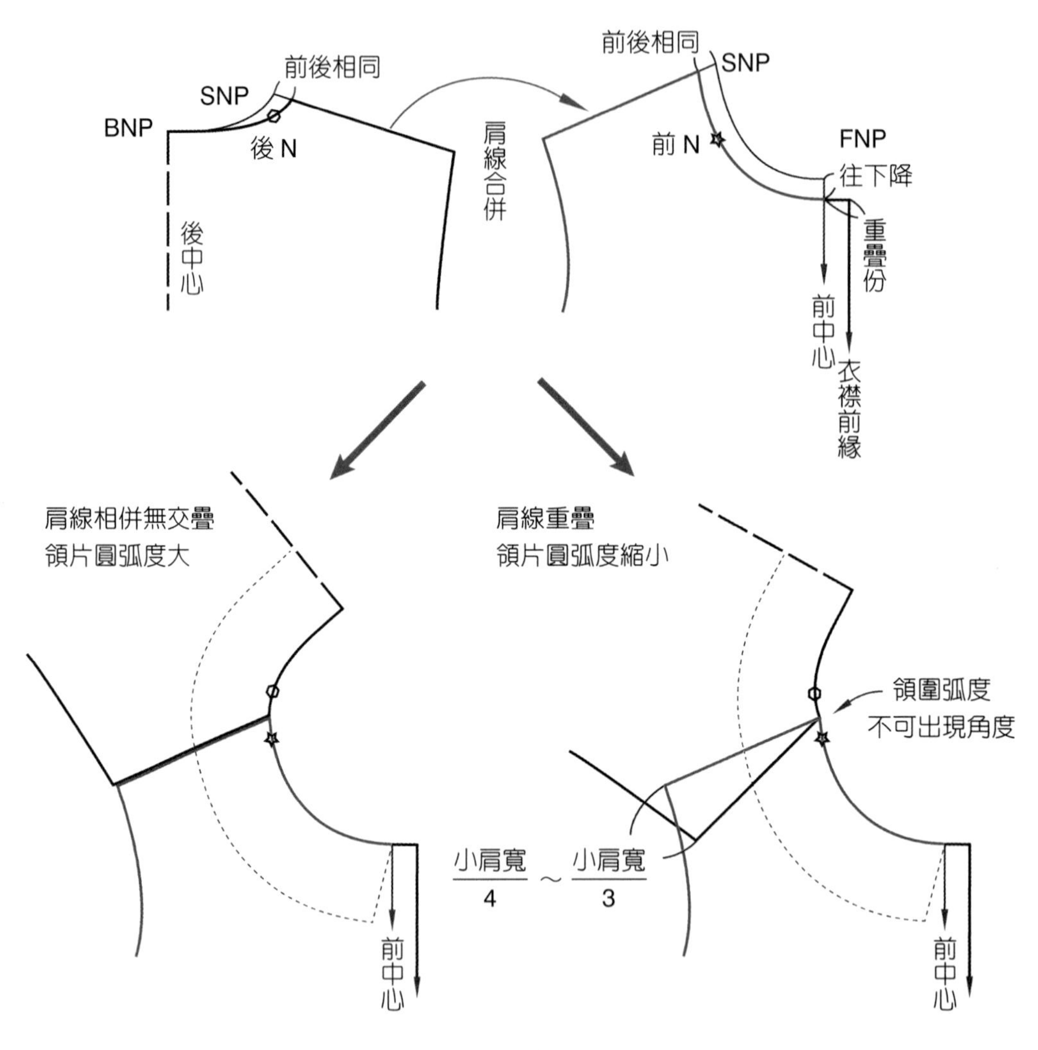

圖 6-28　平領的身片領圍

製圖順序

1. 將衣服身片的領圍依照設計款式的形態挖大，前後身片的肩線相併①（圖 6-29）。
2. 以身片領圍黑線為基準線，加出少許的後領腰高②與側領腰高③。
3. 前中心下降④使前領片外圍尺寸略縮短，加強領片的服貼度。紅線為領片領圍，黑線為身片領圍。
4. 畫後領寬⑤與側領寬⑥，後領寬略小於側領寬，視覺寬度較一致。
5. 畫前領寬⑦，領尖形態依設計取直角或圓弧。領外圍曲線弧度取與領圍弧度線視覺近似平行的線條。

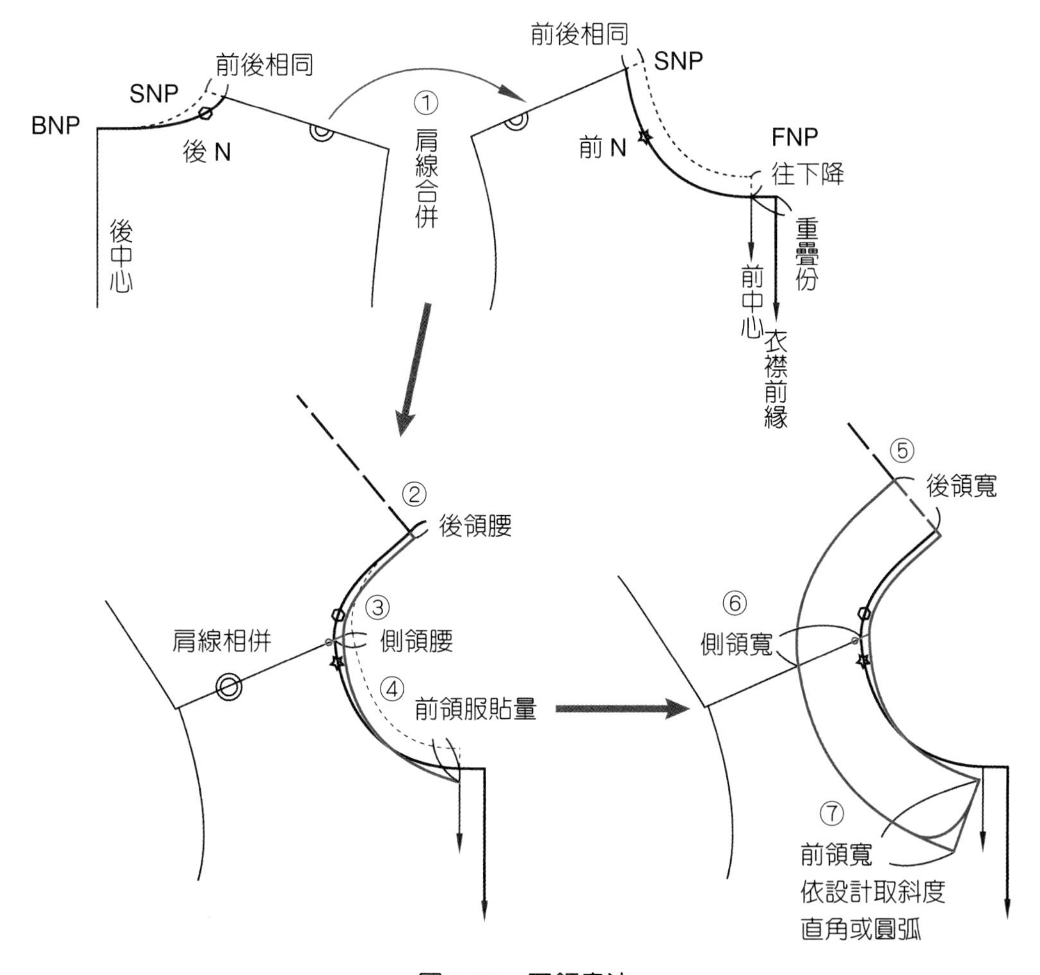

圖 6-29 平領畫法

肩線直接相併時領外圍線圓弧度大，常用為大尺寸領寬的領型設計；肩線交疊時領外圍線圓弧度小，常用為小尺寸領寬的領型設計（圖 6-30）。

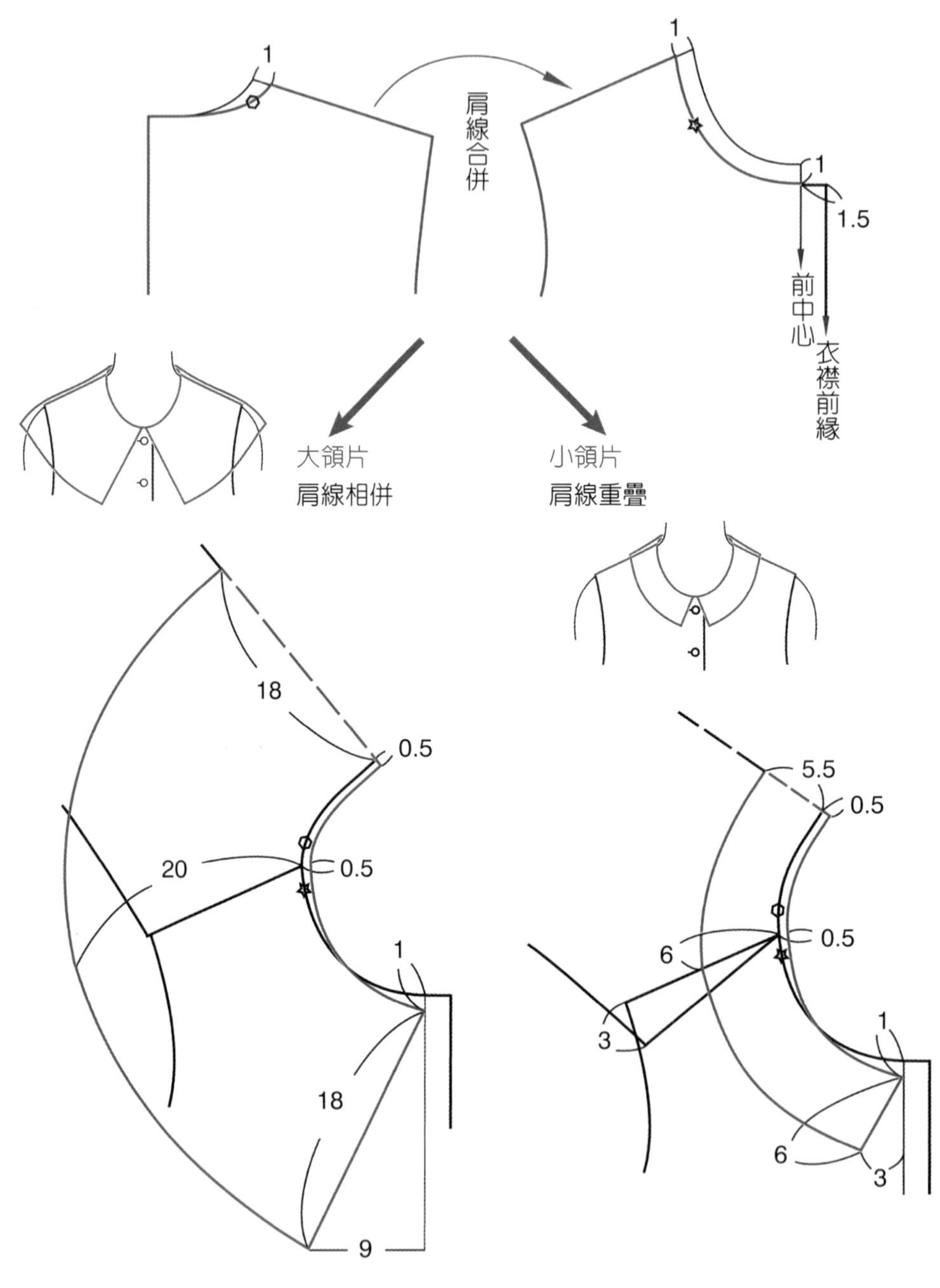

圖 6-30　平領製圖

八、波浪領

將平領版型取均分等分，領外圍線加入展開的褶份，拉展成環狀裁片，為有波浪褶設計的波浪領，是貼肩形態的變化領型（圖 6-31）。身片領圍黑線為基準線，加出少許的後領腰高與側領腰高，前領片不需強調服貼，前領圍與衣身領圍取同弧度。

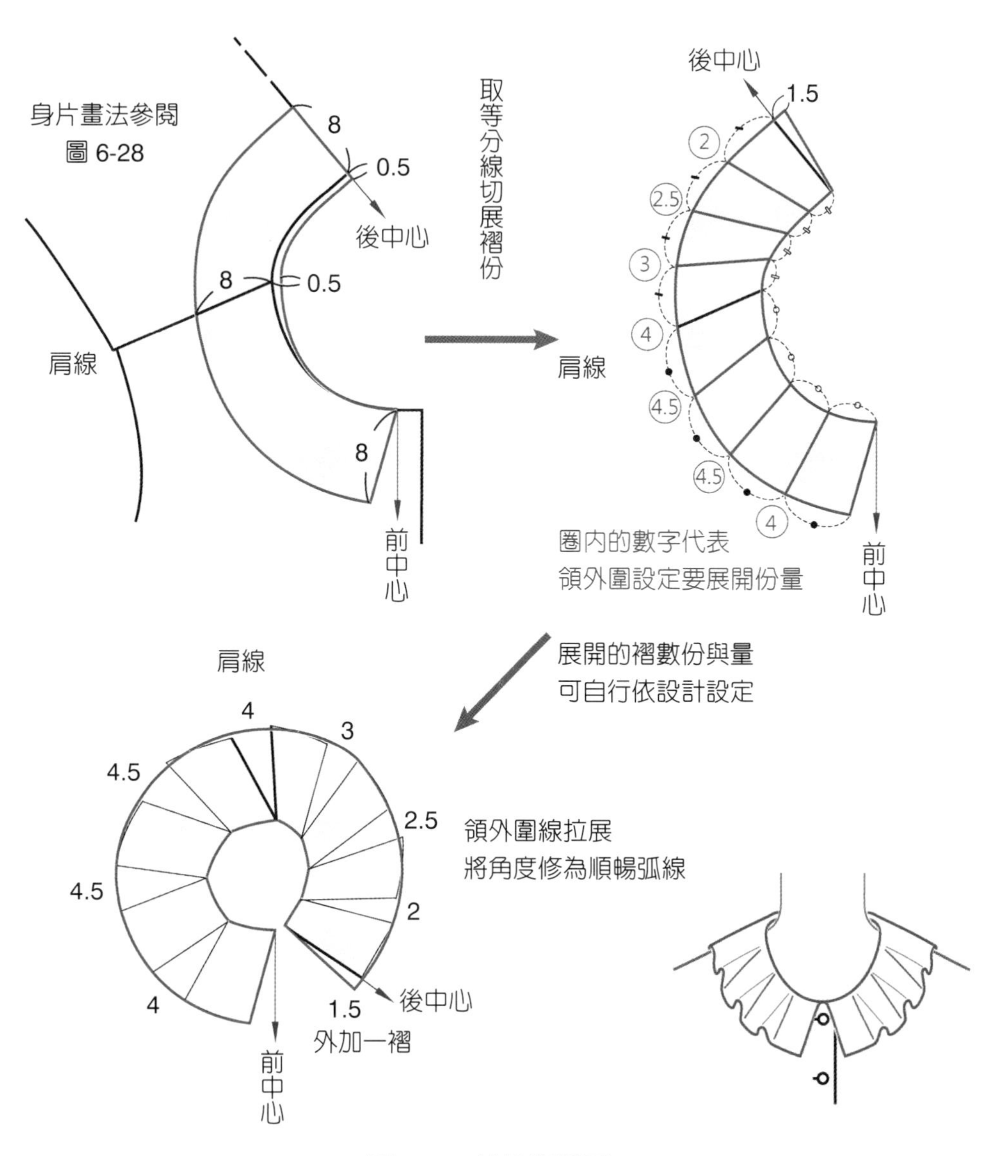

圖 6-31　波浪領製圖

九、水兵領

水兵領為貼肩形態的變化領型，衣服身片領圍為 V 形，前領口深下挖的深度依設計需求自定，下挖深度多時須考慮製作胸擋布遮住前胸。人體為立體曲面，前領圍線為弧線，領片外圍輪廓線形態可依設計喜好決定（圖 6-32）。

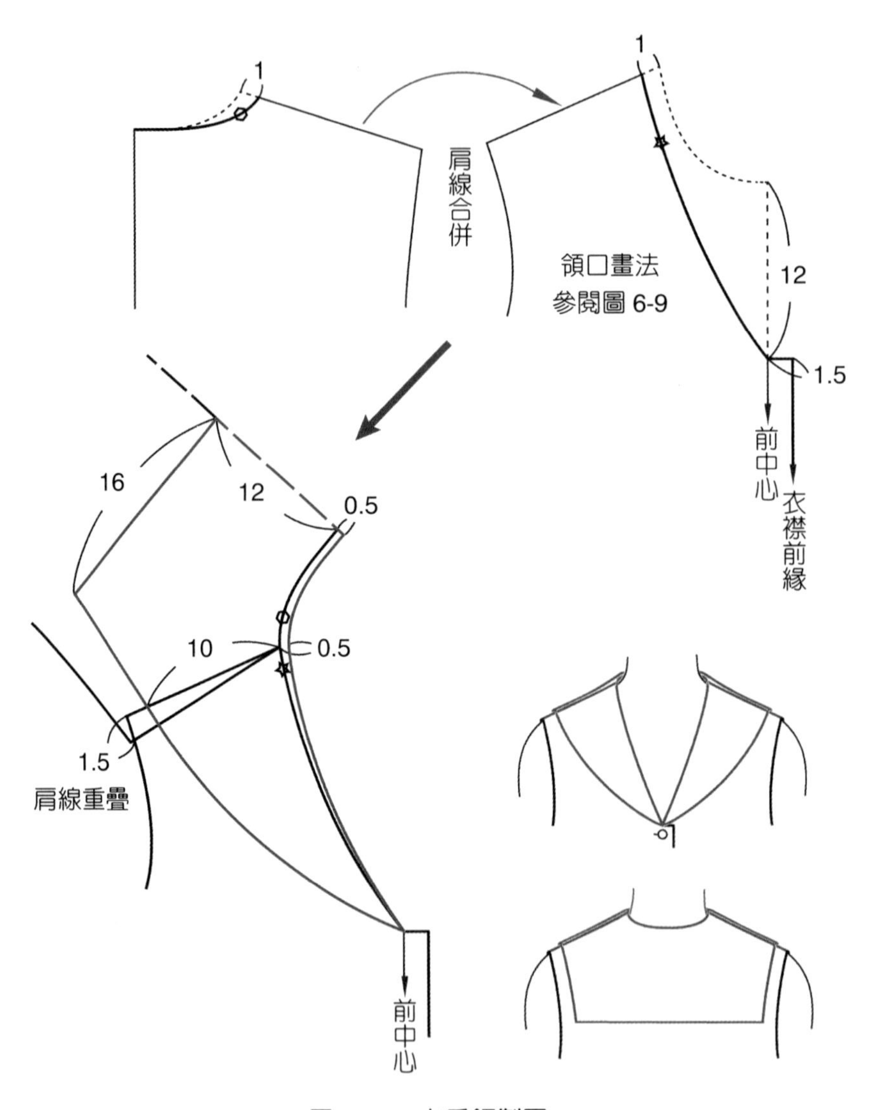

圖 6-32　水兵領製圖

十、國民領

襯衫常用的國民領為後領貼頸、前領片沿著前衣襟形成翻開形態的領型，由圍繞頸部的「**上片領**」，與從衣身前襟延續「**下片領**」組合構成（圖 6-33）。打版時領片與前衣身需連著同時製圖，以第一顆釦子位置為領折翻開止點。

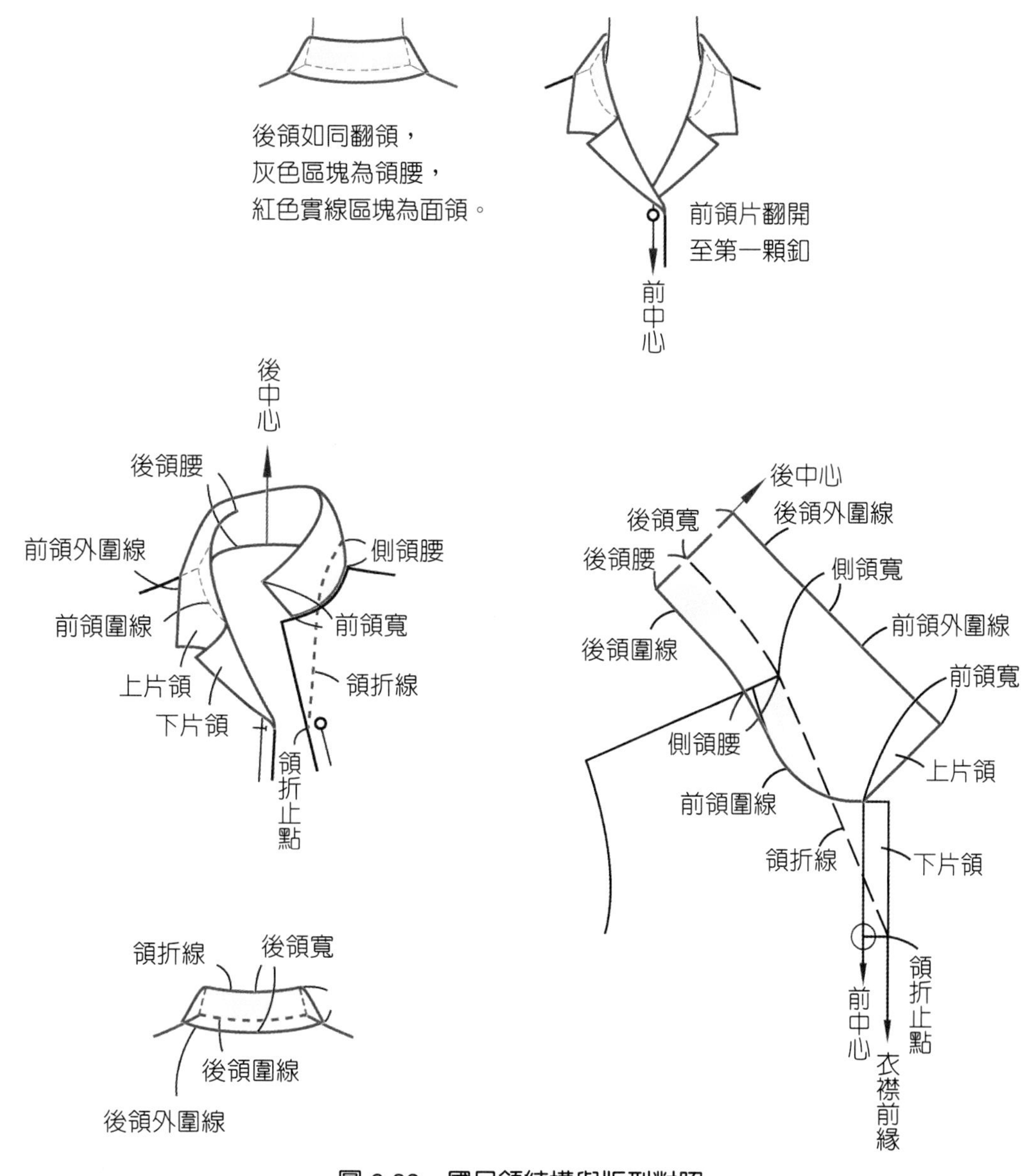

圖 6-33　國民領結構與版型對照

製圖順序

1. 將衣服身片的領圍依照設計款式的形態挖大，前後身片的頸側點 SNP ①挖大的尺寸應相同（圖 6-34）。
2. 從挖大的尺寸開始取側領腰高②，側領腰高包含頸側點 SNP ①挖大的尺寸。
3. 以第一顆釦子位置為「**領折止點**」③與側領腰高②，兩點連成直線為領折線（圖 6-35）。
4. 從 SNP ①畫與領折線平行的直線④，直線長度取後領圍尺寸⑤。
5. 以SNP①為圓心，後領圍尺寸直線長度⑤為半徑畫圓弧，往肩線方向取弧線段為「**傾倒份**」。翻開領的「傾倒份」與翻領的「直上」尺寸是相同概念，傾倒份愈大、後領外圍尺寸愈長。
6. 從傾倒的後領圍尺寸直線⑤，畫垂直線取後領腰高⑥與後面領寬⑦。領片翻摺後領寬應蓋住領腰高度，領外圍線要蓋住領圍線，後面領寬要大於後領腰高。
7. 以弧線⑧修順 SNP ①處，後 N 與前 N 所形成的角度。
8. 畫上片前領寬⑨，領尖形態依設計取決。
9. 衣身前中重疊份直接往上延伸，形成下片領。

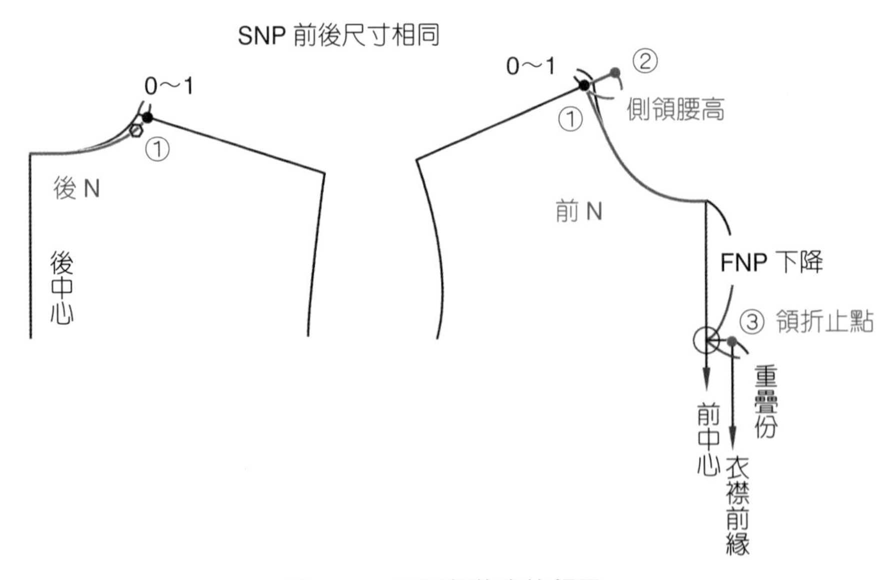

圖 6-34　國民領的身片領圍

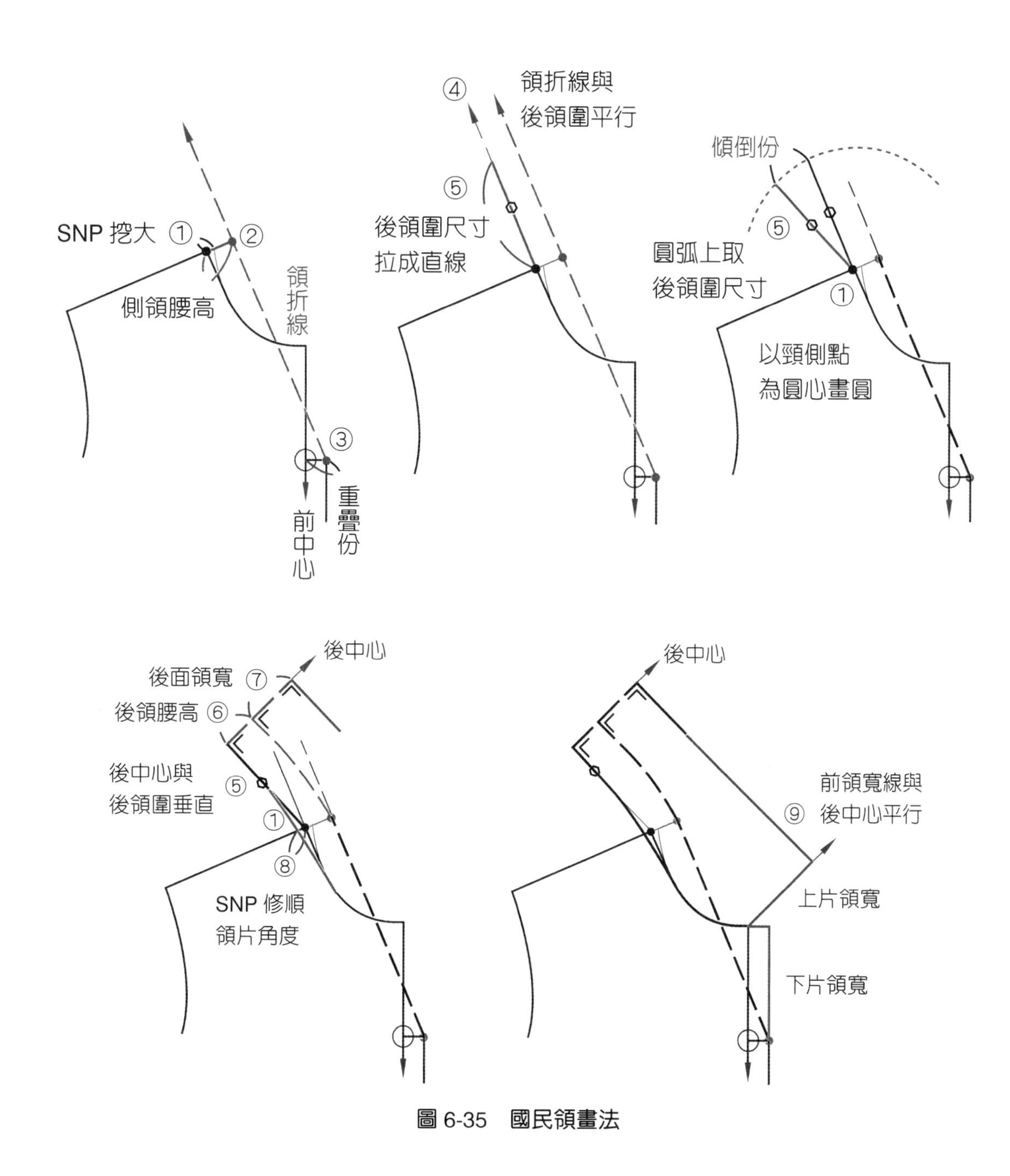
SNP 挖大 ①
②
側領腰高
領
折
線
③
前
中
心
重
疊
份
④
領折線與
後領圍平行
⑤
後領圍尺寸
拉成直線
傾倒份
⑤
圓弧上取
後領圍尺寸
①
以頸側點
為圓心畫圓
後中心
後面領寬 ⑦
後領腰高 ⑥
後中心與
後領圍垂直
⑤
①
⑧
SNP 修順
領片角度
後中心
前領寬線與
⑨ 後中心平行
上片領寬
下片領寬

圖 6-35　國民領畫法

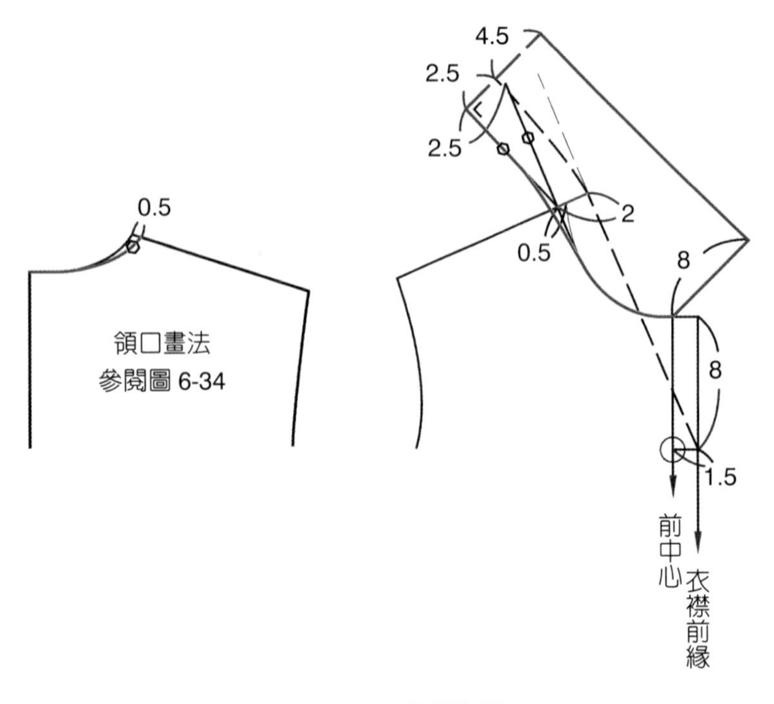

圖 6-36　國民領製圖

國民領打版領片與前衣身為連著同時製圖，拆版時再分為上片領的領片版型，與下片領的前衣身版型（圖 6-37）。

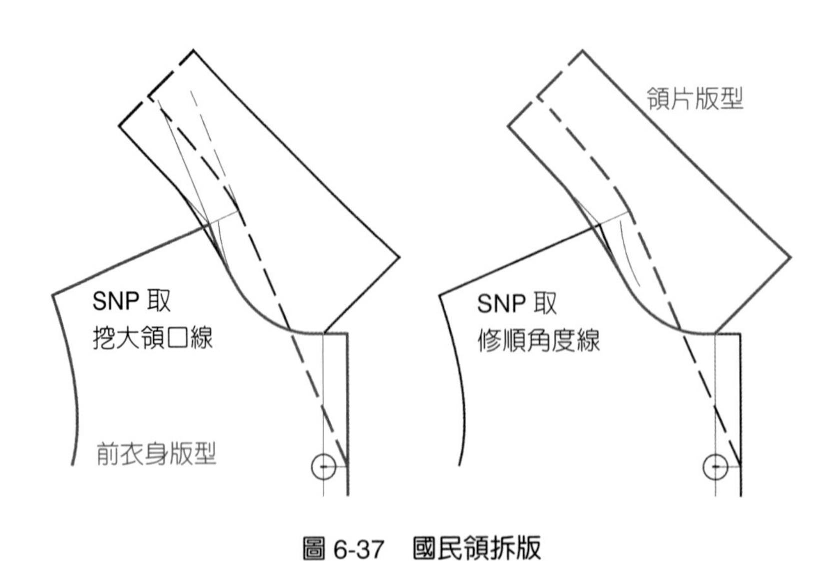

圖 6-37　國民領拆版

十一、長方領

長方領為翻開形態的變化領型，上下領片接合後，衣襟前緣為連續的直線。製圖順序與國民領相同，上片領寬①與衣襟前緣沒有缺口，上下領片接縫線②由肩線與前中線的切線角度決定，接縫線②與領尖形態③應使領型看起來的視覺接近長方形（圖 6-38、圖 6-39）。

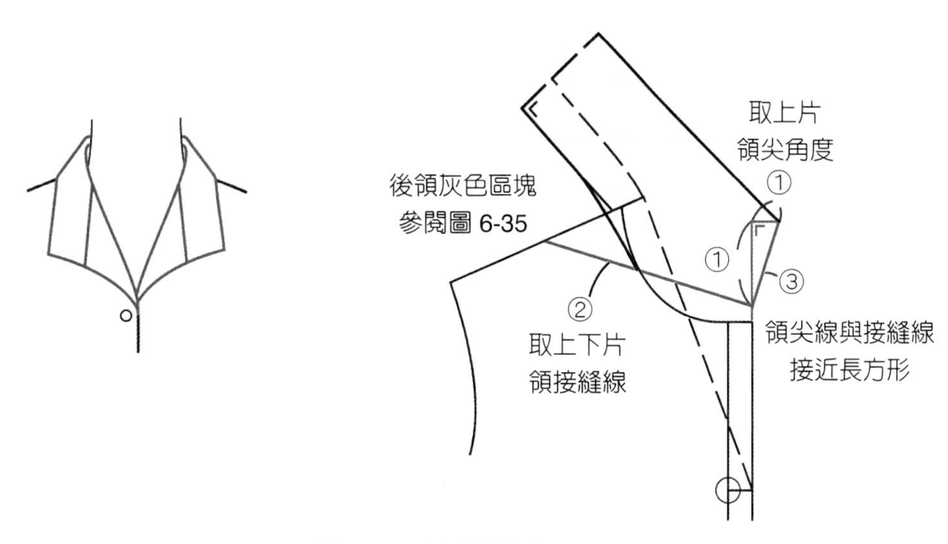

圖 6-38　長方領畫法

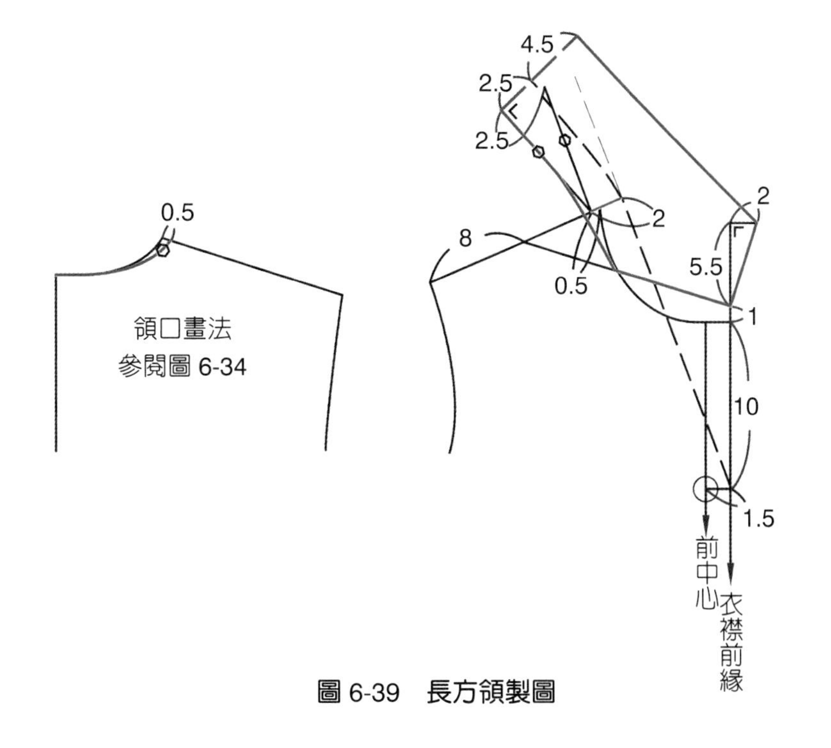

圖 6-39　長方領製圖

十二、西裝領

外套常用的翻開領型為西裝領，第一顆釦子位置開低，領折止點低於國民領。上下領片接縫線處的缺口，稱為「**刻口**」。製圖順序與國民領相同，上片領打版可參閱（圖 6-34）。領折止點①與側領腰高連成領折線②，後領圍尺寸直線長度與領折線兩線平行③，以 SNP 為圓心取後領傾倒份④，後中心線⑤需與傾倒的後領圍線垂直。下片領的寬度大於國民領，與上片領的接縫線⑥由肩線與前中線的切線角度決定，外套類西裝領的接縫線⑥與領折止點①位置，低於襯衫類的國民領與長方領（圖 6-40）。

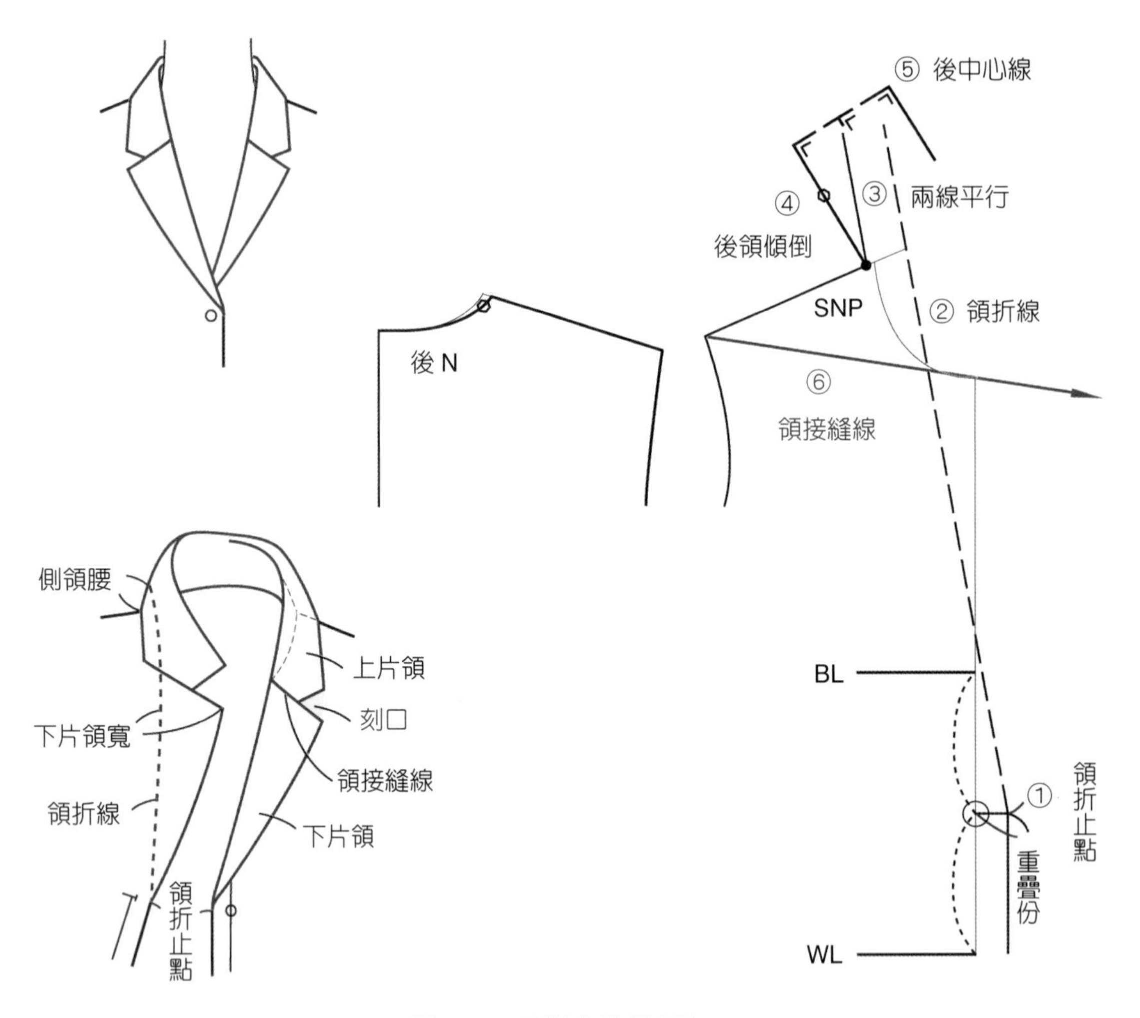

圖 6-40　西裝上片領畫法

下片領寬度與領折線垂直，將尺規沿著領折線移動，與接縫線⑥垂直取下片領寬度的交點⑦。尺規上移領寬小、尺規下移領寬大，可隨設計款式訂立（圖 6-41）。領寬與領折止點連線為下片領⑧，下片領外圍取弧線會有比較美的視覺感。在下片領尖畫三角形為刻口⑨，從刻口連接後領外圍線⑩為上片領（圖 6-42）。

完成的製圖紙型可依領折線摺疊，描繪出前身片的領片輪廓設計線，確認領接縫線的斜度、刻口的形狀、領折止點的位置高度、領型與身片的比例是否與設計線條相符。若是與設計款式想像有落差，可直接畫出理想型，再翻回圖紙修正即可（圖 6-43）。

西裝領根據前 V 形開襟的長短、領折止點的位置高度、領接縫線的斜度、下片領的寬度、刻口缺角的位置或形狀、甚至穿著時的前中心重疊份為雙排釦或單排釦等等要素，呈現出不同的外觀與設計感。

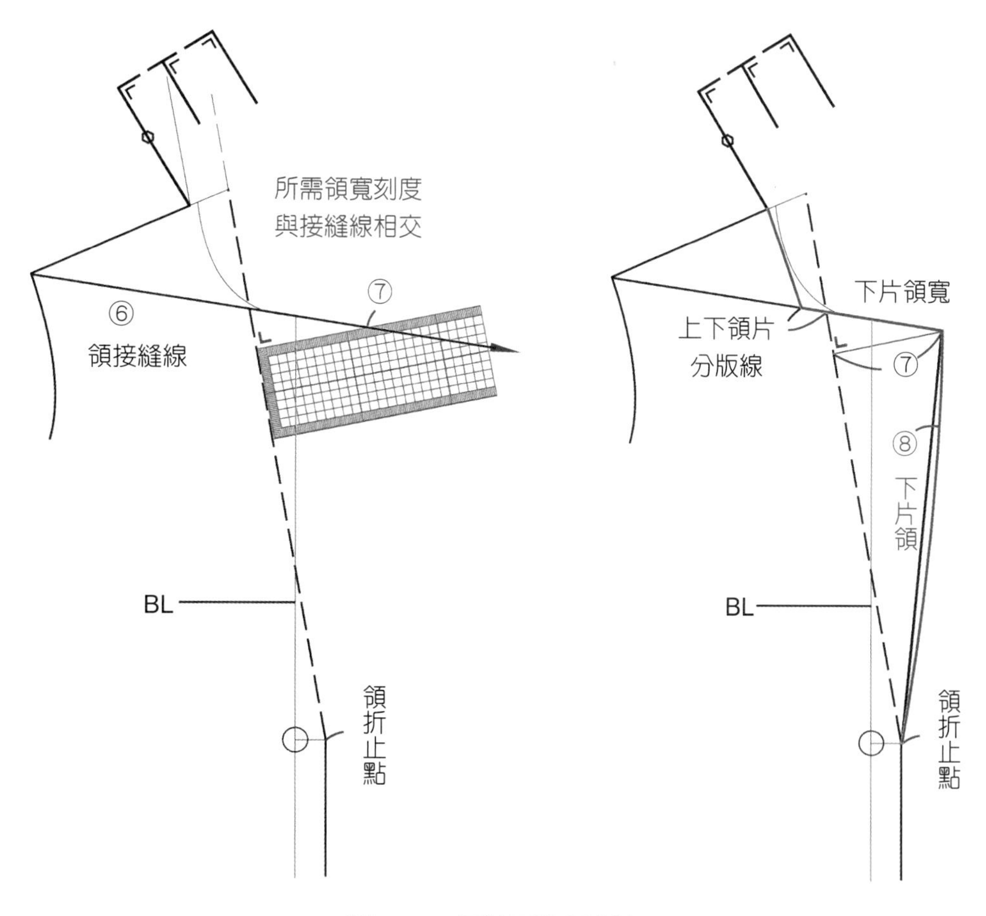

圖 6-41　西裝下片領畫法

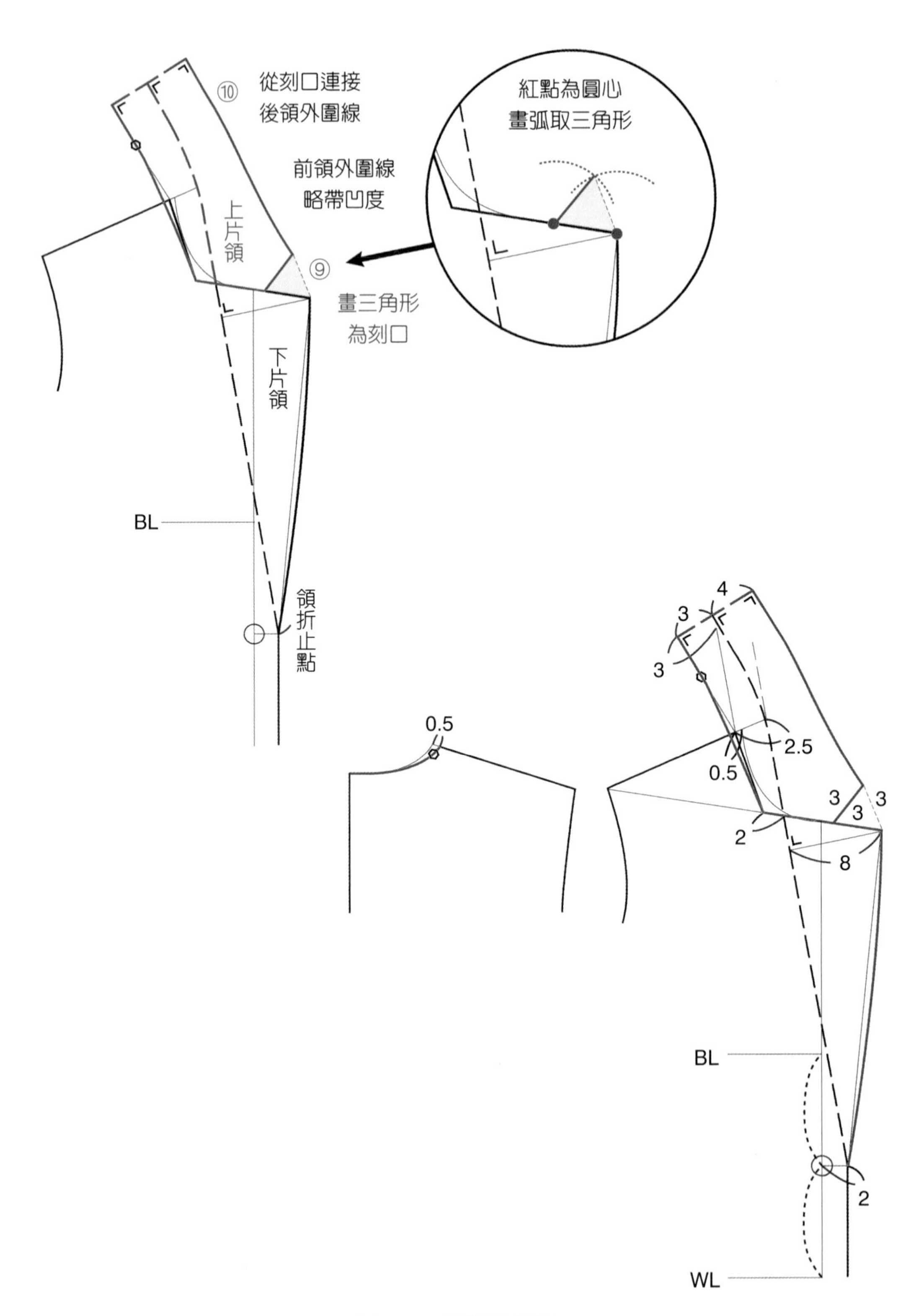
⑩
從刻口連接
後領外圍線
前領外圍線
略帶凹度
紅點為圓心
畫弧取三角形
上片領
⑨
畫三角形
為刻口
下片領
BL
領
折
止
點
4
3
3
3
0.5
2.5
0.5
3
3
3
2
8
BL
2
WL

圖 6-42　西裝領製圖

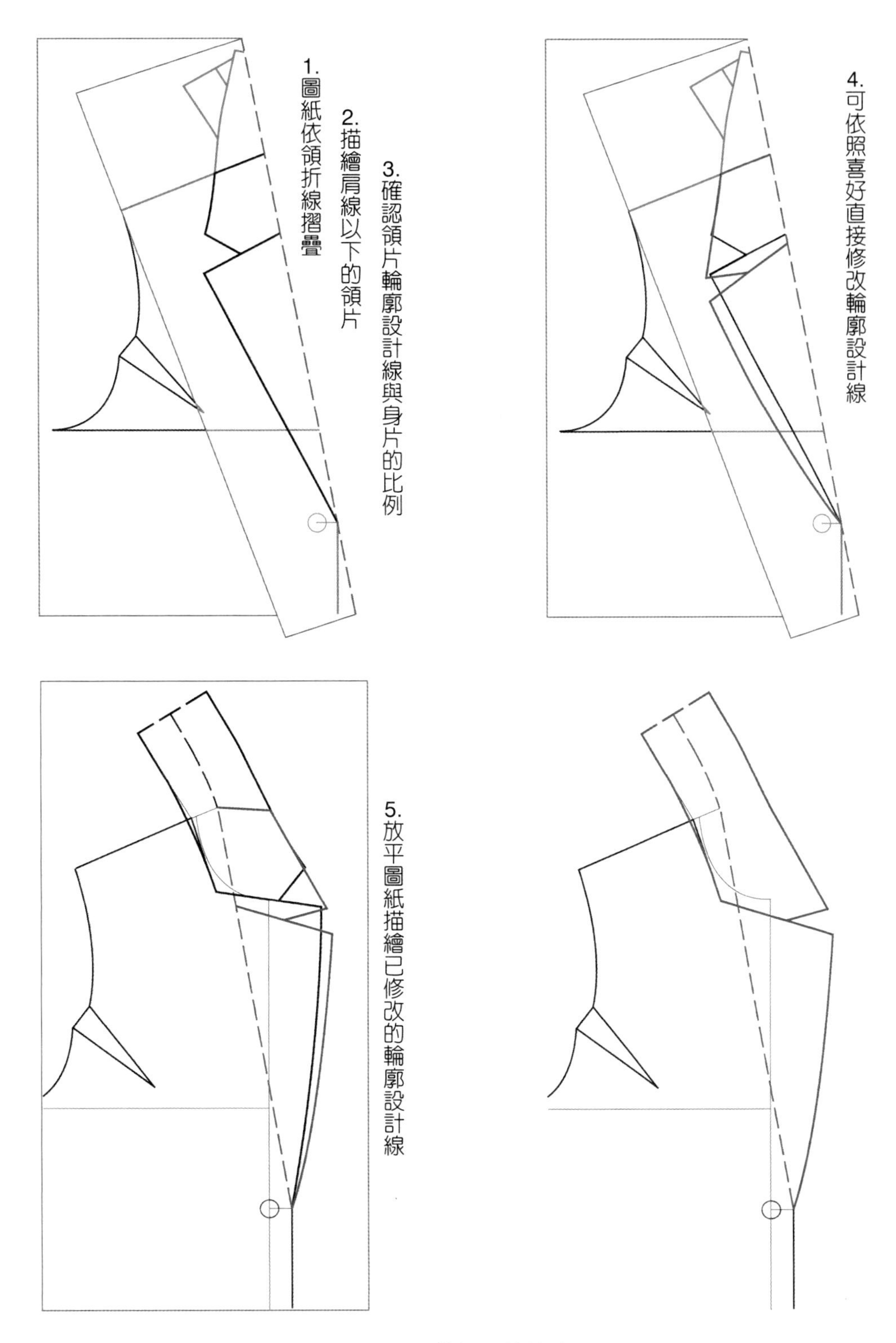

圖 6-43　西裝領形線條確認

十三、劍領

劍領與西裝領同屬外套常用的翻開領型，刻口處下片領呈現銳角形狀，常搭配雙排釦使下片領寬可取大，為男性化帥氣設計款式（圖 6-44）。刻口的角度應考慮縫製時的難易度，不宜畫得太尖銳。

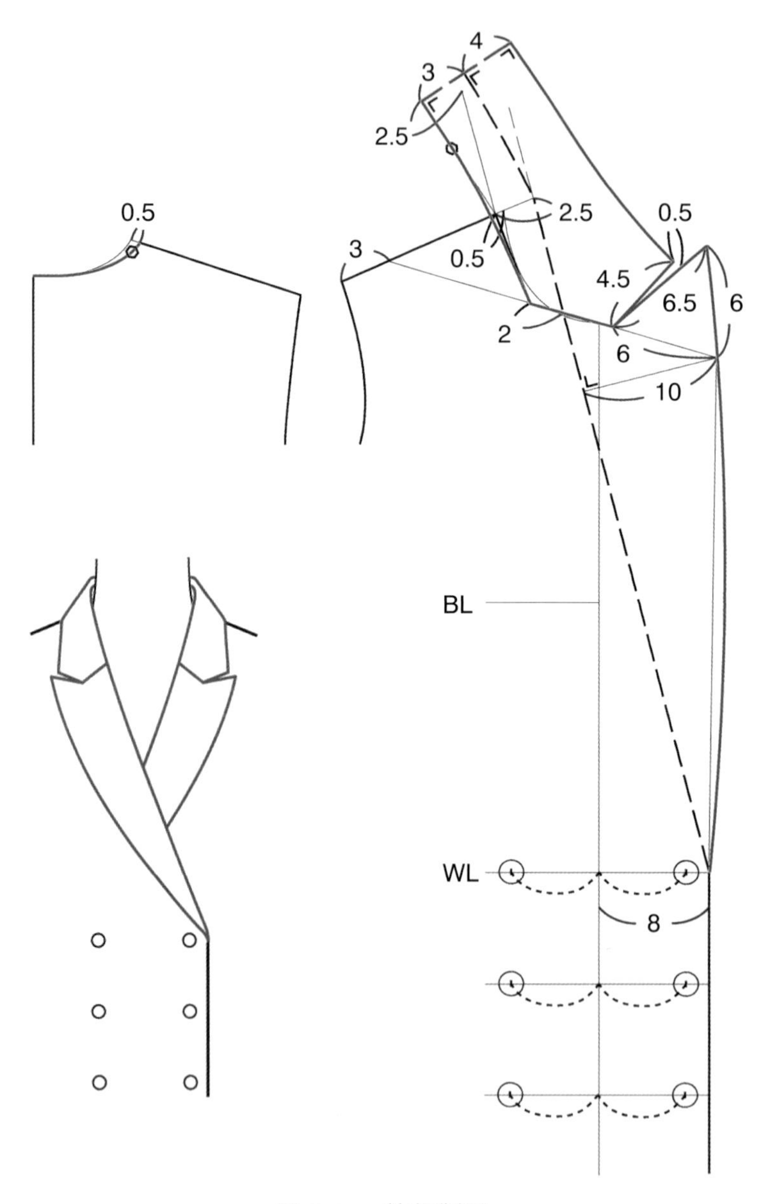

圖 6-44　箭領製圖

女裝前身為右前在上、左前在下的右蓋左形式，雙排釦的釦子一排縫於右前身、一排縫於左前身，穿著時交疊扣合呈現對稱。右前身的釦子為裝飾作用，另於右前端開釦洞與左前身的釦子做扣合。穿著時前中心的交疊份量較大時，怕內側的衣襟會下墜，會在左前端上方開一個釦洞與右前身的第一顆釦子扣合。右前身的第一顆釦子位置，正面要縫一顆裝飾釦，反面則縫一顆與左前端釦洞扣合的釦子。反面的釦子可用單價比較低的量節省成本，也可使用與正面相同的釦子為備用釦（圖 6-45）。

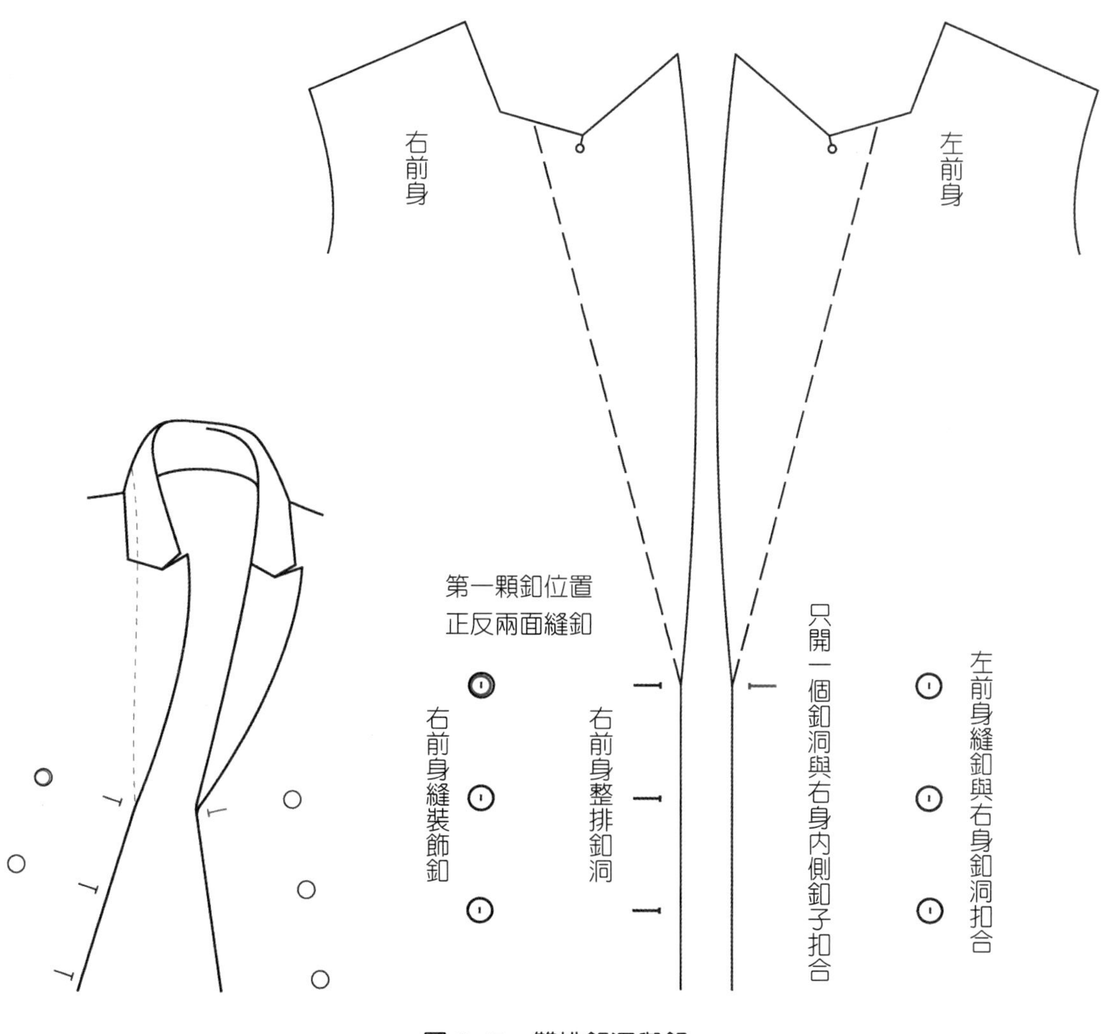

圖 6-45　雙排釦洞與釦

十四、絲瓜領

絲瓜領與劍領、西裝領同屬外套常用的翻開領型，上片領由後身直接翻折到前身，面領為完整一片、沒有刻口與剪接線、外緣為圓弧形的款式（圖 6-46）。裁片分版為版型處理的重點，外側表領沒有上下領片的接縫線，表領片與前貼邊要採用連續裁剪的方式，後中心裁剪直布紋，衣襬布紋會呈現斜紋。裁片若很長時，為維持前貼邊衣襬的布紋直布並節省用布量，可在領折止點第一顆鈕釦以下裁開剪接，將剪接線藏於貼邊內側。內側裡領有上下領片的接縫線，裡領片與前衣身分開裁剪，為使領片的翻折線順暢，裡領片裁剪正斜布（圖 6-47）。

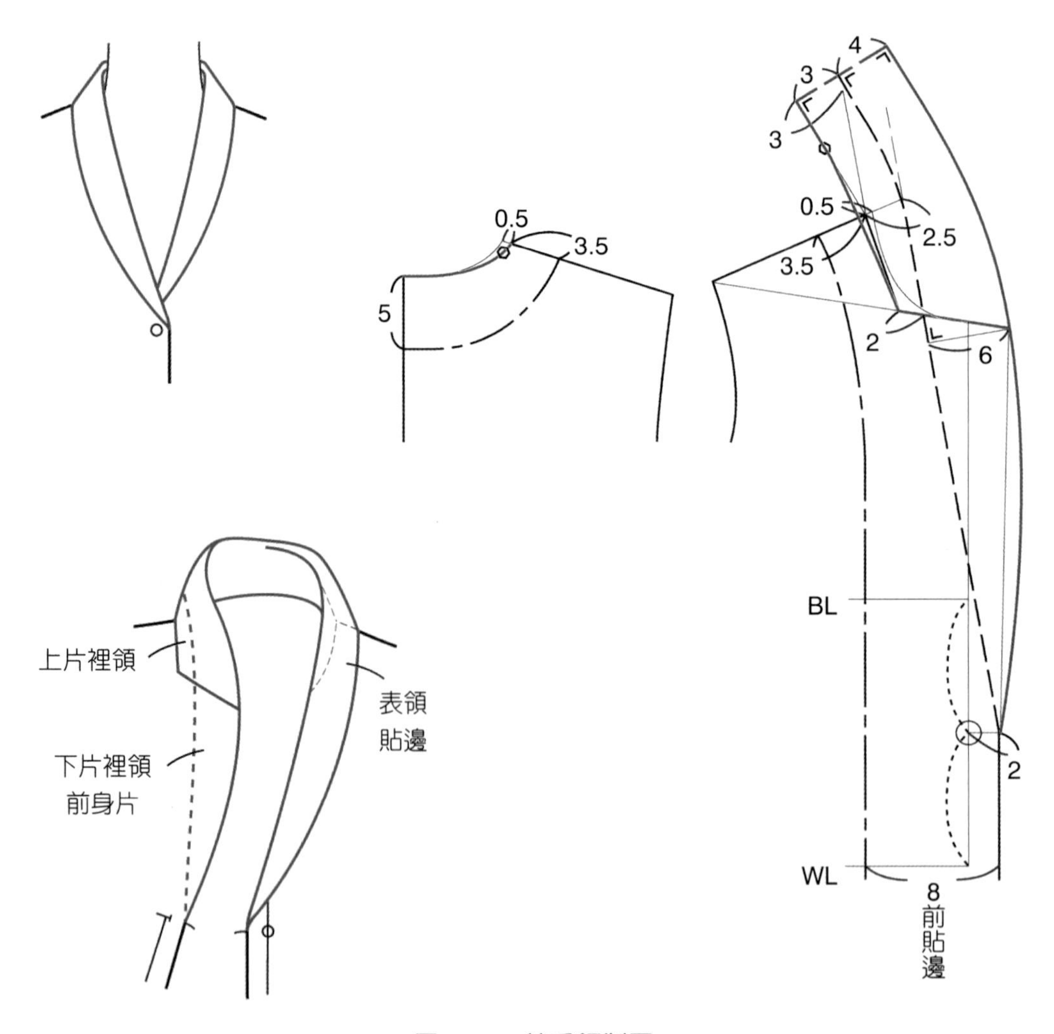

圖 6-46　絲瓜領製圖

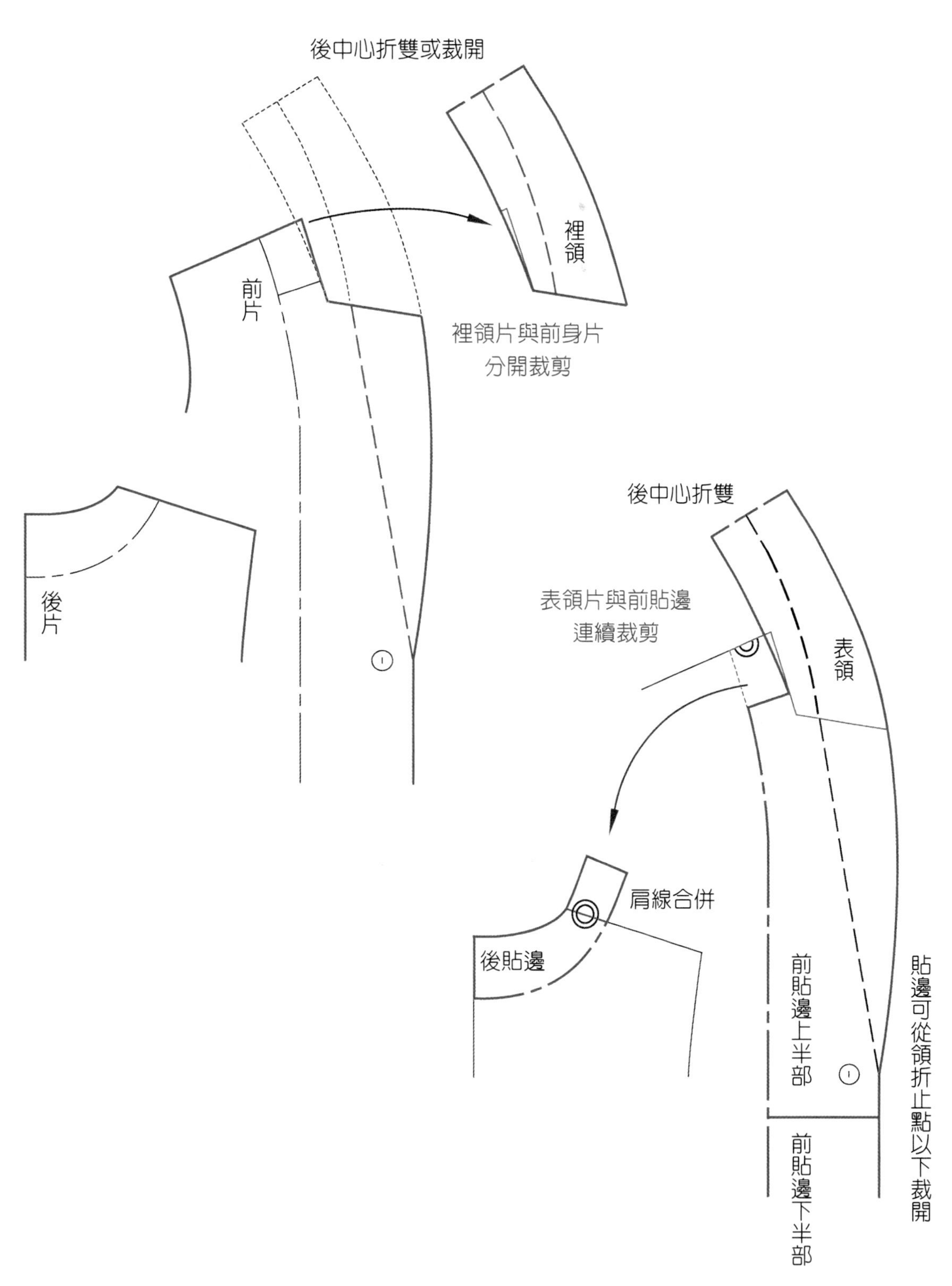
後中心折雙或裁開
裡領
前片
裡領片與前身片
分開裁剪
後片
後中心折雙
表領片與前貼邊
連續裁剪
表領
肩線合併
後貼邊
前貼邊上半部
前貼邊下半部
貼邊可從領折止點以下裁開

圖 6-47　絲瓜領拆版

十五、連帽

沿著衣身領圍加上帽型，前帽長需連至前中心，帽長由頭頂量至衣身領圍前中心，帽寬參考頭圍尺寸，一般使用較多寬鬆份量的休閒式風格（圖 6-48）。

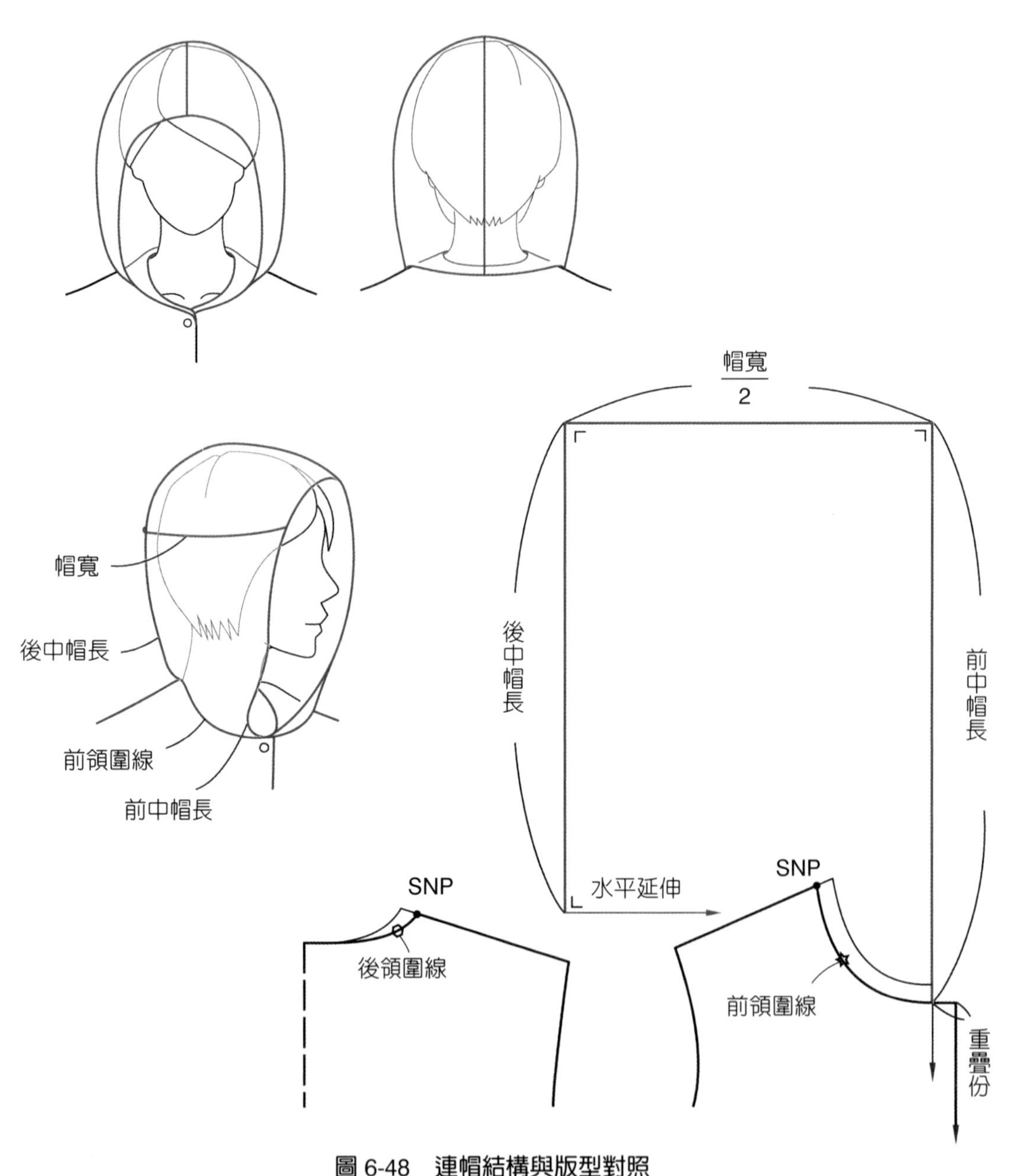

圖 6-48　連帽結構與版型對照

製圖順序

1. 身片領圍尺寸前領口深與側領口寬可挖大尺寸，領圍不需太貼合脖子。
2. 帽型①由前中心垂直延伸向上取帽長，水平橫向取帽寬。依照款式設計需求訂立帽型所需的長寬尺寸，參考尺寸：前中帽長 38～45cm、帽寬 26～30cm、後中帽長 32～37cm。
3. 以 SNP ②為圓心畫圓弧，將前領圍上半部③反向對稱與②圓弧線取交點④。③線段與④線段為相同尺寸、相似弧度、相反方向。
4. 後領圍尺寸從④延伸與後中帽長的水平延伸線相交，後領圍與後中帽長需成為直角，後領圍尺寸不能改變，弧度線條取順暢曲線即可。
5. 頭頂帽型⑥依後腦杓形狀取弧線，也可依款式設計需求取角度。

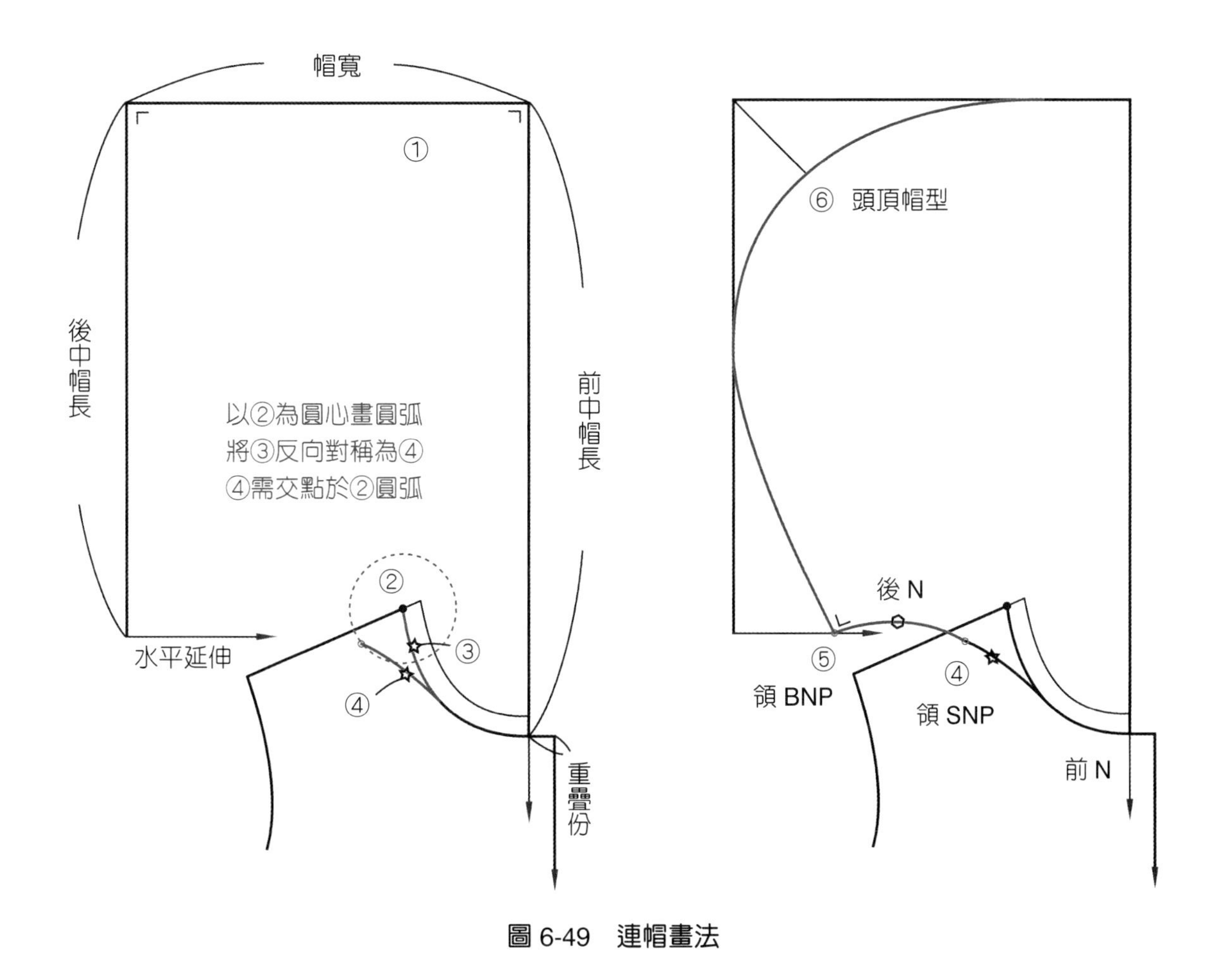

圖 6-49　連帽畫法

連帽的長寬尺寸通常會加上相當的鬆份，以應對頭部轉動的活動量需求。帽型使用寬大的尺寸，採用左右兩片裁片的平面形態就足以包覆頭型（圖 6-50）。帽型尺寸較小或合身時，在裁片中頸側點處加入褶份，可使帽型在耳側凸起成為立體形態，因為領圍加入褶份，後中心斜度也可趨緩，有比較好的布紋穩定性。帽型將後中心拉直，利用兩條剪接線，成為後中、左、右三片裁片，亦是帽型成為立體形態的方法（圖 6-51）。

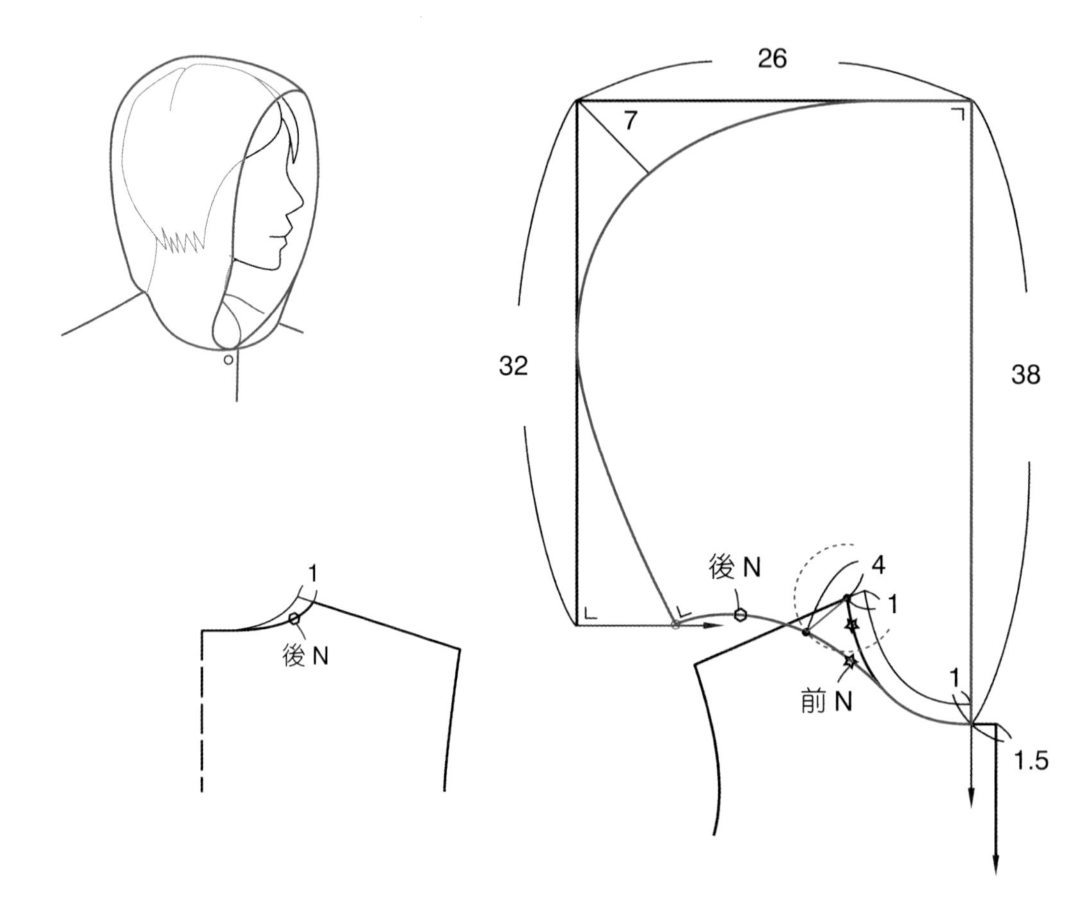

圖 6-50　連帽製圖

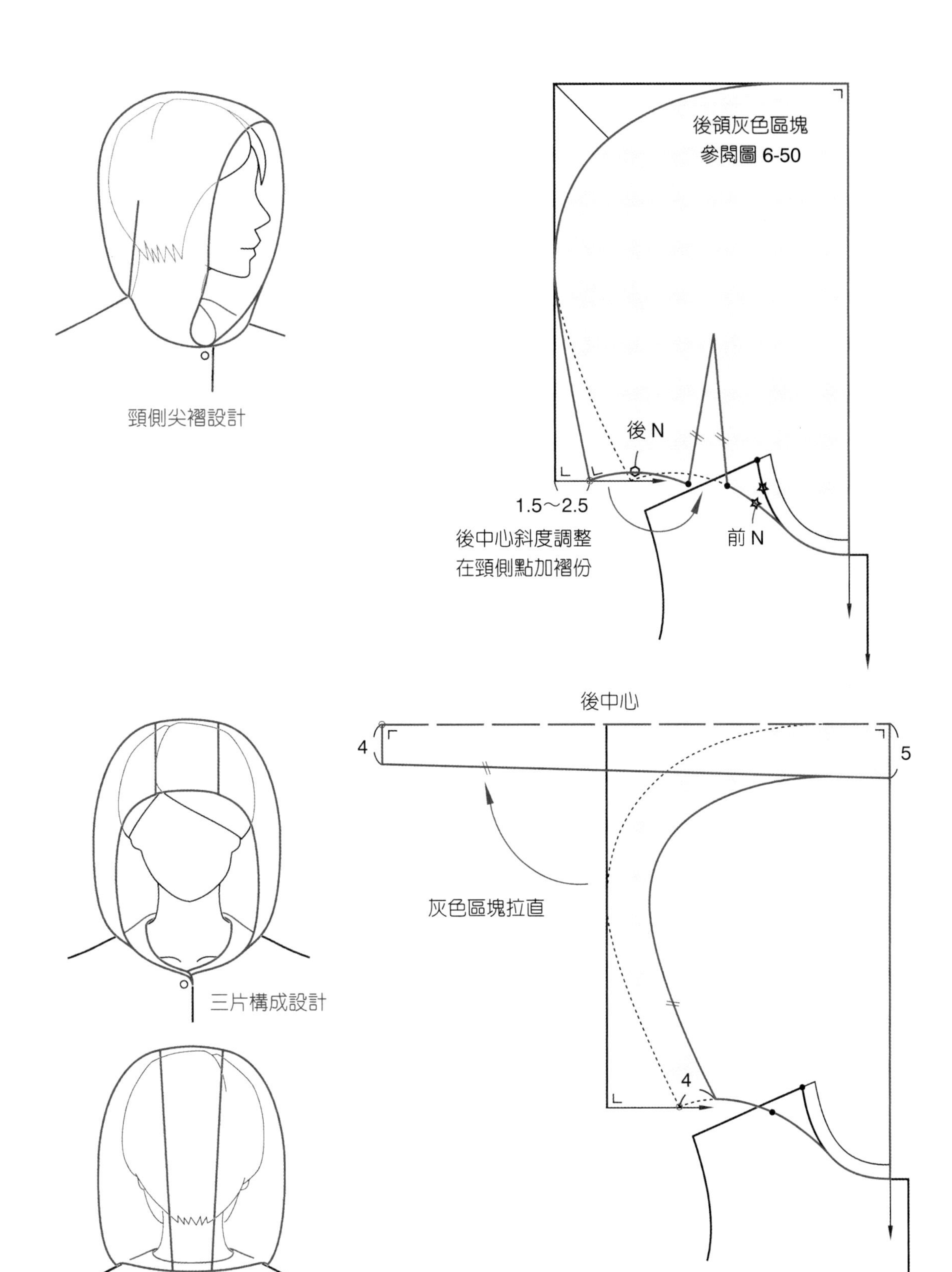
後領灰色區塊
參閱圖 6-50
後 N
1.5～2.5
後中心斜度調整
在頸側點加襉份
前 N
頸側尖襉設計
後中心
4
5
灰色區塊拉直
三片構成設計
4

圖 6-51　連帽版型變化

7

版型款式設計

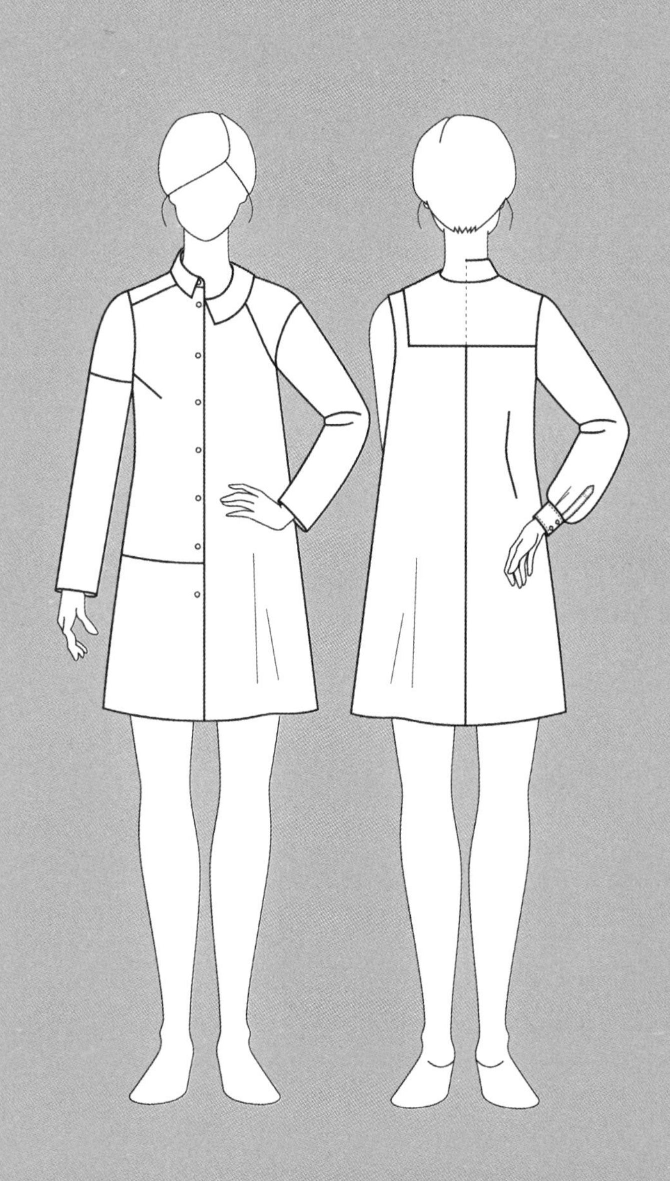

一、版型款式應用

服裝依據款式設計決定採用可省時、適合的製版方式，多變化的款式採用立體裁剪法，制式化的款式採用平面打版法。平面打版法中寬鬆簡單的款式採用簡易製圖法，合身複雜的款式採用原型製圖法。製版方式只是得到衣服版型的過程，以使用自己有把握的方式打版，也可以多種方法合併運用。

平面打版法版型款式組合的要點：

1. 確立長度尺寸與三圍尺寸。
2. 依照設計款式，參照單元三進行原型褶子轉移處理。
3. 參照單元四衣身版型，繪製衣身版型的輪廓線。
4. 依設計款式參照單元五袖型，繪製衣身版型的袖襱與袖版型。
5. 依設計款式參照單元六領型，繪製衣身版型的領圍與領版型。

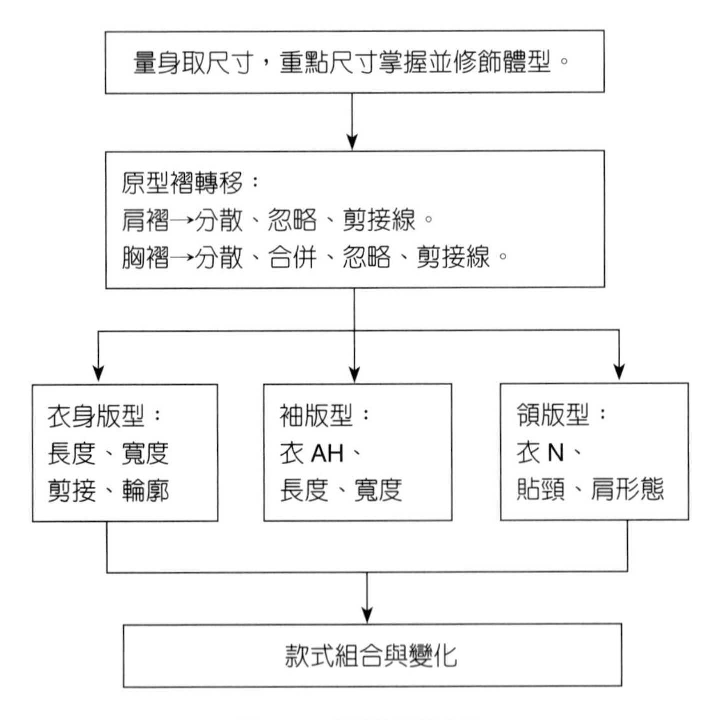

圖 7-1　打版思考流程

量身尺寸

打版的第一要點是尺寸的掌握，寬鬆式的服裝版型需要的尺寸少，服裝愈合身需要的尺寸愈多。初學者沒有清楚的尺寸概念，容易在取寸上猶豫，可參考現有的成衣尺寸或穿在身上的衣服尺寸，比較容易了解尺寸相對應的位置。例如：衣長量取身上衣服的長度，可以清楚穿著於身上的樣貌，再決定要做一款等長或加減長度的衣服。

原型褶轉移

使用原型首要考量褶份的處理，寬鬆式的服裝加大鬆份以包容身體，褶份可全部略過，若款式只有腰身寬鬆，就只能省略腰褶份。

後身片肩褶可直接車縫出褶線，也可設計併入剪接線，不要褶線可將褶份分散於肩與袖襱為縮縫份。肩褶分散肩與袖襱縮縫份的比例可參考款式決定，例如：無袖肩的縮縫份大於袖襱的縮縫份，外套肩的縮縫份小於袖襱的縮縫份。

前身片胸褶對於設計款式影響比較明顯，車出褶線或併入剪接線要考慮視覺的效果。不要褶線可將褶份分散於領圍、袖襱與腰圍為鬆份。

衣身版型

能準確掌握衣服肩寬、長度、三圍鬆份重要的結構尺寸，版型就不會與設計樣貌有太大差異。原型為合身款式的基本版，原型面積內的鬆份與褶份要考慮體型，不可以隨意刪減；無關原型結構尺寸的輪廓線與剪接線，則可依設計的感覺隨意繪製。

袖版型

袖子的 AH、寬度與長度為重要的結構尺寸，袖子 AH 尺寸依據衣服的 AH 尺寸而來，繪製衣服的 AH 時就需考慮袖子的活動機能性與設計外型。不論接袖或連袖，都可由袖山尺寸調整袖子的寬度、活動機能性與設計外型。

領版型

領子的領寬、領腰、領圍與領外圍長度為重要的結構尺寸，領子 N 尺寸依據衣服的 N 尺寸而來，繪製衣服的 N 時就需考慮領子貼頸或貼肩形態，領子的直上尺寸為調整領子寬度與設計外型的關鍵尺寸。

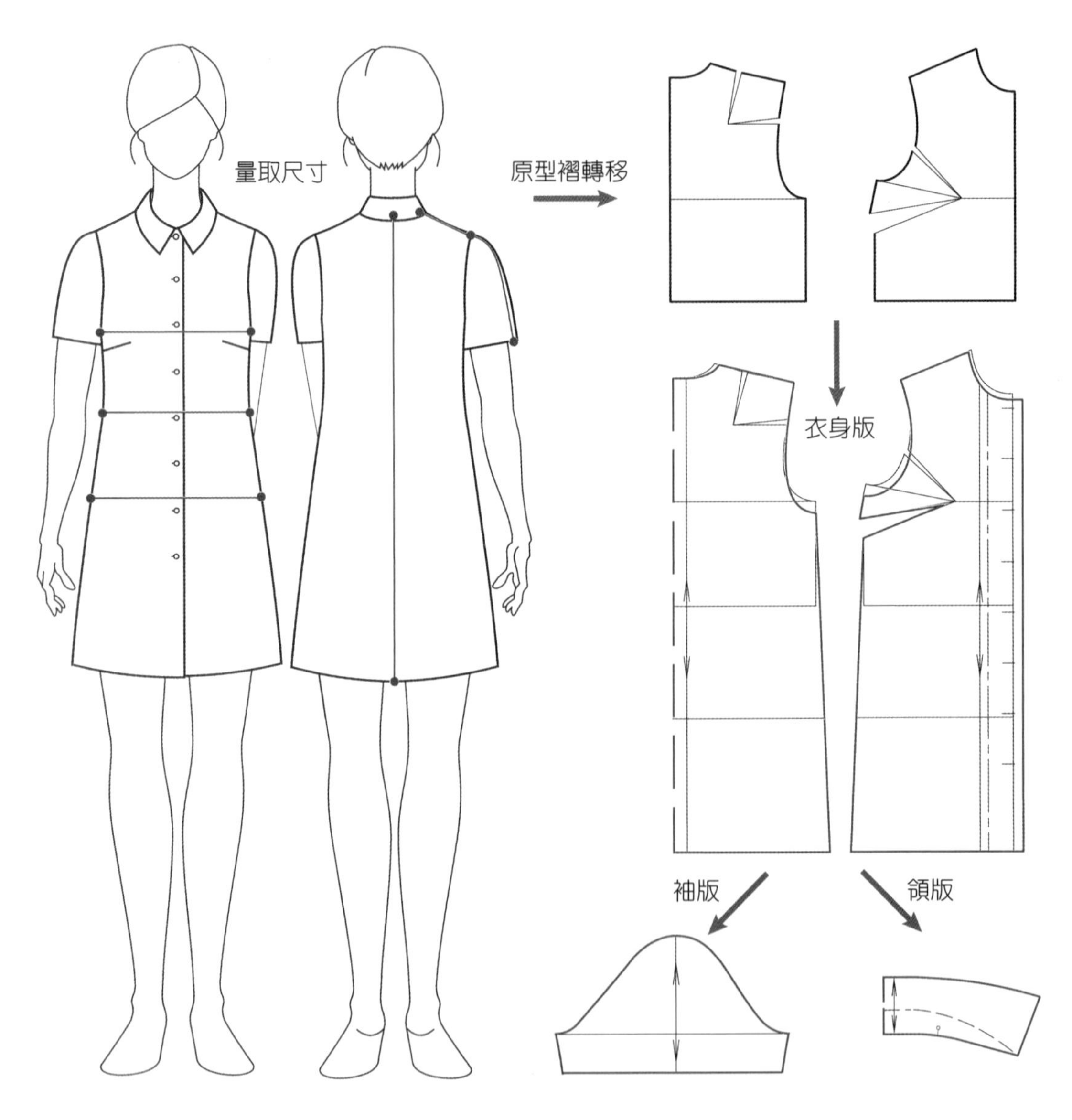

圖 7-2　版型款式組合

二、翻領襯衫

襯衫身片為胸圍尺寸合身狀態的收腰基本型，搭配基本袖與翻領款式組合（圖7-3）。

圖 7-3　翻領襯衫

依照設計款式，運用版型的組合，就可以輕易地完成打版。本款襯衫版型組合的方式如下：

1. 確立長度尺寸與三圍尺寸：以原型為基礎，不隨意扣除原型版的尺寸，結構尺寸就不會有問題，只要掌握結構要點，製圖中所標示的尺寸都可以更改。襯衫衣襬若要塞入裙或褲腰內，衣長需蓋過臀圍取 60cm 以上的長版形式。
2. 依照設計款式，進行原型褶子轉移處理，圖 7-4 為襯衫最常用的褶子轉移處理方式。原型褶份分配沒有絕對的規則，褶子轉移份量的多少依據需求自訂，例如袖襱鬆份需求多，肩褶就可全轉移至袖襱。
3. 繪製合身衣身版型的輪廓線，先確認原型版的胸圍尺寸是否足夠，需不需要增減鬆份，合身狀態的衣襬襬圍需核對臀圍尺寸。考慮腰圍的合身度，先從脇邊取出腰身，可以前後身都製作腰褶，也可以後身製作腰褶、前身不做，或前身製作腰褶、後身不做（可參閱圖 4-20、圖 4-21）。
4. 依款式設計袖型，繪製相配對衣身版型的袖襱與袖版型。基本袖是指款式單純、沒有設計細節的袖型，與單元五的基本袖型不盡相同。單元五基本袖尺寸是依原型繪製，沒有外加袖襱鬆份，不可直接套用於設計款式的衣身版型。袖子袖襱的尺寸與袖下弧度都必須依照衣身版型繪製，因此袖版須核對衣身版型的袖襱尺寸與袖下弧度。

5. 依款式設計領型，繪製相配對衣身版型的領圍與領版型。單元六各式領型的衣身版型領圍與領片領圍尺寸是相呼應的，例如貼頸領型的衣身版型領圍都是相似的畫法，本款襯衫繪製翻領，可以改畫為立領，也可以畫為帶領。

襯衫用布量計算以布幅寬度可以排下的大裁片數考量，布幅寬度對用布量計算有很大的影響，以排列組合的方式將裁片之間空隙控制在最小範圍內即為省布的裁剪。例如相同的布幅寬度，瘦的人可以同時排下前後身裁片，用布量只需一個衣長加一個袖長；胖的人只能排下一個前身或後身裁片，側邊寬度可以再排袖片，布量就需兩個衣長。如果布幅寬度窄，只能排下一個前身或後身裁片，側邊寬度無法再排袖片，布量就需兩個衣長加一個袖長。小的裁片例如領片、口袋可以塞在大裁片空隙間，或將用布量多估 1～2 尺來放置小裁片，是計算用布量比較保險的做法。

原型褶轉移

襯衫最常用的褶子轉移處理方式，後身片肩褶分散為肩縮縫份與袖襱鬆份，前身片胸褶留出與後身片相同的袖襱鬆份後轉移至前脇（圖 7-4）。

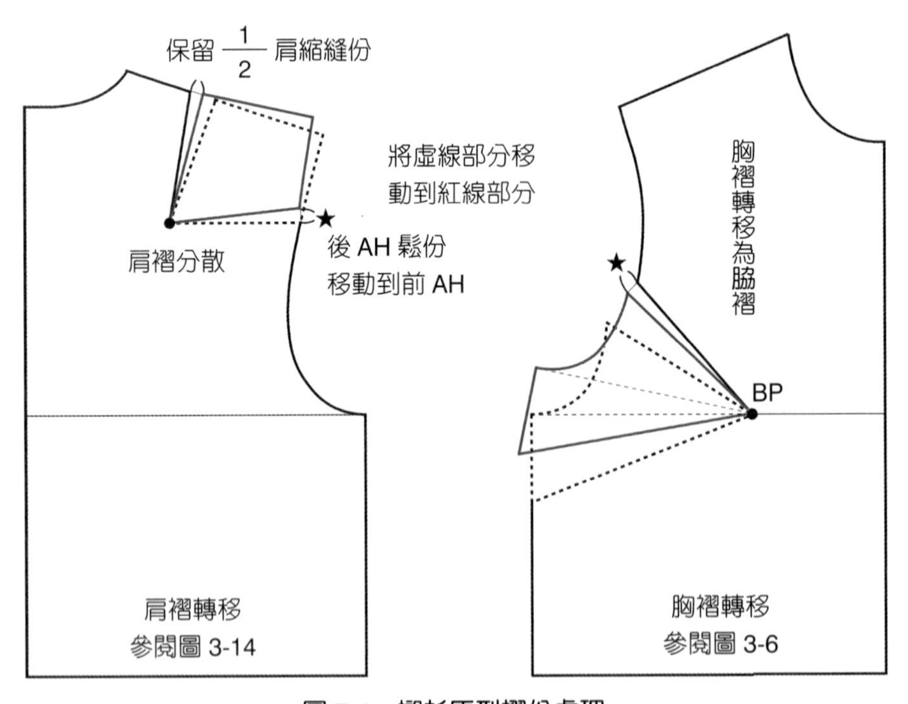

圖 7-4　襯衫原型褶份處理

衣身版型

1. 背長延長為衣長，前、後身片腰下衣長①加等長，前、後身片脇長需等長。臀大於胸的人即使衣長短於臀，也可以腰長尺寸取出臀圍位置，核對計算臀圍尺寸是否有足夠的鬆份量。臀圍尺寸若不足，可採用虛線加出鬆份成為寬襬②。
2. 前後領口寬挖大尺寸要一致，後小肩寬留有一半的肩褶份，大於前小肩寬，製作時要縮縫處理③。
3. 袖襱的胸圍下降尺寸④，考量袖寬與穿著機能需求，袖寬大則下降尺寸多。
4. 前胸褶轉移為脇褶，只要褶尖指向 BP，褶子的斜向⑤可依設計感訂定。

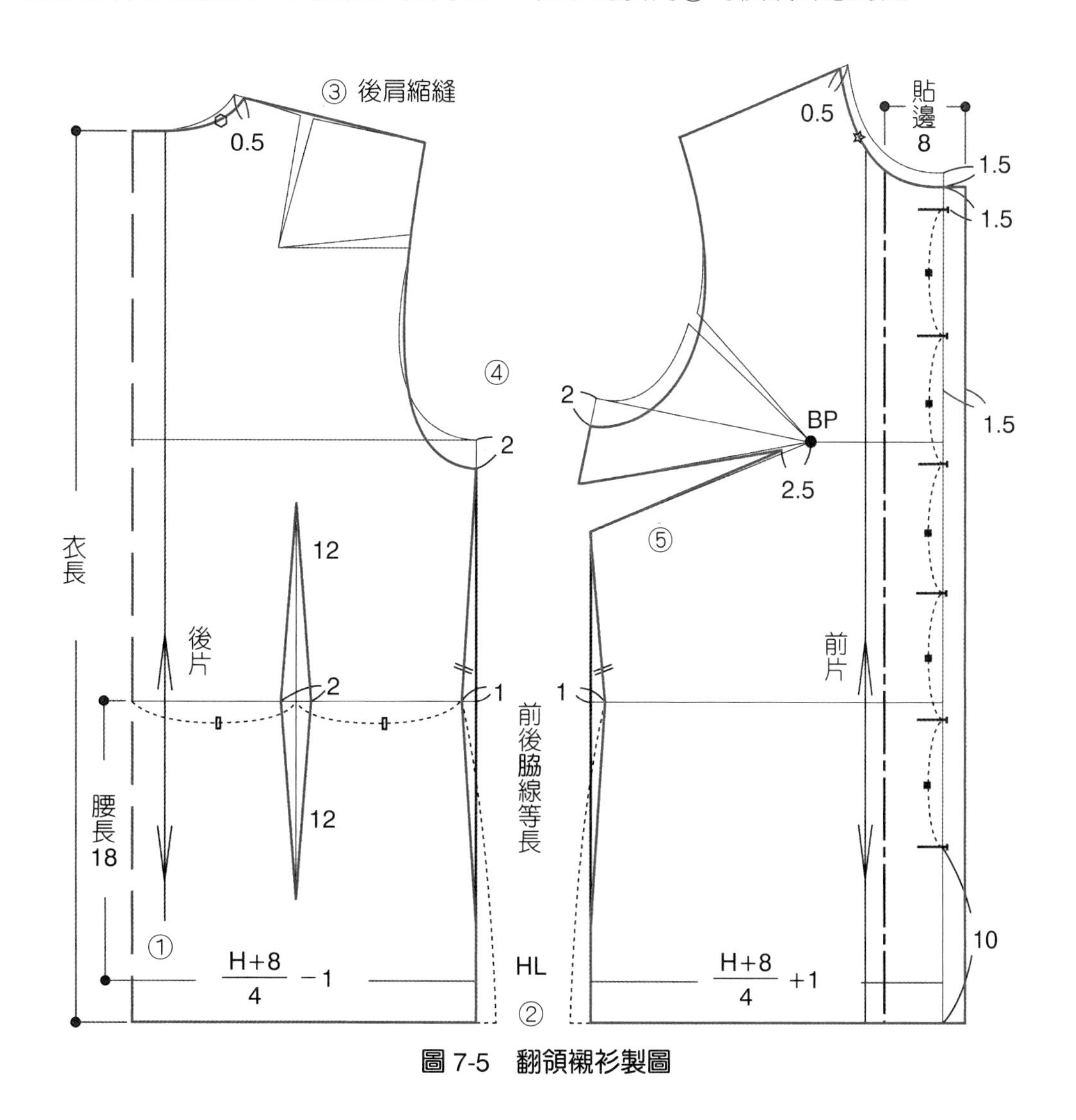

圖 7-5　翻領襯衫製圖

5. 衣襟開釦要製作貼邊，衣襟扣合的重疊份為釦子的直徑。第一顆釦子的位置為領圍前中心下降釦子的直徑，最後一顆釦子的位置考慮整體比例放置，中間釦子的位置再依等份均分定位（圖 7-6）。

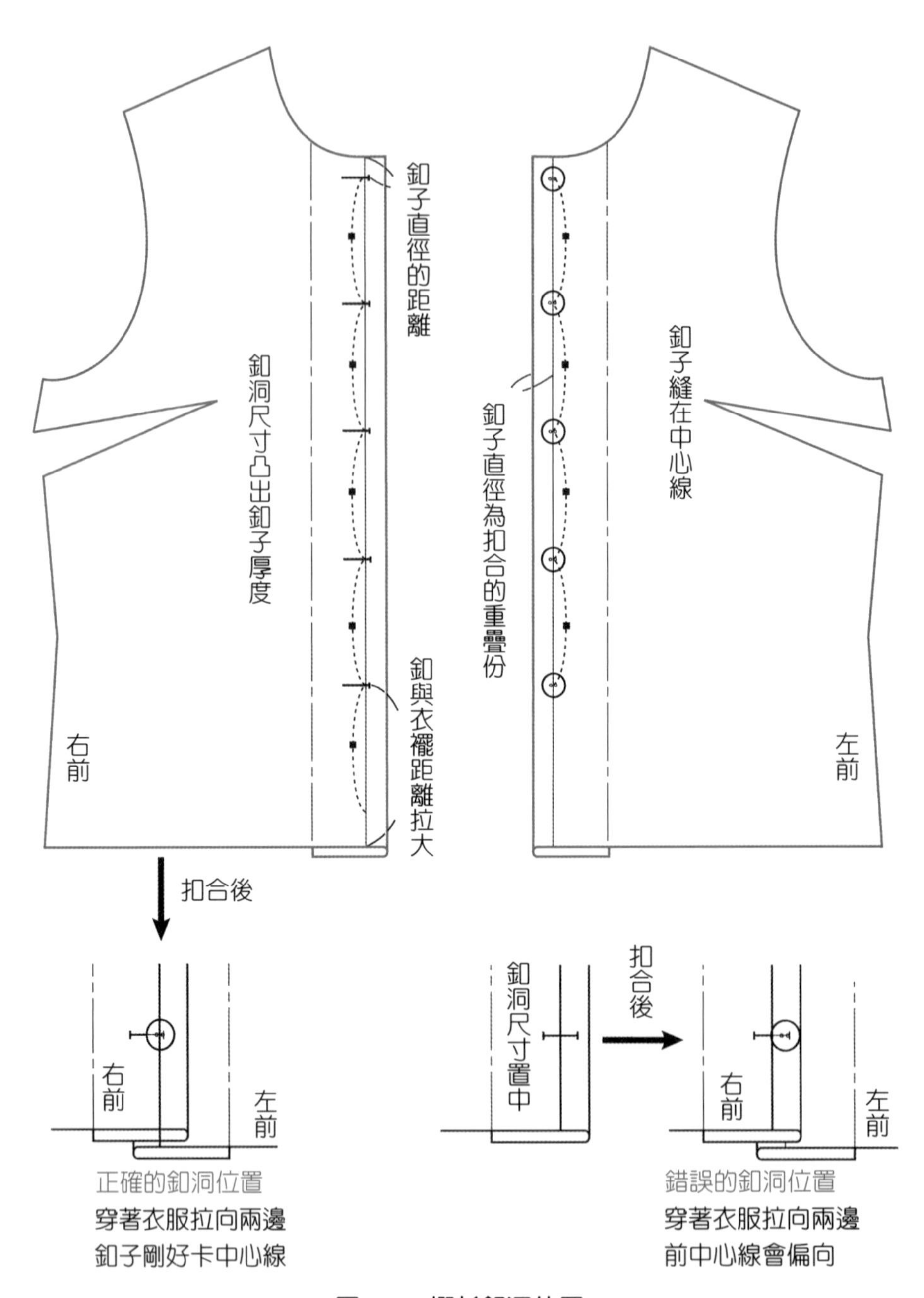

圖 7-6 襯衫釦洞位置

袖版型

直接設定襯衫常用的標準袖山高 13cm 進行打版，核對尺寸可依袖寬需求尺寸再調整袖山高。襯衫短袖口尺寸可比袖寬尺寸略縮小（圖 7-7），襯衫長袖製圖可參閱圖 5-36。

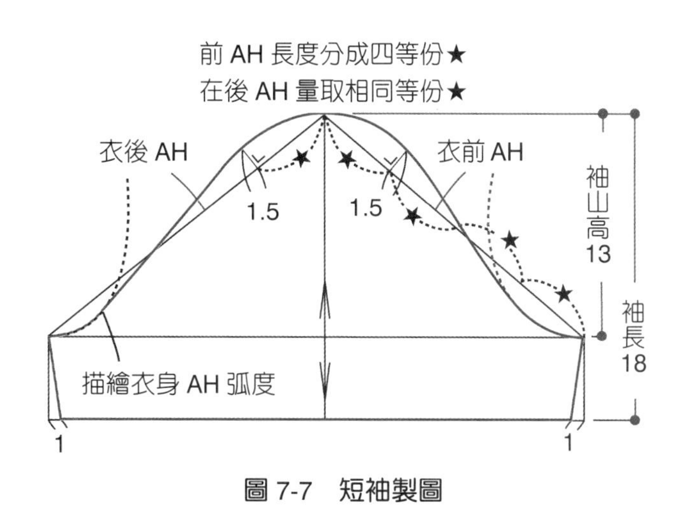

圖 7-7　短袖製圖

領版型

製圖垂直高度取「直上 3cm」、「後領腰 3cm」、「後領寬 4cm」為基本款常用的尺寸，後 N 要維持水平線段，前領寬與領尖形態依設計可隨意訂定（圖 7-8），可參閱圖 6-23 翻領製圖。

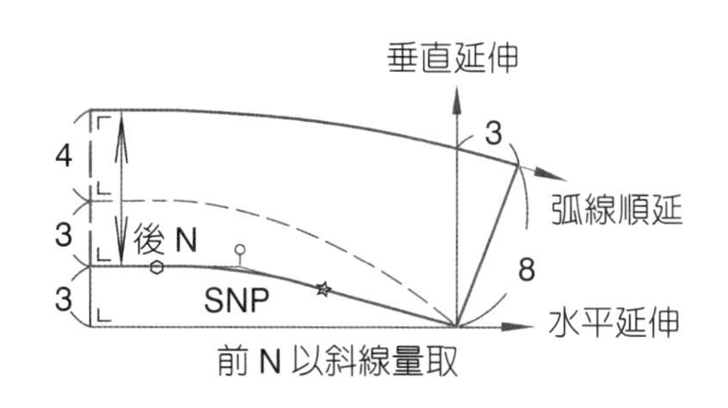

圖 7-8　翻領製圖

裁布版

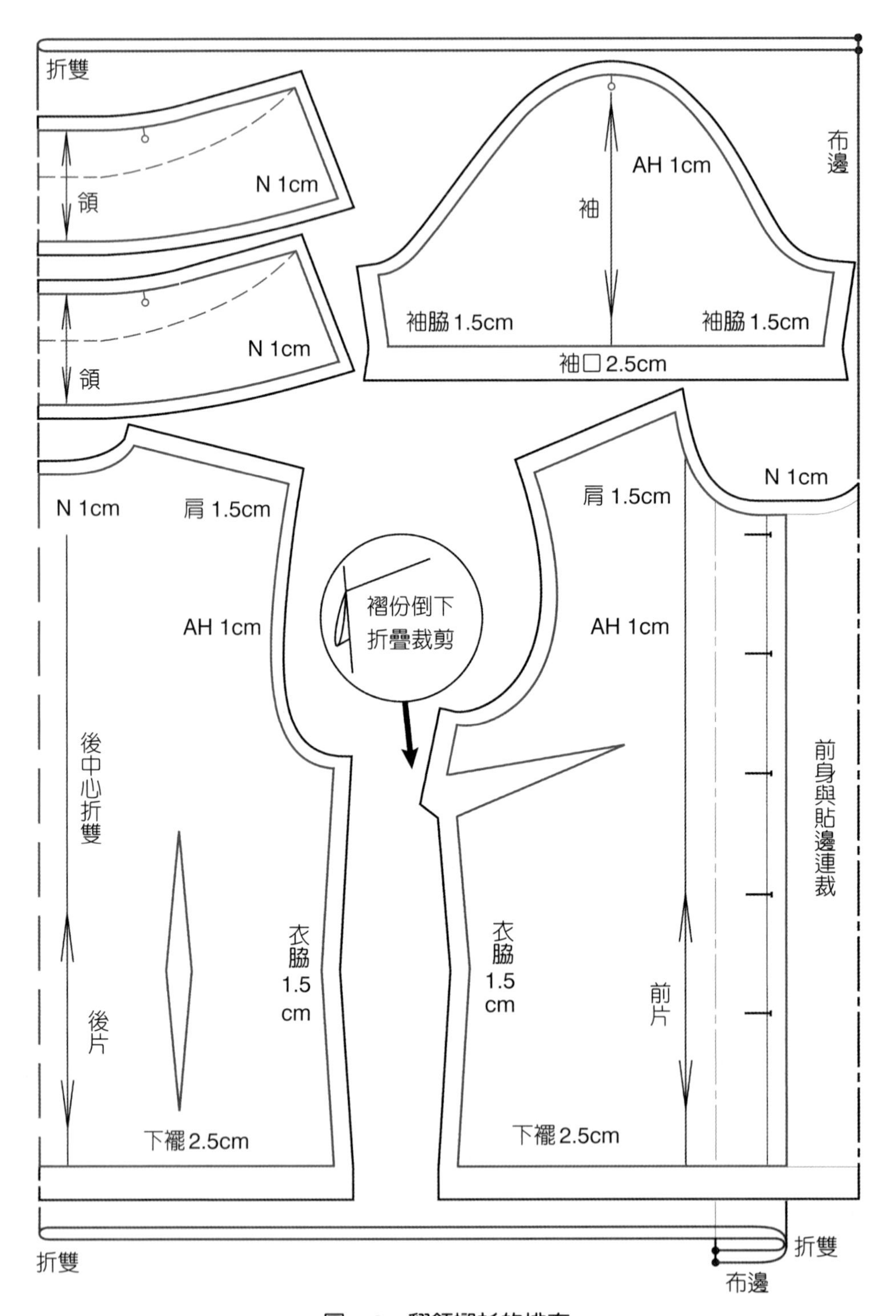

圖 7-9 翻領襯衫的排布

三、連袖罩衫

罩衫是衣襬不用塞入裙或褲腰內，直接罩在外面的上衣款式。衣長可作成 50～60cm 之間不蓋過臀的短版形式，或 60cm 以上蓋過臀的長版形式，衣襬採 A 襬則不用核對臀圍尺寸（圖 7-10）。領圍與袖圈使用鬆緊帶束緊，因為是大弧線，縫份留多無法反折車縫，僅能採用寬度 1cm 以下的窄版鬆緊帶。套穿式的衣服，領圍圍度鬆份需大到足以套過肩寬尺寸，若要增加鬆緊縐縮份可在胸圍與袖寬加出縐縮鬆份，腰褶份也全部成為鬆份不處理。原型褶份分配沒有絕對的規則，可依設計款式需求全部轉移至領成為鬆緊的縐縮份，或分散部分至袖襱增加活動機能性（圖 7-11）。

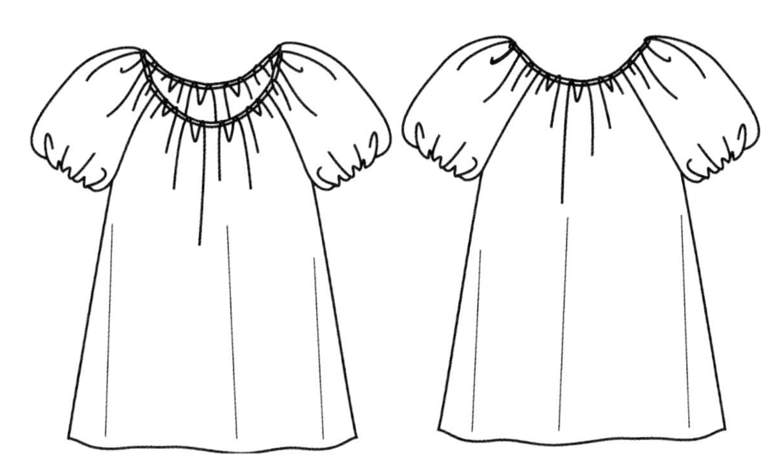

圖 7-10　連袖罩衫

用布量的計算以布幅寬為主要考量：

布幅寬度為雙幅 144cm 寬度，可以同時排下前後身裁片，用布量只需一個衣長加一個袖長＝ 60cm ＋ 30cm ＝ 90cm，約 3 尺長度。

布幅寬度為單幅 110cm 寬度，只能排下一個前身或後身裁片，用布量就需兩個衣長加一個袖長＝ 60cm×2 ＋ 30cm ＝ 150cm，約 5 尺長度。

鬆緊帶用量需扣除版型上鬆緊的縐縮份，以標準尺寸計算前領口約 40cm、後領口約 30cm、袖口約 35cm，總量為 40cm ＋ 30cm ＋ 35cm×2 ＝ 140cm，將近 5 尺長度。

計算出所需用布的長度後，需將公分換算成台尺計算（1 台尺＝ 30cm），不足 1 台尺的長度必須裁剪整尺，例如 20cm 長的布也須剪 1 尺長度。

原型褶轉移

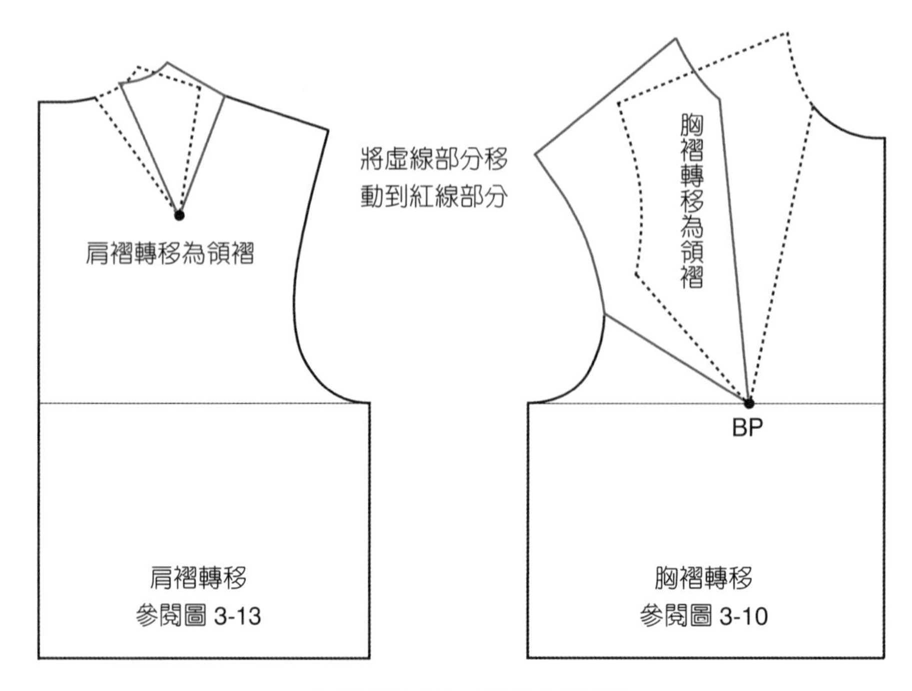

依設計款式需求轉移全部褶份

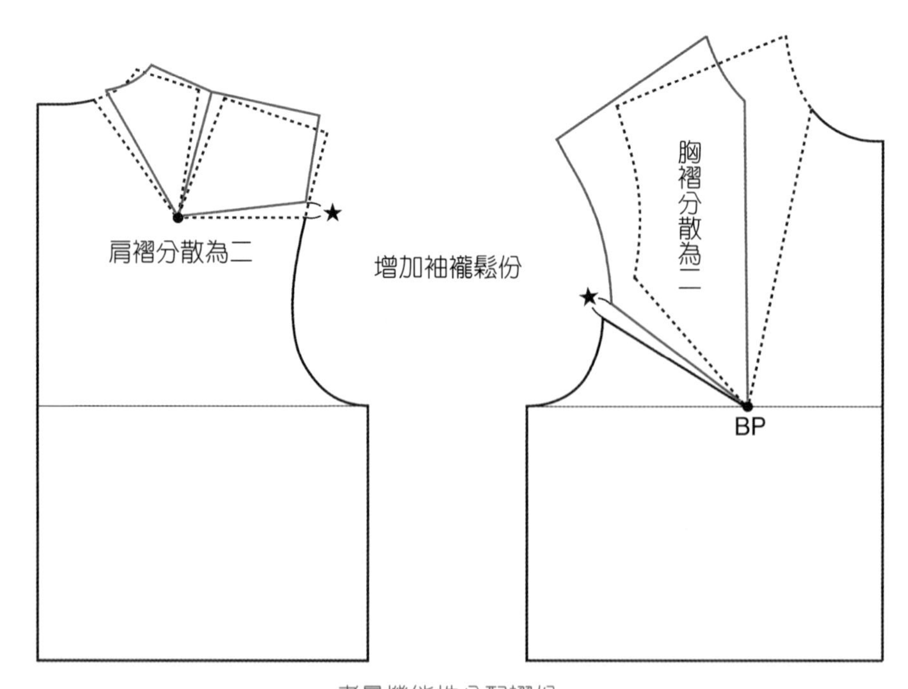

考量機能性分配褶份

圖 7-11　連袖原型褶份處理

衣身版型

1. 將背長延長為衣長，前、後身片腰下衣長①加等長。
2. 胸圍依照款式鬆份需求外加②，前後左右若各加 1cm，整件衣服鬆份為 16cm，前、後身片脇長需等長。袖襱由胸圍線往下降低挖大 2cm，袖子會有更多的活動鬆份。
3. 前後中心可再追加鬆緊帶縮縮份③，整件衣服胸圍鬆份也隨之增加更為寬鬆。
4. 襬圍前後左右各外加 3～5cm，成為 A 襬輪廓④。
5. 領圍不需貼合脖子，尺寸挖大⑤。

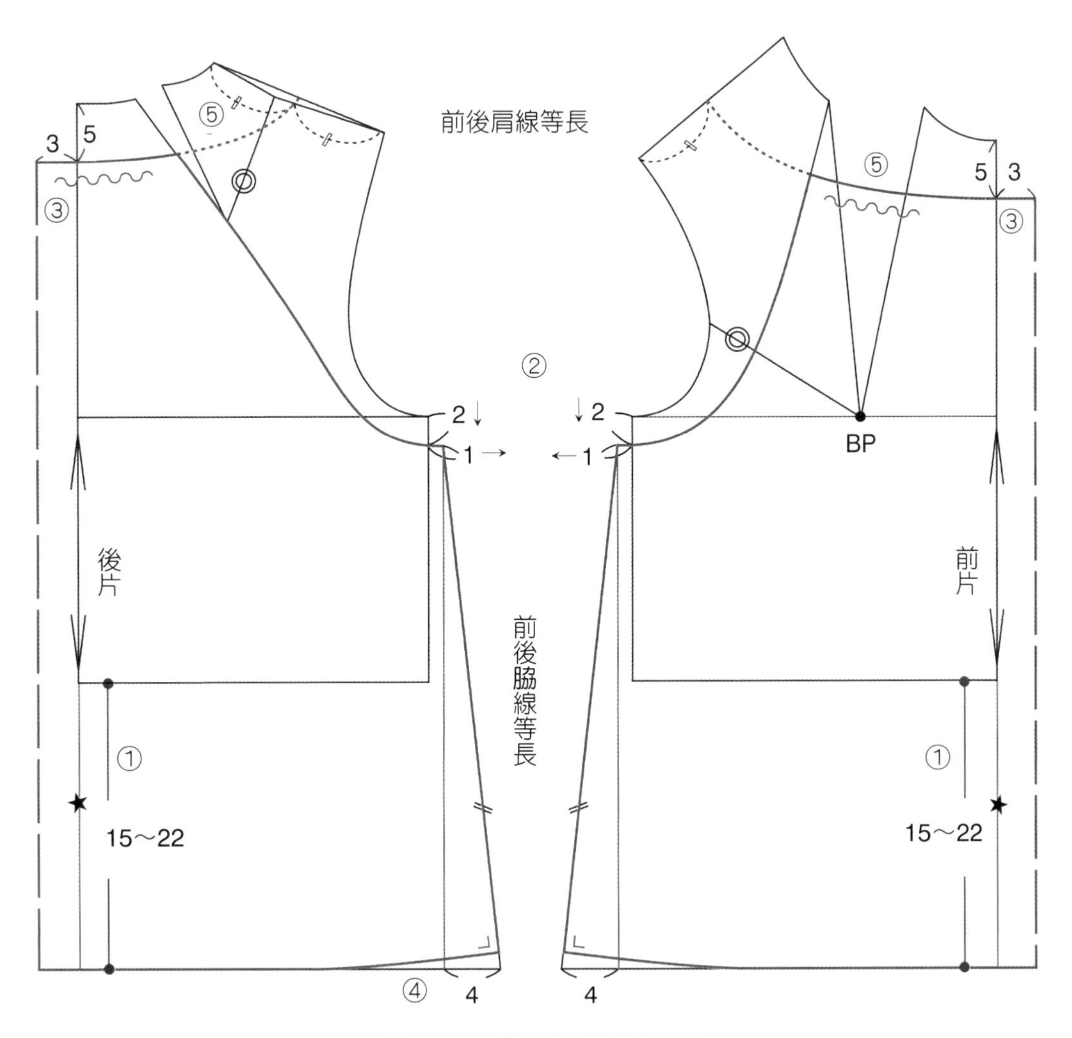

圖 7-12　連袖罩衫衣身製圖

袖版型

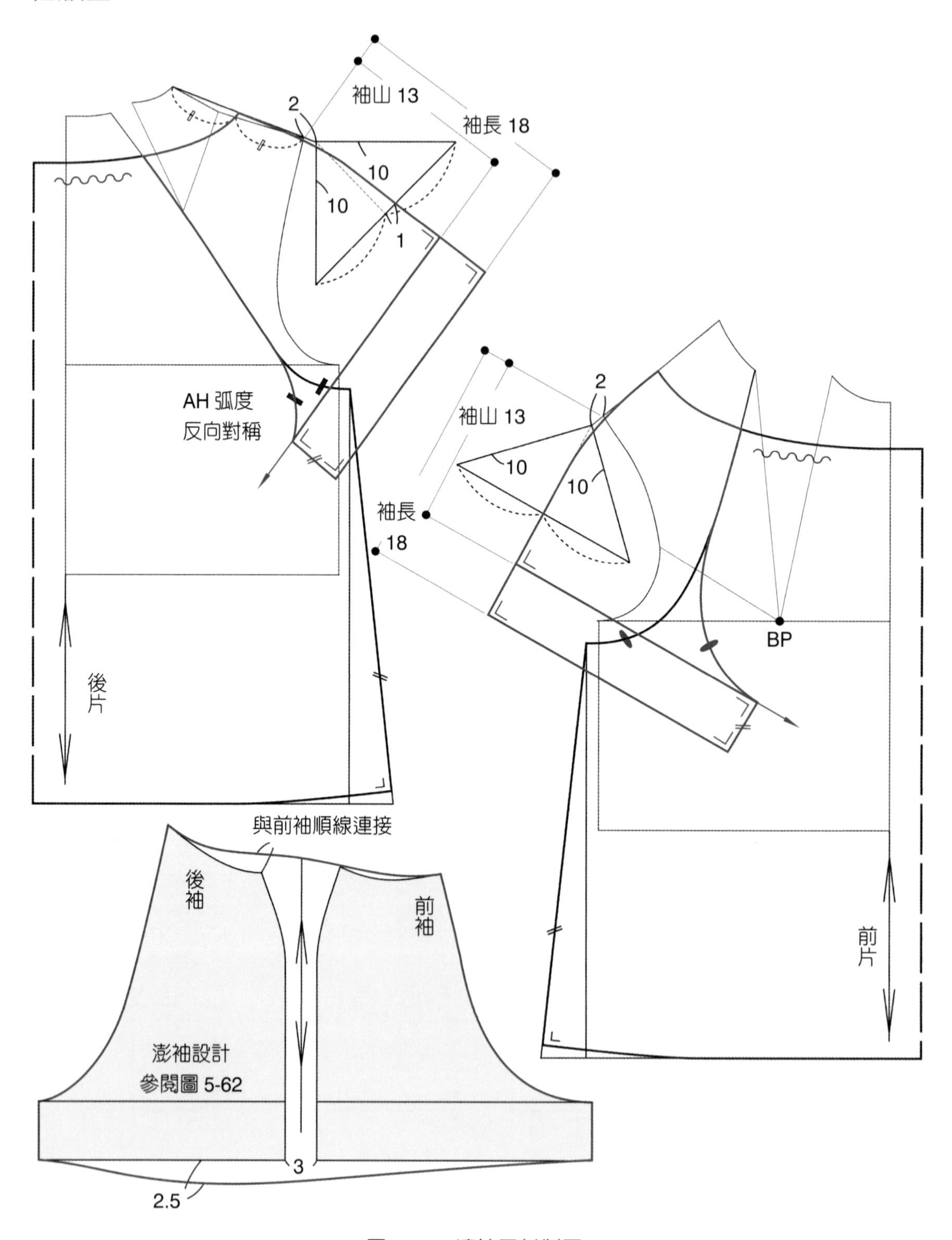

圖 7-13　連袖罩衫製圖

簡易製圖

設計款式簡單、圖版線條變化少的寬鬆式服裝，取的鬆份較多，細部尺寸直接給予固定尺寸，製圖會相對容易。以簡易製圖直接打版（圖 7-14），與使用原型打版（圖 7-13）相比較，繪圖更為快速容易。

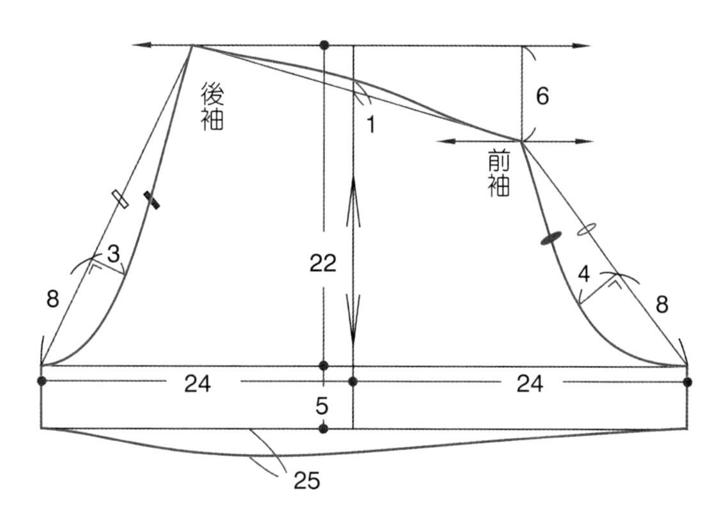

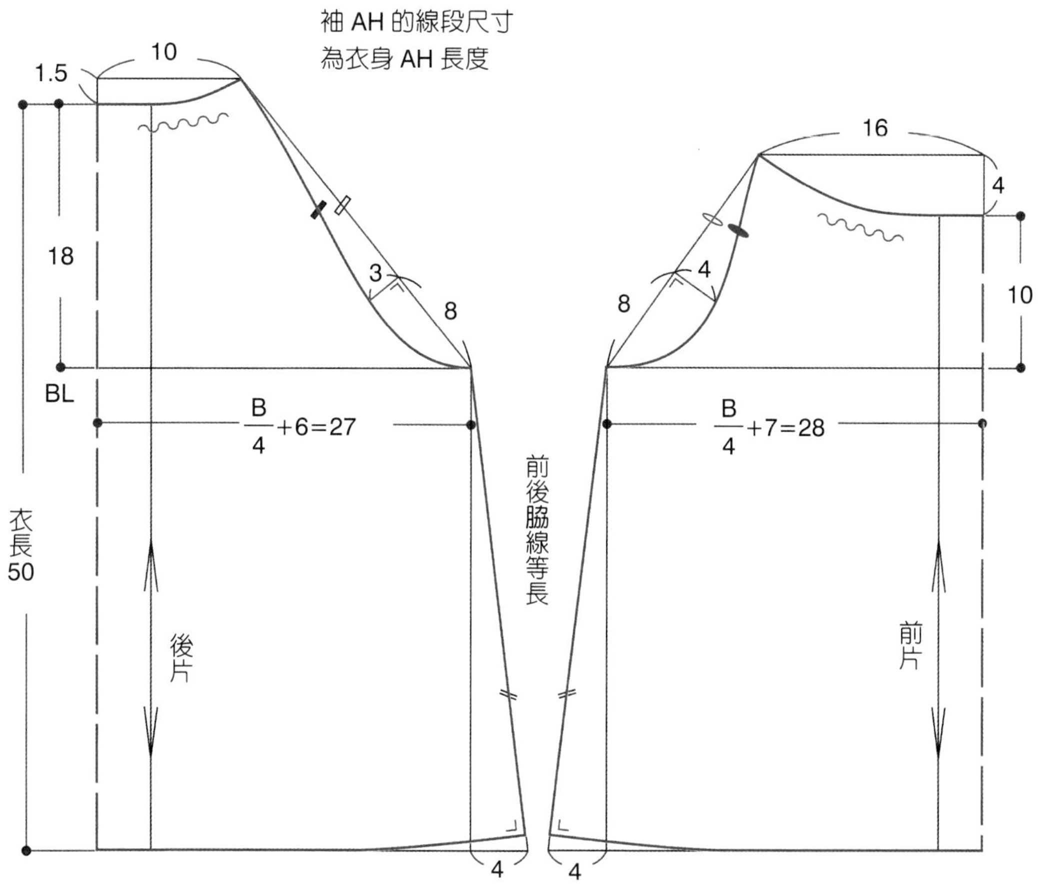

圖 7-14　連袖罩衫簡易製圖

裁布版

身片以前、後中心線折雙，裁片為兩大片。紅色完成輪廓線為車縫時的線，裁布時需再留出黑色的裁剪縫份線。縫份留少，布料容易鬚邊或穿時綳裂；縫份留多，會造成布料厚度堆積影響外觀平整度。縫份須依照不同部位留取，相接縫的邊留相同的縫份。

連袖剪接線要避免縫份太寬拉扯不平，可以有足夠車合的縫份量留 1cm 即可。剪接線為斜線，須考量領圍縫份折回的狀態，以完成線為對稱軸裁剪，留出斜線折回所需的份量（圖 7-15）。領圍線為內彎曲線不能多留，但是須有穿過鬆緊帶的空間，鬆緊帶寬度設定 1cm、縫份量 1.5cm，可依實際使用的鬆緊帶寬度更改。脇邊接縫線考量寬度尺寸可以有放大縮小的空間，縫份量約 1.5～2cm；下襬線為外彎曲線，考量縫份外圍尺寸會變長，縫份量約 2cm（圖 7-16）。

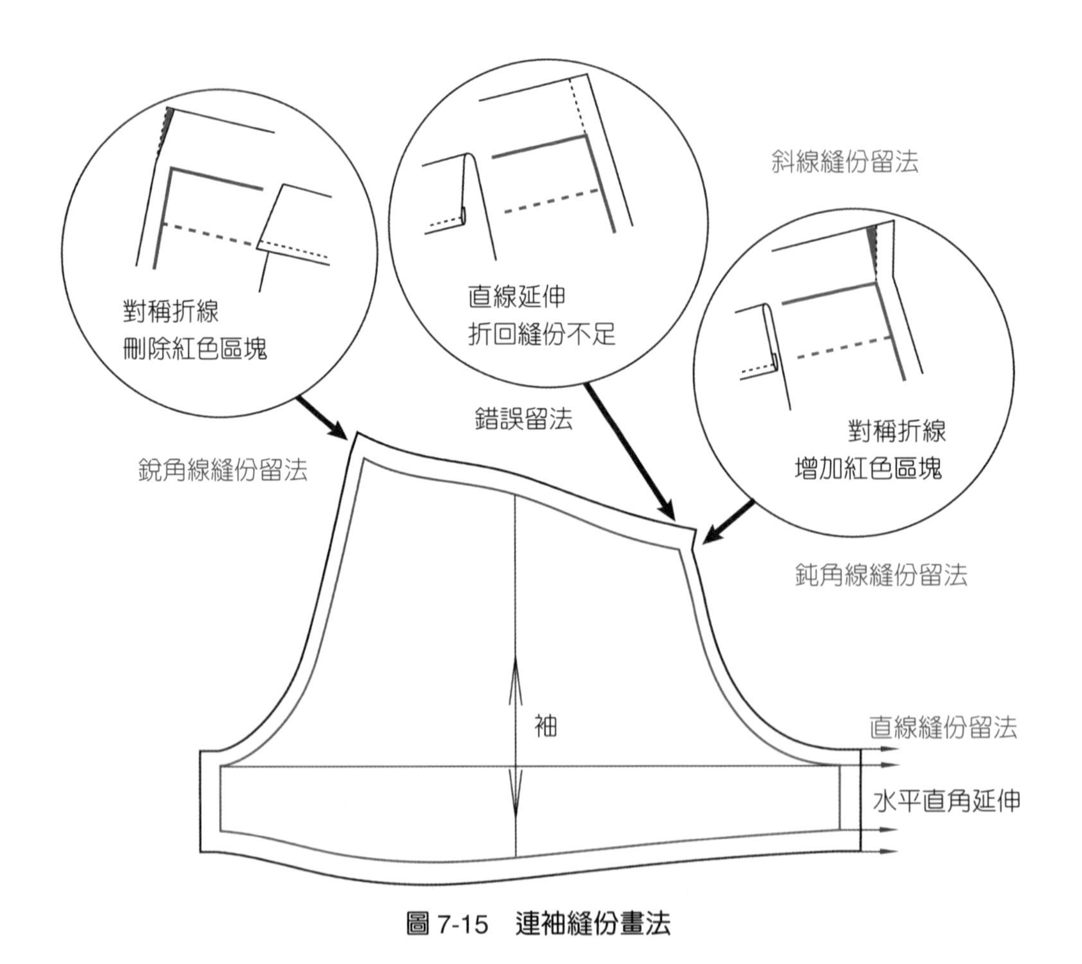

圖 7-15　連袖縫份畫法

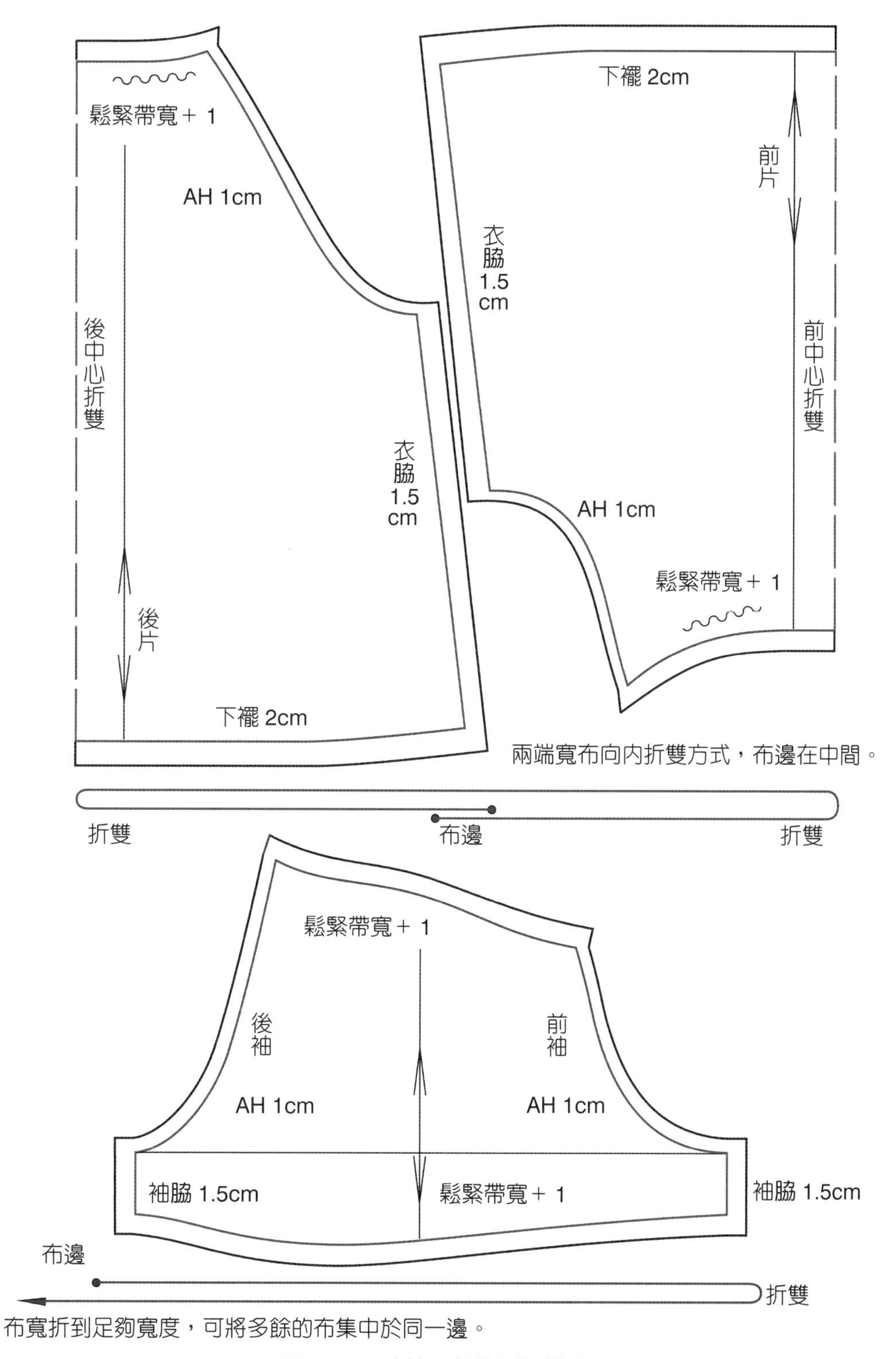

圖 7-16　連袖罩衫的倒插排布

版型設計變化

可參閱圖 4-14 上衣長度版型變化的尺寸改變衣長，變換為長罩衫或連身洋裝。參閱圖 5-27 袖長版型變化的尺寸改變袖長，變換成為長袖（圖 7-17）。

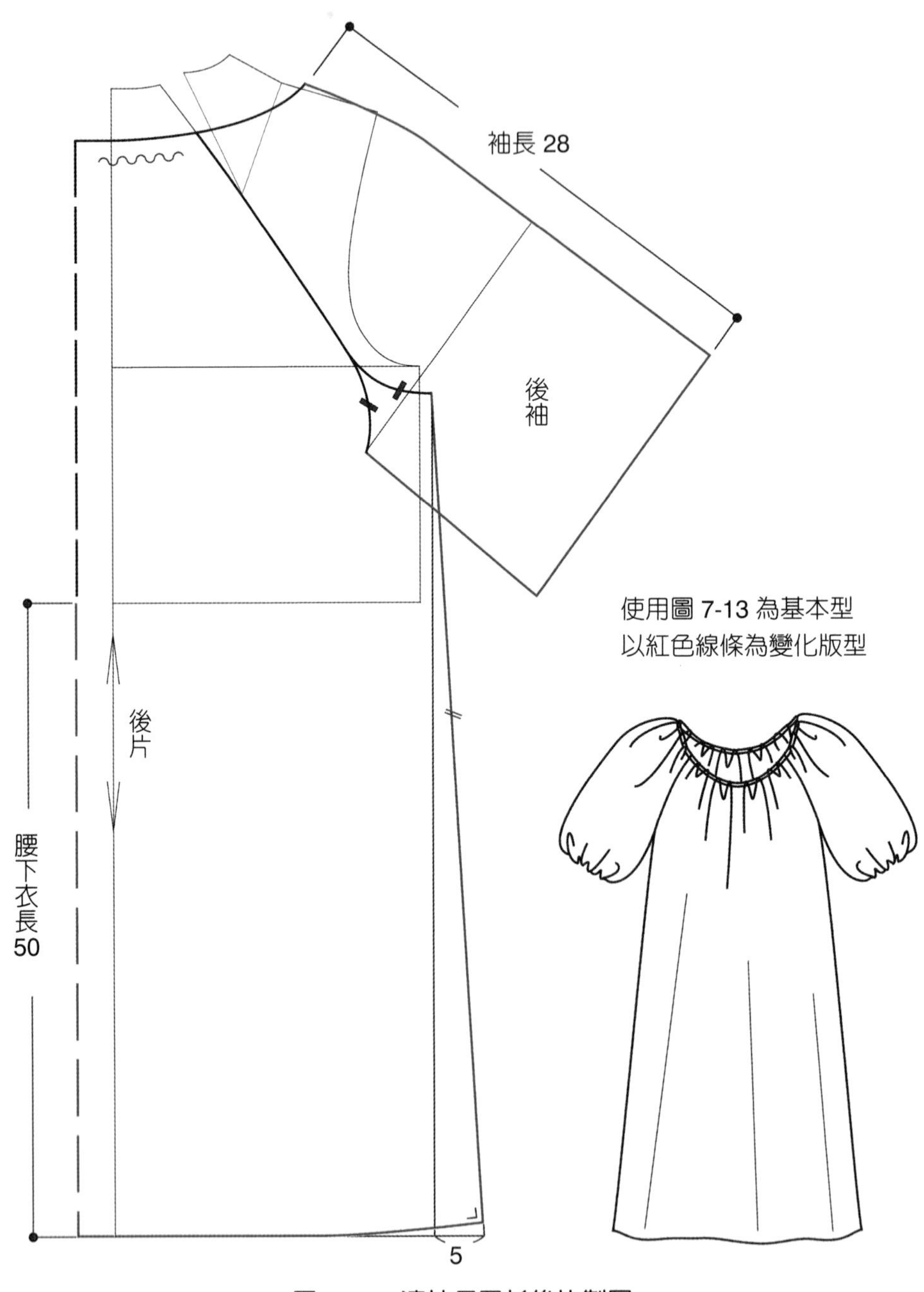

圖 7-17　連袖長罩衫後片製圖

製圖對稱形態的版型，前後衣長、左右袖長會同步改變。胸下增加束帶或鬆緊帶設計就變換為不同的款式，前後版型同步都加帶子（圖 7-18）。

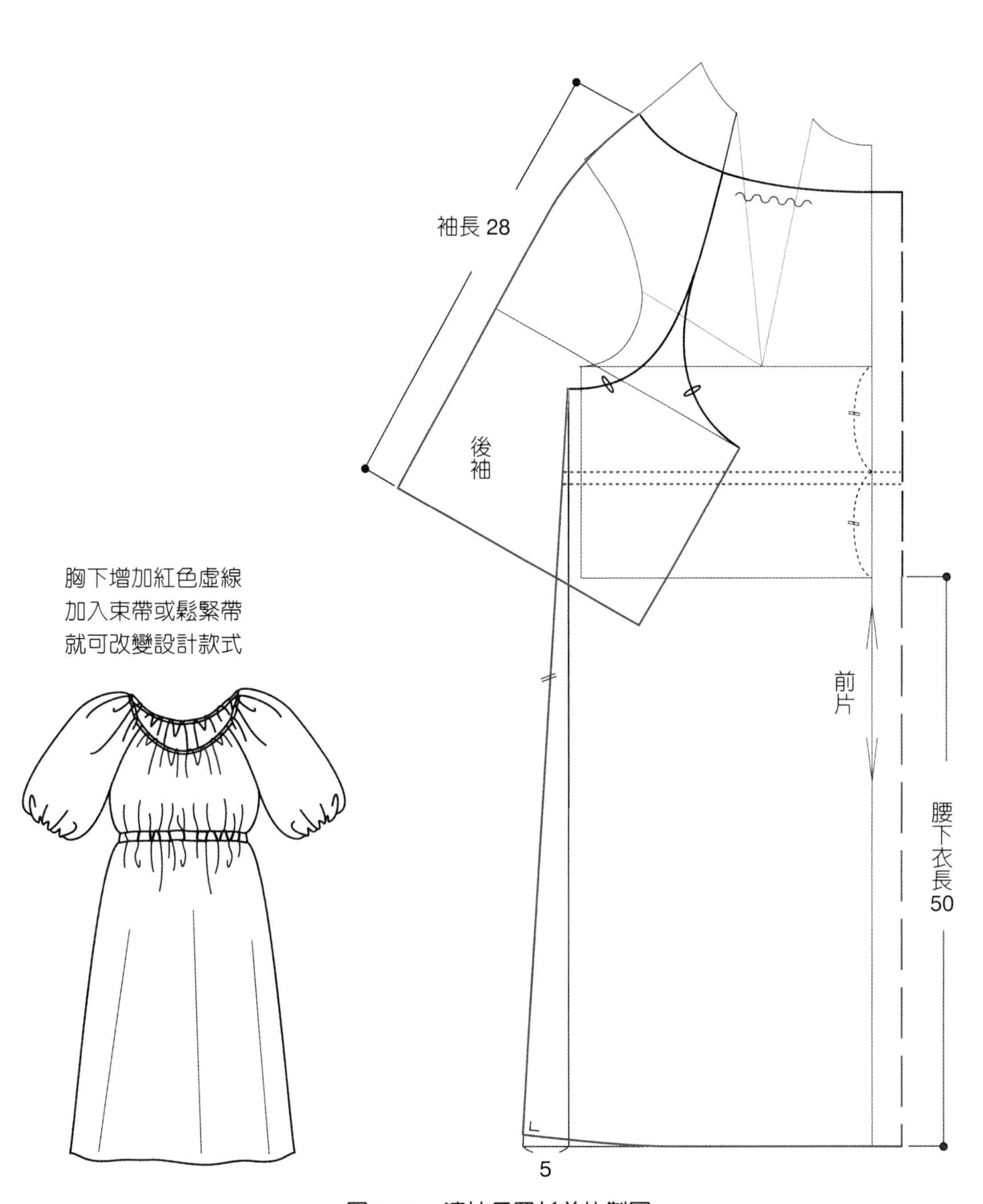

圖 7-18　連袖長罩衫前片製圖

四、平領襯衫

身片為寬襬輪廓，前胸採胸襠剪接，搭配澎袖與平領款式組合（圖 7-19）。

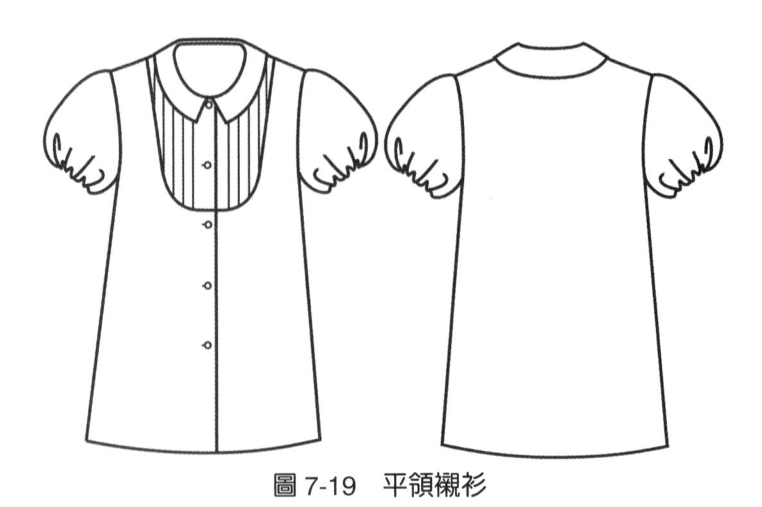

圖 7-19　平領襯衫

原型褶轉移

後身片肩褶分散為肩縮縫份與袖襱鬆份，前身片胸褶留出袖襱鬆份後轉移至前肩（圖 7-20）。

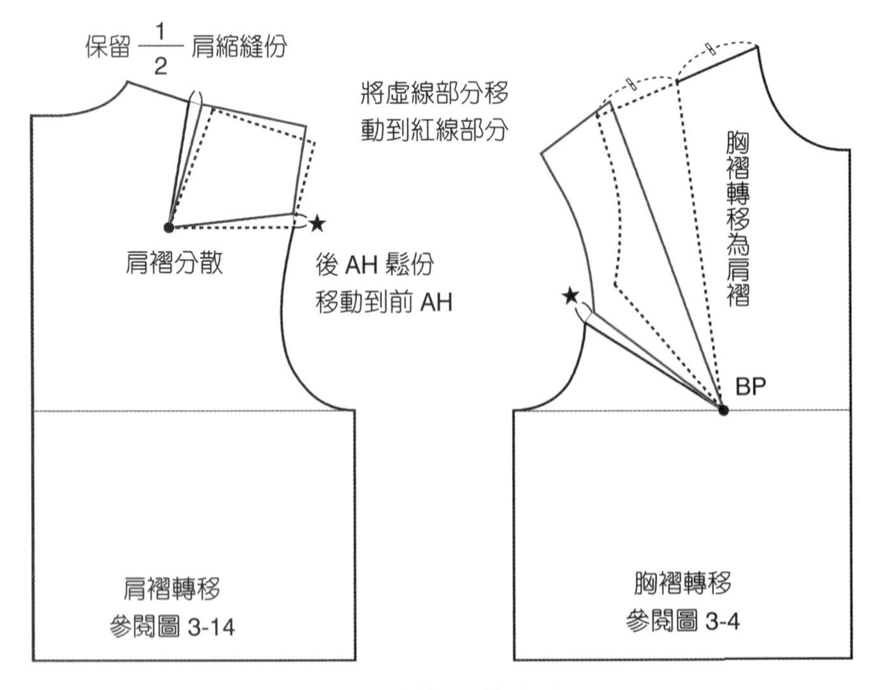

圖 7-20　胸襠原型褶份處理

衣身版型

1. 背長延長為衣長，前、後身片腰下衣長加等長，前、後身片脇長需等長（圖 7-21）。
2. 前胸褶轉移為肩褶後，利用胸襠剪接線處理褶份。
3. 前後領口寬挖大尺寸一致，可參閱圖 6-29 平領畫法，後小肩寬留有一半的肩褶份，製作時要縮縫處理。
4. 前後袖襱藉由衣身袖襱曲線弧度調整，控制尺寸差距在 2cm 內，使前袖寬與後袖寬尺寸相當，可參閱圖 5-20 衣身袖襱曲線。

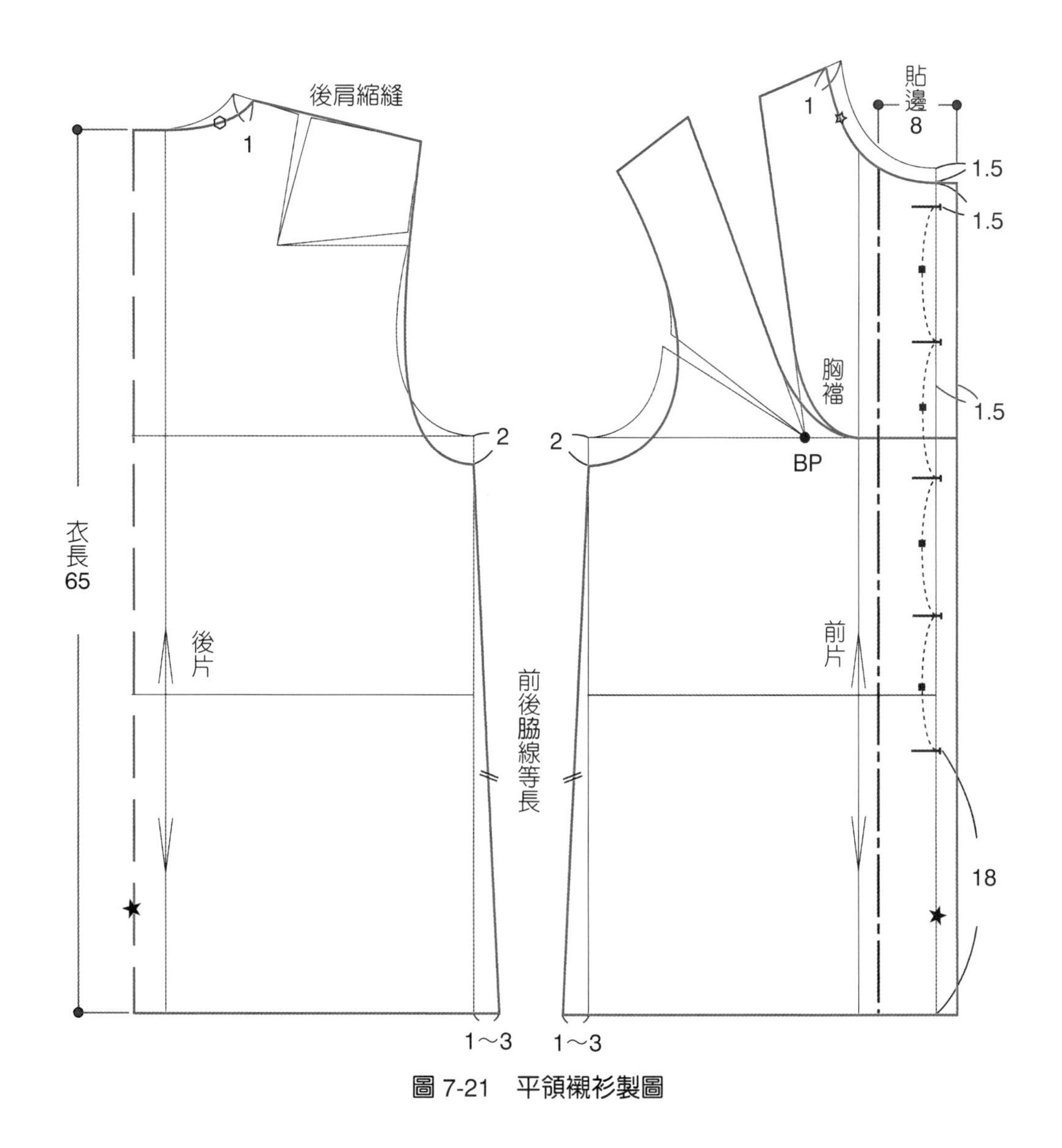

圖 7-21　平領襯衫製圖

袖版型

先依照身片 AH 尺寸繪製基本袖，再做袖口處的紙型切展（圖 7-22）。袖口依手臂尺寸穿入鬆緊帶，也可做袖口布的設計（圖 7-23）。袖口布寬度為包含於袖長尺寸內，利用袖口抽褶、活褶與袖口布可縮小袖口寬度。短袖袖口布長度為手臂圍＋鬆份 5～6cm，若不加鬆份應以袖衩增加袖口的開口尺寸（圖 7-24）。

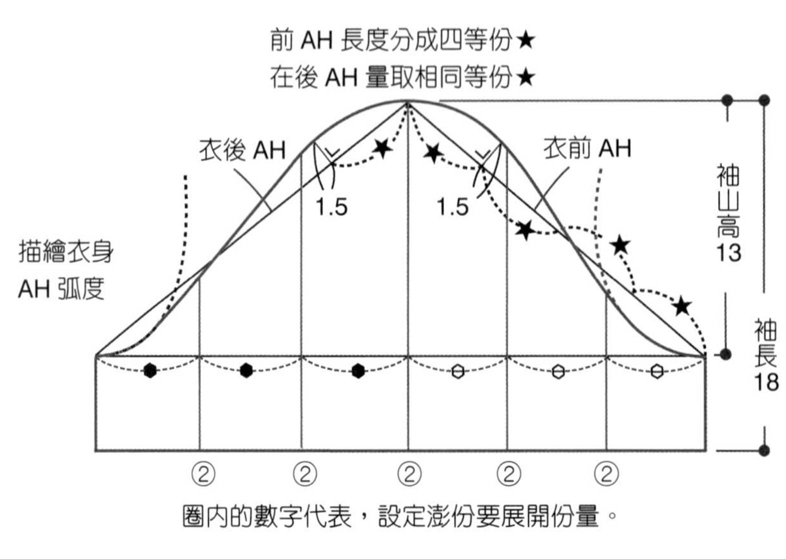

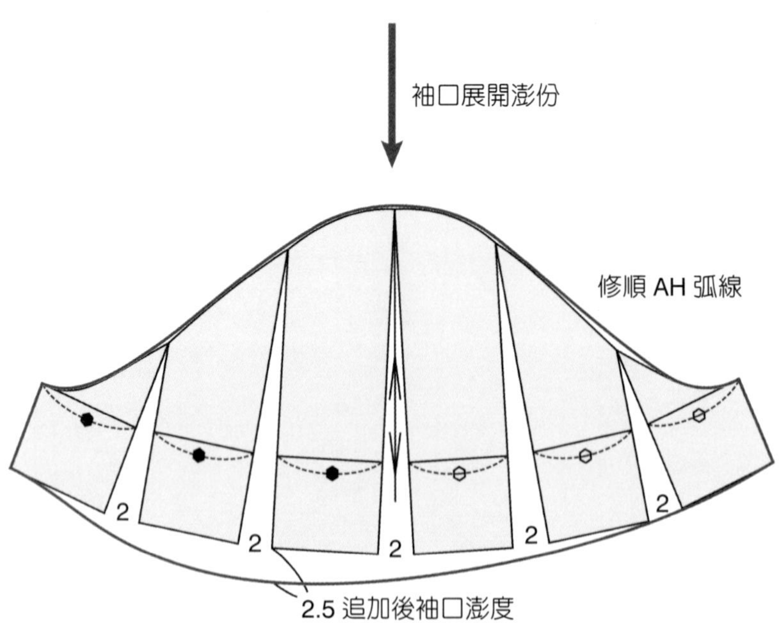

圖 7-22　澎袖製圖

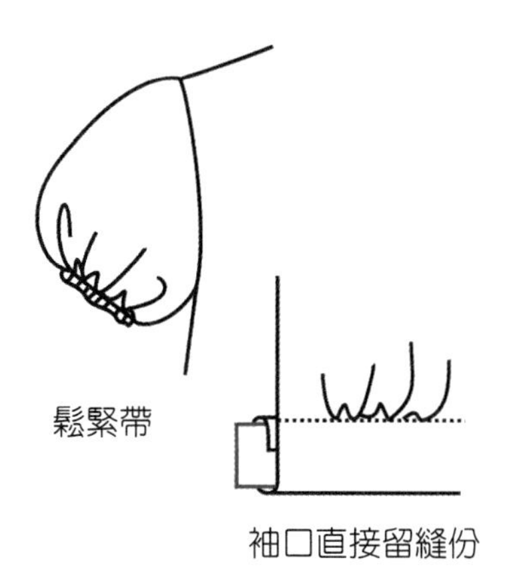

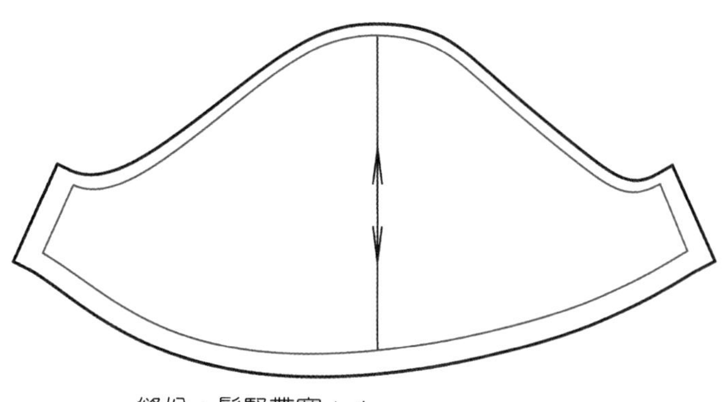

縫份：鬆緊帶寬＋ 1
鬆緊帶長：上臂圍＋鬆份 1cm
弧線折回需縮縫，鬆緊帶不能寬於 1cm。

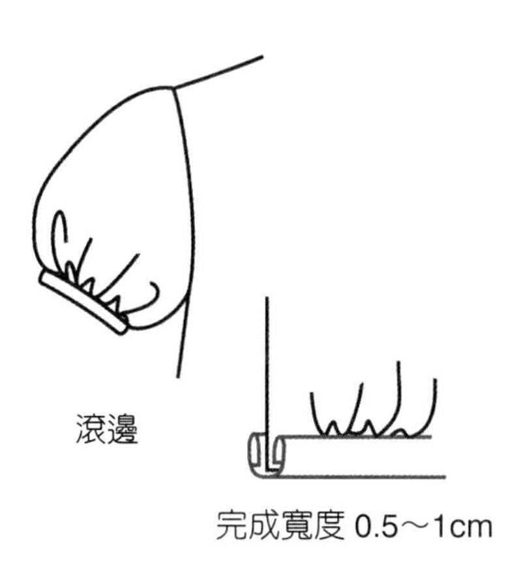

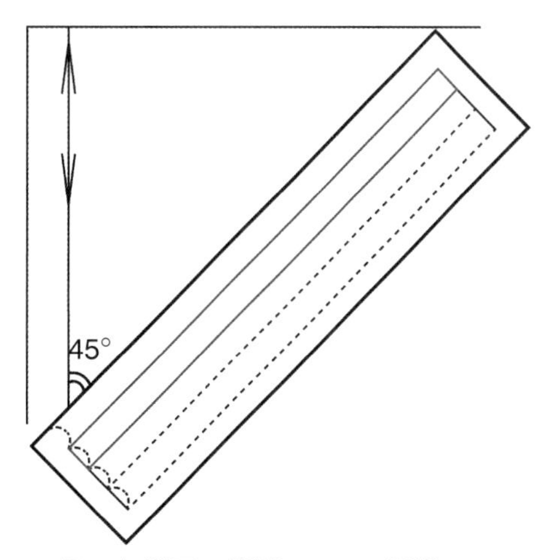

長：上臂圍＋鬆份 5cm ＋縫份 2cm
寬：滾邊寬 ×4（含縫份）＋厚度 0.5cm

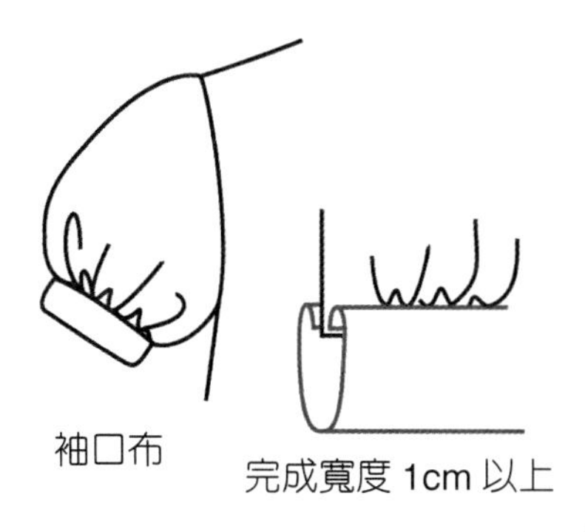

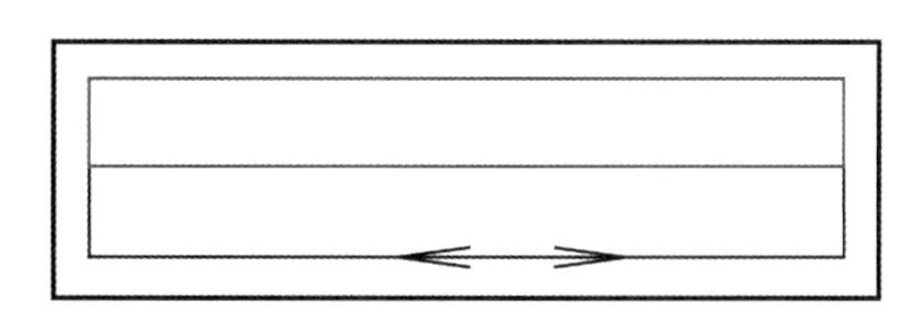

長：上臂圍＋鬆份 5cm ＋縫份 2 cm
寬：袖口布寬 ×2 ＋縫份 2.5 cm

圖 7-23　袖口的設計變化

圖 7-24　袖衩的設計變化

領版型

將前身片的胸襠剪接線合併，使小肩線完整再與後身片的肩點交疊，取肩線的重疊份進行繪圖（圖 7-25）。

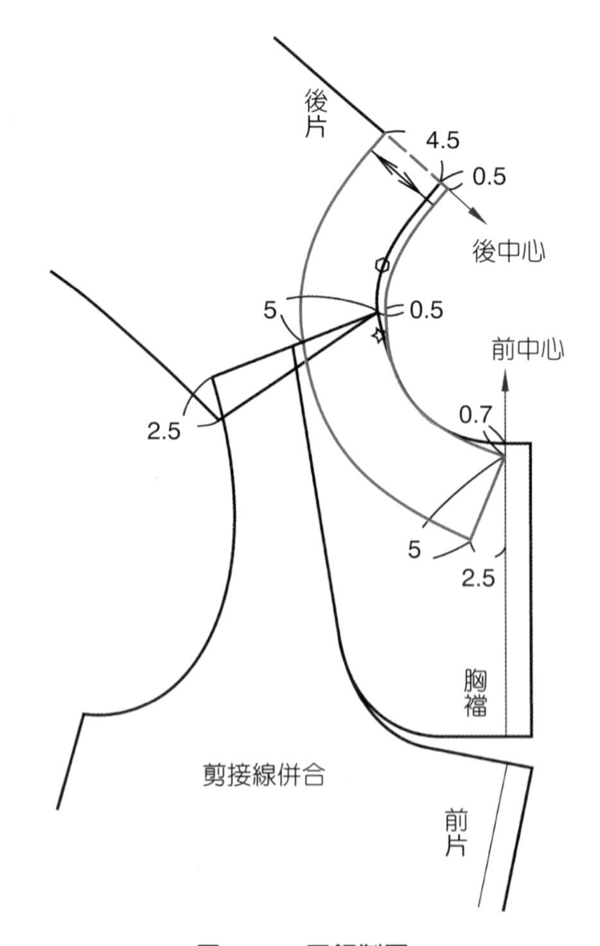

圖 7-25　平領製圖

裁布版

前身與前貼邊採連裁方式（圖 7-9），胸襠剪接處縫份會比較厚。前身與前貼邊採分裁方式（圖 7-26），胸襠剪接處縫份比較薄。

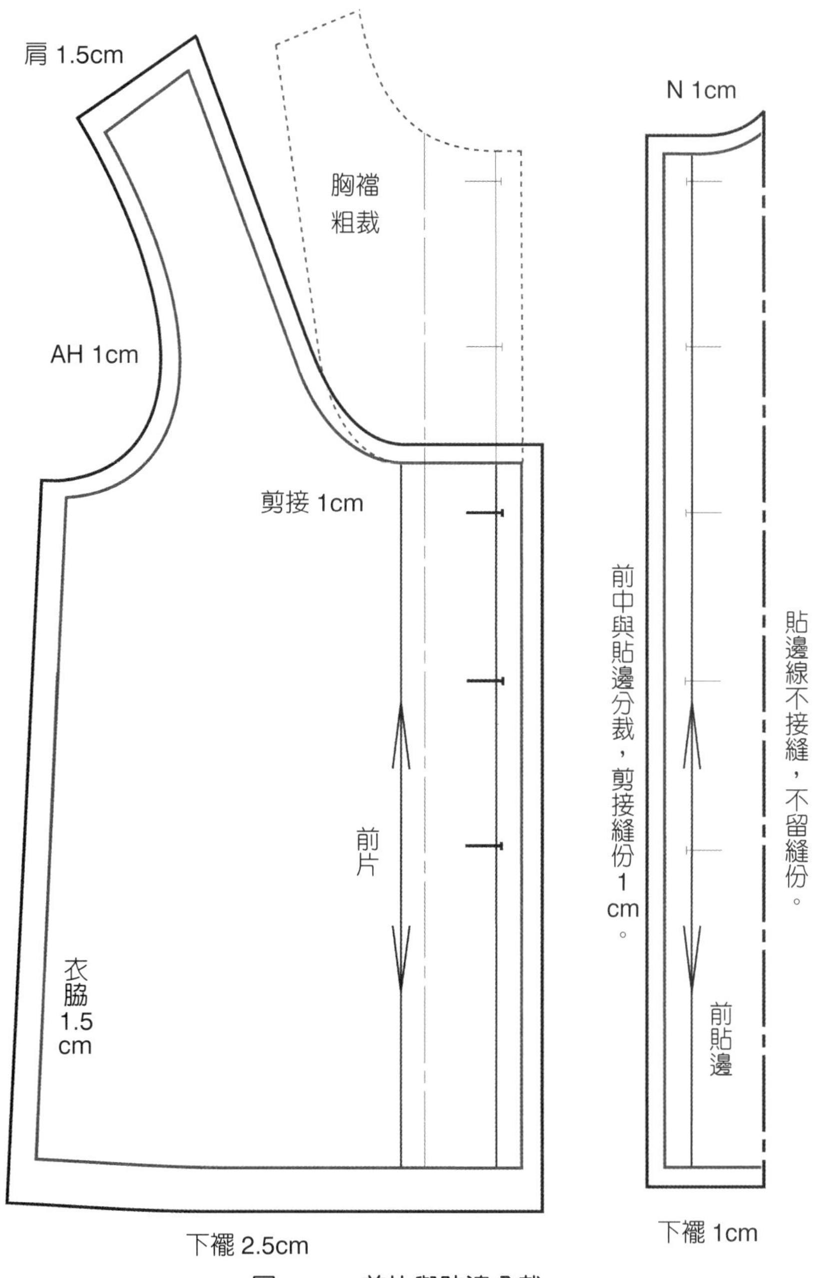

圖 7-26　前片與貼邊分裁

胸襠片以版型直接裁剪可變換為不做「**直線飾褶（Pintuck）**」的款式，若要搭配直線 Pintuck 飾褶設計，裁片需先粗裁一個長方形，車完細條褶寬後，再依版型裁剪（圖 7-27）。Pintuck 飾褶車縫過程，褶的折疊會有布料的厚度差，不能一口氣畫完飾褶所有車線記號。車縫 Pintuck 飾褶應車縫完成一道褶線後，再量取下一道褶線車縫寬度。

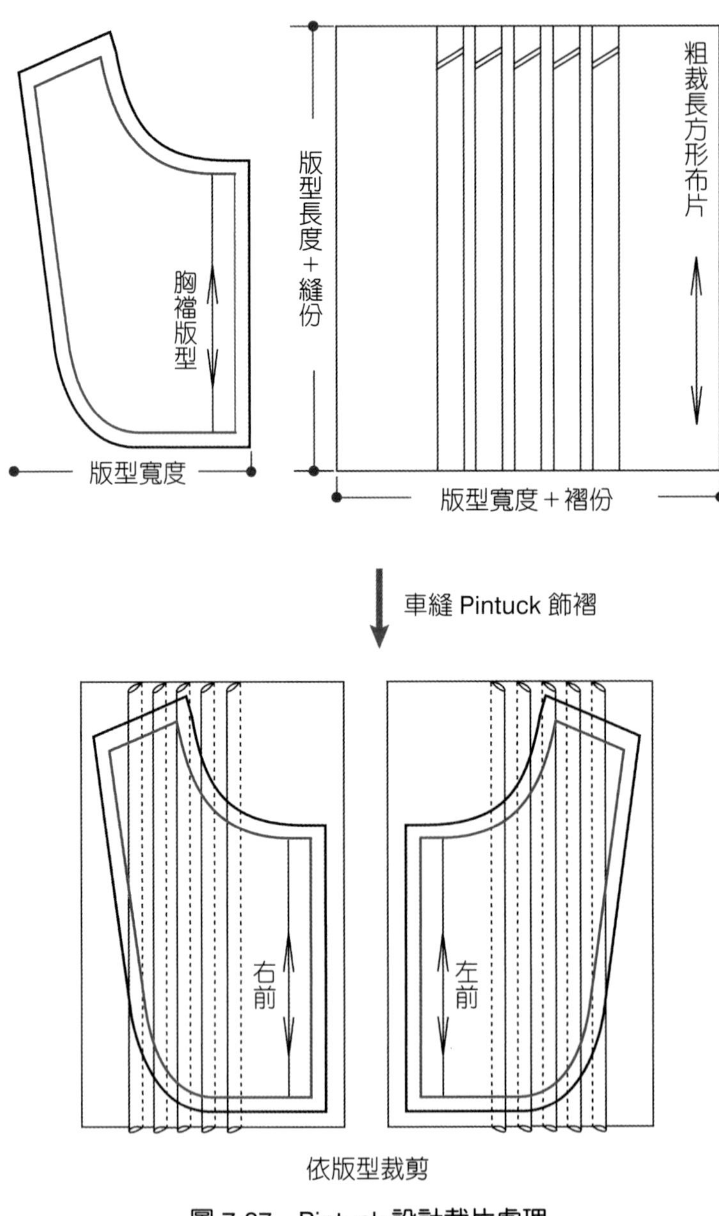

圖 7-27　Pintuck 設計裁片處理

版型設計變化

改變胸襠的剪接線位置，就變換為不同的設計款式（圖 7-28）。貼肩領型的衣身版型領圍都是相似的畫法，本款襯衫繪製平領，可以做紙型切展改為波浪領，也可以改畫為水兵領或披肩領。

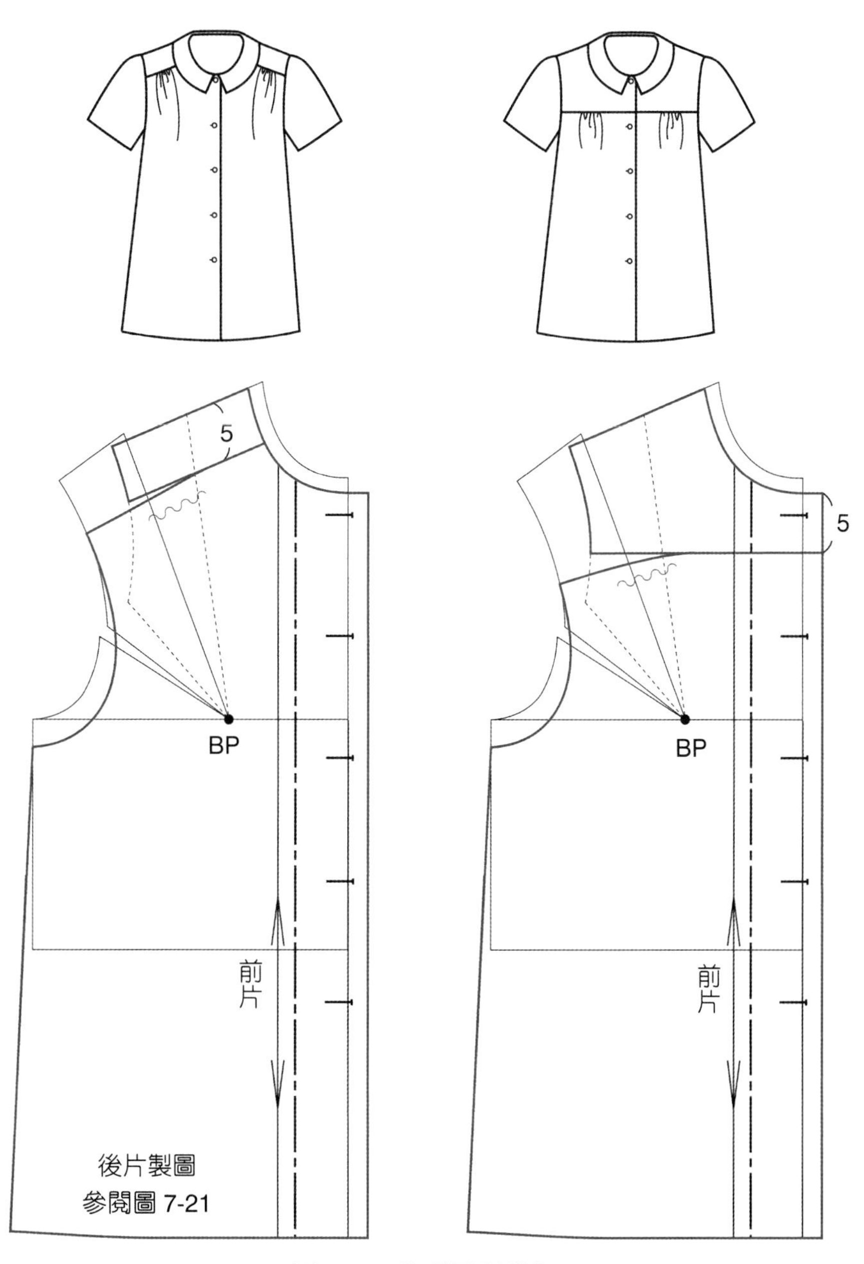

圖 7-28　胸襠設計變化

採用翻領的襯衫原型胸褶轉移位置，前身片就成為不做胸襠的款式，袖片與領片都需以改變後的前衣身版型繪製（圖 7-29）。袖 AH 尺寸要隨著衣身的尺寸變動，袖版不做紙型切展，即為沒有澎份的基本袖型。

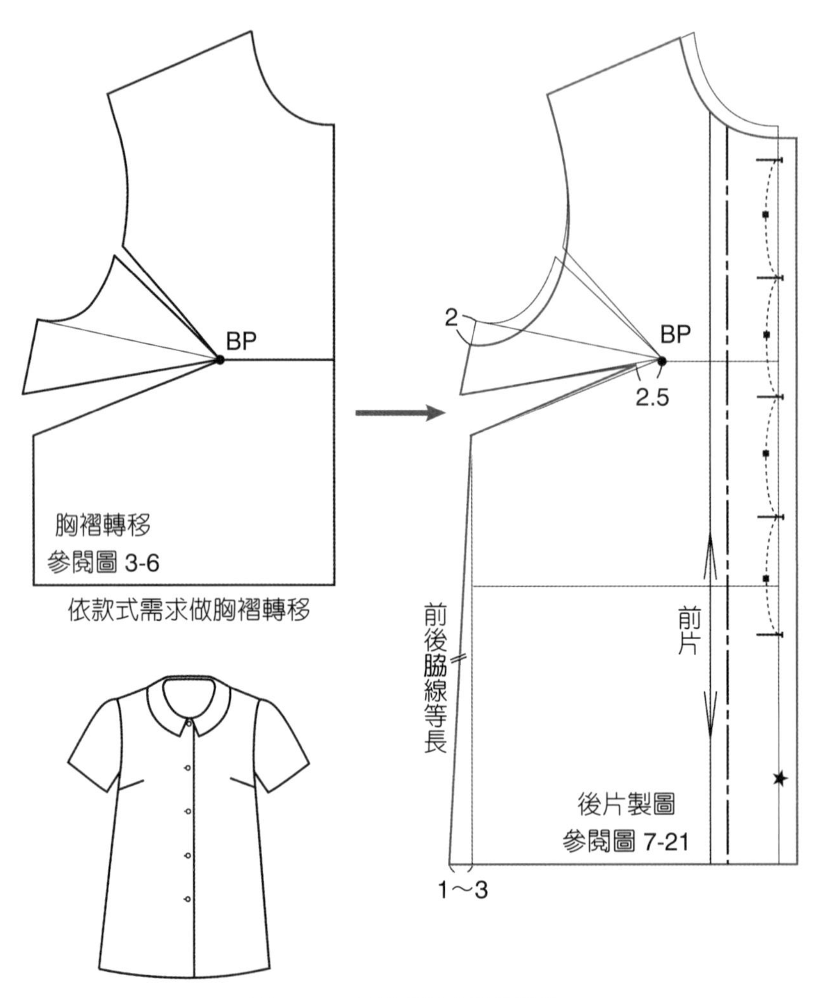

圖 7-29　平領襯衫設計變化

五、襯衫領襯衫

男裝風格的襯衫款式，裝飾線、設計細節多，身片為寬鬆無褶線的直筒型，搭配寬袖與襯衫領款式組合（圖 7-30）。

圖 7-30　襯衫領襯衫

襯衫領襯衫的設計細節（圖 7-31），可只採做部分設計，例如不做胸口袋。

1. 襯衫領：面領與領台兩片式組合領型。面領①上領止點至前中心，前面領寬與領尖形態為男襯衫設計變化重點。領台②有重疊份、開一個橫向釦洞，上領止點至衣襟前緣。
2. 門襟：前中長條形的開襟③，開直向釦洞，常用寬度為 2.5～3.5cm，重疊份為門襟寬度的一半。門襟只做上片，女裝做右上前身片，男裝做左上前身片，下片直接連裁貼邊，前身上下兩片裁片不相同。
3. 肩襠：Yoke 剪接線④，前身片將肩線平行前移，前面視覺可看到肩線，後身片以通過肩褶止點為參考高度，將肩褶轉移至袖襱利用剪接線做出立體、消除褶份（圖 3-19）。基本款式取與後中心垂直的水平線，可變化為弧線或角度線。也可利用 Yoke 剪接線加入身片抽褶、活褶的造型變化⑤（圖 4-42）。
4. 袖口布：Cuff（成衣直譯為卡夫），袖口布寬度為包含於袖長尺寸內，利用袖口抽褶、活褶與袖口布可縮小袖口寬度（圖 7-23）。長袖袖口布長度最基本需求尺寸為手掌可以穿過，袖口布長度為手腕圍＋鬆份 5～6cm，若不加鬆份應以袖衩增加開口尺寸。

5. 袖衩：男裝使用箭形袖衩，女裝還有使用貼邊袖衩、滾邊袖衩，或直接利用袖脇線做簡易的開衩（圖 7-24）。
6. 胸口袋：直接在衣服表面車縫口袋布的「貼口袋」，只做單邊口袋會在左前胸，以右手取物較為順手。胸口袋尺寸一般會參考衣服設計線的比例放置於胸圍線上，袋布會取接近正方形（圖 7-32）。

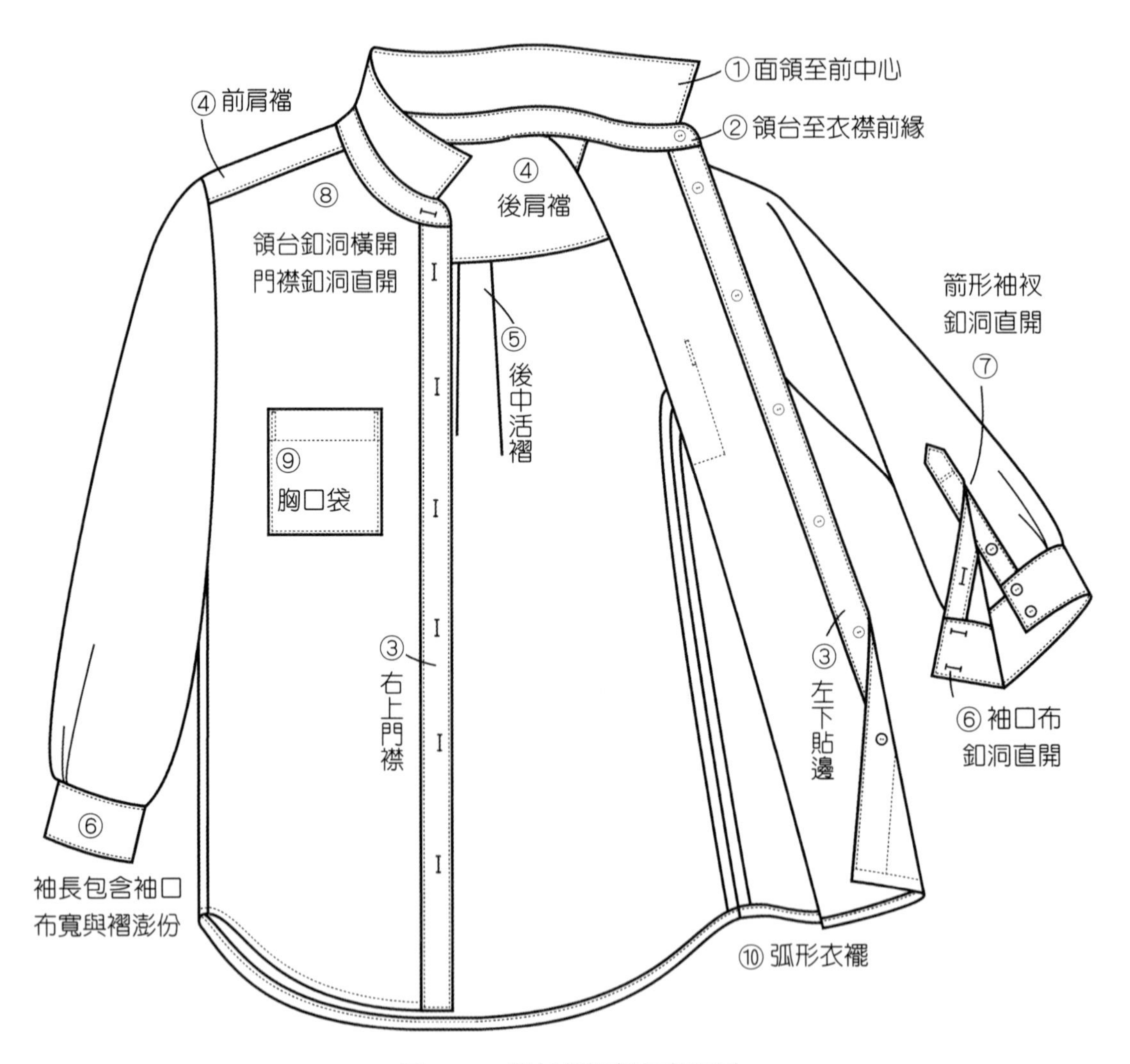

圖 7-31　襯衫領襯衫細部設計

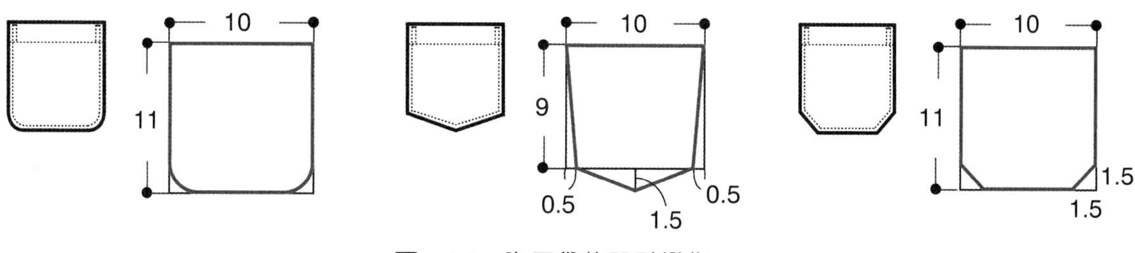

圖 7-32　胸口袋的設計變化

原型褶轉移

後身片肩褶轉移至袖襱成為袖襱鬆份與肩襠剪接線的夾角（圖 3-19），前身片胸褶留出袖襱鬆份後轉移至前胸下（圖 7-33）。前身片胸褶轉移至胸下腰褶，版型與舊文化原型形式上一致，可用為無褶襯衫的褶子轉移處理方式。

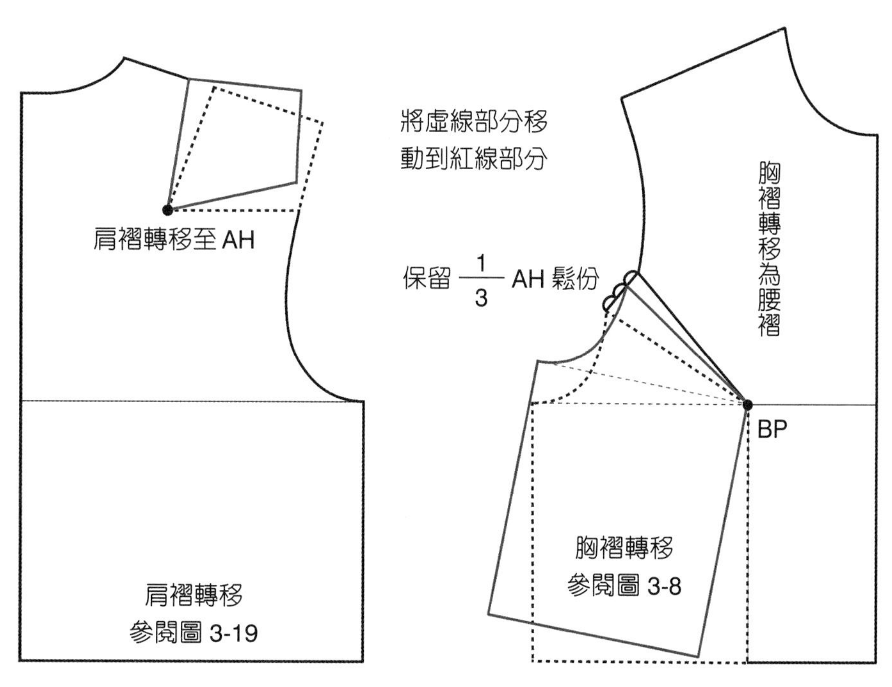

圖 7-33　肩襠原型褶份處理

衣身版型

1. 背長延長為衣長，前、後身片腰下衣長不等長，利用弧形衣襬使前、後身片脇長等長。
2. 前後領口寬挖大尺寸要一致，前、後小肩寬等長，肩線要做紙型合併處理。
3. 落肩袖款式肩線加長落下尺寸 2.5cm，袖子的袖山高應相對減短 2.5cm。

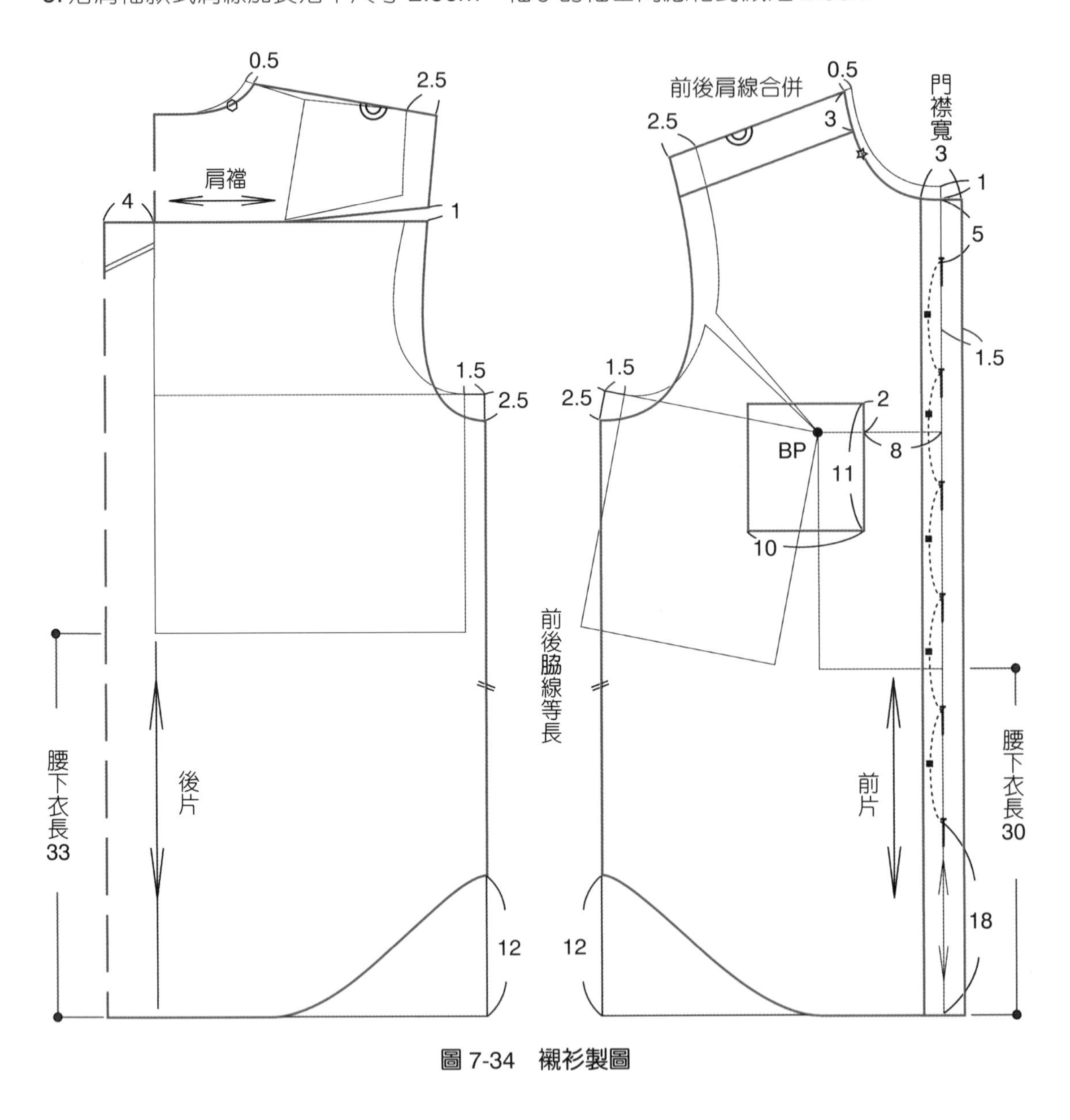

圖 7-34　襯衫製圖

袖版型

直接設定襯衫常用的標準袖山高 13cm 進行打版，可依袖寬尺寸再調整袖山高（圖 5-23）。落肩袖款式不需要袖山縮縫份（圖 5-21），襯衫袖長含袖口布寬度，袖口尺寸可比袖寬尺寸略縮小（圖 7-35）。

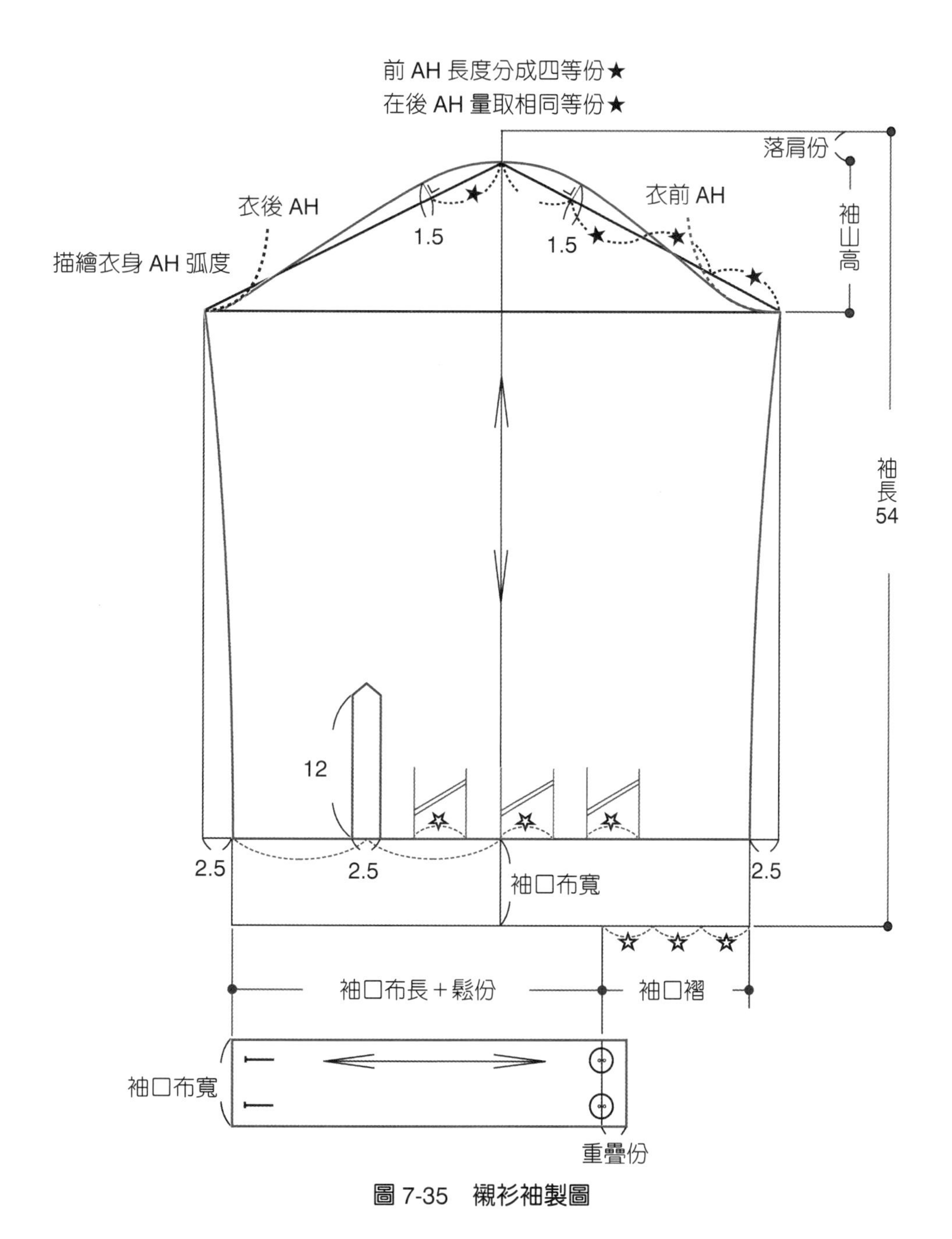

圖 7-35　襯衫袖製圖

領版型

襯衫領為面領與領台兩片式組合的領型，前領寬與領尖形態是設計變化的重點。面領下緣線比領台上緣線彎度強，兩者為相接縫的線應等長，尺寸由前中心調整修正。領台與門襟相接縫，衣襟前緣應為直線，尺寸由領台前緣微調修正 0.3～0.5cm（圖 7-36）。

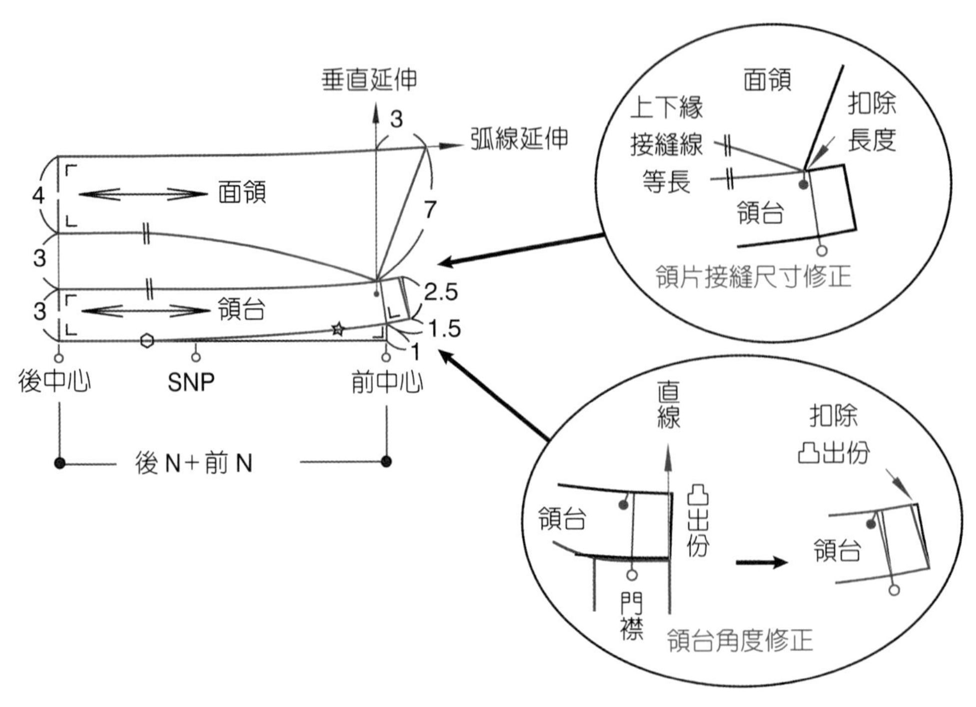

圖 7-36　襯衫領製圖

肩襠版型

肩襠、面領、領台、袖口布取直布紋或橫布紋皆可（圖 7-37）。

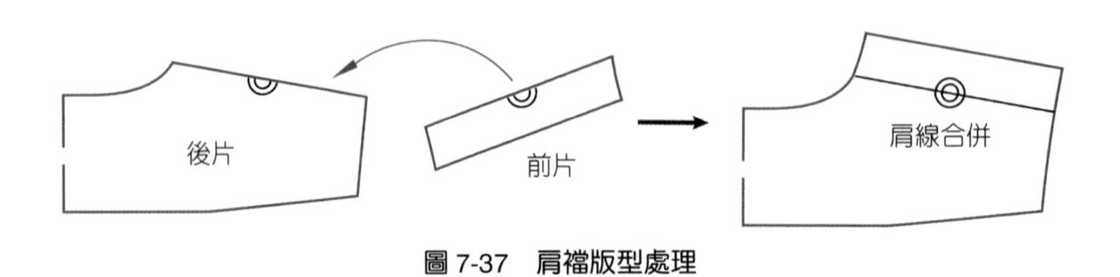

圖 7-37　肩襠版型處理

門襟裁布版

前身左右都做門襟，裁片左右對稱，穿著時重疊有布料堆積的厚度。採右上前身做門襟，左下前身做貼邊，裁片左右不對稱，可以減少堆積的厚度，製作比較節省工序（圖 7-38）。

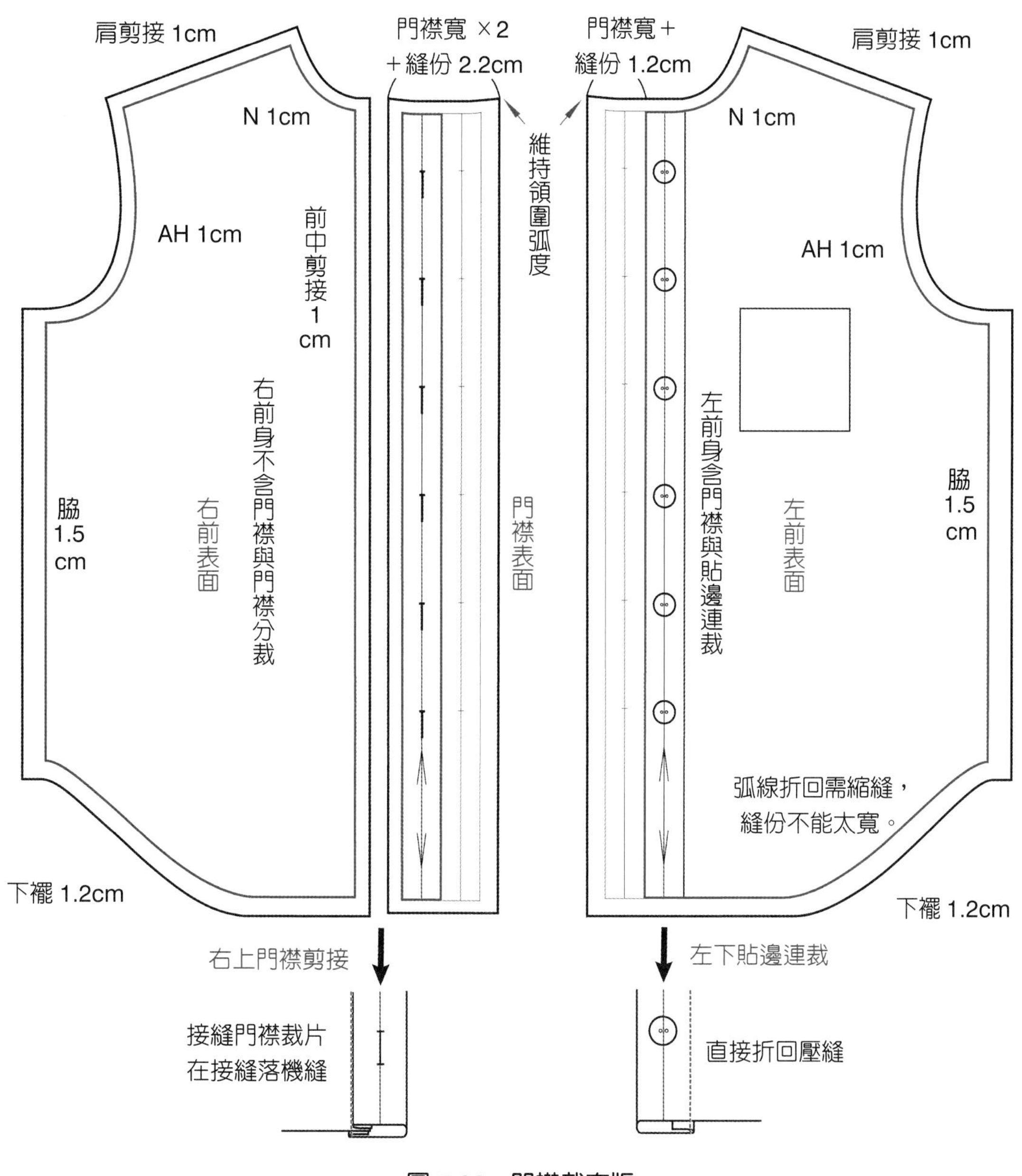

圖 7-38　門襟裁布版

裁布版

1. 排布的原則為大裁片先排，長度相似的裁片排在一起，裁片位置全排定再裁剪（圖 7-39）。
2. 縫份須依照不同部位與製作方法留取，由正面車縫的落機縫，要能壓住裡面縫份，縫份量需要多 0.2cm；其他剪接線有足夠車合的縫份量留 1cm 即可。
3. 左右不對稱的裁片，應放置相同位置，才不會左右混淆。如圖 7-39 上層裁右身、放置右前身與門襟，下層灰色區塊裁左前身。左右對稱的裁片，應兩層一起裁剪，單層剪布容易產生誤差與混淆。
4. 箭形袖衩裁片，如圖 7-40：

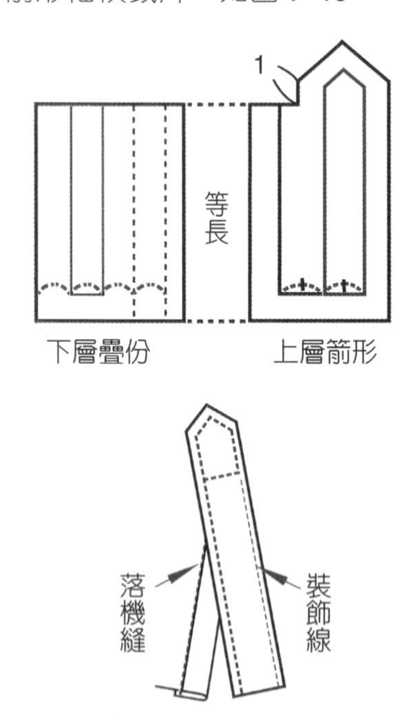

圖 7-40　箭形袖衩

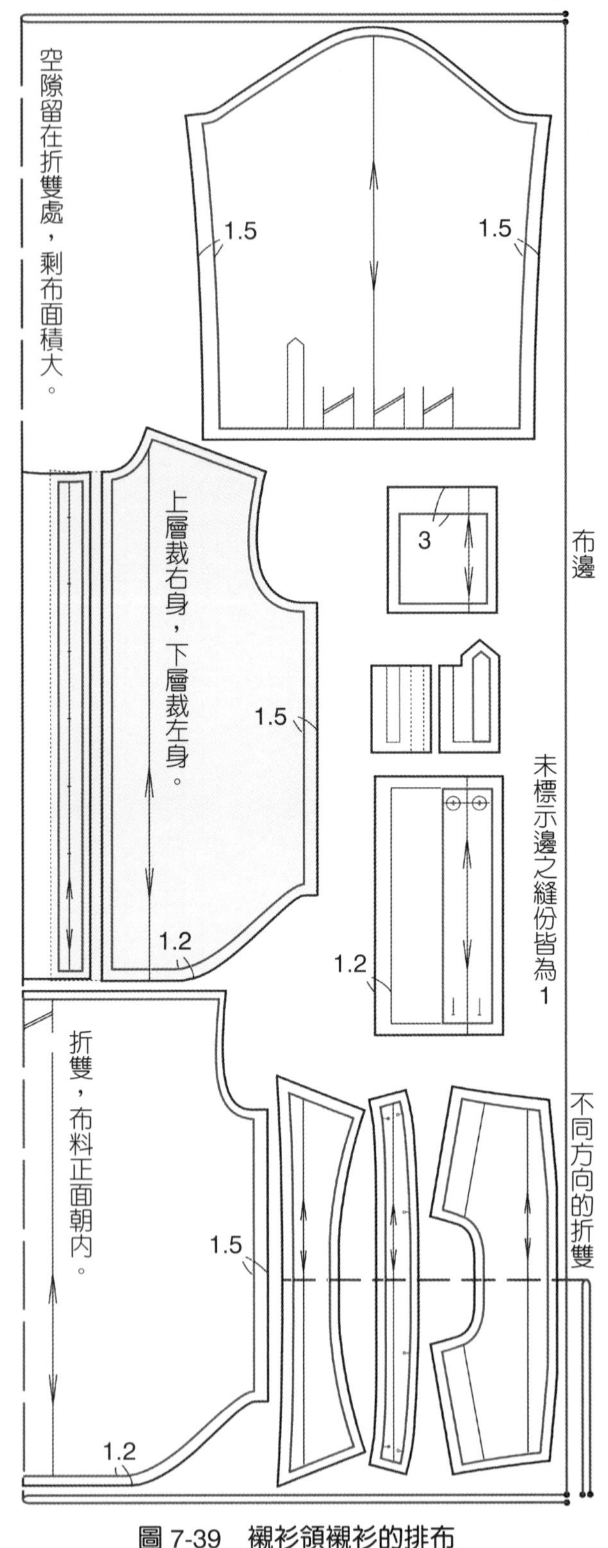

圖 7-39　襯衫領襯衫的排布

六、背心

無袖款式的上衣，有作為內搭的背心（可參閱單元五無袖型）與穿在襯衫外作為外著的背心。背心採用貼邊處理，袖圈與領口應以「連續貼邊」的方式製作，避免裁片零碎與布料厚度堆疊，為求平整貼邊不能有褶線，須將褶份以紙型合併處理。表布版為表層後中、後脇、前中、前脇之四片構成的版型與裡層前貼邊、後貼邊兩片版型。全裡製作應另製作裡層的後中、後脇、前中、前脇四片之裡布版型（圖 7-41）。

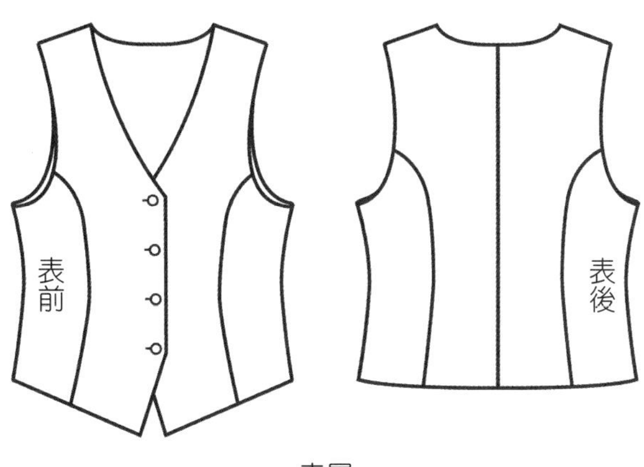

表層
白色為表布、灰色為裡布。

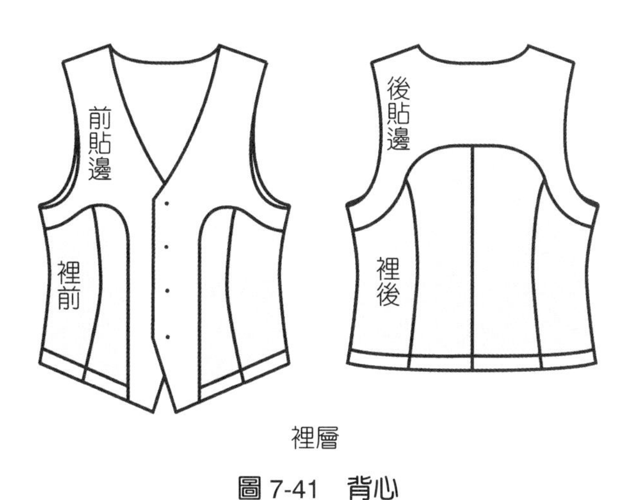

裡層

圖 7-41　背心

原型褶轉移

後身片肩褶分散為肩縮縫份與袖襱鬆份，前身片胸褶留出與後身片相同的袖襱鬆份後，利用剪接線消除褶份（圖 7-42）。

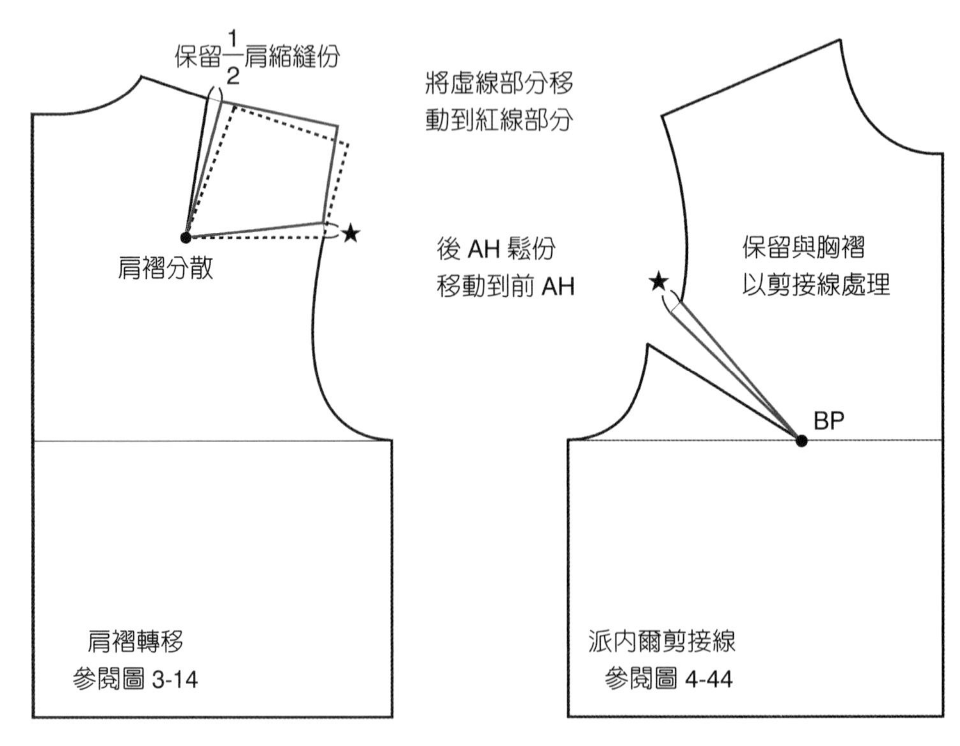

圖 7-42　**背心原型褶份處理**

版型製圖

1. 腰圍在後中心與脇邊扣除部分鬆份，並利用剪接線製作腰褶。視腰圍合身度需求，合身後中心①可以扣除後中褶份分裁為兩裁片，寬鬆後中心可以取直線折雙為一裁片。
2. 腰圍線往下取垂直的剪接基準線，派內爾剪接線條以基準線為對稱軸，胸圍線以下兩側畫成相似的曲線，線條尺寸才會無差異，布紋亦能相似。剪接線②畫至接近胸圍才轉向，曲線形態會比較漂亮。胸圍線以上的轉向剪接曲線需等長，曲線弧度拉直或彎曲依穿著視覺決定，例如後身拉直、前身彎曲。
3. 衣襬襬圍合身時需畫出臀圍線核對臀圍尺寸，利用剪接線調整尺寸（圖 4-47、圖

4-48）。胸圍有加出份量，襬圍尺寸足夠時，則不用核對臀圍尺寸。襬圍尺寸可略為放大③或縮小④尺寸做出輪廓形態，輪廓形態放大或縮小都依款式設計需求決定。

4. 領口與衣襬的形態⑤，依設計需求決定。人體為立體曲面，V 字形的前領圍輪廓線與衣襬線皆為弧線。

5. 開釦⑥以領口與衣襟前緣的交點為第一顆釦子位置，衣襬斜角與衣襟前緣的交點為最後一顆釦子位置，中間釦子的位置再依等份均分定位。

6. 貼邊的後中心應取水平線折雙，前中應取垂直線，袖襱曲線取與原型袖襱呈現近似視覺平行的線條，整體線條需順暢無角度。

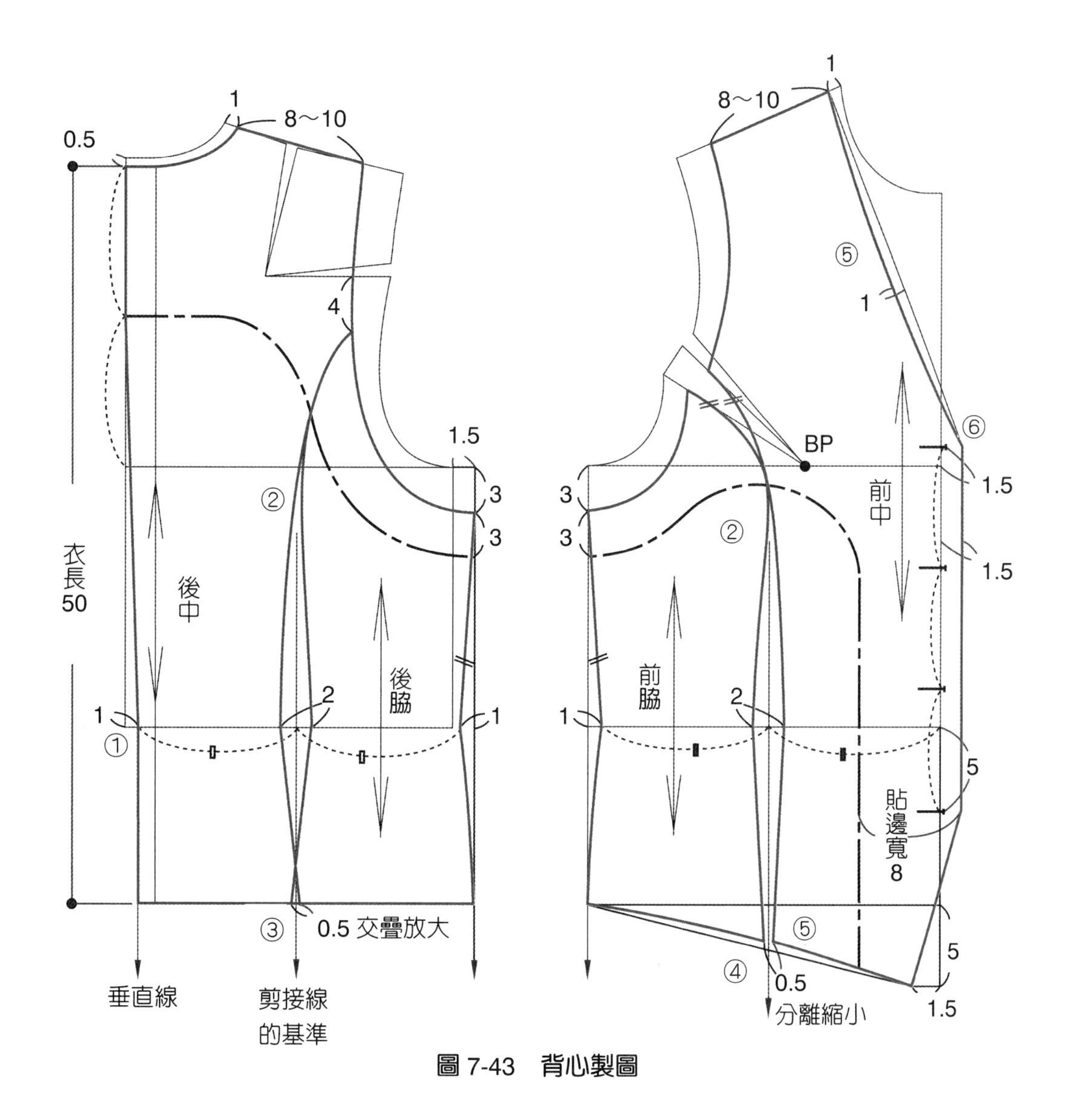

圖 7-43　背心製圖

版型拆版

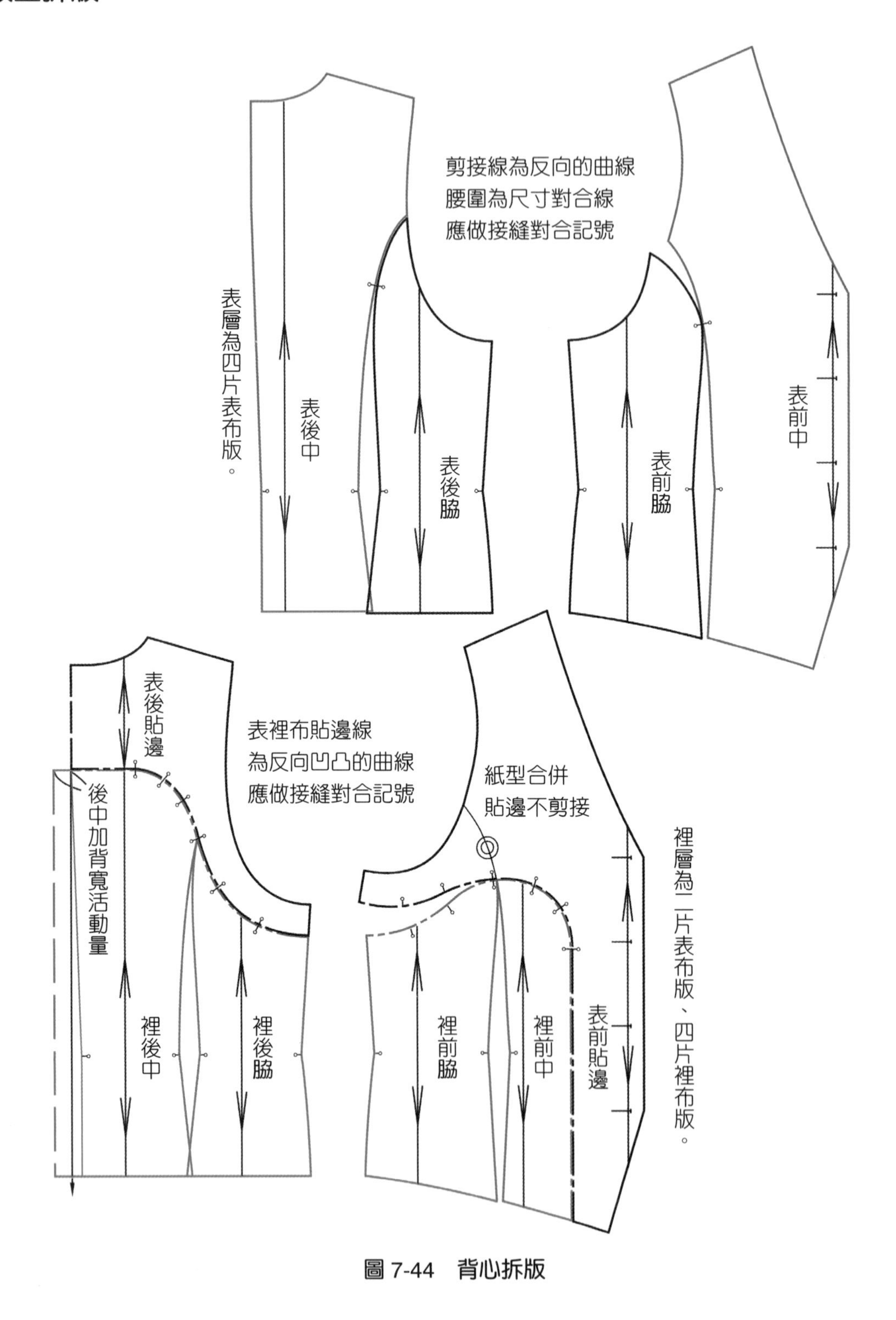

圖 7-44 背心拆版

表布版

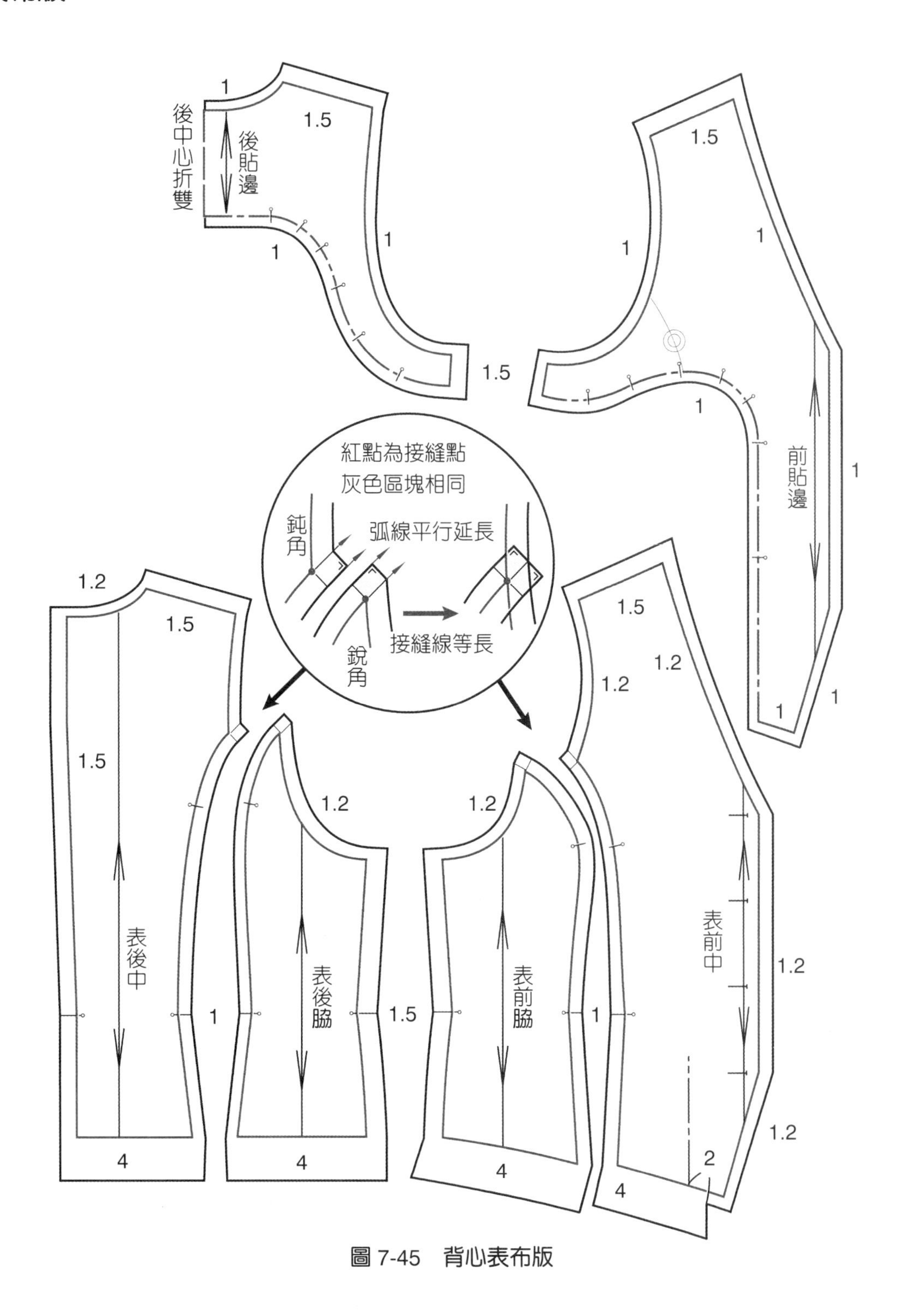

圖 7-45　背心表布版

裡布版

裡布具有滑溜的特徵，可幫助表布材質粗澀的衣服穿脫方便，改善衣服穿著時的舒適感。裡布要配合表布拉伸比表布寬鬆，後中心需增加背寬活動鬆份量，以原型後中心垂直為基準線（圖 7-46）。

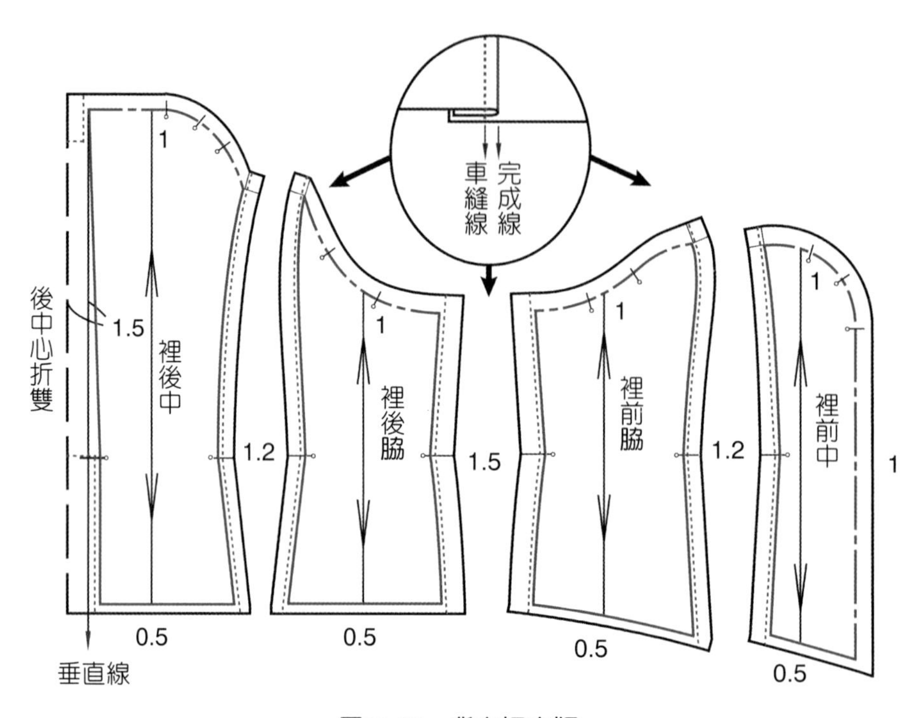

圖 7-46　背心裡布版

裡布縫份不燙開、需同邊倒向後中心，直向剪接線要增加 0.2cm 鬆份量，縫份 1.2cm 比表布大。裡布的直向剪接線車縫位置是完成線外圖 7-43 的虛線，完成線仍與表布相同要整燙出摺痕，完成線與車縫線之間有 0.2cm 鬆份折量，衣襬亦有活褶份（圖 7-47）。

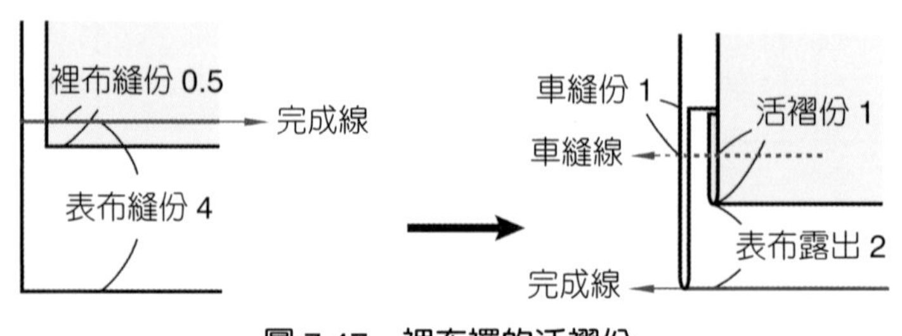

圖 7-47　裡布襬的活褶份

七、背心裙

上衣長度蓋過臀圍時，需確立三圍尺寸，可以將上衣與裙版型組合成為洋裝款式。長版背心裙採用連續貼邊，後中心開拉鍊的方式製作（圖 7-48）。

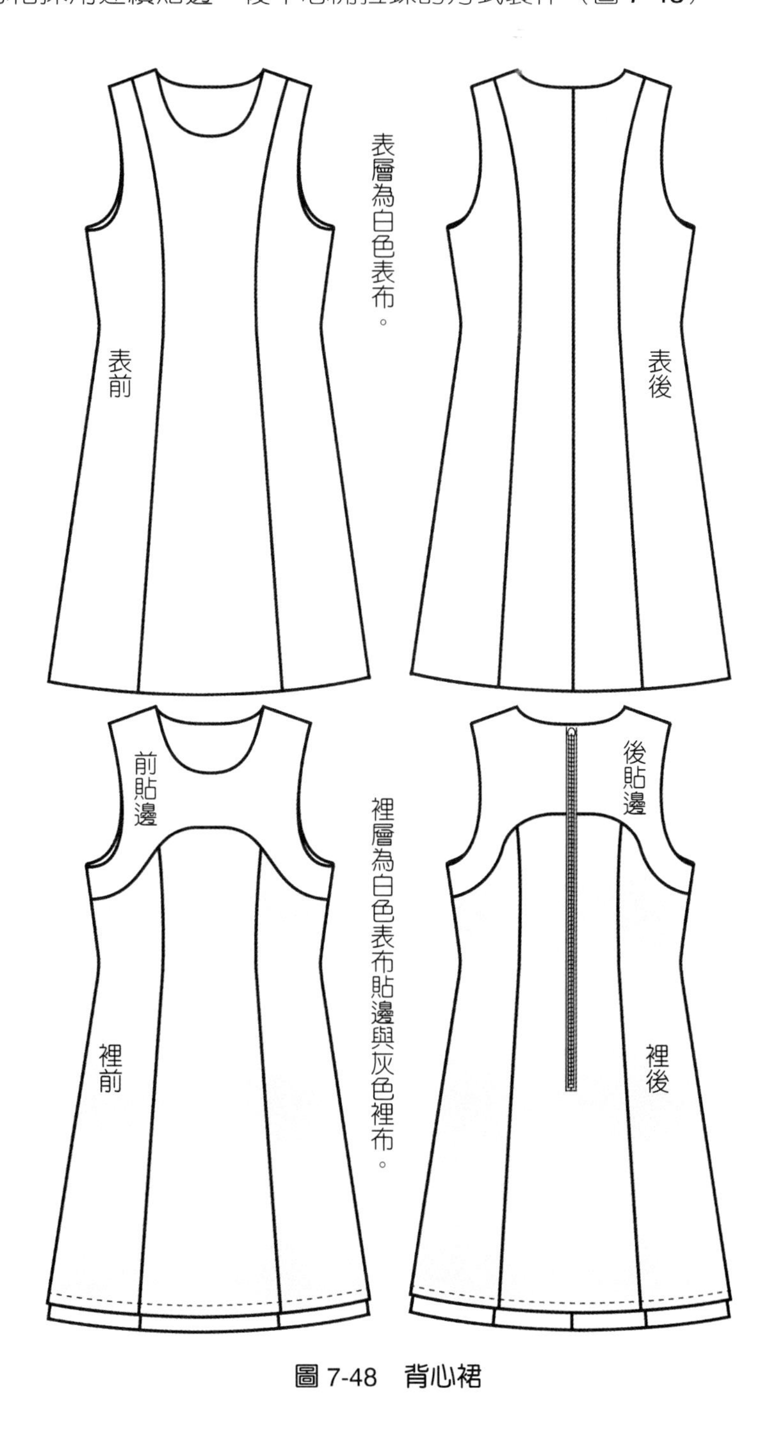

圖 7-48　背心裙

版型製圖

1. 採用平領襯衫的胸襠原型（圖 7-20），利用公主剪接線消除肩襉份。
2. 上半身之胸圍與腰圍尺寸設定與背心相同，下半身之衣長尺寸設定與裙子相同（圖 7-49）。長度由後中心直接取背心裙長或腰下衣長①，以腰長尺寸訂出臀圍線位置。
3. 肩部②前後等寬才能對準剪接線，下半身往下取垂直的基準線。公主剪接線條以基準線為對稱軸畫線，上半身為微彎曲線、下半身為直線。
4. 剪接線條位置考慮視覺分割，背心前後片放置在裁片中心。背心裙因為前中心取折雙，剪接線放置 BP 往下垂直線，讓前身裁片呈現均分為三的視覺。
5. 版型紅色虛線段的腰圍和臀圍尺寸與人體量身尺寸核對確認鬆份量，尺寸可依設計需求增減，利用腰襉③與裙襬交疊量可調整鬆份量。

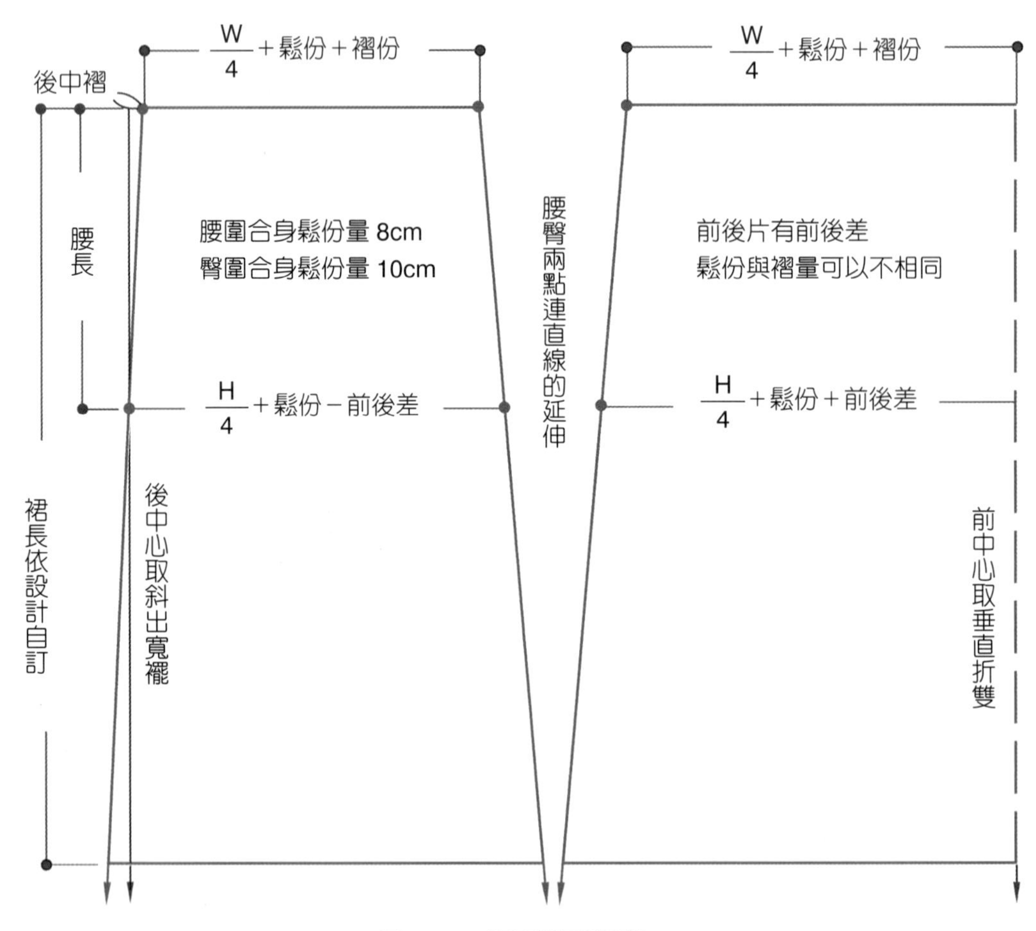

圖 7-49　裙子製圖架構

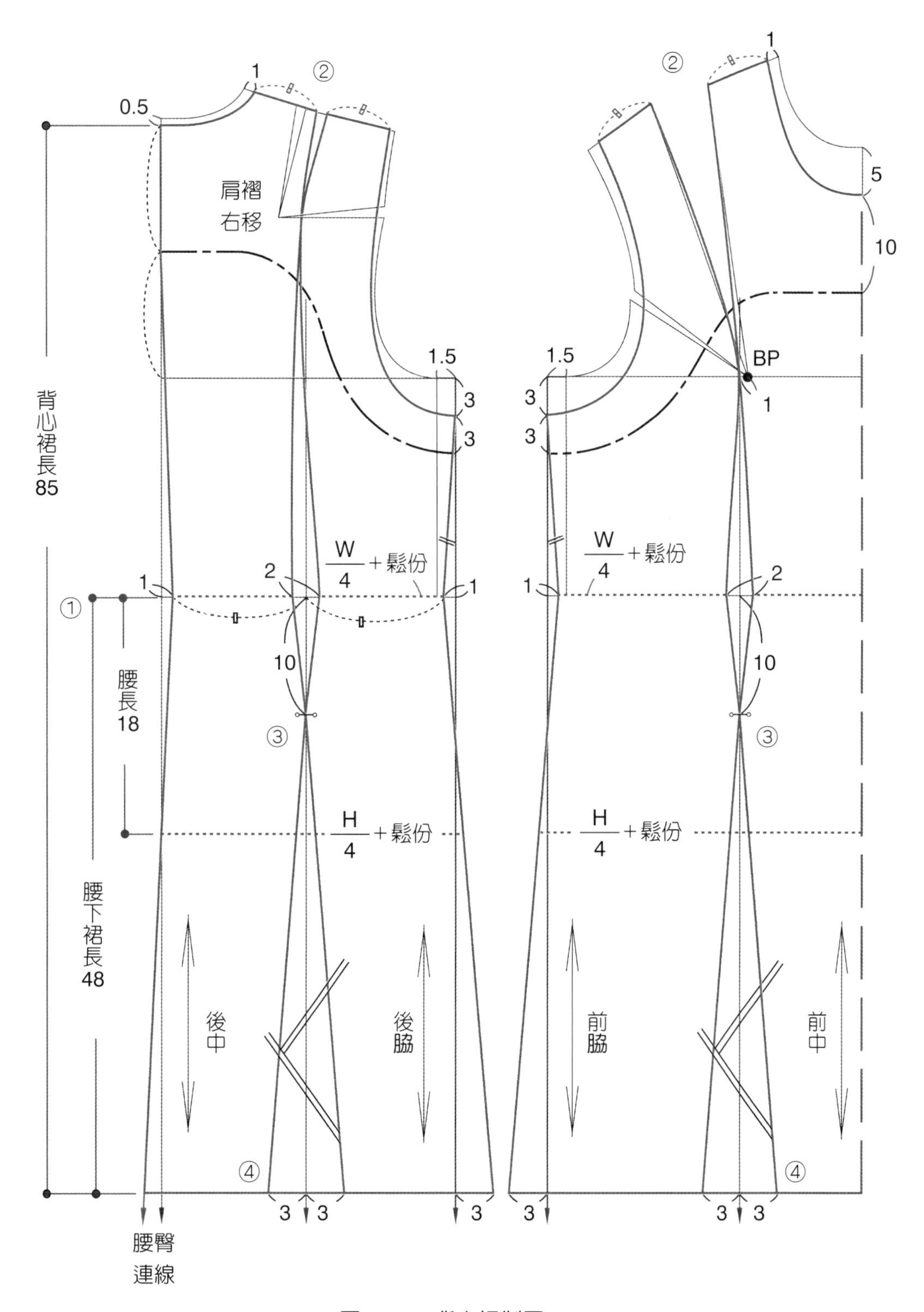

0.5
1
②
肩褶
右移
1.5
3
3
背心裙長
85
W
4
+鬆份
2
1
①
腰長
18
10
③
H
4
+鬆份
腰下裙長
48
後中
後脇
④
3
腰臀
連線
②
1
5
10
BP
1
前脇
前中

圖 7-50　背心裙製圖

版型拆版

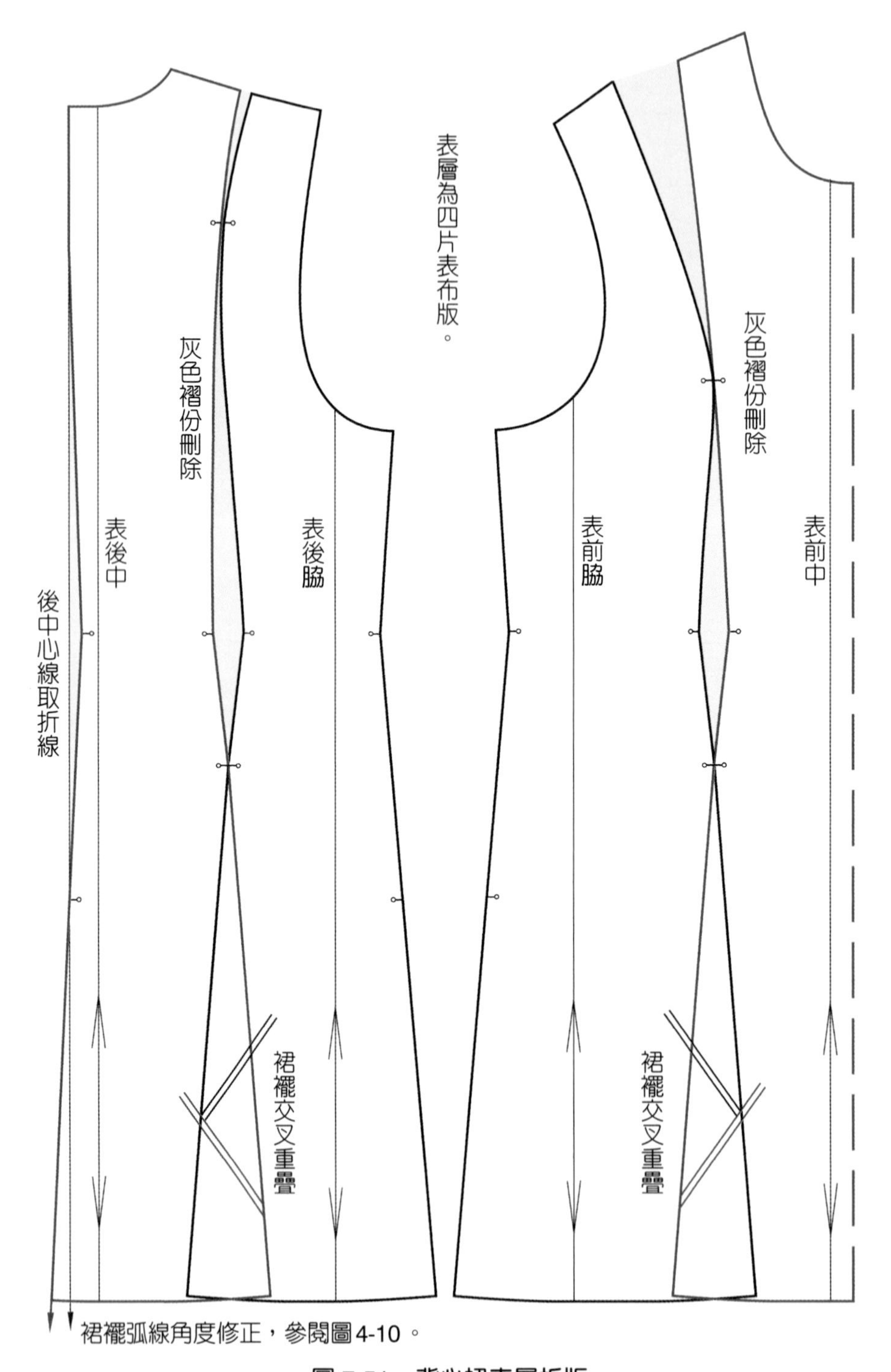

圖 7-51　背心裙表層拆版

為求平整貼邊沒有褶線與剪接線，後肩褶以縮縫處理、褶尖點以下忽略為鬆份，前肩褶褶尖點在輪廓線外直接做紙型合併。

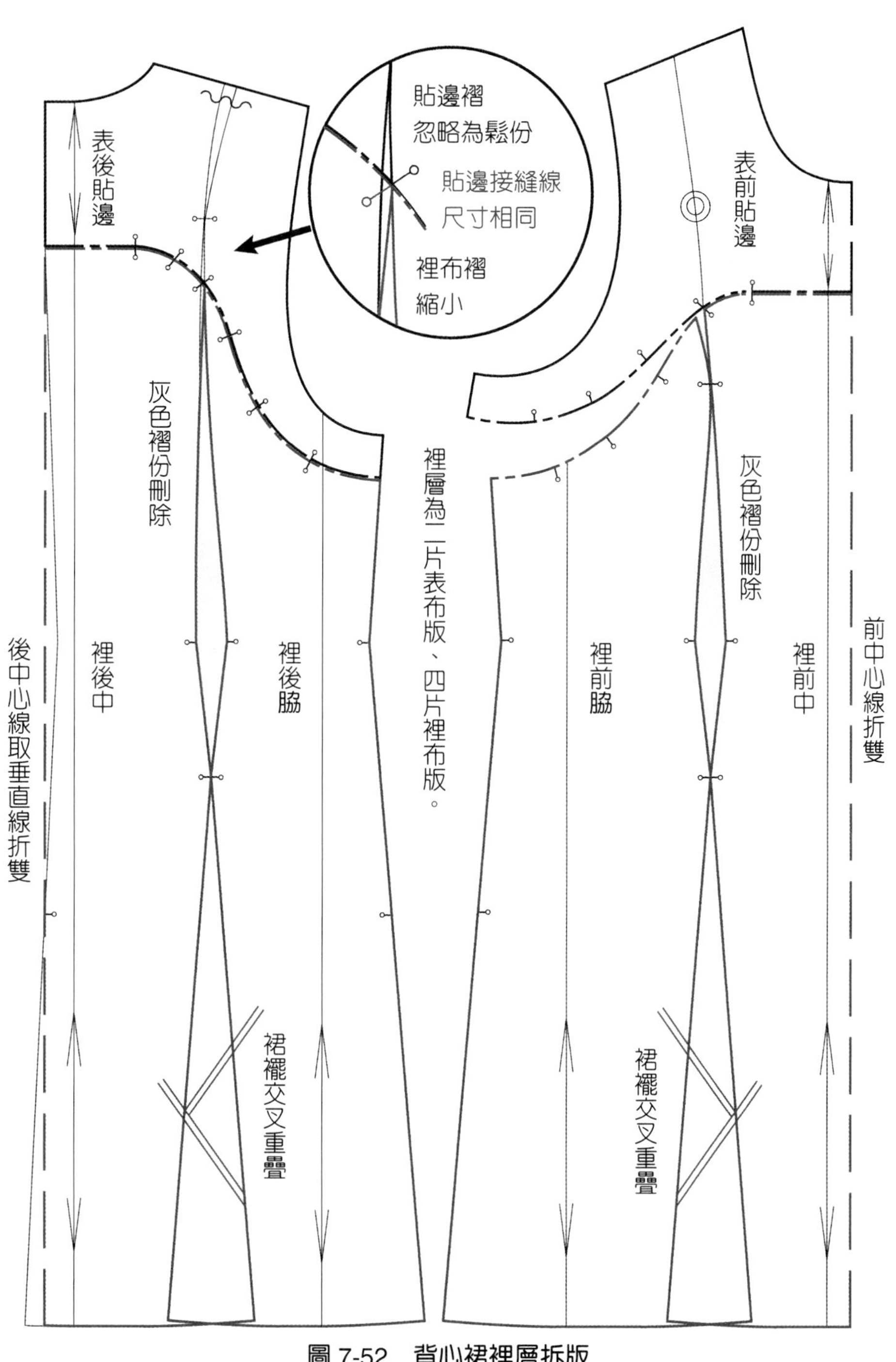

圖 7-52　背心裙裡層拆版

表布版

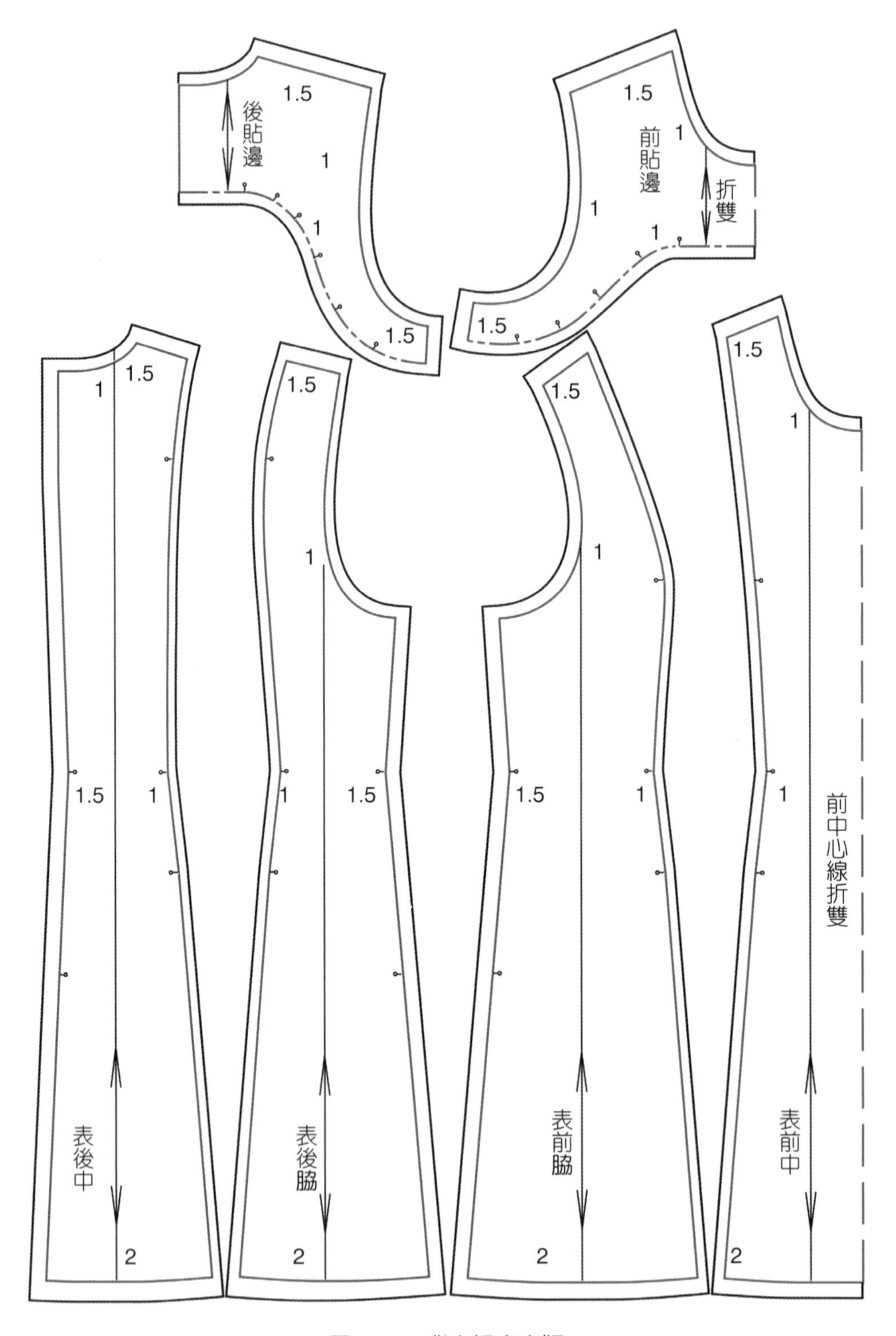

圖 7-53　背心裙表布版

裡布版

裡布版型依製作方法不同而有不同的樣式，襬寬取與表布相同的做法裁片數多比較耗布，但是表裡布尺寸相同，步行的活動機能不會受到限制（圖 7-54）。後中心取折雙為一裁片，車縫拉鍊時再剪開口，製作方法難度高，成品比較細緻。後中心留縫份裁開為二裁片，直接以剪接線為拉鍊開口，製作方法比較簡易快速。

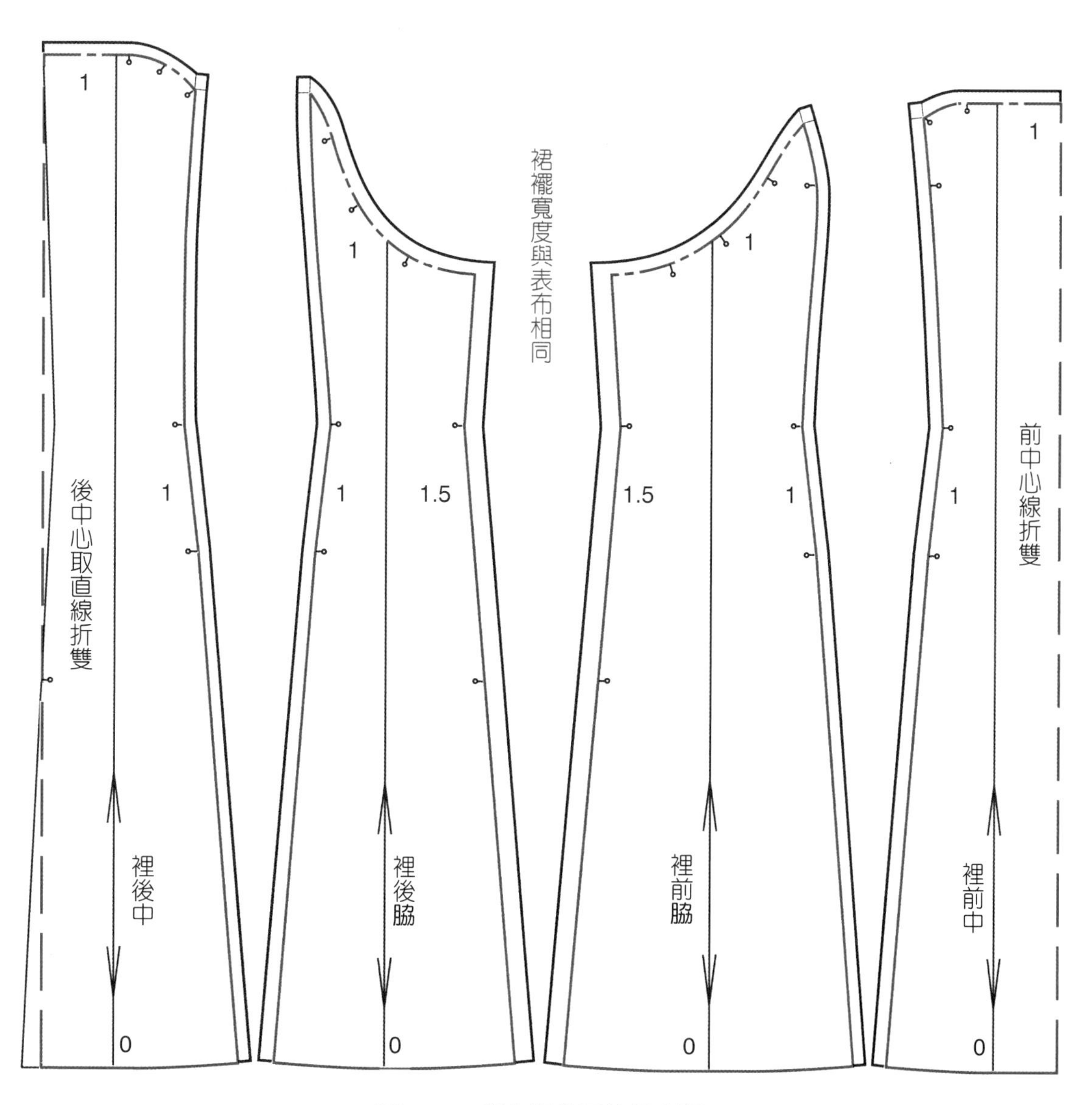

圖 7-54　背心裙的四片裡布版

將公主剪接線改為直向腰褶，可減少裡布裁片數，節省用布與車縫工時（圖7-55）。裙襬不做剪接，沒有交叉重疊份，要考量襬圍對步行活動機能需求的影響，可製作開衩增加圍度尺寸。長版的衣服為避免表裡布的牽扯，表裡布的裙襬可各自車縫，裡布裙襬需短於表布裙襬不外露，因此裡布裙襬可不留縫份。

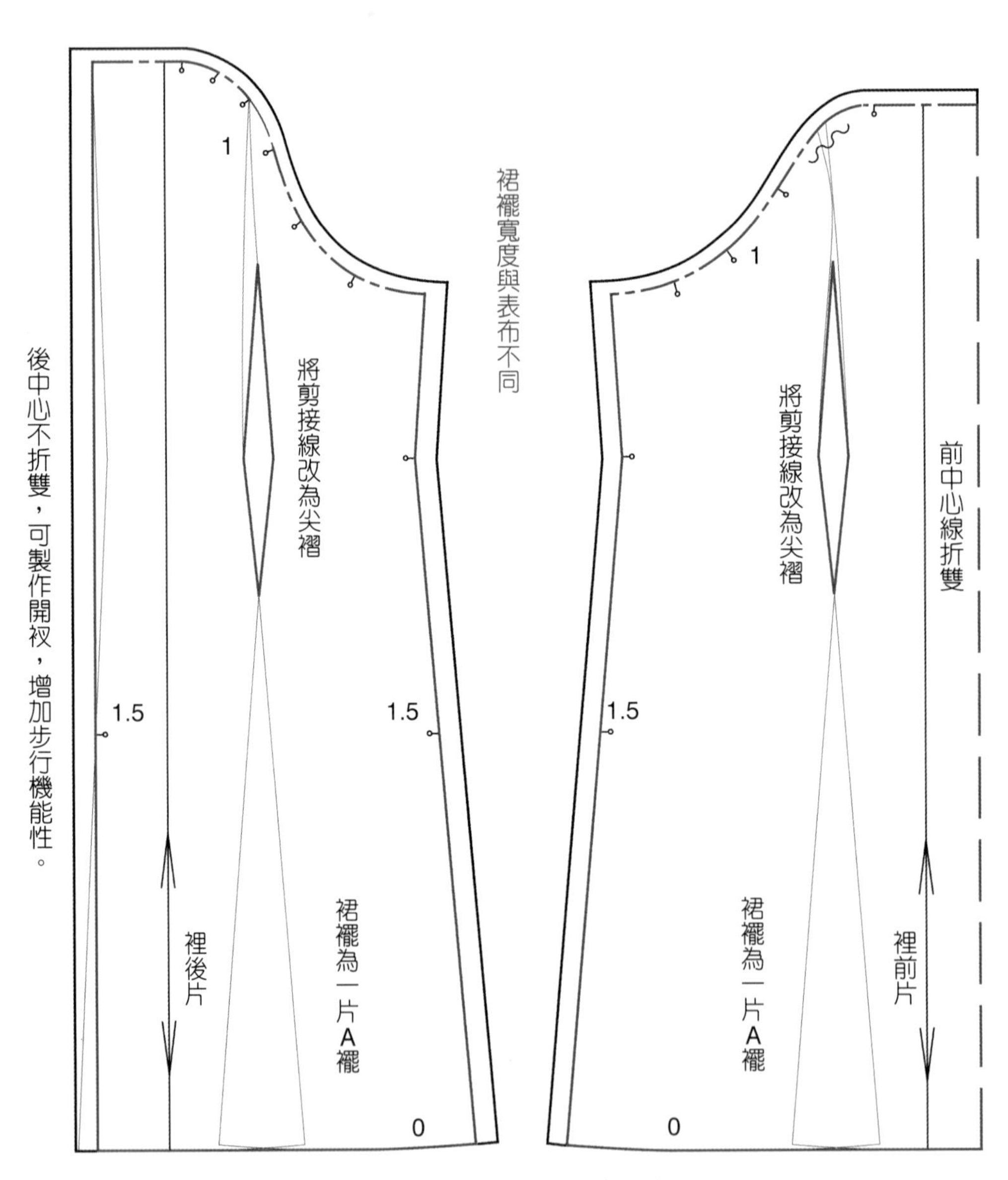

圖 7-55　背心裙的二片裡布版

八、騎士夾克

穿在襯衫之外的外著，單層製作不做裡布，使用大面積的貼邊撐出輪廓形態，不對稱的斜向拉鍊開口為設計重點，拉鍊敞開時類似西裝翻開領型（圖 7-56）。

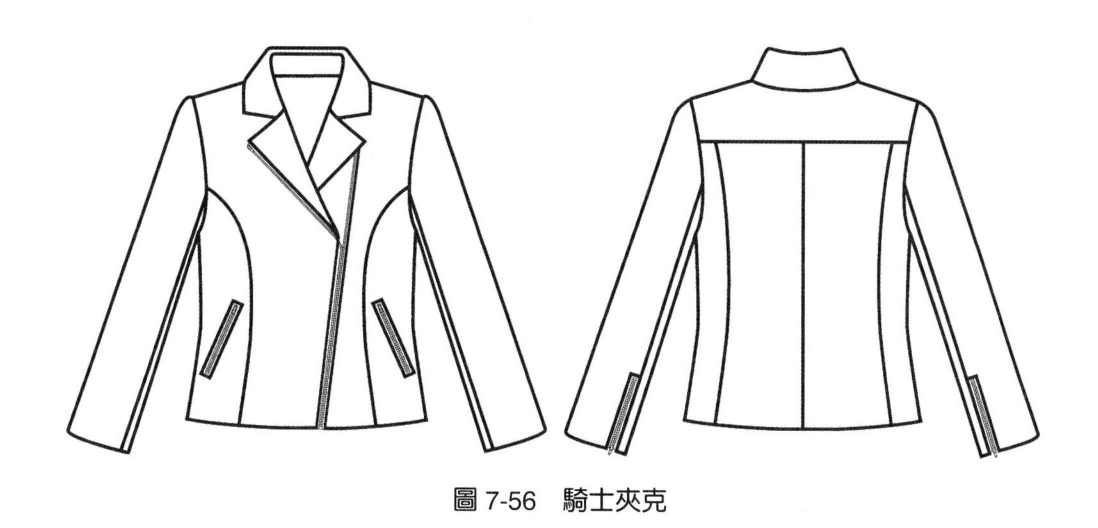

圖 7-56 騎士夾克

口袋與袖口使用下端有「下止」的普通拉鍊，前開口的拉鍊應使用下端可分開的拉鍊，拉鍊長度一般以吋計算，衣長 53 公分使用 20 吋長的拉鍊（圖 7-57）。

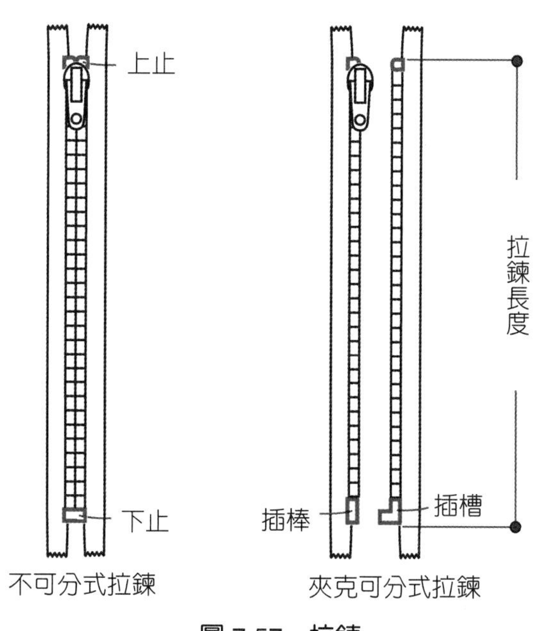

圖 7-57 拉鍊

原型褶轉移

後身片肩褶一半轉移為袖籠鬆份，一半併入肩檔剪接線。前片胸褶先留出領圍處內層衣服領子 0.5 的厚度鬆份，再留出與後身片相同的袖籠鬆份後轉移至肩（圖 7-58）。

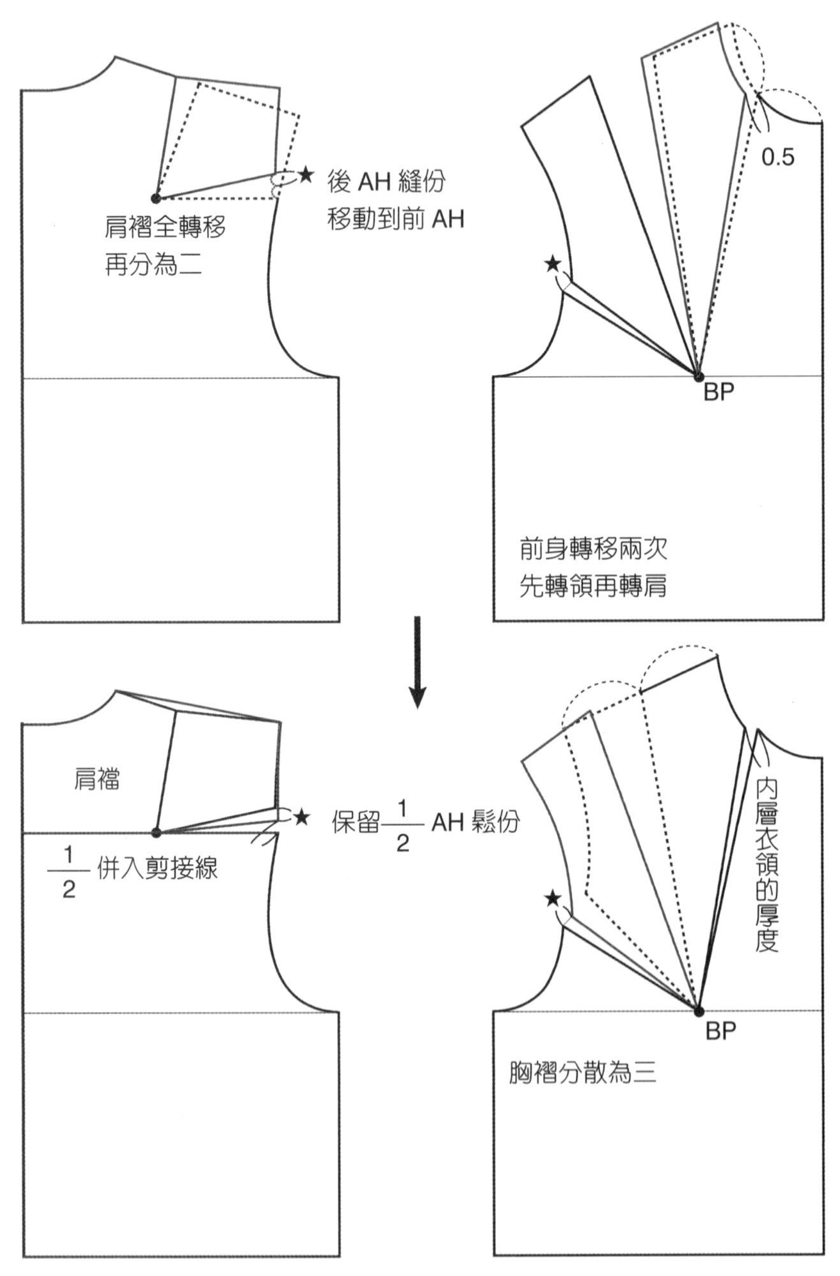

圖 7-58 夾克原型褶份處理

版型製圖

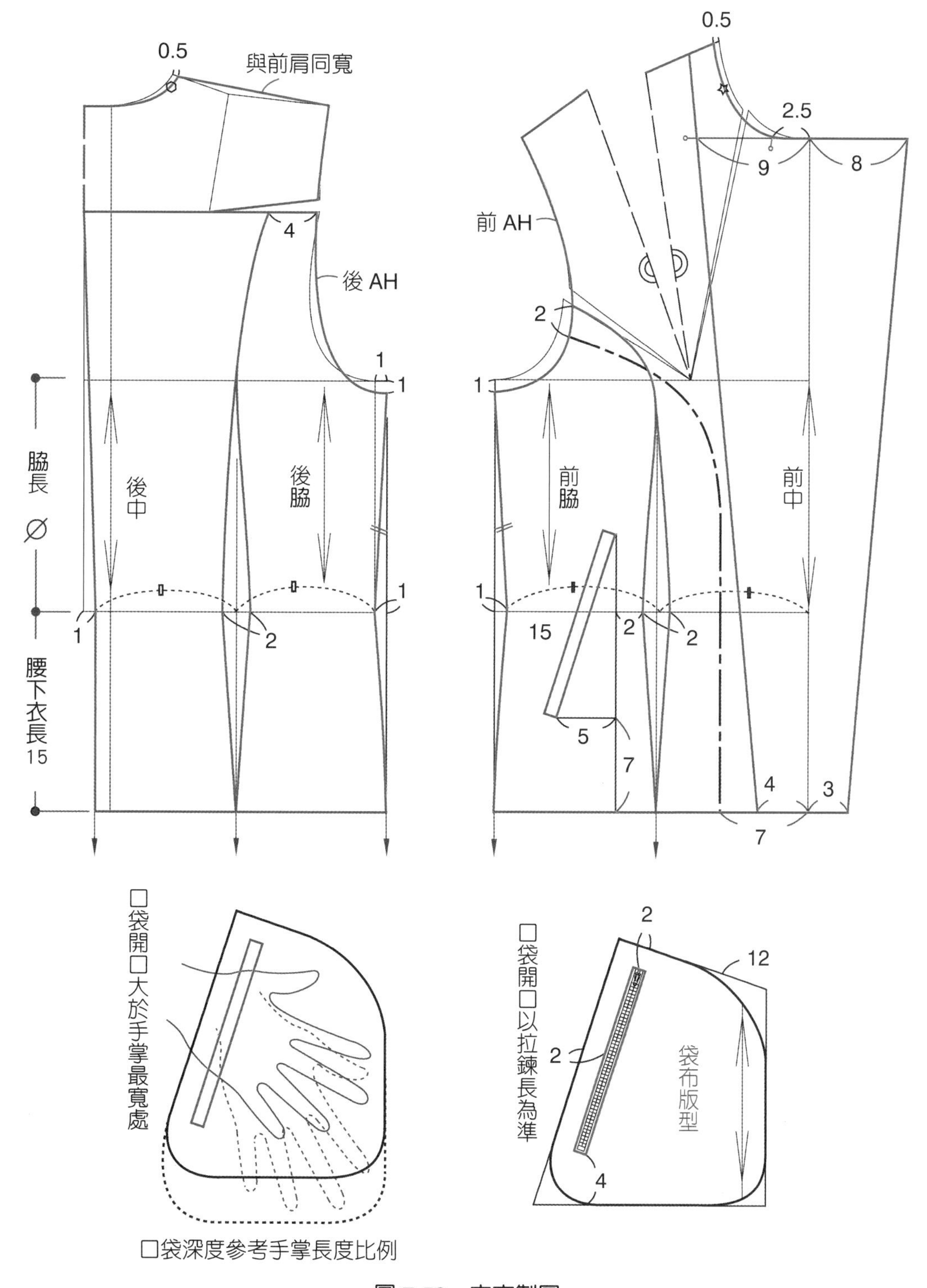

圖 7-59　夾克製圖

口袋開口與袖口拉鍊有裝飾性效果，長度參考設計比例，標準袋口尺寸設定為 15 公分，使用 6 吋長的拉鍊。口袋布參考衣服長度比例，衣長短則袋布淺短，衣長長則袋布可深長。袖版採用簡易的兩片袖製圖法，將袖脇合併成為內袖（圖 7-62）。

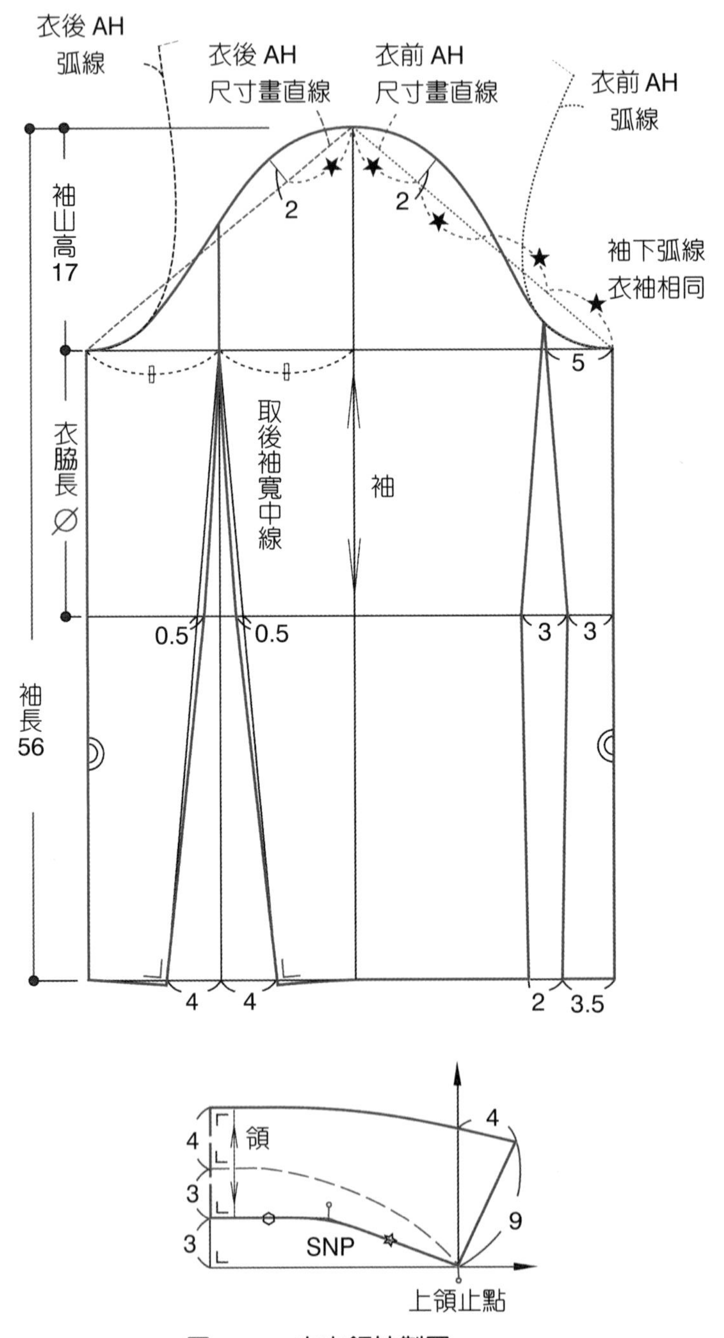

圖 7-60　夾克領袖製圖

版型拆版

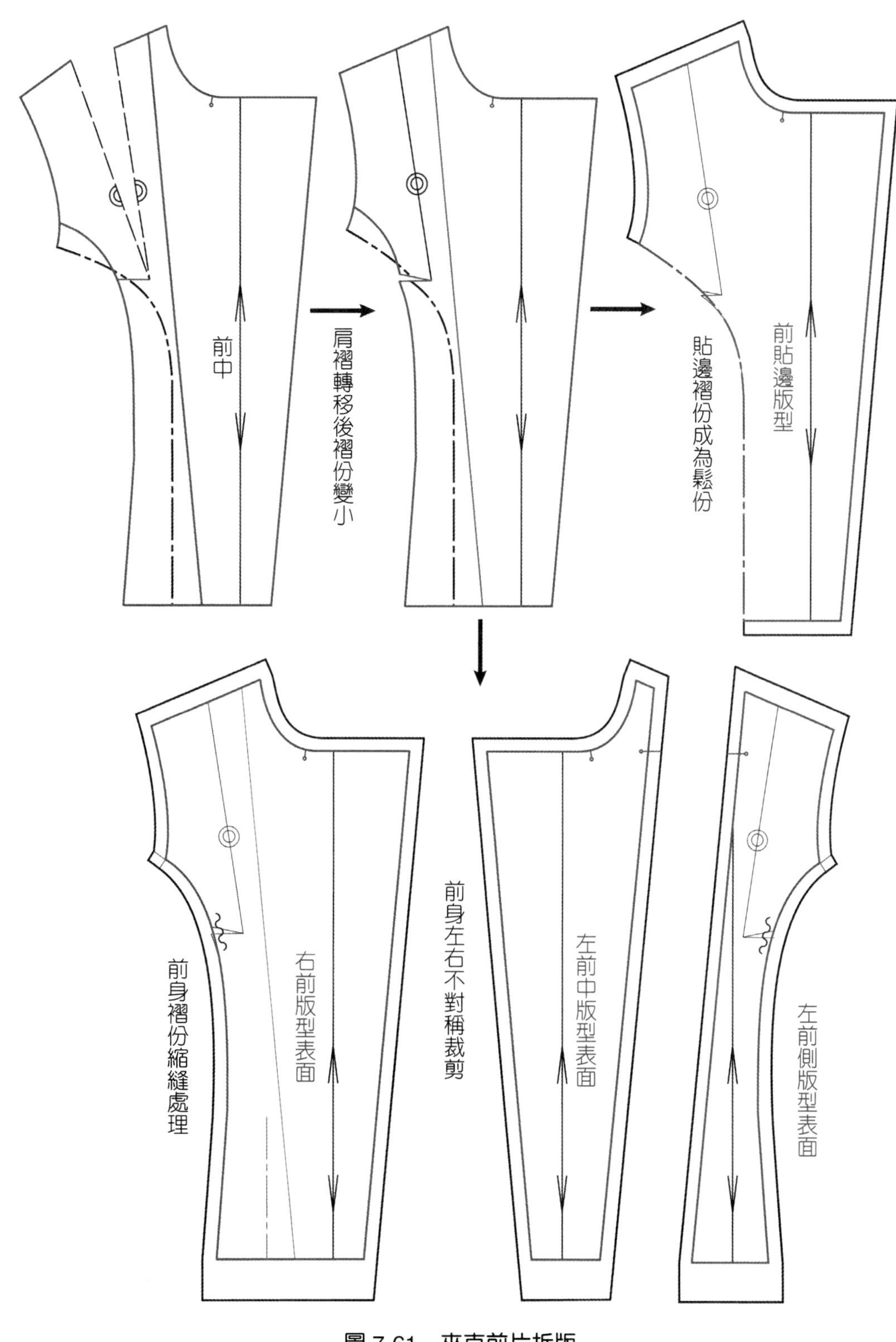

圖 7-61　夾克前片拆版

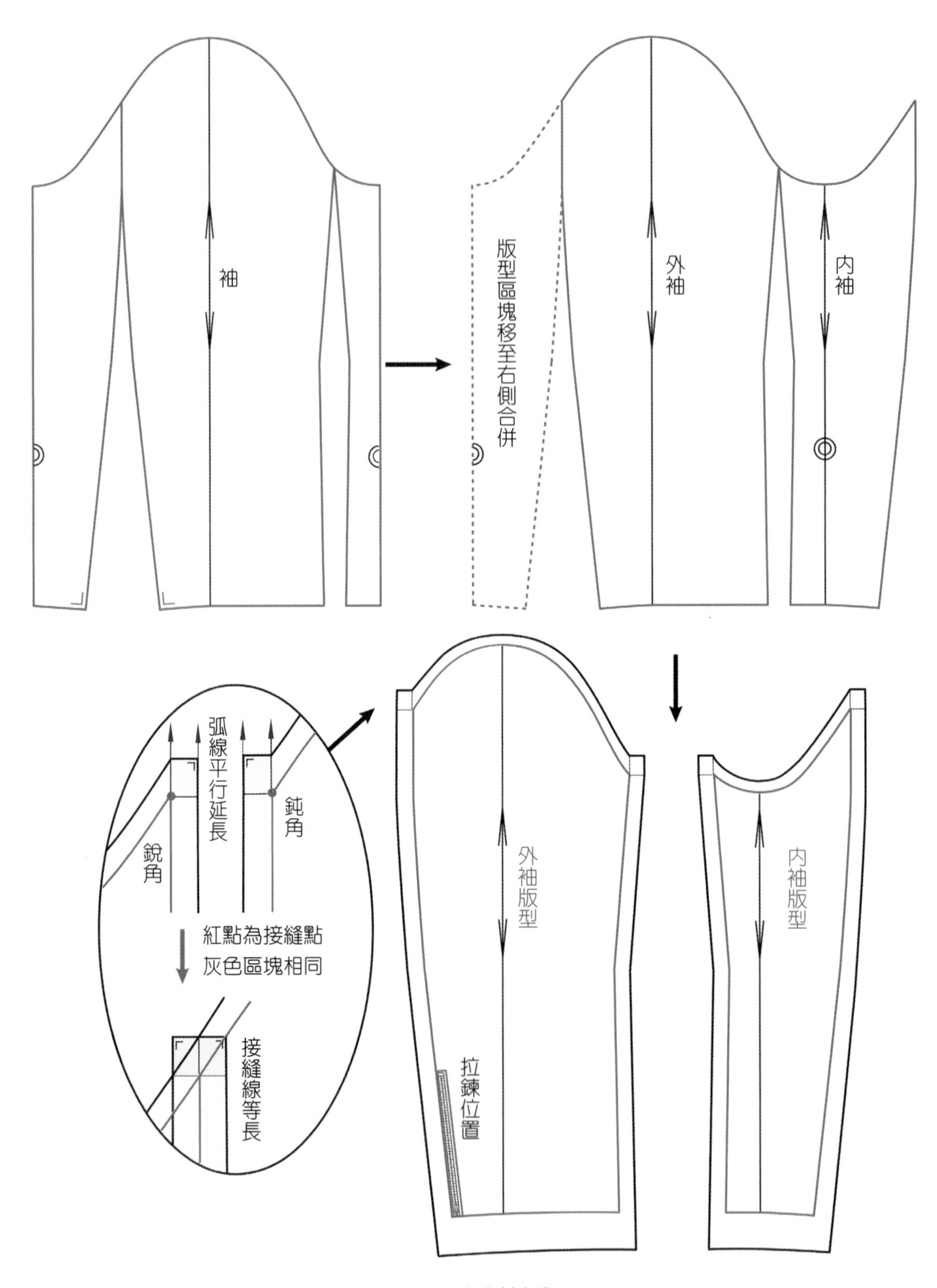
袖
版型區塊移至右側合併
外袖
內袖
弧線平行延長
銳角
鈍角
紅點為接縫點
灰色區塊相同
接縫線等長
外袖版型
內袖版型
拉鍊位置

圖 7-62　夾克袖拆版

裁布版

貼邊需貼襯增強，以撐出輪廓形態。襯含縫份在車縫時可以縫住固定，直接以表布裁片為基礎，裁剪與表布同形的襯（圖 7-63）。

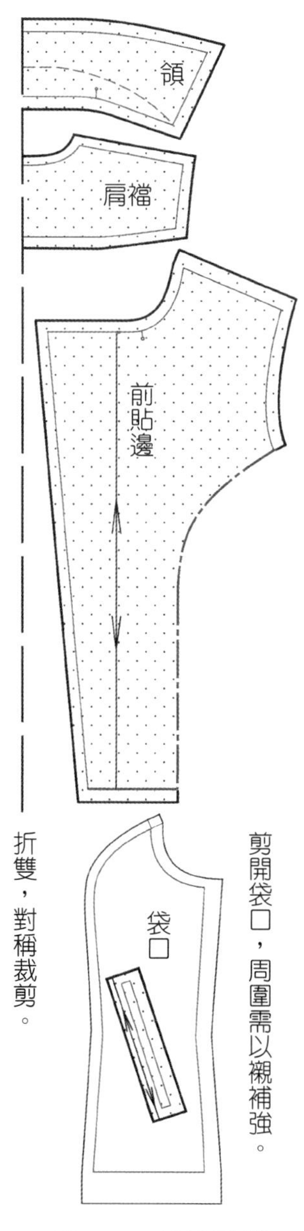

圖 7-63　夾克貼襯

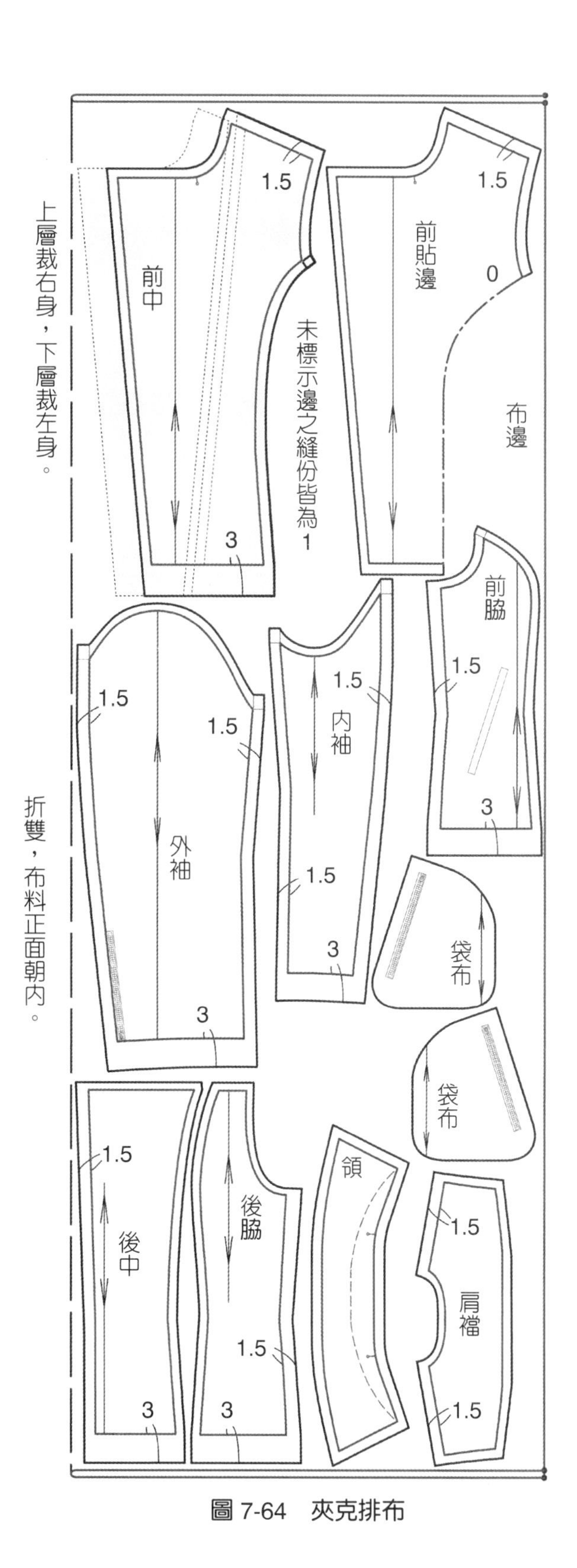

圖 7-64　夾克排布

九、西裝

穿在襯衫與背心之外的外著，打版首要確立涵蓋內層衣服厚度、三圍與袖圈的尺寸鬆份需求，採後身、脇側、前身的三片構成版型（圖 7-65），版型區分有表布版、裡布版與襯布版。

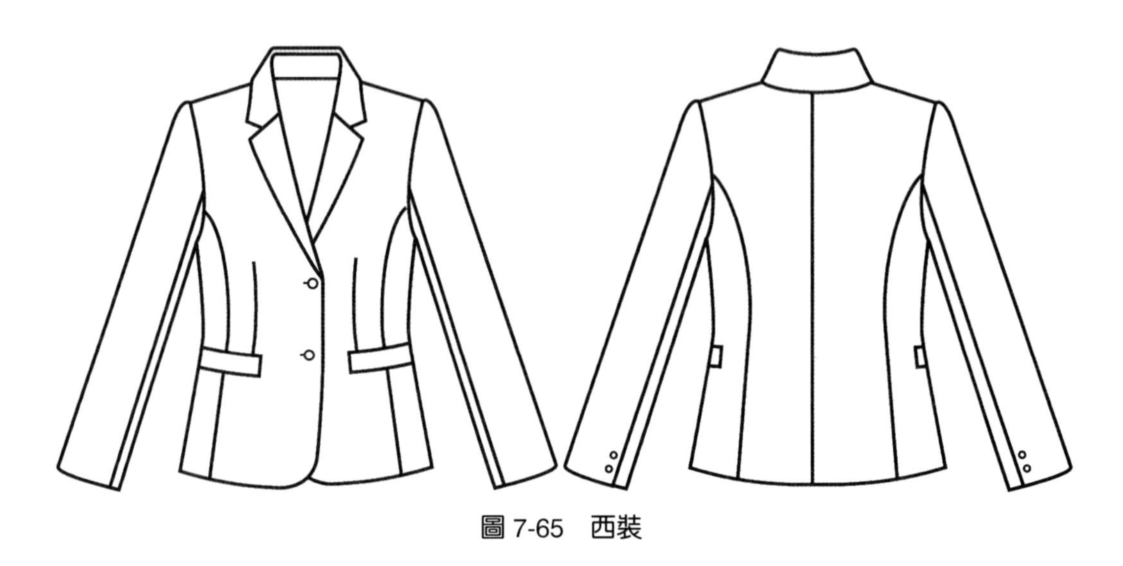

圖 7-65　西裝

表布用布量

外套的用布是要參考穿著時之用途、設計、個人喜好與季節等因素，而做材質成分、色彩、織紋、花樣等之選擇。樣式簡潔的外套應在材質上求變化；樣式複雜的外套則應使用單純的材質。

在購置布料前應先預估用布量，以免造成布料與金錢的浪費。市面上販售的布料幅寬有單幅與雙幅兩種寬度計算方式：布料寬度 72cm、90cm、110cm 為單幅布，例如棉布；布料寬度 144cm、150cm 為雙幅布，例如羊毛料。布幅寬度對用布量計算有很大的影響，雙幅布料的寬度為單幅布料的一倍，在購買布料時應留意業者雙幅布長度與單幅布長度的計算方式，零售商販售相同尺數的布料，雙幅布的裁剪長度只有單幅布料的一半。

若只是粗估計算，可以外套衣長與袖長尺寸直接計算用布量：
布幅寬 72cm 或 90cm 的估計方法為「（衣長＋縫份）×2 ＋（袖長＋縫份）×2」；
布幅寬 110cm 的估計方法為「（衣長＋縫份）×2 ＋（袖長＋縫份）＋領子份量」；
布幅寬 144cm 的估計方法為「（衣長＋縫份）＋（袖長＋縫份）＋領子份量」。

一般裁剪布料時，要確實地掌握用布量，可先繪出紙型在現有的布上預作排版的工作。縫份預估的份量以「外套在製作過程中是否要試穿？」「布料是否容易毛邊？」為考量，要試穿或縫份易毛邊時都應多留縫份。一般衣長之縫份以 8cm 預估；袖長之縫份以 6cm 預估；領子用布份量以 30cm 預估。

特殊布料例如有方向性圖案的花紋布、有方向光澤差異的布料、有毛腳方向的毛絨布、必須對正花樣或格子的布料……等，因為需要對格或無法倒插裁剪，用布量需比所計算的用量多 10%～20%。

裡布用布量

裡布的材質有半絲、尼龍、聚脂、嫘縈……等，須以強於摩擦、耐洗、不褪色為條件，選擇時以親肌膚、吸濕性與透氣性佳且無靜電問題為考量。

外套裡布依所製作的部位可分為全裡縫製與半裡縫製：全裡縫製方式可將襯與毛邊全藏於裡布之內；半裡縫製方式部分裁片縫份會顯露於外，縫份應作光面處理，貼襯位置要在裡布遮蓋的範圍之內。

裡布的用布量計算為：
布幅寬 72cm 或 90cm 的估計方法為「（衣長＋縫份）×2 ＋（袖長＋縫份）」；
布幅寬 144cm 的估計方法為「（衣長＋縫份）＋（袖長＋縫份）」。

襯布用布量

為了做出輪廓造型，外套須在不同的部位利用襯來彌補表布所不足的厚度與挺度，適合使用為外套襯的為經編黏合襯：特利可得（Tricot）襯、Apico 襯。依照表布的質料、厚度與色彩，選擇適當厚度、易與表布合而為一的黏著襯，襯有布紋方向須與表布布紋延展方向配合。

襯布的用布量計算為：
前衣身與領需做出優美的輪廓形態線條，必須全面黏著較厚的襯，厚襯的估計方法為「前衣長＋縫份」。
貼邊、衣襬與袖口處等……部位，需補強表布的安定性，避免車縫與穿著時的變形，但是又不能讓襯的痕跡在正面顯現出來，要選用較薄的襯，薄襯的估計方法為「（衣長＋縫份）×1.5」。

原型褶轉移

外套最常用的褶子轉移處理方式，後身片肩褶分散為肩縮縫份與袖襱鬆份，前身片胸褶先留出領圍處內層衣服領子 0.7～1cm 的厚度鬆份，再留出與後身片相同的袖襱鬆份後轉移至肩（圖 7-66）。

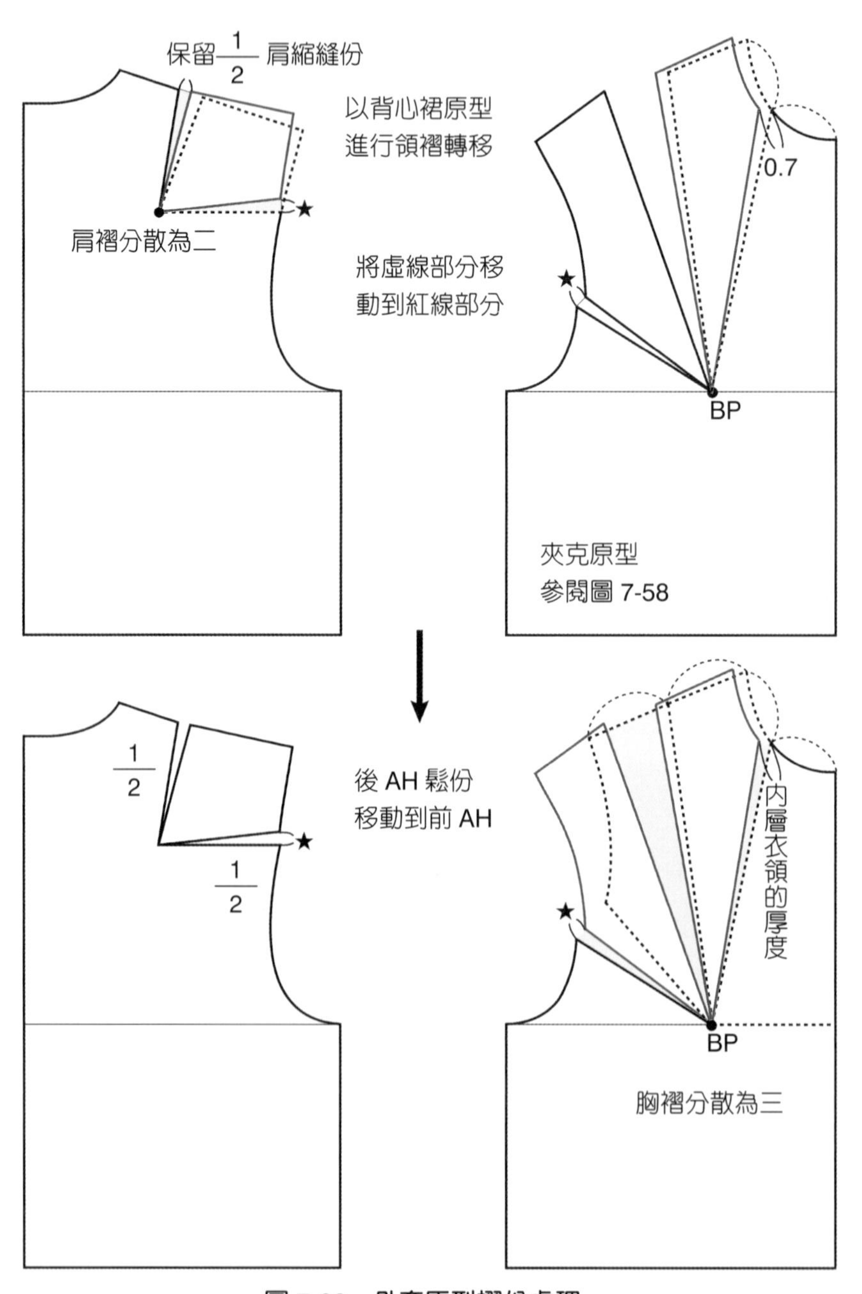

圖 7-66　外套原型褶份處理

衣身架構

1. 長度尺寸①將背長延長取衣長，或前、後身片取腰下衣長，以腰長尺寸訂出臀圍位置。
2. 胸圍尺寸以原型為基礎再加鬆份量②，半件原型鬆份 6cm 再加 2cm，整件外套胸圍鬆份量為 16cm。臀圍鬆份量③為 8cm，腰圍鬆份量為 10cm。鬆份量可以設計款式需求自行調整，製圖時以剪接線調整設計需求的鬆份尺寸（圖 4-46～圖 4-50）。
3. 剪接線條位置考慮視覺分割，參考原型腰褶位置往下取垂直基準線④，公主剪接線條以基準線為對稱軸畫線。

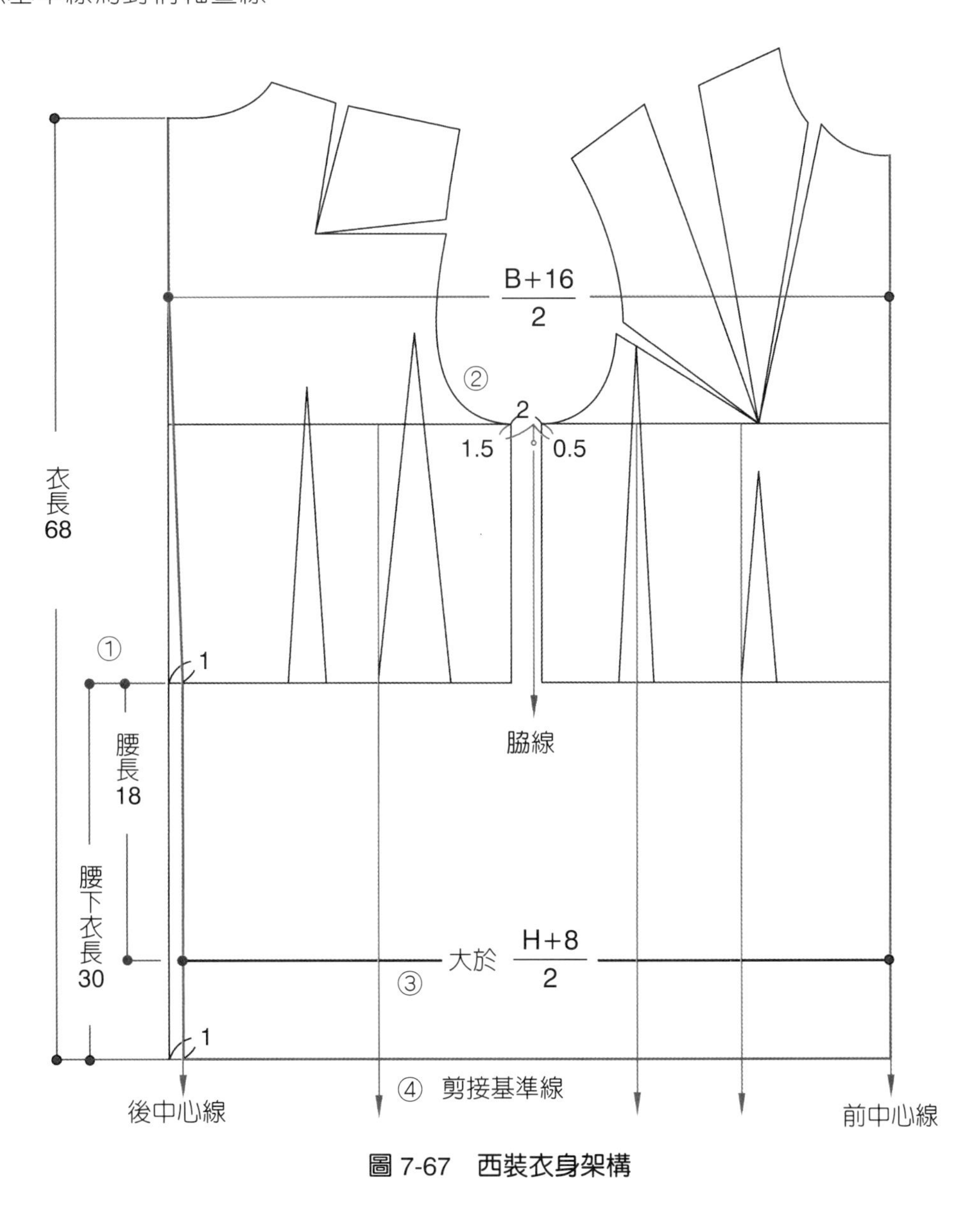

圖 7-67　西裝衣身架構

下片領的翻折形態為西裝領形開口之設計重點，決定領折線時應先確認下片領的設計線條。領折止點高度以前中心線、胸圍線與腰圍線為參考的基準線，依設計比例取出適當的位置。領折線的畫法是由領折止點連接到側領腰高，側領腰高由原型上已挖大的新 SNP 往頸側取所要的高度，在領折線繪出後可將左右身前身重疊形狀都畫出來，以此確認前身中心的開襟高低是否恰當（圖 7-68）。

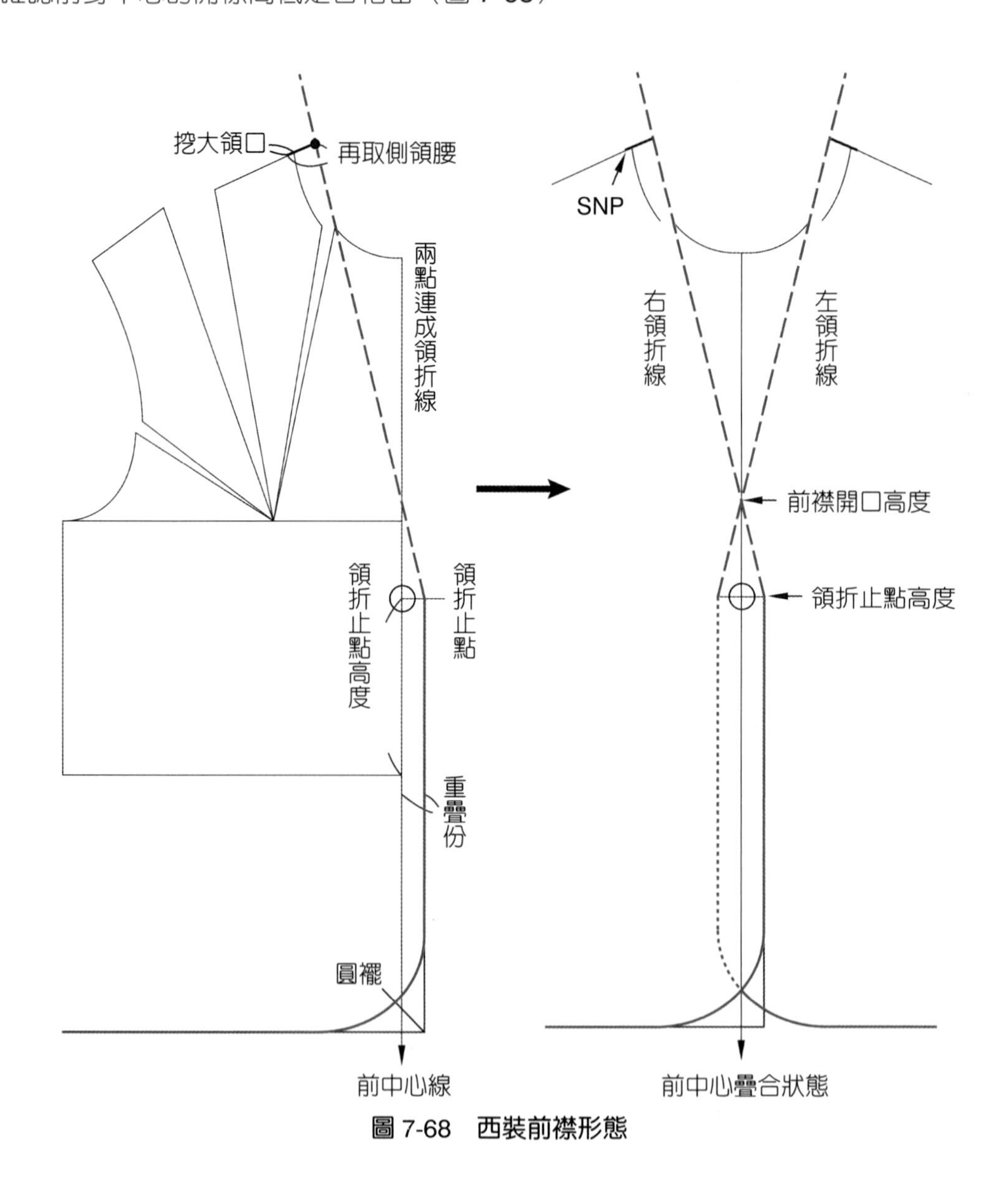

圖 7-68　西裝前襟形態

版型製圖

三片構成的製圖結構前後身與領片同時打版，西裝領結構與繪圖順序可參閱圖 6-40～圖 6-43。衣身脇側沒有剪接線，版型上仍須定出脇線為前後袖襱的分界點（圖 7-69）。以衣身脇長與袖襱尺寸繪製兩片袖（圖 7-70），袖寬參考比例約為胸圍尺寸的 40%，兩片袖製圖結構與方法可參閱圖 5-41～圖 5-44。

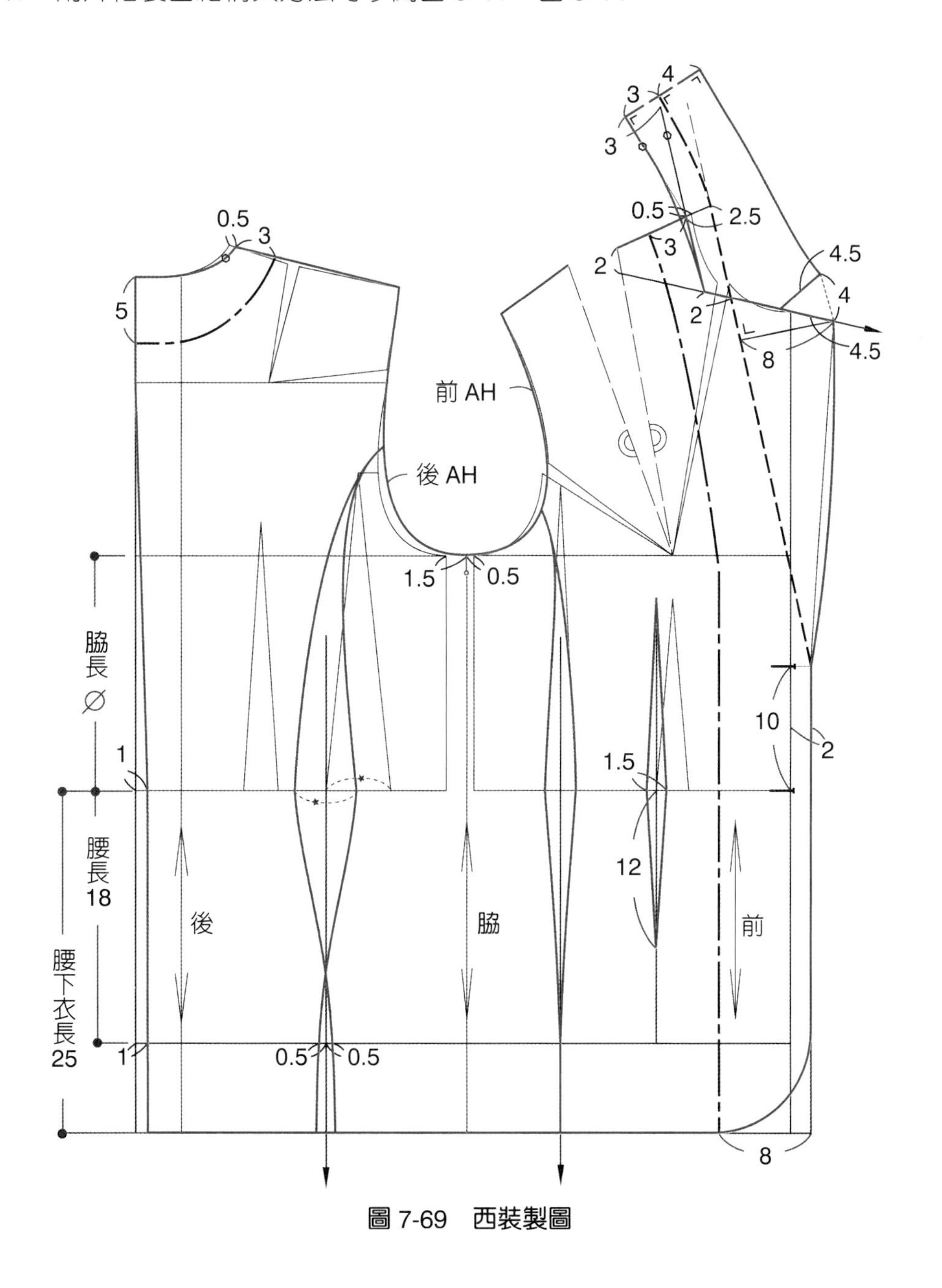

圖 7-69　西裝製圖

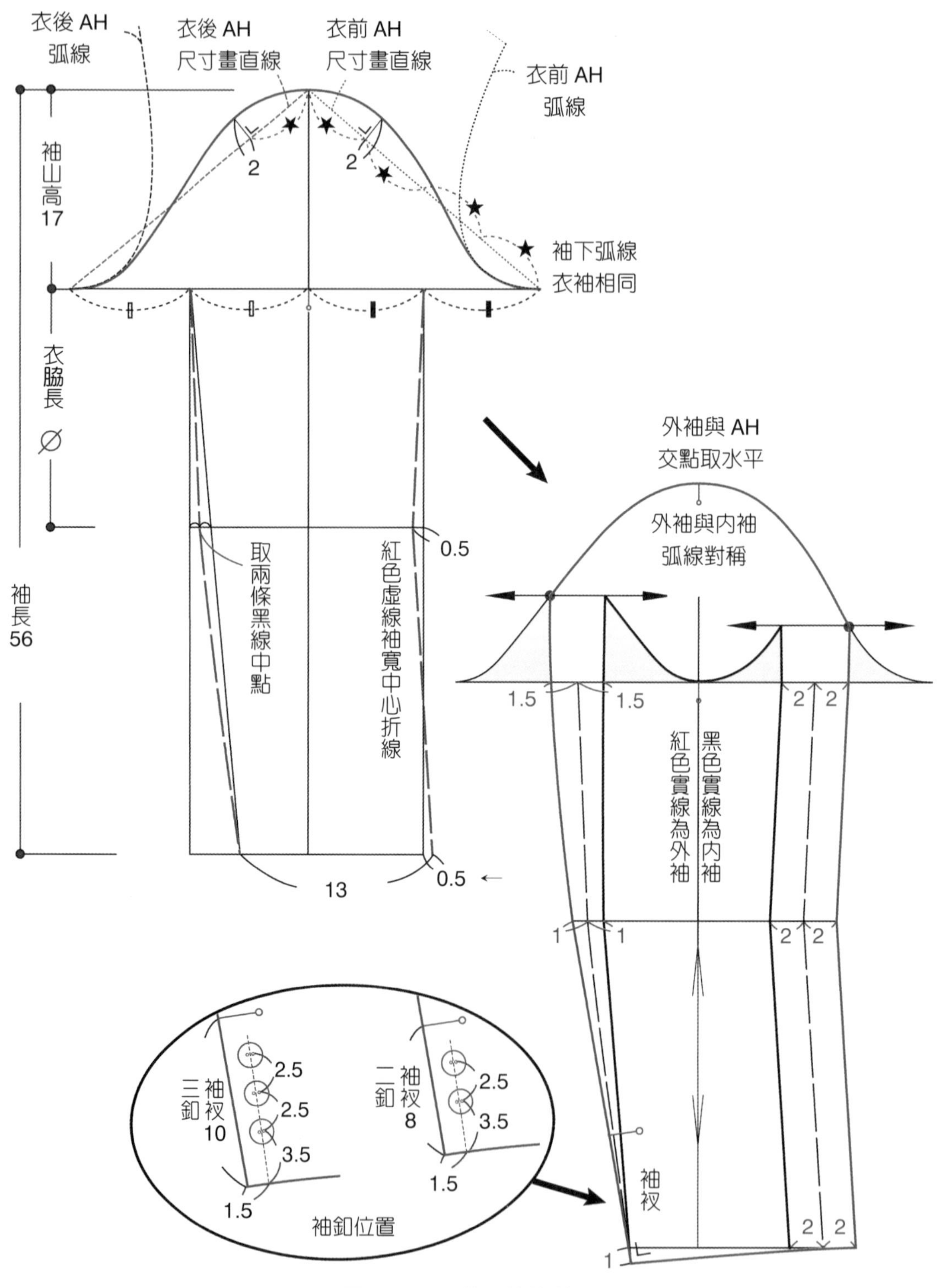

圖 7-70　西裝兩片袖製圖

版型拆版

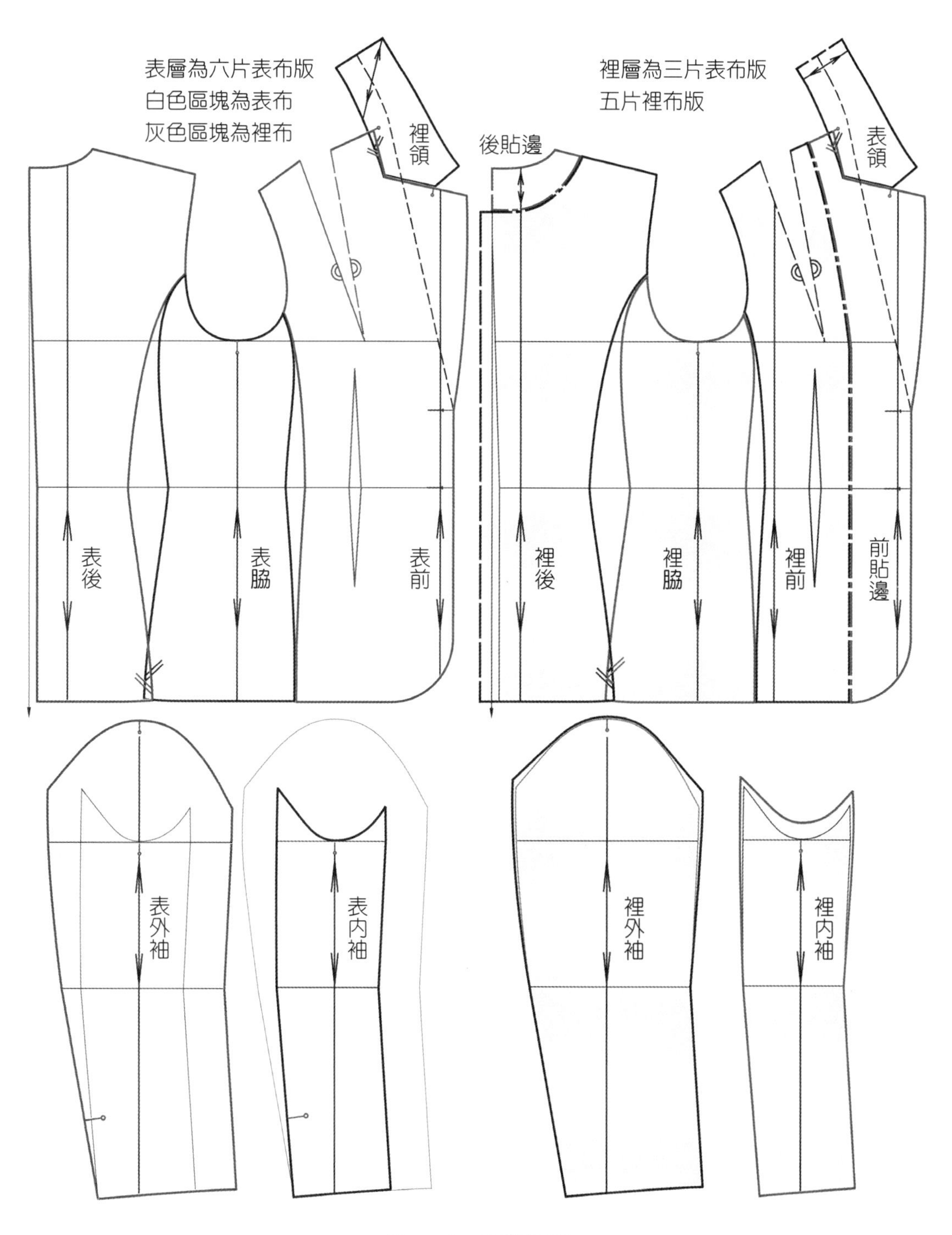

圖 7-71　西裝拆版

前身表布裁片的肩褶依設計線做褶子轉移處理（圖 7-72），版型操作時褶尖點拉長指向 BP，紙型才會平整。製作的縫褶長度則要與 BP 點維持一定距離，讓衣服形態呈現比較緩和的弧度面。

前身的褶子轉移處理方式（圖 7-73）：

1. 領下褶：褶線不會出現在正面，褶子長度要短於下片領寬，讓褶子藏在下片領下。裡層的貼邊不做褶線，須將褶份以紙型合併處理。
2. 胸褶：胸圍呈現橫向褶線，若在剪接線上車縫一小褶，設計線整體視覺比較紊亂。不要褶線可利用褶子轉向使長度減短、褶寬轉換成極小的鬆份，再以縮縫處理（圖 3-22）。
3. 腰下剪接線：褶份合併為一條腰下褶，以長至下襬的剪接線處理。裁片脇邊布紋會呈現斜紋，裁片面積大比較耗布。
4. 口袋剪接：褶份合併為胸下一條腰褶，需做口袋開口，下襬沒有直向剪接線。口袋下方的腰褶份不大時，將褶份移向脇邊扣除沒有褶線，可讓設計線整體視覺比較簡潔。
5. 裡布的褶線以簡化製作程序考慮，褶份處理可與表布不同。褶子的轉向不同，會讓褶寬不同，褶子的處理方式也會不同（圖 7-74）。

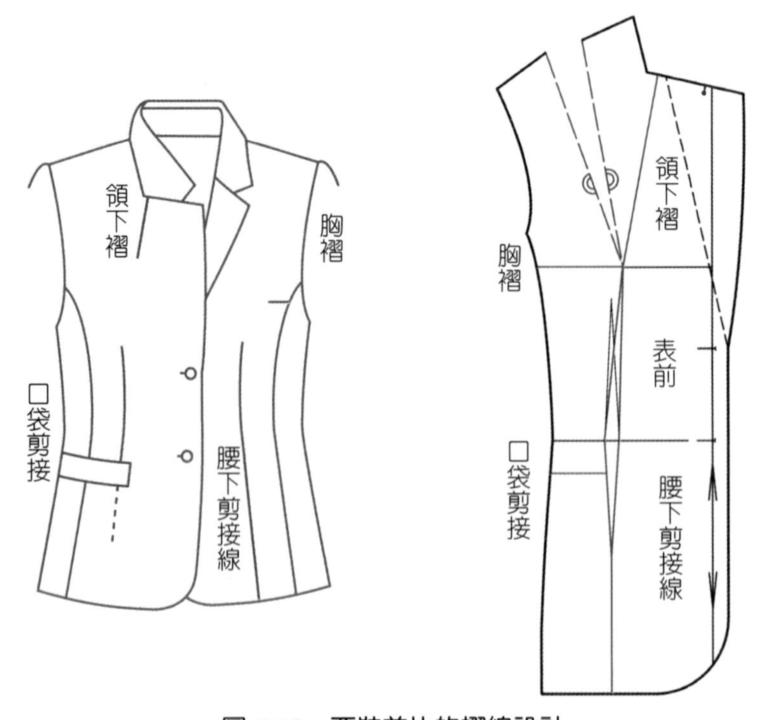

圖 7-72　西裝前片的褶線設計

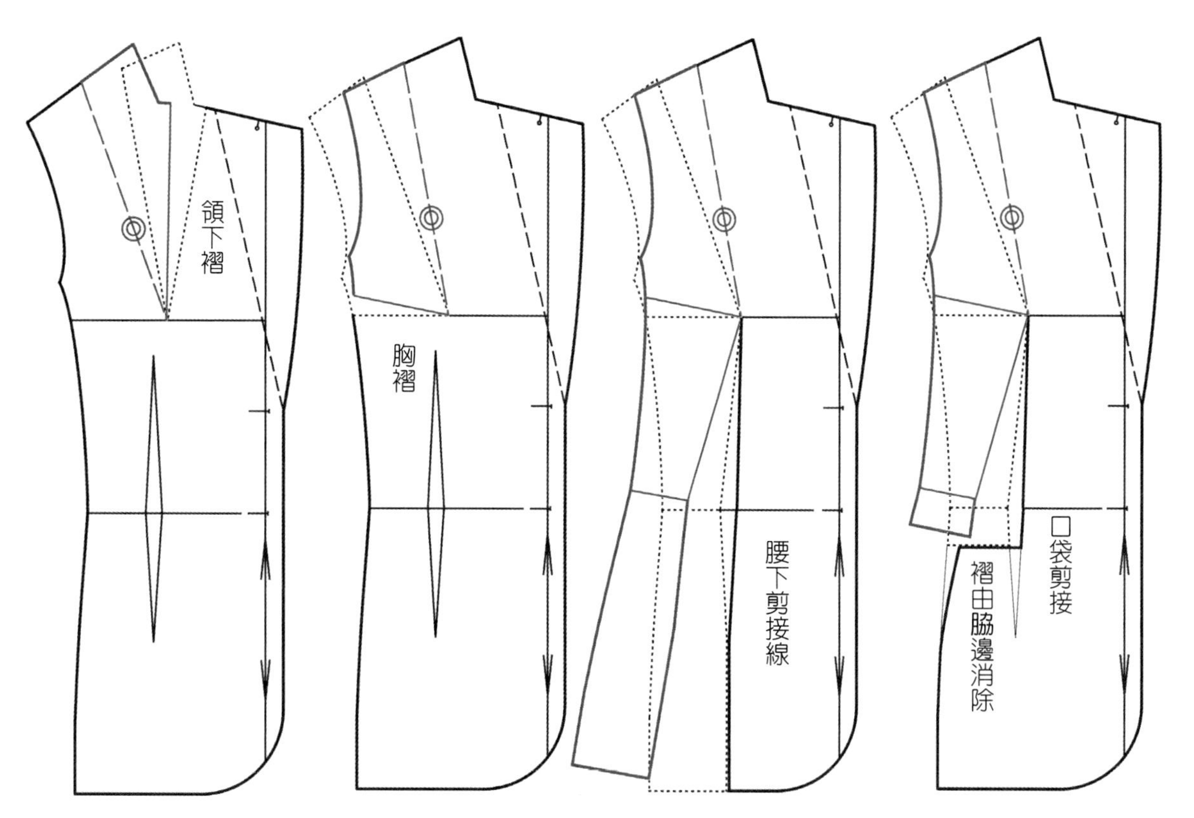

圖 7-73　西裝前片表層的褶子

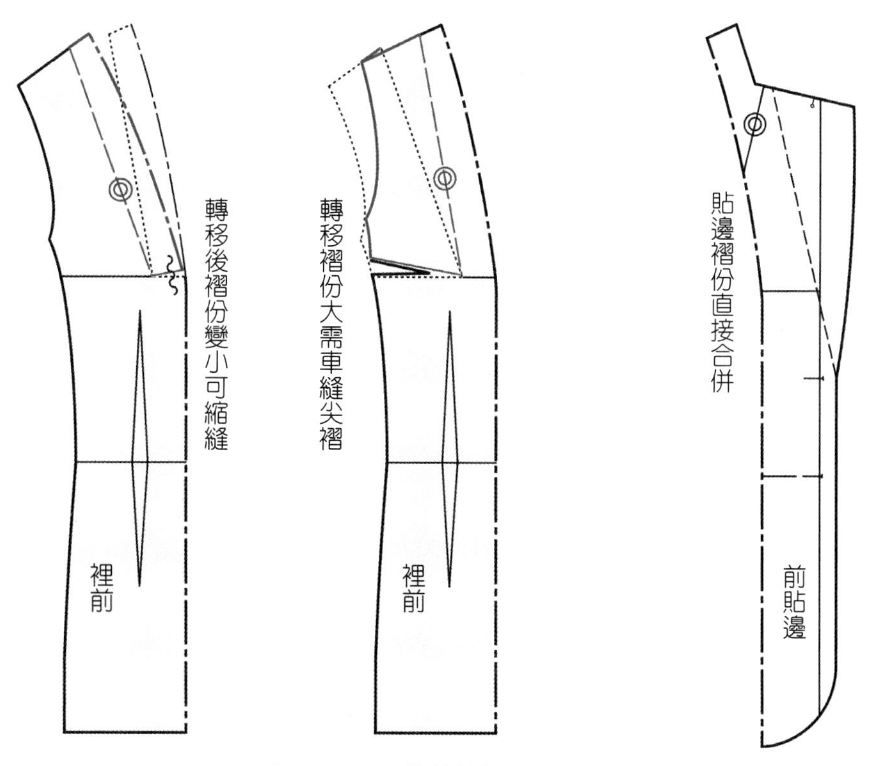

圖 7-74　西裝前片裡層的褶子

前身片的肩褶轉移為胸下腰褶製作剪接口袋為合身女裝常用的方法，為避免裁片脇邊布紋會呈現太大的斜度，可將肩褶分散轉移，一半的褶份轉移為領下褶（圖 7-75）。

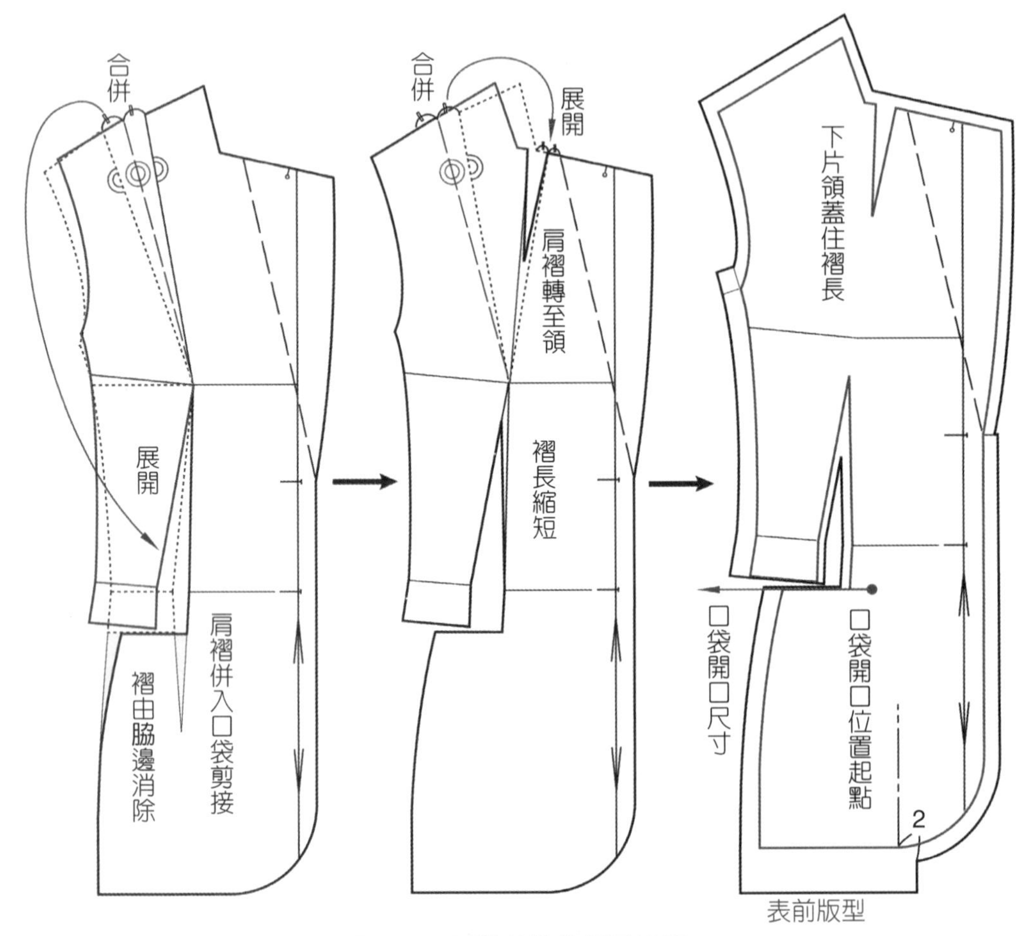

圖 7-75　西裝前片的褶子轉移

前身片的肩褶轉移為胸下腰褶，裁片腰褶車縫後會有剪口，僅能採用需剪開口袋口製作的「開口袋」，例如：立式口袋、雙滾口袋、蓋式口袋（圖 7-76）。肩褶轉移為領下褶、胸褶與腰下剪接線，裁片腰褶車縫後沒有剪口，可做「貼口袋」，也可以不做口袋。

口袋開口位置由前身片中心往脇側計算，開口尺寸會橫跨兩裁片，應將前身片與脇片併合後再繪製口袋開口尺寸。腰口袋的位置一般會參考衣服長度的比例放置於腰圍線下，口袋口與腰圍線採視覺近似平行的線。

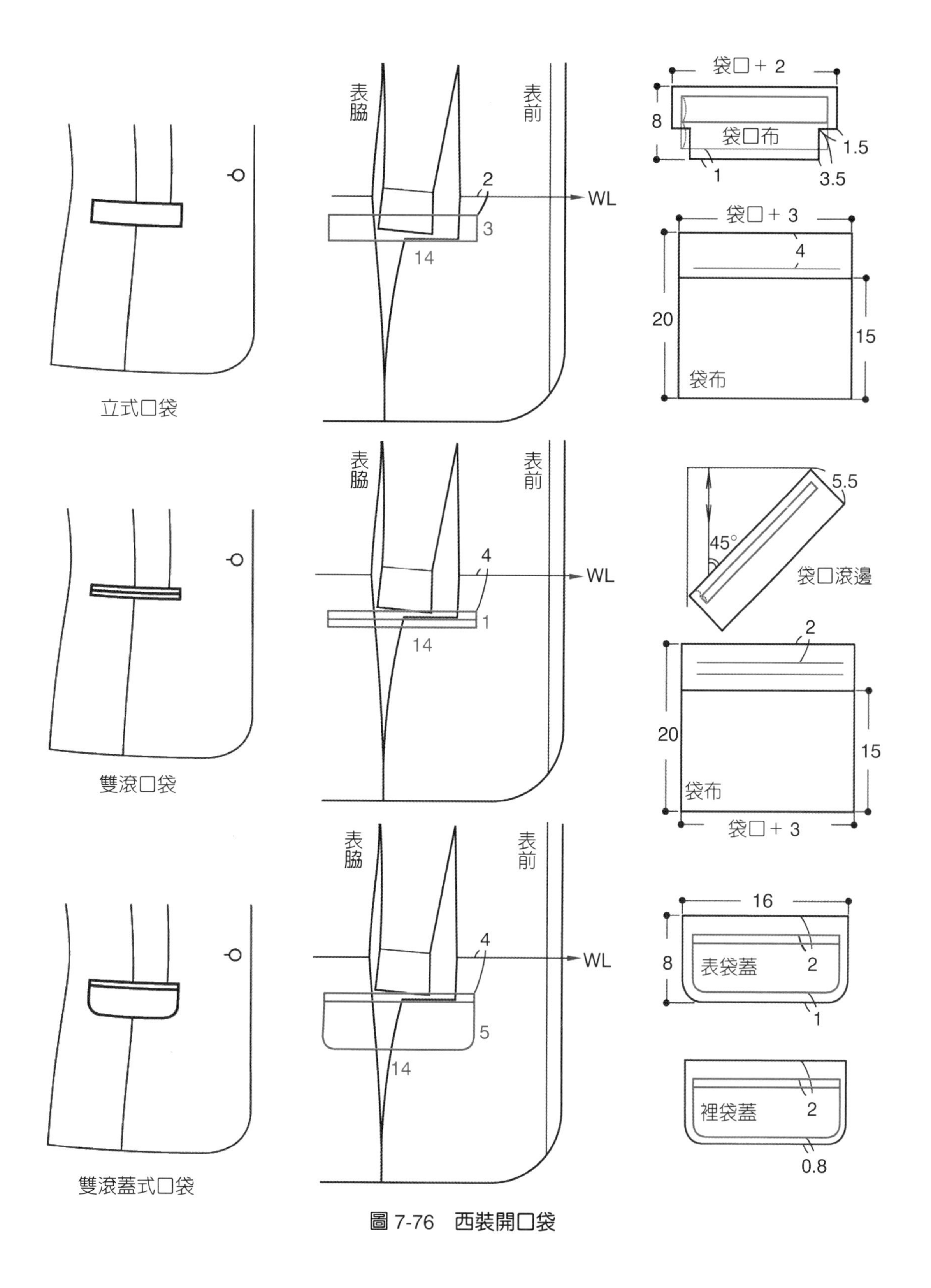
表脇
表前
WL
2
3
14
袋口 + 2
8
袋口布
1.5
1
3.5
袋口 + 3
4
20
15
袋布
立式口袋
4
1
14
5.5
45°
袋口滾邊
2
20
15
袋布
袋口 + 3
雙滾口袋
4
5
14
16
8
表袋蓋
2
1
裡袋蓋
2
0.8
雙滾蓋式口袋

圖 7-76　西裝開口袋

口袋口的寬度要比手掌虎口最寬處大 2cm 以上，口袋的深度以以手掌的長度能深入的比例為依據，口袋淺以裝飾性為主、實用性相對較差（圖 7-77）。

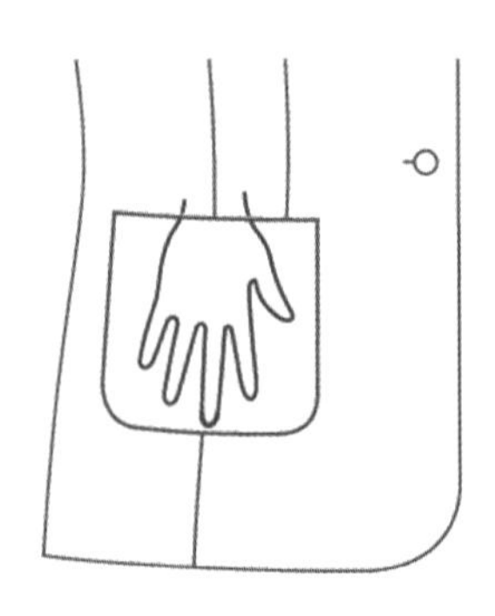

衣身前片與脇片接縫後，正方形的口袋會隨著衣服的立體狀態在視覺上呈現歪斜感，修正口袋的視覺位置袋布就會取歪斜的四邊形。採用正方的口袋形或歪斜的口袋形皆可，只是設計上呈現效果的差異。

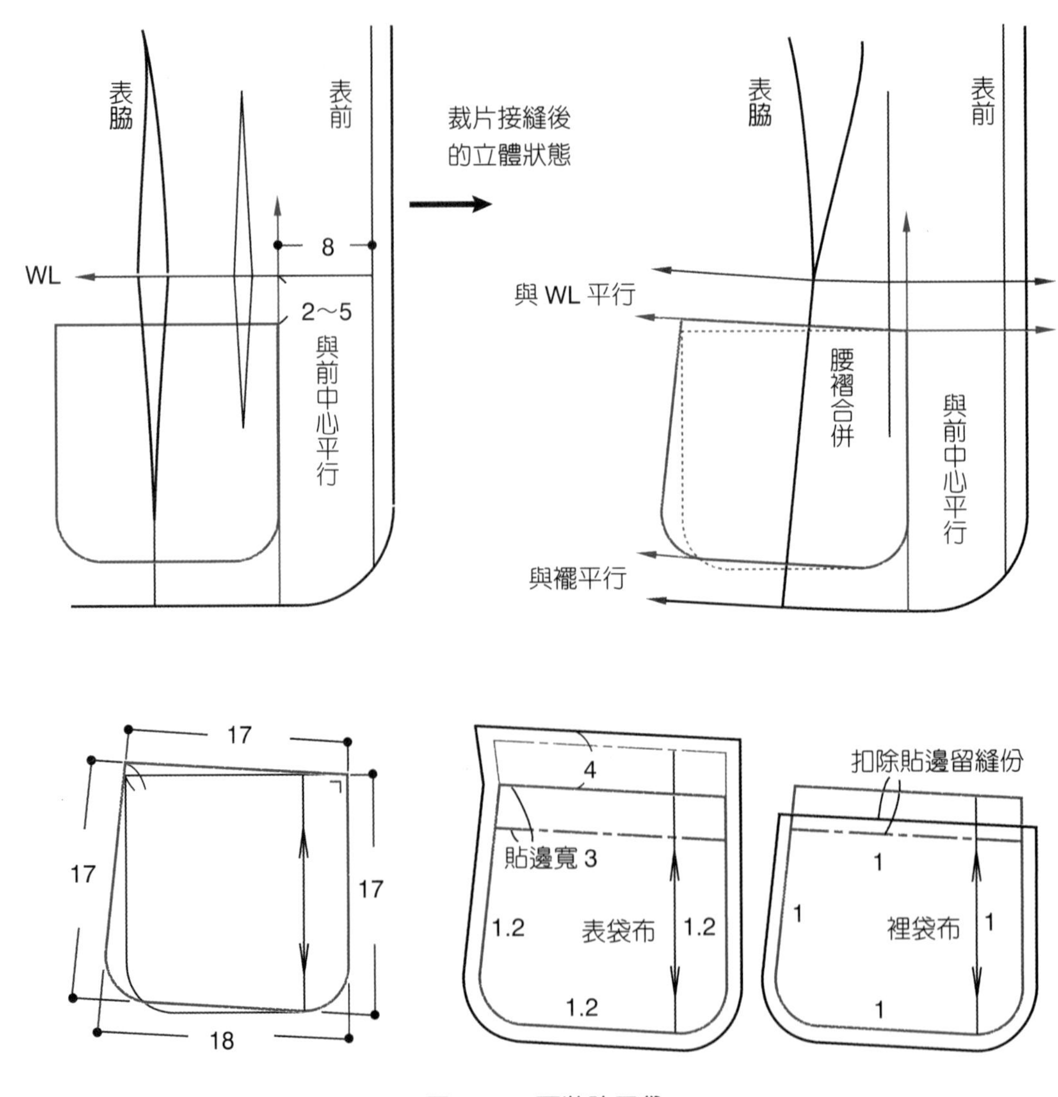

圖 7-77　西裝貼口袋

前身裡層裁片分為前身裡布與前貼邊表布，拆版方式可依圖 7-74。前身裡布裁片肩褶轉移為極小的鬆份以縮縫處理，腰褶寬若大於 1.5cm 直接車縫尖褶，褶寬等於或小於 1.5cm 可分散於兩側剪接線內（圖 7-78）。

前貼邊與表領為西裝領翻折於外的裁片，布料有厚度時翻折捲度會產生差異，外層大內層小。因此前身、前貼邊與表領在輪廓線須追加布料厚度差，前貼邊與表領在領折線做紙型的切展處理追加翻折捲度差（圖 7-79）。

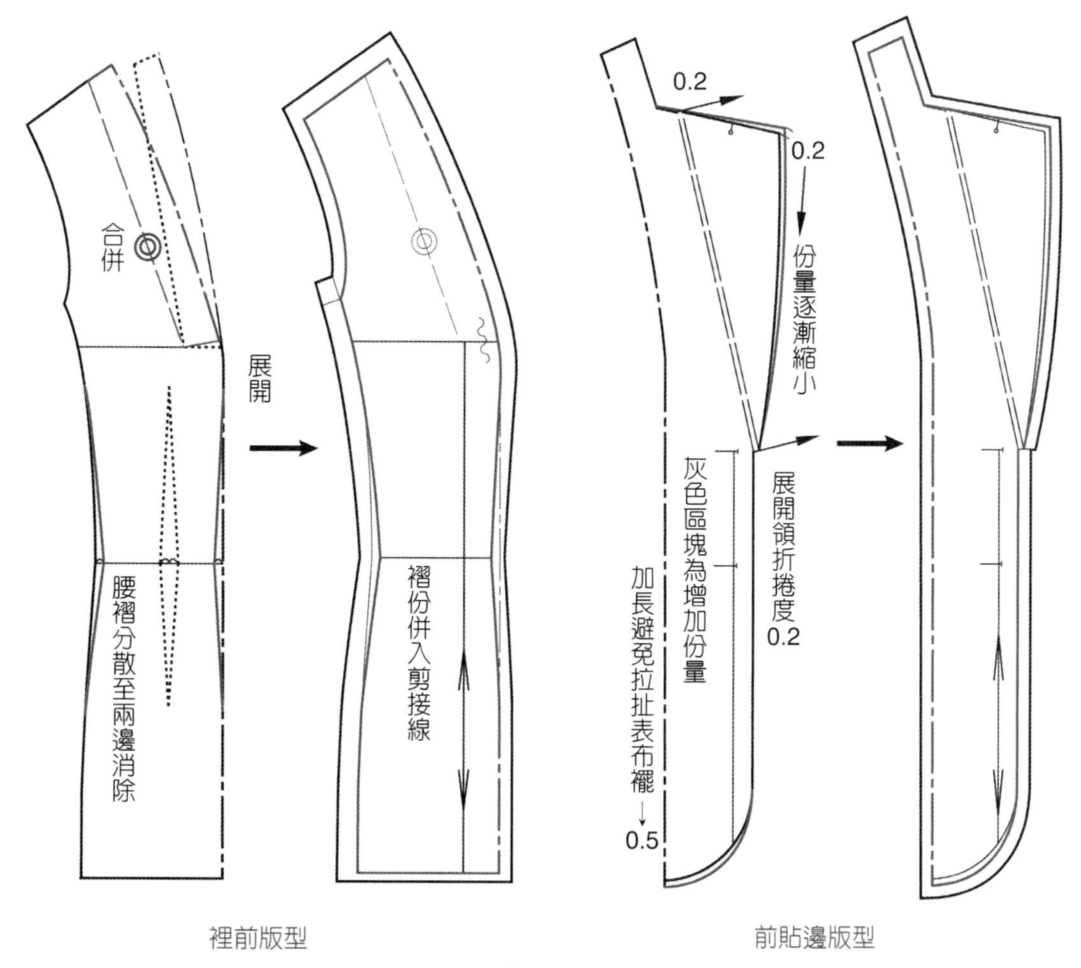

圖 7-78　西裝前片貼邊與裡布版

西裝領版型製作，表領需做紙型追加份量的切展處理，裡領直接使用製圖版型，裁片數以後中心線是否剪接為考量（圖 7-79）。

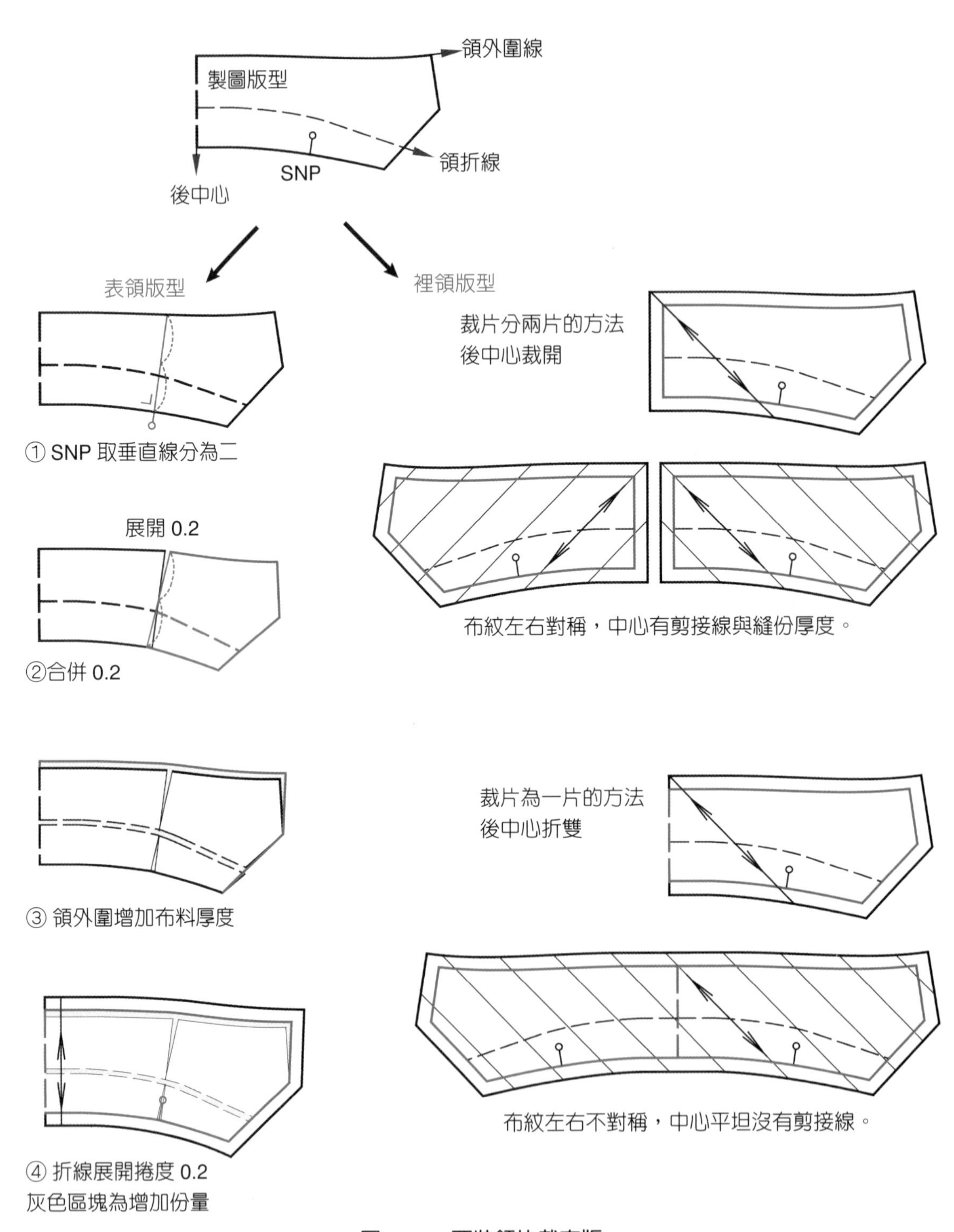

圖 7-79　西裝領片裁布版

袖子的袖下縫份製作完成時為立起來的狀態，袖襱底處裡袖的縫份為繞過表袖的縫份。兩片袖的裁布版型製作，表袖直接使用製圖版型（圖 7-81）。裡袖縫份不燙開、需同邊倒向外袖，袖寬處內外袖脇剪接線要增加 0.3cm 鬆份量，袖襱底處需做縫份繞過表袖的份量追加 2.5cm，表袖與裡袖應併合袖脇來修順袖山曲線（圖 7-80）。圖 7-80 黑色實線為表袖完成線，紅色實線為裡袖完成線，裡袖完成線因為袖下提高，袖山高變低，袖山曲線變緩，縮縫份少於表袖。

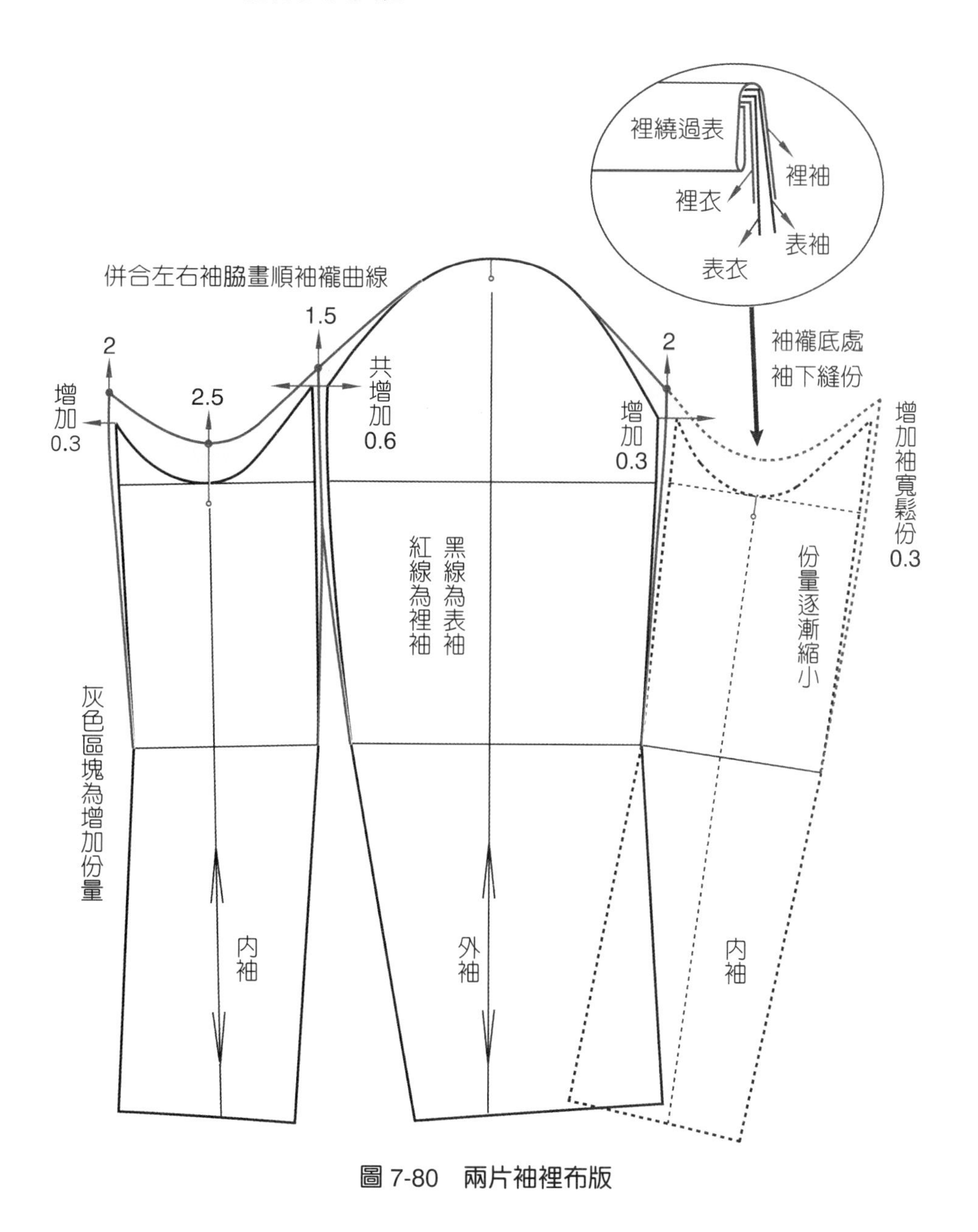

圖 7-80　兩片袖裡布版

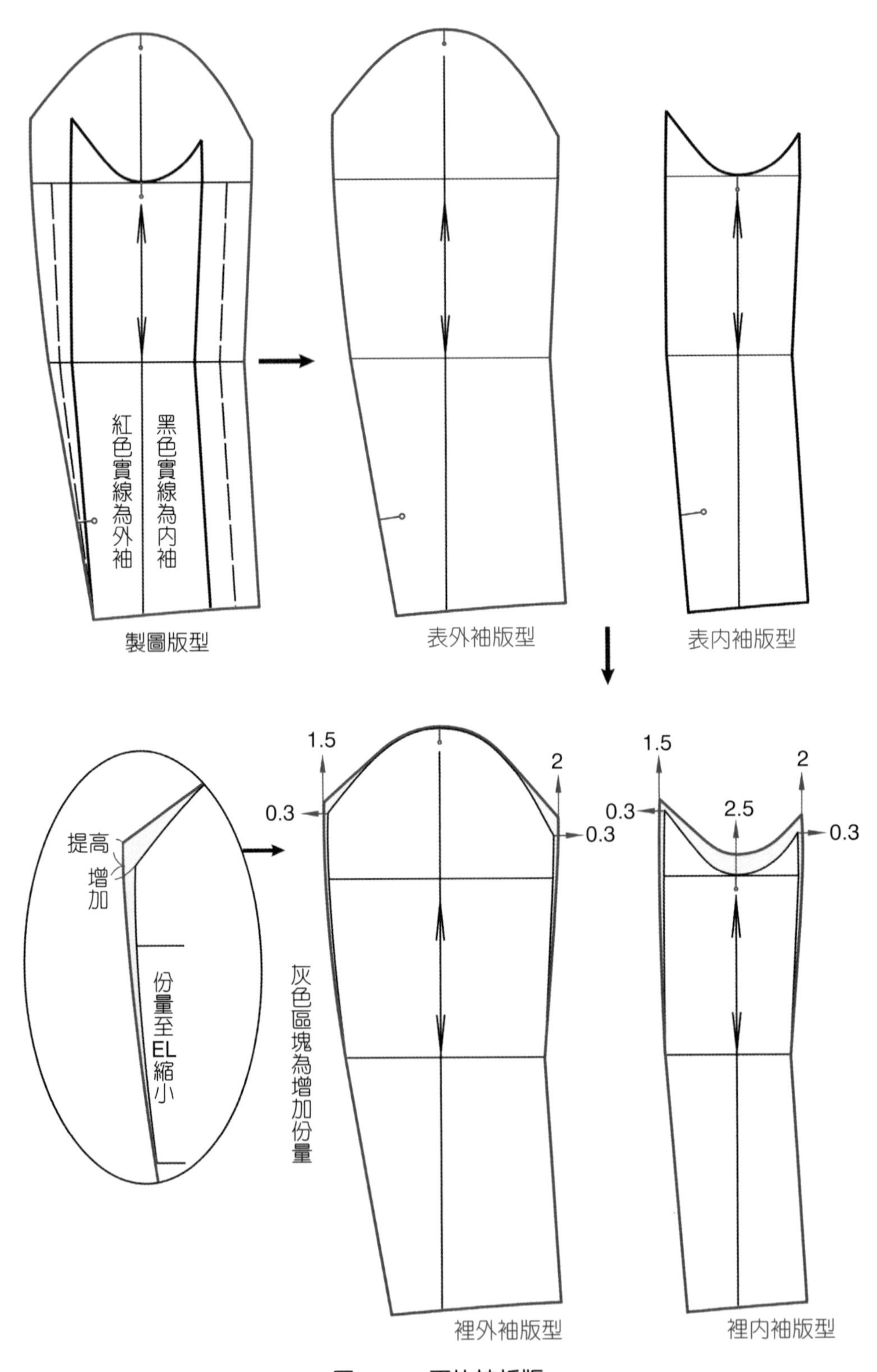
紅色實線為外袖
黑色實線為內袖
製圖版型
表外袖版型
表內袖版型
提高
增加
份量至EL縮小
灰色區塊為增加份量
1.5
0.3
2
0.3
1.5
0.3
2.5
2
0.3
裡外袖版型
裡內袖版型

圖 7-81　兩片袖拆版

表布版

表布版包含內層的貼邊與裡領裁片，口袋依所選擇的樣式與做法裁布（圖 7-82）。

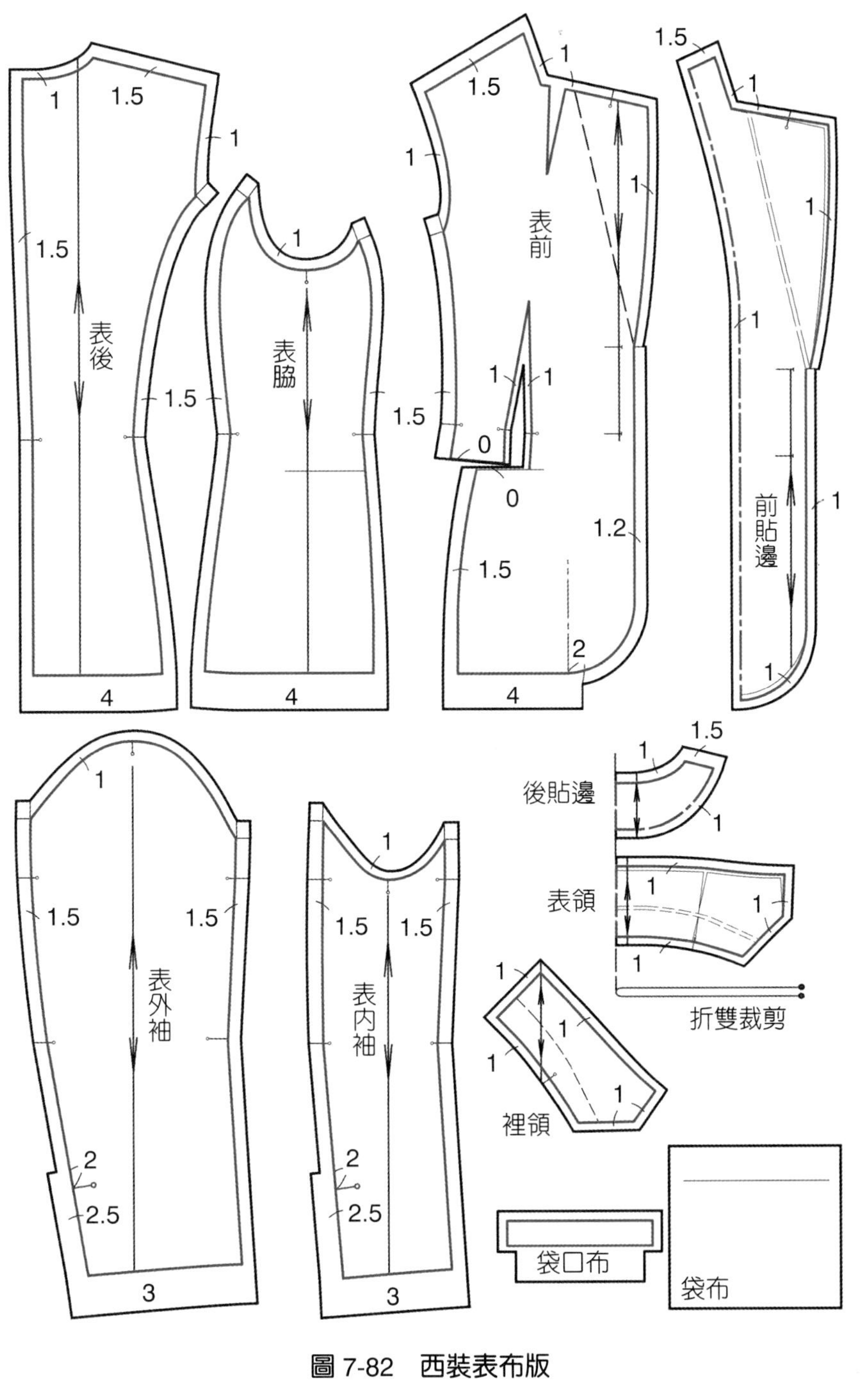

圖 7-82　西裝表布版

裡布版

裡布版後中心需增加背寬活動鬆份量，取垂直線折雙為一裁片。直向剪接線留縫份1.5cm，車縫線為縫份寬度1.2cm處，完成線與車縫線之間有0.3cm鬆份折量（圖7-83）。

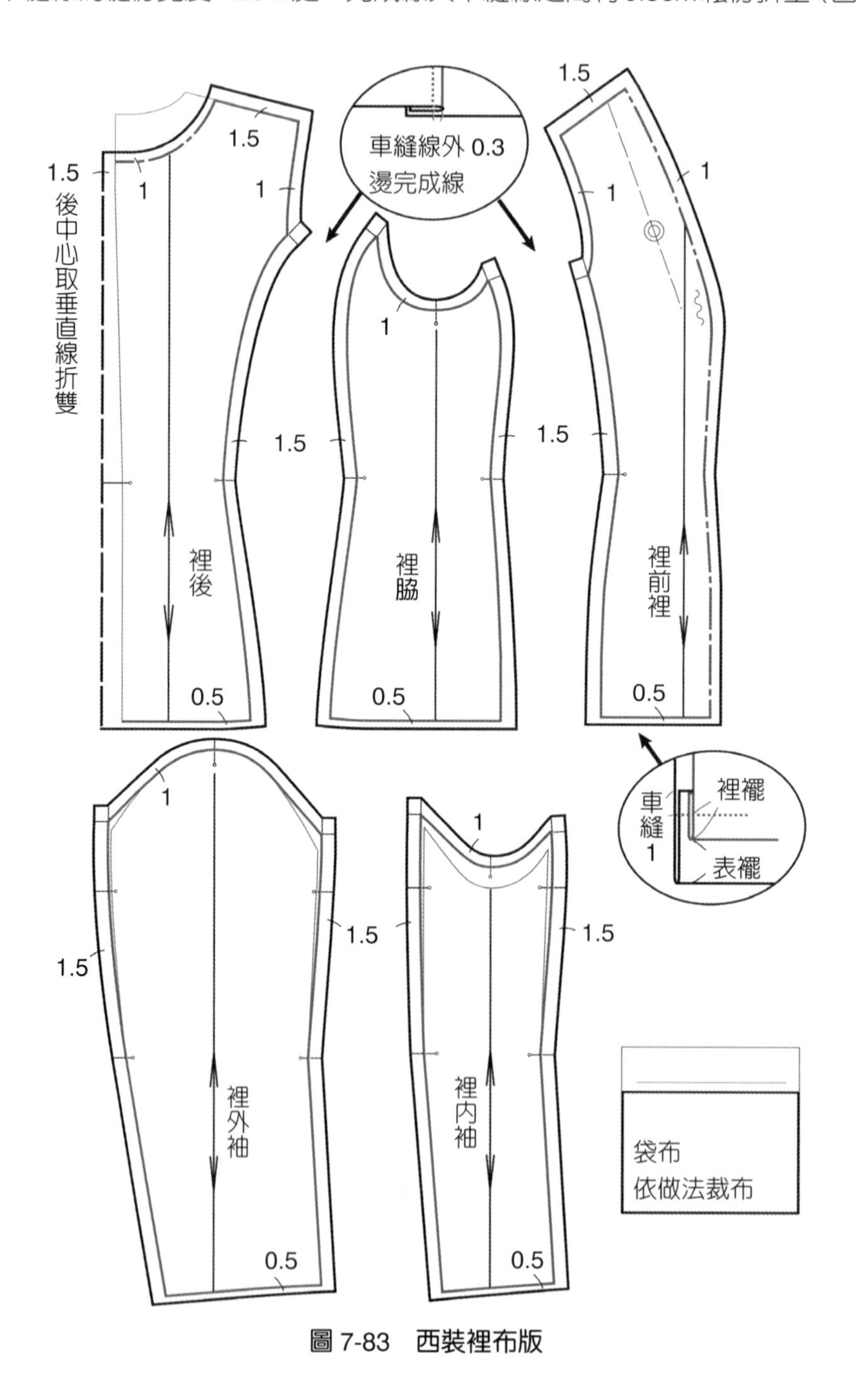

圖7-83　西裝裡布版

厚襯裁剪

前身與裡領為了做出輪廓形態選擇有挺度的「厚襯」（圖 7-84），貼邊、下襬、口袋口、袖襬與後背為了防止變形選擇補強表布的「薄襯」，前身下片領與裡領領尖要強固領型還可以薄襯貼第二層「增強襯」（圖 7-85）。

貼襯的部位可依需求的效果決定，圖 7-84～圖 7-85 為訂製細工製作的方式，若是成衣快速製作的方式，使用一款襯黏貼一層，不細分厚襯、薄襯、增襯。襯的縫份可與表布相同，直接裁剪與表布裁片相同的大小，例如前身、貼邊、領襯。含縫份的襯可以在車縫時固定，但會增加縫份處的厚度；依照輪廓完成線裁剪不含縫份的襯，可避免縫份處的厚度，但無法以車縫固定易脫落。可配合表布布紋延展方向的針織襯，布紋方向須與表布相同。彈性較差的梭織布襯不能配合表布布紋延展時，可採正斜布紋補強延展性。

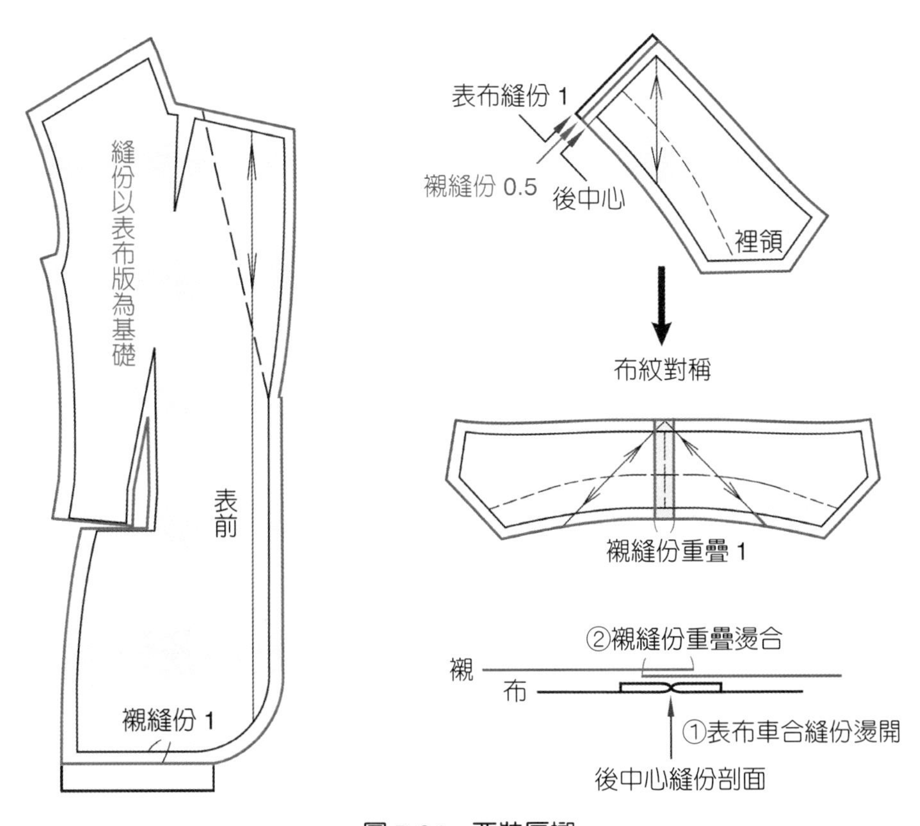

圖 7-84　西裝厚襯

薄襯裁剪

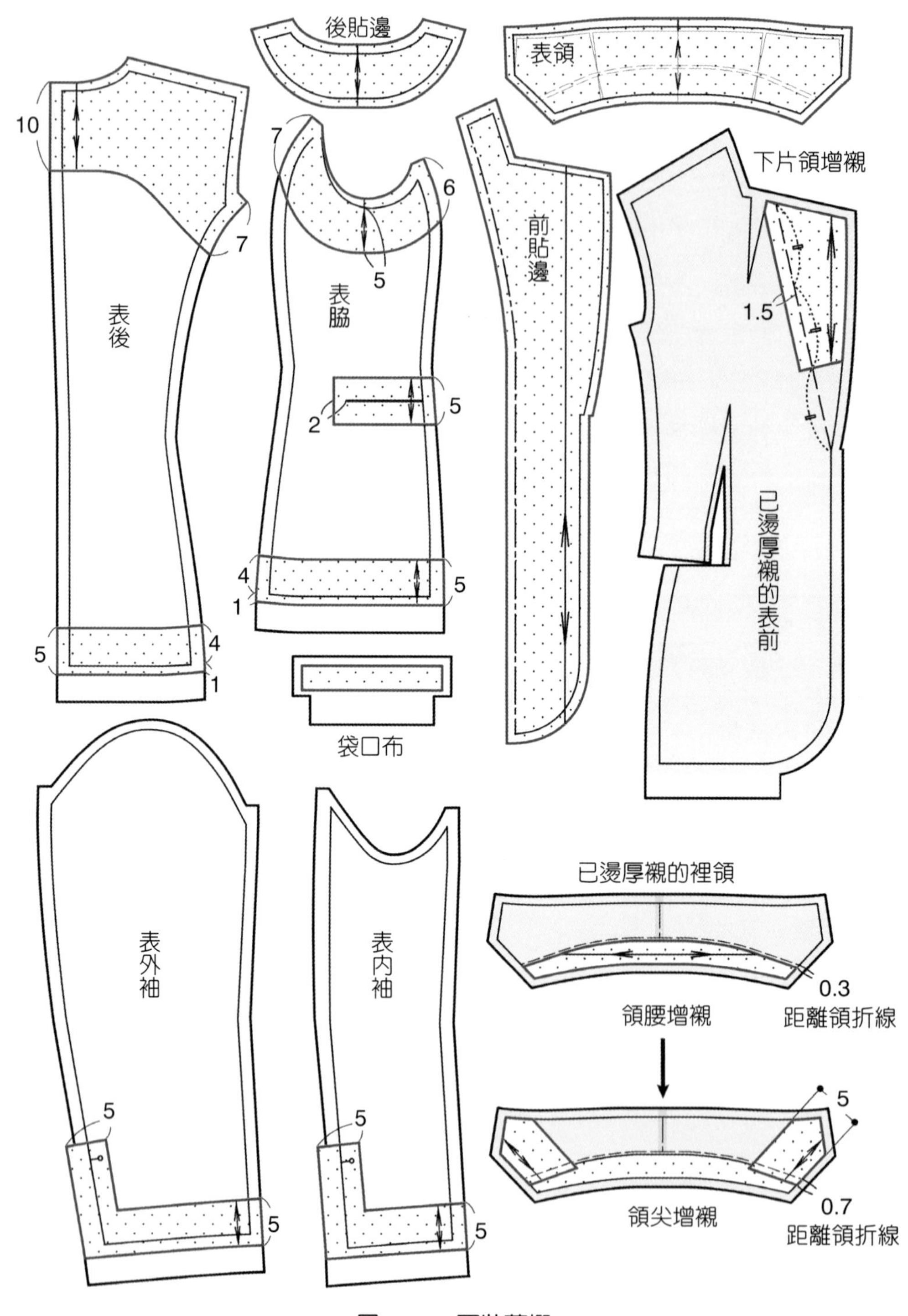

圖 7-85　西裝薄襯

十、雙排釦外套

外套版型以輪廓造型分類，款式九西裝為合身輪廓，本款式為箱型輪廓（圖 7-86），款式十一連袖外套為傘型輪廓（圖 7-92）。

圖 7-86　雙排釦短外套

版型製圖

1. 採用西裝的外套原型（圖 7-66），進行版型設計變化，利用雙排釦前襟疊份的反折做出與下片領相同的效果。
2. 腰下衣長尺寸與胸圍鬆份（後 1.5cm、前 0.5cm，半件共 2cm），可依設計更改。短版的衣服提高腰圍線，腰褶份的最寬處畫在提高的新腰圍線上，衣服的小腰視覺會提高可製造上身較短的效果。
3. 腰褶份 2.5cm 比西裝款式小，剪接線條位置考慮視覺分割比例移動位置（圖 7-87），完全不顯示腰身的箱型輪廓也可不做腰褶份與剪接線條（圖 7-89）。圖 7-87 為身片三片構成的短版外套，採圖 7-88 的兩片袖；圖 7-90 為身片二片構成的長版外套，採圖 7-91 的一片袖；兩者採用相同的袖襱與領圍尺寸，領型與袖型可交換使用，排列組合有八款不同樣式的變化，口袋與袖帶細部設計也可變換使用。
4. 雙排釦與單排釦的製圖版型差異在於前中心重疊份的多寡，單排釦款式取釦子直徑為重疊份，雙排釦款式依設計取重疊份。第一排釦如為裝飾作用，不需與下排的釦位做等份比例的排放，釦洞與釦的對應位置可參閱圖 6-45，領折線條可參照圖 7-68，確認前身中心開襟高低是否恰當。

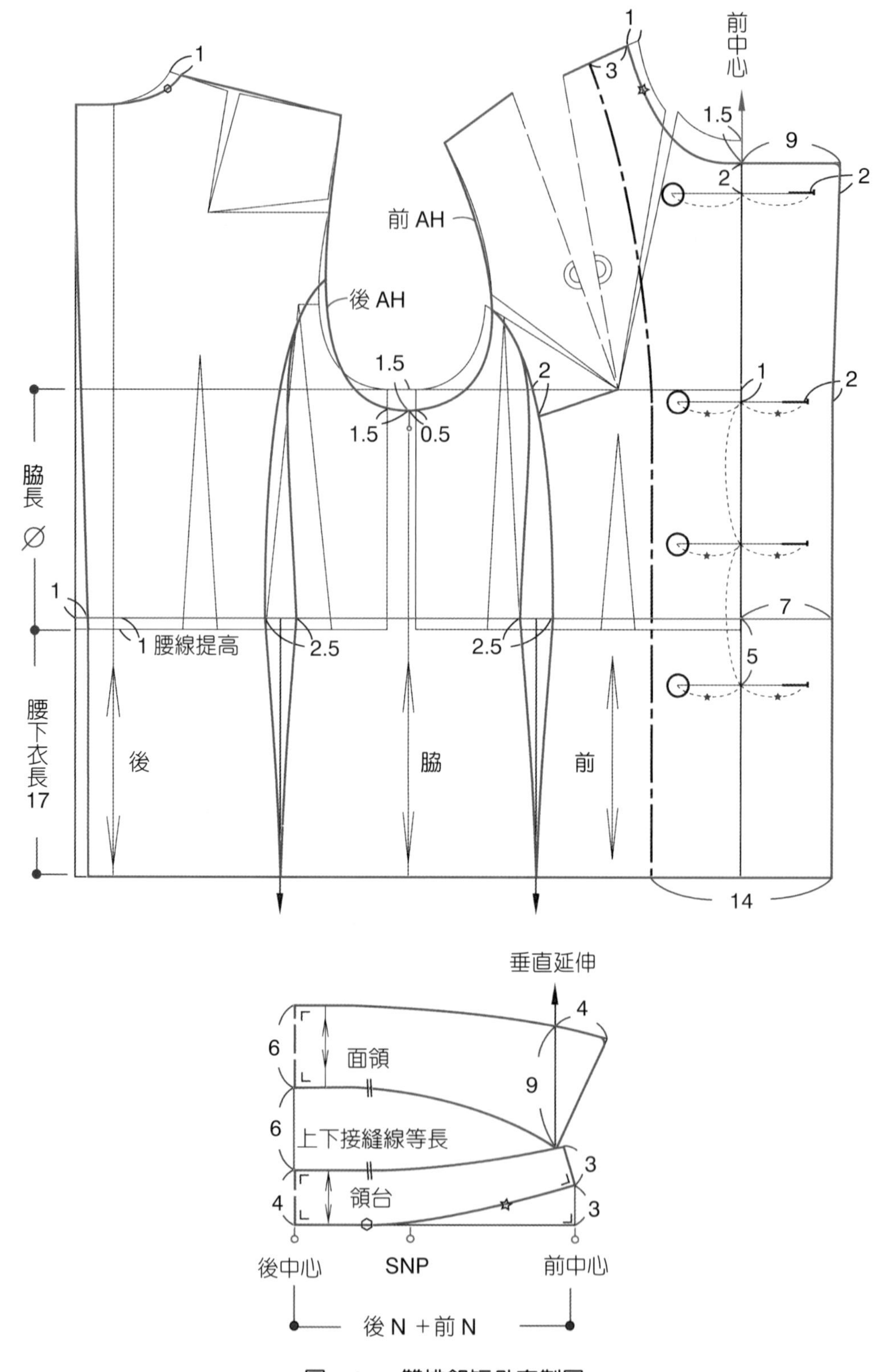

圖 7-87　雙排釦短外套製圖

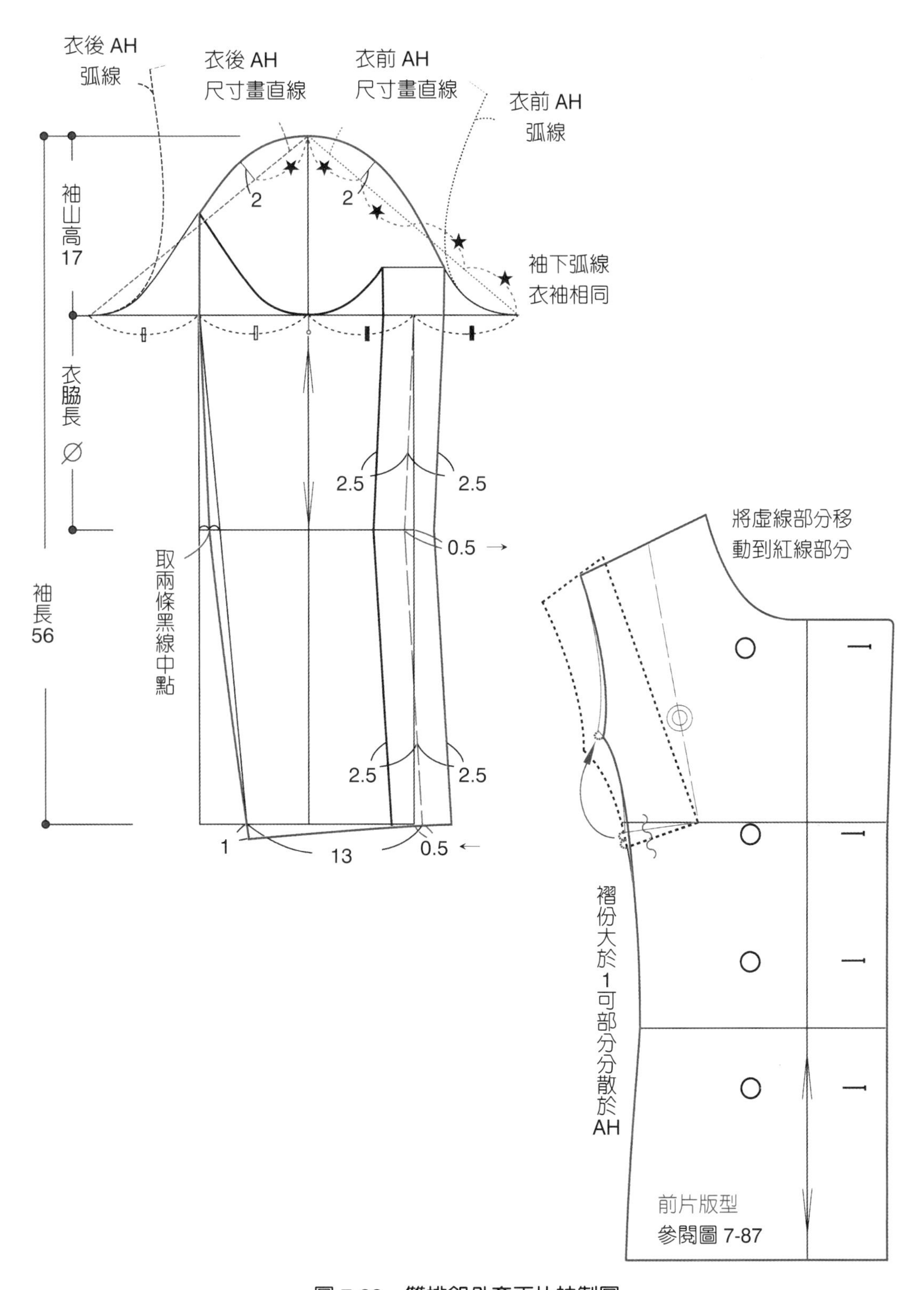

圖 7-88　雙排釦外套兩片袖製圖

圖 7-89　雙排釦長外套

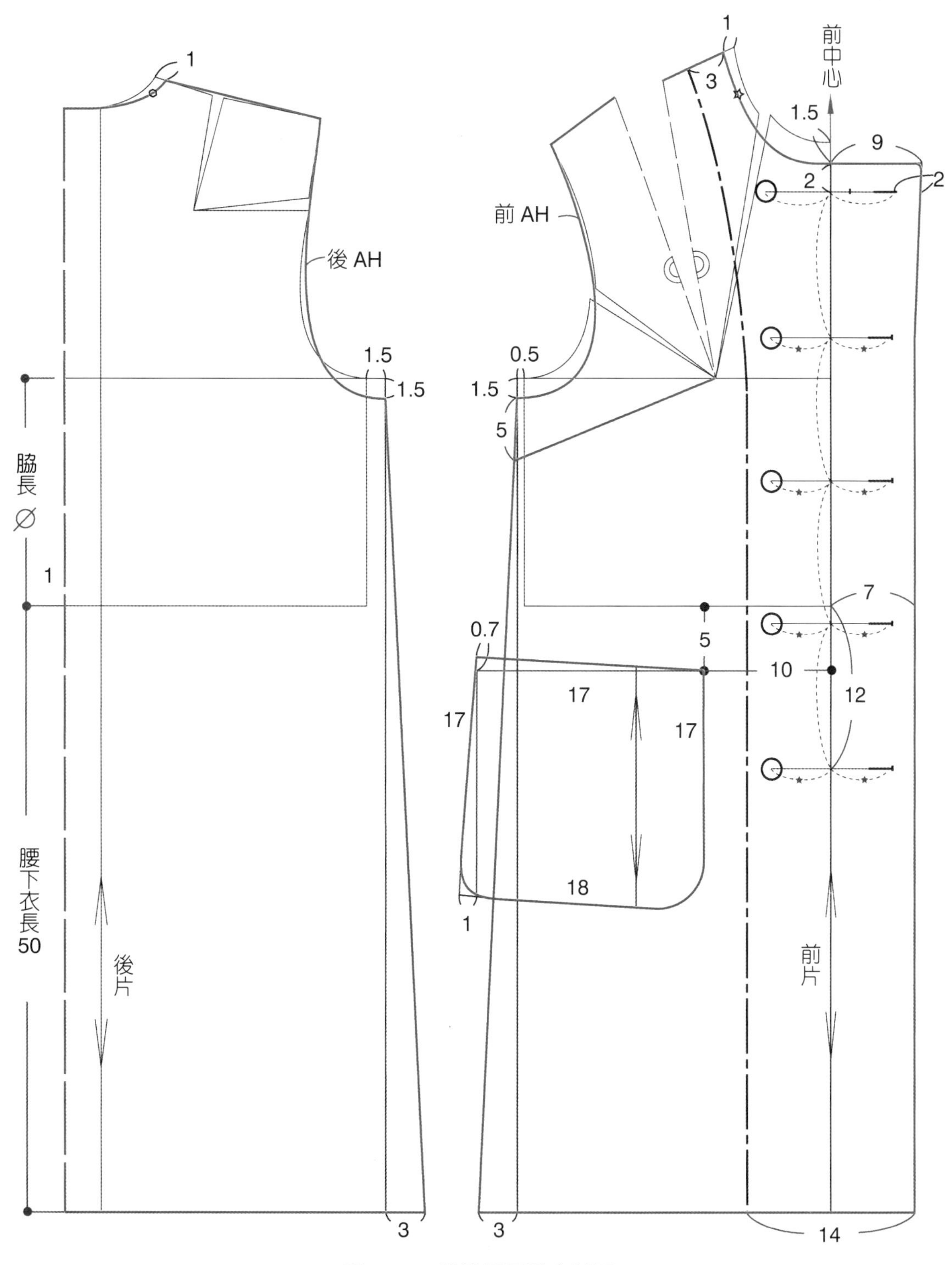

圖 7-90　雙排釦長外套製圖

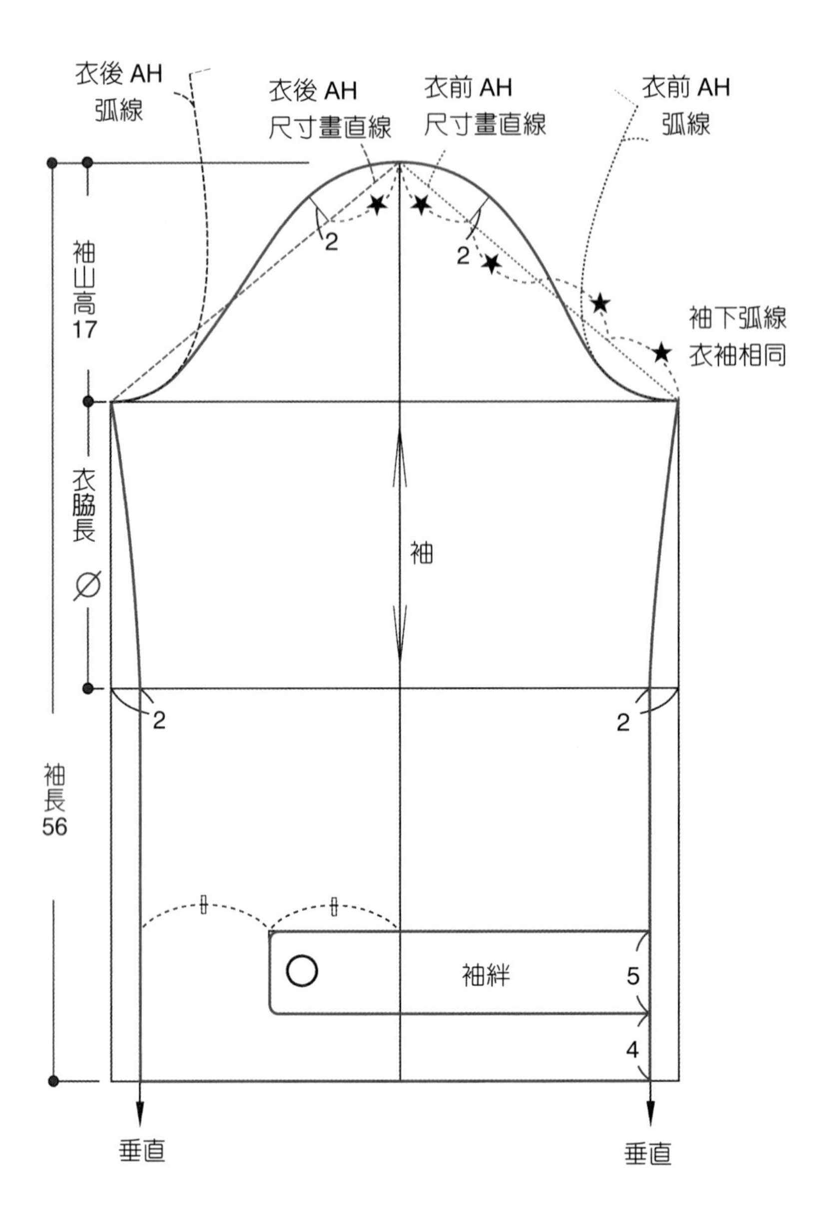

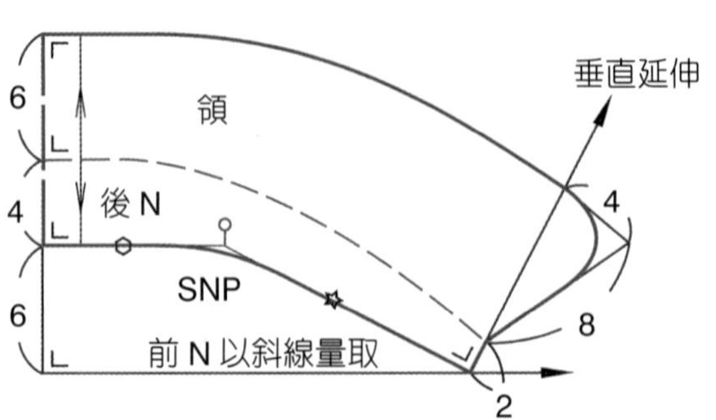

圖 7-91　**雙排釦外套一片袖製圖**

十一、連袖外套

傘型輪廓的連袖短外套，搭配七分長寬袖型，領口開大以無領方式處理（圖 7-92）。維持版型的立體架構不變，修改長度與細部設計，可變化多樣不同的款式。細部設計線條愈多，版型裁片愈多片、線條愈複雜；細部設計線條愈少，版型裁片愈少片、版型線條愈簡易。

掌握款式的基本版型，進行版型設計變化，不用重新打版，為快速製版的方法。款式十二～款式十五即以本款為連袖外套基本型進行版型款式改變：款式十二連袖剪接短外套，增加剪接線條與領片，增加裁片片數；款式十三斗篷，忽略衣袖剪接線條，減少裁片片數；款式十四連帽外套，加長衣袖，前重疊份採雙排釦重疊方式；款式十五高領外套，加長衣袖，前中心採拉鍊開口方式。

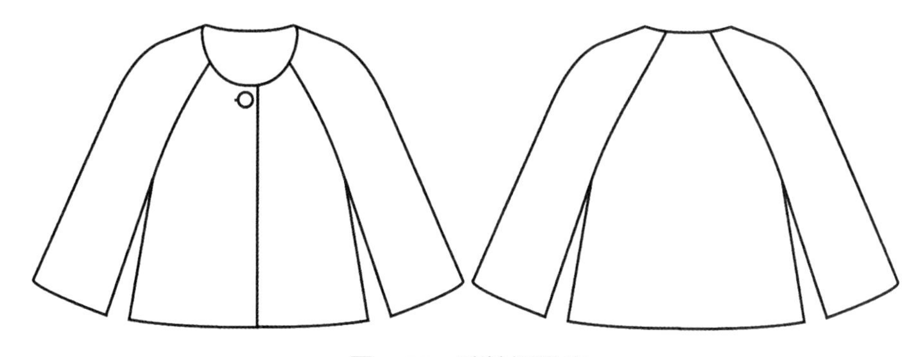

圖 7-92　連袖短外套

原型褶轉移

依輪廓造型需求處理褶子轉移的方式，前身褶份轉移分散的方式將襬圍尺寸開展，開展尺寸的大小受限原型的基本褶份量。後身採直接切開紙型外加出襬圍尺寸的方式，開展尺寸的大小可隨設計造型線條變化（圖 7-93）。

前身襬圍尺寸可以在原型的基本褶份量之外加再入切開紙型增加份量，後身雖然可以利用原型的肩褶轉移方式將襬圍尺寸開展（圖 3-16、圖 3-17），但是考慮外套款式肩部與袖子的形態需求，保留肩褶為鬆份較佳。

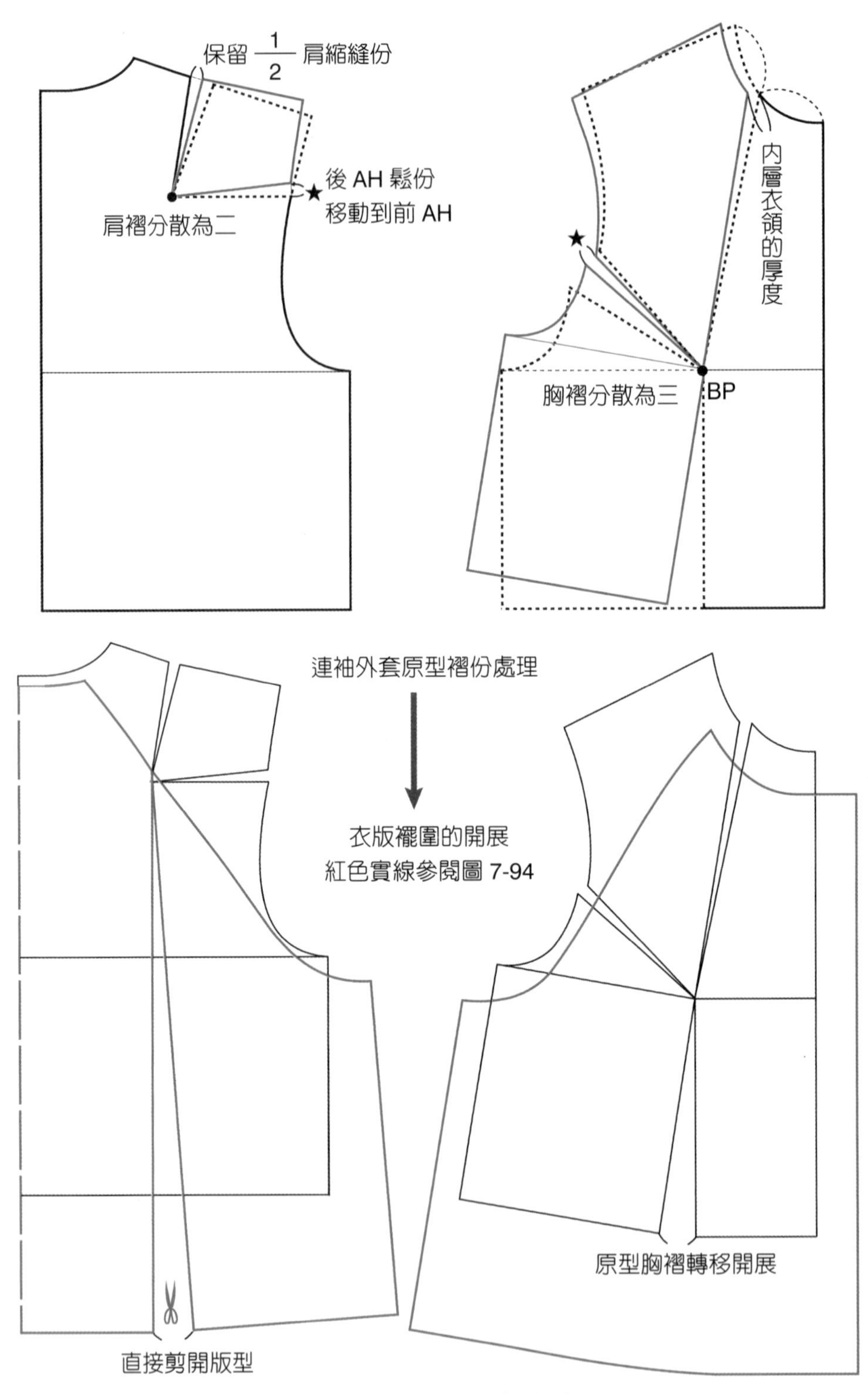

圖 7-93　傘型外套原型褶份處理

版型製圖

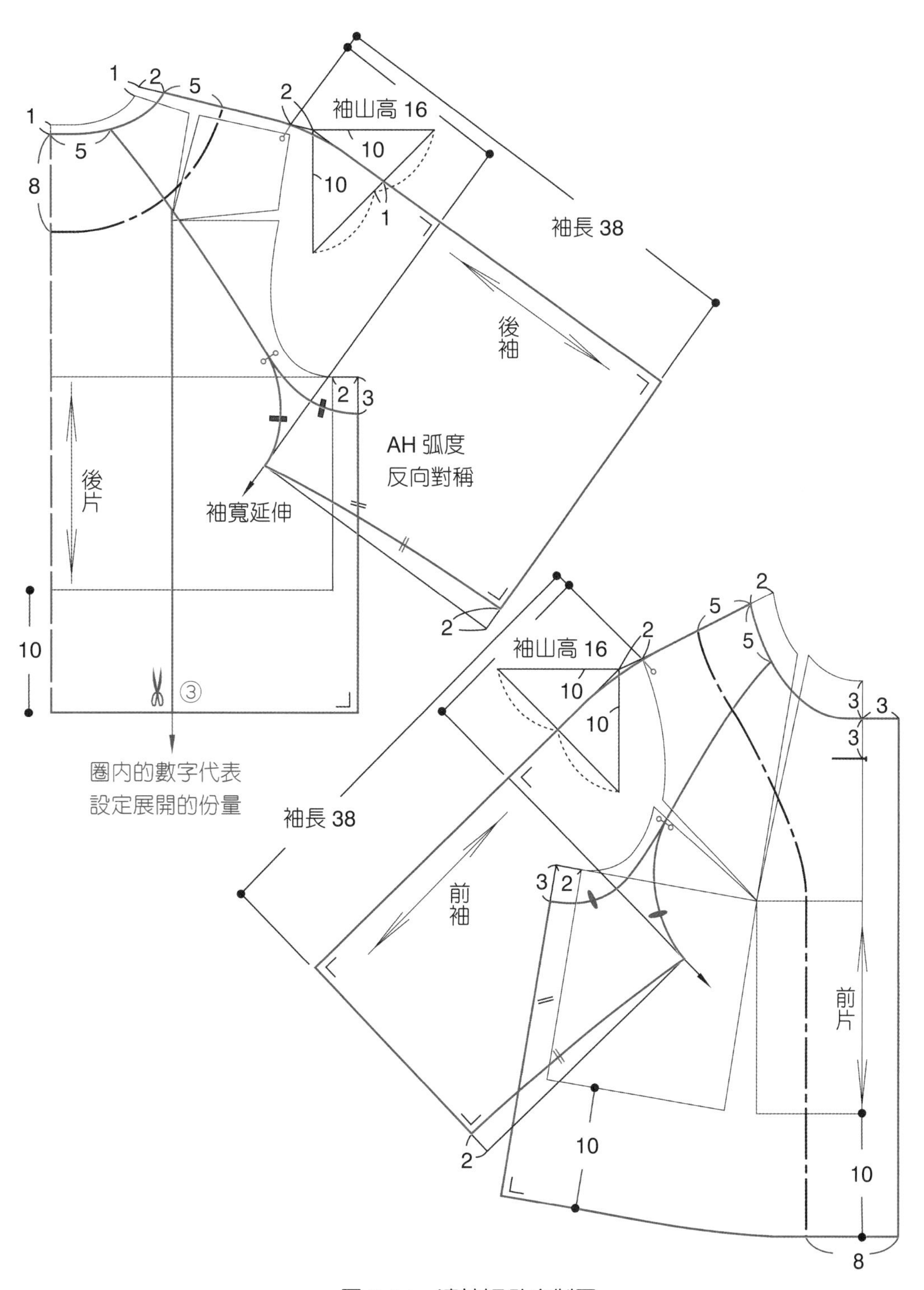

圖 7-94　連袖短外套製圖

版型拆版

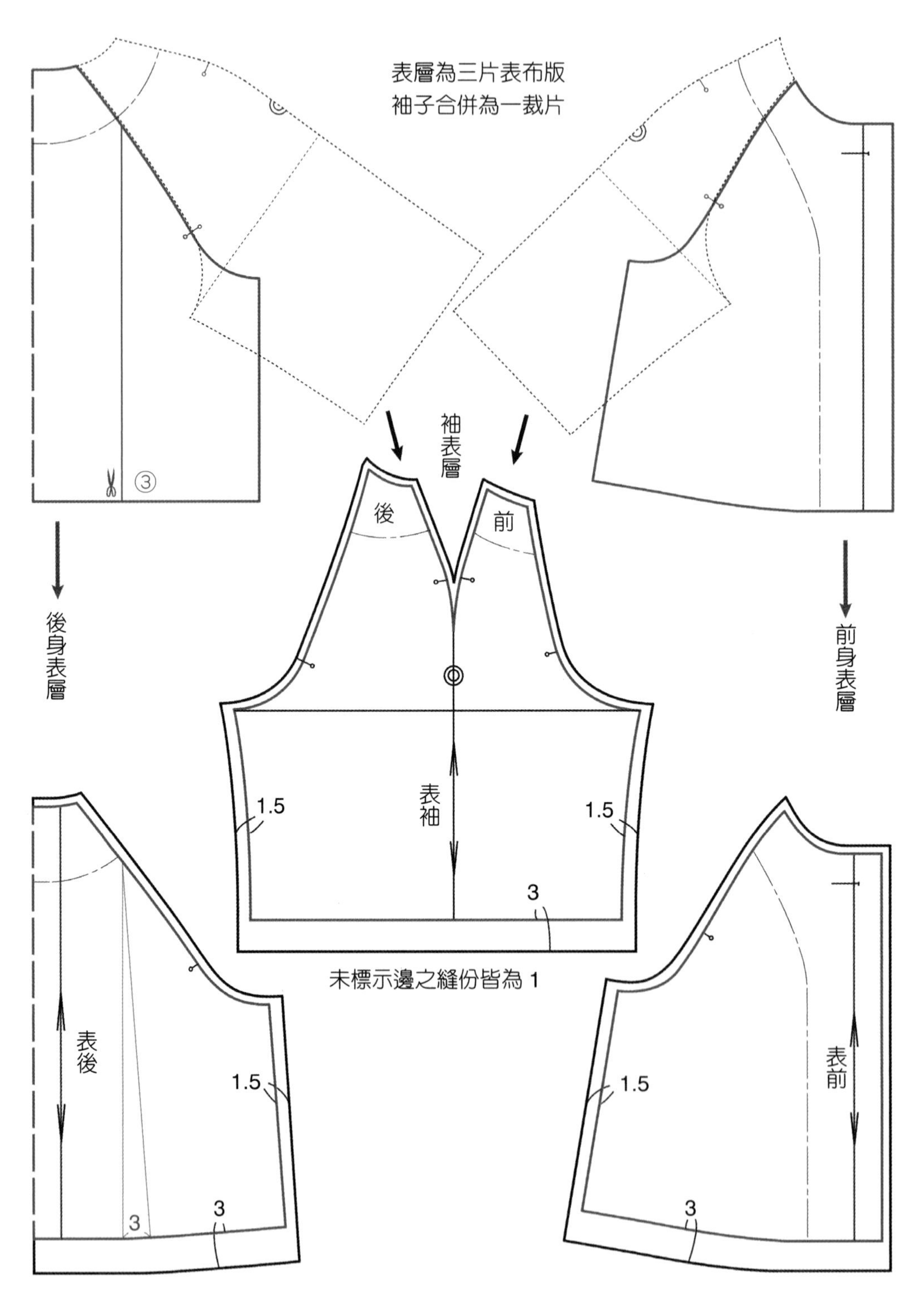

圖 7-95　連袖外套表布版

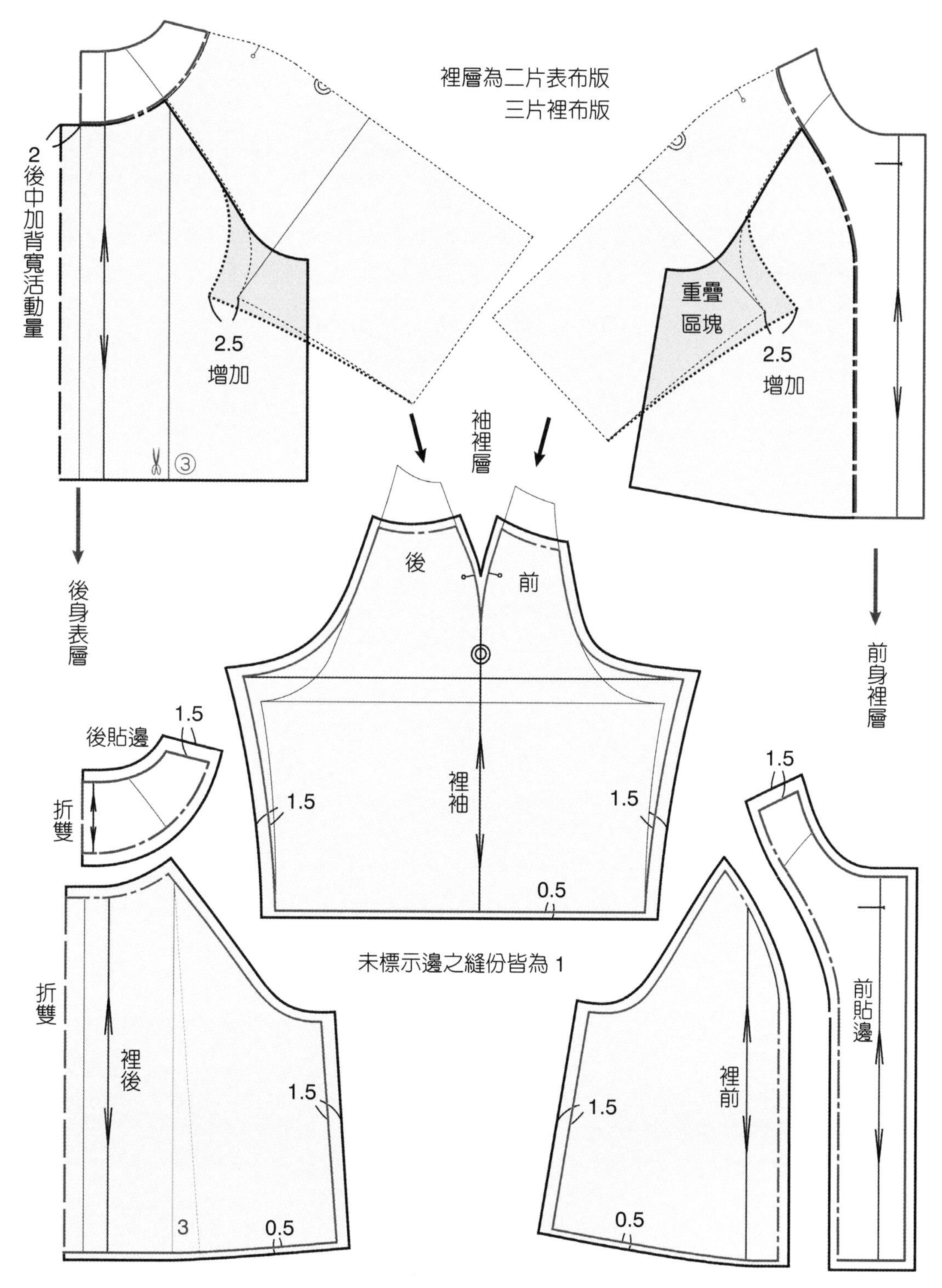

圖 7-96　連袖外套裡布版

十二、連袖剪接短外套

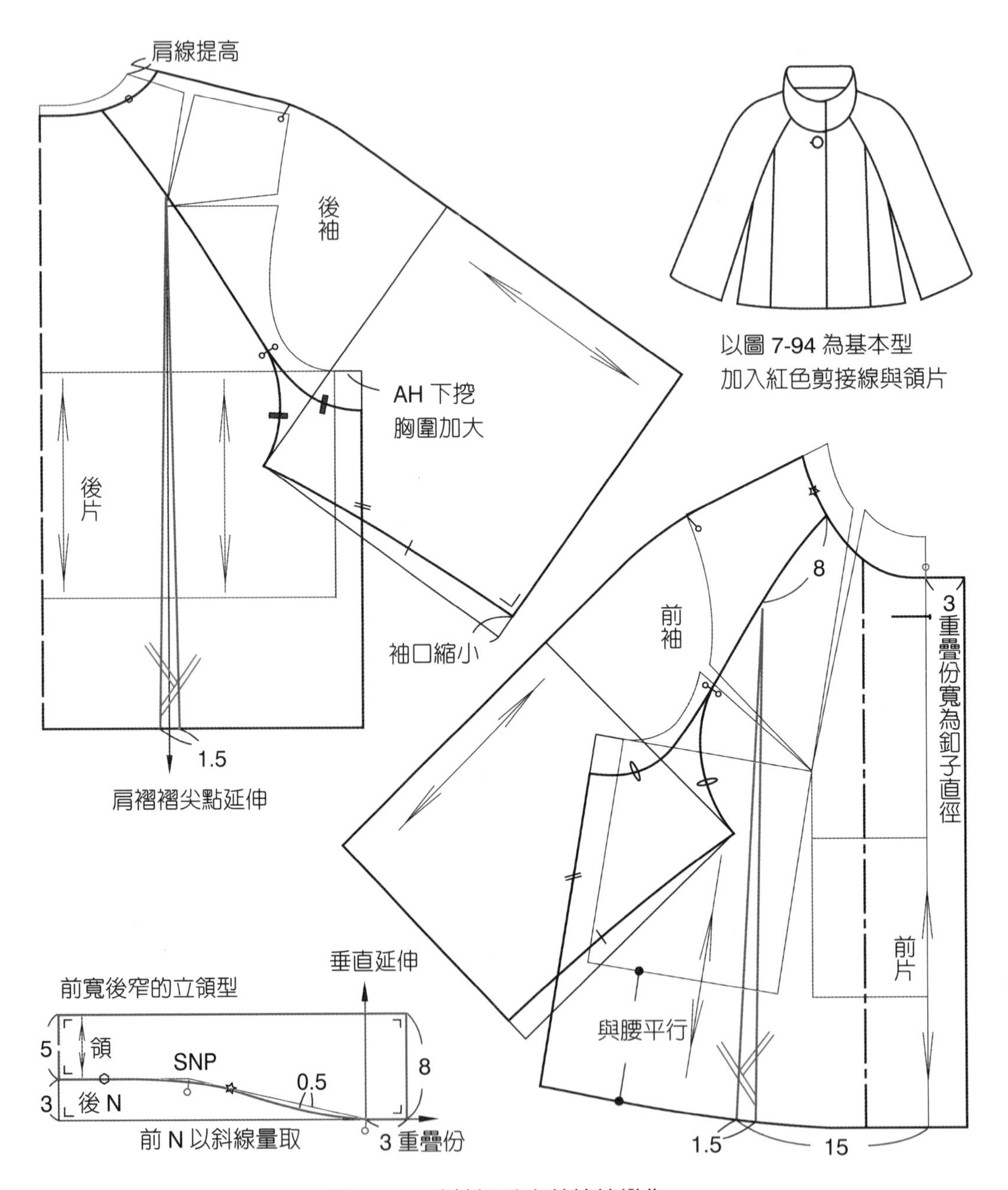

圖 7-97　連袖短外套剪接線變化

版型拆版

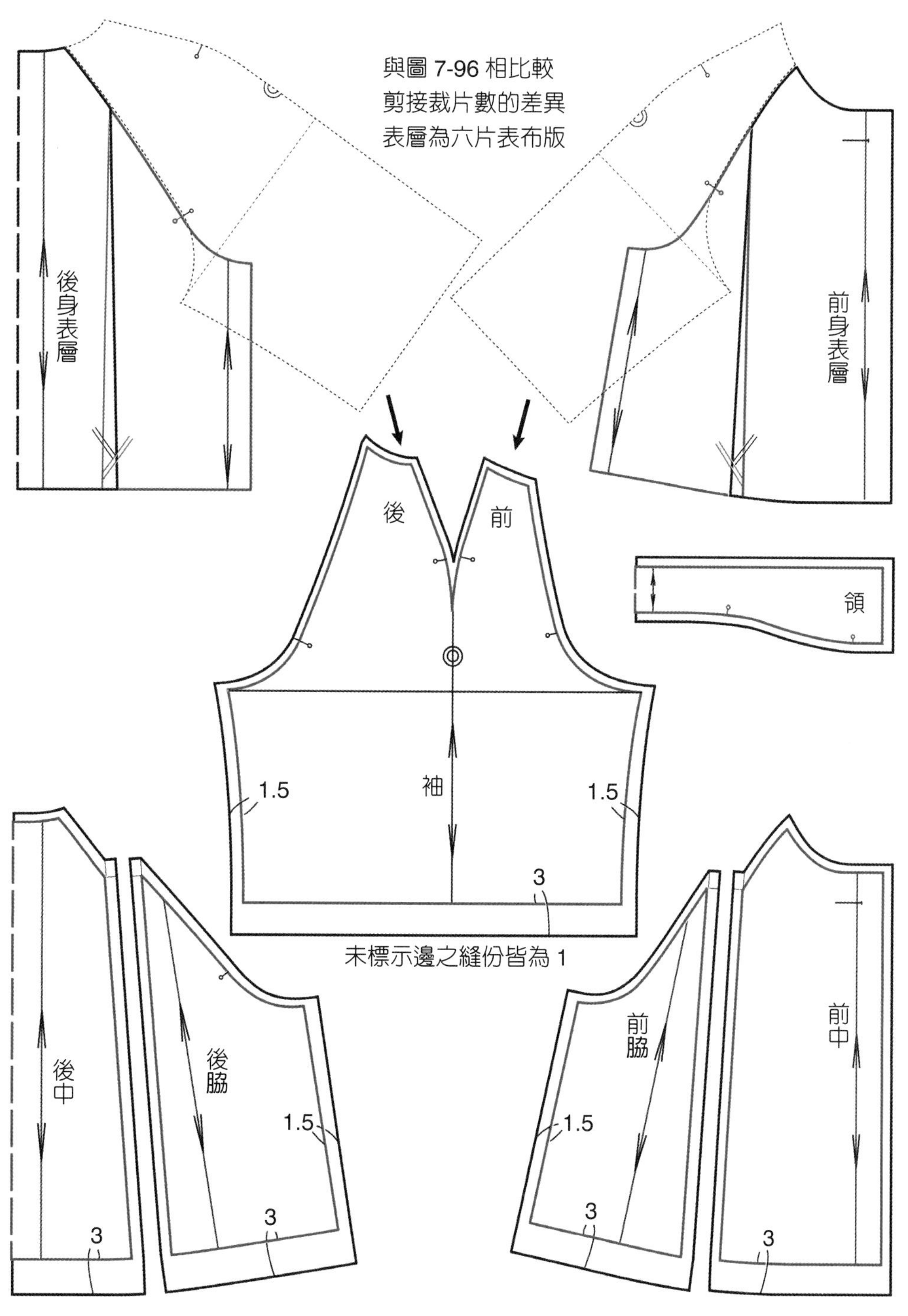

圖 7-98　連袖剪接外套表布版

十三、斗篷

斗篷款式從肩垂掛而下將衣袖合一，以連袖短外套為基本型，忽略衣袖分割線即可。

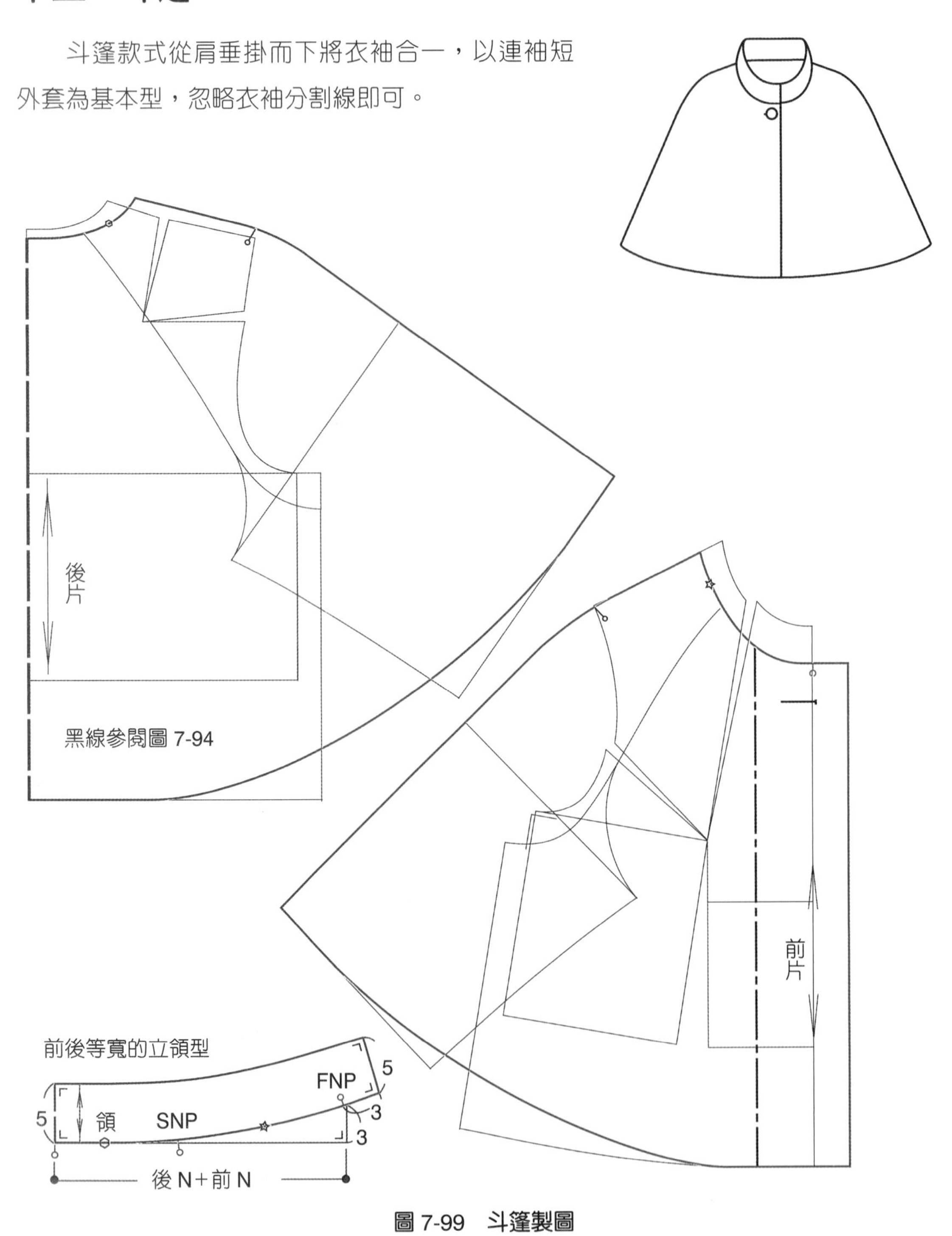

圖 7-99 斗篷製圖

十四、連帽外套

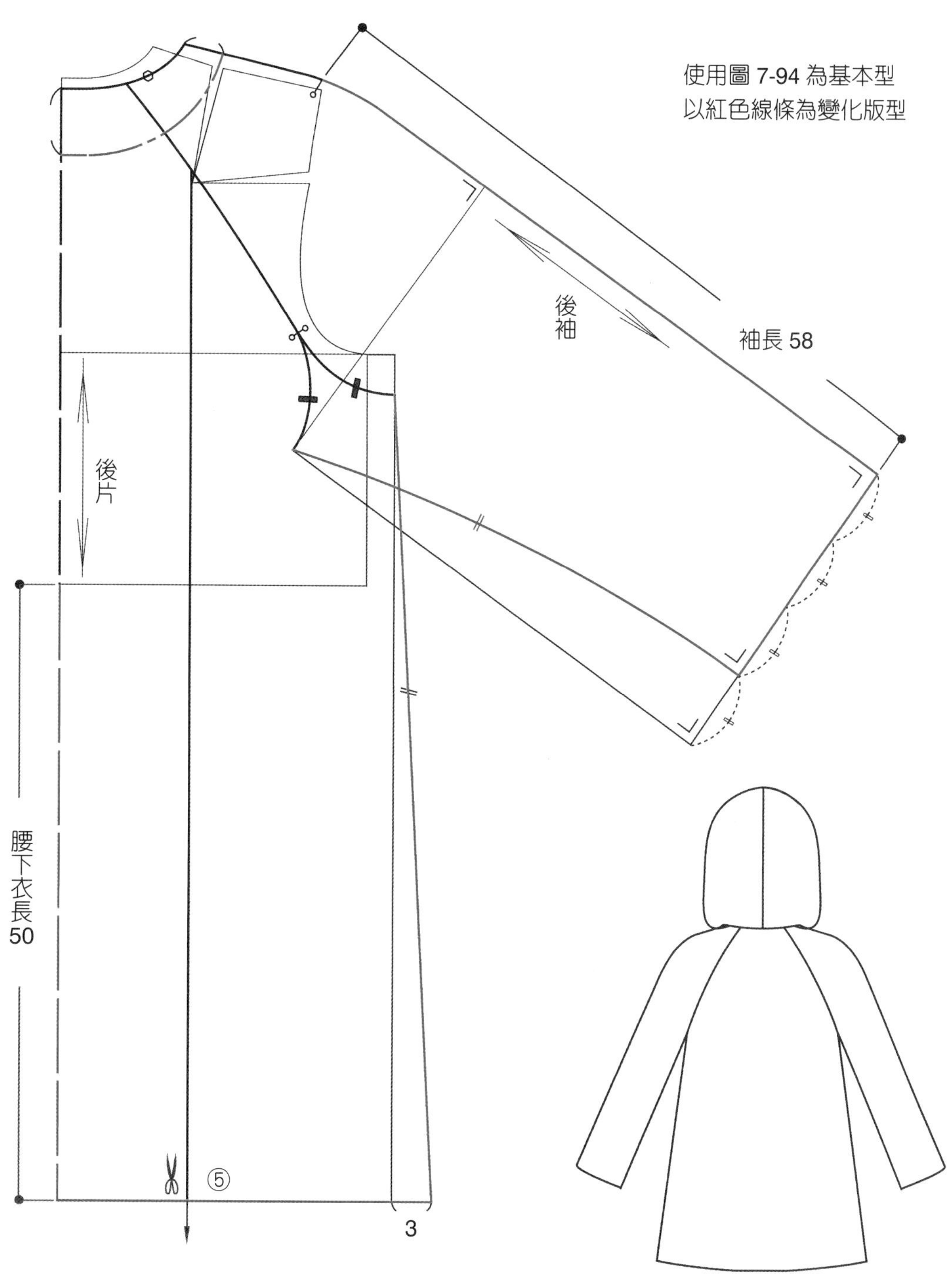

圖 7-100　連帽外套後片製圖

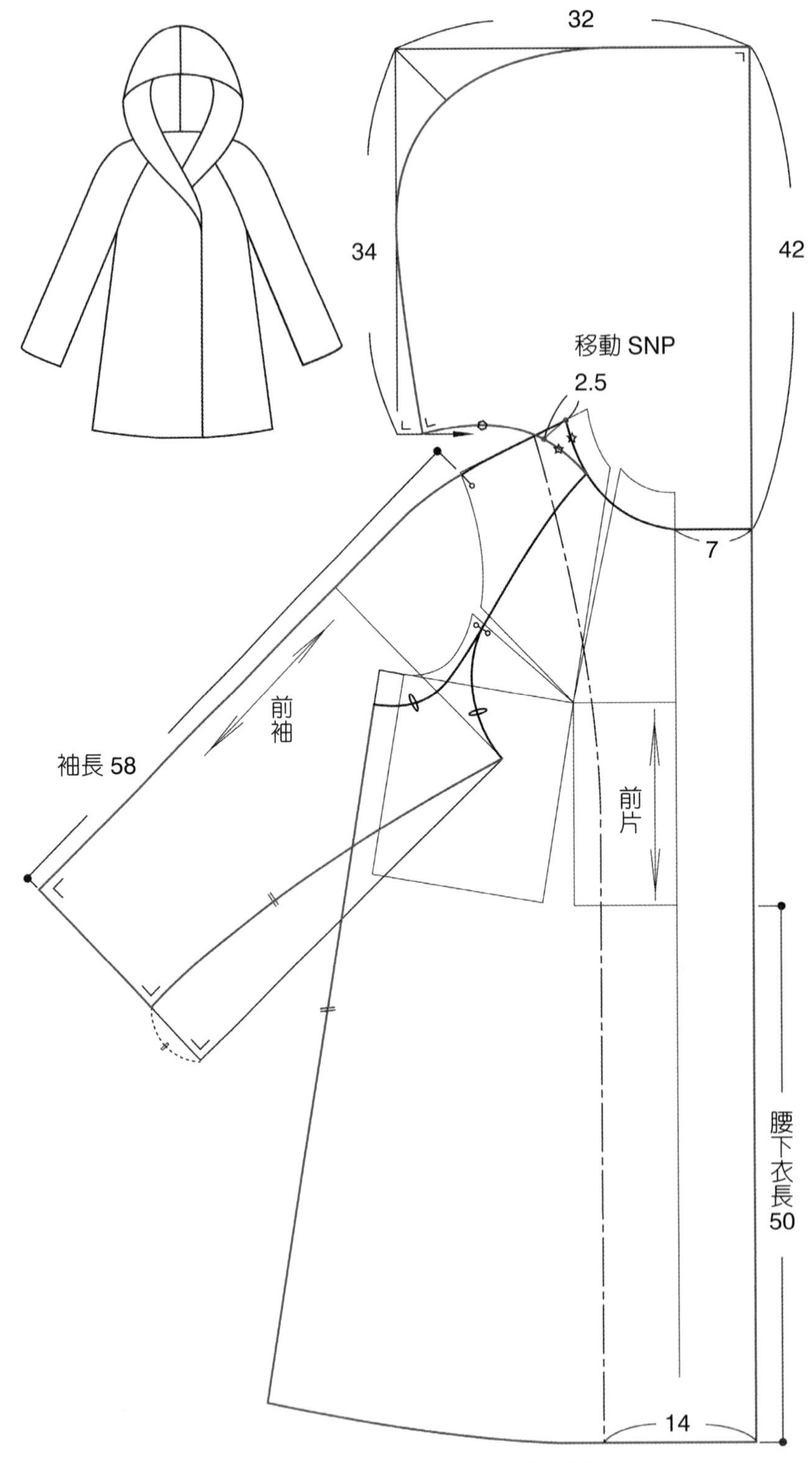

圖 7-101　連帽外套前片製圖

版型拆版

版型拆版方式同絲瓜領，可參閱圖 6-47。

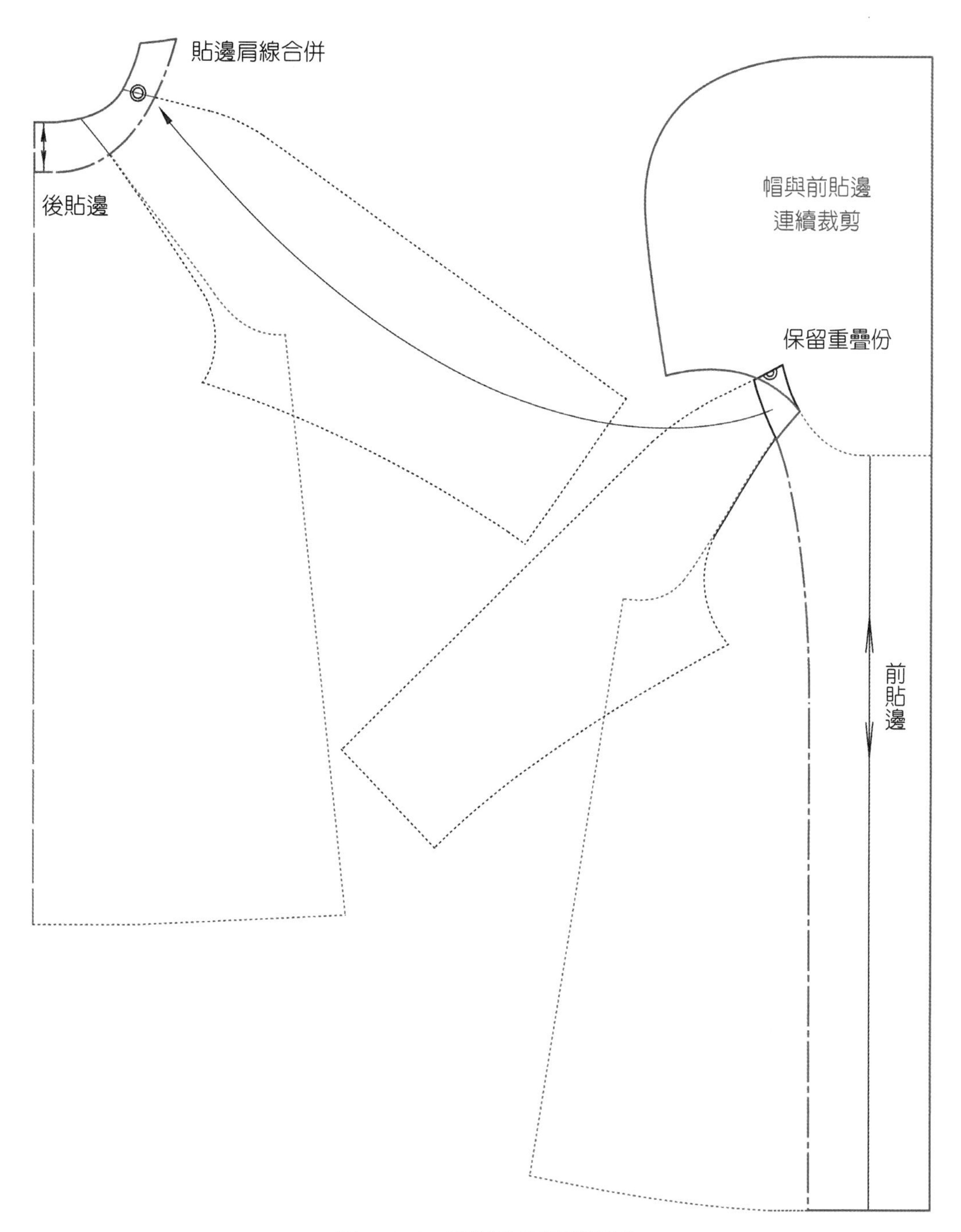

圖 7-102　連帽外套貼邊版型

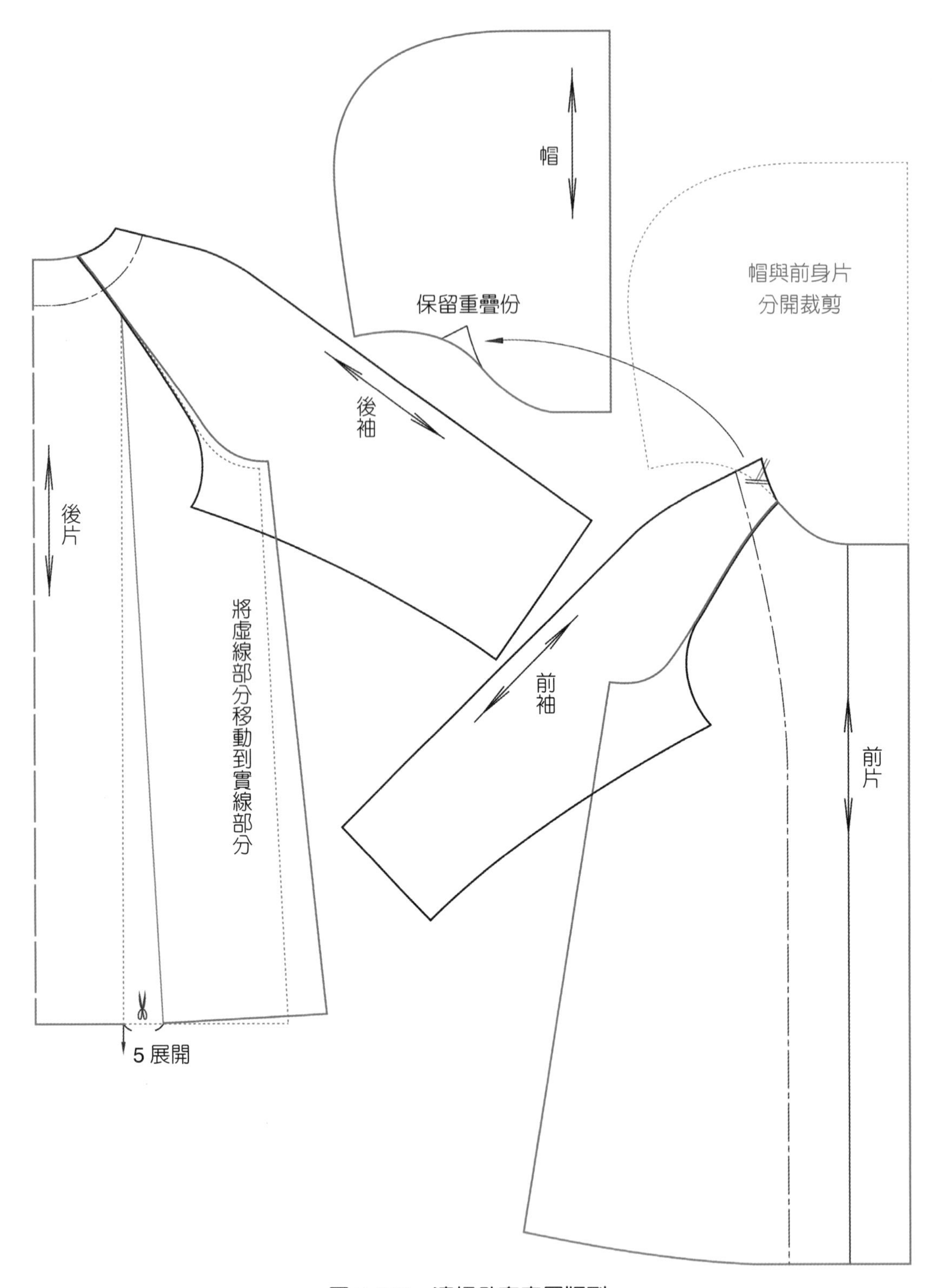

圖 7-103　連帽外套表層版型

十五、高領外套版型

直接由衣身向上延伸出立領的款式，領上緣需有足夠的鬆份。

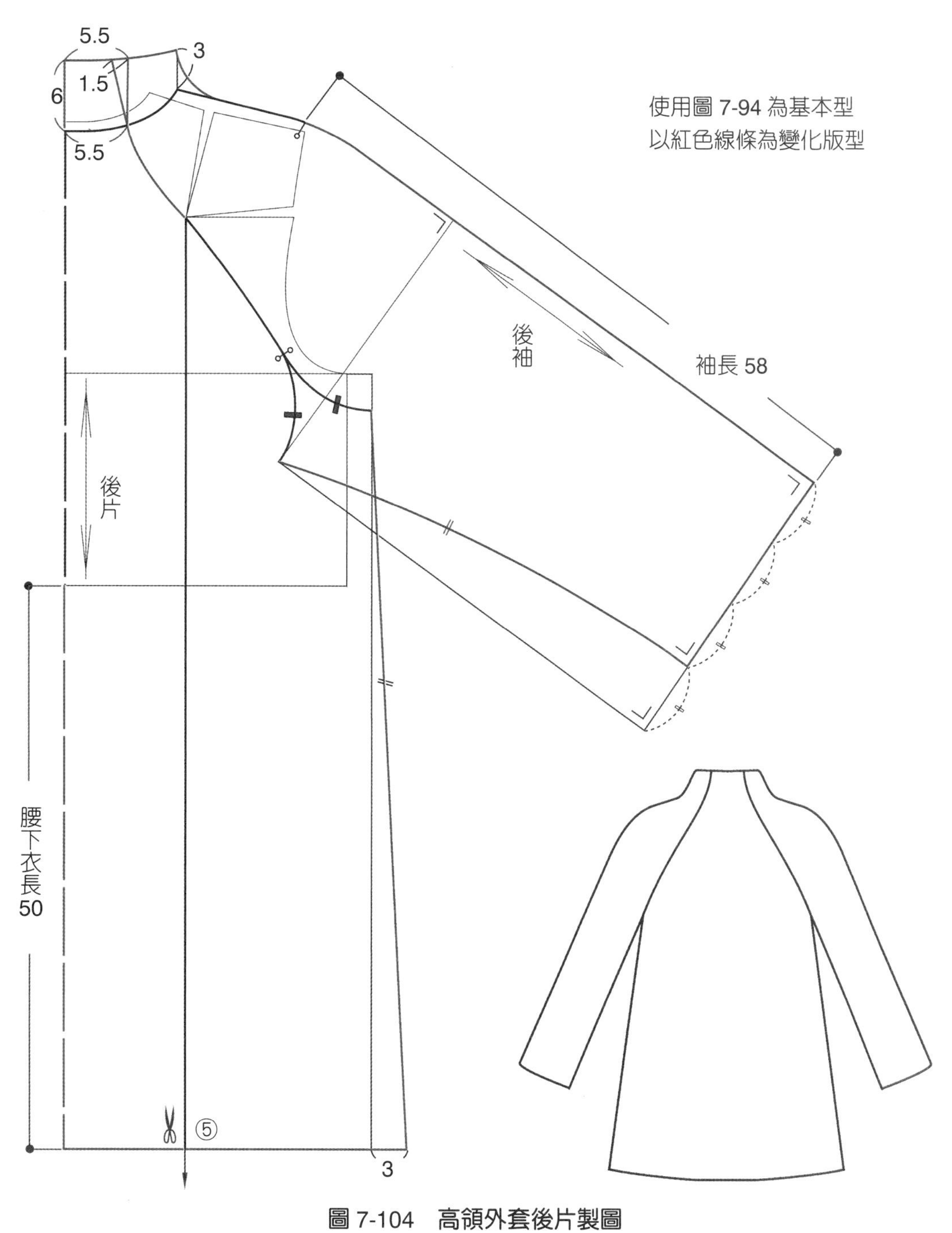

圖 7-104　高領外套後片製圖

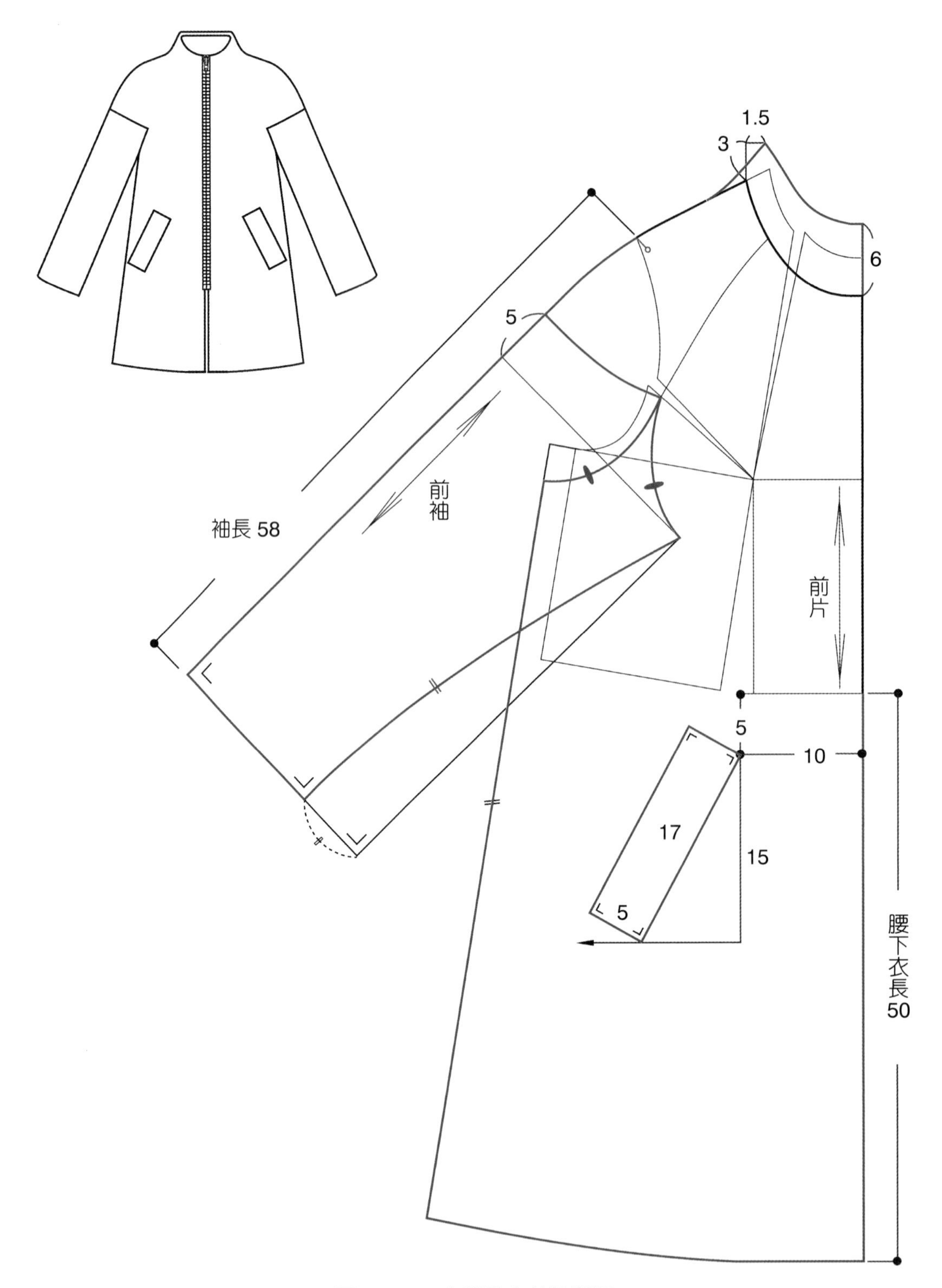

圖 7-105　高領外套前片製圖

版型拆版

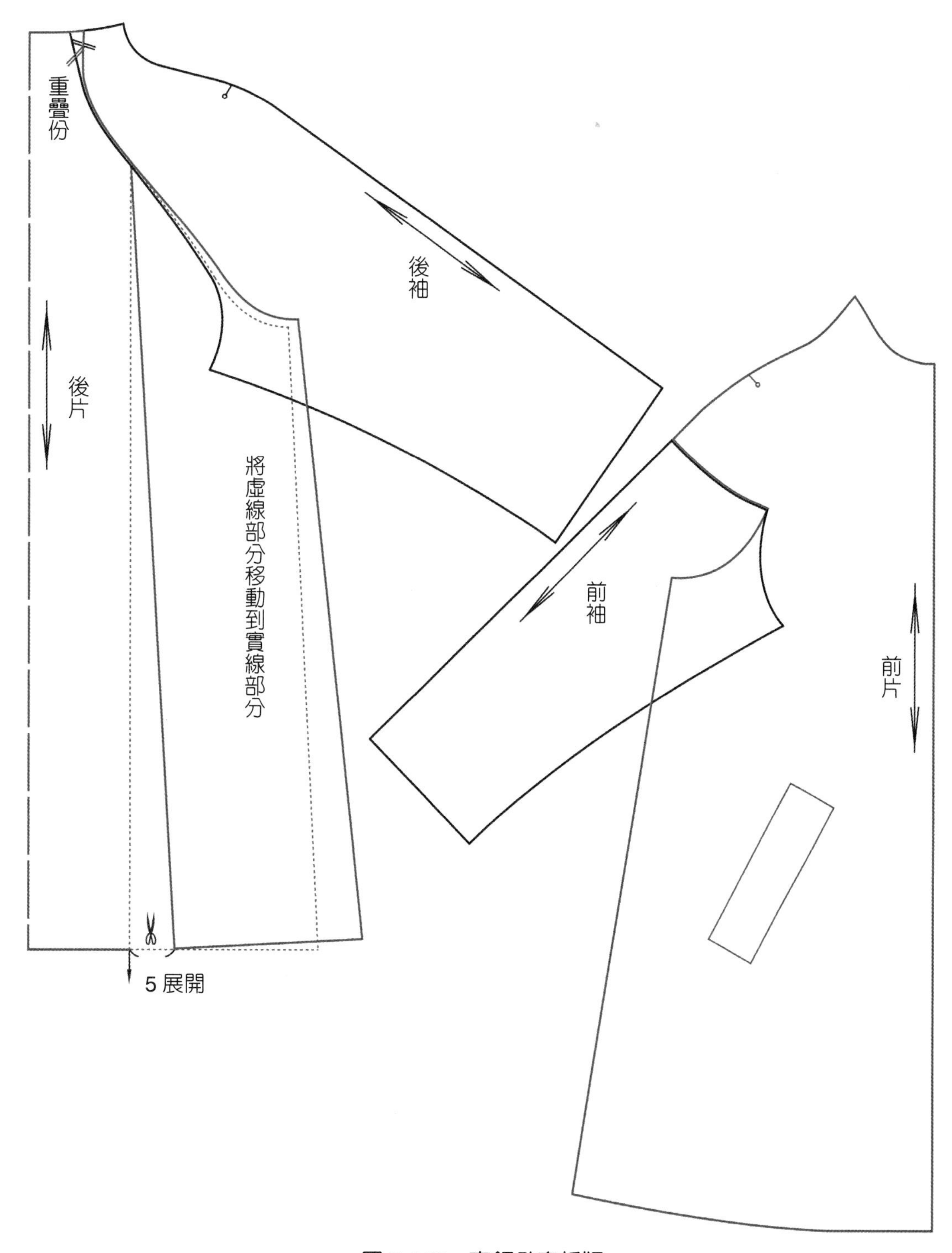

圖 7-106　高領外套拆版

十六、版型設計變化

文化原型為符合人體活動機能基本需求的版型，在其基礎上進行款式變化，服裝的結構就不會錯誤。比較各款式的原型褶轉移，後肩褶若不需配合設計線，以分散處理的方式最常使用，單元四衣版型結構沒有肩褶的圖版都是採用分散法。女裝的胸褶處理為版型設計的重點，襯衫版與外套版的最大差異為鬆份量（圖 7-107）。

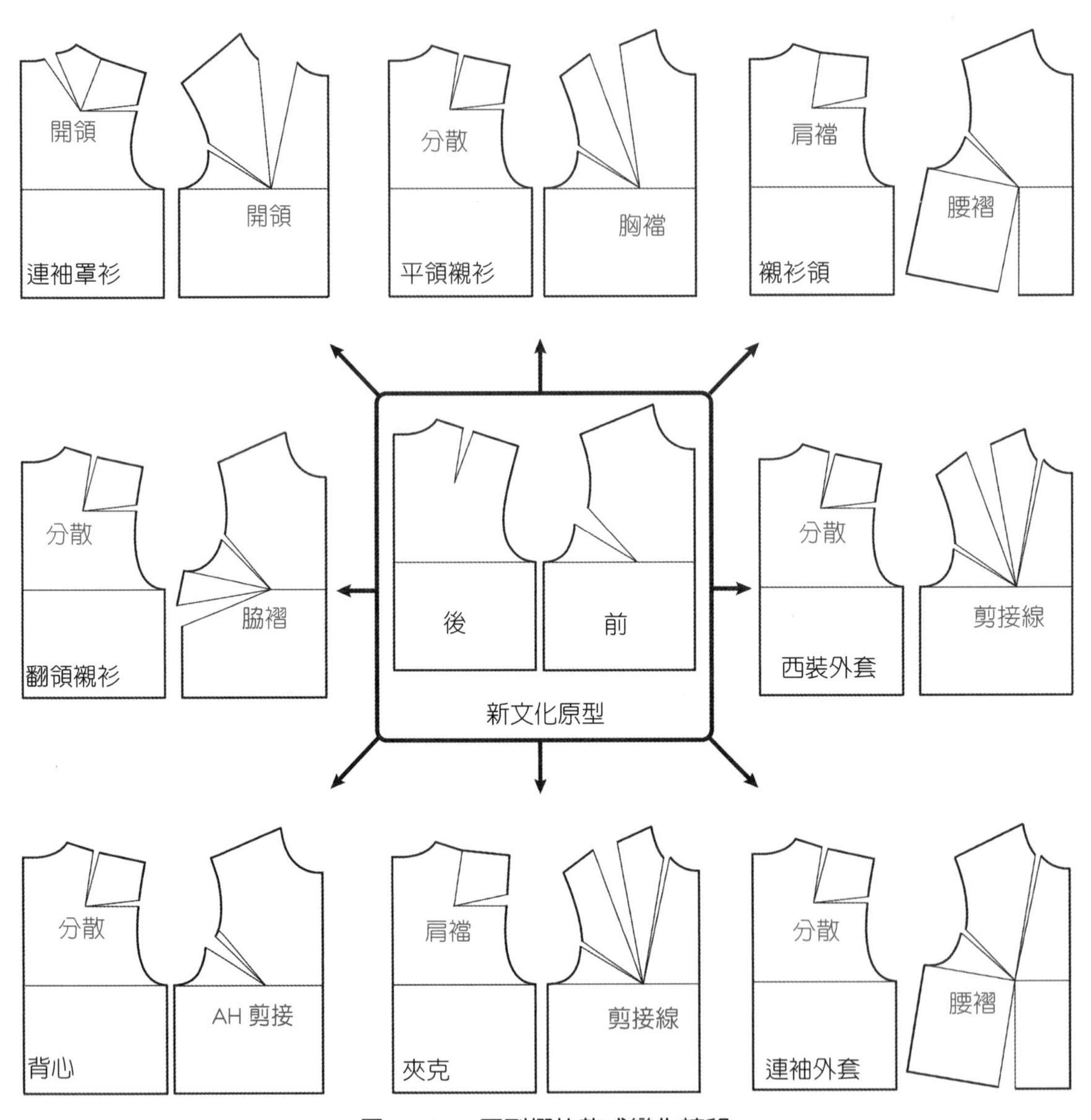

圖 7-107　原型褶依款式變化轉移

版型線條是有流行性的，了解版型與人體的關係極為重要，要能活用製圖的線條比例，不能拘泥於既有的尺寸。熟悉版型架構後，只要運用小技巧作變化，就可省略重頭繪圖的工序，快速創作新的版型（圖 7-108），也可以多種版型排列組合，搭配出不同的款式（圖 7-109）。

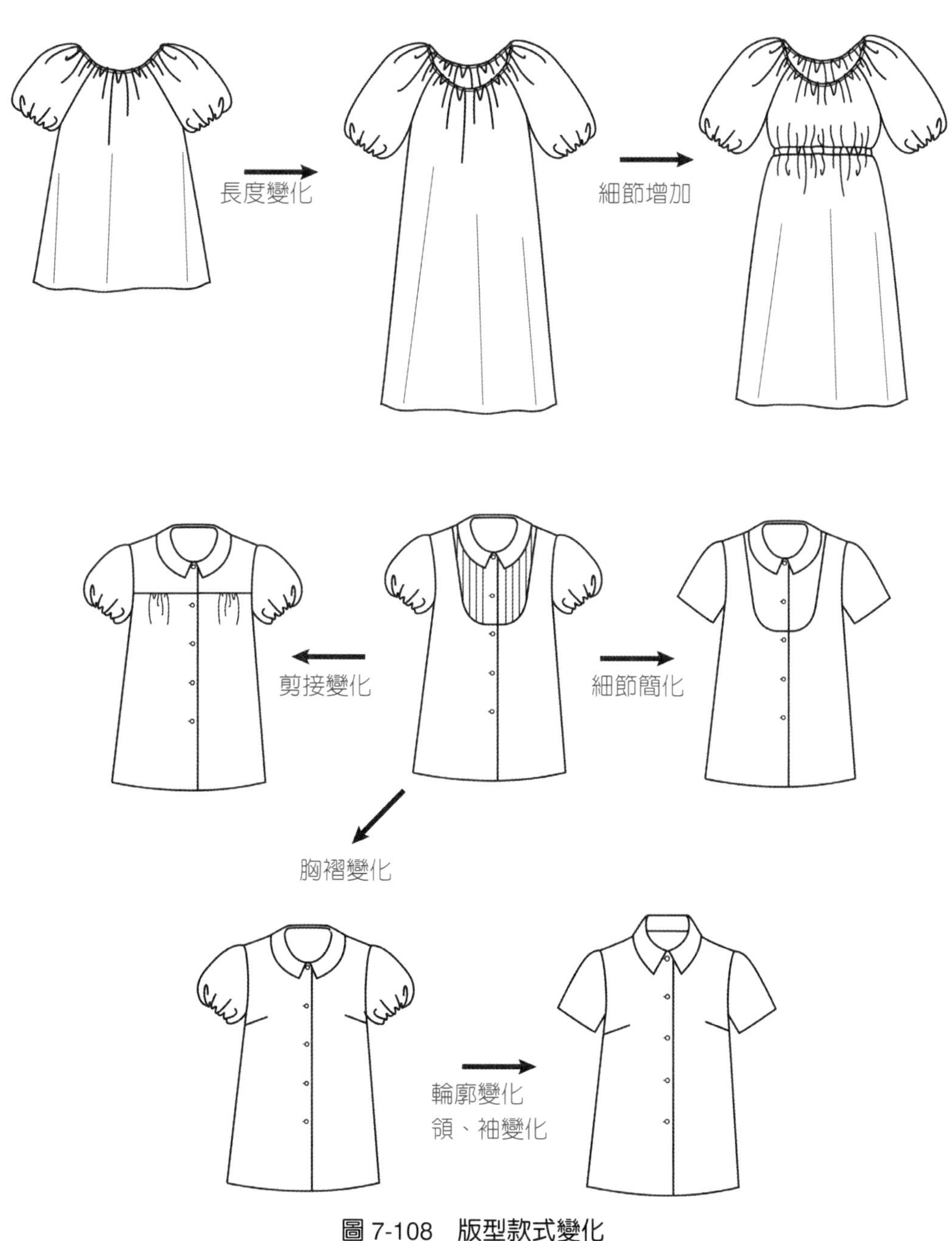

圖 7-108　版型款式變化

圖 7-109　版型款式設計

參考書目

三吉滿智子（2000），《服裝造型學理論篇Ⅰ》，東京：文化出版局。

小池千枝（2005），《文化服裝叢書7袖子》，台北：雙大出版社。

小池千枝（2005），《文化服裝叢書7袖子》，台北：雙大出版社。

文化出版局（2018），《誌上 パターン塾 Vol.4ワンピース編》，東京：文化出版局。

文化出版局（2019），《誌上 パターン塾 Vol.5ジャケット&コート編》，東京：文化出版局。

文化服裝學院編（2000），《服飾造形講座3ブラウス ワンピース》，東京：文化出版局。

文化服裝學院編（2000），《服飾造形講座4ジャケット ベスト》，東京：文化出版局。

文化服裝學院編（2000），《服飾造形講座5コート ケープ》，東京：文化出版局。

洪素馨（2000），《世馨裁剪：構成原理與應用設計》，台北：洪素馨。

夏士敏（2017），《簡化裁剪線版型研究》台北：五南出版。

夏士敏（2018），《一點就通的褲裙版型筆記》台北：五南出版。

國家圖書館出版品預行編目資料

一點就通的服裝版型筆記／夏士敏著. ——初版. ——臺北市：五南圖書出版股份有限公司，2021.02
面； 公分
ISBN 978-986-522-444-8（平裝）

1.服裝設計

423.2　　110000631

1Y2B

一點就通的服裝版型筆記

作　　者— 夏士敏
責任編輯— 唐筠
文字校對— 許馨尹、黃志誠
封面設計— 王麗娟
發 行 人— 楊榮川
總 經 理— 楊士清
總 編 輯— 楊秀麗
副總編輯— 張毓芬
出 版 者— 五南圖書出版股份有限公司
地　　址：106台北市大安區和平東路二段339號4樓
電　　話：(02)2705-5066　　傳　　真：(02)2706-6100
網　　址：https://www.wunan.com.tw
電子郵件：wunan@wunan.com.tw
劃撥帳號：01068953
戶　　名：五南圖書出版股份有限公司

法律顧問　林勝安律師事務所　林勝安律師

出版日期　2021年2月初版一刷
定　　價　新臺幣580元

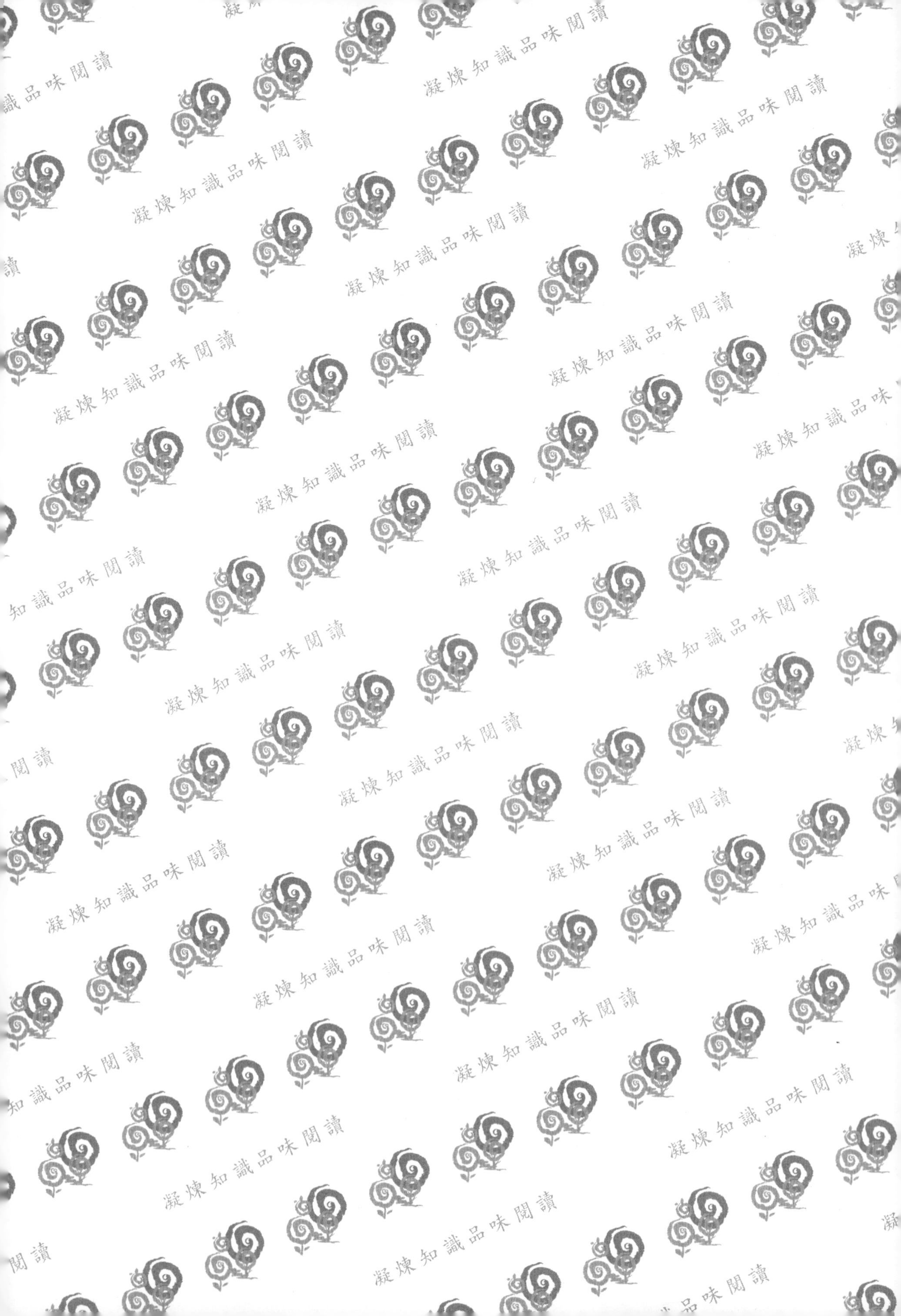